합격선언
화학

Contents

PART

01

물질의 과학

01 원자와 분자

01 물질

❶ 물질의 분류

(1) 물체와 물질

① **물체** … 질량과 형태를 지녀 일정한 공간을 차지하는 것을 말한다.

② **물질** … 물체를 이루는 것을 말한다.

③ 물질의 분류
  - ㉠ 순물질
    - 홑원소물질
    - 화합물
  - ㉡ 혼합물
    - 균일혼합물
    - 불균일혼합물

(2) 순물질

① **개념** … 다른 물질과 섞이지 않고 한 가지 종류로만 이루어진 물질을 말한다.

② **특성** … 녹는점, 끓는점, 밀도, 용해도 등이 일정하다.

③ 분류
  - ㉠ **홑원소물질** : 한 가지 원소로만 구성된 물질이다.
    - 예 구리(Cu), 철(Fe), 헬륨(He), 네온(Ne), 다이아몬드, 흑연, 수소(H_2), 산소(O_2)

    >**TIP**
    원소 … 물질을 구성하는 기본적인 요소로 화학적·물리적 방법으로는 더 이상 간단한 물질로 분해할 수 없다.

ⓛ 동소체 : 같은 원소로 이루어져 있으나 구조나 성질이 다른 홑원소물질이다.
  • 탄소 : 다이아몬드, 흑연
  • 산소 : 산소, 오존
  • 인 : 흰 인, 붉은 인
  • 황 : 사방황, 단사황, 무정형황
ⓒ 화합물
  • 개념 : 두 가지 이상의 원소가 화합하여 이루어진 물질이다.
    예 물($2H_2O$) ⇌ 수소($2H_2$) + 산소(O_2)
  • 특징
  – 구성원소의 질량비가 일정하다.
  – 화합물을 이루는 기본입자가 분자인 것은 녹는점과 끓는점이 비교적 낮다.
    예 물(H_2O), 암모니아(NH_3)
  – 화합물을 이루는 기본입자가 이온인 것은 녹는점이 매우 높다.
    예 염화소듐($NaCl$), 황산암모늄[$(NH_4)_2SO_4$]

(3) 혼합물

① 특성 … 두 종류 이상의 순물질이 본래의 성질을 잃지 않고 섞이면 혼합물이 되고, 순수한 물질의 조성과 섞인 비율에 따라 혼합물의 성질이 달라진다.

② 분류
  ㉠ 균일혼합물
  • 개념 : 혼합물을 이루고 있는 성분물질들이 고르게 섞여 있는 혼합물로 혼합물의 어느 부분을 취해도 조성비가 균일하다.
  • 종류 : 설탕물, 소금물, 공기, 청동 등이 있다.
  ㉡ 불균일혼합물
  • 개념 : 혼합물을 이루고 있는 성분물질들이 고르게 섞여 있지 않은 혼합물로 취하는 부분에 따라 조성비가 달라진다.
  • 종류 : 흙탕물, 우유, 암석 등이 있다.

❷ 혼합물의 분리와 정제

(1) 분리와 정제의 정의

① 분리 … 혼합물을 각 성분물질로 나누는 과정이다.

② 정제 … 불순물을 제거하여 순물질을 얻는 방법이다.

(2) 상태별 혼합물의 분리와 정제

① 고체와 액체혼합물의 분리와 정제

　　㉠ 여과(거름) : 액체 중에 있는 고체를 입자의 크기 차이를 이용하여 깔때기와 거름종이로 분리한다.

　　㉡ 증류 : 비휘발성 고체가 액체에 용해되어 있는 경우 물질의 끓는점 차이를 이용하여 가열하면 액체는 증
　　　기가 되고, 고체는 남게 되어 분리된다.

② 고체혼합물의 분리와 정제

　　㉠ 재결정(분별결정) : 용해도 차이를 이용하는 것인데, 용해도 차이가 나는 고체혼합물을 가열하여 녹인 후
　　　냉각시키면 용해도 차이에 의하여 녹아있던 고체가 석출된다.

　　㉡ 승화 : 승화성 물질과 비승화성 물질이 혼합되어 있을 경우에 가열하면 승화성 물질이 승화되어 분리가
　　　된다.

　　㉢ 추출 : 용매의 선택적 용해를 이용하여 여과 · 분리하는 방법이다.

③ 액체혼합물의 분리

　　㉠ 분별깔때기 사용 : 액체의 비중 차이를 이용해서 서로 섞이지 않고 두 층을 이루는 액체혼합물을 분리한다.

　　㉡ 분별증류 : 액체의 끓는점 차이를 이용해서 분리하는 것으로 액체를 가열하면 끓는점이 낮은 물질부터
　　　차례로 분리되어 순수한 물질을 얻을 수 있다.

④ 기체혼합물의 분리와 정제

　　㉠ 흡수법 : 혼합기체 중 한 종류만 흡수하는 약품에 통과시켜 순수한 기체를 얻는 방법이다.

　　㉡ 액화법 : 기체혼합물을 액화시켜 분별증류하여 분리하거나 비중 차이를 이용해 분리하는 방법을 말한다.

⑤ 기타 분리방법

　　㉠ 이온교환수지 사용 : 물 속에 이온의 양이 적게 있을 때 이온교환수지에 통과시키면 순수한 물을 얻을
　　　수 있다.

　　　예 $R-H\ \ +Na^+ \rightarrow R-Na+H^+$
　　　　(양이온 교환수지)　　　　　　　$\rightarrow H_2O$
　　　　$R-OH + Cl^- \rightarrow R-Cl+OH^-$
　　　　(음이온 교환수지)
　　　이온교환수지가 미량의 이온을 제거하면 H^+와 OH^-가 순수한 물을 만든다.

　　㉡ 흡착 : 흡착력이 강한 물질을 이용하여 기체나 액체 중에 포함된 불순한 색소나 냄새를 흡수시켜 분리한다.

　　㉢ 투석 : 콜로이드 입자는 반투막 구멍보다 크기가 작고 참용액의 용질입자는 반투막 구멍보다 커서 콜로
　　　이드 입자만 반투막을 통과하는 성질을 이용한 것으로 콜로이드 용액 속에 참용액의 용질분자나 이온이
　　　혼합됐을 때 반투막을 이용하여 순수한 콜로이드를 얻을 수 있는 방법이다.

　　㉣ 크로마토그래피 : 혼합물을 흡착력이 강한 물질에 스며들게 하여 혼합물의 각 성분이 용매에 의해 밀려
　　　올라가는 속도 차이에 의해 분리하는 방법이다.

02 원자

❶ 원자

(1) 원자의 구성

① 양성자(+), 중성자, 전자(−)로 구성되어 있다.

② 양성자와 중성자가 원자핵을 이루고 그 주위에 음전하를 띤 전자가 구름처럼 퍼져 있다.

③ 원자핵의 (+)전하와 전자의 (−)전하의 양이 같아 전기적으로 중성을 나타낸다.

> **TIP**
>
> 원자(atom) … 만물이 되는 가장 작은 입자로 그리스어 atmos(나눌 수 없다)에서 유래되었다.

(2) 돌턴(Dalton)의 원자설

① 모든 물질은 더 이상 쪼갤 수 없는 원자로 구성된다.

② 같은 원소의 원자들은 크기, 모양, 질량 등이 같다.

③ 화학변화시 원자들은 새로 생기거나 소멸되지 않는다.

④ 화합물은 서로 다른 원자가 정수비로 결합하여 생성된다.

❷ 원자에 관련된 법칙

(1) 질량보존의 법칙

프랑스의 라부아지에가 1774년 발견한 것으로 모든 화학반응에서 반응 전과 반응 후의 물질의 질량은 동일하다는 법칙이다.

예 탄소 12g과 산소 32g이 반응하면 이산화탄소 44g이 생긴다.

$$C + O_2 \rightarrow CO_2$$

12g   32g   44g

(2) 일정성분비의 법칙

프랑스의 프루스트가 1779년 발견한 것으로 어느 한 화합물을 구성하고 있는 성분원소의 질량비는 항상 일정하다는 법칙이다.

예 • 물은 전기분해하면 언제나 수소 : 산소의 질량비가 1 : 8이 된다.
　　• 이산화탄소(CO_2)에서 탄소 : 산소의 질량비 = 12 : 32 = 3 : 8로 일정하다.

(3) 배수비례의 법칙

영국의 돌턴이 1803년 발견한 것으로 두 원소가 두 가지 이상의 화합물을 만들 때 일정량의 한 원소와 결합하는 다른 원소의 질량 사이에는 간단한 정수비가 성립된다는 법칙이다.

예 • CO와 CO_2에서 C 12g과 결합하는 O의 질량비는 16g : 32g으로 1 : 2가 된다.
　　• H_2O와 H_2O_2에서 H 2g과 결합하는 O의 질량비는 16g : 32g으로 1 : 2가 된다.

03 분자와 이온

❶ 분자

(1) 분자의 특성과 형태

① 분자의 특성
　㉠ 분자는 물질의 성질을 나타내는 가장 작은 입자로 분자를 원자로 나누면 성질을 잃는다.
　㉡ 분자는 그것을 구성하는 성분원자와는 전혀 다른 성질을 나타내는 입자로, 기체 또는 용액에서 독립적으로 존재할 수 있다.

② 분자의 형태
　㉠ 단원자 분자 : He, Ne, Ar 등이 있다.
　㉡ 2원자 분자 : H_2, O_2, HCl 등이 있다.
　㉢ 3원자 분자 : O_3, H_2O, CO_2 등이 있다.
　㉣ 고분자 : 녹말, 단백질 등이 있다.

(2) 아보가드로 법칙과 기체반응의 법칙

① 아보가드로의 분자설
　㉠ 기체반응의 법칙을 설명하기 위해 1811년 아보가드로가 가설을 제안했다.
　㉡ 물질은 원자가 서로 결합하여 이루어진 분자로 구성되어 있다.

ⓒ 분자는 다시 몇 개의 원자로 쪼개어질 수 있고, 이 때 분자의 성질을 잃는다.

ⓓ 아보가드로의 법칙 : 모든 기체는 온도·압력이 같은 경우에는 같은 부피 안에 같은 수의 분자가 존재한다.

② 아보가드로의 법칙

ⓐ 모든 기체는 온도·압력이 같으면 같은 부피 안에 같은 수의 분자가 존재한다.

ⓑ 0℃, 1기압에서 기체 22.4L(1mol)에는 6.02×10^{23}개의 분자가 존재한다.

ⓒ 아보가드로의 수는 6.02×10^{23}개이다.

③ 기체반응의 법칙 … 1808년 프랑스의 게이−뤼삭이 발견한 것으로 화학반응에 관여하는 기체들의 부피 사이에는 간단한 정수비가 성립한다는 법칙이다.

[수소 + 산소 → 수증기]

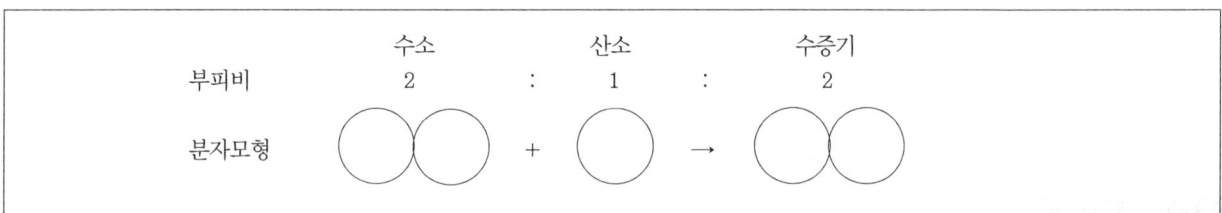

	수소		산소		수증기
부피비	2	:	1	:	2

❷ 이온

(1) 양이온

① 개념 … 원자가 전자를 잃고 (+) 전하를 띠거나, (+) 전하를 가진 원자단이다.

예 • $Na \rightarrow Na^+ + e^-$

• $Mg \rightarrow Mg^{2+} + 2e^-$

② 특성

ⓐ 양이온은 원소명 또는 원자단의 이름을 사용한다.

ⓑ 양이온의 크기는 원자의 크기보다 작다.

예 $Na^+ < Na$

(2) 음이온

① 개념 … 원자가 전자를 얻어 (−) 전하를 띠거나, (−) 전하를 가진 원자단이다.

예 • $Cl + e^- \rightarrow Cl^-$

• $S + 2e^- \rightarrow S^{2-}$

② 특성

ⓐ 음이온은 원소명 끝에 '~화 이온'을 붙여 사용하지만 산기는 '~화 이온'을 붙이지 않는다.

ⓛ 음이온의 크기는 원자의 크기보다 크다.

　예 $Cl^- > Cl$

[여러 가지 양이온과 음이온]

양이온		음이온	
Na^+	소듐이온	Cl^-	염화이온
Ag^+	은이온	I^-	아이오딘화이온
Mg^{2+}	마그네슘이온	O^{2-}	산화이온
Ca^{2+}	칼슘이온	S^{2-}	황화이온
Al^{3+}	알루미늄이온	OH^-	수산화이온
NH_4^+	암모늄이온	CO_3^{2-}	탄산이온
H_3O^+	옥소늄이온	PO_4^{3-}	인산이온

04 화학식

❶ 화학식

(1) 화학식의 정의

물질을 이루는 원자의 종류와 개수 및 구조들을 원소기호와 숫자로 나타낸 식을 말한다.

(2) 종류

① 이온식 … 이온을 구성하는 원자의 종류와 수를 원소기호를 써서 표시하고 이온의 전하수도 나타낸 식을 말한다.

　예 Na^+(소듐이온), Cl^-(염화이온), CO_3^{2-}(탄산이온), NH_4^+(암모늄이온)

② 분자식

　ⓐ 개념 : 분자를 구성하는 원자의 종류와 수를 원소기호와 숫자로 나타낸 식을 말한다.

　　예 Ne(네온), O_2(산소), H_2O(물), H_2SO_4(황산)

　ⓑ 분자 상태로 존재하지 않는 물질은 분자식으로 나타낼 수 없다.

　　• 한 종류의 원자로만 되어 있는 물질

　　　예 Cu(구리), Mg(마그네슘)

- 두 종류 이상의 원자로 된 물질

  예 NaCl(염화소듐)

③ 실험식(조성식)

　⊙ 개념 : 물질을 이루는 원자나 이온의 종류와 수를 가장 간단한 정수비로 나타낸 식을 말한다.

　ⓛ C_2H_2(아세틸렌)과 C_6H_6(벤젠)의 분자식은 다르나 실험식은 CH로 동일하다.

$$분자식 = (실험식)_n \ (단, \ n은 \ 정수)$$

　ⓒ 이온결합물질의 실험식 : 분자가 존재하지 않기 때문에 가장 간단한 정수비로 나타낸 실험식이 화학식이 된다.

$$양이온수 \times 양이온의 \ 전하 + 음이온수 \times 음이온의 \ 전하 = 0$$

　　예 황산암모늄 : $(NH_4)_2SO_4 \rightarrow 2NH_4^+ + SO_4^{2-}$

　　　$2 \times (+1) + 1 \times (-2) = 0$

　ⓔ 공유결정과 금속결정은 분자가 없으므로 실험식이 화학식으로 사용된다.

　　예 SiO_2, C, Cu …

④ 시성식

　⊙ 개념 : 분자 속의 화학적 성질을 지배하는 기능 원자단(작용기)을 중심으로 나타낸 식을 말한다.

　　예 C_2H_5OH(에탄올), CH_3COOH(아세트산), CH_3CHO(아세트알데하이드), CH_3OCH_3(다이메틸에테르)

　ⓛ 원자단은 몇 개의 원자가 결합해 한 단위로 이루어진 것이고, 원자단이 어떤 특성을 나타낼 때를 작용기라고 한다.

　　예 작용기 : −OH(알코올), −COOH(산), −CHO(알데하이드), −O−(에테르)

⑤ 구조식

　⊙ 개념 : 분자를 구성하는 원자들의 결합모양이나 상태를 원자가와 같은 수의 결합선을 사용하여 나타낸 식을 말한다.

　ⓛ 결합선의 위치 : 원자 사이의 결합을 나타내는 것이므로 원자와 원자 사이에 있어야 한다.

　ⓒ 구조식 그리는 순서

- 원자가가 큰 원자를 중심원자로 한다.
- 중심원자에 결합하는 다른 원자의 수를 고려하여 결합선을 그린다.

　　예 NH_3

　　　- 중심원자 : N

　　　- 중심원자의 결합선 모양 : ―N―
　　　　　　　　　　　　　　　　｜

　　　- 다른 원자가 결합모양 : H―N―H
　　　　　　　　　　　　　　　　　｜
　　　　　　　　　　　　　　　　　H

❷ 이름 부르는 방법

(1) 화합물

① 두 가지 원소로 된 화합물에서 음성원소 이름 뒤에 '화'를 넣어 부르나, 원소이름이 '소'로 끝나는 경우 '소'는 생략하는데 예외로 수소가 금속과 결합한 화합물에서는 '소'를 생략하지 않는다.

> 예 • Al_2O_3 : 산화알루미늄
> • MgH_2 : 수소화마그네슘
> • $NaCl$: 염화소듐

② 두 개의 비금속원소가 결합하여 두 개 이상의 화합물을 만들 때 원소 앞에 '일', '이' 등을 표시하지만 양성원소 앞에는 '일'을 생략한다.

> 예 NO – 일산화질소, N_2O – 일산화이질소[Stock 명명법 : 산화질소(I)]

③ Stock 명명법 … 양성원소가 두 가지 이상의 원자가를 가질 수 있을 때에 화합물의 이름 끝 ( ) 속에 원자가를 로마숫자로 적어 구별한다.

> 예 • $SnCl_2$ – 염화주석(Ⅱ), $SnCl_4$ – 염화주석(Ⅳ)
> • Cu_2O – 산화구리(Ⅰ), CuO – 산화구리(Ⅱ)

④ 세 가지 원소로 된 화합물일 경우 먼저 음성부분을 부르고 뒤에 양성부분을 부른다.

> 예 $NaHCO_3$: 탄화수소소듐

(2) 산

① 산소산 … 중심원자의 원소이름 끝에 산을 붙인다.

> 예 H_3PO_4 : 인산

② 산소가 없는 산소산 … 화합물의 끝에 산을 붙인다.

> 예 HCN : 사이안화수소산

③ 같은 원소가 여러 가지 산소산을 만들 경우 원자가가 크면 '과–', 원자가가 작으면 '아–'를 붙이고 더 낮으면 '하이포아–'를 붙인다.

> 예 $HClO_3$ – 염소산(기준), $HClO_4$ – 과염소산, $HClO_2$ – 아염소산, $HClO$ – 하이포아염소산

05 유효숫자

❶ 유효숫자의 개념

(1) 근삿값을 구할 경우 반올림 등에 의해 처리되지 않는 부분으로 오차를 고려한다고 하여도 신뢰할 수 있는 숫자를 자릿수로 나타낸 것을 말한다.

(2) 유효숫자의 부분을 일반적으로 따로 떼어 정수부분이 한 자리인 소수로 쓰고, 소수점의 위치는 10의 거듭제곱으로 나타낸다.

(3) 유효숫자는 소수점의 위치에 관계되지 않는다.

❷ 유효숫자 계산 법칙(Rules for Counting Significant Figures)

(1) 0이 아닌 정수는 모두 유효숫자로 간주한다.

123의 경우 유효숫자는 3이 된다.

(2) 0은 상황에 따라 유효숫자로 간주하기도 하며, 그렇지 않기도 한다.

① leading zero는 유효숫자가 아니다. 즉, 숫자 앞부분에 오는 0은 유효숫자가 아니다.

0.0025에서 0은 유효숫자로 간주하지 않는다. 여기서 유효숫자는 2와 5, 2개이다.

② 0이 아닌 숫자들 사이에 끼어 있는 0은 유효숫자로 간주한다.

1.008에서 1과 8 사이의 0은 유효숫자로 간주하여 유효숫자는 4개가 된다.

③ 숫자들 끝에 나오는 0은 소수점이 존재할 경우에만 유효숫자로 간주한다.

    ㉠ 1.00×10^2에서의 유효숫자는 3개이다.

    ㉡ 100에서의 유효숫자는 1개이다.

    ㉢ 100.은 소수점이 존재하므로 유효숫자가 3개이다.

    ㉣ 0.050080의 유효숫자는 5개이다.

(3) 정확한 숫자, 정의에 의거한 숫자는 유효숫자로 간주하지 않는다.

1inch=2.54cm일 경우 유효숫자는 없다.

❸ 사칙연산의 유효숫자

(1) 곱셈, 나눗셈의 경우

① 곱셈, 나눗셈의 경우 결과값이 가장 작은 유효숫자의 개수와 같은 수의 유효숫자를 갖는다.

② $\dfrac{1.05 \times 10^{-3}}{6.135}$ 의 경우 1.05와 6.135를 통해 유효숫자는 3개를 가져야 함을 알 수 있으므로 위 식의 결과 값의 유효숫자는 $1.711491443 \times 10^{-4}$에서 유효숫자는 3자리이므로 1.71×10^{-4}가 된다.

(2) 덧셈, 뺄셈의 경우

① 덧셈, 뺄셈의 경우 결과값이 가장 작은 소수점 자리수와 같은 소수점 자리수를 갖는다.

② $52.341 + 26.03 - 0.9881$에서 가장 작은 소수점은 2자리이므로 결과값의 유효숫자는 77.3829에서 유효숫 자는 소수점 2자리를 맞추어야 하므로 77.38이 된다.

(3) 곱셈, 나눗셈, 덧셈, 뺄셈이 혼합된 경우

사칙연산의 순서대로 계산을 한 후, 각 과정에 따른 유효숫자를 규칙에 따라 계산하면 된다.

(4) 반올림하는 경우

유효숫자를 계산하여 반올림하는 경우는 오직 마지막에만 적용한다. 즉, 여러 가지 계산을 연속적으로 행하는 경우 마지막 결과를 얻을 때까지는 모든 숫자를 가져가서 계산한 다음 유효숫자의 개수가 맞도록 반올림을 하 여야 한다.

≡ 최근 기출문제 분석 ≡

2025. 6. 21. 제1회 지방직

1 다음 중 계산 결과의 크기가 큰 것부터 순서대로 바르게 나열한 것은? (단, N, O, K의 원자량은 각각 14, 16, 39이다)

(가) $Na_2CO_3(s)$ 2mol이 물에서 완전히 해리되었을 때의 총 이온수

(나) $KNO_3(s)$ 101g의 총 원자수

(다) $N_2(g)$ 2mol과 $H_2(g)$ 3mol이 완전히 반응한 후, 생성된 $NH_3(g)$의 총 분자수

---

① (가), (나), (다)   ② (가), (다), (나)

③ (다), (가), (나)   ④ (다), (나), (가)

TIP (가) Na_2CO_3의 해리 반응식 $Na_2CO_3 \rightarrow 2Na^+ + CO_3^{2-}$에서 Na_2CO_3 1 분자가 완전히 해리되면 3개의 이온으로 나누어진다. 따라서 Na_2CO_3 2mol이 완전히 해리되면 총 6mol의 이온이 생성된다.

(나) 하나의 KNO_3 입자는 칼륨 원자 1개, 질소 원자 1개, 산소 원자 3개, 총 5개의 원자로 이루어져 있다. 또한 KNO_3의 화학 식량은 $39 + 14 + 16 \times 3 = 101$이다. 따라서 KNO_3 101g에는 KNO_3 1mol이며, 이에 포함된 총 원자수는 6mol이다.

(다) N_2 2mol과 H_2 3mol이 완전히 반응한 후 생성된의 총 분자수는 다음 반응식에 따라 2mol임을 구할 수 있다.

    N2(g) + 3H2(g) → 2NH3(l)

반응 전   2몰   3몰
반응   − 1몰   − 3몰   + 2몰
반응 후   1몰   0몰   2몰

이상의 결과에서 계산 결과의 크기가 큰 것부터 순서대로 나열하면 (가) > (나) > (다)이다.

Answer   1.①

2 분자의 기하 구조로 옳지 않은 것은?

분자	기하 구조
① XeF_2	선형
② SF_6	정팔면체
③ SF_4	사각뿔
④ XeF_4	평면 사각형

TIP

	분자	전자쌍 총수	공유 전자쌍 수	비공유 전자쌍 수	기하 구조
①	XeF2	5	2	3	선형
②	SF6	6	6	0	정팔면체
③	SF4	5	4	1	시소형
④	XeF4	6	4	2	평면 사각형

※ 확장된 옥텟 구조를 가지는 중심 원자 주위의 전자쌍 총수와 분자 구조 정리

전자쌍 총수	5				6		
공유 전자쌍 수	5	4	3	2	6	5	4
비공유 전자쌍 수	0	1	2	3	0	1	2
분자 구조	삼각쌍뿔	시소형	T자형	선형	정팔면체	사각뿔	평면 사각형
예	$Cl_{...}P-C$ (Cl, Cl, Cl)	$F_{...}S_{...}F$ (F, F)	$Br-F$ (F, F)	Xe (F, F)	$F_{...}S_{...}F$ (F, F, F, F)	Br (F, F, F, F)	Xe (F, F, F, F)

3 1atm에서 끓는점이 높은 분자부터 순서대로 바르게 나열한 것은?

(가) $n-$노네인($n-$nonane)

(나) $n-$헵테인($n-$heptane)

(다) $n-$데케인($n-$decane)

(라) $n-$옥테인($n-$octane)

---

① (나) - (가) - (라) - (다)

② (나) - (라) - (가) - (다)

③ (다) - (가) - (라) - (나)

④ (다) - (라) - (가) - (나)

TIP 보기에 주어진 물질들은 모두 포화 탄화수소인 n-알케인이므로 무극성 물질이고, 따라서 끓는점에 영향을 주는 분자간 힘은 오직 분산력만 존재한다. 분산력은 분자의 크기가 크고 길쭉할수록 편극이 잘 되므로 크게 나타나는 경향이 있으며, 따라서 끓는점이 높게 나타난다. 따라서 끓는점은 탄소 수가 많은 분자부터 적은 분자 순인 (다) n-데케인($C_{10}H_{22}$)>(가) n-노네인(C_9H_{20}) >(라) n-옥테인(C_8H_{18})>(나) n-헵테인(C_7H_{16})으로 나타난다.

참고로 알케인은 탄소와 탄소 사이의 결합이 모두 단일 결합으로 이루어진 포화 탄화수소이며, 일반식은 탄소 수에 따라 C_nH_{2n+2}로 나타난다. 알케인의 명명법은 화합물을 구성하고 있는 탄소 수에 따라 접두사에 -ane를 붙여 명명한다. 탄소 수 1개에서 10개로 이루어진 알케인은 다음과 같이 명명된다.

탄소 수	화학식	이름
1	CH_4	methane(메테인)
2	C_2H_6	ethane(에테인)
3	C_3H_8	propane(프로페인)
4	C_4H_{10}	butane(뷰테인)
5	C_5H_{12}	pentane(펜테인)
6	C_6H_{14}	hexane(헥세인)
7	C_7H_{16}	heptane(헵테인)
8	C_8H_{18}	octane(옥테인)
9	C_9H_{20}	nonane(노네인)
10	$C_{10}H_{22}$	decane(데케인)

Answer 3.③

4 다원자 음이온에 대한 명명으로 옳지 않은 것은?

음이온　　　　　명명

① SO_4^{2-}　　　　황산 이온

② NO_3^-　　　　질산 이온

③ ClO_4^-　　　　아염소산 이온

④ PO_4^{3-}　　　　인산 이온

TIP ClO_4^-는 과염소산 이온이다.

※ 자주 나오는 다원자 이온의 이

구분	식	이름
양이온	NH_4^+	암모늄(ammonium)
	H3O$^+$	하이드로늄(hydronium)
음이온	CH3COO$^-$	아세트산(acetate)
	CN^-	사이안화(cyanide)
	OH^-	수산화(hydroxide)
	ClO^-	하이포아염소산(hypochloride)
	ClO_2^-	아염소산(chlorite)
	ClO_3^-	염소산(chlorate)
	ClO_4^-	과염소산(perchlorate)
	NO_2^-	아질산(nitrite)
	NO_3^-	질산(nitrate)
	Mno_4^-	과망간산(permanganate)
	co_3^{2-}	탄산(carbonte)
	HCO_3^-	탄산수소(hydrogen carbonate)
	CrO_4^{2-}	크로뮴산(chromate)
	O_2^{2-}	과산화(peroxide)
	PO_4^{3-}	인산(phosphate)
	HPO_4^{2-}	인산수소(hydrogen phophate)
	$H_2PO_4^{2-}$	인산이수소(dihydrogen phopha)
	SO_3^{2-}	아황산(sulfite)
	SO_4^{2-}	황산(sulfate)
	HSO_4^-	황산수소(hydrogen)

Answer 4.③

※ 산소를 포함하는 다원자 음이온 명명

+ O	기준	− O	− 2O
ClO_4^-	ClO_3^-	ClO_2^-	ClO^-
perchlorate	chlorate	chlorite	hypochlorite
per ~ ate	−ate	−ite	hypo ~ ite
과염소산 이온	염소산 이온	아염소산 이온	하이포아염소산 이온

• 기준보다 산소 1개가 더 많을 때 : 과~산 이온
• 기준이 되는 음이온 : ~산 이온
• 기준보다 산소 1개가 더 적을 때 : 아~산 이온
• 기준보다 산소 2개가 더 적을 때 : 하이포아~산 이온

2025. 4. 5. 국가직

5 이산화 탄소(CO_2) 2.2g에 포함된 산소 원자(O)의 질량[g]은? (단, C와 O의 원자량은 각각 12와 16 이다)

① 0.8 ② 1.6

③ 2.4 ④ 3.2

TIP 이산화 탄소의 분자량은 $12+16\times 2 = 44$이고, 따라서 이산화 탄소 2.2g은 $\frac{2.2}{44} = 0.05$몰이다. 또한 이산화 탄소 1몰에 포함된 산소는 2몰이므로 여기에 포함된 산소 원자의 질량은 $0.05\times 2\times 16 = 1.6$g이다.

〈다른 풀이〉

이산화 탄소 1몰 중에 산소가 차지하는 질량비는 $\frac{(산소의\ 질량)}{(이산화탄소의\ 질량)} = \frac{16\times 2}{12+16\times 2} = \frac{32}{44}$이다. 따라서 이산화 탄소 2.2g 중에 산소가 차지하는 질량은 $2.2\times\frac{32}{44} = 1.6g$이다.

2023. 6. 10. 제1회 지방직

6 다음 다원자 음이온에 대한 명명으로 옳지 않은 것은?

음이온	명명
① NO_2^-	질산 이온
② HCO_3^-	탄산수소 이온
③ OH^-	수산화 이온
④ ClO_4^-	과염소산 이온

TIP NO_2^-의 이름은 아질산 이온이다.

Answer 5.② 6.①

2024. 6. 22. 제1회 지방직

7 분자 간 인력에 대한 설명으로 옳은 것만을 모두 고르면?

> ⊙ 분산력은 극성 분자와 무극성 분자 모두에서 발견된다.
> ⓒ 분자식이 C_4H_{10}인 구조 이성질체의 끓는점은 서로 다르다.
> ⓒ HBr 분자 간 인력의 세기는 Br_2 분자 간 인력의 세기와 같다.

① ⊙   ② ⓒ
③ ⊙, ⓒ   ④ ⊙, ⓒ

> **TIP** ⊙ 분산력은 극성의 유무에 상관 없이 모든 분자에서 나타나는 분자간 힘이다. 따라서 극성 분자와 무극성 분자 모두에서 발견된다.
> ⓒ 분자식이 C_4H_{10}인 뷰테인은 n-뷰테인과 iso-뷰테인의 2가지의 구조 이성질체를 가진다. n-뷰테인과 iso-뷰테인의 분자식과 분자량은 같으나 분자의 표면적이 큰 n-뷰테인의 끓는점이 iso-뷰테인의 끓는점보다 높게 나타난다.
> ⓒ HBr 분자 사이에는 극성에 의한 쌍극자-쌍극자 힘과 분산력이 작용하며, Br_2 분자 사이에서는 분산력만이 작용한다. 또한 HBr 분자와 Br_2 분자의 분자량도 상당히 차이가 있다. 따라서 HBr 분자 간 인력의 세기는 Br_2 분자 간 인력의 세기와 다르다.

2023. 6. 10. 제1회 지방직

8 다음은 물질을 2가지 기준에 따라 분류한 그림이다. (가)~(다)에 대한 설명으로 옳은 것은?

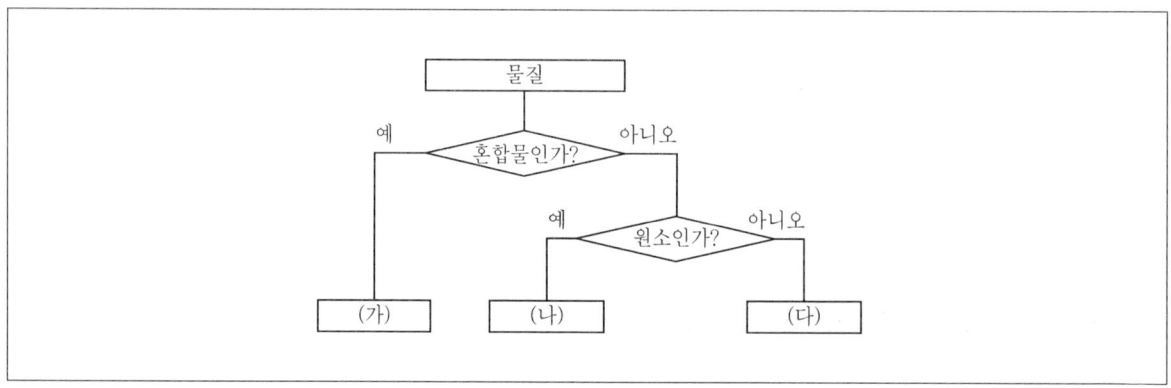

① 철(Fe)은 (가)에 해당한다.   ② 산소(O_2)는 (가)에 해당한다.
③ 석유는 (나)에 해당한다.   ④ 메테인(CH_4)은 (다)에 해당한다.

> **TIP** (가): 혼합물, (나): 원소(홀원소 물질), (다): 화합물
> ① 철(Fe)은 한 가지 원소로 이루어진 순물질(홀원소 물질)이므로 (나)에 해당한다.
> ② 산소(O_2)는 한 가지 원소로 이루어진 순물질(홀원소 물질)이므로 (나)에 해당한다.
> ③ 석유는 여러 가지 물질이 혼합된 불균일 혼합물이므로 (가)에 해당한다.
> ④ 메테인(CH_4)은 두 가지 이상의 원소가 화합하여 만들어진 화합물이므로 (다)에 해당한다.

Answer   7.③ 8.④

9 다음 알렌(allene) 분자에 대한 설명으로 옳은 것만을 모두 고르면?

$$H_a \diagdown \atop H_b \diagup C = C = C \diagup H_c \atop \diagdown H_d$$

> ㉠ H_a와 H_b는 같은 평면 위에 있다.
> ㉡ H_a와 H_c는 같은 평면 위에 있다.
> ㉢ 모든 탄소는 같은 평면 위에 있다.
> ㉣ 모든 탄소는 같은 혼성화 오비탈을 가지고 있다.

① ㉠, ㉡   ② ㉠, ㉢

③ ㉡, ㉣   ④ ㉢, ㉣

TIP ㉠ 가장 왼쪽에 위치한 탄소는 sp^2 혼성 오비탈을 가지므로, 평면 삼각형의 구조를 가진다. 따라서 H_a와 H_b는 같은 평면 위에 있다.

㉢ 알렌 분자를 이루는 탄소의 개수는 3개이며, 평면의 결정 조건(점 3개)에 따라서 모든 탄소는 동일 평면 상에 존재한다.

〈바로 알기〉

㉡ 모든 탄소 간 결합은 이중 결합이므로 꺾임이 발생하며, 따라서 H_a와 H_c는 다른 평면 위에 존재한다.

㉣ 가운데 위치한 탄소는 sp 혼성 오비탈, 양쪽에 끝에 위치한 탄소는 sp^2 혼성 오비탈을 가진다.

Answer   9.②

출제 예상 문제

1 다음 중 물과 에테르 액체의 혼합에서 두 액체를 분리하는 방법으로 옳은 것은?

① 분별증류

② 승화

③ 재결정

④ 분별깔대기

TIP 물과 에테르와 같은 액체혼합물은 서로 섞이지 않고 두 층을 이루므로 분별깔대기를 이용하여 혼합물을 분리한다.

2 다음 중 이산화탄소(CO_2)에 섞여있는 수증기를 제거하는 데 사용하는 건조제로 가장 적절한 것은?

① CaO   ② KOH

③ NaOH   ④ P_4O_{10}

TIP 건조제
ㄱ **산성 건조제**: 물질이 산성일 때 수증기와 암모니아 같은 염기성 기체를 흡수한다.
　예 진한 황산, 오산화인
ㄴ **염기성 건조제**: 물질이 염기성일 때 수증기와 이산화탄소 같은 산성 기체를 흡수한다.
　예 소다석회
ㄷ **중성 건조제**: 물질이 중성일 때 수증기 등을 흡수한다.
　예 염화칼슘, 실리카젤

Answer 1.④ 2.④

3 다음 표는 황산화물 A, B 속에 들어 있는 황과 산소의 질량관계를 나타낸 것이다. 산화물 A, B에서 일
정량의 황과 결합하는 산소의 질량비로 옳은 것은?

황의 산화물	황의 질량(g)	산소의 질량(g)
A	16	16
B	32	48

① 1 : 1
② 1 : 2
③ 2 : 1
④ 2 : 3

TIP 산화물 A에서 S : O $= \frac{16}{32} : \frac{16}{16} = 1 : 2$ 가 되고,

산화물 B에서 S : O $= \frac{32}{32} : \frac{48}{16} = 1 : 3$ 이 된다.

∴ 일정량의 황과 결합하는 산소의 질량비 $= 2 : 3$

4 다음 중 기체의 반응에서 부피가 다음과 같이 반응할 때 이것과 관계있는 법칙으로 옳은 것은?

H2(g)	O2(g)	H2O(g)
2L	1L	2L
3L	1.5L	3L
9L	4.5L	9L

① 질량보존의 법칙
② 기체반응의 법칙
③ 배수비례의 법칙
④ 일정성분비의 법칙

TIP $2H_2 + O_2 \rightarrow 2H_2O$에서 $H_2(g) : O_2(g) : H_2O(g) = 2 : 1 : 2$
이처럼 화학반응에 관여하는 기체들의 부피 사이에는 간단한 정수비가 성립한다(기체반응의 법칙).

Answer 3.④ 4.②

5 다음 보기 중 혼합물을 표현한 것은? (단, ○와 ●는 서로 다른 원자이다)

①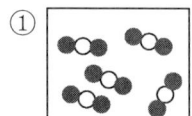

②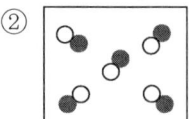

③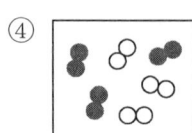

④

> **TIP** 혼합물…두 종류 이상의 혼합물이 본래의 성질을 잃지 않고 섞여 있어서 원래의 원자 및 분자 형태를 유지하고 있는 물질이다.

6 다음 중 불균일혼합물로 옳은 것은?

① 수소   ② 공기

③ 소금물   ④ 우유

> **TIP** 혼합물의 종류
> ㉠ 균일혼합물 : 어느 부분을 취해도 조성비가 달라지지 않는다(공기, 소금물 등).
> ㉡ 불균일혼합물 : 취하는 부분에 따라 조성비가 달라진다(우유, 연기 등).

7 다음 중 순물질로 옳지 않은 것은?

① 구리   ② 포도당

③ 원유   ④ 증류수

> **TIP** 순물질…한 가지 종류로만 이루어진 물질을 말한다.
> ③ 각종 화합물의 복합물질이다.

Answer 5.④ 6.④ 7.③

8 다음 중 분자를 이루고 있는 기(Radical)를 표시하여 그 분자의 특성을 밝힌 화학식으로 옳은 것은?

① 시성식
② 분자식
③ 구조식
④ 실험식

TIP ② 분자를 구성하는 원자의 종류와 수를 원소기호와 숫자로 나타낸 식을 말한다.
③ 분자를 구성하는 원자들의 결합모양이나 상태를 원자가와 같은 수의 결합선을 표시하여 나타낸 식을 말한다.
④ 가장 간단한 정수비로 물질을 이루는 원자나 이온의 종류와 수를 나타낸 식을 말한다.

9 미지의 액체를 가열했을 때 끓는점이 두 군데 나타났을 경우 이 물질은 무엇인가?

① 혼합물
② 동소체
③ 산화물
④ 화합물

TIP **혼합물** … 두 종류 이상의 순물질이 섞여 혼합물이 되고, 끓는점과 녹는점이 농도에 따라서 변하는 물질이다.

10 다음 중 질산은 용액에 염화소듐 수용액을 가했을 때 침전이 생기는 것을 분리하는 방법으로 옳은 것은?

① 재결정
② 승화
③ 거름
④ 추출
⑤ 분별증류

TIP **거름(여과)** … 액체에 녹지 않는 고체를 분리할 때 깔때기와 거름종이를 사용하여 분리하는 방법을 말한다.

11 다음 중 콩 속에 있는 유지를 추출하기 위해 필요한 용매로 옳은 것은?

① 알코올
② 에테르
③ 물
④ 물 + 알코올

TIP 유지에 선택적인 용해성이 있는 것은 에테르이다.
※ **추출** … 특정 용매에 잘 녹는 물질을 선택적으로 녹여 분리하는 것을 말한다.

12 다음 중 벤젠과 물의 혼합물을 빠르게 분리하는 방법으로 옳은 것은?

① 추출

② 분별증류

③ 분별깔때기

④ 승화

TIP 분별깔때기 … 벤젠과 물처럼 비중차이 때문에 서로 섞이지 않고 두 층을 이루는 액체혼합물을 분리할 때 사용한다.

13 다음 중 탄소와 산소가 화합하여 이산화탄소로 생성될 때 두 원소가 반응하는 질량비가 3 : 8이면 18g 의 탄소가 반응할 때 필요한 산소의 양으로 옳은 것은?

① 10g

② 18g

③ 26g

④ 32g

⑤ 48g

TIP 질량보존의 법칙 … 모든 화학반응에서 반응 전후의 물질의 전체 질량은 변하지 않는다.
즉, $3 : 8 = 18 : x$ 에서 x 를 구하면 $x = 48g$

14 다음 중 일정한 온도, 압력하에서 수소 10ml와 산소 10ml를 반응시킬 때 수증기가 생성되고 남은 기체 의 양은 몇 ml인가?

① 수소 3ml

② 산소 3ml

③ 수소 5ml

④ 산소 5ml

TIP $2H_2 + O_2 \rightarrow 2H_2O$로,
수소 : 산소 : 수증기 = 2 : 1 : 2 = 10 : 5 : 10이다.
그러므로 수소 10ml와 산소 5ml가 반응하여 수증기 10ml를 생성하고 남은 기체는 산소 5ml가 된다.

15 다음 실험식 중 물질을 나타내는 것으로 옳지 않은 것은?

① SiO_2

② Cu

③ CH

④ $MgCl_2$

TIP 실험식을 사용하는 물질에는 이온결합물질, 공유결합물질, 금속결정이 있다.
①②④는 금속결정과 공유결정으로 분자가 없어 실험식으로 물질을 나타낼 수 있으나 ③의 경우 여러 개의 분자식이 존재해 실 험식×n을 하여 n값에 따른 분자식을 표시해야 한다.

Answer 12.③ 13.⑤ 14.④ 15.③

16 다음 중 아세트산을 $C_2H_4O_2$로 나타냈을 경우 이것은 어떤 화학식을 표시한 것인가?

① 구조식   ② 분자식

③ 실험식   ④ 시성식

> **TIP** 분자식 … 분자를 구성하는 원자의 종류와 수를 원소기호로 나타낸 식을 말한다.

17 다음 중 이온으로 이루어진 물질의 화학식으로 옳지 않은 것은?

① $Al^{3+} + 3OH^- \longrightarrow Al(OH)_3$ ② $Ba^{2+} + 2ClO_4^- \longrightarrow Ba_2ClO_4$

③ $Fe^{3+} + 3Cl^- \longrightarrow FeCl_3$ ④ $3Ca^{2+} + 2PO_4^{3-} \longrightarrow Ca_3(PO_4)_2$

> **TIP** '양이온의 전하 × 양이온의 수 + 음이온의 전하 × 음이온의 수 = 0'을 만족시켜야 한다.
> Ba의 이온수 x, ClO_4의 이온수 y 라 하면 $(+2) \times x + (-1) \times y = 0$에서
> x 가 1일 경우 $y = 2$의 값을 가지므로 화학식이 $Ba(ClO_4)_2$가 된다.

18 다음 중 동소체 관계로 옳지 않은 것은?

① 붉은인 – 흰인

② 다이아몬드 – 흑연

③ 산소 – 오존

④ 물 – 과산화수소

> **TIP** 동소체 … 한 종류의 원자(원소)로 이루어져 있으나 성질과 모양이 서로 다른 홑원소물질이다.
> ④ H_2O(물), H_2O_2(과산화수소)는 한 종류의 원자로 되어 있지 않다.

19 다음 중 염화수소에 포함된 수증기를 제거하는 방법으로 옳은 것은?

① 승화   ② 투석

③ 분별깔때기   ④ 염화칼슘 사용

> **TIP** 염화칼슘은 중성건조제로 수증기를 흡수한다.
> ※ **흡수법** … 혼합기체 중 한 종류만 흡수하는 약품에 통과시켜 순수한 기체를 얻는 방법이다.

Answer 16.② 17.② 18.④ 19.④

20 다음 중 질소 1부피와 수소 3부피로부터 암모니아 2부피를 얻는 경우 적용된 법칙으로 옳은 것은?

① 일정성분비의 법칙　　　　　　　② 기체반응의 법칙

③ 질량보존의 법칙　　　　　　　　④ 배수비례의 법칙

> **TIP** 기체반응의 법칙 … 화학반응에 관여하는 기체들의 부피 사이에 간단한 정수비가 성립한다.

21 다음 중 수소 2g과 산소 32g으로 물을 생성할 때 산소 16g이 반응하지 않고 남아 있는 경우 적용될 수 있는 법칙으로 옳은 것은?

① 배수비례의 법칙　　　　　　　　② 기체반응의 법칙

③ 일정성분비의 법칙　　　　　　　④ 질량보존의 법칙

> **TIP** 일정성분비의 법칙 … 어느 한 화합물을 구성하고 있는 성분원소의 질량비는 항상 일정하다.

22 다음 화학식 중 시성식으로 옳은 것은?

① H — H　　　　　　　　　　　　② C_2H_5OH

③ CH_2O　　　　　　　　　　　　④ CH_4

> **TIP** ① 구조식　③ $C_2H_4O_2$의 실험식　④ 분자식

23 다음 중 상온에서 3원자 분자로 안정하게 존재하는 물질로 옳은 것은?

① 암모니아　　　　　　　　　　　② 수소

③ 헬륨　　　　　　　　　　　　　④ 황화수소

> **TIP** ① NH_3(4원자 분자)　② H(1원자 분자)　③ He(1원자 분자)　④ H_2S(3원자 분자)

Answer　20.②　21.③　22.②　23.④

24 다음 중 단위변환의 연결로 옳은 것은?

① 1.7mg = 0.0017g

② 22.4L = 2,240ml

③ 6.5cm = 650mm

④ 0.003g = 0.00003kg

> **TIP** ② $22.4L = 22.4 \times 10^3 ml = 22,400ml$
> ③ $6.3cm = 6.3 \times 10mm$
> ④ $0.003g = 0.003 \times 10^{-3}kg = 0.000003kg$

25 다음 어떤 고체물질 I (실선)과 II(점선)의 녹는 과정을 나타낸 그래프에서 고체물질 I 과 II에 관한 설명으로 옳지 않은 것은?

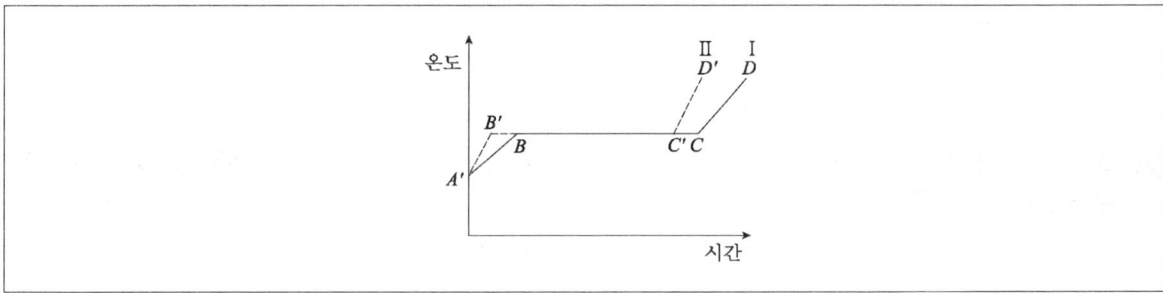

① I 과 II의 녹는점은 같다.

② 실선 CD는 고체 상태인 I 의 가열을 나타내는 부분이다.

③ 시간에 대한 열량공급을 일정하게 하여 그림과 같은 결과를 얻었다면 I 의 양(질량)은 II의 양(질량)보다도 많다.

④ I 과 II의 끓는점은 같다.

> **TIP** ①④ 같은 물질이면 물질의 녹는점, 끓는점은 그 질량에 관계없이 같다.
> ② CD 및 $C'D'$는 액체를 가열하는 구간이다.
> ③ 질량이 많을수록 끓는점에 도달하는 데 많은 열량을 필요로 한다.

26 다음 중 어떤 고체유기물질을 정제하려는 과정에서 물질이 순수한 상태인지 알아보는 방법으로 옳은 것은?

① 밀도
② 색깔
③ 녹는점
④ 원자수

TIP 순수한 물질은 녹는점과 끓는점이 일정한 성질을 갖는다.

27 다음 중 액체공기로부터 산소와 질소를 공업적 방법으로 분리할 때 이용한 성질로 옳은 것은?

① 부피
② 용해도
③ 반응성
④ 끓는점

TIP 질소의 끓는점은 −195℃, 산소의 끓는점은 −183℃로 질소와 산소의 끓는점 차이를 이용해 이들을 분리할 수 있다.

28 다음 중 두 용기 속에 따로 넣은 각각 다른 기체가 같은 온도·압력하에서 분자수를 같게 하기 위해서 같아야 하는 것은?

① 분자의 크기
② 원자수
③ 부피
④ 무게
⑤ 밀도

TIP 아보가드로의 법칙 … 모든 기체는 온도와 압력이 같으면, 같은 부피 안에 같은 수의 분자를 가진다는 법칙을 말하고, 0℃, 1기압에서 기체 22.4L 에 6.02×10^{23}개의 분자가 존재한다.

29 다음 중 화학변화에서 반응하는 물질 무게의 총합은 변화한 후에 생기는 물질 무게의 총합과 같다는 법칙을 설명할 수 있는 것은?

① 원자설
② 물질의 상태
③ 아보가드로의 법칙
④ 물질의 부피

TIP 원자설 … 질량보존의 법칙과 일정성분비의 법칙을 설명하기 위해 고안되었고, 배수비례의 법칙을 발견하게 된 계기가 되었다.

Answer   26.③ 27.④ 28.③ 29.①

30 다음 중 약간의 물이 포함되어 있는 알코올을 분리할 수 있는 방법으로 옳은 것은?

① 이온교환수지로 분리

② 물에 녹여 여과하여 분리

③ 분별깔때기로 분리

④ 끓는점의 차이를 이용한 증류

TIP ① 미량의 소금이 들어 있는 물을 분리할 때 사용한다.
② 모래가 들어 있는 설탕을 분리할 때 사용한다.
③ 물이 섞여 있는 석유를 분리할 때 사용한다.

31 다음 중 2원자 분자로 이루어진 물질로 옳은 것은?

① 암모니아   ② 염소

③ 네온   ④ 물

TIP ① NH_3 ② Cl_2 ③ Ne ④ H_2O

32 다음 중 증류로 물을 정제하려고 할 때 필요한 기구로 옳지 않은 것은?

① 알코올 램프   ② 뷰렛

③ 리비히 냉각기   ④ 플라스크

TIP ② 중화적정기구이다.

33 다음 중 서로 섞이지 않는 두 액체혼합물을 분리하는 데 필요한 기구로 옳은 것은?

① 여과장치   ② 반투막

③ 분별깔때기   ④ 기체 건조장치

TIP ① 액체 중에 있는 고체를 분리한다.
② 순수한 콜로이드를 얻는다(투석).
④ 공기 중의 수증기를 제거한다(흡수법).

Answer 30 ④ 31.② 32.② 33.③

02 화학식량

01 원자량과 분자량

❶ 원자량

(1) 원자량의 정의

① 질량수가 12인 탄소원자 $^{12}_{6}C$ 1개의 질량을 12.00이라고 정하고, 이것을 기준으로 하여 비교한 다른 원자의 상대적인 질량의 값을 의미한다.

② 원자량은 상대적인 값이기 때문에 g단위를 붙이지 않는다.

(2) 평균원자량

① 자연계에서 존재하는 동위원소는 화학반응의 양적 관계에서 이들의 평균치가 나타나게 되므로 주기율표상의 원자량도 이들의 평균치를 원자량으로 정하여 사용한다.

> **예** 탄소의 동위원소는 ^{12}C가 98.9%, ^{13}C이 1.1% 존재하므로 C의 평균원자량은 다음과 같이 구한다.
>
> $$C의\ 평균원자량 = 12 \times \frac{98.9}{100} + 13 \times \frac{1.1}{100} = 12.011$$

② 동위원소는 같은 원소이지만 다른 개수의 중성자를 가지고 있어서 질량수가 다르고 물리적 성질이 다르지만 화학적 성질은 같다.

(3) 원자질량단위

① ^{12}C 원자 1개의 질량(1.99×10^{-23}g)의 1/12(1.66×10^{-24}g)을 1원자 질량단위(1a.m.u)라고 한다.

② 원자 하나의 질량은 g단위로 나타낸 원자 1몰의 질량과 같다. 즉, 원자질량단위는 각 원자의 원자량에 g단위를 붙인 질량이다.

> **예** 수소 1g 원자량 = 수소 1g = 수소원자 6.02×10^{23}(1mol)개의 질량

❷ 분자량

(1) 분자량

① **분자량의 정의**

　⊙ 분자를 구성하고 있는 모든 원자들의 원자량의 합을 말한다.

　ⓒ 분자량도 상대적인 질량으로 원자량과 같이 g단위를 붙일 수 없다.

　　例 CO_2의 분자량 $= 12.0 + 16.0 \times 2 = 44.0$

② **평균분자량** ⋯ 혼합물의 경우 이루고 있는 분자의 조성 백분율로부터 평균적인 분자량을 구한다.

　　例 공기의 평균분자량 $= \dfrac{4N_2 + O_2}{5} = \dfrac{4 \times 14 \times 2 + 16 \times 2}{5} ≒ 29$

③ **분자질량단위** ⋯ 분자 하나의 질량은 g단위로 나타낸 분자 6.02×10^{23}개의 질량과 같다. 즉, 각 분자의 분자량에 g단위를 붙인 질량이다.

　　例 이산화탄소 1mol 분자량 = 이산화탄소 44g = 이산화탄소분자 6.02×10^{23}개 질량

(2) 화학식량

① **개념** ⋯ 화학식에 들어 있는 원자들의 원자량을 모두 합한 것을 말한다.

② 화학식으로 나타낼 수 있는 원자, 분자, 이온 및 실험식으로 표시되는 이온결정의 경우도 원자량을 이용하여 그 양을 구할 수 있다.

③ **이온결정의 화학식량** ⋯ 염화소듐(NaCl)과 같이 분자로 존재하지 않는 이온결정물질은 실험식으로 나타내고, 실험식 중에 들어 있는 각 원자의 원자량을 합한다.

　　例 NaCl의 화학식량 = Na의 원자량 + Cl의 원자량 $= 23.0 + 35.5 = 58.5$

④ **이온식량** ⋯ 이온식 중에 포함된 원자들의 원자량을 합한다.

　　例 황산이온(SO_4^{2-})의 이온식량 $= 32.0 + 4 \times 16.0 = 96.0$

02 몰

❶ 몰

(1) 몰의 정의

일정량의 집단을 하나의 단위를 사용해 화학반응에서 양적 관계를 계산하면 편리한데 아주 작은 입자인 원자수나 분자수를 나타낼 때 몰(mol)이라는 단위를 사용한다.

$$1몰 = 6.02 \times 10^{23}개 = 아보가드로 수$$

(2) 물질 1몰의 의미

① 원자 1몰의 질량 = 원자 6.02×10^{23}개의 질량 = 1g 원자량(원자량 + g)

② 분자 1몰의 질량 = 분자 6.02×10^{23}개의 질량 = 1g 분자량(분자량 + g)

(3) 몰질량

① 1몰의 질량 ··· 원자량 · 분자량 · 실험식량 및 이온식량에 g을 붙인 값으로 아보가드로수(6.02×10^{23}개)만큼의 질량이 된다.

예 H 원자량 : $1 \xrightarrow{\text{g을 붙이면}} 1g$: H 원자 1몰 $\xrightarrow{\text{입자수}}$ H 원자 : 6.02×10^{23}개

H_2O 분자량 : $18 \xrightarrow{\text{g}} 18g$: H_2O 1몰 $\xrightarrow{\text{입자수}} H_2O$ 분자 : 6.02×10^{23}개

② 원자와 분자의 실제질량

$$원자(분자) \ 1개의 \ 실제질량 = \frac{원자량(분자량)}{N}g$$

∘ N : 아보가드로수

③ 몰수 $= \dfrac{질량}{1몰의 \ 질량}$

(4) 몰부피

① 몰의 부피
　　㉠ 표준 상태(0℃, 1기압)에서 기체 1몰이 차지하는 부피를 말한다.
　　㉡ 아보가드로의 법칙에 의하여 기체의 종류에 관계없이 1몰의 부피는 22.4L 이다.

> 기체 1몰＝기체분자 6.02×10^{23}개＝22.4L(표준 상태)

▶**TIP**～～～～～～～～～～～～
　　기체의 양은 질량으로 나타내는 것보다 부피를 사용하는 것이 편리하다. 기체 1몰이 차지하는 부피는 기체의 종류에 관계없고, 온도와 압력의 영향을 받는다.

② **기체의 분자량** … 표준 상태에서 22.4L 의 질량이다.
　　예 H_2 1몰＝H_2(수소분자) 6.02×10^{23}개＝H(수소원자) 6.02×10^{23}개 × 2
　　　　＝H_2, 22.4L(0℃, 1기압)＝수소질량 2g

③ **기체의 밀도** … 밀도는 단위부피당 물질의 질량을 말하는데, 0℃, 1기압에서 기체의 밀도를 구하는 식은 다음과 같다.

> $$기체의 밀도(n) = \frac{분자량}{22.4}(g/L)$$

❷ 화학식과 화학식량의 결정

(1) 분자량의 계산

① **몰부피 이용** … 모든 기체 1몰의 부피는 0℃, 1기압에서 22.4L이므로 0℃, 1기압에서 기체 22.4L의 질량은 1몰의 질량이 되고 여기서 g을 떼면 분자량이 된다.

> $$V(L) : w(g) = 22.4(L) : M(g)$$
> $$분자량(M) = \frac{w}{V} \times 22.4$$
> ◦ w : 질량(g)
> ◦ V : 부피(L)

② **아보가드로의 법칙 이용**
　　㉠ 같은 온도·압력에서 같은 부피 속에 들어 있는 두 기체는 분자수가 같으므로 두 기체의 질량비는 분자 1개의 질량비, 즉 분자량의 비가 된다.

ⓛ 밀도는 단위부피의 질량이므로 두 기체의 밀도비(비중)는 분자량의 비와 같다.

$$\frac{A \text{ 기체의 밀도}(d_A)}{B \text{ 기체의 밀도}(d_B)} = \frac{A \text{ 기체의 분자량}(M_A)}{B \text{ 기체의 분자량}(M_B)} \quad \text{(같은 온도와 압력)}$$

▶TIP

기체의 질량비 = 밀도의 비 = 분자량의 비

(2) 화학식의 결정

① 화학식 결정의 과정

$$\text{시료} \xrightarrow{\text{원소분석}} \text{실험식} \xrightarrow{\text{분자량 계산}} \text{분자식} \xrightarrow{\text{성질조사}} \text{시성식} \xrightarrow{\text{구조분석}} \text{구조식}$$

② 실험식의 결정

㉠ 화합물의 성분원소의 질량(또는 질량%)을 구한다.

ⓛ ㉠의 값을 원자량으로 나눈다.

㉢ ⓛ의 값을 정수비로 나타낸다.

㉣ 성분원소의 기호를 쓰고, 원자수의 비를 아래첨자로 쓴다.

> **예** C와 H의 질량 백분율이 각각 85.7%와 14.3%인 탄화수소의 실험식은 먼저 질량 백분율을 각각의 원자량으로 나누어서 간단한 정수비를 구한다.
>
> $$C : H = \frac{85.7}{12} : \frac{14.3}{1} = 7.15 : 14.3 = 1 : 2$$
>
> ∴ C와 H의 결합비율은 1 : 2로 실험식은 CH_2이다.

③ 분자식의 결정

㉠ 분자식 = (실험식) × n

ⓛ 분자량 = (실험식량) × n

> **예** 실험식이 CH이고, 분자량이 26일 때, 분자량 = (실험식량) × n에 대입하면
>
> $26 = (12+1) \times n$에서
>
> $n = 2$
>
> ∴ 분자식 = C_2H_2

최근 기출문제 분석

2025. 4. 5. 국가직

1 25˚C, 0.10M의 NaOH 수용액 1L에 대한 설명으로 옳은 것만을 모두 고르면? (단, HCl과 NaOH 는 물에서 완전히 해리된다)

> ㉠ pH<7
> ㉡ 0.10M의 HCl 수용액 2L를 첨가하면 중성이 된다.
> ㉢ 0.05M의 HCl 수용액 2L를 첨가하면 중성이 된다.
> ㉣ 증류수를 첨가해서 전체 수용액의 양을 2L로 만들면 NaOH 수용액의 농도는 0.05M이 된다.

① ㉠, ㉡   ② ㉠, ㉢

③ ㉡, ㉣   ④ ㉢, ㉣

TIP ㉢ 0.10M NaOH 수용액에 포함된 OH^-의 몰수는 $0.10M \times 1L = 0.1\,mol$이다. 또한 0.05M HCl 수용액 2L에 포함된 H^+의 몰수는 $0.05M \times 2L = 0.1\,mol$이다. H^+의 몰수가 OH^-의 몰수와 같으므로 두 수용액을 섞으면 중성이 된다.

㉣ 증류수를 첨가해서 전체 수용액의 양을 2배인 2L로 만들면 NaOH 수용액의 농도는 원래의 농도의 절반인 0.05M이 된다.

㉠ NaOH 수용액은 이온화되어 염기성을 나타내므로 25℃에서 pH>7이다.

㉡ 0.10M NaOH 수용액에 포함된 OH^-의 몰수는 $0.10M \times 1L = 0.1\,mol$이다. 또한 0.10M HCl 수용액 2L에 포함된 H^+의 몰수는 $0.10M \times 2L = 0.2\,mol$이다. H^+의 몰수가 OH^-의 몰수보다 크기 때문에 두 수용액을 섞으면 산성이 된다.

Answer   1.④

2021. 6. 5. 제1회 지방직

2 탄소(C), 수소(H), 산소(O)로 이루어진 화합물 X 23g을 완전 연소시켰더니 CO_2 44g과 H_2O 27g이 생성되었다. 화합물 X의 화학식은? (단, C, H, O의 원자량은 각각 12, 1, 16이다)

① HCHO

② C_2H_5CHO

③ C_2H_6O

④ CH_3COOH

TIP 화합물 X 23g 중 각 성분 원소(C, H, O)의 질량을 구하면 다음과 같다.

$$C = 44g \times \frac{12(C)}{44(CO_2)} = 12g$$

$$H = 27g \times \frac{2(2H)}{18(H_2O)} = 3g$$

$$O = 23g - (12 + 3)g = 8g$$

화합물 X를 구성하고 있는 각 원소(C, H, O)의 몰수 비는 다음과 같다.

$$C : H : O = \frac{12}{12} : \frac{3}{1} : \frac{8}{16} = 1 : 3 : 0.5 = 2 : 6 : 1$$

∴ 화합물 X의 실험식은 C_2H_6O이며, 보기 중 이를 만족하는 것은 ③ 밖에 없다.

2020. 6. 13. 제1회 지방직

3 바닷물의 염도를 1kg의 바닷물에 존재하는 건조 소금의 질량(g)으로 정의하자. 질량 백분율로 소금 3.5%가 용해된 바닷물의 염도[$\frac{g}{kg}$]는?

① 0.35

② 3.5

③ 35

④ 350

TIP 질량 백분율 3.5%는 바닷물 100g에 3.5g의 소금이 녹아 있다는 의미이므로 바닷물 1,000g(1kg)에는 35g의 소금이 녹아 있다.

Answer 2.③ 3.③

4 분자 수가 가장 많은 것은? (단, C, H, O의 원자량은 각각 12.0, 1.00, 16.0이다)

① 0.5mol 이산화탄소 분자 수

② 84g 일산화탄소 분자 수

③ 아보가드로 수만큼의 일산화탄소 분자 수

④ 산소 1.0 mol과 일산화탄소 2.0 mol이 정량적으로 반응한 후 생성된 이산화탄소 분자 수

TIP ① 0.5몰

② $\frac{84}{12+16} = 3$몰

③ 아보가드로 수는 1몰

④ 1몰의 일산화탄소 + 0.5몰의 산소 → 1몰의 이산화탄소
    일산화탄소 2몰이 반응했으므로 이산화탄소도 2몰이 생성된다.

5 다음 반응식에서 BC 용액의 농도는 0.200M이고 용액의 부피는 250mL이다. 용액이 100% 반응하는 동안 0.6078g의 A가 반응했다면 A의 몰 질량은?

$$A(s) + 2BC(aq) \longrightarrow A^{2+}(aq) + 2C^{-}(aq) + B_2(g)$$

① 12.156g/mol

② 24.312g/mol

③ 36.468g/mol

④ 48.624g/mol

TIP BC의 몰수 $= 0.200 \times 0.25 = 0.05$mol

반응한 A의 몰수 $= 0.05 \times \frac{1}{2} = 0.025$mol

∴ A의 몰질량 $= \frac{0.6078}{0.025} = 24.312$g/mol

Answer 4.② 5.②

출제 예상 문제

1 탄소와 수소 화합물의 질량을 분석한 결과가 탄소원자 92.3%, 수소원자 7.7%이었을 때 이 화합물의 분자식으로 옳은 것은? (단, 분자량 = 26)

① C_2H_2

② C_2H_4

③ C_3H_8

④ C_4H_4

> **TIP** 질량백분율을 각각의 원자량으로 나누어 간단한 정수비를 구하면
>
> $C : H = \dfrac{92.3}{12} : \dfrac{7.7}{1} = 7.7 : 7.7 = 1 : 1$이므로 실험식은 CH가 된다.
>
> '분자량 $= n \times$ 실험식'이므로 $26 = n \times 13$에서
>
> $n = 2$가 되므로 분자식은 C_2H_2이다.

2 다음 중 어떤 원소 X 70g과 산소 160g이 결합하여 XO_2의 화합물이 만들어졌을 경우 원자 X의 원자량으로 옳은 것은? (단, O = 16)

① 14

② 20

③ 28

④ 36

⑤ 56

> **TIP** $X + O_2 \longrightarrow XO_2$
>
> O_2(32g)가 160g이면 5몰이다. X와 O_2가 1 : 1로 반응하므로 X도 5몰 반응한다.
>
> $70 : 5몰 = x : 1몰$
>
> $\therefore x = 14$

3 원자량이 24인 어떤 원소 M의 산화물을 분석한 결과, 질량백분율로 산소가 40% 들어 있었다면 이 산화물의 실험식으로 옳은 것은?

① MO

② M_2O

③ MO_2

④ M_2O_2

> **TIP** 질량백분율이 산소가 40%이면 M은 60%가 된다.
>
> $M : O = \dfrac{60}{24} : \dfrac{40}{16} = 2.5 : 2.5 = 1 : 1$이므로 실험식은 MO가 된다.

Answer 1.① 2.① 3.①

4 다음 중 어떤 탄화수소 속에 포함되어 있는 C의 질량비가 80.0%일 경우 이 탄화수소의 실험식은?

① CH

② C_2H

③ CH_3

④ C_3H_2

TIP $C:H = \dfrac{80}{12} : \dfrac{20}{1} = 1 : 3$

CH의 실험식은 CH_3가 된다.

5 다음 중 원자나 분자수가 나머지와 다른 것으로 옳은 것은? (단, 원자량은 H=1, N=14, O=16)

① H_2 1g 중에 들어 있는 수소분자수

② O_2 16g 중에 들어 있는 산소원자수

③ H_2O 9g 중에 들어 있는 산소원자수

④ NH_3 8.5g 중에 들어 있는 암모니아분자수

TIP ② $\dfrac{16}{32} = 0.5\,mol$인데, 산소원자가 2분자이므로 1mol이다.

① $\dfrac{1}{2} = 0.5\,mol$ ③ $\dfrac{9}{18} = 0.5\,mol$ ④ $\dfrac{8.5}{17} = 0.5\,mol$

6 다음 표는 두 가지 화합물 Ⅰ, Ⅱ의 성분 원소 A, B의 질량백분율이다. 화합물 Ⅰ의 화학식이 AB_2일 때, 화합물 Ⅱ의 화학식으로 옳은 것은?

화합물	성분원소의 질량(%)	
	A	B
Ⅰ	50	50
Ⅱ	40	60

① AB

② AB_2

③ A_2B

④ AB_3

TIP 질량백분율은 실험식을 구할 수 있는데,

A의 원자량을 M_1, B의 원자량을 M_2라 하면

화합물 Ⅰ에서 $A:B = 1:2 = \dfrac{50}{M_1} : \dfrac{50}{M_2}$

$M_1 = 50$, $M_2 = 25$

화합물 Ⅱ의 $A:B = \dfrac{40}{50} : \dfrac{60}{25} = 1:3$ 이 되어 실험식은 AB_3가 된다.

Answer 4.③ 5.② 6.④

7 부피가 일정하고 질량이 10g인 용기에 CH_4를 넣고 측정한 질량이 10.5g이었다. 같은 온도와 압력에서 용기에 분자량을 모르는 어떤 기체 XO_2를 넣고 측정한 질량이 12g이었다면 원소 X의 원자량은? (단, 원자량 C=12, H=1, O=16)

① 16   ② 32
③ 40   ④ 48

TIP 같은 온도, 같은 압력, 같은 부피 속의 모든 기체에 같은 수의 분자가 들어 있으므로 몰수가 같다.

CH_4의 분자량 $= 12 + 1 \times 4 = 16$

몰수 $= \dfrac{10.5 - 10}{16} = \dfrac{12 - 10}{32 + x}$

$\therefore x = 32$

8 다음 몇 가지 산화질소의 원소분석결과를 나타낸 그래프에서 이 실험결과를 얻을 때 사용되는 산화질소로 옳지 않은 것은?

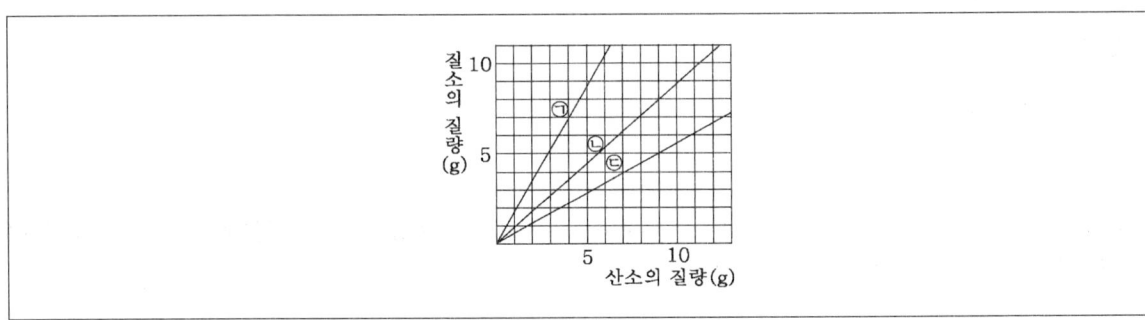

① NO   ② NO_3
③ N_2O ④ N_2O_3

TIP 가로, 세로에 교점이 되는 정수를 구하여 N의 질량과 O의 질량을 구하면,

㉠ N가 7g, O가 4g일 경우 : 몰수비를 구하면 $\dfrac{7}{14} : \dfrac{4}{16} = 2 : 1 \rightarrow N_2O$

㉡ N가 8g, O가 9g일 경우 : 몰수비를 구하면 $\dfrac{8}{14} : \dfrac{9}{16} ≒ 1 : 1 \rightarrow NO$

㉢ N가 5g, O가 9g일 경우 : 몰수비를 구하면 $\dfrac{5}{14} : \dfrac{9}{16} ≒ 2 : 3 \rightarrow N_2O_3$

9 다음 중 0℃, 1기압에서 3.2g, 4.48L의 부피를 차지하고 있는 기체는 무엇인가?

① CH_4

② C_2H

③ C_2H_3

④ C_3H_5

TIP 0℃, 1기압 4.48L에는 0.2mol의 분자가 들어 있으므로
1mol : 0.2mol $= x$ g : 3.2g에서 x =16g
1몰의 질량이 16g인 것은 CH_4이다.

10 다음 중 어떤 기체 0.2mol의 질량이 12.8일 때 이 기체의 분자량으로 옳은 것은?

① 12

② 26

③ 48

④ 64

TIP $0.2 : 12.8 = 1 : x$
$\therefore x = \dfrac{12.8}{0.2} = 64$

11 산업용 안료로 사용되는 티탄(Ti)의 산화물이 티탄 4.8g, 산소 3.2g 포함하고 있다면 이 안료의 화학식으로 옳은 것은? (단, 원자량은 O=16, Ti=48)

① TiO

② TiO_2

③ Ti_2O

④ Ti_3O_4

TIP $Ti = \dfrac{4.8}{48} = 0.1mol$, $O = \dfrac{3.2}{16} = 0.2mol$
$Ti : O = 0.1 : 0.2$로 화합물은 TiO_2이다.

12 다음 설명 중 옳은 것은? (단, 아보가드로 수 $= 6 \times 10^{23}$개)

① 22g의 CO_2의 산소원자수는 3×10^{23}개이다.

② 0℃, 1기압의 CH_4 1몰의 수소원자수는 2.4×10^{24}개이다.

③ 물 1몰에는 6×10^{23}개의 원자가 들어 있다.

④ 25℃, 1기압의 22.4L의 산소분자수는 6×10^{23}개이다.

TIP CH_4의 수소원자수 $= 4 \times 1 \times 6.02 \times 10^{23}$
$= 2.4 \times 10^{24}$

Answer 9.① 10.④ 11.② 12.②

13 다음 중 표준 상태에서 밀도가 1.25g/L 인 기체의 실험식이 CH_2라면 분자식으로 옳은 것은?

① CH_3 ② C_2H_2

③ C_2H_4 ④ C_3H_5

> **TIP** 밀도 $= \dfrac{질량}{부피}$ 이므로, 질량 = 밀도×부피
>
> 분자량 $= 1.25\,(g/L) \times 22.4\,(L) = 28$
>
> 분자식은 실험식의 n 배이므로 CH_2(식량 : 14)는 2배가 되어 C_2H_4가 된다.

14 다음 중 0℃, 1기압에서 NH_3(암모니아) 34g 속에 존재하는 수소원자수로 옳은 것은? (단, H=1, N= 14, 아보가드로수=6×10^{23}개)

① 1.4×10^{24}개 ② 2.2×10^{23}개

③ 3.6×10^{24}개 ④ 6×10^{23}개

> **TIP** NH_3의 분자량은 17이므로, 34g이 있는 경우 2몰이다.
>
> 1몰의 NH_3에는 수소원자가 3몰 존재하므로 NH_3가 2몰이면 수소원자 6몰이 존재한다.
>
> 수소원자수 $= 6 \times 6 \times 10^{23} = 3.6 \times 10^{24}$개

15 0.01몰 H_2SO_4 200ml를 만들기 위해 필요한 H_2SO_4의 양은? (단, H_2SO_4 분자량 = 98)

① 0.196 ② 0.245

③ 0.361 ④ 0.547

> **TIP** 200ml 0.01몰 H_2SO_4를 만들기 위해 필요한 H_2SO_4의 양은 0.01몰 $H_2SO_4 \times 0.2$
>
> ∴ $0.98 \times 0.2 = 0.196$

16 다음 중 0℃, 1기압에서 어떤 기체 44.8L의 부피에 4g의 질량을 차지하는 기체는?

① He ② H_2

③ O_2 ④ SO_2

> **TIP** 0℃, 1기압 22.4L에는 1몰의 분자가 들어 있으므로 44.8L에는 2몰의 분자가 들어 있다. 2몰의 H_2 질량은 4g이다.

Answer 13.③ 14.③ 15.① 16.②

17 다음 중 수소원자 개수가 가장 많은 것은? (단, 0℃, 1기압)

① 18g의 H_2O

② 22.4L의 H_2기체

③ 6×10^{23}개의 C_2H_6

④ 0.5몰의 C_2H_5OH

TIP ① 1몰의 H_2O는 2몰의 수소원자를 포함한다.
② 1몰의 H_2기체는 2몰의 수소원자를 포함한다.
③ 6몰의 수소원자를 포함한다.
④ 1몰의 C_2H_5OH는 6몰의 수소원자를 포함하는데, 0.5몰이므로 3몰의 수소원자를 포함한다.

18 다음의 기체 분자들이 각각 10g씩 들어 있다고 할 경우 몰부피가 가장 큰 물질로 옳은 것은? (단, 온도와 압력은 일정하다)

① H_2(2)

② O_2(32)

③ CO_2(44)

④ SO_2(64)

TIP 아보가드로 법칙에 의해 기체는 1몰당 22.4L의 부피를 차지하고 몰수가 클수록 몰부피가 크며, 같은 양의 기체분자가 들어 있는 경우 분자량이 작을수록 몰수가 커진다. 보기 중 H_2의 몰수가 가장 크다.

19 다음 중 원자량의 기준을 나타낸 것으로 옳은 것은?

① 질량수 1인 수소

② 질량수 4인 헬륨

③ 질량수 12인 탄소

④ 질량수 16인 산소

TIP 원자량 … 질량수가 12인 탄소원자($_6^{12}C$) 1개의 질량을 12.00으로 정해서 이것을 기준으로 하여 비교한 다른 원자의 상대적인 질량 값을 말한다.

Answer 17.③ 18.① 19.③

20 어떤 탄화수소를 분석한 결과 탄소가 90%임을 알았을 경우 이 탄화수소의 실험식은?

① CH_2 ② CH_4

③ C_2H_6 ④ C_3H_4

> **TIP** 탄화수소에서의 탄소와 수소의 비율은 C : H = 90 : 10이다.
> C = 90/12 = 7.5, H = 10/1 = 10으로 이를 간단한 정수비로 고치면
> C : H = 3 : 4가 되고 실험식은 C_3H_4가 된다.

21 다음 중 C와 H만으로 이루어진 어떤 화합물 30mg을 완전 연소시켰을 때 CO_2가 88mg 생성되었다면 이 물질의 실험식으로 옳은 것은?

① CH   ② CH_2

③ CH_3 ④ C_2H_2

> **TIP** CO_2의 분자량 44, C의 분자량 12에서
> C의 분자량은 88mg × 12/44 = 24mg
> H는 전체질량 − C의 질량 = 30 − 24 = 6mg
> C와 H의 비율 C : H = 24/12 : 6/1 = 1 : 3에서
> 실험식은 CH_3가 된다.

22 다음 중 같은 실험식이 얻어지는 것끼리 짝지은 것으로 옳은 것은?

㉠ CH_3COOH	㉡ CH_3COOCH_3
㉢ C_2H_5OH	㉣ HCHO

① ㉠㉡   ② ㉠㉣

③ ㉡㉢   ④ ㉢㉣

> **TIP** ㉠㉣ CH_2O ㉡ $C_3H_6O_2$ ㉢ C_2H_6O

23 다음 중 어떤 화합물에서 규소원자(Si) 1개, 탄소원자(C) 1개의 질량비가 2.34 : 1일 때 Si의 원자량으로 옳은 것은?

① 2.00　　　　　　　　　　　　② 8.35

③ 14.20　　　　　　　　　　　　④ 28.08

> **TIP** 규소의 원자량을 x 라 하면, $2.34 : 1 = x : 12$가 되고 여기에서 x 를 구하면
> $x = 12 \times 2.34 = 28.08$

24 자연계에서 Cl의 존재형태는 ^{35}Cl, ^{37}Cl인 두 동위원소이고 Cl의 평균원자량은 35.5인데 자연계에서 ^{35}Cl가 존재하는 비율로 옳은 것은?

① 45%　　　　　　　　　　　　② 55%

③ 65%　　　　　　　　　　　　④ 75%

> **TIP** ^{35}Cl의 존재비율을 x %라고 하면 ^{37}Cl의 존재비율은 $(100 - x)$%가 된다.
> $35 \times \dfrac{x}{100} + 37 \times \dfrac{100 - x}{100} = 35.5$
> $\therefore x = 75\%$

25 다음 중 SO_2의 분자량으로 옳은 것은?

① 23.0　　　　　　　　　　　　② 36.0

③ 48.0　　　　　　　　　　　　④ 54.0

⑤ 64.0

> **TIP** SO_2의 분자량 $= 32.0 + 16.0 \times 2 = 64.0$

26 다음 중 $(NH_4)_2SO_4$의 화학식량으로 옳은 것은?

① 120.0　　　　　　　　　　　　② 132.0

③ 142.0　　　　　　　　　　　　④ 154.0

> **TIP** 각 원소의 원자량 N = 14.0, H = 1.0, S = 32.0, O = 16.0으로 대입하여 계산하면
> $(NH_4)_2SO_4$의 화학식량 $= (14.0 + 1.0 \times 4) \times 2 + 32.0 + 16.0 \times 4 = 132.0$

Answer　23.④　24.④　25.⑤　26.②

27 다음 50g의 CaCO₃ 중에 들어 있는 Ca의 양으로 옳은 것은? (단, Ca의 분자량=40)

① 10g

② 14g

③ 20g

④ 26g

> **TIP** CaCO₃의 화학식량 = $40.0 + 12.0 + 16.0 \times 3 = 100.0$
>
> Ca의 질량 백분율 = $40.0/100.0 \times 100 = 40\%$
>
> Ca의 질량 백분율은 40%로 CaCO₃ 50g 중의 Ca의 양은 $50g \times \dfrac{40}{100} = 20\,g$

28 다음 중 산소분자 2몰 속의 산소분자수로 옳은 것은? (단, 아보가드로수 = 6.02×10^{23})

① 1.204×10^{23}개

② 3.01×10^{23}개

③ 1.204×10^{24}개

④ 3.01×10^{24}개

⑤ 6.02×10^{24}개

> **TIP** 1몰당 분자수는 6.02×10^{23}개이므로
>
> $2 \times 6.02 \times 10^{23}$개 $= 1.204 \times 10^{24}$개

29 이산화탄소 11g 속에 들어 있는 CO₂의 분자수로 옳은 것은?

① 1.505×10^{23}개

② 3.01×10^{23}개

③ 6.02×10^{23}개

④ 6.02×10^{24}개

> **TIP** CO₂의 분자량이 44이므로 1몰은 44g이다.
>
> 11g은 0.25몰이므로 $0.25 \times 6.02 \times 10^{23}$개 $= 1.505 \times 10^{23}$개가 된다.

30 다음 중 물분자 1.5×10^{23}개의 질량으로 옳은 것은?

① 4.5g

② 9g

③ 14g

④ 18g

> **TIP** 1몰당 분자수는 6.02×10^{23}개이므로 0.25몰일 때 분자수는 1.5×10^{23}개가 된다.
>
> 1몰당 물의 질량이 18g이므로 $18 \times 0.25 = 4.5\,g$

Answer 27.③ 28.③ 29.① 30.①

31 다음 중 0℃, 1기압에서 프로페인(C_3H_8) 5.6L의 질량으로 옳은 것은?

① 11g　　　　　　　　　　　　　② 20g

③ 30g　　　　　　　　　　　　　④ 38g

> **TIP** $3 \times 12 + 8 = 44$이고 1몰(22.4L)의 질량은 44g에서
> 5.6L는 0.25몰이므로 질량을 구하면
> $0.25 \times 44 = 11$g

32 다음 중 0℃, 1기압에서 기체 X의 분자량으로 옳은 것은?

> ㉠ 진공의 플라스틱 용기의 질량 : 8.00g
> ㉡ 메테인($CH_4 = 16$)을 채운 용기의 질량 : 9.00g
> ㉢ 기체 X를 채운 용기의 질량 : 10.76g

① 24　　　　　　　　　　　　　② 32

③ 44　　　　　　　　　　　　　④ 49

⑤ 56

> **TIP** 같은 부피 속에는 같은 몰수의 기체가 존재하므로 플라스틱 용기 안에 들어 있는 메테인과 기체 X의 몰수는 같다.
> CH_4의 분자량 : X의 분자량 $= (9.00 - 8.00) : (10.76 - 8.00)$
> $16 : M = 1.00 : 2.76$
> $\therefore M = 44.16 ≒ 44$

33 다음 중 0℃, 1기압의 조건에서 어떤 기체 5.6L의 질량 측정값이 4.0g이었을 경우 이 기체의 분자량으로 옳은 것은?

① 4.0　　　　　　　　　　　　　② 10.0

③ 12.0　　　　　　　　　　　　④ 16.0

⑤ 20.0

> **TIP** 0℃, 1기압에서 기체의 분자량은 22.4L의 질량이므로
> $5.6L : 4.0g = 22.4L : Mg$
> $\therefore M = \dfrac{22.4 \times 4.0}{5.6} = 16.0$

34 다음 화학식량 중 분자량에 해당하는 것은?

① NaCl − 58.5

② Fe − 55.9

③ CO₂ − 44

④ Al₂O₃ − 102

TIP ① 이온결정 ②④ 공유결정(원자결정)은 분자가 아니다.

※ **분자량** … 분자를 구성하고 있는 모든 원자들의 원자량의 합을 말한다.

35 다음 중 CH_4보다 2배 무거운 분자로 옳은 것은?

① CO₂

② C₄H₁₀

③ O₂

④ SO₂

TIP CH_4의 분자량이 $16(=12+1\times4)$으로 2배 무거우면 32이다.

① $12+6\times2=44$

② $12\times4+1\times10=58$

③ $16\times2=32$

④ $32+16\times2=64$

36 다음 중 아보가드로수에 대한 설명으로 옳지 않은 것은?

① $(NH_4)_2SO_4$(화학식량=132) 66g에 들어 있는 NH_4^+ 수이다.

② 표준 상태의 암모니아 기체 5.6L 중의 수소원자수이다.

③ 물 18g 중의 물분자수이다.

④ 표준 상태의 수소기체 22.4L 중의 수소분자수이다.

TIP 표준 상태(0℃, 1기압)에서 22.4L의 부피 속에 아보가드로수만큼의 분자를 가진다.

① $(NH_4)_2SO_4$ 66g은 0.5몰인데 NH_4^+는 2몰이 들어 있으므로 NH_4^+는 1몰이 존재한다.

② NH_3 5.6L는 0.25몰인데 수소가 3몰이 존재하므로 수소원자는 $\frac{3}{4}$ 몰 존재하게 된다.

③ H_2O의 분자량이 18g이므로 1몰이다.

④ 기체 1몰은 22.4L의 부피를 차지한다.

37 다음 몰의 개념에 대한 설명 중 옳지 않은 것은?

① 메탄올(CH_3OH) 1몰 중에는 산소원자 6.02×10^{23}개가 있다.
② 염화소듐 1몰 중에는 Na^+와 Cl^-가 각각 3.01×10^{23}개씩 들어 있다.
③ 전자 1몰 중에는 6.02×10^{23}개의 전자가 있다.
④ 수소이온(H^+) 1몰 중에는 6.02×10^{23}개의 양성자가 있다.

TIP ② NaCl 1몰 중에는 Na^+, Cl^-가 각각 6.02×10^{23}개씩 들어 있다.

38 다음 중 나타내는 숫자가 가장 큰 것은?

① H_2O 1/2몰 중의 산소원자수
② NH_3 1/2몰 중의 질소원자수
③ $MgCl_2$ 1몰 중의 이온수
④ $_8^{16}O$ 1몰 중의 원자수

TIP ① H_2O의 $\frac{1}{2}$몰에는 산소 $\frac{1}{2}$몰이 들어 있다.

$\frac{1}{2} \times 6.02 \times 10^{23}$개

② NH_3 $\frac{1}{2}$몰에는 질소 $\frac{1}{2}$몰이 들어 있다.

$\frac{1}{2} \times 6.02 \times 10^{23}$개

③ $MgCl_2$는 $Mg^{2+} + 2Cl^-$로 이온화하므로, 1몰 중의 이온수는 $3 \times 6.02 \times 10^{23}$개
④ O 1몰 중의 원자수는 6.02×10^{23}개

39 다음 중 산소원자 1.5×10^{23}개의 질량으로 옳은 것은? (단, 아보가드로수 $= 6.0 \times 10^{23}$개)

① 1g
② 2g
③ 4g
④ 6g

TIP 원자수가 1.5×10^{23}개라면 0.25몰이므로 $16 \times 0.25 = 4g$

Answer 37.② 38.③ 39.③

40 다음 중 수소원자 개수가 가장 많은 것은? (단, H, C, O의 원자량은 각각 1, 12, 16)

① 9g의 H_2O

② 6×10^{23}개의 CH_4

③ 0.1몰의 NH_3

④ 22.4L의 H_2 기체

TIP ① 9g의 H_2O는 0.5몰이고 수소원자 2개가 있으므로 수소원자수는 $0.5 \times 2 \times 6.02 \times 10^{23}$개

② CH_4에는 4개의 수소원자가 존재하므로 수소원자수는 $4 \times 6.02 \times 10^{23}$개

③ NH_3에는 3개의 수소원자가 있으므로 0.1몰일 경우 수소원자수는 $3 \times 0.1 \times 6.02 \times 10^{23}$개

④ 22.4L이면 1몰이고 수소분자는 2개의 수소원자이므로 수소원자수는 $2 \times 6.02 \times 10^{23}$개

41 다음 중 같은 질량을 가지는 산소와 메테인의 분자수의 비로 옳은 것은?

① $O_2 : CH_4 = 1 : 3$

② $O_2 : CH_4 = 1 : 2$

③ $O_2 : CH_4 = 2 : 1$

④ $O_2 : CH_4 = 4 : 1$

⑤ $O_2 : CH_4 = 4 : 3$

TIP O_2 1몰 = 32g, CH_4 1몰 = 16g으로 $O_2 : CH_4 = 1 : 2$이다.

42 다음 중 같은 온도 · 압력에서 부피가 가장 큰 기체는?

① He 0.05몰

② CO_2 1g

③ N_2 6.0×10^{22}개

④ Ne 0.5몰

TIP 1몰당 22.4L의 부피를 가지므로

① $0.05 \times 22.4L$ ② $\frac{1}{44} \times 22.4L$ ③ $0.1 \times 22.4L$ ④ $0.5 \times 22.4L$

Answer 40.② 41.② 42.④

43 다음 중 25℃, 1기압에서 밀도(g/L)가 가장 큰 기체로 옳은 것은? (단, H = 1, C = 12, N = 14, O = 16)

① N_2

② CH_2

③ O_2

④ CO_2

> **TIP** 기체의 질량비 = 밀도의 비 = 분자량의 비
> ① $14 \times 2 = 28$
> ② $12 + 1 \times 16 = 28$
> ③ $16 \times 2 = 32$
> ④ $12 + 16 \times 2 = 44$

44 다음 중 0℃, 1기압에서 어떤 기체 224ml의 질량이 0.46g이었을 때 이 기체의 분자량으로 옳은 것은?

① 23

② 46

③ 62

④ 84

⑤ 92

> **TIP** 기체 1몰은 0℃, 1기압에서 22,400ml이다.
> $224 : 0.46 = 22,400 : M$
> $\therefore M = 46$

45 다음 중 어떤 기체의 원소분석 결과가 탄소와 수소원자수의 비 1 : 2로 나오고 밀도가 1.25g/L일 경우 그 분자식으로 옳은 것은?

① CH_2

② C_2H_4

③ C_3H_8

④ C_4H_{10}

> **TIP** 탄소와 수소원자수의 비가 1 : 2이므로 실험식은 CH_2=14가 된다.
> 밀도는 1.25g/L 인데 22.4L 안에 있는 질량을 구해야 하므로
> $1.25g/L \times 22.4L = 28g$
> 부피 22.4L 속에 28g이 들어 있으므로 $n \times 14 = 28$에서
> $n = 2$가 되고 분자식은 C_2H_4가 된다.

Answer   43.④ 44.② 45.②

46 다음 중 CO_2 22g 속에 들어 있는 CO_2 분자수와 같은 수의 분자를 갖는 CH_4의 질량으로 옳은 것은?

① 6g

② 8g

③ 14g

④ 16g

⑤ 20g

> **TIP** CO_2의 1몰은 44g으로 22g은 0.5몰이고, CH_4 1몰은 16g으로 0.5몰은 8g이 된다.

47 다음 중 0℃, 1기압에서 황의 증기 1.00L의 질량이 11.43g일 때 황의 분자식으로 옳은 것은? (단, 황 원자량 = 32)

① S_4

② S_5

③ S_6

④ S_8

> **TIP** 22.4L의 질량을 구하면,
> $22.4 : x = 1 : 11.43$에서 $x = 256$이 된다.
> 22.4L에 256g 들어 있으므로 황의 원자량으로 나누면
> $256/32 = 8$이므로 황이 8개 모인 분자로 되어 있다.

48 25℃, 1기압에서 헬륨 0.2g을 채울 수 있는 그릇에 어떤 기체를 채웠을 때 1.6g이 들어갔다면 이 기체는 무엇인가? (단, 헬륨 원자량 = 4)

① CH_4

② N_2

③ O_2

④ Al_2O_3

> **TIP** 헬륨의 원자량이 4g이므로 그릇에 0.2g을 채울 수 있다면 그릇은 $\frac{0.2}{4} = \frac{1}{20}$몰의 기체를 담을 수 있다. 분자량을 M이라 하면
> $\frac{1}{20} \times M = 1.6$에서 $M = 32$이므로 O_2가 된다.

49 다음 중 같은 온도와 압력에서 밀도가 산소의 2배인 기체의 분자식으로 옳은 것은?

① SO_2

② O_2

③ CO_2

④ NO_2

> **TIP** 기체의 질량비 = 밀도비 = 분자량비가 된다.
> 산소의 2배인 기체의 분자량은 $32 \times 2 = 64$ 이다.
> ① $32 + 16 \times 2 = 64$
> ② $16 \times 2 = 32$
> ③ $12 + 16 \times 2 = 44$
> ④ $14 + 16 \times 2 = 46$

50 다음 중 13g의 원소 A를 완전연소시키는 데 산소 12g이 소모되고 A의 원자량이 52라면 이 때 생성된 산화물의 분자식을 A와 O로 나타낸 것은?

① AO

② A_2O

③ AO_3

④ A_2O_3

⑤ A_3O_3

> **TIP** 1몰당 두 원소의 반응비를 구해 보면
> 원소 A $\frac{13}{52}$ 몰과 산소 $\frac{12}{16}$ 몰이 반응하여 완전연소하므로
> 반응비 $\frac{13}{52} : \frac{12}{16}$ 를 간단히 하면 $0.25 : 0.75 ≒ 1 : 3$ 이 된다.
> ∴ AO_3

51 다음 중 플루오르 95%와 수소 5%를 포함하는 물질의 실험식으로 옳은 것은? (단, F의 원자량 = 19)

① HF

② H_2F

③ H_2F_3

④ H_3F

> **TIP** 질량 백분율을 각각의 원자량으로 나누어 간단한 정수비를 구하면
>
> $H : F = \dfrac{5}{1} : \dfrac{95}{19} = 5 : 5 = 1 : 1$로 실험식은 HF가 된다.

52 화학식이 M_2O_3인 화합물에서 M원소 1.03g을 공기 중에 연소한 결과 1.94g의 산화물을 얻었다면 M원소의 원자량으로 옳은 것은?

① 20

② 27

③ 32

④ 34

> **TIP** 산화물이 1.94g이므로 1.94 − 1.03 = 0.91g의 산소가 반응한 것이다.
>
> 화학식 M_2O_3에서 1몰당 반응비가 2 : 3이 되어야 하므로 M의 원자량을 x라 하면
>
> $\dfrac{1.03}{x} : \dfrac{0.91}{32} = 2 : 3$에서 $x = 54.3$
>
> x는 M의 2원자 값이므로 $\dfrac{54.3}{2} ≒ 27$

53 붕소(B)에 질량수 10, 11의 두 가지 동위원소가 있다. 붕소의 원자량을 10.8이라 할 때 ^{10}B, ^{11}B의 존재비로 옳은 것은?

① 1 : 2

② 2 : 1

③ 1 : 3

④ 3 : 1

⑤ 1 : 4

> **TIP** ^{10}B의 존재비를 x라 하면 ^{11}B는 $(100 - x)$이다.
>
> $\dfrac{10x + 11(100 - x)}{100} = 10.8$에서 $x = 20$이다.
>
> $^{10}B : ^{11}B = 20 : 80 = 1 : 4$가 된다.

54 다음 중 어떤 탄화수소의 성분을 분석한 것이 탄소 85.7%, 수소 14.3%이었을 경우 이 탄화수소의 실험식으로 옳은 것은?

① CH

② CH$_2$

③ CH$_3$

④ C$_2$H$_3$

⑤ C$_2$H$_6$

TIP C : H = $\dfrac{85.7}{12}$: $\dfrac{14.3}{1}$ = 1 : 2 이므로 탄화수소의 실험식은 CH$_2$이다.

55 어떤 온도, 압력하의 일정한 부피 속에 들어 있는 어떤 기체의 질량이 3.2g이고, 같은 온도, 압력하의 같은 부피 속 질소의 질량이 1.4g일 때 이 기체의 분자량은 얼마인가?

① 20

② 32

③ 48

④ 64

⑤ 72

TIP 같은 부피에는 같은 몰수의 기체가 들어 있으므로 $\dfrac{1.4}{28}$ = 0.05몰의 N$_2$가 들어 있다. 어떤 기체의 분자량을 M이라 하면 1몰일 때의 분자량은

0.05 : 1 = 3.2 : M

M = 64

56 다음 중 기체가 5g씩 있을 때 표준 상태에서 부피가 가장 큰 것은?

① 질소

② 수소

③ 산소

④ 이산화탄소

TIP 1몰당 기체의 무게는 산소 32g, 수소 2g, 질소 26g, 이산화탄소 44g이다.

1몰이 차지하는 부피는 22.4L인데 몰수는 $\dfrac{5}{분자량}$ 이므로 부피는 1몰의 질량에 반비례한다.

03 화학반응식

01 화학반응식

❶ 화학반응

(1) 화학반응의 개요

① **화학반응의 정의** … 원자 자체는 파괴되거나 생성되지 않으나 재배열됨으로써 분자가 달라지는 변화를 뜻한다.

② **물리적 · 화학적 변화**

　⊙ **물리적 변화** : 물질의 모양 · 크기 및 상태만 변하고 고유의 성질은 변하지 않는다.

　　예 설탕이 물에 녹는 용해현상, 얼음이 녹는 현상, 유리창이 깨지는 현상 등

　ⓒ **화학적 변화** : 물질의 본질이 변하여 새로운 성질의 물질로 되는 현상으로 원자 사이의 결합이 끊어지고 재배열하여 분자가 달라진다.

　　예 초가 타는 연소반응, 철이 녹스는 현상, 김치가 시는 현상 등

(2) 종류

① **화합** … 2종류 이상의 물질이 반응하여 새로운 한 가지 물질로 되는 반응이다.

　예 • $H_2 + Cl_2 \rightarrow 2HCl$

　　　• $HCl + NH_3 \rightarrow NH_4Cl$

② **분해** … 1가지 물질이 두 종류 이상의 물질로 되는 반응이다.

　⊙ **열분해** : 가열에 의해 일어나는 분해이다.

　　예 탄산칼슘 → 산화칼슘 + 이산화탄소

　ⓒ **전기분해** : 전기에너지에 의해 일어나는 분해이다.

　　예 물 → 수소 + 산소

　ⓒ **촉매에 의한 분해** : 촉매작용을 하는 화학물질에 의해 일어나는 분해이다.

　　예 과산화수소 $\xrightarrow{\text{이산화망가니즈(촉매)}}$ 물 + 산소

② 복분해 : 두 가지의 화합물이 서로 성분의 일부를 바꾸어 두 가지의 새로운 화합물을 형성하는 반응이다.

　　예 $2KI + Pb(NO_3)_2 \rightarrow 2KNO_3 + PbI_2$

③ **치환** … 화합물을 구성하는 성분 중 일부가 다른 원자나 원자단으로 바뀌는 반응이다.

　　예 $2HCl + Zn \rightarrow ZnCl_2 + H_2$

❷ 화학반응식

(1) 화학반응식

화학반응에 관여하는 모든 원소와 화합물을 화학식으로 표시하여 그 반응을 나타낸 것이다.

(2) 화학반응식 만들기

① 반응물질을 화살표의 왼쪽에, 생성물질을 화살표의 오른쪽에 나타낸다.

　　예 수소 + 산소 → 물

② 물질의 화학식을 써서 반응식을 나타낸다.

　　예 $H_2 + O_2 \rightarrow H_2O$

③ 화학식 앞에 숫자를 붙여 반응 전후의 원자수를 같게 해 준다.

　　예 $2H_2 + O_2 \rightarrow 2H_2O$

④ 물리적 상태에 따라 고체(s), 액체(l), 기체(g), 수용액(aq)으로 나타낸다.

　　예 $2H_2(g) + O_2(g) \rightarrow H_2O(g)$
　　　 $2H_2(g) + O_2(g) \rightarrow H_2O(l)$

(3) 화학반응식의 계수 맞추기

반응 전후의 원자가 새로 생기거나 없어지지 않는다는 사실을 이용하여 반응식 왼쪽과 오른쪽의 원소 종류와 수가 서로 같게 맞추어서 가장 간단한 정수비로 나타낸다.

예 $C_3H_8 + O_2 \rightarrow H_2O + CO_2$

　　각 분자의 계수를 차례로 a, b, x, y 라고 하면

　　$aC_3H_8 + bO_2 \rightarrow xH_2O + yCO_2$로 반응 전과 반응 후의 원자수를 비교하면,

　　$C : 3a = y$

　　$H : 8a = 2x$

　　$O : 2b = x + 2y$

　　$y = 1$이라고 하면 $a = \dfrac{1}{3}$, $x = \dfrac{4}{3}$, $b = \dfrac{5}{3}$ 가 된다.

　　정수로 고치기 위해 3을 곱하면 $a = 1$, $b = 5$, $x = 4$, $y = 3$이 된다.

　　∴ $C_3H_8 + 5O_2 \rightarrow 4H_2O + 3CO_2$

❸ 알짜이온반응식

(1) 이온화

① 개념 … HCl, NaOH, NaCl 등과 같은 산, 염기, 염이 물에 녹아서 양이온과 음이온으로 나뉘어져 존재하는 것을 뜻한다.

② 이온화식

    ㉠ 개념 : 이온화를 화학식으로 나타낸 것을 말한다.

    ㉡ 이온화식을 쓸 때에는 이온의 전하수와 각 이온의 수를 나타내어야 한다.

        예 $NaCl \rightleftharpoons Na^+ + Cl^-$

(2) 알짜이온반응식

> $NaCl(aq) + AgNO(aq) \rightarrow AgCl(s) + NaNO_3(aq)$의 수용액에서 해리하면,
>
> $Na^+(aq) + Cl^-(aq) + Ag^+(aq) + NO_3^-(aq) \rightarrow AgCl(s) + Na^+(aq) + NO_3^-(aq)$

① 알짜이온반응식

    ㉠ 개념 : 화학반응에서 실제로 반응에 참여한 이온들을 나타낸 식이다.

    ㉡ 위 반응식에서 실제로 반응에 참여한 이온은 Ag^+, Cl^-이다.

    ㉢ 알짜이온반응식 : $Ag^+(aq) + Cl^-(aq) \rightarrow AgCl(s)$

② 구경꾼이온

    ㉠ 개념 : 실제로 반응에 참여하지 않고 반응 전후에 처음 이온상태 그대로 존재하는 이온이다.

    ㉡ 위의 식에서 구경꾼이온은 Na^+, NO_3^-이다.

(3) 이온반응식

① 개념 … 화학반응식에서 수용액 중에 이온화하는 물질을 이온화식으로 나타낸 반응식이다.

② $Ca(NO_3)_2(aq) + K_2CO_3(aq) \rightarrow CaCO_3(s) + 2KNO_3(aq)$에서의 이온반응식은

    $Ca^{2+}(aq) + 2NO_3^-(aq) + 2K^+(aq) + CO_3^{2-}(aq) \rightarrow CaCO_3(s) + 2K^+(aq) + 2NO_3^-(aq)$

(4) 여러 화학반응식의 예

① 중화반응 … $HCl(aq) + NaOH(aq) \rightarrow NaCl(aq) + H_2O(l)$

    ㉠ 이온반응식 : $H^+(aq) + Cl^-(aq) + Na^+(aq) + OH^-(aq) \rightarrow Na^+(aq) + Cl^-(aq) + H_2O(l)$

    ㉡ 알짜이온반응식 : $H^+(aq) + OH^-(aq) \rightarrow H_2O(l)$

    ㉢ 구경꾼이온 : Na^+, Cl^-

② 금속과 산과의 반응 ⋯ $Zn(s) + H_2SO_4(aq) \longrightarrow ZnSO_4(aq) + H_2 \uparrow$

　　㉠ 이온반응식 : $Zn(s) + 2H^+(aq) + SO_4{}^{2-}(aq) \longrightarrow Zn^{2+}(aq) + SO_4{}^{2-}(aq) + H_2 \uparrow (g)$

　　㉡ 알짜이온반응식 : $Zn(s) + 2H^+(aq) \longrightarrow Zn^{2+}(aq) + H_2 \uparrow (g)$

　　㉢ 구경꾼이온 : $SO_4{}^{2-}$

③ 앙금 생성반응 ⋯ $Pb(NO_3)_2(aq) + 2KI(aq) \longrightarrow 2KNO_3(aq) + PbI_2(s) \downarrow$

　　㉠ 이온반응식 : $Pb^{2+}(aq) + 2NO_3{}^-(aq) + 2K^+(aq) + 2I^-(aq) \longrightarrow 2K^+(aq) + 2NO_3{}^-(aq) + PbI_2(s) \downarrow$

　　㉡ 알짜이온반응식 : $Pb^{2+}(aq) + 2I^-(aq) \longrightarrow PbI_2(s) \downarrow$

　　㉢ 구경꾼이온 : K^+, $NO_3{}^-$

02 화학반응에서의 양적 관계

❶ 화학반응식의 표현 내용

(1) 화학반응식에서 유추 가능한 내용

① 반응물질과 생성물질의 종류를 알 수 있다.

② 몰수비와 분자수비를 알 수 있다.

③ 기체의 경우 부피비를 알 수 있다.

④ 반응물과 생성물질의 질량관계를 알 수 있다.

(2) 화학반응식의 내용 유추

$2H_2(g) + O_2(g) \longrightarrow 2H_2O(l)$

① 반응물질은 수소, 산소이고 생성물질은 물이다.

② 몰수비, 분자수비 및 부피비는 2 : 1 : 2이다.

③ 분자수

　　㉠ H_2, H_2O : $2 \times 6.02 \times 10^{23}$

　　㉡ O_2 : $1 \times 6.02 \times 10^{23}$

④ 부피

    ㉠ H_2, $H_2O : 2 \times 22.4L$

    ㉡ $O_2 : 1 \times 22.4L$

⑤ 질량관계

    ㉠ H_2는 2g, O_2는 32g, H_2O는 36g이다.

    ㉡ H_2와 O_2의 질량을 합하면 물의 질량이 된다(질량보존의 법칙).

    ㉢ 수소와 산소는 $2H_2 : O_2 = 4g : 32g = 1 : 8$의 질량비로 결합한다(일정성분비의 법칙).

❷ 화학반응의 양적 관계

(1) 화학반응식의 비

화학반응식에서 각각의 계수의 비는 몰수의 비를 나타낸다.

(2) 질량과 부피관계의 성립법칙

① 질량관계에서는 질량보존의 법칙과 일정성분비의 법칙, 부피관계에서는 기체반응의 법칙이 성립한다.

② 화학반응의 양적 관계 ⋯ $2C_2H_2 + 5O_2 \rightarrow 4CO_2 + 2H_2O$

    ㉠ 질량 - 질량 양적 관계 : 화학반응식 중 한 물질의 질량을 알면 다른 물질의 질량을 알 수 있다.

        예 C_2H_2 72g이 반응할 때 생성되는 H_2O의 질량을 구해 보면

        C_2H_2 $2 \times 26g$이 반응할 때 H_2O $2 \times 36g$이 생성되므로

        C_2H_2 72g이 반응할 경우는 $52 : 36 = 72 : x$에서

        $x = 49.8$ 즉, H_2O가 49.8g 생성된다.

    ㉡ 질량－부피 관계 : 한 물질의 질량을 알면 다른 물질의 부피를 알 수 있다.

        예 C_2H_2 52g이 반응할 때 CO_2의 부피를 구해 보면

        C_2H_2 2몰일 경우 CO_2 4몰이 생성되므로 $2 \times 26 : 4 \times 22.4 = 52 : x$에서

        $x = 89.6$, 즉 CO_2는 89.6(L)를 갖는다.

    ㉢ 부피－부피 관계 : 온도 · 압력이 같은 조건일 때 기체들이 반응할 경우 화학반응식의 계수는 부피비이다.

        예 $N_2(g) + 3H_2(g) \rightleftarrows 2NH_3(g)$에서 부피비는 $1 : 3 : 2$가 된다. N_2 10L가 완전히 반응할 경우 H_2는 30L가 반응하고 NH_3는 20L가 생성된다.

❸ 화학반응과 에너지

(1) 반응열

① **개념** … 화학반응이 일어날 때 방출되거나 흡수되는 열로, 반응열을 함께 표시한 식을 열화학반응식이라 한다.

② 반응열은 물질의 상태에 따라 달라지기 때문에 열화학 반응식에서는 각 물질의 상태를 함께 나타내 주어야 한다.

(2) 발열반응과 흡열반응

① **발열반응** … 열을 발생시키는 반응으로 에너지가 감소한다. 즉 생성물의 에너지가 반응물의 에너지보다 작다.

$$C(s) + O_2(g) \rightarrow CO_2(g) + 94.0\text{kcal}$$

[발열반응]

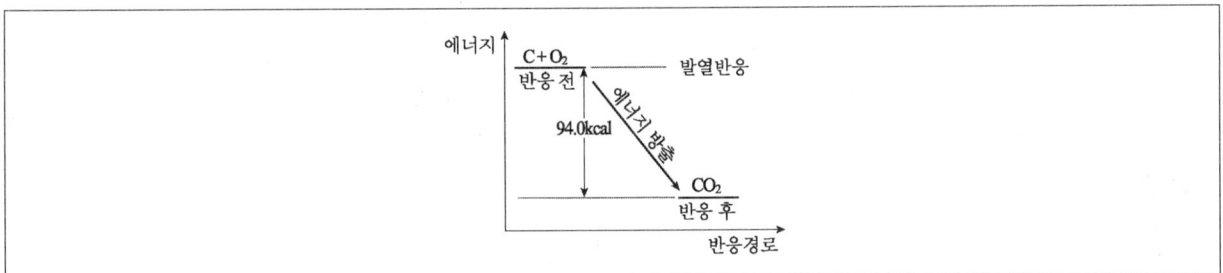

② **흡열반응** … 열을 흡수하는 반응으로 에너지가 증가한다. 즉 생성물의 에너지가 반응물의 에너지보다 많다.

$$N_2(g) + O_2(g) + 43.2\text{kcal} \rightarrow 2NO(g)$$

[흡열반응]

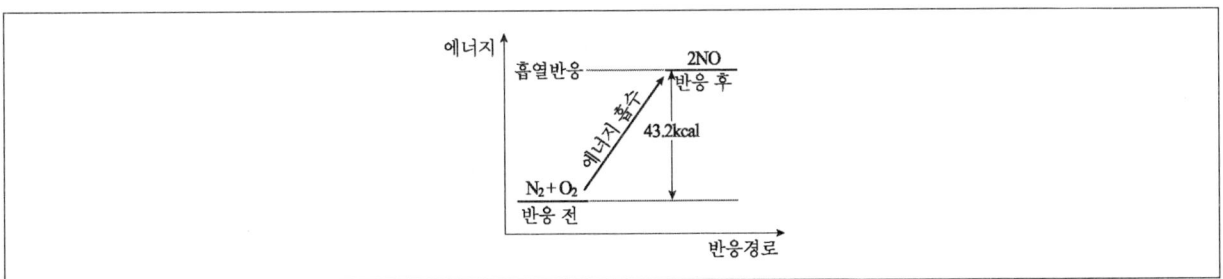

(3) 엔탈피와 반응열

① 엔탈피

   ㉠ **개념** : 물질이 가진 내부에너지와 부피와 압력을 곱한 값으로 물체 덩어리가 가진 에너지의 합이다.

   ㉡ 화학반응에서 흡열 · 발열반응이 일어나는 것은 반응물질과 생성물질의 엔탈피가 다르기 때문이다.

② 반응 엔탈피(ΔH) ··· H(생성물) $-$ H(반응물)

   ㉠ $\Delta H < 0$: 발열반응

   ㉡ $\Delta H > 0$: 흡열반응

[화학반응에서 엔탈피의 변화]

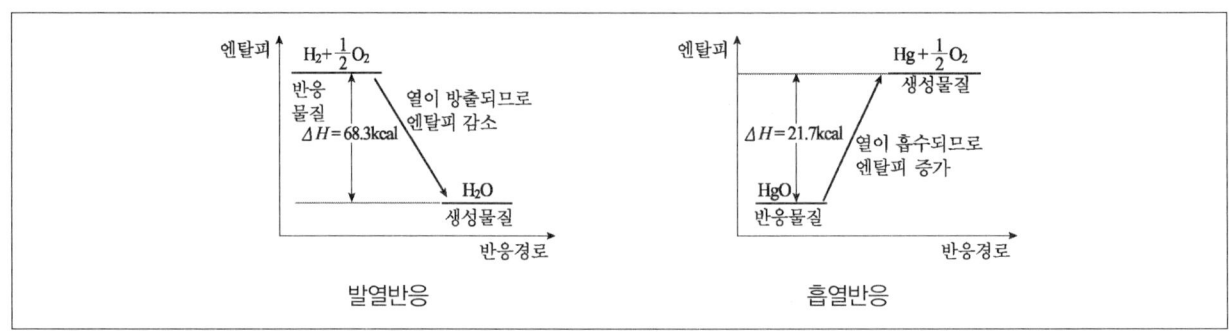

> **TIP** ~~~~~~~~~~~~~~~~~~~~~~~~~~~~~~~~~~~~~~~
>
> **엔트로피**
>
> ㉠ 무질서도를 의미하는 것으로 자연현상의 반응은 무질서도가 증가하는 방향, 즉 엔트로피가 증가하는 방향으로 진행된다.
>
> ㉡ 마찰로 인해 열이 발생하는 것은 역학적 운동(분자의 질서 있는 운동)이 열운동(무질서한 분자운동)으로 변하는 것이다.

최근 기출문제 분석

2025. 6. 21. 제1회 지방직

1 다음은 양이온 A, B 및 음이온 X로 이루어진 페로브스카이트(perovskite)의 단위 세포를 나타낸 것이다. 이 페로브스카이트의 화학식으로 옳은 것은?

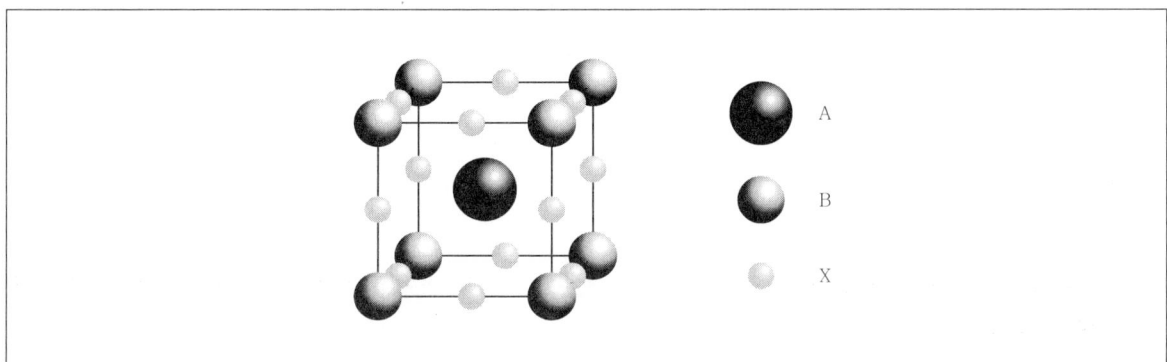

① ABX_3

② ABX_6

③ A_2BX_3

④ A_8BX_{12}

TIP 단위 세포 내의 입자 수 $N = N_{체심} + \dfrac{N_{면심}}{2} + \dfrac{N_{모서리}}{4} + \dfrac{N_{꼭짓점}}{8}$ 에 따라 문제에서 주어진 페로브스카이트의 단위 세포 내에 존재하는 각 이온의 개수를 구하면 다음과 같다.

$(A$이온$) = 1 \times 1 (체심) = 1$

$(B$ 이온$) = 8 \times \dfrac{1}{8} (꼭짓점) = 1$

$(X$이온$) = 12 \times \dfrac{1}{4} (모서리) = 3$

따라서 페로브스카이트의 화학식은 ABX_3 이다.

Answer 1.①

2 0.1M $H_2SO_4(aq)$ 10mL를 완전히 중화하는 데 필요한 0.1M $NaOH(aq)$의 부피[mL]는? (단, H_2SO_4는 물에서 완전히 해리된다)

① 5

② 10

③ 20

④ 30

TIP 중화 반응은 산의 수소 이온의 몰수와 염기의 수산화 이온의 몰수가 같아야 완결되므로 중화 반응이 완결되기 위해서는 다음과 같은 관계식이 성립한다.

$nMV = n'M'V'$ (n, n' : 산, 염기의 가수, M, M' : 산, 염기의 몰 농도, V, V' : 산, 염기의 부피)

따라서 문제에서 (수소 이온의 몰수) = (수산화 이온의 몰수)이므로

$$2 \times 0.1M \times \frac{10}{1,000}L = 1 \times 0.1M \times \frac{x}{1,000}L$$

이를 풀면 $x = 20$mL을 얻을 수 있다.

3 다음은 이산화 질소(NO_2)로부터 오존(O_3)이 생성되는 반응 메커니즘이다. 이에 대한 설명으로 옳은 것만을 모두 고르면?

1단계 : $NO_2(g) \xrightarrow{h\nu} NO(g) + O(g)$

2단계 : $O(g) + O_2(g) \rightarrow O_3(g)$

㉠ $O(g)$는 반응 중간체이다.

㉡ 1단계 반응에서 엔트로피(S)는 증가한다.

㉢ 전체 반응식은 $NO_2(g) + O_2(g) \rightarrow NO(g) + O_3(g)$이다.

---

① ㉠, ㉡

② ㉠, ㉢

③ ㉡, ㉢

④ ㉠, ㉡, ㉢

TIP ㉠ 이 반응의 반응 중간체는 다단계 반응 과정 중 생겼다가 사라지는 물질인 $O(g)$이다.

㉡ 1단계 반응에서 이산화질소 1몰이 일산화질소와 산소 원자 각 1몰, 즉 총 2몰의 물질로 나누어지므로 엔트로피가 증가한다고 할 수 있다.

㉢ 반응메커니즘의 각 단계 반응을 모두 더하면 전체 반응식을 얻을 수 있는데, 여기에서는 $NO_2(g) + O_2(g) \rightarrow NO(g) + O_3(g)$이다. 산화물은 환원시키고, 일산화탄소나 연소되지 않은 탄화수소는 완전히 산화시켜 이산화탄소 상태로 배출한다.

Answer 2.③ 3.④

2025. 6. 21. 제1회 지방직

4 탄소(C) 72g, 수소(H) 12g, 산소(O) 96g으로 구성된 화합물의 화학식으로 옳은 것은? (단, C, H, O의 원자량은 각각 12, 1, 16이다)

① CH_4O

② $C_2H_6O_2$

③ C_3H_8O

④ $C_6H_{12}O_6$

TIP 화합물을 구성하고 있는 각 성분 원소(C, H, O)의 몰수 비는 다음과 같다.

$$C : H : O = \frac{72}{12} : \frac{12}{1} : \frac{96}{16} = 6 : 12 : 6 = 1 : 2 : 1$$

화합물을 구성하고 있는 성분 원소의 가장 간단한 정수비는 1 : 2 : 1임을 알 수 있다. 따라서 문제에서 주어진 화합물의 실험식은 CH_2O이며, 보기 중 이를 만족하는 화학식은 ④ 밖에 없다.

2025. 4. 5. 국가직

5 다음은 포도당($C_6H_{12}O_6$)과 산소(O_2)로부터 이산화 탄소(CO_2)와 물(H_2O)이 생성되는 반응의 균형 화학반응식이다. $a+b+c+d$는? (단, 화학량론 계수 a, b, c, d는 최소 정수비를 가진다)

$$aC_6H_{12}O_6(s) + bO_2(g) \longrightarrow cCO_2(g) + dH_2O(l)$$

① 9

② 10

③ 18

④ 19

TIP 포도당과 산소로부터 이산화 탄소와 물이 생성되는 반응의 균형 화학반응식의 계수를 맞추면

$C_6H_{12}O_6 + 6O_2 \rightarrow 6CO_2 + 6H_2O$이 된다. 즉, $a=1$, $b=6$, $c=6$, $d=6$이며, 따라서 $a+b+c+d = 1+6+6+6 = 19$이다.

Answer 4.④ 5.④

6 다음 반응에 대한 설명으로 옳지 않은 것은?

$$HNO_2(aq) + H_2O(l) \rightleftharpoons H_3O^+(aq) + NO_2^-(aq)$$

① $HNO_2(aq)$는 산이다.

② $H_2O(l)$는 양성자를 얻는다.

③ $HNO_2(aq)$의 짝염기는 $H_3O^+(aq)$이다.

④ $NO_2^-(aq)$는 양성자를 얻는다.

TIP ③ $HNO_2(aq)$의 짝염기는 $NO_2^-(aq)$이다. 참고로 $HNO_2(aq)$와 $NO_2^-(aq)$, $H_3O^+(aq)$와 $H_2O(l)$는 각각 브뢴스테드-로리 정의에 따른 짝산-짝염기 관계에 있는 물질이다.

① $HNO_2(aq)$는 물과 반응하여 $H_2O(l)$에 양성자를 주고 $NO_2^-(aq)$이 되는 물질이므로 브뢴스테드-로리 정의에 따른 산이다.

② $H_2O(l)$는 $HNO_2(aq)$과 반응하여 $H_3O^+(aq)$가 되는 브뢴스테드-로리 염기이다. 그 과정에서 양성자 1개를 얻음을 확인할 수 있다.

④ $NO_2^-(aq)$는 $H_3O^+(aq)$으로부터 양성자를 얻어 $HNO_2(aq)$가 되는 브뢴스테드-로리 염기이다.

7 0.98g의 황산(H_2SO_4)이 녹아 있는 200mL 황산 수용액의 노르말 농도[N]는? (단, H_2SO_4의 분자량은 98이고, H_2SO_4는 물에서 완전히 해리된다)

① 2.5×10^{-2}　　　　　　　　② 5.0×10^{-2}

③ 1.0×10^{-1}　　　　　　　　④ 1.5×10^{-1}

TIP 노르말 농도는 용액 1L당 들어간 용질의 당량수이며, 단위는 N(노르말) 또는 eq/L를 사용한다. 여기서 당량이란 물질 1몰이 용해됐을 때 이온화되는 수소 이온(H^+)의 몰수이다.

문제에서 0.98g의 황산이 녹아 있는 200mL 황산 수용액의 몰 농도는 $\dfrac{\frac{0.98g}{98g/mol}}{0.2L} = 0.05\,mol/L$이다. 그런데 황산은 이온화할 때 1개의 분자당 2개의 수소 이온을 내는 2가 산이므로 노르말 농도를 구하기 위해서는 원래의 몰 농도에 2를 곱해야 한다. 즉, $0.05 \times 2 = 0.10 = 1.0 \times 10^{-1}\,N$임을 구할 수 있다.

Answer　6.③　7.③

8 다음은 산성 수용액에서 일어나는 균형 화학 반응식이다. 염기성 조건에서의 균형 화학 반응식으로 옳은 것은?

$$Co(s) + 2H+(aq) \rightarrow Co^{2+}(aq) + H_2(g)$$

① $Co^{2+}(aq) + H_2(g) \rightarrow Co(s) + 2H^+(aq)$

② $Co(s) + 2OH^-(aq) \rightarrow Co^{2+}(aq) + H_2(g)$

③ $Co(s) + H_2O(l) \rightarrow Co^{2+}(aq) + H_2(g) + OH^-(aq)$

④ $Co(s) + 2H_2O(l) \rightarrow Co^{2+}(aq) + H_2(g) + 2OH^-(aq)$

TIP 염기성 조건에서의 균형 화학 반응식에서는 반응식 내에 OH^- 이온이 나타난다. 또한 산화되는 물질의 산화수 변화량과 환원되는 물질의 산화수 변화량이 같아야 한다. 아울러 반응물과 생성물의 몰수가 같아야 하며, 양쪽의 전하 균형이 맞아야 한다. 이 모든 조건을 만족시키는 것은 ④이다.

9 $A + B \rightarrow C$ 반응에서 A와 B의 초기 농도를 달리하면서 C가 생성되는 초기 속도를 측정하였다. 속도 = $k[A]^a[B]^b$라고 나타낼 때, a, b로 옳은 것은?

실험	A[M]	B[M]	C의 초기 생성 속도[M s−1]
1	0.01	0.01	0.03
2	0.02	0.01	0.12
3	0.01	0.02	0.12
4	0.02	0.02	0.48

	a	b
①	1	1
②	1	2
③	2	1
④	2	2

TIP 실험 1과 실험 2를 비교해보면, B의 농도가 일정한 상태에서 A의 농도를 2배로 변화(0.01 M → 0.02 M)시켰을 때 C의 초기 생성속도는 4배(0.03 Ms^{-1} → 0.12 Ms^{-1})가 됨을 확인할 수 있다. 따라서 이 반응은 A에 대해 2차 반응이다. 같은 방식으로 실험 1과 실험 3을 비교해보면, A의 농도가 일정한 상태에서 B의 농도를 2배로 변화(0.01 M → 0.02 M)시켰을 때 C의 초기 생성속도는 역시 4배(0.03 Ms^{-1} → 0.12 Ms^{-1})가 됨을 확인할 수 있으므로 이 반응은 B에 대해 2차 반응이다. 따라서 a = b = 2이다.

Answer 8.④ 9.④

10 다음 열화학 반응식에 대한 설명으로 옳지 않은 것은? (단, C, H, O의 원자량은 각각 12, 1, 16이다)

$$C_2H_5OH(l) + 3O_2(g) \rightarrow 2CO_2(g) + 3H_2O(l) \quad \Delta H = -1371 \, kJ$$

① 주어진 열화학 반응식은 발열 반응이다.

② CO_2 4mol과 H_2O 6mol이 생성되면 2742kJ의 열이 방출된다.

③ C_2H_5OH 23g이 완전 연소되면 H_2O 27g이 생성된다.

④ 반응물과 생성물이 모두 기체 상태인 경우에도 ΔH는 동일하다.

TIP ① 주어진 열화학 반응식의 $\Delta H < 0$이므로 발열 반응이다.
② 주어진 열화학 반응식의 계수에 따르면 CO_2 기체 2mol과 H_2O 액체 3mol이 생성되면 1371kJ의 열이 방출된다. 따라서 생성물이 2배가 되는 CO_2 기체 4mol과 H_2O 액체 6mol이 생성되면 1371×2 = 2742 kJ의 열이 방출된다.
③ C_2H_5OH(에탄올)의 분자량은 46이다. 따라서 에탄올 23g(=0.5mol)이 완전 연소되면 H_2O 1.5mol이 생성되며, 이의 질량은 18×1.5 = 27g이 생성된다.
④ 열화학 반응식은 반응물과 생성물의 상태가 변하면 출입하는 열량이 달라진다. 따라서 반응물과 생성물이 모두 기체 상태로 바뀌는 경우에는 ΔH가 변화한다.

11 298 K에서 다음 반응에 대한 계의 표준 엔트로피 변화($\Delta S°$)는? (단, 298 K에서 $N_2(g)$, $H_2(g)$, $NH_3(g)$의 표준 몰 엔트로피[J mol^{-1} K^{-1}]는 각각 191.5, 130.6, 192.5이다)

$$N_2(g) + 3H_2(g) \rightarrow 2NH_3(g)$$

① −129.6

② 129.6

③ −198.3

④ 198.3

TIP 엔트로피 변화(ΔS)는 최종 생성물 상태의 엔트로피에서 초기 반응물 상태의 엔트로피를 뺀 값으로 정의된다. 따라서 다음과 같이 계산할 수 있다.
$$\Delta S = S_f - S_i = 2 \times 192.5 - (191.5 + 3 \times 130.6) = -198.3 \, J \, mol^{-1} K^{-1}$$

Answer 10.④ 11.③

2021. 6. 5. 제1회 지방직

12 다음 물질 변화의 종류가 다른 것은?

① 물이 끓는다.

② 설탕이 물에 녹는다.

③ 드라이아이스가 승화한다.

④ 머리카락이 과산화 수소에 의해 탈색된다.

TIP ㉠ 물질의 상태변화(①, ③)나 물질의 용해(②)는 물리적 변화의 대표적인 예이다. 과산화수소에 의해 머리카락이 탈색되는 현상은 화학적 변화에 속한다.

2021. 6. 5. 제1회 지방직

13 다음은 일산화탄소(CO)와 수소(H_2)로부터 메탄올(CH_3OH)을 제조하는 반응식이다.

$$CO(g) + 2H_2(g) \rightarrow CH_3OH(l)$$

일산화탄소 280g과 수소 50g을 반응시켜 완결하였을 때, 생성된 메탄올의 질량[g]은? (단, C, H, O의 원자량은 각각 12, 1, 16이다)

① 330

② 320

③ 290

④ 160

TIP (일산화탄소 분자량) $= 12 + 16 = 28$, (수소 분자량) $= 1 \times 2 = 2$에서 일산화탄소 280g과 수소 50g은 각각 10몰과 25몰이다. 따라서 다음과 같이 반응이 진행된다.

$$CO(g) + 2H_2(g) \rightarrow CH_3OH(l)$$

반응 전	10몰	25몰
반응	$-$ 10몰	$-$ 20몰	$+$ 10몰
반응 후	0몰	5몰	10몰

위 반응 결과 메탄올 10몰이 생성되며, 메탄올 10몰의 질량은 $10 \times (12 + 4 + 16) = 320g$이다.

2021. 6. 5. 제1회 지방직

14 다음 화학 반응식의 균형을 맞추었을 때, 얻어진 계수 a, b, c의 합은? (단, a, b, c는 정수이다)

$$a\,NO_2(g) + b\,H_2O(l) + O_2(g) \rightarrow c\,HNO_3(aq)$$

① 9

② 10

③ 11

④ 12

TIP 주어진 화학반응식의 계수를 맞추면 다음과 같다. 즉, a = 4, b = 2, c = 4이며 따라서 a+b+c=10이다.

$$4NO_2(g) + 2H_2O(l) + O_2(g) \rightarrow 4HNO_3(aq)$$

Answer 12.④ 13.② 14.②

15 0.1M CH₃COOH(aq) 50mL를 0.1M NaOH(aq) 25mL로 적정할 때, 알짜 이온 반응식으로 옳은 것은? (단, 온도는 일정하다)

① $H_3O^+(aq) + OH-(aq) \rightarrow 2H_2O(l)$

② $CH_3COOH(aq) + NaOH(aq) \rightarrow CH_3COONa(aq) + H_2O(l)$

③ $CH_3COOH(aq) + OH^-(aq) \rightarrow CH_3COO^-(aq) + H_2O(l)$

④ $CH_3COO^-(aq) + Na^+(aq) \rightarrow CH_3COONa(aq)$

> **TIP** 전체 반응식 : $CH_3COOH(aq) + NaOH(aq) \rightarrow CH_3COONa(aq) + H_2O(l)$
> 이온 반응식 : $CH_3COOH(aq) + OH^-(aq) + Na^+(aq) \rightarrow CH_3COO^-(aq) + Na^+(aq) + H_2O(l)$
> 알짜 이온 반응식: $CH_3COOH(aq) + OH^-(aq) \rightarrow CH_3COO^-(aq) + H_2O(l)$
> 구경꾼 이온 : Na^+

16 프로페인(C_3H_8)이 완전연소할 때, 균형 화학 반응식으로 옳은 것은?

① $C_3H_8(g) + 3O_2(g) \rightarrow 4CO_2(g) + 2H_2O(g)$

② $C_3H_8(g) + 5O_2(g) \rightarrow 4CO_2(g) + 3H_2O(g)$

③ $C_3H_8(g) + 5O_2(g) \rightarrow 3CO_2(g) + 4H_2O(g)$

④ $C_3H_8(g) + 4O_2(g) \rightarrow 2CO_2(g) + H_2O(g)$

> **TIP** 프로페인의 완전 연소 화학 반응식은 반응 전후 원자수가 달라지지 않으므로, 반응 전후 원자의 수는 같다.
> $C_3H_8(g) + 5O_2(g) \rightarrow 3CO_2(g) + 4H_2O(g)$

17 32g의 메테인(CH_4)이 연소될 때 생성되는 물(H_2O)의 질량[g]은? (단, H의 원자량은 1, C의 원자량은 12, O의 원자량은 16이며 반응은 완전연소로 100% 진행된다)

① 18　　　　　　　　　　② 36

③ 72　　　　　　　　　　④ 144

> **TIP** 메테인 연소 반응식은 $CH_4 + 2O_2 \rightarrow CO_2 + 2H_2O$ 이다. 32g의 메테인은 2몰이고 모두 연소 시에 4몰의 물이 생성된다. 이것의 질량은 72(=4×18)g이다.

Answer 15.③　16.③　17.③

18 〈보기 1〉은 어떤 기체 A_2와 B_2가 반응하여 기체가 생성되는 것을 모형으로 나타낸 것이다. 이에 대한 설명으로 옳은 것을 〈보기 2〉에서 모두 고른 것은?

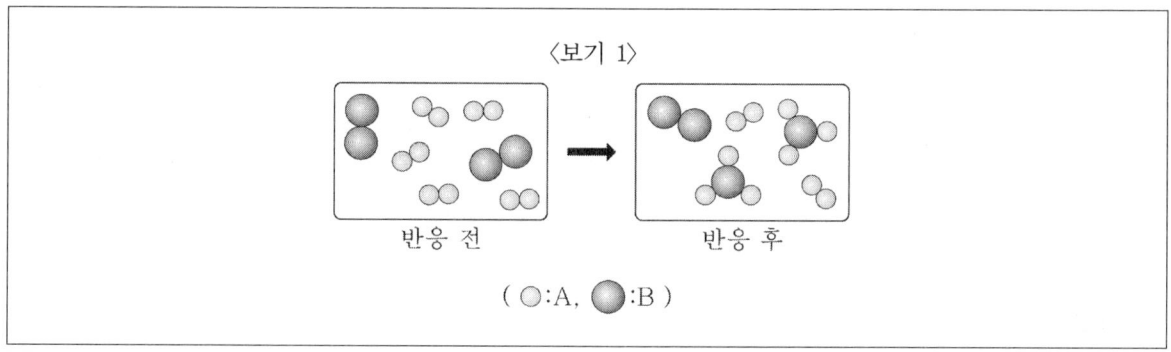

〈보기 1〉

반 응 전 ⟶ 반 응 후

(○:A, ●:B)

〈보기 2〉

㉠ 반응 후 분자의 총 수는 감소한다.

㉡ A_2와 B_2는 3 : 1의 분자 수 비로 반응한다.

㉢ 반응 후 생성된 화합물의 화학식은 AB_3이다.

① ㉠㉡

② ㉠㉢

③ ㉡㉢

④ ㉠㉡㉢

TIP $3A_2 + B_2 \longrightarrow 2A_3B$

㉠ 반응 후 분자의 총 수는 7개에서 5개로 감소하였다.

㉡ A_2와 B_2는 3 : 1의 분자 수 비로 반응하였다.

㉢ 반응 후 생성된 화합물의 화학식은 A_3B이다.

Answer 18.①

19 〈보기〉는 질소 기체와 수소 기체가 만나 암모니아를 만드는 화학 반응식을 나타낸 것이다. 25℃, 1기압에서 암모니아 34g을 생성하기 위해 충분한 양의 수소(H_2)와 반응하는 질소(N_2) 기체의 최소 부피[L]는? (단, H, N의 원자량은 각각 1, 14이고 25℃, 1기압에서 기체 1몰의 부피는 25L이다.)

〈보기〉

$$N_2(g) + 3H_2(g) \rightarrow 2NH_3(g)$$

① 1L

② 12.5L

③ 25L

④ 50L

TIP $N_2 + 3H_2 \rightarrow 2NH_3$

1몰 3몰   2몰 → 계수비

모두 상온의 기체라고 하였으므로 아보가드로 법칙에 의해 계수비 = 몰비로 볼 수 있다.

암모니아의 분자량은 17g이고 문제에서 34g을 생성하였으므로

NH_3의 부피를 구하면 우선 몰수는 $\frac{34}{17} = 2$몰

1몰에 25L이므로 $2 \times 25 = 50$L이다.

몰비가 계수비랑 동일하므로 질소는 1몰이 된다. 1몰의 부피는 25L이다.

20 KOH(aq)와 Fe(NO_3)$_2$(aq)의 균형이 맞추어진 화학 반응식에서 반응물과 생성물의 모든 계수의 합은?

① 3

② 4

③ 5

④ 6

TIP KOH(aq)와 Fe(NO_3)$_2$(aq)의 균형 맞춘 화학 반응식은 다음과 같다.

Fe(NO_3)$_2$(aq) + 2KOH(aq) = Fe(OH)$_2$(s) + 2KNO$_3$(aq)

$Fe^{2+} + 2NO_3^- + 2K^+ + 2OH^- = Fe(OH)_2 + 2K^+ + 2NO_3^-$

반응물과 생성물의 모든 계수의 합은 6이다.

※ Fe(NO_3)$_2$ + KOH → $Fe^{+3} + 3(OH)^{-1} \rightarrow Fe(OH_3)(s)$

여기서 NO_3^{-1}과 K^{+1}은 구경꾼 이온이다.

2019. 6. 15. 제1회 지방직

21 4몰의 원소 X와 10몰의 원소 Y를 반응시켜 X와 Y가 일정비로 결합된 화합물 4몰을 얻었고 2몰의 원소 Y가 남았다. 이때, 균형 맞춘 화학 반응식은?

① $4X + 10Y \rightarrow X_4Y_{10}$

② $2X + 8Y \rightarrow X_2Y_8$

③ $X + 2Y \rightarrow XY_2$

④ $4X + 10Y \rightarrow 4XY_2$

> **TIP** 4몰의 원소 X, 10몰의 원소 Y를 반응시켜 XY화합물 4몰 얻음, 2몰의 원소 Y가 남음
> 10몰의 Y 중 2몰이 남았으므로 총 8몰이 반응했음을 알 수 있다.
> 생성물은 4몰을 얻었으니 원소 Y와 생성물의 계수비는 8 : 4가 된다.
> 정리하면 2 : 1이 되므로 X가 1, Y가 2인 것을 찾으면 된다.

Answer 21.③

출제 예상 문제

1 다음과 같이 메테인을 0℃, 1기압에서 완전연소시킬 때 필요한 공기의 부피가 56L라면 연소된 메테인의 질량으로 옳은 것은? (단, C, H, O의 원자량은 각각 12, 1, 16이고, 공기의 20%가 산소이다)

$$CH_4(g) + 2O_2(g) \rightarrow CO_2(g) + 2H_2O(g)$$

① 2g
② 4g
③ 10g
④ 20g

> **TIP** 공기 중 산소의 부피는 $56 \times 0.2 = 11.2L$
> 반응식에서 메테인과 산소의 반응몰비는 $1 : 2 = x : 11.2$ ∴ $x = 5.6L$
> 0℃, 1기압에서 1몰의 부피는 22.4L이므로 메테인 5.6L의 몰수는 $\frac{5.6}{22.4} = \frac{1}{4}$ 몰이다.
> ∴ $\frac{1}{4} \times 16 = 4g$

2 에탄올에 금속소듐을 넣으면 수소가 발생한다. 이 반응의 종류로 옳은 것은?

① 분해
② 화합
③ 복분해
④ 치환

> **TIP** 치환은 $AB + C \rightarrow AC + B$의 형태이므로,
> $2C_2H_5OH + 2Na \rightarrow 2C_2H_5ONa + H_2$가 된다.

Answer 1.② 2.④

3 다음 중 마그네슘 6g을 완전연소시켜 산화마그네슘이 되게 할 때 필요한 산소의 질량은? (단, 원자량은 O = 16, Mg = 24)

① 4g

② 8g

③ 16g

④ 24g

TIP 화학반응식을 $2Mg + O_2 \rightarrow 2MgO$로 쓸 수 있으므로

$2 \times 24 : 32 = 6 : x$

$\therefore x = 4g$

4 다음과 같이 에탄올의 연소반응을 완결시켰을 때 계수 a, b, x, y의 합으로 옳은 것은?

$$aC_2H_5OH + bO_2 \rightarrow xCO_2 + yH_2O$$

① 6

② 8

③ 9

④ 11

TIP C의 개수 $2a = x$, H의 개수 $6a = 2y$,

$a = 1$로 놓으면 $b = 3$, $x = 2$, $y = 3$

O의 개수 $a + 2b = 2x + y$

$\therefore a + b + x + y = 1 + 3 + 2 + 3 = 9$

5 다음 중 연소반응을 완성하였을 때 계수 $x + y + z$의 값으로 옳은 것은?

$$C_6H_{12}O_6 + xO_2 \longrightarrow yCO_2 + zH_2O$$

① 6   ② 10
③ 16   ④ 18

TIP 화학반응식에서 반응 전후의 원자는 보존된다.
탄소원자가 6개이므로 $y = 6$, 수소원자가 12개이므로 $z = 6$, 산소원자는 $6 + 2x = 2y + z$이므로 $x = 6$이 된다.
∴ $C_6H_{12}O_6 + 6O_2 \longrightarrow 6CO_2 + 6H_2O$

6 다음 중 화학변화로 옳은 것은?

① 구리선에 전류가 흐른다.   ② 얼음이 녹는다.
③ 자석에 철이 붙는다.   ④ 음식물이 부패한다.

TIP 화학적 · 물리적 변화
㉠ 화학적 변화 : 연소반응, 전기분해, 산화 · 환원반응
㉡ 물리적 변화 : 상태의 변화, 전자기적 성질

7 0℃, 1기압에서 발생되는 프로페인(C_3H_8) 11g이 완전연소했을 때 발생되는 CO_2의 부피로 옳은 것은?
(단, 원자량은 C = 12, H = 1)

① 5.6L   ② 9.8L
③ 16.8L   ④ 18.4L

TIP 완전연소이므로 CO_2와 H_2O만 생성되어야 한다.
$C_3H_8 + 5O_2 \longrightarrow 3CO_2 + 4H_2O$의 반응식을 만들 수 있으므로
프로페인 44g 연소시에는 CO_2가 3몰($3 \times 22.4L$) 발생한다.
$44 : 3 \times 22.4 = 11 : x$
∴ $x = 16.8L$

8 다음 프로페인의 연소반응에서 계수 $x+y+z$의 값을 구한 것으로 옳은 것은?

$$C_3H_8 + xO_2 \longrightarrow yCO_2 + zH_2O$$

① 9

② 11

③ 12

④ 15

TIP 화학반응에서 원자의 질량은 보존된다.
C가 3개이므로 $y=3$, H가 8개이므로 $z=4$, O는 $2x=3\times 2+4\times 1$이므로 $x=5$
$C_3H_8 + 5O_2 \longrightarrow 3CO_2 + 4H_2O$
∴ $x+y+z=12$

9 다음 중 각 물질 1몰을 완전연소시킬 때 3몰의 산소를 필요로 하는 물질로 옳은 것은?

① CH_4

② C_2H_2

③ C_2H_4

④ C_6H_6

TIP 완전연소는 연료로 쓰인 탄소가 산소와 반응하여 이산화탄소와 물이 생성되어야 하므로 3몰의 산소와 반응하여 완전연소하기
위해선 $C_2H_4 + 3O_2 \longrightarrow 2CO_2 + 2H_2O$가 되어야 한다.

10 다음 중 $N_2(g) + 3H_2(g) \leftrightarrows 2NH_3(g)$ 반응에서 계수비와 같지 않은 것은?

① 부피의 비

② 분자수의 비

③ 질량비

④ 몰수의 비

TIP ③ 질량비는 계수×그 물질의 화학식량과 같다.
$28(N_2) : 3\times 2(H_2) : 2\times 17(NH_3) = 28 : 6 : 34$

11 다음 화학반응식을 완결시킬 때 계수 a, b, c, d의 값으로 옳은 것은?

$$a\,\mathrm{C_2H_2} + b\,\mathrm{O_2} \longrightarrow c\,\mathrm{CO_2} + d\,\mathrm{H_2O}$$

① 1, 3, 2, 1　　　　　　　② 1, 3, 3, 1

③ 2, 3, 4, 2　　　　　　　④ 2, 5, 4, 2

⑤ 2, 4, 1, 3

> **TIP** C의 개수 $2a = c$, H의 개수 $2a = 2d$, O의 개수 $2b = 2c + d$ 에서
> $a = 1$로 놓으면 $a = 1$, $b = \dfrac{5}{2}$, $c = 2$, $d = 1$이 된다.
> $\therefore a = 2$, $b = 5$, $c = 4$, $d = 2$

12 다음 화학식 중 화학반응식의 계수를 미정계수법을 사용하여 맞춘 것으로 옳은 것은?

$$\mathrm{C_2H_5OH} + \mathrm{O_2} \longrightarrow \mathrm{CO_2} + \mathrm{H_2O}$$

① $2\mathrm{C_2H_5OH} + \mathrm{O_2} \longrightarrow 4\mathrm{CO_2} + 3\mathrm{H_2O}$

② $\mathrm{C_2H_5OH} + 3\mathrm{O_2} \longrightarrow 2\mathrm{CO_2} + 3\mathrm{H_2O}$

③ $2\mathrm{C_2H_5OH} + 4\mathrm{O_2} \longrightarrow 4\mathrm{CO_2} + \mathrm{H_2O}$

④ $\mathrm{C_2H_5OH} + 2\mathrm{O_2} \longrightarrow 2\mathrm{CO_2} + 2\mathrm{H_2O}$

> **TIP** $a\,\mathrm{C_2H_5OH} + b\,\mathrm{O_2} \longrightarrow x\,\mathrm{CO_2} + y\,\mathrm{H_2O}$의 양쪽 원자수가 같아야 하므로
> C : $2a = x$, H : $6a = 2y$, O : $a + 2b = 2x + y$ 가 되어
> $a = 1$로 하면 $x = 2$, $y = 3$, $b = 3$이 된다.

13 다음 중 $\mathrm{C_3H_8}$ 22g이 완전히 연소될 때 필요한 $\mathrm{O_2}$ 부피로 옳은 것은? (단, 0℃, 1기압)

① 22.4L　　　　　　　② 30.6L

③ 42.1L　　　　　　　④ 56.0L

⑤ 58.4L

> **TIP** $\mathrm{C_3H_8}$의 완전연소반응식은 $\mathrm{C_3H_8} + 5\mathrm{O_2} \longrightarrow 3\mathrm{CO_2} + 4\mathrm{H_2O}$으로 $\mathrm{C_3H_8}$ 1몰당 $\mathrm{O_2}$ 5몰이 반응한다.
> $\mathrm{C_3H_8}$의 분자량이 44이므로 $\dfrac{22}{44} = 0.5$몰이 되어 $\mathrm{O_2}$는 0.5×5몰과 반응한다.
> $\therefore \mathrm{O_2}$의 부피는 $0.5 \times 5 \times 22.4 = 56$L

Answer　11.④　12.②　13.④

14 다음 중 탄소 1몰이 연소될 때 94.0kcal의 열이 방출되는 것을 나타낸 열화학반응식으로 옳은 것은?

① $C(s) + O_2(g) \rightarrow CO_2(g) + 94.0kcal$

② $C(s) + O_2(g) + 94.0kcal \rightarrow CO_2(s)$

③ $2C(s) + 2O_2(g) + 94.0kcal \rightarrow 2CO_2(g)$

④ $2C(s) + 2O_2(g) \rightarrow 2CO_2(g) + 94.0kcal$

TIP x kcal의 열이 방출되는 반응식은 '반응물 → 생성물 + x kcal'로 나타낼 수 있다.
그러므로 $C(s) + O_2(g) \rightarrow CO_2(g) + 94.0kcal$

15 다음 중 $Pb(NO_3)_2$(질산납)과 NaI(아이오딘화 소듐) 사이의 알짜이온반응식은?

① $Pb^{2+} + 2I^- \rightarrow PbI_2$

② $Pb^{2+} + 2NO_3^- + 2Na^+ + 2I^- \rightarrow PbI_2 + 2Na^+ + 2NO_3^-$

③ $Pb(NO_3)_2 + 2NaI \rightarrow PbI_2 + 2Na^+ + 2NO_3^-$

④ $Pb(NO_3)_2 + 2Na^+ \rightarrow Pb^{2+} + 2NaNO_3$

TIP 알짜이온반응식 … 화학반응 중 실제로 반응한 이온, 원자단, 분자 등으로만 이루어진 식으로 질산납과 아이오딘화 소듐 사이의
반응식은 다음과 같다.
$Pb(NO_3)_2(aq) + 2NaI(aq) \rightarrow PbI_2(s) \downarrow + 2NaNO_3(aq)$

16 다음 중 $N_2(g) + 3H_2(g) \rightarrow 2NH_3(g)$의 화학반응식에 대한 설명으로 옳은 것은?

① 질소와 수소의 질량비는 14 : 6이다.

② 질소와 수소의 부피비는 14 : 6이다.

③ 질소와 수소의 몰수비는 28 : 3이다.

④ 질소와 수소의 분자수의 비는 1 : 3이다.

TIP 계수비＝몰수비＝부피비＝분자수비
① 28 : 6
② 1 : 3
③ 1 : 3

17 다음 $AgNO_3 + NaCl \rightarrow NaNO_3 + AgCl \downarrow$ 화학반응의 종류로 옳은 것은?

① 화합   ② 치환

③ 분해   ④ 복분해

> **TIP** 화학반응의 종류
> ㉠ 화합
> • $A + B \rightarrow AB$
> • $HCl + NH_3 \rightarrow NH_4Cl$
> ㉡ 분해
> • $AB \rightarrow A + B$
> • $CuCl_2 \rightarrow Cu + Cl_2$
> ㉢ 치환
> • $AB + C \rightarrow AC + B$
> • $Mg + H_2SO_4 \rightarrow MgSO_4 + H_2$
> ㉣ 복분해
> • $AB + CD \rightarrow AD + CB$
> • $HCl + NaOH \rightarrow NaCl + H_2O$

18 다음 중 에탄(C_2H_6)을 완전연소시킬 때 발생하는 이산화탄소와 물의 질량비로 옳은 것은?

① 2 : 7   ② 5 : 6

③ 22 : 9   ④ 44 : 27

> **TIP** $2C_2H_6 + 7O_2 \rightarrow 4CO_2 + 6H_2O$의 반응식이므로 CO_2와 H_2O의 질량비는
> $4 \times 44 : 6 \times (2 + 16)$

19 탄소 1g을 완전연소시키면 7.84kcal의 열이 발생한다. 이때의 화학반응식으로 옳은 것은?

① $C(s) + O_2(g) \rightarrow CO_2(g) + 7.84\text{kcal}$

② $C(s) + O_2(g) \rightarrow CO_2(g) + 94.08\text{kcal}$

③ $C(s) + O_2(g) \rightarrow CO_2(g) - 7.84\text{kcal}$

④ $C(s) + O_2(g) \rightarrow CO_2(g) - 94.08\text{kcal}$

> **TIP** 탄소 1몰의 질량수는 12g이므로 탄소(C) 1몰이 연소할 때의 반응열은 7.84×12이다.

20 다음 중 화학반응식에서 알 수 없는 것으로 옳은 것은?

① 반응 전후의 분자수의 비
② 반응물질 및 생성물질의 종류
③ 반응 전후의 질량관계
④ 반응 전후의 압력과 부피의 관계

TIP ④ 화학반응식으로 반응 전후의 압력관계는 알 수 없다.

21 어떤 조건에서 $H_2(g)$와 $O_2(g)$의 반응이 다음과 같을 때 Q의 값으로 옳은 것은?

> ㉠ $2H_2(g) + O_2(g) \longrightarrow 2H_2O(g) + 115.6kcal$
> ㉡ $2H_2(g) + O_2(g) \longrightarrow 2H_2O(l) + 136.6kcal$
> ㉢ $H_2O(g) \longrightarrow H_2O(l) + Q\,kcal$

① -10.5 ② -21.0
③ 10.5 ④ 21.0

TIP ㉡ − ㉠으로 Q 값을 구하면
$0 \longrightarrow 2H_2O(l) + 21.0kcal - 2H_2O(g)$
$= 2H_2O(g) \longrightarrow 2H_2O(l) + 21.0kcal$

22 다음 중 반응에 직접 참여하지 않는 구경꾼이온으로 옳은 것은?

> $2Al + 6HCl \longrightarrow 2AlCl_3 + 3H_2$

① H^+ ② Cl^-
③ Al^{3+} ④ Al^{3+}과 Cl^-

TIP $2Al + 6HCl \longrightarrow 2AlCl_3 + 3H_2$의 알짜이온반응식은 $2Al + 6H^+ \longrightarrow 2Al^{3+} + 3H_2$이다.

Answer   20.④ 21.③ 22.②

PART

02

물질의
상태와 용액

01 기체 · 액체 · 고체

01 기체

❶ 기체분자 운동

(1) 운동론

① 기체분자들은 서로 멀리 떨어져 있어서 기체분자들 자체가 차지하는 부피는 용기와 부피에 비하여 무시할 수 있을 정도로 작고 분자간의 평균거리는 같다.

② 기체분자들은 계속해서 무질서하게 직선운동을 하고, 용기의 벽과 다른 분자들에 충돌한다.

③ 충돌이 일어나도 기체분자들의 총에너지는 변하지 않는다.

> **》TIP**
> 기체분자간 또는 그릇 벽과의 충돌은 완전탄성충돌이다.

④ 충돌한 때를 제외하고는 분자들 사이에 인력이나 반발력이 작용하지 않는다.

(2) 기체의 압력

① **기체의 압력** … 기체분자들이 용기의 벽에 충돌함으로써 용기 벽의 단위면적이 받는 힘이다. 따라서 압력은 단위시간에 충돌하는 분자수와 분자가 한 번 충돌할 때 미치는 힘의 크기에 비례한다.

② **압력의 결정요인**
　　㉠ **충돌수의 결정요인** : 단위부피 속의 분자수와 분자의 속력이 결정한다.
　　㉡ **힘의 크기 결정요인** : 분자의 질량과 속력이 결정한다.
　　　• 분자수가 많을수록 압력이 크다.
　　　• 기체분자의 운동이 활발할수록 압력이 크다.
　　　• 운동공간이 좁을수록 압력이 크다.

③ 관련 법칙

　ㄱ 기체의 압력과 보일의 법칙 : 일정한 온도에서 기체의 부피를 1/2로 줄이면 용기 벽의 단위면적에 충돌하는 분자수는 2배로 늘어나 압력이 2배로 커진다.

$$P_1 V_1 = P_2 V_2 = k$$

　ㄴ 기체의 온도와 샤를의 법칙 : 일정한 압력에서 기체의 온도를 높이면 분자의 속력이 증가해 용기 벽에 충돌하는 수를 증가시켜 부피가 커진다.

$$\frac{V_1}{T_1} = \frac{V_2}{T_2} = k$$

❷ 기체의 성질과 기체에 관한 법칙

(1) 기체의 성질

① 기체분자들은 서로간의 거리가 멀어 인력이 약하다.

② 빠른 속도로 운동하고 있다.

③ 기체의 종류에 관계없이 공통적인 성질을 지닌다.

(2) 기체에 관한 법칙

① 보일의 법칙

　ㄱ 기체의 부피와 압력과의 관계 : 일정한 온도에서 일정량의 기체의 부피는 압력에 반비례한다.

　　예 보일의 법칙 예

　　　ㄱ 물 속에서 발생한 기포가 수면 가까이로 올라오면서 외부 압력이 작아져 크기가 점점 커진다.

　　　ㄴ 높은 산에서 풍선의 부피가 증가한다.

　ㄴ 기체의 압력

　　• 개념 : 기체분자들이 운동하면서 벽면에 충돌하여 나타나는 힘을 말한다.

　　• 분자의 충돌횟수가 많을수록 압력이 커진다.

　　• 압력은 모든 방향에 똑같이 작용한다.

$$[압력(P) \times 부피(V) = k(일정)]$$

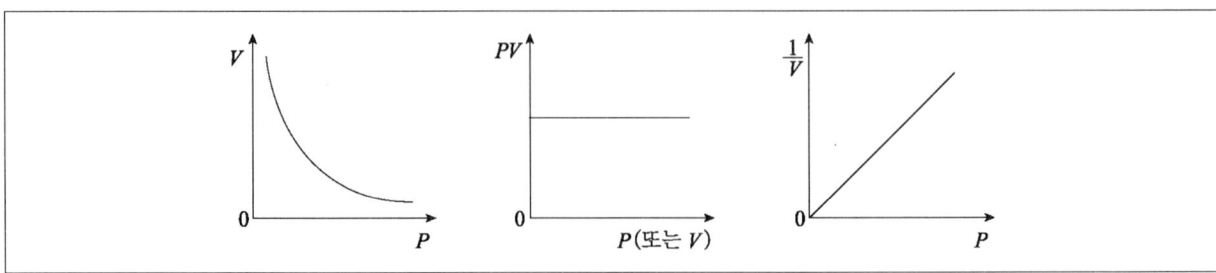

② 샤를의 법칙

    ㉠ 기체의 부피와 온도와의 관계 : 일정한 압력에서 일정량의 기체는 온도가 $1℃$ 오를 때마다 그 부피가 $0℃$일 때 부피의 $\dfrac{1}{273}$ 만큼씩 증가한다.

       例 샤를법칙의 예

         ㉠ 찌그러진 탁구공을 뜨거운 물에 넣으면 팽팽해진다.

         ㉡ 여름에는 겨울보다 자동차 타이어에 공기를 덜 넣는다.

    ㉡ 샤를의 법칙

      • $t℃$일 때 부피를 V, $0℃$일 때의 부피를 V_0 라고 하면

$$V = V_0 + \frac{V_0}{273} \times t = V_0 \left(1 + \frac{t}{273}\right) = V_0 \times \frac{273+t}{273}$$

      • $273 + t = T$라 놓으면 V는 T에 비례한다.

$$V = \frac{V_0}{273} \times T = kT \rightarrow V = kT$$

         ∘ $k(상수) = \dfrac{V_0}{273}$

      • 섭씨온도($t℃$)에 273을 더한 것을 절대온도라고 한다(단위는 K이다).

$$T(\mathrm{K}) = 273 + t℃$$

▶ **TIP**

0K은 생각할 수 있는 가장 낮은 온도로 절대영도이고 절대온도 0K이 되면 기체의 부피가 0이 된다(실제로 0K이 되기 전에 모든 기체는 액화한다).

$$\left[\frac{V(\text{부피})}{T(\text{온도})} = k(\text{일정})\right]$$

③ 보일-샤를의 법칙 … 일정량의 기체의 부피는 압력에 반비례하고, 절대온도에 비례한다.

$$V = k\frac{T}{P} \rightarrow \frac{PV}{T} = k$$

$$\frac{P_1 V_1}{T_1} = \frac{P_2 V_2}{T_2} = k$$

(기체의 몰수 = 일정)

[기체 부피의 온도 · 압력과의 관계]

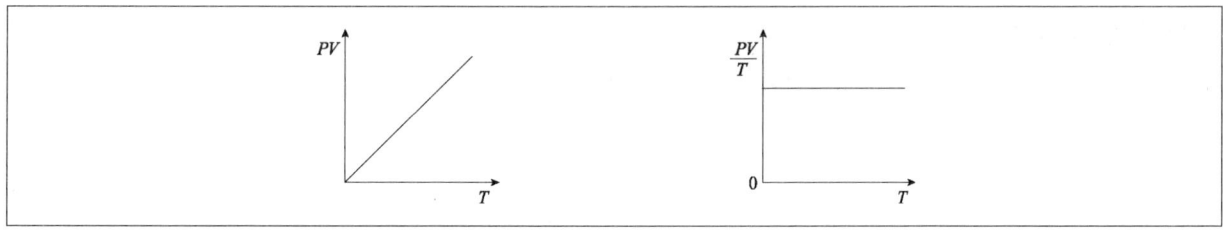

(3) 기체 상태방정식

① 이상기체 상태방정식의 결정 … 보일-샤를의 법칙$(PV/T = k)$에서 k를 구하려면 일정한 온도와 압력에서 일정량의 기체가 차지하는 부피를 측정하면 된다.

▶ **TIP** 〰〰〰〰〰〰〰〰〰〰〰〰〰〰〰〰

　기체 상태방정식은 대부분 이상기체 상태방정식을 말한다.

② 이상기체 상태방정식

　㉠ 0℃, 1기압의 기체 1몰의 부피는 22.4L 이므로 k값은 다음 식과 같다.

$$k = \frac{PV}{T} = \frac{1\text{atm} \times 22.4\text{L/mol}}{273\text{K}} \fallingdotseq 0.082\text{atm} \cdot \text{L/mol} \cdot \text{K} = R$$

　◦ R : 기체상수

ⓛ R은 1몰일 때의 값이므로 n몰일 때는 $k = nR$이 된다.

$$\frac{PV}{T} = nR \rightarrow PV = nRT \quad \text{(이상기체 상태방정식)}$$

ⓒ 분자량이 M인 기체가 wg 있다면 몰수 $n = \dfrac{w}{M}$ 이므로, 이상기체의 상태방정식은 다음과 같다.

$$PV = \frac{w}{M}RT$$

$$\therefore \text{기체의 분자량} \quad M = \frac{wRT}{PV} = \frac{dRT}{P}$$

∘ 밀도 $d = \dfrac{w}{V}$

❸ 돌턴의 부분압력법칙

(1) 혼합기체의 전체압력

서로 반응하지 않는 혼합기체의 전체압력은 각 성분기체들의 부분압력의 합과 같다.

$$P = P_1 + P_2 + P_3 + P_4 + \cdots = (n_1 + n_2 + n_3 + n_4 + \cdots)\frac{RT}{V} = \sum n_i \left(\frac{RT}{V}\right)$$

∘ P : 전체압력
∘ P_1, P_2, P_3 : 각 성분기체의 부분압력

> **TIP**
>
> **부분압력** ⋯ 서로 반응하지 않는 2가지 이상의 기체들이 혼합되어 있을 때 각 성분기체가 나타내는 압력을 각 성분기체의 부분압력 또는 분압이라 한다.

(2) 부분압력과 몰분율

① 몰분율

ⓐ 개념 : 혼합기체에서 성분기체의 몰수를 기체의 총몰수로 나눈 값을 말한다.

ⓑ 혼합기체에서 한 성분기체의 부분압력은 전체압력에서 그 성분기체의 몰분율을 곱한 값과 같다.

② 기체 1의 몰분율

$$f = \frac{n_1}{\sum n_i}$$

◦ n_1 : 성분기체 1의 몰수
◦ $\sum n_i$: 혼합기체 전체의 몰수

③ 성분기체의 부분압력

$$P_1 = \frac{n_1}{\sum n_i} \times P_t$$

◦ P_t : 전체압력
◦ $n_1 / \sum n_i$: 기체 1의 몰분율
◦ P_1 : 성분기체 1의 부분압력

❹ 기체의 확산과 분출

(1) 기체의 확산

① 물질의 분자들이 스스로 운동하여 다른 기체나 액체물질 속으로 퍼져 나가는 현상을 말한다.

② 확산현상을 통해 분자들이 정지해 있지 않고 스스로 운동하고 있다는 것을 알 수 있다.

> 예 • 물에 잉크를 떨어뜨리면 잉크가 물 속에서 퍼져 나간다.
> • 방안에서 향수병을 엎지르면 방안 전체에 향기가 퍼져 나간다.

(2) 기체의 분출

기체가 들어 있는 용기에 아주 작은 구멍을 뚫어 놓으면 용기의 벽에 충돌하는 기체분자 중 구멍을 때리는 분자가 용기 밖으로 나오는 현상을 말한다.

(3) 그레이엄의 법칙(Graham's law)

① 같은 온도와 압력에서 두 기체의 확산속도는 분자량이나 밀도의 제곱근에 반비례한다.

$$\frac{V_1}{V_2} = \sqrt{\frac{M_2}{M_1}} = \sqrt{\frac{d_2}{d_1}}$$

◦ v : 분출속도
◦ M : 분자량
◦ d : 밀도

② 기체의 분출속도는 기체분자의 평균속력(u)에 비례한다.

$$\frac{u_1}{u_2} = \sqrt{\frac{M_2}{M_1}} = \sqrt{\frac{d_2}{d_1}}$$

(4) 기체분자의 속도

① 기체의 확산은 기체의 분자운동이 자연히 일어나는 현상으로 그 확산속도는 기체분자의 운동속도라고 할 수 있다.

② 온도가 같은 경우에는 분자들의 운동에너지가 같으므로 분자량이 작을수록 확산속도가 빠르다.

③ 온도에 따라 분자들의 속력은 다양하게 분포하고 온도를 높이면 속력이 빠른 분자의 수가 크게 증가한다.

④ 화학반응의 반응속도는 평균속력에 의해 결정되는 것이 아니고 매우 속력이 큰 분자수에 의해 결정되는 것으로 온도가 증가하면 반응속도도 증가한다.

[산소분자의 속도분포]

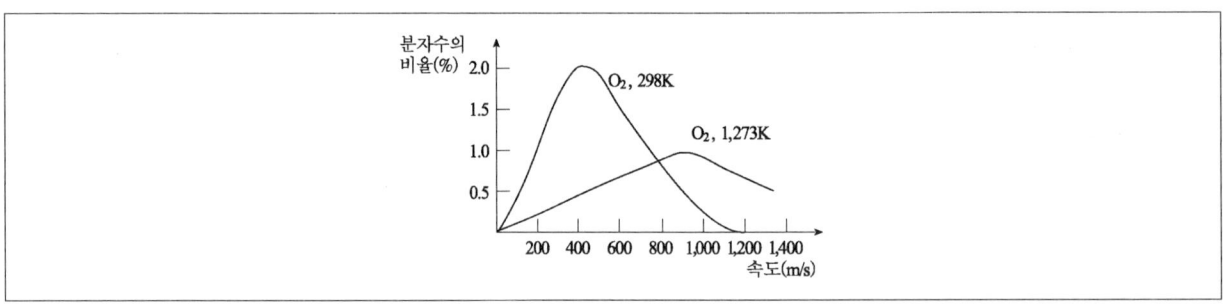

❺ 이상기체와 실제기체

(1) 이상기체

① 개념

ㄱ 어떤 조건에서도 기체의 상태방정식이 적용되는 기체를 말한다.

ㄴ 이상기체는 실제로 존재하지 않으므로 $PV = nRT$를 이상기체의 상태방정식이라고 한다.

② 특성

ㄱ 기체분자들 간에는 인력이나 반발력이 작용하지 않는다.

ㄴ 분자의 충돌로 총운동에너지가 감소되지 않는 완전탄성체이다.

ㄷ 0K에서 부피는 0이어야 하고, 평균 운동에너지는 절대온도에 정비례한다.

(2) 실제기체

① **개념** … 실제로 존재하는 모든 기체를 말한다. 실제는 $PV = nRT$가 그대로 적용되지 않고, 높은 온도, 낮은 압력에서만 적용된다.

② **이상기체에 실제기체가 잘 적용되기 위한 조건**

　㉠ 온도가 높고 압력이 낮아야 한다.

　㉡ 분자간의 인력이 작아야 한다.

　㉢ 분자량이 작아야 한다(분자의 크기가 작을수록).

▶ **TIP** 〰〰〰〰〰〰〰〰〰〰〰〰〰〰

이상기체와 실제기체의 비교

비교	이상기체	실제기체
분자의 크기	0	0이 아니다.
분자의 질량	있다.	있다.
분자간의 인력	0	0이 아니다.
액화의 가능성	액화 안 된다.	액화된다.
충돌과 에너지	에너지가 불변한다.	에너지가 감소한다(발열).
기체의 법칙	완전히 일치한다.	고온, 저압에서 일치한다.

02 액체

❶ 액체의 일반적 성질

(1) 액체상태

① 일정한 부피를 갖고 그 부피는 외부 압력에 의해서 변하지 않는다.

② 같은 양의 기체보다 그 부피가 아주 작다.

③ 흐르는 성질이 있다.

④ 분자들의 위치가 고정되어 있지 않아 모양이 일정하지 않다.

⑤ 고체보다 입자 사이의 힘이 약해 입자들의 움직임이 비교적 자유롭다.

(2) 액체분자의 운동

① 특성

　　㉠ 기체처럼 진동운동, 회전운동, 병진운동을 하지만 기체보다 활발하지 않다.

　　㉡ 분자간의 인력에 의한 영향이 커서 불규칙한 배열을 하고 있다.

② 액체의 분자운동론

　　㉠ 충돌이 많이 일어나기 때문에 한 액체가 다른 액체 속으로 확산하는 속도가 느리다.

　　㉡ 압력이나 온도의 변화에 따른 부피변화가 크지 않다.

　　㉢ 온도가 높을수록 입자의 평균 운동에너지는 더 크다.

　　㉣ 액체분자간의 인력은 분자 운동에너지보다 크므로 표면장력, 점성 및 유동성을 나타낸다.

▶**TIP**～～～～～～～～～～～～～
　점성도와 표면장력
　㉠ **점성도** : 유체의 흐름을 방해하는 성질로 유체가 흐르기 위해서는 분자가 다른 분자를 스쳐야 하는데 이 때 분자들상의 인력에 의해 흐름이 저항받게 된다. 이 성질은 인력이 강할수록 커지고 온도가 높을수록 작아진다.
　㉡ **표면장력** : 액체표면에 있는 분자들이 분자간의 인력으로 인해 액체 내부로 끌려서 액체표면의 분자수를 최소로 하려는 경향 때문에 생기는 것으로 액체가 그 표면을 작게 만들려는 성질이다. 이 성질은 분자간의 인력이 강할수록 증가하고, 온도가 높을수록 감소한다.

❷ 증기압력

(1) 증발과 응결

① 증발

　　㉠ 액체표면에 있는 분자들은 각각 다른 운동에너지를 가지며 분자사이의 인력으로 묶여 있지만 운동에너지가 큰 어떤 분자는 인력을 끊고 액체표면으로부터 나와 기체 상태가 된다.

　　㉡ 증발의 촉진방법

　　　• 액체에 열을 가하면 더욱 촉진된다.

　　　• 액체표면에 공기를 대류시키거나 액체의 표면적을 넓게 해주면 촉진된다.

② 응결 … 증발된 분자가 에너지를 잃고 다시 액체 속으로 되돌아가는 현상이다.

③ 동적 평형 상태 … 밀폐된 용기 내에서 증발속도와 응결속도가 같아지는 상태를 말한다.

④ 몰 증발열

　　㉠ **개념** : 어느 일정한 온도에서 1몰의 액체가 완전히 증발하여 액체와 같은 온도의 기체로 되는데 필요한 열량을 말한다.

　　㉡ **단위** : kcal/mol

　　㉢ 몰 증발열이 클수록 분자 사이의 인력이 크다.

(2) 증기압력

① **개념** … 기체와 액체가 동적 평형을 이루었을 때 증기가 나타내는 압력이다.

② **특성**

  ㉠ 온도가 높아질수록 분자의 운동에너지 증가로 인해 증기압력이 증가한다.

  ㉡ 휘발성이 강한 물질(분자간의 인력이 작은 물질)일수록 같은 온도에서의 증기압력은 크다.

[증기압력 곡선]

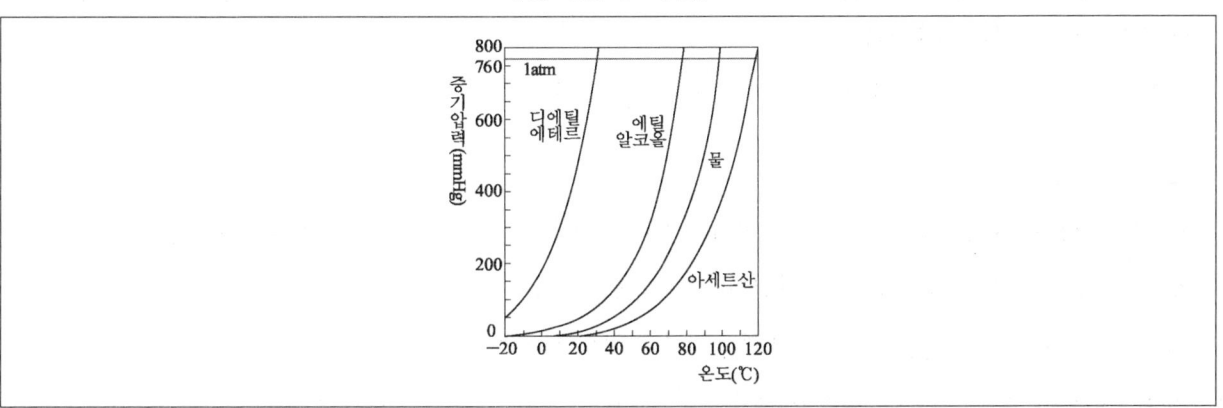

(3) 끓음

① **개념** … 증기압력과 외부압력이 같아져 액체 내부에서 격렬하게 기화가 일어나는 현상을 말한다.

② **끓는점**

  ㉠ **개념** : 액체가 끓을 때의 온도를 말한다.

  ㉡ **특징**

  • 외부압력이 커지면 높아지고, 작아지면 낮아진다.

  • 물질의 종류가 같으면 물질의 양이나 불꽃의 세기에 관계없이 끓는점이 일정하다. 다만 양이 많거나 불 꽃의 세기가 약할수록 끓는점에 도달하는 시간이 길어진다.

③ **실험실에서 압력을 낮추어 사용하는 경우**

  ㉠ 용액 증류시 : 끓는점이 낮아져 증류가 쉽다.

  ㉡ 기준 끓는점이 아주 높아 끓는점에서 분해하는 물질의 증류 : 낮은 온도에서 증류하여 분해를 방지한다.

> **TIP**
>
> **기준 끓는점** … 1기압에서의 액체의 끓는점을 말한다.

④ **몰 기화열** … 액체 1몰을 같은 온도의 기체로 기화시키는 데 필요한 열량을 말한다.

❸ 상평형

(1) 물질의 상태변화

① **융해 · 기화** ··· 융해(고체 → 액체)와 기화(액체 → 기체)는 분자의 열 운동에너지가 입자의 힘(분자간 인력)보다 큰 것으로 열을 흡수한다.

② **응고 · 액화** ··· 응고(액체 → 고체)와 액화(기체 → 액체)는 분자의 열 운동에너지가 입자의 힘(분자간 인력)보다 작은 것으로 열을 방출한다.

③ **승화** ··· 고체가 액체를 거치지 않고 직접 기체로 되는 현상을 말한다.

(2) 물의 상평형

① **삼중점** ··· 아래 그래프에서의 T 점으로 기체 · 액체 · 고체의 세 상태가 모두 공존하는 점이다.

② **A점** ··· 물의 임계온도(374.0℃)와 임계압력(218.3기압)을 나타내는 점이다.

③ **A−T** ··· 증기압력곡선, 곡선상에서 물과 수증기가 평형을 이룬다.

④ **B−T** ··· 얼음의 증기압력곡선, 얼음과 물이 평형을 이루는 온도와 압력을 나타낸다.

⑤ **C−T** ··· 기체와 고체가 공존하는 온도와 압력이다.

[물의 상평형]

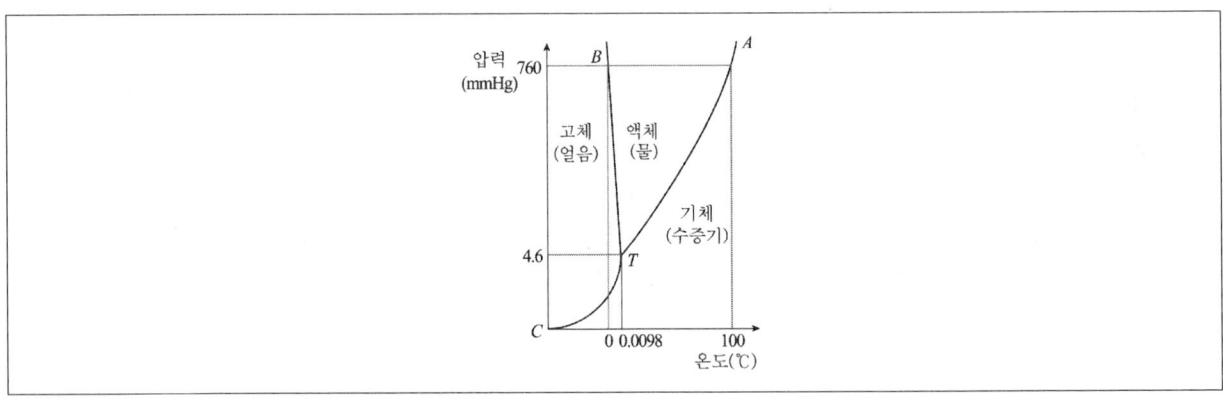

03 고체

❶ 고체의 성질

(1) 고체의 일반성

① **개념** … 액체를 냉각시키면 분자들의 운동이 느려지다가 어떤 온도 이하에서는 분자들이 일정한 배열을 하게 되어 자유로이 돌아다닐 수 없게 되는 상태를 말한다.

② 고체를 이루는 입자들은 고정된 위치에서 그 온도에 따른 에너지를 가지고 진동운동만 한다.

③ 고체를 이루는 입자들 사이에 작용하는 힘이 상당히 커서 부피와 형태가 일정하고 견고하다.

④ 온도가 높아질수록 진동운동이 활발해진다.

⑤ 고체는 결정성 고체와 비결정성 고체로 나눈다.

(2) 결정성 고체

① **개념** … 고체를 이루는 입자들이 규칙적인 배열을 이루어 평면들로 둘러싸인 모양을 가지게 된 균일한 물질이다.

② **특성**
  ㉠ 녹는점이 일정하고, 대칭성과 비등방성을 가진다.
  ㉡ 같은 물질에서 녹는점과 어는점이 같다.

> **TIP**
> 녹는점과 어는점
> ㉠ **녹는점** : 결정성 고체가 용융하여 액체가 되는 과정에서 온도가 변하지 않고 일정하게 유지될 때의 온도이다.
> ㉡ **어는점** : 액체가 냉각되어 고체로 될 때의 온도이다.

③ **결정의 형태에 따른 분류**
  ㉠ **원자성 결정** : 다이아몬드
  ㉡ **분자성 결정** : 드라이아이스
  ㉢ **이온성 결정** : 소금
  ㉣ **금속성 결정** : 구리, 은

(3) 비결정성 고체

① 개념 … 입자들 사이의 강한 인력 때문에 자유로이 이동할 수 없고 입자들의 배열이 불규칙하여 결정의 특성을 나타내지 못하는 고체를 말한다.

② 종류 … 유리, 아교, 플라스틱 등이 있다.

③ 특성

  ㉠ 녹는점이 없고, 넓은 온도 범위에서 점차 액체로 변한다.
  ㉡ 등방성을 갖는다.

(4) 결정구조의 종류

① 체심입방구조 … 입방체의 각 꼭지점과 중심에 입자가 위치하는 구조이다.

[체심입방구조]

 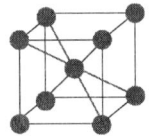

② 입방밀집구조(면심입방구조) … 입방체의 각 꼭지점과 각 면의 중심에 입자가 위치하는 구조이다.

[입방밀집구조]

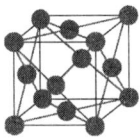 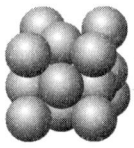

③ 육방밀집구조 … 입자가 정육각형의 각 꼭지점과 그 면의 중심에 있는 층이 있고 이 층의 중심입자 위에 삼각형의 꼭지점에 입자를 가진 면을 놓은 후, 정육각형 층을 그 위에 포개놓은 밀집구조이다.

[육방밀집구조]

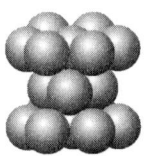 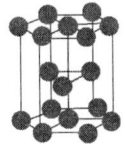

❷ 결합에 의한 결정의 분류

(1) 분자결정

① 개념 … 분자들 사이에 아주 약한 분자간의 인력(반데르발스 힘)이 작용한 분자가 결정의 단위인 결정이다.

> **TIP**
> 분자결정은 비금속원소와 비금속원소간의 결합, 즉 공유결합을 한다.

② 특성
- ㉠ 결정의 단위가 분자이다.
- ㉡ 분자간 인력은 분자량과 녹는점에 비례한다[예외 : H_2O(극성이 큰 물질)].
- ㉢ 분자간의 인력이 약하기 때문에 대부분 녹는점이 낮다.
- ㉣ 대부분 상온에서 승화하는 성질이 있다.
  - 예 I_2, Ne, O_2, CO_2 …

[드라이아이스 분자와 결정구조모형]

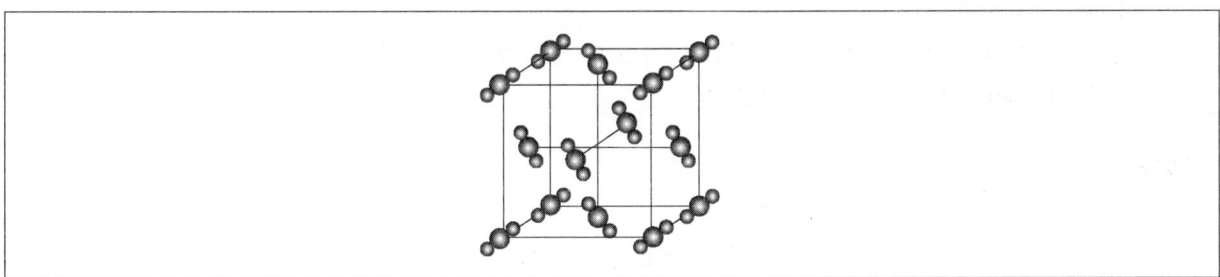

(2) 이온결정

① 개념 … 양이온과 음이온 사이에 정전기적 힘(쿨롱의 힘)에 의해 생긴 결정을 말한다.

> **TIP**
> 이온결정은 금속원소와 비금속원소 간의 결합, 즉 이온결합을 한다.

② 특성
- ㉠ 결정의 단위는 양이온과 음이온이다.
- ㉡ 고체 상태에서는 전기 부도체이고, 수용액이나 액체 상태에서는 전기 양도체이다.
- ㉢ 이온간의 거리가 좁고, 전하가 클수록 녹는점이 높다.
- ㉣ 전기 음성도의 차이가 큰 원자들 간에 형성된 화합물은 대개 이온결정이다.
- ㉤ 양이온과 음이온 사이의 정전기적 힘이 비교적 강하고, 단단하므로 녹는점과 끓는점이 높다.

③ 결정구조

  ㉠ 염화소듐형 결정구조

   • Na^+ 또는 Cl^-가 면심입방구조를 형성하고 있다.

   • Na^+는 6개의 Cl^-로, Cl^-는 6개의 Na^+로 둘러싸여 있다.

   • 알카리금속들의 염소화합물, 알칼리토금속의 산화물들이 비슷한 구조를 이룬다.

[NaCl의 결정격자]

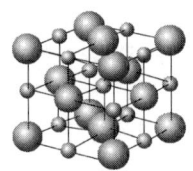

▶TIP

결정격자 … 결정의 구조적 기본단위가 3차원적으로 규칙적 형태를 반복하면서 특징적인 모양을 갖는 것을 말한다.

  ㉡ 염화세슘형 결정구조

   • 체심에 Cs^+가 놓여 있고 8개의 꼭지점에 Cl^-가 놓여 있는 입방체구조이다.

   • CsCl은 체심입방체처럼 보이나 단순입방체이다.

▶TIP

체심입방 … 꼭지점과 체심에 같은 입자가 있을 때를 말한다.

[CsCl의 결정격자]

2-12

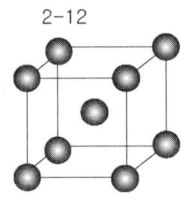

(3) 공유결정(원자결정)

① 결정을 이루는 모든 원자들이 공유결합으로 그물처럼 연결되어 있어 전체를 하나의 거대한 분자로 생각할 수 있다.

② 대부분 전기 부도체이다(예외 : 흑연).

③ 휘발성이 없고, 끓는점이 매우 높다.

　예 다이아몬드, SiO_2, Si

[다이아몬드 결정]

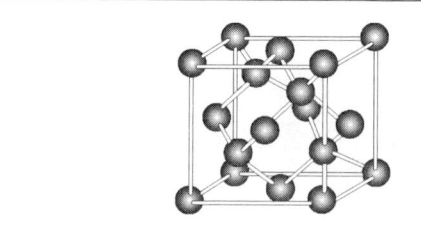

(4) 금속결정

① 특성

　㉠ 금속원자를 결정의 기본단위로 한다.

　㉡ 금속들은 느슨하게 결합된 1, 2개 또는 3개의 최외각 전자를 갖는다.

> **TIP**
> 전자들은 약하게 속박되어 있거나 자유롭게 존재하고 이러한 자유전자들이 매우 많은 것을 전자바다라 부른다.

　㉢ 자유전자 때문에 전기를 잘 전도하고(전기양도체) 열도 잘 전달한다.

　㉣ 연성·전성이 있다.

　㉤ **녹는점의 차이** : 금속결합의 결정 상태는 자유전자와 양전하를 띠고 있는 중심체 사이의 상호작용에 의해서 자유전자가 이들 중심체 결합에 접착제 역할을 함으로써 유지하고 이로인해 녹는점 차이가 생긴다.

　　예 • 수은 : 약한 결합력으로 녹는점이 −39℃이다.

　　　 • 텅스텐 : 강한 결합력으로 녹는점이 3,387℃이다.

　㉥ 대부분의 금속은 결합력이 강해 녹는점과 끓는점이 높다.

② 결정구조

　　㉠ 체심입방 : Li, Na, K 등

　　㉡ 입방밀집 : Cu, Ag, Au 등

　　㉢ 육방밀집 : Mg, Zn, Cd 등

▶ TIP

결정의 특징 비교

결정	성분원소	구성입자	결합	녹는점	전기전도성		예
					고체	액체	
분자결정	비금속 + 비금속	분자	분자간 힘	낮음	×	×	드라이아이스(고체 CO_2)
이온결정	금속 + 비금속	양이온, 음이온	이온결합	높음	×	○	NaCl
원자결정 (공유결정)	비금속 + 비금속	원자	공유결합	매우 높음	×	×	C(다이아몬드)
금속결정	금속	양이온, 자유전자	금속결합	높음	○	○	Cu, Zn, Fe

(5) 결정 단위세포 속의 입자수 구하기(NaCl)

① 부위별 입자수

[단위세포]

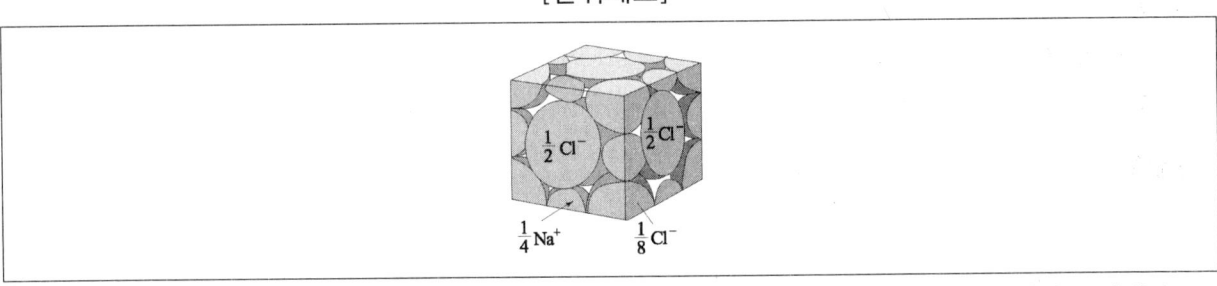

㉠ 면심의 입자수 : Cl^-는 두 단위세포에 속해 있으므로 각 Cl^-의 반이 한 단위세포에 속한다. 6면체이므로 $\dfrac{1}{2} \times 6 = 3$개가 된다.

㉡ 체심의 이온수 : 체심에는 1개의 Na^+가 있다.

㉢ 꼭지점의 입자수 : 입방체의 꼭지점에 있는 Cl^-는 8개의 단위세포에 속해 있으므로 한 단위세포에는 각 꼭지점의 Cl^-가 $\dfrac{1}{8}$만이 속하게 된다. 따라서 $\dfrac{1}{8} \times 8 = 1$개가 된다.

㉣ 모서리 이온수 : 모서리에 있는 Na^+는 4개의 단위세포에 속해 있으므로 한 단위세포에는 $\dfrac{1}{4}$이 속한다. 입방체의 모서리수는 12개이므로 $\dfrac{1}{4} \times 12 = 3$개가 된다.

ⓜ NaCl 결정의 단위세포 속의 이온수

• Cl^- : 면심 3개, 꼭지점 1개이므로 4개가 된다.

• Na^+ : 체심 1개, 모서리 3개이므로 4개가 된다.

• Na^+와 $Cl^- = 1 : 1$이 된다.

② 단위세포 속의 입자수 $\cdots$ $N = N_{체심} + \dfrac{N_{면심}}{2} + \dfrac{N_{모서리}}{4} + \dfrac{N_{꼭지점}}{8}$

[각 부위의 입자수]

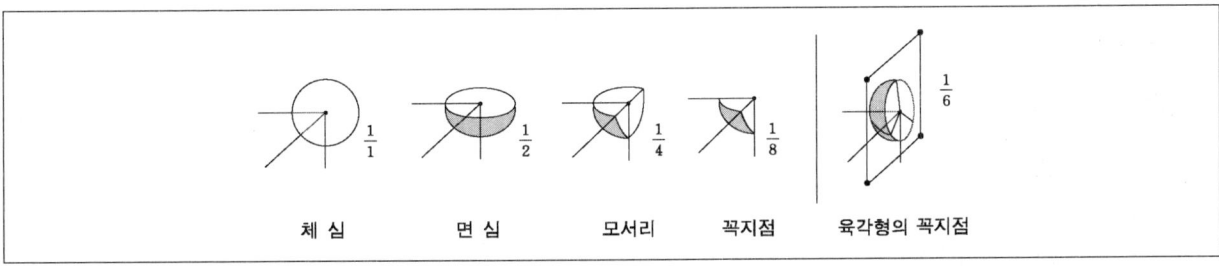

| 체심 | 면심 | 모서리 | 꼭지점 | 육각형의 꼭지점 |

≡ 최근 기출문제 분석 ≡

2025. 6. 21. 제1회 지방직

1 20°C에서 비휘발성 비전해질 A(s) 0.05mol이 물(H₂O) 4.95mol에 녹아 있는 이상 용액(ideal solution)에서 물의 증기 압력[mmHg]은? (단, 20°C에서 순수한 물의 증기 압력은 20mmHg이다)

① 19.0   ② 19.4

③ 19.8   ④ 20.2

TIP 라울의 법칙에 따라 이상 용액에서의 증기 압력은 다음과 같이 계산된다.

$$P_A = P^0 \times X_A$$

P_A : 용액 A의 증기 압력

P^0 : 순수 용매의 증기 압력

X_A : 용액 중 용매의 몰 분율

주어진 문제의 조건에 맞춰 용액 중 용매의 몰 분율과 용액 중 물의 증기 압력을 구하면 다음과 같다.

$$X_A = \frac{4.95}{4.95 + 0.05} = \frac{4.95}{5} = \frac{99}{100}$$

$$P_A = 20 \times \frac{99}{100} = 19.8[mmHg]$$

2025. 4. 5. 국가직

2 일정한 온도와 부피에서 5.0mol의 이상기체 A와 10.0mol의 이상기체 B를 혼합하여 전체압력이 6.0atm이 되었을 때, A의 부분압력[atm]은? (단, 혼합 기체는 반응하지 않는다)

① 1.0   ② 2.0

③ 3.0   ④ 4.0

TIP 5.0mol의 이상기체 A와 10.0mol의 이상기체 B를 혼합했을 때

이상기체 A의 몰 분율 $X_A = \dfrac{(A의\ 몰수)}{(전체\ 기체의\ 몰수)} = \dfrac{5.0}{5.0 + 10.0} = \dfrac{1}{3}$ 이다.

이때 전체 압력이 6.0atm이라고 하였으므로 A의 부분 압력은 $P_A = P_{total} \times X_A = 6.0 \times \dfrac{1}{3} = 2.0$ atm이다.

Answer 1.③ 2.②

2024. 6. 22. 제1회 지방직

3 일정한 온도에서 1atm, 7L의 이상기체가 14L로 팽창하였을 때, 기체의 압력[mmHg]은?

① 380

② 500

③ 580

④ 760

TIP 보일의 법칙 및 이상기체 상태 방정식(PV=nRT)에서 기체의 양(몰수)과 온도가 일정할 때 부피가 2배로 변하면 압력은 그에 반비례하여 $\frac{1}{2}$이 된다. 즉, $1\,\text{atm} \times 7\text{L} = x \times 14\text{L}$ 일정하므로 7L의 이상기체가 14L로 팽창하였을 때 기체의 압력은 0.5atm = 380mmHg이다.

ⓔ 반응물인 N_2나 H_2의 농도를 증가시키면 정반응 쪽인 오른쪽으로 평형이 이동된다. 생성물인 NH_3의 농도를 감소시켜도 같은 방향으로 평형을 이동시킬 수 있다.

2024. 6. 22. 제1회 지방직

4 25℃, 5atm에서 1L의 반응기에 $H_2(g)$와 $N_2(g)$가 3:1의 몰 비로 혼합되어 있을 때, H_2의 부분 압력(P_{H_2})[atm]과 N_2의 부분 압력(P_{N_2})[atm]은? (단, 기체는 이상기체이고, 혼합기체는 반응하지 않는다)

P_{H_2}	P_{N_2}
① 1.25	3.75
② 1.50	3.50
③ 3.50	1.50
④ 3.75	1.25

TIP $H_2(g)$와 $N_2(g)$가 3:1의 몰 비로 혼합되어 있다고 하였으므로 $H_2(g)$와 $N_2(g)$의 몰 분율은 각각 $\frac{3}{1+3} = \frac{3}{4}$, $\frac{1}{1+3} = \frac{1}{4}$ 이다. 따라서 $H_2(g)$와 $N_2(g)$의 부분 압력은 다음과 같다.

$$P_{H_2} = 5 \times \frac{3}{4} = \frac{15}{4} = 3.75[\text{atm}]$$

$$P_{H_2} = 5 \times \frac{1}{4} = \frac{5}{4} = 1.25[\text{atm}]$$

Answer 3.① 4.④

5 강철 용기에서 암모니아(NH_3) 기체가 질소(N_2) 기체와 수소 기체(H_2)로 완전히 분해된 후의 전체 압력이 900mmHg이었다. 생성된 질소와 수소 기체의 부분 압력[mmHg]을 바르게 연결한 것은? (단, 모든 기체는 이상 기체의 거동을 한다)

	질소 기체	수소 기체
①	200	700
②	225	675
③	250	650
④	275	625

TIP 암모니아 기체의 분해 반응식은 다음과 같다.

$2NH_3 \rightarrow N_2 + 3H_2$

이에 따르면 암모니아 기체가 질소 기체와 수소 기체로 완전히 분해될 경우 몰수 비는 질소 기체 : 수소 기체<= 1 : 3이다. 따라서 질소 기체의 수소 기체의 몰분율은 각각 $\frac{1}{4}$과 $\frac{3}{4}$이 된다.

(성분 기체의 부분 압력) = (전체 압력) × (성분 기체의 몰분율)에서

$P_{N_2} = 900 \times \frac{1}{4} = 225\text{mmHg}$

$P_{H_2} = 900 \times \frac{3}{4} = 675\text{mmHg}$

Answer 5.②

6 **철(Fe) 결정의 단위 세포는 체심 입방 구조이다. 철의 단위 세포 내의 입자수는?**

① 1개

② 2개

③ 3개

④ 4개

TIP 체심 입방 구조(body centered cubic)는 정육면체의 각 꼭짓점과 체심에 각 1개의 입자가 위치하는 구조이다. 따라서 단위 세포 내의 입자 수는

$$1(체심) + 8(꼭짓점) \times \frac{1}{8} = 2개이다.$$

〈단위 세포 내의 입자 수〉

$$N = N_{체심} + \frac{N_{면심}}{4} + \frac{N_{모서리}}{4} + \frac{N_{꼭짓점}}{4}$$

〈주요 결정 구조 정리〉

단위세포	입방격자구조			육방밀집구조
	단순입방(sc)	체심입방(bcc)	면심입방(fcc)	(hcp)
단위세포 구조				
단위세포당 입자수	$\frac{1}{8} \cdot 8 = 1$	$1 + \frac{1}{8} \cdot 8 = 2$	$\frac{1}{2} \cdot 6 + \frac{1}{8} \cdot 8 = 4$	6
배위수	6	8	12	12
원자반경(r)	$\frac{a}{2}$	$\frac{\sqrt{3}}{4}a$	$\frac{\sqrt{2}}{4}a$	–
최인접원자 간 거리(2r)	a	$\frac{\sqrt{3}}{2}a$	$\frac{\sqrt{2}}{2}a$	–
채우기비율(%)	52	68	74	74

Answer 6.②

7 물질 A, B, C에 대한 다음 그래프의 설명으로 옳은 것만을 모두 고르면?

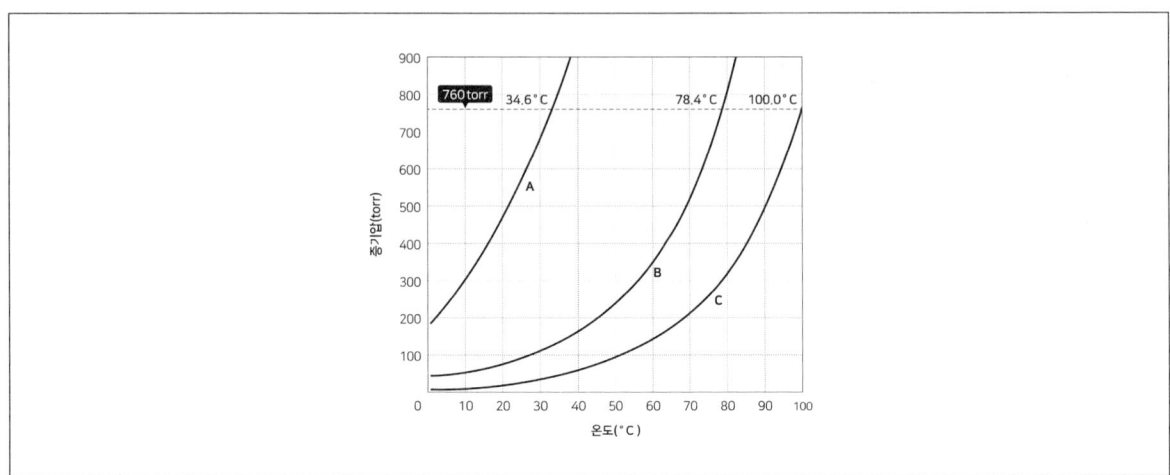

ㄱ 30℃에서 증기압 크기는 C<B<A이다.

ㄴ B의 정상 끓는점은 78.4℃이다.

ㄷ 25℃ 열린 접시에서 가장 빠르게 증발하는 것은 C이다.

① ㄱㄴ

② ㄱㄷ

③ ㄴㄷ

④ ㄱㄴㄷ

TIP ㄱ 30℃에서 증기압의 크기는 C<B<A이다.
　　ㄴ B의 정상 끓는점(1기압에서의 끓는점)은 78.4℃이다.(1기압에서의 끓는점은 1기압 = 760torr)
　　ㄷ 25℃에서 증기압은 A>B>C이므로 열린 접시에서 가장 빠르게 증발하는 것은 A이다.

8 샤를의 법칙을 옳게 표현한 식은? (단, V, P, T, n은 각각 이상 기체의 부피, 압력, 절대온도, 몰수이다)

① $V = 상수 / P$

② $V = 상수 \times n$

③ $V = 상수 \times T$

④ $V = 상수 \times P$

TIP 샤를의 법칙은 기체의 부피가 기체의 온도에 비례한다는 법칙으로 기체의 압력이 일정할 때 기체의 부피가 기체의 절대온도에 비례한다는 것이다.

$\dfrac{V}{T} = k$ 여기시, V는 부피, T는 절대온도이고, k는 상수이다.

Answer　7.① 8.③

2019. 10. 12. 제3회 서울특별시

9 〈보기〉는 같은 질량의 메테인(CH_4)과 산소(O_2)가 각각 두 용기에 들어있는 상태를 나타낸 것이다. $P_1 : P_2$는? (단, H, C, O의 원자량은 각각 1, 12, 16이고, $k = °C + 273$이며 메테인(CH_4)과 산소(O_2)는 이상기체이다.)

〈보기〉	
CH_4	O_2
w g	w g
$-73\,°C$	$27\,°C$
P_1 기압	P_2 기압
1L	2L

① 8 : 3   ② 2 : 1

③ 4 : 3   ④ 2 : 3

TIP 이상기체 상태방정식을 이용하여

$PV = nRT$

$n = \dfrac{w}{M} = \dfrac{질량}{분자량}$ 에서 같은 질량이라고 했으므로 1로 놓으면

$CH_4 = \dfrac{1}{16} = 0.0625$

$O_2 = \dfrac{1}{32} = 0.03125$

$P = \dfrac{nRT}{V}$ 에서 $P_1 = \dfrac{0.0625 \times (273 - 73)}{1} = 12.5$

$P_2 = \dfrac{0.03125 \times (273 + 27)}{2} = 4.6875$

$\dfrac{P_1}{P_2} = \dfrac{12.5}{4.6875} = \dfrac{8}{3}$

$\therefore P_1 : P_2$는 8 : 3이 된다.

2019. 10. 12. 제3회 서울특별시

10 이상 기체 상태 방정식에 잘 맞는 기체 일정량을 부피가 변하지 않는 밀폐된 용기에 담고 절대 온도를 2배로 올렸다. 이 기체에서 일어나는 변화로 가장 옳지 않은 것은?

① 기체의 압력이 2배로 증가한다.

② 기체의 분자 간 평균거리가 1/2로 줄어든다.

③ 기체의 평균운동에너지가 2배로 증가한다.

④ 기체 분자의 평균운동속도는 증가한다.

> **TIP** $PV = kT$ (P : 압력, V : 부피, k : 상수, T : 절대 온도)
> 절대 온도가 2배가 되면 압력은 2배로 증가한다.
> 기체 분자의 평균운동에너지는 기체의 종류에 관계없이 절대 온도에 비례한다.
> 여기서 절대 온도를 2배로 하였으므로 평균운동에너지도 2배가 된다.
> 기체의 절대 온도가 2배가 되면 운동에너지는 2배가 되며, 평균운동에너지 $E = \frac{1}{2}mv^2$이므로 온도가 2배가 되더라도 질량은 변화가 없으므로 평균운동속도는 $\sqrt{2}$ 배가 된다.
> 분자 간 평균거리는 부피당 입자수로 구하므로 부피가 일정하고 몰수의 변화가 없으므로 분자간 평균거리는 동일하다.

2019. 6. 15. 제2회 서울특별시

11 〈보기〉에 제시된 이상 기체 및 실제 기체에 대한 방정식을 설명한 것으로 가장 옳지 않은 것은?

〈보기〉

이상 기체 방정식 : $PV = nRT$

실제 기체 방정식 : $[P + a(n/V)^2] \times (V - nb) = nRT$

---

① 실제 기체 입자들 사이에서 작용하는 인력을 고려할 때, 일정한 압력에서 온도가 낮을수록 실제 기체는 이상 기체에 가까워진다.

② 실제 기체 입자들 사이에서 작용하는 인력을 보정하기 위해 P대신 $[P + a(n/V)^2]$를 사용한다.

③ 실제 기체는 기체 입자가 부피를 가지고 있으므로 이를 보정하기 위해 V대신 $V - nb$를 사용한다.

④ 실제 기체는 낮은 압력일수록 이상 기체에 근접한다.

> **TIP** ① 압력이 크게 높아져 분자간 거리가 가까워지는 경우, 온도가 크게 낮아져 분자의 운동속도가 아주 낮아지는 경우, 분자량이 아주 큰 경우에는 이상기체에서 벗어나게 된다.
> ② $\left(P + \frac{an^2}{V^2}\right)$은 보정항인 $+a\left(\frac{n^2}{V^2}\right)$을 가산하여 보정한 보정된 압력을 말한다.
> ③ $V - nb$는 보정항인 $-nb$를 가산하여 보정한 보정된 체적을 말한다.
> ④ 실제 기체가 이상 기체 방정식에 잘 적용되는 조건 : 실체 기체의 온도가 높을수록, 압력이 낮을수록, 분자 간 인력이 작을수록, 분자량이 작을수록 이상 기체 상태 방정식에 잘 적용된다.

Answer 10.② 11.①

12 구조 (개)~(대)는 결정성 고체의 단위세포를 나타낸 것이다. 이에 대한 설명으로 옳은 것만을 모두 고르면?

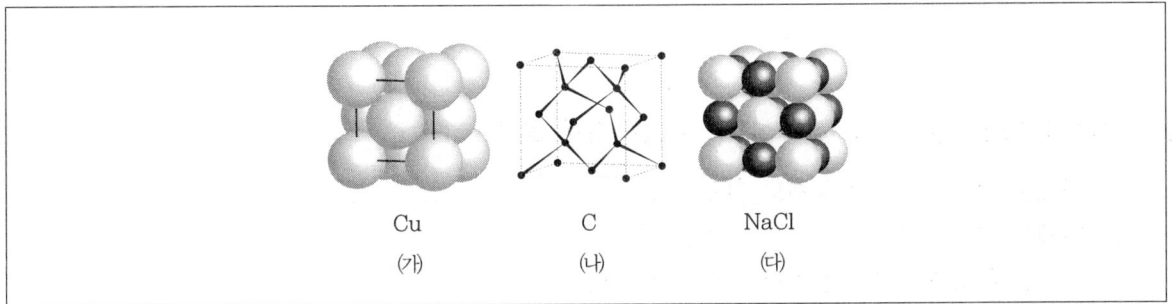

Cu   C   NaCl

(개)   (나)   (다)

ⓒ 전기 전도성은 (개)가 (나)보다 크다.

ⓒ (나)의 탄소 원자 사이의 결합각은 CH_4의 H−C−H 결합각과 같다.

ⓒ (나)와 (다)의 단위세포에 포함된 C와 Na^+의 개수 비는 1:2이다.

---

① ㉠

② ㉢

③ ㉠㉡

④ ㉠㉡㉢

TIP (개) Cu → 금속결정

(나) C → 원자결정, 공유결합, 정사면체 모양, 1개의 탄소 원자가 4개의 탄소 원자와 결합, 결합각은 109.5도

(다) NaCl → 이온결정, 면심입방 단위세포, 4개의 Cl^-와 4개의 Na^+로 결합

㉠ 금속결정은 전기 전도성을 띠나 공유결합은 전기 전도성을 띠지 않는다.

㉡ CH_4 분자에서 네 개의 수소 원자는 정사면체를 이루며 이 정사면체의 중심에 탄소 원자가 자리를 잡게 된다. 이 분자에서 결합각(H−C−H)은 109.5˚이다. (나)는 다이아몬드로 결합각은 109.5˚이다.

㉢ (나)의 단위세포를 보면 꼭짓점에 8개, 면 중앙에 6개, 단위세포 안에 4개가 존재한다. 꼭짓점에 있는 것은 구 전체가 들어있는 것이 아니라 1/8만큼 포함되어 있다는 것이므로 1/8의 구에 8개가 있으므로 탄소는 1개가 된다. 면 중앙에 위치하는 것 또한 구 전체가 아닌 1/2만큼이므로 1/2의 구에 6개가 있으므로 탄소는 총 3개가 된다. 단위세포에 안에 구 전체로 들어있는 것은 4개이므로 총 탄소의 개수는 8개이다.

(다)의 단위세포를 보면 소듐이온은 모서리에 12개, 정중앙에 1개가 있다. 모서리에 있는 것은 구 전체가 들어있는 것이 아니라 1/4만큼 포함된 것이므로 1/4의 구에 12개가 있으므로 소듐이온은 3개이다. 정중앙에 있는 것이 1개 있으므로 총 소듐이온의 개수는 4개이다.

그러므로 개수 비는 2:1이 된다.

Answer 12.③

출제 예상 문제

1 다음 중 기체의 운동론에 대한 설명으로 옳지 않은 것은?

① 기체분자들은 완성 탄성체로 간주한다.
② 기체분자들 자체가 차지하는 부피는 너무 작다.
③ 기체분자 상호간에는 반발력이 크게 작용한다.
④ 기체분자들은 끊임없이 빠른 속도로 열운동을 한다.

TIP ③ 기체분자 상호간에는 반발력이나 인력이 작용하지 않는다.

2 다음 중 분출속도가 산소의 4배인 어떤 기체가 있을 경우 이 기체의 분자량으로 옳은 것은?

① 1 　　　　　　　　　② 2
③ 4 　　　　　　　　　④ 6
⑤ 8

TIP 그레이엄의 법칙에서 $\dfrac{V_1}{V_2} = \sqrt{\dfrac{M_2}{M_1}}$ 가 되므로 $\dfrac{4}{1} = \sqrt{\dfrac{32}{M}}$ 에서 M을 구하면 $M = 2$가 된다.

3 다음 중 수소 1.0g이 0℃, 1.0L의 부피에서 나타내는 압력은?

① 5.1기압 　　　　　　② 11.2기압
③ 17.3기압 　　　　　　④ 22.4기압
⑤ 33.6기압

TIP 수소 1.0g은 1/2몰이므로
$P = \dfrac{nRT}{V} = \dfrac{0.5 \times 0.082 \times 273}{1.0} = 11.2$ 기압

Answer 1.③　2.②　3.②

4 같은 조건에서 어떤 기체 X와 CH_4의 확산속도의 비가 1:2였을 때 X의 분자량으로 옳은 것은?

① 16

② 24

③ 42

④ 64

> **TIP** $\dfrac{v_1}{v_2} = \sqrt{\dfrac{M_2}{M_1}}$ 이므로 $\dfrac{1}{2} = \sqrt{\dfrac{16}{x}}$
> $\therefore x = 64$

5 다음 중 면심입방격자와 체심입방격자의 단위세포를 구성하는 격자점은 각각 몇 개인가?

① 1개, 2개

② 2개, 3개

③ 4개, 1개

④ 4개, 2개

> **TIP** 결정격자의 종류

결정격자	단순입방격자	체심입방격자	면심입방격자	최밀육방격자
모 형				
입자수	각 모서리:1/8×8 (1개)	• 각 모서리:1/8×8 • 중심:1개 (2개)	• 각 모서리:1/8×8 • 면심 : 1/2×6개 (4개)	• 각 모서리:1/6×6×2 • 면:1/2×2, 중심:3개 (6개)

6 에어백 속에 기체 상태의 아지드화소듐(NaN_3)이 들어 있는데 에어백을 표준 상태(0℃, 1기압)에서 89.6L 크기로 부풀도록 제조하려면, 아지드화소듐을 최소 몇 g 넣어야 하는가? (단, 원자량은 Na = 23, N = 14)

① 70g

② 124.2g

③ 173.3g

④ 196.5g

> **TIP** $2NaN_3 \rightarrow 2Na + 3N_2$에서 $3N_2$의 부피가 같으므로
> $2:3 = x:89.6$에서 $x = 59.7$L
> $PV = nRT = \dfrac{w}{M}RT$에서
> $w = \dfrac{MPV}{RT} = \dfrac{65 \times 1 \times 59.7}{0.082 \times 273} = 173.3$ g

Answer 4.④ 5.④ 6.③

7 다음 중 액체물질 A 78g, B 184g이 혼합되어 있는 용액이 있고 온도 t℃에서 순수한 A, B의 증기압이 각각 117mmHg, 39mmHg일 때, 같은 온도에서 혼합용액의 전체 증기압은? (단, 분자량은 A = 78, B = 92)

① 65mmHg   ② 81mmHg

③ 94mmHg   ④ 105mmHg

TIP A와 B의 몰수를 구하면

A의 몰수 $= \dfrac{78}{78} = 1$몰, B의 몰수 $= \dfrac{184}{92} = 2$몰

몰수비는 부피비가 되므로 $PV = P_1V_1 + P_2V_2$에 부피 대신 대입하면

$P \times 3 = 117 \times 1 + 39 \times 2$

$\therefore P = 65\,mmHg$

8 다음 중 1기압, 300K에서 어떤 기체 4g이 24.6L의 부피를 차지하고 있다면 이 기체는 무엇인가?

① 헬륨   ② 질소

③ 이산화탄소   ④ 수소

TIP $M = \dfrac{wRT}{PV} = \dfrac{4 \times 0.082 \times 300}{1 \times 24.6} = 4$

$\therefore$ 분자량이 4인 기체 헬륨(He)이다.

9 다음 중 기체 상태에 있는 어떤 물질의 분자량을 결정할 때 필요한 실험적 자료로 옳은 것은?

① 온도, 밀도, 압력

② 온도, 부피, 밀도

③ 온도, 부피, 질량

④ 온도, 압력, 부피

TIP 기체상태의 물질에서 온도, 밀도, 압력의 관계

㉠ 온도가 상승하면 기체 분자의 속도가 빨라진다.

㉡ 온도가 상승하면 분자수는 변하지 않아 질량은 동일하다.

㉢ 온도가 상승하면 부피가 증가하여 밀도는 작아진다.(샤를의 법칙)

㉣ $PV = nRT$

㉤ 온도가 상승하면 분자의 운동속도가 빨라져 압력이 증가한다.

㉥ 액체에서는 온도에 의한 상태변화는 크지만 압력에 의한 부피변화는 거의 없다.

Answer   7.①   8.①   9.①

10 다음 중 같은 조건에서 분자량이 16인 기체 X의 확산속도가 기체 Y의 2배일 때 기체 Y의 분자량으로 옳은 것은?

① 24

② 36

③ 48

④ 64

TIP $\dfrac{v_1}{v_2} = \sqrt{\dfrac{M_2}{M_1}}$ (v : 확산속도, M : 분자량)

Y의 확산속도를 Y이라 하면,

$\dfrac{2v_y}{v_y} = \sqrt{\dfrac{M_2}{16}}$ 에서 $\sqrt{M_2} = 8$

∴ $M_2 = 64$

11 일정한 온도의 밀폐된 용기에서 탄소 12g과 산소 3몰을 반응시켰을 때 반응용기의 전체압력이 6기압이라면 CO_2가 나타내고 있는 부분압력으로 옳은 것은?

$$C(s) + O_2(g) \rightarrow CO_2(g)$$

① 2기압

② 3기압

③ 4기압

④ 6기압

TIP

$$C(s) + O_2(g) \rightarrow CO_2(g)$$

반응 전   12g   3몰
반응   −12g   −1몰   +1몰
─────────────────────────
반응 후   0g   2몰   1몰

CO_2의 몰분율 $= \dfrac{1몰(CO_2 몰수)}{3몰(반응\ 후\ 전체몰수)}$ 이므로

∴ CO_2의 부분압력 $= 6 \times \dfrac{1}{3} = 2$ 기압

12 다음 중 70℃, 0.9기압에서 CO_2의 밀도는 얼마인가?

① 0.8

② 1.2

③ 1.4

④ 2.1

TIP $PV = \dfrac{w}{M}RT$, $\dfrac{w}{V}$(밀도) $= \dfrac{PM}{RT}$

$T = 273 + 70$, $P = 0.9$, $M = 44$(O_2의 분자량), $R = 0.082$

∴ $\dfrac{0.9 \times 44}{0.082 \times 343} = 1.4$

13 분자식이 X_2O인 기체와 산소의 확산속도 비가 $1:4$일 때 원소 X의 원자량은?

① 112
② 162
③ 216
④ 248

> **TIP** 그레이엄의 법칙에서
>
> $$\frac{v_1}{v_2} = \sqrt{\frac{M_2}{M_1}}$$
>
> X_2O의 속도를 v_x라 하고 산소의 분자량이 32이므로
>
> $$\frac{v_x}{4v_x} = \sqrt{\frac{32}{M_1}} \text{ 에서 } \frac{1}{16} = \frac{32}{M_1} \quad \therefore M_1 = 512$$
>
> $M_1 = X_2 + 16 = 512$
>
> $\therefore X = 248$

14 He의 분자량은 4이고 같은 조건에서 미지기체의 확산속도가 He의 1/4이라면 이 기체의 분자량으로 옳은 것은?

① 24
② 32
③ 48
④ 64

> **TIP** 그레이엄의 법칙에서 $\dfrac{v_1}{v_2} = \sqrt{\dfrac{M_2}{M_1}}$
>
> $$\frac{v_1}{\frac{1}{4}v_1} = \sqrt{\frac{M_2}{4}}$$
>
> $\therefore M_2 = 64$

15 다음 중 일정한 온도에서 2기압의 수소 2L와 3기압의 산소 3L를 혼합용기에 넣었을 때 전체압력으로 옳은 것은?

① 1.8기압
② 2.6기압
③ 3.3기압
④ 4.1기압

> **TIP** $P_1V_1 + P_2V_2 = PV$
>
> $P_1 = 2$기압, $V_1 = 2L$, $P_2 = 3$기압, $V_2 = 3L$, $V = 5L$를 대입하면
>
> $2 \times 2 + 3 \times 3 = P \times 5 \qquad \therefore P = 2.6$

Answer 13.④ 14.④ 15.②

16 다음 중 기체분자의 운동에너지를 결정하는 조건으로 옳은 것은?

① 화학적 성질 ② 분자량

③ 온도 ④ 분자가 갖는 총 전자수

TIP 기체분자의 운동에너지는 온도에만 의존한다.

17 다음 중 일정한 압력하에서 10℃의 기체가 2배로 팽창될 온도로 옳은 것은?

① 200℃ ② 240℃

③ 283℃ ④ 293℃

TIP $\dfrac{PV}{T} = \dfrac{P'V'}{T'} = k$에서 일정한 압력하이므로 $\dfrac{V}{T} = \dfrac{V'}{T'}$ 이다.

$V' = 2V$, $T = 283$K를 대입하면, $\dfrac{V}{283\text{K}} = \dfrac{2V}{T'}$ 에서

$T' = 566$K가 된다.

$566 = 273 + t$

$\therefore t = 293℃$

18 다음 중 기체상수 R의 값으로 옳은 것은?

① 0.082atm · L/mol · K ② 1.987J/mol · K

③ 1.987erg/mol · K ④ 22.4L

TIP $R = \dfrac{PV}{T} = \dfrac{1\text{기압} \times 22.4\text{L/mol}}{273\text{K}} = 0.082\,\text{atm · L/mol · K}$

19 다음 중 공기에 압력을 가하고 온도를 내리면 액체공기가 되는 현상은 무엇인가?

① 승화 ② 응고

③ 기화 ④ 액화

TIP 액화 … 기체(공기)가 액체(액체 공기)로 되는 현상이다.

Answer 16.③ 17.④ 18.① 19.④

01. 기체 · 액체 · 고체 **123**

20 다음 중 면심입방격자에서 단위격자 속에 존재하는 격자수로 옳은 것은?

① 2개 ② 3개

③ 4개 ④ 5개

TIP 면심입방격자에서 입자수는 $\frac{1}{8} \times 8 (모서리) + \frac{1}{2} \times 6 (면심) = 4$ 개가 된다.

21 다음 중 이상기체로 옳지 않은 것은?

① 기체의 부피는 절대온도 0K에서 0이다.

② 보일-샤를의 법칙에 완전히 따른다.

③ 분자간의 힘은 없고 액화하지 않는다.

④ 분자간의 힘이 있고 분자의 부피도 있다.

TIP ④ 실제기체에 대한 설명으로, 실제기체는 분자의 질량과 부피를 모두 갖으며 분자간의 힘이 있다.

22 다음 중 고체 상태이지만 그 안의 원자나 분자의 배열이 불규칙하게 되어 있는 것은?

① 수정 ② 얼음

③ 유리 ④ 다이아몬드

TIP 비결정성 고체 … 입자들 사이의 강한 인력 때문에 자유로이 이동할 수 없고 입자들의 배열이 불규칙하여 결정의 특성을 나타내지 못한다.

23 다음 중 이온결합의 일반적인 성질로 옳지 않은 것은?

① 대부분 물에 잘 녹는다.

② 용융 상태에서 전기를 전도한다.

③ 결정성 고체로 휘발성이 높다.

④ 녹는점·끓는점이 높다.

TIP ③ 이온결합은 여러 개의 이온들과 쿨롱의 힘에 의해 결합되어 있으므로 상온에서 결정 상태이고 비휘발성 물질이다.

24 다음 중 27℃, 1기압의 수소기체 4L를 327℃, 2기압으로 변화시켰을 때의 부피는?

① 1L

② 2L

③ 4L

④ 6L

TIP $\dfrac{PV}{T} = \dfrac{P'V'}{T'} = k$ 에서

$P = 1$기압, $V = 4$L, $T = 300$K, $P' = 2$기압, $T' = 600$K를 대입하면

$\dfrac{1 \times 4}{300} = \dfrac{2 \times V'}{600}$ 가 되고 여기서 V'를 구하면

$\therefore V' = 4$L

25 다음 기체, 액체, 고체에 대한 설명 중 액체에 해당하는 것으로 옳은 것은?

① 분자간의 거리가 가장 먼 것이다.

② 구성입자가 진동운동만 하는 것이다.

③ 운동에너지가 가장 작은 것이다.

④ 서로 자리바꿈을 할 수 있고 분자가 가까이 접근해 있는 것이다.

TIP ① 기체 ②③ 고체

26 다음 중 25℃, 1기압에서 11.2L의 부피를 차지하는 기체의 압력을 일정하게 유지시키고, 부피만 2배로 하기 위해 가열해야 하는 온도로 옳은 것은?

① 273℃

② 323℃

③ 416℃

④ 531℃

⑤ 692℃

TIP $\dfrac{V_1}{T_1} = \dfrac{V_2}{T_2}$ 를 이용해서 구하면 $\dfrac{11.2}{273+25} = \dfrac{11.2 \times 2}{T}$

∴ $T = 596\,\mathrm{K} = 323\,℃$

27 0℃, 2기압의 산소 5.6L 속에 들어 있는 산소의 분자수로 옳은 것은?

① 3.01×10^{23}개

② 3.02×10^{24}개

③ 6.02×10^{23}개

④ 9.03×10^{23}개

TIP $PV = nRT$를 이용해 n을 구하면

$2 \times 5.6 = n \times 0.082 \times 273$

∴ $n = 0.5$몰

0.5mol의 분자개수는 3.01×10^{23}개가 된다.

28 다음 중 27℃, 3기압에서 1L의 질량이 약 5.4g인 기체로 옳은 것은?

① O_2

② SO_2

③ CH_4

④ C_3H_8

TIP $PV = \dfrac{w}{M}RT$, $M = \dfrac{wRT}{PV}$ 에서

$\dfrac{5.4 \times 0.082 \times (273 + 27)}{3 \times 1} = 44$

∴ 분자량이 44 기체는 C_3H_8이다.

Answer 26.② 27.① 28.④

29 일정한 부피의 용기에 헬륨기체가 들어 있을 때 이 용기를 가열하면 일어나는 현상으로 옳지 않은 것은?

① 기체의 밀도가 증가한다.

② 헬륨기체분자의 평균속력이 증가한다.

③ 헬륨기체분자의 평균 운동에너지가 증가한다.

④ 용기의 압력이 증가한다.

TIP ① 온도가 높아져도 부피나 질량이 일정하므로 밀도는 일정하다.

30 다음 중 30℃의 수소 1몰이 들어 있는 용기 A와 40℃의 수소 1몰이 들어 있는 용기 B에 대한 설명으로 옳지 않은 것은?

① B의 경우가 A의 경우보다 높은 속력의 수소분자들이 많다.

② A 안의 수소분자는 모두 B 안의 어느 수소분자의 속력보다 크다.

③ A 또는 B 안의 수소분자는 작은 속력부터 큰 속력까지의 고른 분포를 보인다.

④ A 안의 수소분자의 평균속력이 B 안의 수소분자의 평균속력보다 작다.

TIP ② 낮은 온도에서 기체분자가 작은 속력인 것부터 큰 속력인 것까지 분포되므로 A 안의 속력이 큰 어떤 분자는 B 안의 작은 속력의 분자보다 훨씬 속력이 클 수 있다.

Answer 29.① 30.②

31 다음 중 산소 16g과 수소 4g이 들어 있는 용기의 압력이 5기압이었을 때 산소의 압력으로 옳은 것은?

① 1기압   ② 2기압

③ 3기압   ④ 4기압

⑤ 5기압

> **TIP** 혼합기체에서 각 성분의 부분압력은 그 기체의 몰분율에 정비례한다.
> O_2와 H_2의 mol수를 구하면
> $nO_2 = 16/32 = 0.5\,mol$
> $nH_2 = 4/2 = 2\,mol$
> $PO_2 = \dfrac{nO_2}{\sum n_1} \times P_1 = \dfrac{0.5}{0.5+2} \times 5 = 1\,기압$

32 다음 그래프의 곡선들은 4가지 액체 A, B, C, D의 증기압력과 온도 간의 관계를 나타내고 있다. 0.5 기압하에서 끓는점이 가장 낮은 액체로 옳은 것은?

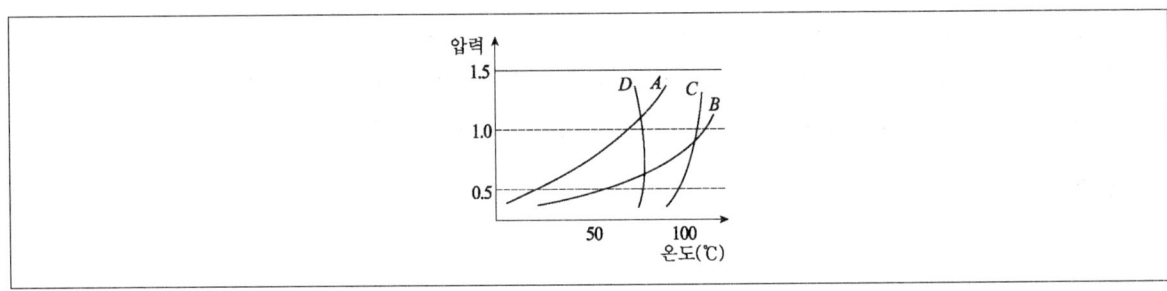

① A액체   ② B액체

③ C액체   ④ D액체

> **TIP** 액체의 끓는점은 외부압력과 증기압력이 같을 때의 온도이다. 0.5기압일 때의 점선을 따라가면 A의 온도가 가장 낮음을 확인할 수 있다.

33 다음 중 실제기체에 대한 설명으로 옳지 않은 것은?

① 이상기체보다 실제기체의 분자들이 운동하는 부피가 작아진다.

② 낮은 온도에서 PV의 값은 이상기체보다 작아진다.

③ PV의 값은 높은 압력에서 이상기체보다 커진다.

④ 실제기체분자간에 작용하는 분자간 인력은 기체분자가 용기벽에 충돌하는 힘을 강화시킨다.

> **TIP** 이상기체에서는 $PV = k$로 일정하지만 실제기체에서는 다르다.
> ④ 실제기체에 작용하는 분자간의 인력은 기체분자가 용기벽에 충돌하는 힘을 약화시켜 낮은 온도에서 PV의 값을 이상기체보다 작게 한다.

34 다음 중 물의 상평형 그림에서 알 수 없는 것은?

① 2기압에서의 끓는점   ② 300기압에서의 끓는점

③ 2기압에서의 어는점   ④ 300기압에서 어는점

> **TIP** ② 임계압력(218기압)보다 300기압이 크기 때문에 끓는점이 없다.

35 다음 중 2.0기압의 산소 3.0L와 3.0기압의 질소 2.0L를 5.0L의 용기 속에 넣었을 때의 전체압력으로 옳은 것은?

① 1기압   ② 1.3기압

③ 1.9기압   ④ 2.1기압

⑤ 2.4기압

> **TIP** $P_1V_1 + P_2V_2 = PV$에서 대입해 보면 $2.0 \times 3.0 + 3.0 \times 2.0 = 5.0 \times P$
> ∴ $P = 2.4$기압

36 다음 중 2몰의 질소, 1몰의 산소, 0.5몰의 수소, 1.5몰의 이산화탄소가 혼합된 기체의 전체압력이 1기압이었다면 그 부분압력이 0.4기압이 되는 기체로 옳은 것은?

① 수소   ② 질소
③ 산소   ④ 이산화탄소

> **TIP** 전체몰수는 $2 + 1 + 0.5 + 1.5 = 5 \text{mol}$이므로 $P_1 = \dfrac{n_1}{\sum n_i} \times P_t$ 에서
>
> ① 수소의 압력 : $P_{H_2} = \dfrac{0.5}{5} \times 1 = 0.1$ 기압
>
> ② 질소의 압력 : $P_{N_2} = \dfrac{2}{5} \times 1 = 0.4$ 기압
>
> ③ 산소의 압력 : $P_{O_2} = \dfrac{1}{5} \times 1 = 0.2$ 기압
>
> ④ 이산화탄소의 압력 : $P_{CO_2} = \dfrac{1.5}{5} \times 1 = 0.3$ 기압

37 다음 중 이상기체의 행동을 나타내는 것으로 옳은 것은? (단, P : 압력, V : 부피, T : 절대온도)

①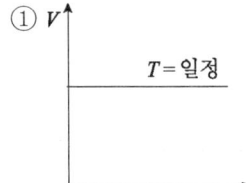

②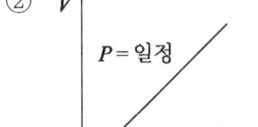

③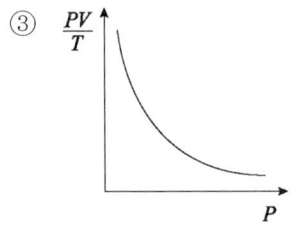

④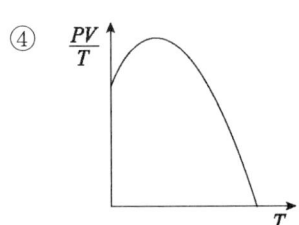

> **TIP** ② P가 일정하면 $PV = nRT$에서 V는 T에 비례한다(n 의 mol수 일정, R은 상수이다).

38 다음 중 1기압 300K에서 어떤 기체 4g이 49.2L의 부피를 차지하고 있을 때 이 기체로 옳은 것은? (단, 기체상수 $R = 0.082$기압 · L/mol · K)

① O_2

② H_2

③ N_2

④ CH_4

> **TIP** $M = \dfrac{wRT}{PV}$ 에 대입하면
>
> $M = \dfrac{4 \times 0.082 \times 300}{1 \times 49.2} = 2$
>
> ∴ 분자량이 2이므로 H_2가 된다.

39 27℃, 2기압에서 10L의 부피를 차지하는 일산화탄소에 충분한 양의 산화질소를 반응시켜 질소기체를 얻었다. 얻어진 질소를 분리하여 10l 들이 그릇에 넣고 온도를 327℃로 올리면 압력은 얼마인가?

$2CO + 2NO \rightarrow 2CO_2 + N_2$

① 1기압

② 2기압

③ 3기압

④ 4기압

⑤ 5기압

> **TIP** 기체반응의 법칙에서 CO : N_2 = 2 : 1의 부피비이다.
>
> 따라서 CO의 $\dfrac{PV}{T}$ 값과 N_2의 $\dfrac{P'V'}{T'}$ 값은 $\dfrac{PV}{T} = 2 \times \dfrac{P'V'}{T'}$ 이다.
>
> $\dfrac{2 \times 10}{273 + 27} = \dfrac{P' \times 10}{273 + 327} \times 2$
>
> ∴ $P' = 2$기압

Answer 38.② 39.②

40 다음 중 수소와 산소가 같은 온도의 일정한 용기 안에 혼합되어 있을 때 수소와 산소가 같은 사항으로 옳은 것은?

① 압력　　　　　　　　　　　　② 속도

③ 평균 운동에너지　　　　　　　④ 분자량

TIP ① 기체의 압력은 분자량의 질량과 속력에 비례하므로 두 분자는 같지 않다.
　　②④ 수소와 산소의 분자량이 다르다.

41 다음 중 실제기체가 이상기체의 상태방정식을 만족시키기 위한 조건으로 옳은 것은?

① 낮은 온도, 낮은 압력　　　　② 높은 온도, 낮은 압력

③ 낮은 온도, 높은 압력　　　　④ 높은 온도, 높은 압력

TIP 실제기체에서 압력이 낮으면 기체들의 부피가 무시될 정도로 작아지고 온도가 높으면 분자운동이 활발하여 분자간 인력의 영향이 줄어들어 이상기체에 가까워진다.

42 다음 CO_2의 상평형 그림에서 CO_2가 점 P에서 온도를 낮추면 승화할 수 있는 조건으로 옳은 것은?

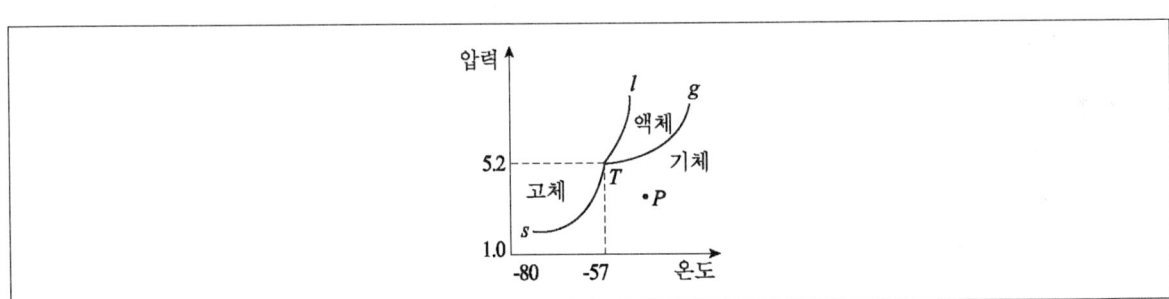

① $s-T$ 구간　　　　　　　　　② $s-l$ 구간

③ $g-T$ 구간　　　　　　　　　④ $l-T$ 구간

TIP $s-T$ 는 고체의 증기압력 곡선으로 고체와 기체가 평형을 이루는 온도와 압력을 나타낸다. 점 P 에서 온도를 낮추면 승화가 일어난다.

43 다음 중 0℃, 1기압의 용기 속에 들어 있는 산소를 무성방전시켜 반이 오존이 될 때의 압력으로 옳은 것은?

① $\frac{1}{2}$기압

② $\frac{2}{3}$기압

③ $\frac{1}{5}$기압

④ $\frac{5}{6}$기압

TIP $3O_2 \rightarrow 2O_3$에서 산소가 n 몰 있었다면(1개의 O_2는 $\frac{2}{3}O_3$를 발생시키는데 절반이 반응하였으므로 $\frac{1}{2}O_2$가 $\frac{1}{3}O_3$를 만든다)

∴ 전체몰수 $= \frac{1}{2}n + \frac{1}{3}n = \frac{5}{6}n$몰

압력은 몰수에 비례하므로

$P_1 : P_2 = n_1 : n_2$

$1 : x = n$몰 $: \frac{5}{6}n$몰에서 구하면

$P_2 = \frac{5}{6}$기압이 된다.

02 용액

01 용해와 용액

❶ 용액

(1) 용액의 개념

두 가지 종류나 그 이상의 순수한 물질이 섞여 있는 혼합물 중 균일혼합물을 말한다.

> **TIP**
>
> 용액의 예
>
> | 구분 | 액체 + 고체 | 액체 + 액체 | 액체 + 기체 | 고체 + 고체 | 기체 + 기체 |
> |------|-----------|-----------|-----------|-----------|-----------|
> | 예 | 설탕물 | 소주 | 탄산음료 | 합금류 | 공기 |

(2) 종류

① **고체용액** … 여러 가지 합금 등이 속한다.

　　예 놋쇠(Cu, Zn), 강철(Fe, Si, C)

② **액체용액** … 기체, 액체 또는 고체를 액체에 용해시켜 만든 것이다.

　　예 바닷물(H_2O, Nacl 등), 가솔린(여러 가지 탄화수소)

③ **기체용액** … 반응성이 없는 기체나 증기들이 일정한 비율로 균일하게 섞여 있는 것이다.

　　예 공기(N_2, O_2 등), 수성가스(H_2, CO)

(3) 성분

① **용매와 용질** … 용액에서 녹이는 물질을 용매, 녹는 물질을 용질이라고 한다.

　　예 용질(설탕)+용매(물) → 용액(설탕물)

② 용액의 종류별 성분

  ㉠ 기체용액과 고체용액 : 용매와 용질의 구별이 쉽지 않아 일반적으로 많은 양의 물질을 용매, 적은 양의 물질을 용질이라고 한다.

  ㉡ 액체용액

   • 액체에 고체나 기체가 녹을 때는 액체를 용매, 고체나 기체를 용질이라고 한다.

   • 액체와 액체의 용액에서는 많은 물질을 용매, 적은 물질을 용질이라고 한다.

(4) 용액의 전기적 성질

① 전해질 용액 … 전해질은 물에 녹아 이온으로 되는 물질을 말하고, 이런 물질의 용액을 전해질 용액이라고 한다. 전해질 용액은 전기를 잘 전도하는 특성이 있다.

  ㉠ 물에 녹아 해리하는 경우 : 이온성 물질의 수용액이다.

   예 $NaCl \rightarrow Na^+(aq) + Cl^-(aq)$

  ㉡ 물과 반응하여 이온이 생기는 경우 : 극성이 큰 공유결합 화합물이다.

   예 $HCl + H_2O \rightarrow H_3O^+(aq) + Cl^-(aq)$

  ㉢ 정도에 따른 전해질의 종류

   • 강한 전해질 : 수용액에서 용질이 거의 전부 이온으로 되는 물질이다.

   • 약한 전해질 : 극히 일부만이 이온으로 되는 물질이다.

    예 • 강한 전해질 : HCl, $NaOH$, $NaCl$ 등

     • 약한 전해질 : CH_3COOH, NH_3 등

② 비전해질 용질

  ㉠ 개념 : 비전해질은 물에 녹을 때 이온이 생기지 않는 물질을 말하고, 이런 물질의 용액을 비전해질 용액이라고 한다.

  ㉡ 특성 : 수용액에서 분자 상태로 존재하기 때문에 전기를 전도하지 않는다.

   예 포도당용액, 설탕용액

❷ 용해의 원리

(1) 용해의 개념

두 종류 이상의 순물질이 균일하게 섞이는 현상을 말한다.

(2) 평형의 결정인자

① 무질서도와 용해과정 … 용해과정은 항상 무질서도를 증가시키므로 용해과정이 에너지를 증가시키지 않으면 두 물질은 완전히 섞여 용액이 된다.

② 에너지와 용해과정
  ㉠ 발열과정 : 에너지가 낮아지므로 두 물질이 잘 섞인다.
  ㉡ 흡열과정 : 용해가 잘 일어나지 않지만 무질서도 증가로 용해가 일어날 수 있다.

(3) 기체용액

기체의 분자간의 인력이 매우 작아 이들이 섞일 때에는 에너지 변화는 거의 없고, 무질서도가 증가해서 완전히 섞인 균일한 용액이 된다.

(4) 고체 · 액체 용질과 액체 용매
① 용해가 잘 일어나는 경우
  ㉠ 용매분자와 용질분자 사이의 인력이 용질분자들 사이의 인력보다 클 경우 : 용해가 잘 일어난다(용해에 의해 에너지가 낮아짐).
  ㉡ 용매분자, 용질분자 사이의 인력과 용질분자들 사이의 인력이 비슷할 경우 : 용해가 잘 일어난다(용해에 의해 무질서도가 증가).
  ㉢ 극성과 극성, 무극성과 무극성일 경우 용해가 잘 일어난다.
  ㉣ 작용기가 같으면 용해가 잘 일어난다.

② 용해가 잘 일어나지 않는 경우
  ㉠ 용매분자와 용질분자 사이의 인력이 용매분자들 또는 용질분자들 사이의 인력보다 작을 경우 용해가 잘 일어나지 않는다(용해에 의해 에너지가 높아짐).
  ㉡ 극성과 무극성, 무극성과 극성일 경우 용해가 잘 일어나지 않는다.

③ 재결정
  ㉠ 개념 : 온도에 따라 용해도가 크게 변하는 물질의 포화용액을 냉각시키면, 두 온도에서의 용해도 차이만큼의 결정이 석출되는 현상을 말한다.
  ㉡ 약간의 불순물이 섞여 있는 고체물질을 정제하는 데 이용된다.

(5) 포화 상태
① 개념 … 어느 온도와 압력에서 용질이 용매에 최대한 녹은 상태를 말한다.
② 용액의 포화 정도
  ㉠ 포화 용액 : 용질이 용매에 최대한 녹은 용액이다.
  ㉡ 불포화 용액 : 용질이 용매에 더 녹을 수 있는 용액이다.
  ㉢ 과포화 용액 : 포화 상태보다 용질이 더 많이 녹아 있는 용액이다.

❸ 용해도

(1) 용해도의 개념

일정량의 용매 중에서 포화 용액을 만들기 위해 필요한 용질의 양이다.

예 NaCl의 물에 대한 용해도는 0℃일 때 35.7g/100ml(주어진 온도에서 안정한 평형용액 즉, 포화 용액을 만들 때 물에 녹을 수 있는 NaCl의 최대량)이다.

(2) 용해도와 온도

① 용질이 용해하면 용해열을 흡수하거나 방출한다.

② 용해반응

　　㉠ **발열반응** : 냉각시킬수록 용해도가 증가한다.

　　㉡ **흡열반응** : 가열할수록 용해도가 증가한다.

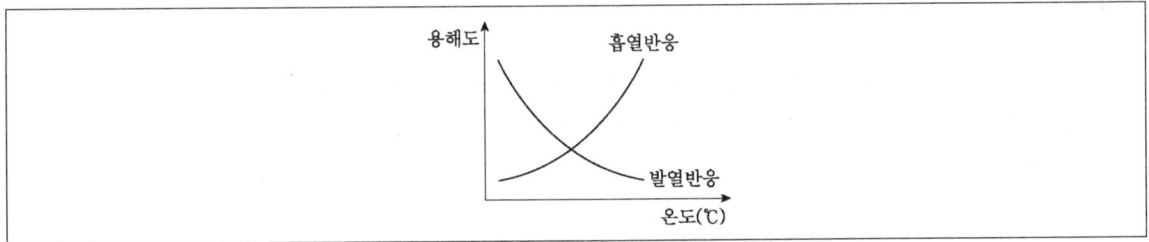

③ 고체 용해과정은 대부분 흡열과정으로 온도가 상승함에 따라 용해도가 증가한다(르 샤틀리에의 원리).

④ 기체의 용해과정은 항상 발열과정으로 온도가 상승함에 따라 기체의 용해도는 항상 감소한다.

(3) 용해도 곡선

① **개념** … 어떤 물질의 용해도가 온도에 따라 변화하는 정도를 나타낸 그래프를 말한다.

② 용해도 곡선상의 모든 점은 그 온도에서의 포화 용액을 나타낸다.

③ 각 온도에서의 용해도를 알 수 있다.

④ 용해도 곡선을 이용해서 포화 용액을 냉각시킬 때 석출되는 용질의 양을 알 수 있다.

> **TIP**
> 석출되는 용질의 양 = 처음에 녹아 있던 용질의 양 – 냉각시킨 온도에서 녹을 수 있는 용질의 양

[용해도 곡선]

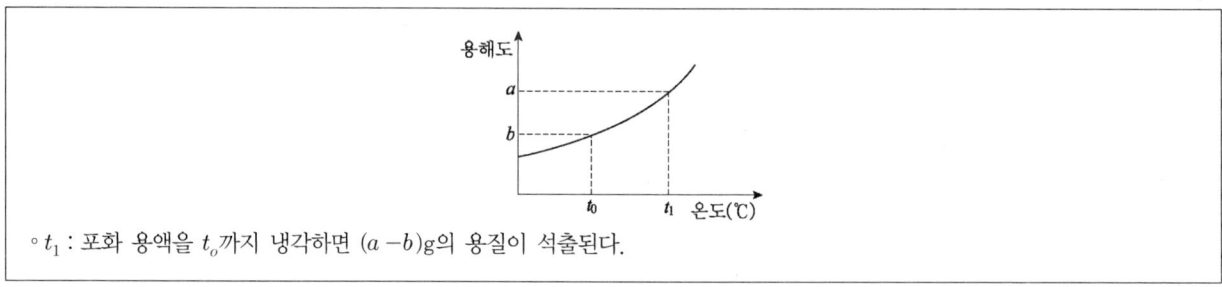

ㅇ t_1 : 포화 용액을 t_0까지 냉각하면 $(a-b)$g의 용질이 석출된다.

⑤ 곡선의 기울기가 급할수록 온도에 따른 용해도의 변화가 큰 물질인 것을 알 수 있다.

⑥ 포화 용액을 만드는 데 필요한 용질의 양을 알 수 있다.

(4) 용해도를 결정하는 조건

① 고체의 용해도 결정조건

  ㉠ 무질서도의 영향

  • 규칙적인 결정격자가 무질서한 용액상태로 변하므로 무질서도가 증가한다.

  • 최대 무질서도로 가려는 경향으로 인해 고체의 용해가 증가된다.

  ㉡ 에너지의 영향

  • 대부분 흡열과정이므로 용해된 상태가 용해 전보다 에너지가 높다.

  • 최저 에너지로 가려는 경향으로 인해 용해가 억제된다.

[최저 에너지와 최대 무질서도의 경향]

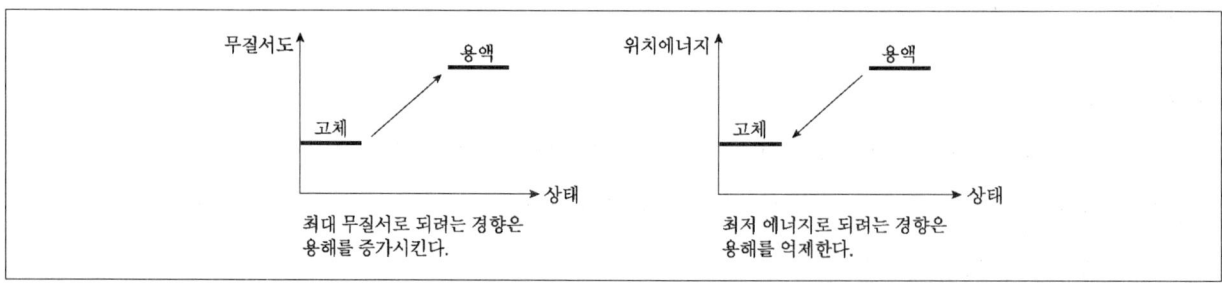

② 기체의 용해도 결정조건

  ㉠ 무질서도의 영향

  • 기체가 용해되면 무질서도가 감소한다.

  • 최대 무질서도로 가려는 경향으로 인해 기체의 용해가 억제된다.

  ㉡ 에너지의 영향

  • 기체가 용해될 때에는 항상 발열반응이다.

  • 기체의 용해는 최저 에너지로 가려는 경향으로 인해 증가된다.

[최저 에너지와 최대 무질서도의 경향]

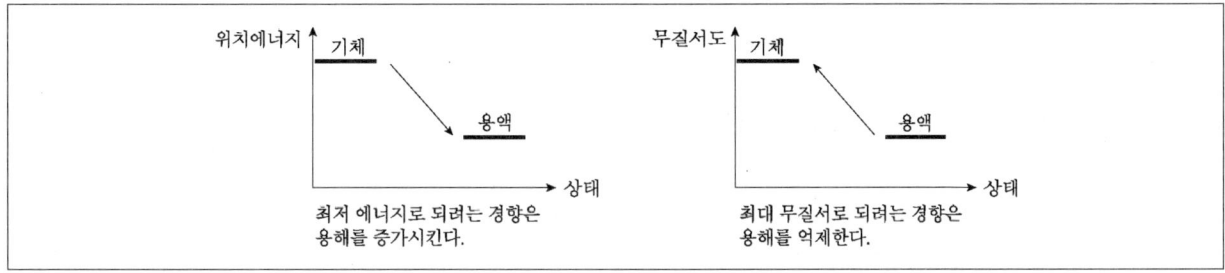

ㄷ 헨리의 법칙

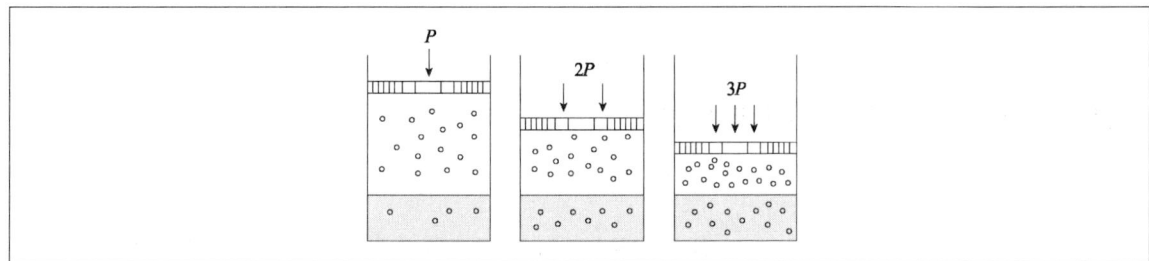

• 묽은 용액에서의 기체 용해도는 용액 위에 있는 그 기체의 부분압력에 비례한다.

$$[B] = KP_b$$

◦ $[B]$: 녹은 기체의 농도
◦ K : 헨리의 법칙 상수
◦ P_b : 기체의 부분압력

• 녹는 기체의 양은 압력에 비례하지만 기체의 부피는 압력에 반비례하므로 녹는 기체의 부피는 압력에 따라 변하지 않고 일정하다.
• 헨리의 법칙이 잘 적용되는 기체에는 H_2, O_2, N_2, CO_2와 같은 무극성 분자가 있고 헨리의 법칙이 잘 적용되지 않는 기체에는 HCl, NH_3와 같은 극성 분자가 있다.

[헨리의 법칙]

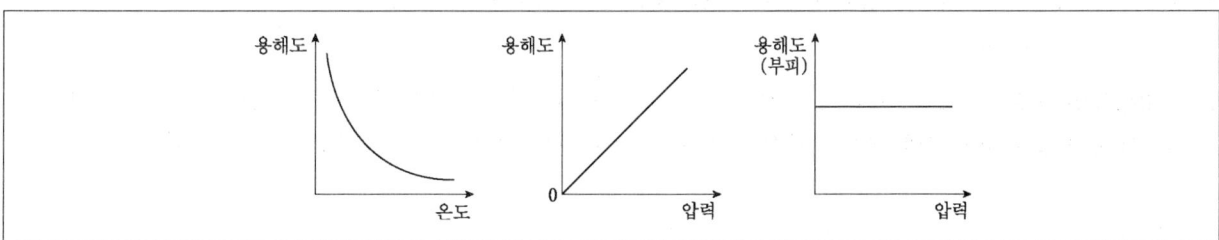

④ 용액의 농도

(1) 퍼센트(%) 농도

용액 100g 중에 녹아 있는 용질의 질량을 말한다.

$$퍼센트(\%) \ 농도 = \frac{용질의 \ 질량(g)}{용액의 \ 질량(g)} \times 100$$

(2) 몰농도

① **개념** … 용액 1L 중에 녹아 있는 용질의 몰수이다.

② **단위** … mol/L로 나타내고, 보통 M으로 쓴다.

$$몰농도 = \frac{용질의 \ 몰수}{용액의 \ 부피}(M)$$
$$(용질의 \ 몰수 = 몰농도 \times 용액의 \ 부피)$$

(3) 몰랄농도

① **개념** … 용매 1,000g에 녹아 있는 용질의 몰수를 말한다.

② **단위** … mol/kg으로 나타내고 보통 m 으로 쓴다.

③ 질량이 기준이며 온도변화에 관계없고, 묽은 용액에서는 몰농도와 거의 같다.

④ **몰랄농도**(m) $= \dfrac{용질의 \ 몰수}{용매의 \ 질량}$(mol/kg)

(4) 혼합용액의 농도

① 용액과 용액을 서로 섞거나 용액에 물을 가할 경우 용액의 부피와 농도는 변하나 용질이 서로 반응하지 않으면 몰수는 일정하다.

② **혼합용액의 농도** … 농도가 다른 두 용액을 섞으면 농도와 부피만 변하고 용질의 전체몰수는 변하지 않는다. M몰의 농도용액 V와, M_1 농도용액 V_1을 혼합할 경우 용질의 전체몰수는 아래와 같다.

$$용질의 \ 전체몰수 = MV + M_1 V_1 = M_2 V_2$$

- M : 몰농도
- V : 부피(L)
- M, V : 처음 용액의 몰농도 및 부피
- M_1, V_1 : 나중 용액의 몰농도 및 부피
- M_2, V_2 : 혼합용액의 몰농도 및 부피

③ 희석했을 때의 농도 … 용액에 용매를 더 가하면 용액의 부피나 농도만 변하고 용질의 몰수는 변하지 않는다.

$$용질의 \ 몰수(n) = MV = 일정, \quad M_1 \times V_1 = M_2 \times V_2$$

- M_1, V_1 : 처음 용액의 몰농도 및 부피
- M_2, V_2 : 나중 용액의 몰농도 및 부피

④ 용질과 용액의 혼합 … 용질 wg을 M몰농도, V에 혼합한 경우 혼합용액의 몰농도는 아래와 같다.

$$M = (w / 분자량 + MV) 몰 / V$$

(5) 농도의 환산

① %농도와 M농도의 환산

$$용액 \ 1L 중의 \ 용질의 \ 몰수 = \frac{(1,000 \times 비중(밀도) \times \%농도 / 100)}{분자량}$$

$$몰농도 = \frac{10 \times 비중 \times \%농도}{분자량}$$

② 몰농도와 몰랄농도의 환산

ⓐ 용액의 밀도를 이용하여 용액 1L의 질량을 구한다.

ⓑ 용액, 용질의 질량으로부터 용매의 질량을 구한다(용액－용질＝용매).

ⓒ 용매, 용질의 질량으로부터 몰랄농도를 구한다.

예 6M NaOH 용액의 몰랄농도(비중 1.2)

- 용액 : $\dfrac{1,000\text{ml}}{1.2\text{g} \times \text{ml}} = 1,200\text{g}$

- 용질 : 40g(분자량)×6 = 240g

- 용매 : 1,200g － 240g = 960g

- 960g : 6몰 = 1,000g : x

  ∴ $x = 6.25m$

02 용액의 성질

❶ 묽은 용액의 성질

(1) 증기압력 내림

일정온도에서 일정한 증기압력을 나타내는 순수한 용매에 비휘발성 용질을 녹이면 용질입자가 용매표면의 일부를 막아 용매분자가 증발하는 것을 방해해 용매의 증기압력이 순수한 용매때보다 낮아지는 현상을 말한다.

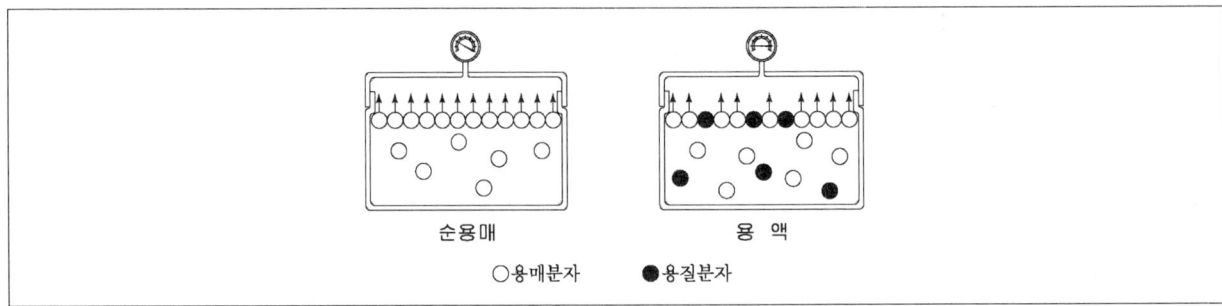

순용매   용 액

○용매분자   ●용질분자

(2) 라울의 법칙(Raoult's law)

① 정량적으로 비휘발성 용질을 포함하는 용액의 증기압력은 라울의 법칙에 따라 아래와 같이 나타낸다.

$$P_A = X_A P_A^\circ$$

◦ P_A : 용액의 증기압력

◦ X_A : 용매의 몰분율

◦ P_A° : 순수한 용매의 증기압력

> **예** 20℃에서 물의 증기압력은 17.5mmHg인데 같은 온도에서 글루코스를 첨가하여 몰분율이 $X_{C_6H_{12}O_6} = 0.2$ 및 $X_{H_2O} = 0.8$인 용액을 만들었을 경우 물의 증기압력은
> $P_{H_2O} = 0.8 \times 17.5\text{mmHg} = 14\text{mmHg}$

② 증기압력 내림(ΔP_A)는 $P_A^\circ - P_A$이므로 $\Delta P_A = P_A^\circ - X_A P_A^\circ = P_A^\circ(1 - X_A)$ 용질입자의 몰분율을 X_B라 하면 $X_A + X_B = 1$으로부터 $X_B = 1 - X_A$, $\Delta P_A = X_B P_A^\circ$가 된다.

위 예제에서 증기압력내림은 $\Delta P_A = 0.2 \times 17.5\text{mmHg} = 3.5\text{mmHg}$

③ 분자모양이 비슷한 2가지 물질 A, B로 구성된 용액에서 A의 부분압력 P_A는 순수한 증기압력 P_A°에 몰분율 X_A를 곱한 것과 같다($P_A = X_A P_A^\circ$, $P_B = X_B P_B^\circ$). 그러므로 용액 위의 전체 증기압력은 다음과 같다.

$$P = P_A + P_B = X_A P_A^\circ + X_B P_B^\circ$$

(3) 이상용액

① 개념 ··· 라울의 법칙이 그대로 적용되는 용액을 말한다.

② 실제용액은 용질의 농도가 낮을 때와 용질과 용매분자의 크기, 힘, 분자간 인력이 비슷할 때 이상용액과 유사해진다.

❷ 용액의 끓는점 오름과 어는점 내림

(1) 용액의 끓는점 오름

① 끓는점

　　㉠ 개념 : 용매의 증기압력이 1기압이 되는 온도이다.

　　㉡ 끓는점에서 용액의 증기압력은 1기압이 되지 못하고 온도를 더 높여야 증기압력이 1기압이 되어 끓는점에 도달하기 때문에 비휘발성 용질이 녹은 용액의 끓는점이 용매의 끓는점보다 높다.

② 끓는점 오름

　　㉠ 개념 : 용액에 녹아 있는 용질은 용액의 증기압을 내리기 때문에 용액을 끓이기 위해 순수용매일 때보다 높은 온도가 필요하여 끓는점이 오르게 되는데 순수용매의 끓는점과 용액의 끓는점 차이 ΔT_b를 말한다.

　　㉡ ΔT_b는 비휘발성 용질의 몰랄농도에 비례한다.

$$\Delta T_b = K_b \times m$$

　◦ K_b : 몰랄오름상수
　◦ m : 몰랄농도

③ 몰랄오름상수(K_b)

　　㉠ 개념 : 일정한 용매에 대한 1몰랄농도 용액에서 갖는 일정한 상수를 말한다.

　　㉡ 용질의 종류와 관계없는 용매의 고유한 값이다.

(2) 용액의 어는점 내림

① 어는점

    ㉠ 고체와 액체상의 증기압력이 같아지는 온도이다.

    ㉡ 비휘발성 용질을 녹인 용액의 어는점이 순수용매의 어는점보다 낮다.

② 어는점 내림

    ㉠ 용액이 얼게되면 용질은 고체상으로 변한 용매에 잘 녹아 들어가지 않기 때문에 어는점이 낮아진다.

    ㉡ 어는점 내림은 순수용매의 어는점과 용액의 어는점의 차이 ΔT_f 를 말한다.

    ㉢ 용액의 어는점 내림은 그 용액의 몰랄농도에 비례한다.

$$\Delta T_f = K_f \times m$$

    ◦ K_f : 몰랄내림상수

③ 몰랄내림상수(K_f)

    ㉠ 몰랄농도(m)와 어는점 내림(ΔT_f)의 비례상수이다.

    ㉡ 용질의 종류와 관계없는 용매의 고유값이다.

[순수한 용매와 용액의 상평형]

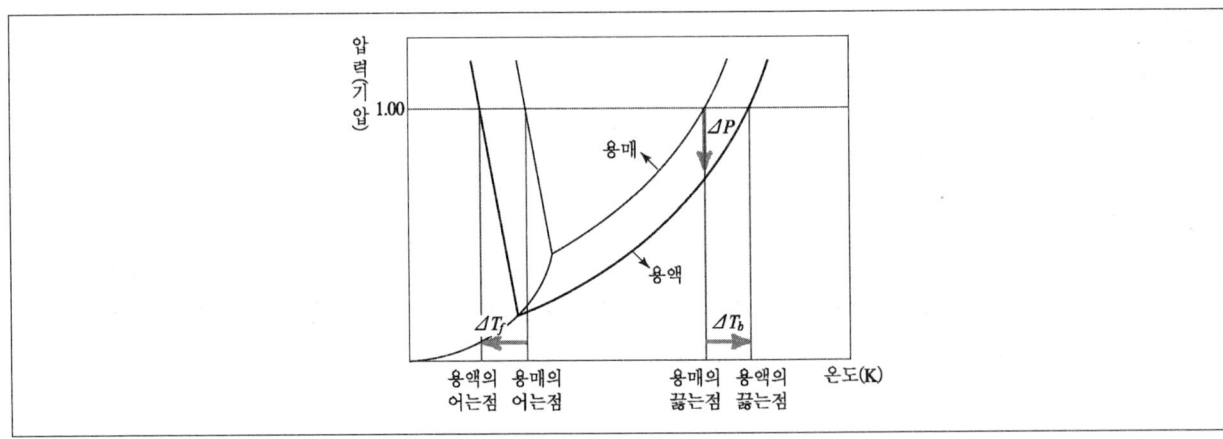

(3) 전해질용액에서의 변화

끓는점 오름과 어는점 내림은 용액 중의 이온수와 이온화되지 못한 입자의 총수에 비례한다.

예 $CaCl_2 \rightarrow Ca^{2+} + 2Cl^-$

    이온화하여 입자수가 3배가 되었으므로 끓는점 오름의 효과도 3배가 된다.

(4) 비전해질의 분자량 측정

① 용매 W g에 비전해질 w g을 녹였다면 용매 1,000g 중에 녹는 용질의 g수는 아래와 같다.

$$W : w = 1,000 : x$$
$$x = \frac{1,000w}{W} \text{(g)}$$

- ◦ W : 용매
- ◦ w : 비전해질
- ◦ x : 용매 1,000g 중에 녹는 용질의 질량

② 용액의 끓는점 오름이나 어는점 내림이 ΔT_b, ΔT_f 이면 몰랄오름상수(K_b)나 몰랄내림상수(K_f)를 이용하여 용질의 분자량 M을 구한다(단, ΔT_b, ΔT_f 는 몰랄농도에 비례).

$$M : \frac{1,000w}{W} = K_b(K_f) : \Delta T_b(\Delta T_f)$$
$$M = \frac{1,000 \times w \times K_b(\text{or } K_f)}{W \cdot \Delta T_b(\text{or } \Delta T_f)}$$

❸ 삼투현상

(1) 삼투와 삼투압

① **삼투** … 용매와 용액, 묽은 용액과 진한 용액의 경계면에 반투막을 놓으면 용매입자가 진한 용액 쪽으로 이동해 들어가는 현상을 말한다.

② **삼투압** … 삼투에 의해 생기는 압력을 말한다.

③ **반투막** … 물과 같은 용매분자를 통과시키고 설탕과 같은 용질분자를 통과시키지 못하는 막을 말하는데 셀로판지를 들 수 있다.

(2) 반트 호프의 법칙

① 묽은 용액의 삼투압은 용매와 용질의 종류에 관계없이 용액의 몰농도와 절대온도에 비례한다.

② 삼투압(π atm), 용액의 부피($V l$), 용질의 양(n mol), 온도(T K), 비례상수($R = 0.082$) 사이의 관계식은 이상기체방정식과 비슷한 형태로 표시된다.

$$\pi V = nRT \rightarrow \pi = \frac{nRT}{V}$$

∘ $\frac{n}{V}$: 몰농도

(3) 삼투압과 분자량

삼투압은 묽은 용액일수록, 반투막을 통과할 수 없는 고분자 물질일수록 정확하게 들어 맞아 고분자 화합물의 분자량 측정에 이용된다.

$$\text{고분자 화합물의 분자량 } \pi V = nRT = \frac{w}{M}RT$$

$$\therefore M = \frac{wRT}{\pi V}$$

∘ π : 삼투압
∘ n : 몰수
∘ R : 기체상수
∘ w : 비전해질(g)
∘ T : 절대온도
∘ V : 부피

03 콜로이드 용액

❶ 콜로이드 용액

(1) 콜로이드 용액의 정의

① 개념 … 빛을 산란시킬 수 있을 정도의 크기를 갖는 입자가 분산된 용액을 말한다.

② 지름이 $10^{-7} \sim 10^{-5}$cm이고 거름종이는 통과하지만 반투막은 통과하지 못한다.

(2) 콜로이드의 종류

① 에어로졸(Aerosol) … 공기를 분산매로 하는 분산계이다.

　　예 연기, 안개 등

② 졸(Sol) … 액체에 고체가 분산되어 있는 것으로 유동성이 있다.

　　📖 단백질, 녹말, 먹물, 잉크 등

③ 겔(Gel) … 진한 콜로이드 용액을 냉각시켜 반고체 상태로 만든 것이다.

　　📖 젤리, 시리카 겔, 두부 등

④ 에멀션(Emulsion) … 액체에 액체가 분산된 것이다.

　　📖 우유, 크림 등

⑤ 서스펜션(Suspension) … 보통 콜로이드 입자보다 큰 입자가 분산된 계로, 넓은 의미의 콜로이드이다.

　　📖 흙탕물

[콜로이드 입자의 크기]

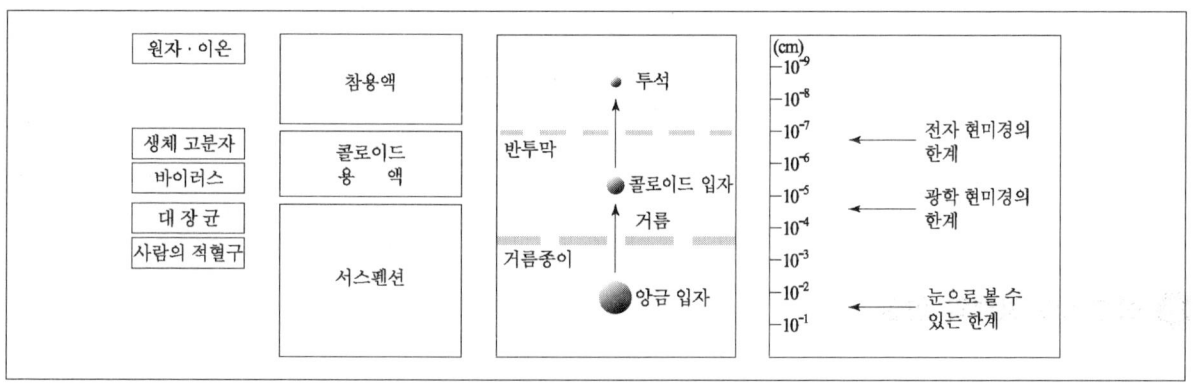

▶TIP

콜로이드 용액의 구성

　㉠ 분산매 : 콜로이드 용액에서 입자를 분산시키는 것이다.

　㉡ 분산질 : 입자로서 분산되어 있는 것이다.

　㉢ 분산계 : 분산매 + 분산질

(3) 소수 콜로이드와 친수 콜로이드

① 소수 콜로이드 … 소량의 전해질에 의해 쉽게 침전되는 콜로이드로 물과 분산질 사이에 인력이 없고 엉김이 일어난다.

　　📖 금속 산화물

② 친수 콜로이드 … 콜로이드 입자가 표면에 친수성 원자단을 가져서 물분자에 의해 둘러싸여 있는 콜로이드로 쉽게 엉기지 않는 안정한 콜로이드이다.

　　📖 녹말, 단백질

(4) 보호 콜로이드

① **생성방법** … 소수 콜로이드에 친수 콜로이드를 조금 가하면 친수 콜로이드가 소수 콜로이드 입자를 둘러싸서 안정화시킨다.

② **특성** … 전해질을 소량 가해도 엉김이 일어나지 않는다.

　　예 화장품에 넣는 유화제

[보호 콜로이드]

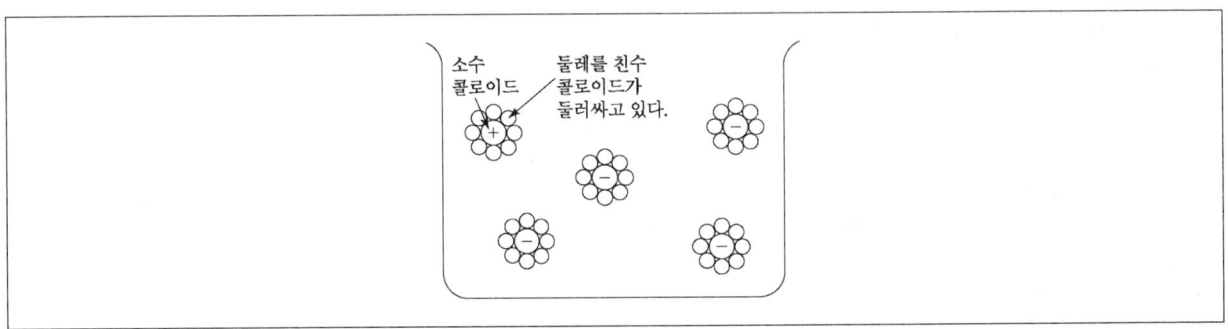

❷ 콜로이드 용액의 성질

(1) 큰 입자로 인해 나타나는 성질

① **틴들현상** … 콜로이드 용액에 빛을 비추면 빛의 진로가 뚜렷이 보이는데, 큰 입자들이 가시광선을 산란시켜 나타나는 현상이다.

　　예 먼지가 가득한 극장의 영사기에서 나오는 빛이나 어두운 방에서 문틈으로 들어오는 햇빛의 진로가 보이는 현상

② **투석(다이알리시스)** … 콜로이드 용액에 섞여 있는 용질분자나 이온을 반투막을 이용하여 콜로이드 입자와 분리함으로써 콜로이드 용액을 정제하는 방법이다.

　　예 녹말과 소금의 혼합물을 투석하면 반투막 밖으로 나오지 못하고 물, 소듐, 염소이온 등만 셀로판 주머니 밖으로 빠져 나온다.

(2) 표면적이 크고 같은 전하를 띠고 있어 나타내는 성질

① **염석** … 소량의 전해질에 의해 침전되지 않는 콜로이드에 다량의 전해질을 가했을 때 침전하는 현상이다.

　　예 두부를 만들 때 콜로이드 용액에 간수($MgCl_2$)나 $CaCl_2$ 용액을 가하여 굳힌다.

② **흡착** … 콜로이드 입자 표면에 다른 액체나 기체분자가 달라붙음으로써 입자의 표면에 액체나 기체분자의 농도가 증가하는 현상이다.

　　예 탈취제가 냉장고의 냄새를 없애주는 현상이다.

③ **전기이동** … 콜로이드 용액에 직류전류를 통하면 콜로이드 입자가 자신의 전하와 반대전하를 띤 전극으로 이동하는 현상이다.

　ⓒ **양이온 흡착** : 전기장에서 양이온을 흡착한 콜로이드 입자는 (−)극 쪽으로 이동한다.

　ⓒ **음이온 흡착** : 전기장에서 음이온을 흡착한 콜로이드는 (+)극 쪽으로 이동한다.

④ **엉김** … 소수 콜로이드 입자가 소량의 전해질에 의해 침전되는 현상이다.

　예 백반을 넣어 수돗물을 만들거나 강의 하구에 삼각주가 형성되는 현상이다.

[엉김의 원리]

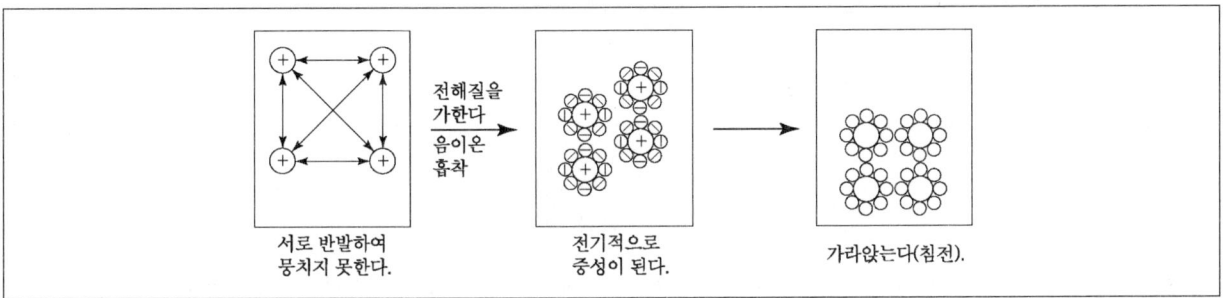

(3) 열운동에 의한 현상

콜로이드 입자가 분산매의 열운동에 의한 충돌로 인해 보이는 불규칙적인 운동인 브라운운동이 있다.

≡ 최근 기출문제 분석 ≡

2024. 6. 22. 제1회 지방직

1 다음은 700K에서 $H_2(g)$와 $I_2(g)$가 반응하여 $HI(g)$가 생성되는 평형 반응식과 평형상수(K_c)이다. 평형 상태에서 10L 반응기에 들어있는 $H_2(g)$와 $I_2(g)$의 몰수가 각각 1mol과 2mol일 때, $HI(g)$의 농도[M]는? (단, 기체는 이상기체이다)

$H_2(g) + I_2(g) \rightleftharpoons 2HI(g)$	$K_c = 60.5$

① 1.0 　　　　　　　　　　　　　　　② 1.1

③ 10 　　　　　　　　　　　　　　　④ 11

> **TIP** 평형상태에서 10L 반응기에 들어있는 H_2와 I_2의 몰수가 각각 1mol과 2mol이라고 하였으므로, H_2와 I_2의 평형 몰 농도는 각각 $\frac{1}{10}$M, $\frac{2}{10}$M이다. 평형 상수 공식에 따라 $K_c = \frac{[HI]^2}{[H_2][I_2]} = \frac{[HI]^2}{0.1 \times 0.2} = 60.5$이며, 이를 풀면 $[HI]^2 = 1.21$에서 $[HI] = 1.1$M임을 구할 수 있다.

2024. 6. 22. 제1회 지방직

2 25℃에서 탄산수가 담긴 밀폐 용기의 CO_2 부분 압력이 0.41MPa일 때, 용액 내의 CO_2 농도[M]는? (단, 25℃에서 물에 대한 CO_2의 Henry 상수는 3.4×10^{-4}mol m^{-3}Pa^{-1}이다)

① 1.4×10^{-1}

② 1.4

③ 1.4×10

④ 1.4×10^2

> **TIP** 헨리의 법칙에 따르면 온도가 일정할 때 기체의 (질량) 용해도는 그 기체의 부분 압력에 비례한다. 단위에 유의해서 헨리의 법칙 공식을 이용하여 문제를 풀면 다음과 같은 결과를 얻는다.
>
> $C = kP = 3.4 \times 10^{-4} mol\, m^{-3} Pa^{-1} \times (0.41 \times 10^6 Pa) \times \frac{1m^3}{10^3 dm^3}$
>
> $= 1.4 \times 10^{-1} mol\, dm^{-3} = 1.4 \times 10^{-1} mol/l = 1.4 \times 10^{-1} M$

Answer 1.② 2.①

3 0.5M 포도당($C_6H_{12}O_6$) 수용액 100mL에 녹아 있는 포도당의 양[g]은? (단, C, H, O의 원자량은 각각 12, 1, 16이다)

① 9

② 18

③ 90

④ 180

TIP 0.5M 포도당 수용액에는 용액 1L(=1,000mL) 안에 포도당이 0.5몰 녹아 있다. 포도당 1몰의 질량은 포도당을 구성하고 있는 원자들의 원자량 합과 동일하므로, $(12 \times 6) + (1 \times 12) + (16 \times 6) = 180$이다. 즉, 0.5M 포도당 수용액 1,000mL에는 포도당 90g이 녹아 있다. 따라서 문제에서 주어진 포도당 수용액 100mL 안에는 포도당이 9g 녹아 있음을 구할 수 있다.

4 1.0M KOH 수용액 30mL와 2.0M KOH 수용액 40mL를 섞은 후 증류수를 가해 전체 부피를 100mL로 만들었을 때, KOH 수용액의 몰농도[M]는? (단, 온도는 25°C이다)

① 1.1

② 1.3

③ 1.5

④ 1.7

TIP 몰농도의 정의는 용액 1L에 들어있는 용질의 몰수(mol/L)이다. 따라서 KOH 수용액에 들어있는 용질의 몰수를 구하고, 이를 전체 부피로 나누면 몰농도를 구할 수 있다.

$$(\text{몰농도}) = \frac{1.0\text{M} \times \frac{30}{1000}\text{L} + 2.0\text{M} \times \frac{40}{1000}\text{L}}{\frac{100}{1000}\text{L}} = 1.1\,\text{mol/L} = 1.1\text{M}$$

5 용액의 총괄성에 해당하지 않는 현상은?

① 산 위에 올라가서 끓인 라면은 설익는다.

② 겨울철 도로 위에 소금을 뿌려 얼음을 녹인다.

③ 라면을 끓일 때 스프부터 넣으면 면이 빨리 익는다.

④ 서로 다른 농도의 두 용액을 반투막을 사용해 분리해 놓으면 점차 그 농도가 같아진다.

TIP 용액의 총괄성이란 묽은 용액에서 특정한 용질의 성질에 영향을 받는 것이 아니라 용질 입자의 농도 즉, 용질 입자의 수에만 영향을 받는 성질을 말한다. 비휘발성, 비전해질 용질이 녹아 있는 묽은 용액의 증기 압력 내림, 끓는점 오름(③), 어는점 내림(②), 삼투압(④)이 대표적인 용액의 총괄성의 예이다. ①은 대기압이 낮아져 끓는점이 낮아지는 것이므로, 용액의 총괄성과는 관계가 없는 현상이다.

Answer 3.① 4.① 5.①

6 **용액에 대한 설명으로 옳지 않은 것은?**

① 용액의 밀도는 용액의 질량을 용액의 부피로 나눈 값이다.

② 용질 A의 몰농도는 A의 몰수를 용매의 부피(L)로 나눈 값이다.

③ 용질 A의 몰랄농도는 A의 몰수를 용매의 질량(kg)으로 나눈 값이다.

④ 1ppm은 용액 백만 g에 용질 1g이 포함되어 있는 값이다.

> **TIP** ① 용액의 밀도는 용액의 질량을 용액의 부피로 나눈 값이다.
> ② 용질 A의 몰농도는 A의 몰수를 용액의 부피(L)로 나눈 값이다.
> ③ 용질 A의 몰랄농도는 A의 몰수를 용매의 질량(kg)으로 나눈 값이다.
> ④ 1ppm은 용액 백만 g에 용질 1g이 포함되어 있다는 것을 의미한다.

7 〈보기〉와 같이 농도가 서로 다른 NaOH(aq) (개와 (내)를 같은 부피 플라스크에 넣은 후, 증류수를 가하여 1L의 수용액 (대)를 만들었다. 수용액 (대)의 몰 농도 값[M]은? (단, NaOH의 화학식량은 40이다.)

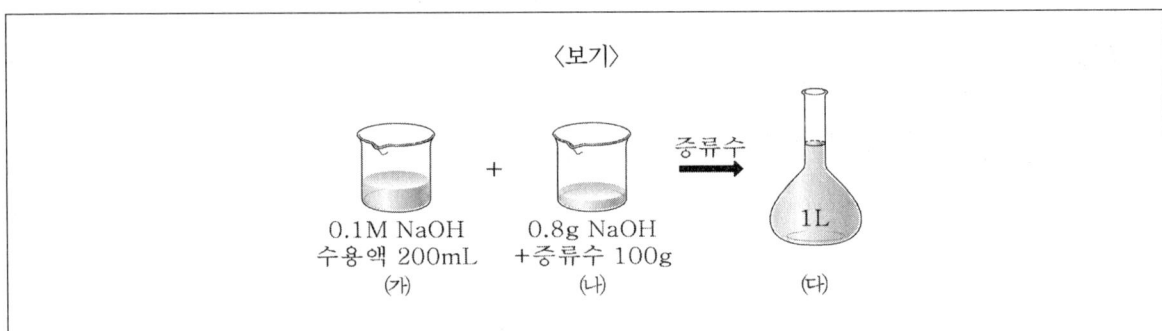

① 0.01M

② 0.02M

③ 0.04M

④ 0.10M

> **TIP** (개) 0.1M NaOH 수용액 200ml에서 NaOH의 질량을 구하면
> 몰농도×부피×몰질량=0.1×0.2×40=0.8g
>
> (개)와 (내)의 용질의 합이 1.6g이므로 부피 1L인 (대)의 몰농도는 $\dfrac{1.6}{1\times40}$=0.04M

Answer 6.② 7.③

8 물에 1몰이 녹았을 때 1몰의 A^{2+}와 2몰의 B^- 이온으로 완전히 해리되는 미지의 고체 시료 AB_2를 생각해 보자. AB_2 15g을 물 250g에 녹였을 때 물의 끓는점이 1.53K 증가함이 관찰되었다. AB_2의 몰질량 [g/mol]은 얼마인가? (단, 물의 끓는점 오름 상수(K_b)는 0.51K · kg · mol^{-1}로 한다.)

① 30

② 40

③ 60

④ 80

TIP $AB_2 \to A^{2+} + 2B^-$

몰랄 오름 상수와 끓는점 오름을 비교해 보면 $0.51K : 1.53K = 1 : 3$

위 식을 살펴보면 1몰이 이온화될 경우 3몰을 효과가 나타나므로

$$m = \frac{\frac{15}{M}}{250} = \frac{15}{250M}$$

$$\triangle T_b = K_b \times m \times i$$

$$1.53 = 0.51 \times \frac{15}{250M} \times 3$$

$M = 0.06\,kg$이므로 변환하면 $60\,g$

9 전해질(electrolyte)에 대한 설명으로 옳은 것은?

① 물에 용해되어 이온 전도성 용액을 만드는 물질을 전해질이라 한다.

② 설탕($C_{12}H_{22}O_{11}$)을 증류수에 녹이면 전도성 용액이 된다.

③ 아세트산(CH_3COOH)은 KCl보다 강한 전해질이다.

④ NaCl 수용액은 전기가 통하지 않는다.

TIP ① 전해질 : 물에 용해되어 이온 전도성 용액을 만드는 물질
② 물에 용해되기는 하나 전기 전도성이 전혀 없거나 전기 전도성이 매우 작은 용액을 만드는 물질을 비전해질이라 한다. 예를 들면, 설탕($C_{12}H_{22}O_{11}$)이나 자동차 유리 세정액인 methanol(CH_3OH)은 비전해질인데, 둘 다 분자성 물질이며, 이들 분자들은 물 분자와 섞일 수 있으므로 녹지만, 분자들이 전기적으로 중성이므로 전류를 통할 수 없다.
③ 아세트산(CH_3COOH)은 KCl보다 약한 전해질이다.
④ NaCl 수용액은 강전해질이므로 전기가 잘 통한다.

Answer 8.③ 9.①

출제 예상 문제

1 다음 중 10% NaOH를 1몰 200ml로 만드는 방법으로 옳은 것은?

① 원용액 80ml에 120ml의 물을 가한다.

② 원용액 80g에 물을 가하여 200ml로 한다.

③ 원용액 80g에 물을 가하여 200g으로 한다.

④ 원용액 80ml에 물을 가하여 200ml로 한다.

> **TIP** 10% NaOH 40g에는 4g의 NaOH가 들어있다. 1M 200ml일 경우 NaOH가 8g 들어 있으므로 10% NaOH 80g에 물을 가하여 200ml가 되게 한다.

2 다음 중 90% 황산(H_2SO_4 = 98)의 비중이 약 1.6일 때 이 용액의 몰농도로 옳은 것은?

① 14.4M   ② 14.7M

③ 15.0M   ④ 15.3M

⑤ 15.8M

> **TIP** 몰농도 $= \dfrac{10 \times 비중 \times \%}{분자량} = \dfrac{10 \times 1.6 \times 90}{98} = 14.7\text{M}$

Answer 1.② 2.②

3 다음 중 겨울철에 눈이 많이 내리면 길 위에 염화칼슘($CaCl_2$)을 뿌리는 이유와 관계있는 현상은?

① 녹는점이 높아진다.

② 증기압력이 높아진다.

③ 용해도가 커진다.

④ 어는점이 낮아진다.

TIP 염화칼슘은 어는점을 낮추므로 겨울철 눈길 빙판을 막는다.

4 2mol/L의 포도당 수용액 2.5L와 농도를 모르는 포도당 수용액(A) 1.5L를 섞은 후 물을 가해 용액의 전체 부피가 10L로 되게 하였더니 이 수용액의 농도가 1.1mol/L가 되었다. 혼합한 포도당 수용액(A)의 농도는 얼마인가?

① 2mol/L

② 4mol/L

③ 6mol/L

④ 7mol/L

TIP $M_1 V_1 + M_2 V_2 = MV$

$2 \times 2.5 + x \times 1.5 = 1.1 \times 10$

$\therefore x = 4$

5 물에 포도당($C_6H_{12}O_6$, 180g)을 녹여 1L의 용액을 만들었다. 27℃에서 용액의 삼투압이 6.15기압일 경우 녹아 있는 포도당의 양은?

① 45g

② 80g

③ 120g

④ 180g

TIP $\pi V = nRT$

$6.15 \times 1 = n \times 0.082 \times (273 + 27)$

$n = 0.25\,mol$

용액 속에 있는 포도당은 $1mol : 0.25\,mol = 180 : x$

$\therefore x = 45\,g$

Answer 3.④ 4.② 5.①

6 물 500g에 어떤 비휘발성, 비전해질 물질 15g을 녹인 용액의 끓는점이 물보다 0.26℃ 높게 형성되었다면 이 물질의 분자량은? [단, 물의 물오름상수(K_b) = 0.52]

① 30

② 60

③ 90

④ 140

TIP $\Delta T_b = K_b \times m$ → $0.26 = 0.52 \times m$ ∴ $m = 0.5$

m (몰랄농도) $= \dfrac{몰수}{용매(kg)}$ → $0.5 = \dfrac{x}{0.5}$ ∴ $x = 0.25\,mol$

몰수 $= \dfrac{질량}{분자량}$ → $0.25 = \dfrac{15}{M}$ ∴ $M = 60\,g$

7 물 40g에 비전해질 물질 3.6g을 용해시킨 용액의 어는점이 −0.93℃였다. 이 물질로 옳은 것은? (단, 물의 몰랄내림상수의 값은 1.86이다)

① C_6H_6

② $C_6H_{12}O_6$

③ $C_{12}H_{22}O_{11}$

④ $(NH_2)_2CO$

TIP 비전해질의 분자량 측정에서 용매 W g에 비전해질 w g을 녹였다면
용매 1,000g 중에 녹는 용질의 수는 $W : w = 1,000 : x$ 에 대입하면
$40 : 3.6 = 1,000 : x$ 에서 $x = 90$
$\Delta T_f = K_f m$ 이므로 $0.93 = 1.86 \times m$ 에서 m 을 구하면 $m = 0.5$
몰랄농도가 0.5이므로 1몰랄농도일 경우 180g이 된다.
$C_6H_{12}O_6$의 분자량이 180이므로 물질은 $C_6H_{12}O_6$가 된다.

8 다음 중 일정한 온도에서 기체의 압력과 용해도의 관계로 옳은 것은?

① 감소하다가 증가한다.

② 비례한다.

③ 증가하다가 감소한다.

④ 반비례한다.

TIP 기체의 용해도는 압력에 비례한다.

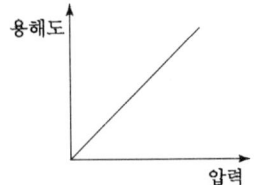

9 4.9g의 H_2SO_4를 물에 녹여 200ml로 만든 용액의 몰농도로 옳은 것은?   (단, 원자량은 H=1, O=16, S=32)

① 0.25mol/L

② 0.5mol/L

③ 0.75mol/L

④ 1mol/L

TIP 몰농도 $=\dfrac{\text{용질의 몰수}}{\text{용액의 부피}}$

몰수 $=\dfrac{\text{용질의 질량}}{\text{분자량}}$ 인데, H_2SO_4의 분자량이 98이므로 몰수는 $\dfrac{4.9}{98}=\dfrac{1}{20}$ 몰이 된다.

몰농도를 계산하면 $\dfrac{\frac{1}{20}}{0.2}=\dfrac{1}{4}=0.25\,M(mol/L)$가 된다.

10 다음 중 90℃의 물 200g에 질산포타슘을 포화시킨 다음 10℃로 냉각시켰을 때 결정으로 석출될 질산포타슘의 양으로 옳은 것은?   (단, 용해도는 10℃에서 20이며, 90℃에서 200이다)

① 100g

② 160g

③ 240g

④ 360g

TIP 용해도는 용매 100g에 녹을 수 있는 용질의 최대량(g)으로 나타내므로, 90℃에서 물 200g에 녹을 수 있는 질산포타슘의 양은 400g, 10℃에서는 40g이다.

∴ $400-40=360\,g$

11 어떤 콜로이드 용액에 전기를 통해 주었을 때 양극 쪽에 농도가 증가되었다. 이 용액을 엉기게 하는 데 가장 효과적인 물질은?

① KF

② NaCl

③ $FeCl_2$

④ $AlCl_3$

TIP 전기분해되었을 때 (+)전하가 가장 큰 것이 가장 효과적인 물질이다.
① K^+ ② Na^+ ③ Fe^{2+} ④ Al^{3+}

12 30℃에서 10%의 소금물 100g 속에 더 녹일 수 있는 소금의 양은? (단, 30℃에서 NaCl의 용해도는 36이다)

① 11.5g
② 21.2g
③ 22.4g
④ 34.6g

TIP 용해도는 용매 100g당 용질수이므로 %농도 = $\dfrac{용질의\ 질량}{용액의\ 질량(용액+용질)}$ 이 된다.

10% 농도 소금물에는 물 90g과 소금 10g이 녹아 있다.
물 90g에 녹을 수 있는 용해도를 계산하면
$90 : x = 100 : 36$ 에서
$x = 32.4\,g$
최대 32.4g까지 녹을 수 있는데 10g이 녹아 있으므로 22.4g을 더 녹일 수 있다.

13 다음 중 0.5M의 NaOH 수용액 250mL를 만들기 위해 필요한 NaOH는 몇 g인가?

① 5g
② 8g
③ 10g
④ 16g
⑤ 21g

TIP 용질의 몰수 = 몰농도×용액의 부피를 이용하여 계산하면
$\dfrac{x}{40} = 0.5 \times 0.25$ (NaOH의 분자량 40)
$\therefore x = 5$

14 다음 중 96%의 황산이 있을 때 이 황산의 M농도로 옳은 것은? (단, 황산의 비중 = 1.845)

① 16
② 18
③ 25
④ 30

TIP 몰농도 = $\dfrac{10 \times 비중 \times \%농도}{분자량} = \dfrac{10 \times 1.845 \times 96}{98} = 18.4 ≒ 18$

Answer 12.③ 13.① 14.②

15 다음 중 콜로이드와 관계가 없는 것은?

① 콩기름

② 우유

③ 버터

④ 비눗물

TIP 콜로이드 ··· 용액에 분산되어 있는 입자들이 빛을 산란하기 때문에 나타나는 현상으로 빛을 산란할 수 있을 정도의 크기를 갖는 입자가 분산된 용액을 콜로이드 또는 콜로이드 용액이라고 한다. 우유, 버터, 비눗물, 머시멜로, 연기, 안개 등이 있다.

16 다음 중 1.0M의 NaCl 용액 300ml와 2.0M의 NaCl 용액 200ml를 혼합한 용액의 몰농도로 옳은 것은?

① 0.7M

② 1M

③ 1.4M

④ 1.8M

⑤ 2.2M

TIP 용질 전체의 몰수 $= MV + M'V' = M''V''$

$1.0 \times 0.3 + 2.0 \times 0.2 = M'' \times 0.5$

$\therefore M'' = 1.4M$

17 다음 중 0.1M의 K_2SO_4 용액 1.0ml 속의 K^+수로 옳은 것은?

① 1.2×10^{20}개

② 1.2×10^{21}개

③ 1.2×10^{22}개

④ 1.2×10^{23}개

TIP $K_2SO_4 \rightarrow 2K^+(aq) + SO_4^{2-}(aq)$

$\therefore [K^+] = 0.20 mol/L$, 1몰당 6.02×10^{23}개 원자를 가지고 있으므로

용액 1.0ml 속의 K^+수 $= 0.2 mol/L \times \dfrac{1}{1,000} \times 6.02 \times 10^{23} = 1.2 \times 10^{20}$개

18 다음 어떤 물질의 용해도 곡선에서 50℃의 포화용액 270g을 30℃로 냉각시킬 때 석출되는 물질의 양은?

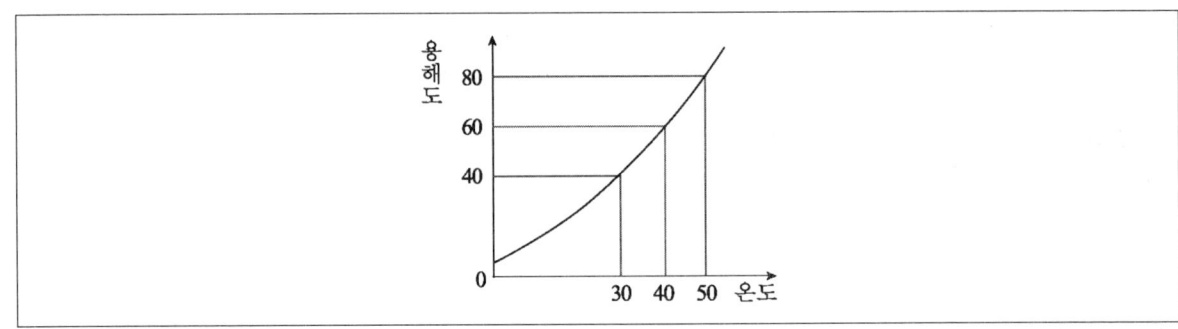

① 30g

② 60g

③ 80g

④ 100g

⑤ 120g

TIP (100 + 50℃ 용해도)g : (50℃의 용해도 − 30℃의 용해도)g = 270g : x g에서 대입하면

(100 + 80) : (80 − 40) = 270 : x

∴ x = 60g

19 다음 중 20℃에서 수용액 위의 산소압력이 1.0기압일 때 물 100g에 녹는 산소의 양이 Xml라면 2.0기압일 때 물 100g에 녹는 산소의 부피로 옳은 것은?

① $\frac{1}{2}x$ ml

② x ml

③ $2x$ ml

④ $4x$ ml

TIP 녹는 기체의 부피는 압력과 무관하므로 1기압일 때와 2기압일 때의 물 100g에 녹는 산소의 양은 같다.

20 다음 중 옥살산 결정(COOH)$_2$ · 2H$_2$O 6.3g을 물에 녹여 500ml 용액을 만들었을 때의 몰농도로 옳은 것은?

① 0.1M

② 0.2M

③ 0.4M

④ 0.5M

TIP 옥살산 결정의 분자량이 126g이므로 몰수는 $\frac{6.3}{126}$ = 0.05 mol에서

몰농도는 $\frac{0.05}{0.5}$ = 0.1 M

Answer 18.② 19.② 20.①

21 다음 중 6.0g의 포도당을 50g의 물에 녹인 용액의 끓는점이 100.34℃이었다면 이 포도당의 분자량으로 옳은 것은? (단, 물의 K_b = 0.51)

① 120

② 150

③ 180

④ 220

⑤ 240

TIP $m = \dfrac{T_b}{K_b} = \dfrac{120}{M}$ 에 대입하여 계산하면

$M = 120 \times \dfrac{K_b}{T_b} = 120 \times \dfrac{0.51}{0.34} = 180$

22 다음 중 25.0g의 물에 2.85g의 설탕을 녹인 용액의 어는점은? (단, 물의 K_f = 1.86, 설탕의 M = 342)

① -0.06℃

② -0.14℃

③ -0.33℃

④ -0.45℃

⑤ -0.62℃

TIP 물 1,000g에 녹은 설탕의 양은 $25 : 2.85 = 1,000 : x$ 에서 $x = 114 \mathrm{g}$

몰랄농도는 $114/342 = 0.333 \mathrm{m}$일 때의 어는점 내림 ΔT_f 를 구하면

$\Delta T_f = K_f \cdot m = 1.86 \times 0.333 = 0.62$

23 어떤 고체시료 0.644g을 34.7g의 니트로벤젠에 녹였더니 어는점 내림이 0.895℃였을 때 물질의 분자량으로 옳은 것은? (단, 니트로벤젠의 K_f = 2.00)

① 17.6g

② 25.3g

③ 36.8g

④ 41.5g

⑤ 52.7g

TIP 니트로벤젠 1,000g에 녹는 시료의 양은 $0.644 : 34.7 = x : 1,000$에서

$x = 18.6 \mathrm{g}$

M을 분자량이라 하면,

용액의 몰랄농도(m)는 $\dfrac{18.6}{M}$ 일 때, $\Delta T_f = K_f m$ 에 대입하면,

$M = 18.6 \times \dfrac{K_f}{\Delta T_f} = 18.6 \times \dfrac{2.00}{0.895} = 41.5 \mathrm{g}$

Answer 21.③ 22.⑤ 23.④

24 다음 중 말의 헤모글로빈 50g이 녹아 있는 1.0L의 수용액에서 삼투압을 측정하였더니 298K에서 1.80×10^{-3}기압이었을 경우 말의 헤모글로빈 분자량은?

① 680

② 6,800

③ 68,000

④ 80,000

⑤ 680,000

TIP $M = \dfrac{wRT}{\pi V}$ 에 대입하면

$$\frac{50 \times 0.082 \times 298}{1.80 \times 10^{-3} \times 1.0} = 680,000$$

25 다음 중 콜로이드의 종류에서 흙탕물이 속하는 것은 무엇인가?

① 에멀션

② 참용매

③ 졸

④ 서스펜션

TIP 흙탕물은 점토의 서스펜션이고 입자가 콜로이드 입자보다 크기 때문에 오랫동안 가만히 두면 입자들이 가라앉는다. 입자크기의 한계는 광학현미경으로 볼 수 있는 것이다.

26 어떤 비휘발성, 비전해질 4.5g을 물 50g에 녹인 용액의 끓는점이 100.25℃이었다면 이 물질의 분자량으로 옳은 것은? (단, 물의 K_b = 0.51)

① 85.6

② 116.3

③ 153.6

④ 183.6

⑤ 210.6

TIP $m = \dfrac{T_b}{K_b} = \dfrac{90}{M}$ 에서 M을 구하면

$$M = \frac{90 \times K_b}{T_b} = 90 \times \frac{0.51}{0.25} = 183.6$$

27 다음 중 (−)전하를 띠는 콜로이드 입자를 엉김시킬 때 가장 효과적인 것은 무엇인가?

① $MgCl_2$

② $Al_2(SO_4)_3$

③ $NaCl$

④ Na_2SO_4

TIP 양이온 전하수가 클수록 좋다.
① Mg^{2+} ② $2Al^{3+}$ ③ Na^+ ④ $2Na^+$

28 다음 중 온도에 의해 그 농도가 변화하지 않는 것으로 옳은 것은?

① 몰랄농도, 몰농도

② 몰농도, %농도

③ %농도, 몰랄농도

④ %농도, 몰농도, 몰랄농도

TIP 부피는 온도에 따라 변하지만, 질량은 변하지 않으므로

%농도 $= \dfrac{용질의\ 질량}{용액의\ 질량} \times 100$, 몰랄농도 $= \dfrac{용질의\ 몰수}{용매의\ 질량}$ 이기 때문에 농도에 변화가 없다.

29 다음 중 물 200g에 설탕($C_{12}H_{22}O_{11}$) 4.0g을 녹인 용액의 끓는점으로 옳은 것은? (단, 물의 몰랄오름 상수 K_b = 0.51)

① 100.01℃

② 100.02℃

③ 100.03℃

④ 100.04℃

TIP 물 200g에 설탕 4.0g이 녹은 것은 물 1,00g에 $4.0 \times 1,000/200 = 20.0$ g의 설탕이 녹은 농도와 같으므로,

$m = \dfrac{20.0}{342} = 0.0585\,mol/kg$

$\Delta T_b = K_b m = 0.51 \times 0.0585 = 0.030$ 에서 용액의 끓는점은

$T_b' = T_b + \Delta T_b = 100.00 + 0.03 = 100.03℃$

Answer 27.② 28.③ 29.③

30 다음 중 10% NaOH 용액에서 1M 용액 100ml를 만들고자 할 때의 방법으로 옳은 것은? (단, NaOH = 40)

① 원용액 40ml에 60ml의 물을 가한다.

② 원용액 40ml에 물을 가하여 100ml로 한다.

③ 원용액 40g에 물을 가하여 100ml로 한다.

④ 원용액 40g에 물을 가하여 1,000ml로 한다.

TIP 10% NaOH 40g에는 NaOH가 4g이 들어 있다.
1M 용액 100ml에 NaOH가 4g 들어 있어야 하므로 10% NaOH 40g에 물을 가하여 100ml가 되게 한다.

31 다음 중 비중이 1.84이고 무게농도가 96%인 진한 황산의 몰농도로 옳은 것은? (단, 황산의 분자량 = 98)

① 4.1M

② 6.7M

③ 18M

④ 23M

⑤ 30.4M

TIP $M = \dfrac{10 \times 비중 \times \%농도}{분자량} = \dfrac{10 \times 1.84 \times 96}{98} = 18.02M$

32 0℃, 5기압에서 물 150ml에 CO_2는 3.3g 녹는다면 이 용액을 0℃, 1기압으로 유지시켰을 때 CO_2의 방출량으로 옳은 것은?

① 1.26g

② 2.64g

③ 3.15g

④ 4.72g

TIP 용해도는 압력에 비례하므로 0℃, 1기압에서 물 150ml에 녹는 양을 제외한 나머지가 방출된다. 0℃, 1기압에서 물 150ml에 녹는 CO_2의 질량은 $5 : 3.3 = 1 : x$로 $x = 0.66$이다.
∴ 방출질량은 $3.3 - 0.66 = 2.64$g이 된다.

33 다음 중 헨리의 법칙을 잘 따르는 기체로 옳은 것은? (단, 용매는 물이다)

① NH_3

② HCl

③ CO_2

④ SO_2

TIP 무극성 분자일 경우 헨리의 법칙이 잘 적용된다.

Answer 30.③ 31.③ 32.② 33.③

34 다음 중 물 100g에 아래의 물질을 각각 10g씩 녹였을 때 끓는점이 가장 높은 것은? (단, $C_6H_{12}O_6$ = 180, NaCl = 58.5, $(NH_2)_2CO$ = 60, KCl = 74.6)

① NaCl

② $(NH_2)CO_2$

③ $C_{12}H_{22}O_{11}$

④ $C_6H_{12}O_6$

> **TIP** $\Delta T_b = K_b \cdot m$ 에서 끓는점 오름은 몰랄농도에 비례한다. 몰랄농도의 크기는 몰수에 비례하므로 주어진 조건에서는 NaCl의 몰수가 가장 크다.

35 다음 중 콜로이드의 특성에서 같은 원인에 의해 나타나는 현상끼리 짝지은 것으로 옳은 것은?

① 염석, 투석

② 브라운운동, 염석

③ 틴들현상, 브라운운동

④ 틴들현상, 투석

> **TIP** 콜로이드 용액의 성질
> ㉠ 입자의 크기에 의한 특성 : 틴들현상, 투석
> ㉡ 표면적이 크고 같은 전하를 띠고 있어 생기는 현상 : 흡착, 전기이동, 엉김, 염석
> ㉢ 분산매의 열운동에 의한 현상 : 브라운운동

36 다음 중 전기이동을 하면 (+)극 쪽으로 이동하는 As_2S_3 콜로이드 입자를 침전시키는 데 가장 효과적인 용액으로 옳은 것은?

① 0.1M NaCl

② 0.1M $CaCl_2$

③ 0.1M $AlCl_3$

④ 0.1M H_2SO_4

> **TIP** (−)로 대전되었으므로 양이온의 전하량이 클수록 효과적이다.
> ① Na^+ ② Ca^{2+} ③ Al^{3+} ④ H^+

Answer 34.① 35.④ 36.③

※ 다음 그래프는 2가지 염의 물에 대한 용해도를 나타낸 것이다. 【37~38】

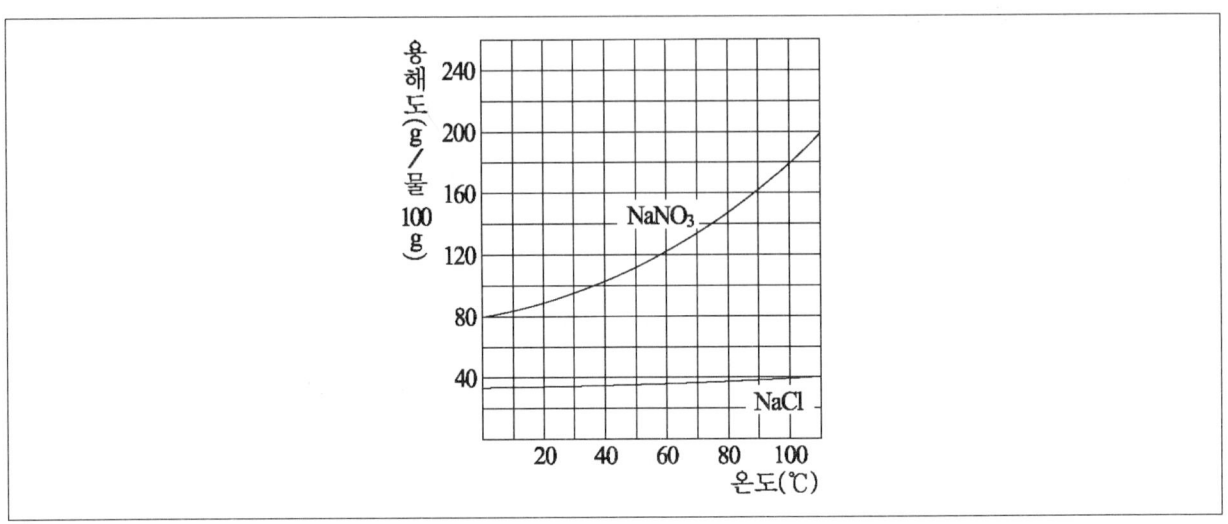

37 60℃의 물 100g에 질산소듐 100g이 녹아 있다면 다음 중 이 용액의 포화 용액 온도로 옳은 것은?

① 24℃

② 40℃

③ 49℃

④ 58℃

⑤ 70℃

> **TIP** 포화 용액은 용질이 용해도만큼 녹아 있는 용액으로 질산소듐의 용해도가 100g이 되는 온도는 40℃이다.

38 다음 중 일반적인 실험실 조건하에서 35% NaCl 수용액을 만들 수 없는 이유로 옳은 것은?

① NaCl을 넣으면 물의 끓는점이 오르기 때문이다.

② NaCl을 미세한 분말로 만들 수 없기 때문이다.

③ NaCl의 질량을 정확하게 측정하기 곤란하기 때문이다.

④ NaCl의 용해도가 작기 때문이다.

> **TIP** % 농도 = $\dfrac{\text{용질의 질량}}{\text{용액의 질량}} \times 100$인데 NaCl이 100℃에서 용해도가 약 40g이므로
>
> $\dfrac{40}{100+40} \times 100 = 28.5\%$가 된다.
>
> NaCl은 온도에 따라 용해도가 매우 완만하게 증가하므로 35% NaCl 수용액을 만들기 어렵다.

Answer 37.② 38.④

39 다음 중 $C_nH_{2n+1}COOH$ 3g을 물에 녹여 500ml로 하였더니 0.1M이 되었을 때 n의 값으로 옳은 것은?

① 1   ② 3

③ 4   ④ 5

> **TIP** 분자량을 M이라고 하면
>
> $$\frac{3g}{M} \times \frac{1}{0.5} = 0.1$$
>
> $$\therefore M = 60$$
>
> 분자량이 60이 되기 위해선 n은 1이 된다.

40 다음 중 KNO_3의 용해도가 15℃에서 25인데 15℃의 KNO_3의 포화 용액의 퍼센트 농도로 옳은 것은?

① 10%   ② 20%

③ 25%   ④ 30%

⑤ 35%

> **TIP** %농도 $= \frac{용질의\ 질량}{용액의\ 질량} \times 100$ 이므로
>
> $$\frac{25}{100+25} \times 100 = \frac{1}{5} = 20\%$$

41 다음 중 25℃에서 어떤 화합물 5g을 0.5ℓ의 물에 녹여서 만든 용액의 삼투압이 0.01atm이었을 경우 같은 온도에서 이 용액 속에 같은 화합물 10g을 더 녹일 때의 삼투압으로 옳은 것은? (단, 이 용액은 반트 호프의 법칙에 따른다)

① 0.02atm   ② 0.03atm

③ 0.04atm   ④ 0.05atm

> **TIP** 반트 호프의 법칙에서 $\pi V = nRT$이고, π는 몰수에 비례한다.
>
> 질량이 3배 증가했으므로(5g + 10g) 몰수도 3배 증가한다.
>
> $\therefore$ 삼투압도 3배 증가한다.

Answer   39.① 40.② 41.②

PART

03

원자구조와 주기율

01 원자구조

01 원자의 구성

❶ 원자의 구성입자

(1) 전자(e)

① 1987년 톰슨에 의해 발견되었다.

② (−)전하를 가진 입자로 전하 대 질량비(e/m) 값은 항상 $1.76 \times 10^8 C/g$이다.

③ **전자의 전하량** … 전자 1개의 전하량이 $-1.60 \times 10^{-19}C$이고, 전자 1개의 전하량 $1.60 \times 10^{-19}C$은 기준전하량 -1로 나타내기도 한다.

④ 전자의 질량은 $9.11 \times 10^{-28}g$으로 양성자의 1/1,840이다.

⑤ 전자는 화학적 성질을 결정한다.

(2) 원자핵(atomic nucleus)

1911년 러더퍼드가 발견한 것으로 원자의 대부분이 빈 공간이고, 중심에 양전하가 빽빽이 모여 있는 작은 덩어리를 말하며 간단히 핵이라 한다.

(3) 양성자(proton)

① 골트슈타인이 발견하였다.

② (+)전하를 가졌다.

③ **전하량** … $+1.60 \times 10^{-19}C$으로, 전자의 전하량과 크기는 같고 부호만 다르다.

④ **질량** … $1.673 \times 10^{-24}g$으로 전자보다 1,836배 무겁다.

⑤ 수소이온인 H^+가 양성자이다.

⑥ 양성자는 원자번호를 결정한다.

(4) 중성자(neutron)

① 1932년 채드윅이 발견하였다.

② 전하를 띠지 않는 입자이다.

③ **질량** … 1.675×10^{-24}g으로 양성자보다 약간 무겁다.

④ 일반적으로 양성자의 질량을 1로 하면, 중성자의 질량도 1이 되고, 전자의 질량은 약 1/1,840배이다.

[원자의 구성]

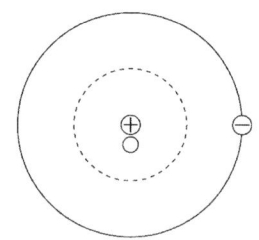

◦ ⊕ 양성자
◦ ○ 중성자
◦ ⊖ 전자
       ┌양성자 : 양(+)전하를 띤다.
◦ 원자핵 │
       └중성자 : 전하를 띠지 않는다.
◦ 전자 : 음(−)전하를 띤다.

> ▶ **TIP**
> 원자의 구성

원자의 구성입자		질량(g)	전하량(c)	질량비	전하비	질량비
원자핵	양성자	1.673×10^{-24}	1.6×10^{-19}	1,836	+1	1
	중성자	1.675×10^{-24}	0	1,837	0	1
전자		9.109×10^{-28}	-1.6×10^{-19}	0	−1	0

❷ 원자의 표시와 원자량

(1) 원자번호

① 원자가 가진 양성자수를 원자들을 구별하기 위한 번호로 사용하고, 원소기호의 좌측 하단에 적는다. 또 (중성)원자에서는 원자 중의 양성자수와 전자수가 같다.

> 원자번호 = 양성자수 = 전자수 (단, 중성원자만 양성자수와 전자수가 같다)

② 자연에 존재하는 원자 … 1 ~ 92번 우라늄까지 92종이 있다.

③ 인공적으로 만든 원자 … 93 ~ 103번까지(현재 112번까지 만들어졌다) 있다.

(2) 질량수

① 한 원자의 양성자수와 중성자수의 합이다.

> 질량수 = 양성자수 + 중성자수 (원자번호 = 질량수 − 중성자수)

② 표시는 항상 정수로 하고 원소기호의 좌측 상단에 표시한다.

$$_Z^A X_n^m$$

- Z = 원자번호 = 양성자수 = 전자수
- A = 질량수 = 양성자수 + 중성자수
- m : (이온이 되었을 때의) 전하
- n : (화합물 내에서의) 원자의 수 또는 그 비

(3) 동위원소(isotope)

① 개념 … $_1^1 H$, $_1^2 H(D)$, $_1^3 H(T)$처럼 원자번호는 같으나 질량수가 다른 원소(모든 원자는 둘 이상의 동위원소를 갖고 있다)를 말한다.

② 원자번호가 같으므로 같은 종류의 원소이고 화학반응은 동일하게 하며, 질량만 차이가 난다.

> 예 $_1^1 H_2 + \dfrac{1}{2} O_2 \rightarrow _1^1 H_2 O$(분자량 = 18)
>
> $_1^2 H_2 + \dfrac{1}{2} O_2 \rightarrow _1^2 H_2 O$(분자량 = 20)

③ 동중원소 … 질량수는 같고 원자번호가 다른 원소로 물리적·화학적 성질이 모두 다르다.

④ 특징

 ㉠ 원자번호는 같으나 질량수가 다른 원소이다.

 ㉡ 전자수는 같으나 중성자수가 다른 원소이다.

 ㉢ 양성자수는 같으나 중성자수가 다른 원소이다.

 ㉣ 화학적 성질은 같으나 물리적 성질이 다른 원소이다.

(4) 원자량

① **개념** … 질량수가 12인 탄소의 동위원자 $^{12}_{6}C$ 1개의 질량을 12.00으로 정하고, 이것을 기준으로 하여 비교한 다른 원자와의 상대적 질량이다.

② **원자질량 단위**

 ㉠ $^{12}_{6}C$ 1개의 질량(1.99×10^{-23}g)의 1/12($= 1.66 \times 10^{-24}$g)을 1원자 질량단위(1a.m.u)라고 한다.

 ㉡ $^{12}_{6}C$ 1개는 12.00a.m.u가 되나 일반적으로 원자량에는 단위를 붙이지 않는다.

> **TIP** ～～～～～～～～～～～～～～～～
> a.m.u … automic mass unit

③ **질량수와 원자량** … 질량수와 원자량은 그 수치가 비슷해 계산을 엄밀하게 하지 않는 경우에는 질량수를 그대로 원자량으로 사용하기도 한다.

④ **평균원자량**

 ㉠ 자연계에는 동위원소가 존재하고, 이들은 화학적 성질이 같으므로 같은 화학반응을 한다.

 ㉡ **염소의 평균원자량**

  • ^{35}Cl(원자량 34.97)은 75.77%, ^{37}Cl(원자량 36.97)은 24.23%가 자연계에 존재하기 때문에 일반적인 원자량은 이들의 존재비율을 고려한 평균원자량이다.

  • 원자량$= 34.97 \times \dfrac{75.77}{100} + 36.97 \times \dfrac{24.23}{100} = 35.45$

02 원자모형과 전자배치

❶ 원자모형의 변천사

(1) 과거의 원자모형

① 돌턴의 원자모형 … 원자는 단단하고 더 이상 쪼갤 수 없는 공과 같다.

② 톰슨의 원자모형 … (+)전하 속에 (−)전하를 띤 전자가 고루 퍼져 있다.

③ 러더퍼드의 원자모형
　　㉠ 원자의 중심에 원자핵이 있고 그 주위에 전자가 분포한다.
　　㉡ α입자 산란실험
　　　• 원자 대부분의 공간은 비어 있다.
　　　• 원자핵은 (+)전하를 띤 입자이다.
　　　• 원자질량의 대부분은 원자핵에 집중되어 있다.

④ 보어의 원자모형 … 전자는 원자핵 주위를 일정한 궤도로 운동하고 있다.

(2) 현대의 원자모형

① 오비탈 모형, 전자구름 모형이 있다.

② 양자역학에 토대를 두어 만들었다.

③ 원자핵 주위에 전자가 구름처럼 퍼져 있어서 전자의 위치에너지와 운동에너지의 측정을 동시에 정확히 할 수 없고, 어느 위치에서 전자를 발견할 확률을 계산하여 확률분포를 구름처럼 표시한다.

❷ 수소원자의 에너지준위

(1) 수소원자의 스펙트럼

① 수소 방정관의 수소기체를 전기방전시키면 수소의 선 스펙트럼을 얻을 수 있다.

② 스펙트럼이 나타나는 이유 ··· 수소원자의 전자가 에너지를 흡수하여 불안정한 들뜬 상태로 되었다가 안정한 상태(바닥 상태)로 되면서 빛에너지를 방출하기 때문이다.

$$H_2(g) \xrightarrow{\text{전기방전}} 2H\cdot(g) \xrightarrow{\text{빛 방출}} 2H\cdot(g)$$
$$\text{바닥 상태} \qquad\qquad \text{들뜬 상태} \qquad\qquad \text{바닥 상태}$$

[수소원자의 선스펙트럼 측정]

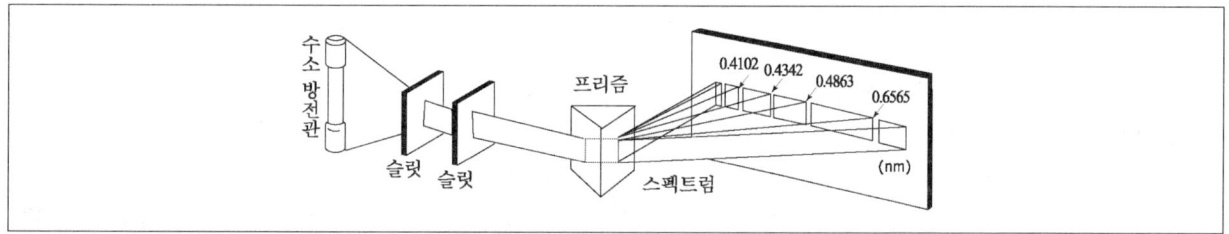

③ 선 스펙트럼이 나타나는 이유 ··· 수소원자의 에너지준위가 불연속이기 때문이다.

④ 선 스펙트럼 계열
  - ㉠ 발머 계열(가시광선 영역) : 높은 에너지준위에서 $n = 2$인 준위로 떨어질 때 방출되는 빛이다.
  - ㉡ 라이먼 계열(자외선 영역) : 높은 에너지준위에서 $n = 1$인 준위로 떨어질 때 방출되는 빛이다.
  - ㉢ 파셴 계열(적외선 영역) : 높은 에너지준위에서 $n = 3$인 준위로 떨어질 때 방출되는 빛이다.

(2) 수소원자의 에너지준위

① 에너지준위
  - ㉠ 수소원자의 들뜬 상태는 $h\nu$의 정수배에 해당하는 불연속적인 에너지 크기를 가지고 있다. 정수는 $n = $ 1, 2, 3 ···으로 표시한다.

에너지준위	에너지(kcal/mol)	상태
$n = 1$	-313.6(가장 낮다)	바닥 상태(안정된 상태)
$n = 2, 3 \cdots$	$-\dfrac{313.6}{2^2}, \dfrac{313.6}{3^2} \cdots$	들뜬 상태
$n = \infty$	0(가장 높다)	핵과 전자가 분리된 상태(이온)

  - ㉡ n준위 에너지$(E_n) = -\dfrac{313.6}{n^2}$(kcal/mol)

② 전자전이 … 전자가 한 궤도에서 다른 궤도로 전이할 때 에너지를 방출하거나 흡수하는데, 이 에너지의 크기는 두 준위의 에너지 차이로 구한다.

$$방출되는\ 빛에너지 = \Delta E = E_2 - E_1 = h\nu = \frac{hc}{\lambda}$$

- E_1 : 빛이 방출된 후의 원자에너지
- E_2 : 빛을 방출하기 전의 원자에너지(들뜬 상태)
- h : 플라크 상수($6.626 \times 10^{-34} J \cdot S$)
- ν : 진동수
- λ : 파장
- c : 빛의 속도

(3) 보어의 수소원자모형

① 보어가설
  ㉠ 수소원자는 핵과 그 주위를 원운동하는 1개의 전자로 구성되었다.
  ㉡ 전자는 정해진 에너지(양성화) 상태에서만 존재하고 중간 임의의 에너지 상태는 존재하지 않는다.
  ㉢ 허용된 원궤도를 도는 전자는 에너지를 방출하거나 흡수하지 않는다.
  ㉣ 전자가 궤도를 이동할 때는 두 궤도 사이의 에너지 차이($\Delta E = E_2 - E_1$)만큼의 에너지를 흡수 또는 방출한다.

② 원자의 에너지준위 … 전자는 n이 정수일 때의 에너지를 가지는 궤도에만 있을 수 있으며, 이때의 n을 양자수라고 한다.

③ 전자껍질 … 전자의 궤도를 말하고 $n = 1$인 것은 K껍질, 2는 L껍질, 3, 4 … 차례로 M, N … 껍질로 부른다.

④ 전자의 에너지 … n값이 작은 전자껍질에 있는 전자일수록 에너지는 낮다.
  ㉠ 바닥 상태 : 전자의 에너지가 가장 낮은 상태이고 가장 안정한 상태이다.
  ㉡ 들뜬 상태 : 바닥 상태보다 에너지가 높은 상태이다.

[보어의 수소원자모형]

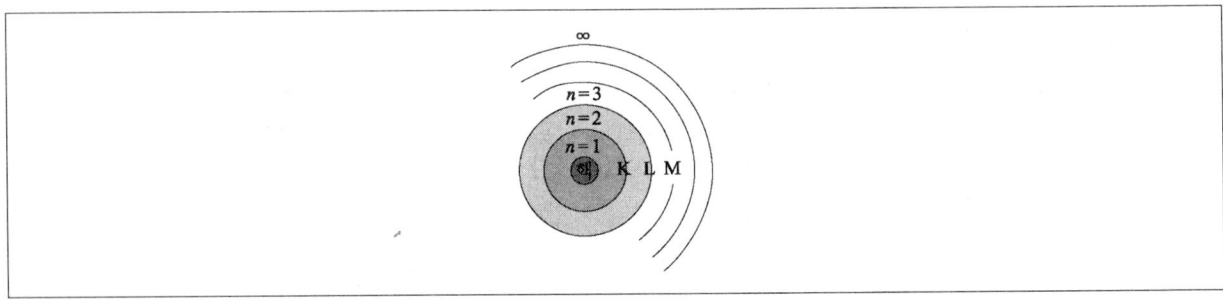

❸ 오비탈

(1) 오비탈의 개념

① 양자역학적인 방법으로 수소원자의 에너지준위를 계산하고 각 에너지준위에서 전자가 핵 주위의 어떤 공간을 돌아다니는가를 보여주는 함수이다(궤도함수).

② 한 개의 전자껍질에도 에너지가 약간씩 다른 두 개 이상의 에너지 상태가 있을 수 있는데 전자껍질을 이루는 이러한 에너지 상태들을 나타낸다(전자부껍질).

③ 전자가 원자핵 주위의 어떤 공간에서 발견될 수 있는지의 확률로, 원자핵 주위에 전자가 존재할 확률을 공간에 점의 밀도로 나타내는 점밀도 그림으로 나타내기도 한다.

④ **경계면 그림** ⋯ 전자를 발견할 확률이 90% 이상인 등확률면으로 나타낸 것을 말한다.

(2) 양자수

① **개념** ⋯ 양자역학적 방정식을 푸는 과정에서 도입된 수로, 전자의 에너지 상태와 전자구름의 모양 및 방향성을 나타낸다.

② **주양자수(n)**

㉠ 전자의 에너지준위를 나타낸 것이다.

㉡ $n = 1, 2, 3, \cdots$이고 전자껍질을 나타낸다.

n	1	2	3	4	5	6	7
전자껍질	K	L	M	N	O	P	Q

③ **방위양자수(l)**

㉠ 전자의 각 운동량을 결정하는 것으로 부양자수라고도 하고 오비탈의 모양을 결정한다.

㉡ $l = 0, 1, 2, 3, \cdots, (n-1)$의 값을 가져 어떤 전자껍질에는 그 전자껍질의 주양자수 만큼의 오비탈이 존재하는데 오비탈의 기호는 $l = 0$은 s, $l = 1$은 p, 2는 d, 3은 f로 표시한다.

l	0	1	2	3
오비탈	s	p	d	f

④ **자기양자수(m)** ⋯ 전자구름의 방향과 궤도면의 위치를 결정하는 것으로 $m = -l, -l+1, \cdots, 0, \cdots, l-1, l$의 값을 가져 공간 배향에 따라서 오비탈이 $2l+1$개가 존재한다.

⑤ **스핀양자수(s)** ⋯ 자전하고 있는 전자의 자전에너지를 결정하는 것으로 $s = +\dfrac{1}{2}, -\dfrac{1}{2}$이 있다.

(3) 오비탈

① 오비탈의 표시

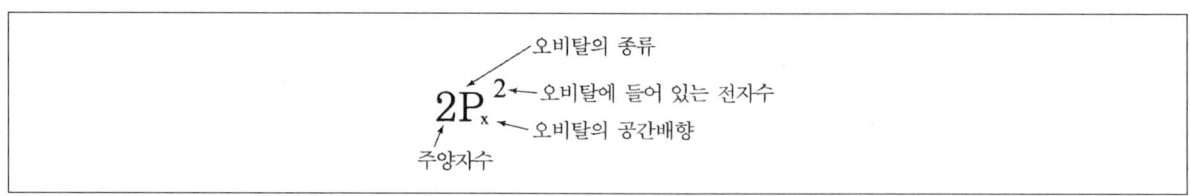

ㄱ 주양자수를 적고 그 다음에 방위 양자수에 의해 결정된 오비탈의 종류를 적는다.

ㄴ 오른쪽 아래에는 자기양자수에 의해 결정된 오비탈의 배향을 적고 그 오른쪽 위에는 그 오비탈에 들어 있는 전자수를 적는다.

② 1s 오비탈

ㄱ 전자를 발견할 확률은 핵으로부터 멀어질수록 작아지는데, 이 확률은 r에만 의존하기 때문에 방향에 관계없이 같은 거리에서 전자를 발견할 확률은 같다.

ㄴ 모든 s 오비탈들은 공통적으로 방향성이 없다.

[1s 오비탈의 점밀도 그림과 경계면 그림]

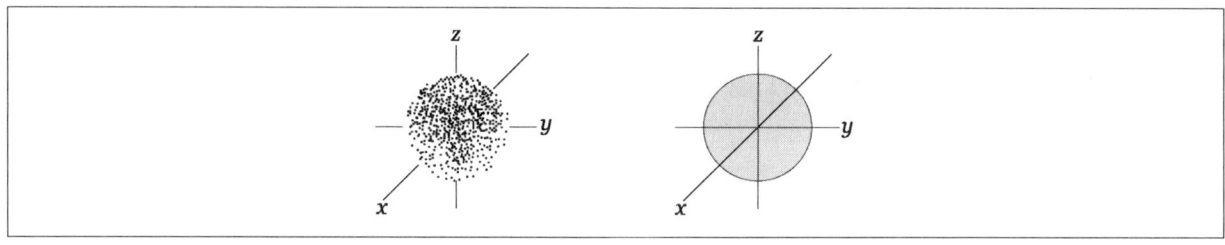

③ 2s 및 2p 오비탈 … 에너지준위 $n = 2$에서 존재할 수 있는 오비탈은 2s 오비탈 1개, 2p 오비탈 3개로 모두 4개이다. 2s 오비탈은 1s 오비탈과 같이 방향성이 없는 구형이고, 2p 오비탈들은 x, y, z 축 방향으로 놓여 있는 아령 모양을 형성한다.

[2s 오비탈 점밀도와 경계면 그림]

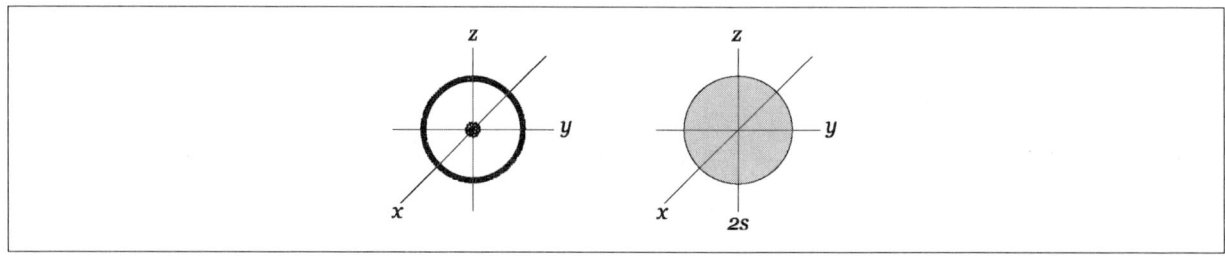

[2p 오비탈의 점밀도 그림과 경계면 그림]

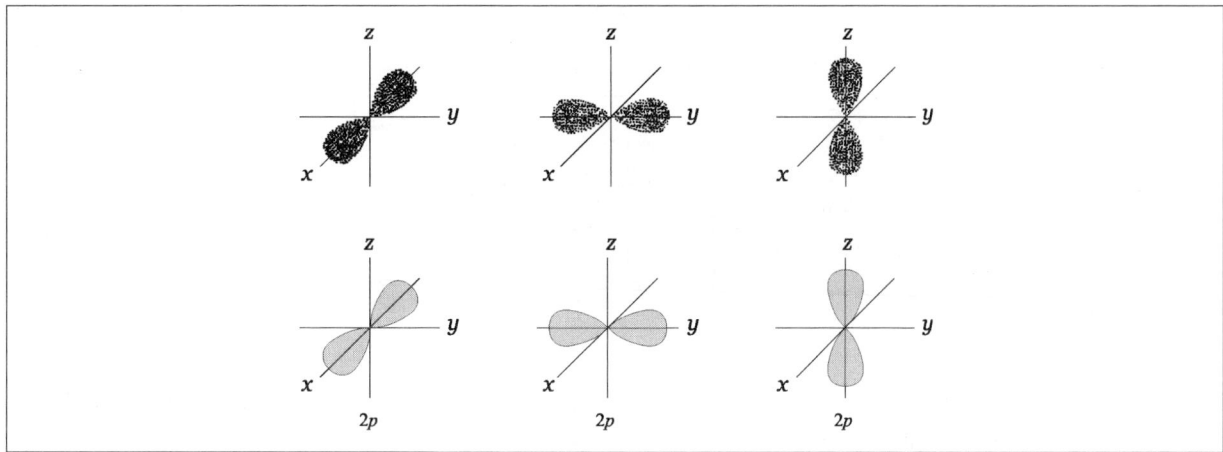

4 전자배치

(1) 오비탈의 에너지준위

[수소원자와 다전자 원자의 에너지준위]

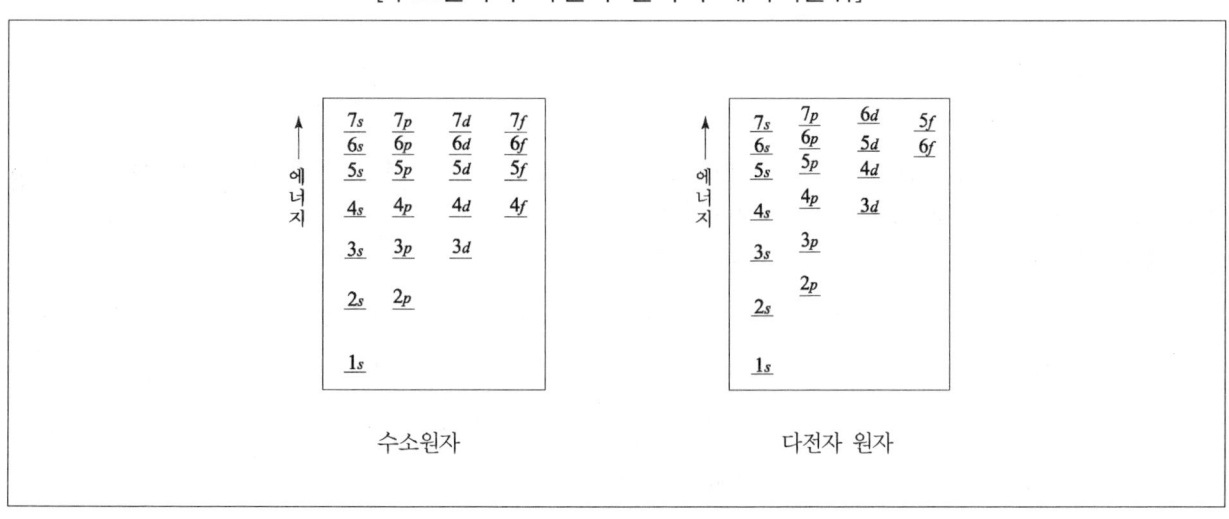

[오비탈에서 전자배치 순서]

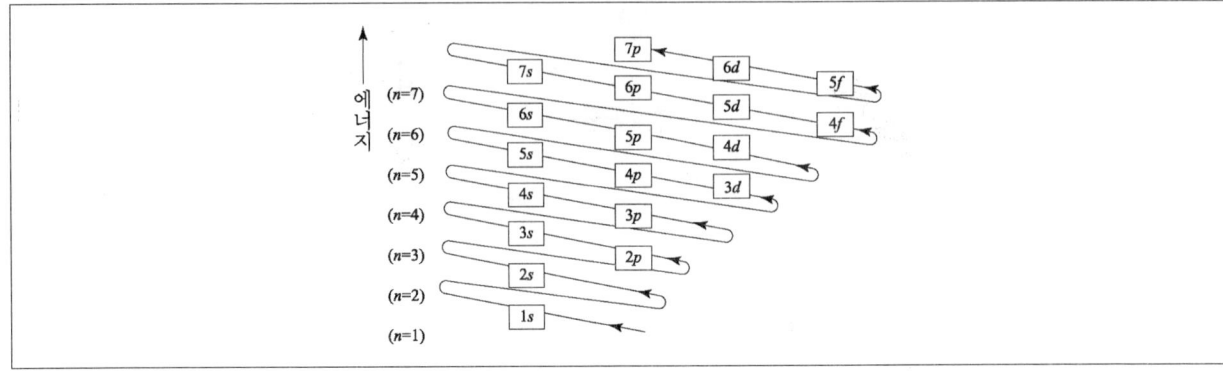

① 수소와 같이 전자가 1개만 있을 경우 주양자수가 같은 오비탈의 에너지준위는 모두 같지만 다전자 원자에서는 주양자수가 같은 오비탈도 방위양자수가 다르면 에너지준위가 달라진다.

② 수소원자의 에너지준위 … $1s < 2s = 2p < 3s = 3p = 3d < 4s = 4p = 4d = 4f < 5s \cdots$

③ 다전자 원자의 에너지준위 … $1s < 2s < 2p < 3s < 3p < 4s < 3d < 4p < 5s \cdots$

(2) 다전자 원자의 전자배치

① 전자가 다전자 원자에서 채워질 때에는 낮은 에너지준위의 오비탈부터 파울리의 배타원리와 훈트의 규칙에 따라서 채워진다.

② 파울리의 배타원칙 … 각각의 오비탈에는 스핀이 반대인 전자 2개까지만 들어갈 수 있다.

③ 훈트의 규칙
  ㉠ 전자가 에너지준위가 같은 몇 개의 오비탈에 들어갈 때에는 오비탈에 각각 전자가 1개씩 배치된 다음 스핀이 반대인 전자가 들어가 쌍을 이룬다.
  ㉡ 위와 같은 경우에서는 홀전자수가 많을수록 안정하다.

④ 전자배치 표시 … 오비탈의 표시는 상자로 하고 에너지준위가 같은 오비탈은 붙여 그리며 그 안에 전자를 화살표로 표시한다.
  예 $_7N$의 전자배치

  $1s$ $2s$ $2p$

  | ↑↓ | | ↑↓ | | ↑ | ↑ | ↑ | — $1s^2 2s^2 2p^3$으로 적는다.

(3) 원자가전자

① 개념 … 한 원자가 다른 원자와 반응 또는 결합할 때에 가장 바깥전자껍질에 있는 전자들이 관여하므로 그 전자들을 말한다. 즉, 한 원자에서 전자가 들어 있는 가장 바깥껍질에 있는 전자를 가리킨다.

[원자가전자의 전자점식 표시순서]

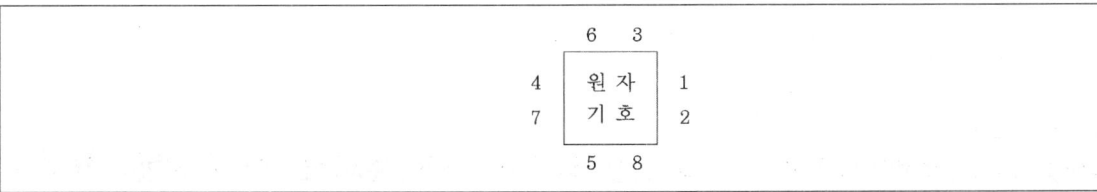

② S 전자와 P 전자로 구성되고 1개에서 최대 8개로 구성된다.

③ 원자가전자가 화학반응에 관여하고 화학적 성질을 결정한다.

④ 같은 원자가 전자 · 원자들의 화학적 성질은 거의 같다.

[몇 가지 원자의 전자점식]

1	2	3	4	5	6	7	8
H ·							He :
Li ·	Be :	B :	· C :	· N :	· O :	: F :	: Ne :
Na ·	Mg :	A :	· Si :	· P :	· S :	: Cl :	: Ar :
K ·	Ca :						

(4) 이온 전자배치

① **양이온의 전자배치** ··· 원자가 양이온이 될 때는 에너지준위가 높은 오비탈의 전자를 잃는다.

  예 소듐과 소듐이온

   • $Na[Na \cdot] \rightarrow 1s^2 2s^2 2p^6 3p^1$

   • $Na^+[: Na :] + \rightarrow 1s^2 2s^2 2p^6$

② **음이온의 전자배치** ··· 원자가 음이온이 될 때에는 전자가 비어있는 오비탈 중 에너지준위가 가장 낮은 오비탈에 배치된다.

  예 염소와 염화이온

   • $Cl \quad [: Cl \cdot] \rightarrow 1s^2 2s^2 2p^6 3s^2 3p^5$

   • $Cl^- [: Cl :] - \rightarrow 1s^2 2s^2 2p^6 3s^2 3p^6$

③ d 나 f **오비탈전자를 가지는 원자와 그 이온** ··· $3d$ 오비탈보다 $4s$ 오비탈이 에너지준위가 낮아 전자가 먼저 채워지나 양이온이 되어 전자를 잃을 때에는 주양자수가 큰 $4s$ 전자가 먼저 떨어져 나가고, 이들 원자의 이온들은 비활성 기체의 전자배치를 가지지 않는 것이 많다.

최근 기출문제 분석

2025. 6. 21. 제1회 지방직

1 분자 오비탈 이론에 근거하여, 다음 화학종을 결합 차수가 큰 것부터 순서대로 바르게 나열한 것은?

$$B_2, \ O_2^+, \ NO^+$$

① $B_2, \ O_2^+, \ NO^+$

② $B_2, \ NO^+, \ O_2^+$

③ $O_2^+, \ B_2, \ NO^+$

④ $NO^+, \ O_2^+, \ B_2$

TIP 분자 오비탈 이론에 따르면 결합 차수는 다음과 같이 공식에 따라 계산된다.

결합 차수(B.O.) $= \dfrac{1}{2} \times$ (결합성 오비탈의 전자 수 − 반결합성 오비탈의 전자 수)

이에 따라 총 원자가 전자 수, 분자 오비탈의 전자배치, 결합차수를 구하면 다음과 같이 정리된다.

화학종	총 원자가 전자 수	MO 전자배치	결합차수
B_2	$3+3=6$	$\sigma_{2s}^{2}\sigma_{2s}^{*2}\pi_{2p}^{2}$	$\dfrac{1}{2} \times (4-2) = 1$
O_2^+	$6+6-1=11$	$\sigma_{2s}^{2}\sigma_{2s}^{*2}\sigma_{2p}^{2}\pi_{2p}^{4}\pi_{2p}^{*1}$ **	$\dfrac{1}{2} \times (8-3) = 2.5$
NO^+	$5+6-1=10$	$\sigma_{2s}^{2}\sigma_{2s}^{*2}\pi_{2p}^{4}\sigma_{2p}^{2}$	$\dfrac{1}{2} \times (8-2) = 3$

O_2와 F_2의 경우 σ_{2p}와 π_{2p} 에너지 순서가 N_2 이하 원소와 다른 오비탈 믹싱 현상이 일어난다. O_2와 F_2의 경우 핵의 양성자 수 증가에 따라 유효 핵전하 값이 충분히 커져 π_{2p}의 전자보다 평균 에너지 준위가 핵에 더 가까운 σ_{2p}의 전자를 핵이 강하게 끌어당기므로 π_{2p}의 에너지 준위보다 σ_{2p}의 에너지 준위가 더 낮아지기 때문이다.

따라서 결합 차수가 큰 것부터 순서대로 나열하면 $NO^+ > O_2^+ > B_2$ 순이다.

Answer 1.④

2 $3d_{xy}$ 오비탈에 대한 설명으로 옳은 것만을 모두 고르면?

> ㉠ 각 운동량 양자수(l)는 2이다.
> ㉡ 4개의 로브(lobe)가 x축과 y축을 따라 배향한다.
> ㉢ 마디 면(nodal plane)의 수는 2이다.

① ㉠, ㉡

② ㉠, ㉢

③ ㉡, ㉢

④ ㉠, ㉡, ㉢

TIP ㉠ $3d_{xy}$ 오비탈의 주 양자수(n)는 3, 각 운동량 양자수(l, 방위 양자수라고도 함)는 2이다.

㉢ 마디 면(nodal plane)은 전자를 발견할 확률이 0인 평면을 말하며, 마디 면의 수는 각 운동량 양자수(l)와 같다. 따라서 d 오비탈(l=2)은 2개의 마디 면을 가진다. $3d_{xy}$ 오비탈의 경우 마디 면은 xz 평면과 yz 평면이다.

㉡ d_{z^2}을 제외한 모든 d 오비탈은 4개의 로브를 가진다. 이중 d_{xy}, d_{yz}, d_{xz} 오비탈은 축과 축 사이의 평면에 로브가 위치하며, $d_{x^2-y^2}$ 오비탈만 x축과 y축을 따라 배향한다. 따라서 $3d_{xy}$ 오비탈의 경우 4개의 로브를 가지기는 하나 x축과 y축 사이의 평면에 로브가 위치한다.

※ d 오비탈의 모양

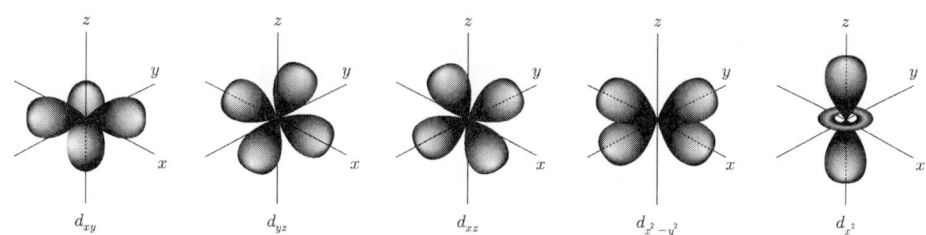

d_{xy} d_{yz} d_{xz} $d_{x^2-y^2}$ d_{z^2}

※ 오비탈과 양자수의 관

주 양자수(n)	1	2		3				
전자 껍질	K	L		M				
방위 양자수(l)	0	0	1	0	1	2		
오비탈 모양	$1s$	$2s$	$2p$	$3s$	$3p$	$3d$		
자기 양자수(m_l)	0	0	−1 0 +1	0	−1 0 +1	−2 −1 0 +1 +2		
오비탈 방향	$1s$	$2s$	$2p_x$ $2p_y$ $2p_z$	$3s$	$3p_x$ $3p_y$ $3p_z$	$3d_{xy}$ $3d_{yz}$ $3d_{xz}$ $3d_{x^2-y^2}$ $3d_{z^2}$		
스핀 자기 양자수(m_s)	$\pm\frac{1}{2}$	$\pm\frac{1}{2}$	$\pm\frac{1}{2}$ $\pm\frac{1}{2}$ $\pm\frac{1}{2}$	$\pm\frac{1}{2}$	$\pm\frac{1}{2}$ $\pm\frac{1}{2}$ $\pm\frac{1}{2}$	$\pm\frac{1}{2}$ $\pm\frac{1}{2}$ $\pm\frac{1}{2}$ $\pm\frac{1}{2}$ $\pm\frac{1}{2}$		
오비탈 수(n^2)	1	4		9				
최대 허용 전자 수($2n^2$)	2	8		18				

Answer 2.②

2025. 6. 21. 제1회 지방직

3 원자의 바닥 상태 전자 배치로 옳지 않은 것은?

① $_{24}Cr : [Ar]4s^13d^5$

② $_{26}Fe : [Ar]4s^23d^6$

③ $_{29}Cu : [Ar]4s^23d^9$

④ $_{30}Zn : [Ar]4s^23d^{10}$

TIP 원자 오비탈에 전자가 채워지는 순서는 (n+l) 규칙에 따른다. (n+l) 규칙이란, 주 양자 수(n)와 방위 양자 수(l) 값이 작은 에너지 준위가 더 낮아 안정하므로 (n+l) 값이 작은 오비탈부터 전자가 채워지며, (n+l) 값이 같으면 n 값(주 양자 수)이 작은 오비탈부터 전자가 채워지는 것이 선호된다는 규칙이다. 24개의 전자를 가진 크롬(Cr) 원자는 (n+l) 규칙에 따르면 4s 오비탈에 2개 전자, 3d 오비탈에 4개 전자가 배치되어야 한다. 그러나 실제는 4s 오비탈에 있던 전자 1개가 3d 오비탈로 전이하여 3d 오비탈에 총 5개 전자가 배치되어 Cr 원자의 홀전자 개수는 6개가 되어 [Ar] 4s13d5가 된다.

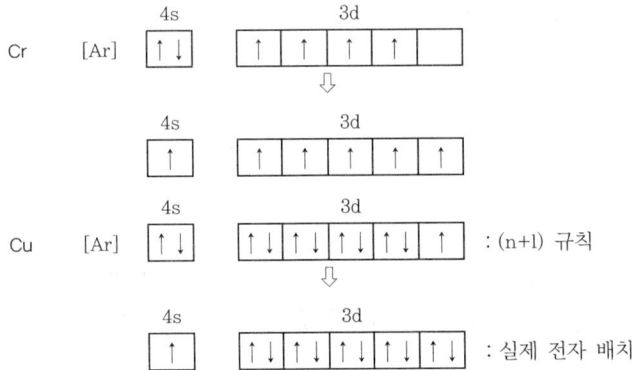

원자 번호 29번인 구리(Cu) 원자의 전자 배치 또한 (n+l) 규칙에 어긋나게 특이하게 나타나는데, Cr 원자와 Cu 원자가 (n+l) 규칙을 따르지 않는 이유는d 오비탈에 전자가 절반 혹은 완전히 채워지는 전자 배치를 할 때 원자 오비탈의 에너지 준위가 더 안정해지기 때문이라고 알려져 있다. 따라서 구리(Cu) 원자의 전자 배치는 [Ar] 4s²3d⁹가 아니라 [Ar] 4s¹3d¹⁰이 된다.

Answer 3.③

4 양자수 조합으로 가능한 것만을 모두 고르면? (단, n은 주양자수, l은 각운동량 양자수, m_l은 자기 양자수, m_s는 스핀 양자수이다)

	n	l	m_l	m_s
㉠	1	0	1	0
㉡	2	1	-1	$+\frac{1}{2}$
㉢	3	3	2	$-\frac{1}{2}$
㉣	4	2	-1	$+\frac{1}{2}$

① ㉠, ㉢　　　　　　　　　　　　　② ㉠, ㉣

③ ㉡, ㉢　　　　　　　　　　　　　④ ㉡, ㉣

TIP ㉠ 주 양자수(n)의 값이 1일 때 가질 수 있는 자기 양자수 ml 값은 0밖에 없으며, 1이 될 수 없다. 또한 스핀 자기 양자수(ms)는 $+\frac{1}{2}$ 또는 $-\frac{1}{2}$만 가질 수 있지 0이 될 수 없다.

㉢ 주 양자수(n)의 값이 3일 때 가질 수 있는 각운동 양자수(방위 양자수) l 값은 0, 1, 2 세 가지이며, 3이 될 수 없다.

※ 주 양자수(n)의 값이 a이면 각운동량 양자수 또는 방위 양자수(l) 값은 0부터 a−1까지의 정숫값만 가질 수 있으며, 이때 자기 양자수 ml 값은 −(a−1)에서부터 (a−1)까지의 정숫값만 가질 수 있다. 그리고 이때 스핀 자기 양자수 ms 값은 $+\frac{1}{2}$과 $-\frac{1}{2}$ 두 가지를 가질 수 있다. 각 주 양자수가 허용하는 방위 양자수, 자기 양자수 및 스핀 자기 양자수와 각 오비탈을 나타내는 기호는 다음 표와 같다.

주 양자수(n)	1	2		3						
전자 껍질	K	L		M						
방위 양자수(l)	0	0	1	0	1		2			
오비탈 모양	$1s$	$2s$	$2p$	$3s$	$3p$		$3d$			
자기 양자수(m_l)	0	0	-1　0　$+1$	0	-1　0　$+1$		-2	-1	0	$+1$　$+2$
오비탈 방향	$1s$	$2s$	$2p_x$　$2p_y$　$2p_z$	$3s$	$3p_x$　$3p_y$　$3p_z$		$3d_{xy}$	$3d_{yz}$	$3d_{xz}$	$3d_{x^2-y^2}$　$3d_{z^2}$
스핀 자기 양자수(m_s)	$\pm\frac{1}{2}$	$\pm\frac{1}{2}$	$\pm\frac{1}{2}$　$\pm\frac{1}{2}$　$\pm\frac{1}{2}$	$\pm\frac{1}{2}$	$\pm\frac{1}{2}$　$\pm\frac{1}{2}$　$\pm\frac{1}{2}$		$\pm\frac{1}{2}$	$\pm\frac{1}{2}$	$\pm\frac{1}{2}$	$\pm\frac{1}{2}$　$\pm\frac{1}{2}$
오비탈 수(n^2)	1	4		9						
최대 허용 전자 수($2n^2$)	2	8		18						

Answer 4.④

2025. 4. 5. 국가직

5 질량 6.6×10^{-24} g인 입자가 2.0×10^8 m · s^{-1}의 속력으로 움직일 때, 드브로이(de Broglie) 파장[nm]은? (단, 플랑크(Planck) 상수는 6.6×10^{-34} J · s이다)

① 5.0×10^{-7}

② 5.0×10^{-6}

③ 5.0×10^{-5}

④ 5.0×10^{-4}

TIP 드브로이 물질파 공식에 따라 λ(파장)은 h/p(플랑크 상수를 운동량으로 나눈 값)으로 표현할 수 있다. 이를 적용하여 이 문제를 풀면 다음과 같다.

$$\lambda = \frac{h}{p} = \frac{h}{mv} = \frac{6.626 \times 10^{-34} J \cdot s}{(6.6 \times 10^{-27} kg) \times (2.0 \times 10^8 m/s)} = 5.0 \times 10^{-16} m = 5.0 \times 10^{-7} nm$$

2024. 6. 22. 제1회 지방직

6 Rutherford의 알파 입자 산란 실험과 Rutherford가 제안한 원자 모형에 대한 설명으로 옳은 것만을 모두 고르면?

> ㉠ 전자는 양자화된 궤도를 따라 핵 주위를 움직인다.
> ㉡ 금 원자 질량의 대부분과 모든 양전하는 원자핵에 집중되어 있다.
> ㉢ 금박에 알파 입자를 조사했을 때 대부분의 알파 입자는 산란하지 않고 투과한다.

① ㉠

② ㉡

③ ㉡, ㉢

④ ㉠, ㉡, ㉢

TIP Rutherford는 알파 입자 산란 실험을 통해 원자핵의 존재를 발견하였다. 이 실험을 통해 Rutherford는 원자 질량의 대부분을 차지하고 있고 양전하를 띠고 있는 원자핵이 원자의 중심에 집중되어 있으며, 원자의 대부분은 빈 공간으로 이루어져 있음을 제안하였다.

㉡ 원자핵은 양성자와 중성자 등으로 이루어져 있는데, 양성자와 중성자는 원자 질량의 대부분을 차지하며, 원자의 구성 입자 중 양전하를 띠는 물질은 양성자가 유일하므로, 모든 양전하는 원자핵에 집중되어 있다고 할 수 있다.

㉢ 금박에 알파 입자를 조사했을 때 대부분의 알파 입자는 산란하지 않고 투과한다. 이로서 원자의 대부분은 빈 공간으로 이루어져 있음이 증명된다.

㉠ Rutherford의 원자 모형은 전자는 원자핵을 중심으로 원 궤도를 따라 핵 주위를 움직인다고 하여 행성 모형이라고 하기도 하는데, 이때 전자가 위치할 수 있는 궤도를 제안하지는 못하였다. 후대에 Bohr는 Rutherford의 원자 모형을 발전시켜 원자핵 주위에 전자가 위치하는 궤도와 가질 수 있는 에너지는 정해져 있으며, 전자가 정해진 궤도 사이를 이동할 때 정해진 에너지를 흡수 또는 방출할 수 있다고 하였다. 이를 에너지가 양자화되었다(quantized)고 하며, Bohr는 수소 원자를 가지고 실험적으로 이를 확인하였다.

7 $_{24}$Cr의 바닥상태 전자배치에서 홀전자로 채워진 오비탈의 개수는?

① 0

② 2

③ 4

④ 6

TIP 원자 오비탈에 전자가 채워지는 순서는 (n+l) 규칙에 따른다. (n+l) 규칙이란, 주 양자 수(n)와 방위 양자 수(l) 값이 작은 에너지 준위가 더 낮아 안정하므로 (n+l) 값이 작은 오비탈부터 전자가 채워지며, (n+l) 값이 같으면 n 값(주 양자 수)이 작은 오비탈부터 전자가 채워지는 것이 선호된다는 규칙이다. 24개의 전자를 가진 크롬(Cr) 원자는 (n+l) 규칙에 따르면 4s 오비탈에 2개 전자, 3d 오비탈에 4개 전자가 배치되어야 한다. 그러나 실제는 4s 오비탈에 있던 전자 1개가 3d 오비탈로 전이하여 3d 오비탈에 총 5개 전자가 배치되어 Cr 원자의 홀전자 개수는 6개가 된다.

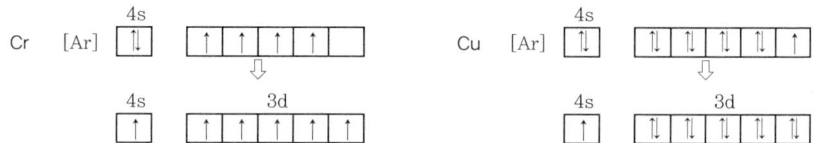

원자 번호 29번인 구리(Cu) 원자의 전자 배치 또한 (n + l) 규칙에 어긋나게 특이하게 나타나는데, Cr 원자와 Cu 원자가 (n + l) 규칙을 따르지 않는 이유는 d 오비탈에 전자가 절반 혹은 완전히 채워지는 전자 배치를 할 때 원자 오비탈의 에너지 준위가 더 안정해지기 때문이라고 알려져 있다.

Answer 7.④

2021. 6. 5. 제1회 지방직

8 다음 양자수 조합 중 가능하지 않은 조합은? (단, n은 주양자수, l은 각 운동량 양자수, m_l은 자기 양자수, m_s는 스핀 양자수이다)

	$\underline{n}$	$\underline{l}$	$\underline{m_l}$	$\underline{m_s}$
①	2	1	0	$-\dfrac{1}{2}$
③	3	2	0	$+\dfrac{1}{2}$

	$\underline{n}$	$\underline{l}$	$\underline{m_l}$	$\underline{m_s}$
②	3	0	-1	$+\dfrac{1}{2}$
④	4	3	-2	$+\dfrac{1}{2}$

TIP 각 운동량 양자수 또는 방위 양자수(l) 값이 a이면, 자기 양자수 m_l 값은 –a에서부터 a까지의 정수 값만 가질 수 있다. ②의 경우 l 값이 0이므로 m_l 값은 0만을 가질 수 있다. 각 주 양자수가 허용하는 방위 양자수, 자기 양자수 및 스핀 자기 양자수와 각 오비탈을 나타내는 기호는 다음 표와 같다.

주 양자수(n)	1	2			3						
전자 껍질	K	L			M						
방위 양자수(l)	0	0	1		0	1			2		
오비탈 모양	$1s$	$2s$	$2p$		$3s$	$3p$			$3d$		
자기 양자수(m_l)	0	0	-1	0	$+1$	0	-1	0	$+1$	-2	-1	0	$+1$	$+2$
오비탈 방향	$1s$	$2s$	$2p_x$	$2p_y$	$2p_z$	$3s$	$3p_x$	$3p_y$	$3p_z$	$3d_{xy}$	$3d_{yz}$	$3d_{xz}$	$3d_{x^2-y^2}$	$3d_{z^2}$
스핀 자기 양자수(m_s)	$\pm\dfrac{1}{2}$	$\pm\dfrac{1}{2}$	$\pm\dfrac{1}{2}$	$\pm\dfrac{1}{2}$	$\pm\dfrac{1}{2}$	$\pm\dfrac{1}{2}$	$\pm\dfrac{1}{2}$	$\pm\dfrac{1}{2}$	$\pm\dfrac{1}{2}$	$\pm\dfrac{1}{2}$	$\pm\dfrac{1}{2}$	$\pm\dfrac{1}{2}$	$\pm\dfrac{1}{2}$	$\pm\dfrac{1}{2}$
오비탈 수(n^2)	1	4			9						
최대 허용 전자 수($2n^2$)	2	8			18						

2020. 6. 13. 제1회 지방직

9 중성원자를 고려할 때, 원자가전자 수가 같은 원자들의 원자번호끼리 옳게 짝지은 것은?

① 1, 2, 9 ② 5, 6, 9

③ 4, 12, 17 ④ 9, 17, 35

TIP ① 원자가전자 수는 차례대로 1, 0, 7이다.
② 원자가전자 수는 차례대로 3, 4, 7이다.
③ 원자가전자 수는 차례대로 2, 2, 7이다.
④ 원자가전자 수는 모두 7이다.(같은 족의 원자들은 원자가전자 수가 같다)

Answer 8.② 9.④

2020. 6. 13. 제1회 지방직

10 다음은 원자 A~D에 대한 양성자 수와 중성자 수를 나타낸다. 이에 대한 설명으로 옳은 것은? (단, A~D는 임의의 원소기호이다)

원자	A	B	C	D
양성자 수	17	17	18	19
중성자 수	18	20	22	20

① 이온 A^-와 중성원자 C의 전자수는 같다.

② 이온 A^-와 이온 B^+의 질량수는 같다.

③ 이온 B^-와 중성원자 D의 전자수는 같다.

④ 원자 A~D 중 질량수가 가장 큰 원자는 D이다.

TIP 중성원자의 양성자 수는 전자수와 같고 질량수는 양성자 수와 중성자 수의 합과 같다.
   ① 이온 A^-의 전자수는 18(=17+1)이고 중성원자 C의 전자수도 18이다.
   ② 이온 A^-의 질량수는 35(=17+18), 이온 B^+의 질량수는 37(=17+20)이다.
   ③ 이온 B^-의 전자수는 18(=17+1)이고 중성원자 D의 전자수는 19이다.
   ④ 원자 A~D의 질량수는 차례대로 35, 37, 40, 39이다. 질량수가 가장 큰 원자는 C이다.

Answer   10.①

11 〈보기〉는 수소 원자의 몇 가지 전자 전이를 나타낸 것이다. 이에 대한 설명으로 가장 옳지 않은 것은?

(단, $E_n = \dfrac{-1312}{n^2}$ kJ/mol이다.)

구분		방출선				
		a	b	c	d	e
주양자수	전	∞	3	2	1	∞
(n)	후	1	2	1	3	2

〈보기〉

① 방출선 c의 파장은 방출선 a의 파장보다 짧다.

② b에서 방출되는 빛은 가시광선 영역에 속한다.

③ c에서 984kJ/mol의 에너지가 방출된다.

④ d에서는 에너지가 흡수된다.

TIP 주어진 식에 방출선을 각각 대입하여 계산하면

a : 주양자수가 ∞ → 1로 변하므로 $E = -1 - 0 = -1 = 1{,}312$ kJ/mol

b : 주양자수가 3 → 2로 변하므로 $E = -\dfrac{1}{4} - \left(-\dfrac{1}{9}\right) = -\dfrac{5}{36} = 182.2$ kJ/mol

c : 주양자수가 2 → 1로 변하므로 $E = -1 - \left(-\dfrac{1}{4}\right) = -\dfrac{3}{4} = 984$ kJ/mol

d : 주양자수가 1 → 3로 변하므로 $E = -\dfrac{1}{9} - (-1) = \dfrac{8}{9} = -1{,}166.2$ kJ/mol (흡수)

e : 주양자수가 ∞ → 2로 변하므로 $E = -\dfrac{1}{4} - 0 = -\dfrac{1}{4} = 328$ kJ/mol

빛의 에너지와 파장은 반비례의 관계에 있다.

그러므로 방출선 c의 파장은 방출선 a의 파장보다 길다.

$n = 1$로 전이하면 라이먼 계열, 자외선 영역에 속하며, $n = 2$로 전이되면 발머 계열, 가시광선 영역에 속한다.

Answer 11.①

2019. 10. 12. 제3회 서울특별시

12 〈보기〉 4가지 원자의 전자 배치 중 바닥 상태인 것을 옳게 짝지은 것은? (단, A ~ D는 임의의 원소 기호이다.)

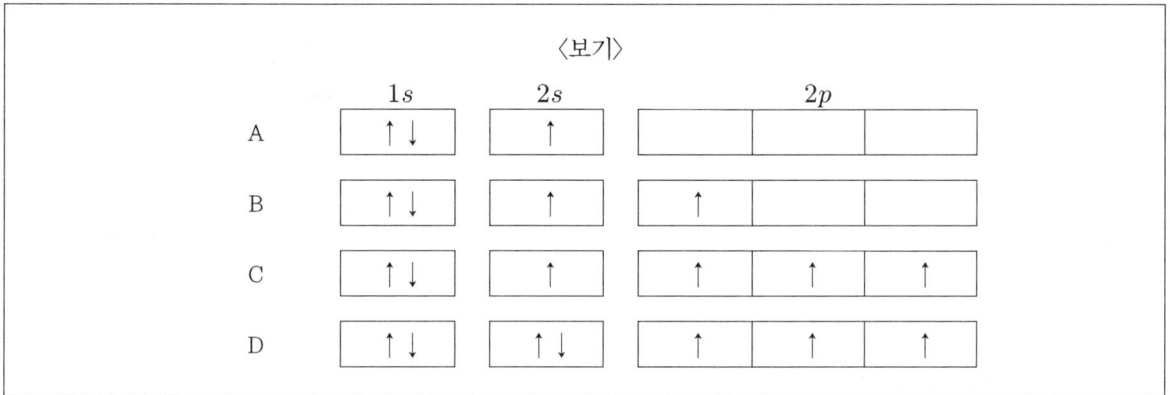

① A, B

② A, D

③ B, C

④ C, D

> **TIP** 바닥상태 전자배치란 원자 오비탈에 전자를 채우는 방법에 따라 전자가 채워져 있는 상태를 말한다.
> A, D는 각각 Li와 N으로 바닥상태 전자배치에 해당한다.
> $A = Li \rightarrow 1s^2 2s^1$
> $D = N \rightarrow 1s^2 2s^2 2p^3$
> ※ 오비탈 에너지 준위 ⋯ $1s < 2s < 2p < 3s < 3p < 4s < 3d < 4p < 4d < 4f < ⋯$

2019. 6. 15. 제2회 서울특별시

13 $^{19}_{9}F^-$의 양성자, 중성자, 전자 수가 바르게 적힌 것은?

① 양성자 : 9, 중성자 : 10, 전자 : 9

② 양성자 : 10, 중성자 : 9, 전자 : 9

③ 양성자 : 10, 중성자 : 9, 전자 : 10

④ 양성자 : 9, 중성자 : 10, 전자 : 10

> **TIP** $^A_Z X^M$으로 놓고 보면 A는 질량수(= 양성자 수 + 중성자 수), Z는 원자번호 = 양성자 수, M은 이온이 되었을 때의 전하를 나타낸다.
> 문제에서 제시된 $^{19}_{9}F^-$를 보면 우선 19는 질량수, 9는 양성자 수
> 그러므로 중성자 수는 $19 - 9 = 10$
> 전자 수는 1가 음이온이므로 양성자 수에 +1를 해주면 된다.
> 양성자 수는 9, 중성자 수는 10, 전자 수는 10이 된다.

Answer 12.② 13.④

14 〈보기〉는 몇 가지 입자를 모형으로 나타낸 것이다. (가)~(다)에 대한 설명으로 가장 옳은 것은?

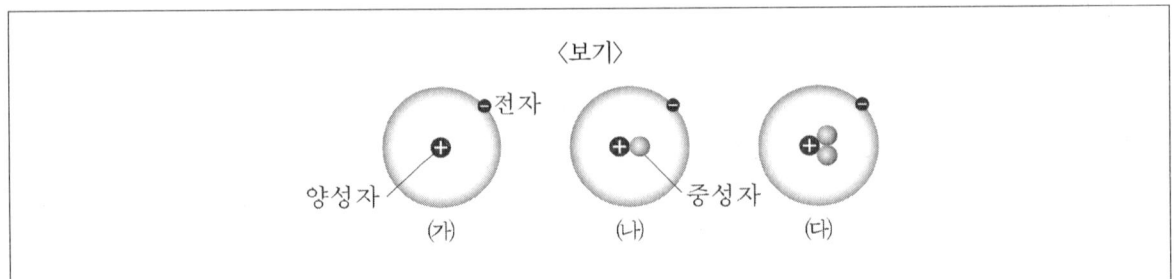

① (가)는 양이온이다.

② (나)의 질량수는 1이다.

③ (가)와 (다)의 물리적 성질은 같다.

④ (가)~(다)는 서로 동위 원소 관계이다.

> **TIP** (가) $_1^1H$ → 수소   (나) $_1^2H$ → 중수소   (다) $_1^3H$ → 삼중수소
>
> (가)(나)(다)는 양성자 수는 같으나 중성자 수가 달라 질량수가 다른 원소인 동위 원소에 해당한다.

15 다음 바닥상태의 전자 배치 중 17족 할로젠 원소는?

① $1s^2 2s^2 2p^6 3s^2 3p^5$

② $1s^2 2s^2 2p^6 3s^2 3p^6 3d^7 4s^2$

③ $1s^2 2s^2 2p^6 3s^2 3p^6 4s^1$

④ $1s^2 2s^2 2p^6 3s^2 3p^6$

> **TIP** ① 원자번호 17인 염소
>
> ② 원자번호 27인 코발트
>
> ③ 원자번호 19인 포타슘
>
> ④ 원자번호 18인 아르곤
>
> ※ 17족 할로젠 원소의 종류 … F, Cl, Br, I

Answer 14.④ 15.①

16 〈보기 1〉은 중성 원자 A ~ E의 질량수와 양성자수를 나타낸 것이다. 이에 대한 설명으로 옳은 것을 〈보기 2〉에서 모두 고른 것은? (단, A ~ E는 임의의 원소 기호이다.)

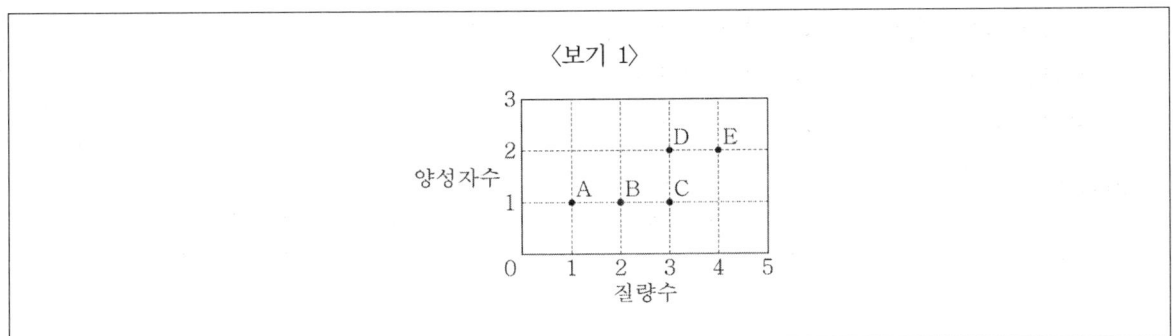

〈보기 1〉

〈보기 2〉

㉠ $\dfrac{전자수}{질량수}$ 는 B와 E가 같다.

㉡ A와 C는 동위원소이다.

㉢ 1g에 들어 있는 원자수는 D가 C보다 크다.

① ㉠㉡   ② ㉠㉢

③ ㉡㉢   ④ ㉠㉡㉢

TIP 동위원소는 원자번호는 동일하고 질량수가 다른 원소를 말하므로 A와 B와 C는 동위원소, D와 E가 동위원소이다.

질량수 = 양성자수 + 중성자수

원자번호 = 양성자수 = 중성 원자의 전자수

원자번호는 A = B = C = 1, D = E = 2이다.

$\dfrac{전자수}{질량수}$ 를 구해보면 A= $\dfrac{1}{1}$, B= $\dfrac{1}{2}$, C= $\dfrac{1}{3}$, D= $\dfrac{2}{3}$, E= $\dfrac{2}{4}$ = $\dfrac{1}{2}$

1g에 들어 있는 원자수는 즉 1g에 원자 하나당 질량으로 나누어 구하면 된다.

Answer 16.①

17 전자기파의 파장이 증가하는(에너지가 감소하는) 순서대로 바르게 나열한 것은?

① 마이크로파 < 적외선 < 가시광선 < 자외선

② 마이크로파 < 가시광선 < 적외선 < 자외선

③ 자외선 < 가시광선 < 적외선 < 마이크로파

④ 자외선 < 적외선 < 가시광선 < 마이크로파

> **TIP** 전자기파에서 파장과 진동수가 나오는데 파장이 짧을수록 진동수는 커진다.
> ㉠ 진동수가 큰 순서: 우주선 > 감마선 > X선 > 자외선 > 가시광선 > 적외선 > 마이크로파 > 라디오파
> ㉡ 파장이 큰 순서: 우주선 < 감마선 < X선 < 자외선 < 가시광선 < 적외선 < 마이크로파 < 라디오파

18 주양자수 $n = 5$에 대해서, 각운동량 양자수 l의 값과 각 부 껍질 명칭으로 가장 옳지 않은 것은?

① $l = 0, 5s$

② $l = 1, 5p$

③ $l = 3, 5f$

④ $l = 4, 5e$

> **TIP** 각운동량 양자수= 주양자 수− 1 이므로
> $l = 0, 1, 2, 3, 4$
> 부껍질

0	1	2	3	4	5
s	p	d	f	g	h

19 전자배치 중에서 훈트 규칙(Hund's rule)을 위반한 것은?

① $[Ar]$ ↑↓ $4s$ ↑ ↑ ↑ ↑ ↑ $3d$

② $[Ar]$ ↑ $4s$ ↑↓ ↑↓ ↑↓ ↑ ↑ $3d$

③ $[Ar]$ ↑ $4s$ ↑ ↑ ↑ ↑ ↑ $3d$

④ $[Ar]$ ↑↓ $4s$ ↑↓ ↑ ↑ __ __ $3d$

> **TIP** ① Mn → $1s^2 2s^2 2p^6 3s^2 3p^6 4s^2 3d^5$ → $[Ar]4s^2 3d^5$
> ② Cu → $1s^2 2s^2 2p^6 3s^2 3p^6 4s^1 3d^{10}$ → $[Ar]4s^1 3d^{10}$
> ③ Cr → $1s^2 2s^2 2p^6 3s^2 3p^6 4s^1 3d^5$ → $[Ar]4s^1 3d^5$
> ④ 전자 배치 상태를 보면 $3d$가 아니라 $4p$에 해당하는 부준위이다. 훈트 규칙을 적용할 수 없다.

Answer 17.③ 18.④ 19.④

2018. 6. 23. 제2회 서울특별시

20 $_{38}^{90}$Sr (스트론튬)의 양성자(p) 및 중성자(n)의 수가 바르게 짝지어진 것은?

	양성자(p)	중성자(n)
①	38	52
②	38	90
③	52	38
④	90	38

TIP $_{38}^{90}$Sr 을 보면 90은 질량수(양성자 수 + 중성자 수), 38은 원자번호(양성자 수)를 의미한다.

중성자 수는 질량수에서 양성자 수를 차감하면 되므로 $90 - 38 = 52$

양성자 수는 38, 중성자 수는 52가 된다.

2018. 5. 19. 제1회 지방직

21 원자들의 바닥 상태 전자 배치로 옳지 않은 것은?

① Co : $[Ar]4s^13d^8$

② Cr : $[Ar]4s^13d^5$

③ Cu : $[Ar]4s^13d^{10}$

④ Zn : $[Ar]4s^23d^{10}$

TIP ① Co : $[Ar]4s^23d^7$

② Cr : $[Ar]4s^13d^5$

③ Cu : $[Ar]4s^13d^{10}$

④ Zn : $[Ar]4s^23d^{10}$

2018. 5. 19. 제1회 지방직

22 다음 각 원소들이 아래와 같은 원자 구성을 가지고 있을 때, 동위원소는?

$_{186}^{410}A$	$_{183}^{410}X$	$_{186}^{412}Y$	$_{185}^{412}Z$

① A, Y

② A, Z

③ X, Y

④ X, Z

TIP 원자 번호(atomic number, Z)는 같지만, 질량수(mass number, A)가 다른 원자를 의미하는 동위원소는 같은 수의 양성자(proton)를 갖지만, 중성자(neutron)의 수가 다른 원소로도 해석이 가능하다.

A와 Y는 186으로 양성자 수가 같으나 중성자 수가 다르므로 동위원소이다.

Answer 20.① 21.① 22.①

출제 예상 문제

1 다음 보어의 수소원자모형에 대한 설명 중 옳지 않은 것은?

① 전자는 어떤 특정한 궤도에서만 움직인다.

② 에너지크기의 순서는 K < L < M < N이다.

③ 정량적으로 화학결합을 설명하는 것이 가능하다.

④ 전자가 2개 이상인 원자에서는 맞지 않는다.

TIP ③ 화학결합을 정량적으로 설명하는 것은 불가능하다.

2 다음 중 수소의 에너지준위 $\left(E_n = \dfrac{1,312.7}{n^2}\,\text{kJ/mol}\right)$를 고려하여 수소원자의 스펙트럼을 나타낸 것으로 옳은 것은? (단, 밝은 부분은 색이 나타나고, 어두운 부분은 빛이 없음을 뜻한다)

① 보라색 부분 〔〕 붉은색 부분

② 보라색 부분 ▊▊▊ 붉은색 부분

③ 보라색 부분 〔〕 붉은색 부분

④ 보라색 부분 ▊▎▎ 붉은색 부분

TIP 수소원자의 선 스펙트럼 … 수소원자의 전자가 에너지를 흡수하여 불안정한 들뜬 상태(여기상태)로 되었다가 안정한 상태(바닥상태)로 되면서 빛 에너지를 방출하는데, 에너지준위가 높은 상태에서 에너지준위가 낮은 상태로 전자가 전이할 때 수소원자의 에너지준위가 불연속적이므로 일정한 진동수의 빛만 방출하여 선 스펙트럼이 나타난다.
ⓐ 라이먼 계열(자외부) : $n \leq 2$인 에너지준위에서 $n = 1$인 에너지준위로 전이
ⓑ 발머 계열(가시부) : $n \leq 3$인 에너지준위에서 $n = 2$인 에너지준위로 전이
ⓒ 파센 계열(적외부) : $n \leq 4$인 에너지준위에서 $n = 3$인 에너지준위로 전이

Answer 1.③ 2.④

3 보어의 원자모형에 따르면 수소원자의 에너지준위는 $E_n = \dfrac{1,312.7}{n^2} \mathrm{kJ/mol}(n = 1, \ 2, \ 3, \ \cdots)$로 나타낸다. K전자껍질과 L전자껍질의 에너지준위의 차$(E_2 - E_1)$는 L전자껍질과 M전자껍질의 에너지준위의 차$(E_3 - E_2)$의 몇 배인가?

① 2.8배   ② 4.2배

③ 5.4배   ④ 6.0배

TIP
$$E_2 - E_1 = \frac{-1,312.7}{2^2} - \left(\frac{-1,312.7}{1^2} \right) = -1,312.7\left(\frac{1}{4} - 1 \right)$$

$$E_3 - E_2 = \frac{-1,312.7}{3^2} - \left(\frac{-1,312.7}{2^2} \right) = -1,312.7\left(\frac{1}{9} - \frac{1}{4} \right)$$

$$\therefore \frac{E_2 - E_1}{E_3 - E_2} = \frac{-1,312.7\left(-\frac{3}{4} \right)}{-1,312.7\left(-\frac{5}{36} \right)} = 5.4$$

4 다음 중 $_6$C의 바닥상태의 전자배치로 옳은 것은?

TIP 전자배치 순서

㉠ 에너지준위가 낮은 오비탈부터 차례로 채워진다.

㉡ 각각의 오비탈에는 2개의 전자가 들어갈 수 있다.

㉢ 에너지가 같은 오비탈에 여러 개의 전자가 채워질 때 한 개의 오비탈에 전자가 쌍을 이루어 한 번에 들어가지 않고 한 개씩 배치된 후 다시 2번째 전자가 배치되어 전자쌍을 이룬다.

Answer 3.③ 4.①

5 다음 중 바닥상태에서의 Zn^{2+}의 전자배치는 K, L, M 껍질이 채워져 있다. Zn의 원자번호로 옳은 것은?

① 16

② 25

③ 30

④ 36

⑤ 41

TIP n인 오비탈에 허용되는 전자수는 $2n^2$개인데, K, L, M이 다 채워졌으므로 전자수는 $2+8$ $+18=28$개가 되고 전자를 2개 잃었으므로 Zn의 전자수는 30개가 된다.

6 다음 중 수소원자가 전자를 한 개만 가지고 있지만 여러 개의 선 스펙트럼을 나타내는 것을 보어의 원자모형에 비추어 설명한 이유로 타당한 것은?

① 에너지를 궤도운동 중에 방출하기 때문이다.

② 이웃 수소원자의 전자와 충돌하기 때문이다.

③ 원자핵과 충돌할 때마다 빛이 나기 때문이다.

④ 에너지준위가 다른 여러 개의 전자껍질을 가지기 때문이다.

TIP 수소원자의 에너지준위가 불연속이고 일정한 크기의 에너지만을 방출하기 때문이다.

7 다음 중 한 개의 벤젠(C_6H_6) 분자를 구성하는 모든 원자가전자수의 합으로 옳은 것은?

① 6

② 12

③ 16

④ 24

⑤ 30

TIP C_6H_6
  ㉠ $_6C$의 전자배치는 $1s^2 2s^2 2p^2$에서 원자가전자가 4개인데 6원자가 있으므로 $4 \times 6 = 24$
  ㉡ $_1H$의 전자배치는 $1s^1$에서 원자가전자가 1개인데 6원자가 있으므로 $1 \times 6 = 6$
  따라서 모든 원자가전자수는 $24 + 6 = 30$이다.

Answer 5.③ 6.④ 7.⑤

8 다음 중 원자번호 N, 질량수 M인 원자핵에 들어 있는 양성자와 중성자의 수로 옳은 것은?

① N, M

② N, M−N

③ M, M−N

④ M, M+N

> **TIP** 원자번호＝양성자수＝전자수, 질량수＝양성자수＋중성자수

9 다음 원자번호 중 원자가전자가 4개인 것은 무엇인가?

① 8

② 10

③ 12

④ 14

> **TIP** ① 원자번호 8(O) $= 1s^2 2s^2 2p^4$에서 원자가전자는 6개이다.
> ② 원자번호 10(Ne) $= 1s^2 2s^2 2p^6$에서 원자가전자는 8개이다.
> ③ 원자번호 12(Mg) $= 1s^2 2s^2 2p^6 3s^2$에서 원자가전자는 2개이다.
> ④ 원자번호 14(Si) $= 1s^2 2s^2 2p^6 3s^2 3p^2$에서 원자가전자는 4개이다.

10 $1s^2 2s^2 2p^6 3s^2 3p^5$에서 최외각 전자수와 부대 전자수로 옳은 것은?

① 4, 0

② 5, 1

③ 6, 3

④ 7, 1

> **TIP** 최외각 전자는 $3s^2 3p^5$에서 2＋5＝7이 된다.
> 부대 전자수는 원자가전자 중에서 쌍을 이루지 않은 전자수로 $3s^2 3p^5$에서 1이 된다.

11 다음 오비탈의 전자배치 중 제1이온화에너지값이 가장 큰 것은?

① $1s^2 2s^2 2p^3$

② $1s^2 2s^2 2p^4$

③ $1s^2 2s^2 2p^5$

④ $1s^2 2s^2 2p^6$

TIP 전자배치가 안정할수록 전자를 떼어내기 힘들기 때문에 이온화에너지값이 커진다.

12 다음 중 러더퍼드가 α 입자 산란실험으로 알아낸 사실로 옳지 않은 것은?

① 중성자는 양성자보다 무겁다.

② 원자의 질량 대부분은 핵의 질량이다.

③ 핵이 띠는 전하는 양전하이다.

④ 원자 대부분의 공간은 비어있다.

TIP α 입자 산란실험
ⓐ 원자는 대부분 빈 공간이다.
ⓑ 중앙에 양전하를 띠고 원자질량의 대부분을 차지하는 핵이 있다.

13 다음 중 $^{238}_{92}U$ 원자의 양성자수, 중성자수, 전자수로 옳은 것은?

① 양성자수 = 92, 중성자수 = 전자수 = 146

② 양성자수 = 전자수 = 92, 중성자수 = 146

③ 양성자수 = 중성자수 = 92, 전자수 = 146

④ 양성자수 = 전자수 = 146, 중성자수 = 92

TIP 원자번호 = 양성자수 = 전자수이고, 중성자수 = 질량수 – 양성자수의 관계를 이룬다.

14 다음 중 $n = 3$인 전자껍질에 들어갈 수 있는 총전자수로 옳은 것은?

① 6

② 12

③ 18

④ 24

⑤ 36

TIP $2n^2 = 18$

15 다음 중 원자가전자가 가장 많은 것으로 옳은 것은?

① $_9F$

② $_{10}Ne$

③ $_{11}Na$

④ $_{12}Mg$

TIP ① 7 ② 8 ③ 1 ④ 2

16 다음 중 전자배치 상태가 다른 것으로 옳은 것은?

① O^{2-}

② $_{10}Ne$

③ $_{11}Na$

④ $_{12}Mg^{2+}$

TIP ①②④ $1s^2 2s^2 2p^6$
③ $1s^2 2s^2 2p^6 3s^1$

Answer 14.③ 15.② 16.③

17 다음 중 Ca^{2+}의 전자배치로 옳은 것은?

① $1s^2 2s^2 2p^6 3s^2 3p^4$

② $1s^2 2s^2 2p^6 3s^2 3p^6$

③ $1s^2 2s^2 2p^6 3s^2 3p^6 4s^2$

④ $1s^2 2s^2 2p^6 3s^2 4s^1 3p^6$

TIP Ca^{2+}의 전자배치 … $1s^2 2s^2 2p^6 3s^2 3p^6$

18 다음 중 현재 원자량의 기준으로 쓰고 있는 원자로 옳은 것은?

① $_1^1 \text{H}$ ② $_6^{12} \text{C}$

③ $_6^{13} \text{C}$ ④ $_8^{16} \text{C}$

TIP 원자량의 기준 … 질량수가 12인 탄소원자 1개의 질량을 12.00이라 하고, 이것을 기준으로 비교한 다른 원자의 상대적인 값으로 한다.

19 다음 중 원자의 질량수로 옳은 것은?

① 양성자수 + 전자수

② 양성자수 + 중성자수

③ 중성자수 + 원자량

④ 전자수 + 원자번호

TIP 질량수＝양성자수＋중성자수

20 다음 중 원자의 부피보다 핵의 부피가 매우 작다는 사실을 입증하는 것으로 옳은 것은?

① 기체를 압축시키면 부피가 매우 작아진다.

② 빛은 많은 물질을 통과한다.

③ 화학반응이 일어날 때의 질량은 변하지 않는다.

④ α 입자의 거의 대부분이 금속박을 통과한다.

TIP 러더포드의 α 입자 산란실험 … 러더포드는 이 실험에서 대부분의 입자들은 금속박을 그대로 통과함을 발견하였는데 원자의 전체 부피 중 대부분은 공간으로 비어 있고 핵은 매우 작은 부피로 양전하와 원자질량의 대부분이 모여 있음을 알게 되었다.

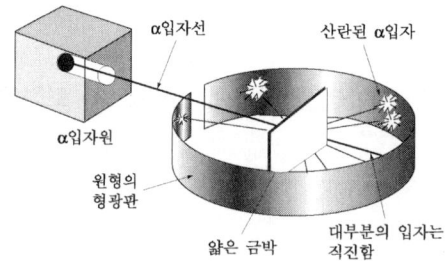

21 다음 중 동위원소에 대한 설명으로 옳지 않은 것은?

① 전자수가 같다.

② 원자번호가 같다.

③ 물리적 성질이 같다.

④ 화학적 성질이 같다.

TIP ③ 동위원소는 질량이 차이가 나기 때문에 물리적 성질이 다르다.

Answer 20.④ 21.③

22 다음 중 암모늄이온(NH_4^+) 한 개가 가지고 있는 전자의 개수로 옳은 것은? (단, 질소의 원자번호 = 7)

① 8개   ② 9개

③ 10개   ④ 11개

⑤ 12개

TIP +1의 이온은 전자 1개를 잃어버린 것이므로 $(7 + 1 \times 4) - 1 = 10$개다.

23 다음 그림은 수소원자의 보어모형 중 가장 작은 전자궤도 두 개만을 나타낸 것인데 이 모형에서 수소원자가 빛(전자파)을 내는 경우로 옳은 것은?

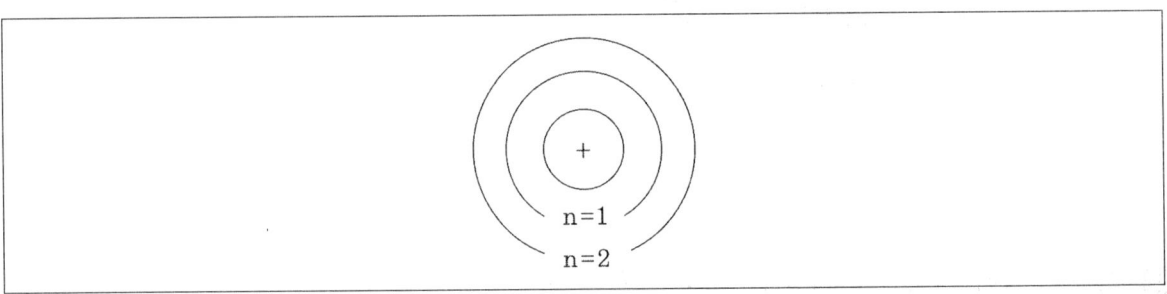

① 전자가 $n = 1$인 궤도를 계속 돌 때 빛을 낸다.

② 전자의 궤도가 $n = 1$에서 $n = 2$로 옮겨갈 때 낸다.

③ $n = 2$인 궤도의 전자가 떨어져 나갈 때 낸다.

④ 전자의 궤도가 $n = 2$에서 $n = 1$로 옮겨갈 때 낸다.

TIP 전자는 에너지준위가 높은 곳에서 낮은 곳으로 옮겨갈 때 그 에너지준위의 차이만큼 빛으로 방출한다.

24 다음 다전자 원자의 $3s$, $3p$, $3d$, $4s$, $4p$ 오비탈 중 세 번째로 전자가 채워지는 오비탈은 무엇인가?

① $3s$

② $3p$

③ $3d$

④ $4s$

TIP 에너지준위 … $3s < 3p < 4s < 3d < 3p$

25 다음 중 산소원자가 바닥상태에 있을 때의 전자배치로 옳은 것은?

① $1s^2 2s^3 2p^3$

② $1s^2 2s^2 2p^4$

③ $1s^2 2s^1 2p^5$

④ $1s^1 2s^1 2p^6$

TIP 산소원자의 원자번호 = 전자 수 = 8

바닥상태 전자배치 = $1s^2 2s^2 2p^4$

$1s^2 \quad 2s^2 \quad 2p_x^2 \quad 2p_y^1 \quad 2p_z^1$

| ↑↓ | | ↑↓ | | ↑↓ | | ↑ | | ↑ |

26 다음 중 수소의 선 스펙트럼과 관련된 사항으로 옳은 것은?

① 중성자의 질량과 에너지

② 양성자의 전하량과 질량

③ 전자가 가지는 에너지의 불연속성

④ 전자의 전하량과 질량

TIP 수소의 에너지준위가 불연속이기 때문에 선 스펙트럼이 나타난다.

Answer 24.④ 25.② 26.③

27 다음 중 금속의 이온에서 그 금속의 원자번호와 크기가 같은 것은?

① 양성자수   ② 전자수

③ 중성자수   ④ 질량수

TIP 중성원자에서는 원자번호와 양성자수, 전자수가 같지만 양이온이 되면 전자를 잃게 되어 전자수가 적어지고 음이온이 되면 전자를 얻게 되어 많아진다. 금속의 이온은 양이온이다.

28 다음 중 전자가 E_2에서 E_1의 에너지 상태로 떨어질 때 방출하는 진동수로 옳은 것은? (단, h = 플랑크상수)

① $(E_2 - E_1)h$ ② $(E_2 - E_1)/h$

③ $(E_2 + E_1)/h$ ④ $(E_2 \times E_1)/h$

TIP $\Delta E = E_2 - E_1 = h\nu$ 에서 ν에 대해 정리하면

$\nu = \dfrac{E_2 - E_1}{h}$ 이 된다.

29 다음 중 현대 원자모형에 대한 설명으로 옳은 것은?

① 전자가 핵 주위를 혹성 모양으로 운동하고 있다.

② 전자가 핵 주위에 구름처럼 퍼져 있다.

③ 전자가 핵 주위를 정해진 궤도로만 돌고 있다.

④ 전자가 양전하 속에 파묻혀 있다.

TIP ① 러더퍼드의 원자모형
③ 보어의 원자모형
④ 톰슨의 원자모형

30 다음 탄소원자의 2p 오비탈 전자배치를 나타낸 그림에서 바닥상태로 옳은 것은?

① ㉠   ② ㉣
③ ㉠㉡   ④ ㉠㉡㉢

> **TIP** ㉠㉡㉢ p_x, p_y, p_z의 에너지준위가 모두 같으므로 모두 같은 상태이다.
> ㉣ 1개씩 전자가 배치된 후 스핀이 반대인 전자가 들어가 쌍을 이루는 훈트의 규칙에 위배되므로 에너지준위가 높다.

31 다음 중 에너지준위가 가장 높은 오비탈로 옳은 것은?

① $1s$ ② $2s$
③ $3p$ ④ $3d$

> **TIP** 에너지준위 … $1s < 2s < 2p < 3s < 3p < 4s < 3d < 4p < 5s$ …

32 다음 중 전자배치가 $1s^2 2s^2 2p^6 3s^2 3p^6 3d 4s^1$인 원자의 M껍질에 들어 있는 전자의 개수로 옳은 것은?

① 11개   ② 13개
③ 16개   ④ 19개
⑤ 21개

> **TIP** M껍질에는 전자가 $3s^2 3p^6 3d^5$로 들어 있다.

Answer   30.④ 31.④ 32.②

33 다음 중 Mg^{2+}의 바닥상태에서 전자배치(배열)로 옳은 것은?

① $1s^2 2s^2 2p^6$　　　　　　　　　　② $1s^2 2s^2 2p^8$

③ $1s^2 2s^2 2p^4 3s^2$　　　　　　　　④ $1s^2 2s^2 2p^6 3s^2$

　TIP　Mg은 $1s^2 2s^2 2p^6 3s^2$에서 Mg^{2+}가 되면 $3s$의 전자 2개가 떨어져서 $1s^2 2s^2 2p^6$의 전자배치가 된다.

34 다음 오비탈에 대한 설명 중 옳은 것은?

① 전자의 운행경로이다.
② 전자껍질이다.
③ 핵으로부터의 거리에만 관계가 있다.
④ 전자가 발견될 확률을 나타낸다.

　TIP　오비탈…전자가 발견될 확률 및 그 공간적 모형을 나타낸 것이다.

35 다음 중 보어의 원자모형으로 옳지 않은 것은?

① 전자가 높은 에너지 상태로 올라갈 때 에너지를 흡수하게 된다.
② 원자의 에너지는 불연속적이다.
③ 양전하 속에 양전하와 같은 수의 전자가 파묻혀 있는 건포도가 든 푸딩모형이다.
④ 전자가 낮은 에너지 상태로 내려갈 때 에너지를 방출하게 된다.

　TIP　③ 전자는 원자핵 주위의 일정궤도만을 원운동하는 모형으로 정의했다.

Answer　33.①　34.④　35.③

36 다음 중 보어모형에서의 전자궤도는 현대모형에서 주양자수로 설명되는 전자껍질인데 이 전자껍질의 의미로 옳은 것은?

① 전자구름의 방향을 의미한다.

② 전자의 대략적 에너지를 나타낸다.

③ 전자가 핵으로부터 최대한 멀어질 수 있는 거리를 의미한다.

④ 전자구름의 크기를 의미한다.

TIP 현대모형에서 주양자수 n 은 전자의 에너지준위를 나타낸 것으로(n = 1, 2, 3 …) 전자껍질을 나타낸다.

37 어떤 중성원자 원자핵의 전하량이 3.2×10^{-18}C일 때 이 원자의 중성 상태의 전자배치로 옳은 것은? (단, 전자 1개의 입자전하량=1.6×10^{-19}C)

① $1s^2 2s^2 2p^6 2s^2 3p^6 4s^1$

② $1s^2 2s^2 2p^6 3s^2 3p^6 4s^2$

③ $1s^2 2s^2 2p^6 3s^2 3p^3$

④ $1s^2 2s^2 2p^6 3s^2 3p^5$

TIP 원자핵의 양성자수 = $\dfrac{3.2 \times 10^{-18}\text{C}}{1.6 \times 10^{-19}\text{C}} = 20$

중성의 Ca은 20개의 전자를 갖는다.

38 다음 중 에너지준위가 가장 낮은 전자껍질로 옳은 것은?

① K

② L

③ M

④ N

TIP 에너지준위 … K < L < M < N

02 주기율

01 기본단위

❶ 주기율

(1) 주기율의 개요

① **개념**…원소들의 나열을 원자번호가 증가하는 순으로 했을 때 일정한 간격을 두고 성질이 비슷한 원소들이 나타나는 것을 말한다.

② 주기율표는 모즐리의 원자번호 순서배열을 현재까지 사용하고 있다.

(2) 특성

① **주기율과 전자배치**

    ㉠ 주기율에서 원소를 원자번호순으로 나열하면 물리적 · 화학적 성질이 비슷한 원소들이 주기적으로 나타나게 된다.

    ㉡ 원자가전자수가 같은 원소는 물리적 · 화학적 성질이 비슷하다.

    ㉢ 주기율이 나타나는 것은 원자가전자 때문이다.

[알카리금속과 비활성 기체의 전자배치]

주기	처음 원소	전자배치							원자가 전자	간격	주기	마지막 원소	전자배치							원자가 전자	간격
		K	L	M	N	O	P	Q					K	L	M	N	O	P	Q		
1											1	$_2$He	2							0	8
2	$_3$Li	2	1						1	8	2	$_{10}$Ne	2	8						0	8
3	$_{11}$Na	2	8	1					1	8	3	$_{18}$Ar	2	8	8					0	18
4	$_{19}$K	2	8	8	1				1	18	4	$_{36}$Kr	2	8	18	8				0	18
5	$_{37}$Rb	2	8	18	8	1			1	18	5	$_{54}$Xe	2	8	18	18	8			0	32
6	$_{55}$Cs	2	8	18	18	8	1		1	32	6	$_{86}$Rn	2	8	18	32	18	8		0	
7	$_{87}$Fr	2	8	18	32	18	8	1	1												

② 알칼리금속

　㉠ $_3$Li, $_{11}$Na, $_{19}$K, $_{37}$Rb 등을 말한다.

　㉡ 원자번호 사이의 간격이 8 또는 18로 일정한 간격을 두고 성질이 비슷한 원소가 나타난다.

③ 할로겐원소 … $_9$F, $_{17}$Cl, $_{18}$Br, $_{35}$I 등이 있고 원자간격이 8 또는 18의 간격이 있다.

❷ 주기율표

(1) 개념

원자들을 원자번호순으로 나열하면서 주기율을 이용하여 물리적·화학적 성질이 비슷한 원소들끼리 같은 세로 줄에 배열되도록 한 원소의 분류표이다.

(2) 주기(period)

① 주기율표의 가로 줄을 의미한다.

② 주기와 전자껍질수는 동일하고, 같은 주기에 있는 원소는 같은 수의 전자껍질을 가진다.

[주기와 전자껍질 및 원소수]

주기	1	2	3	4	5	6	7
전자껍질수	1	2	3	4	5	6	7
최외각 전자껍질	K	L	M	N	O	P	Q
원소수	2	8	8	18	18	32	미완성

③ 1 ~ 7주기로 구성(2, 8, 8, 18, 18, 32 ~개의 원소들이 배열)된다.

④ 1 ~ 3주기 ··· 단주기로 전형원소들로만 구성된다.

⑤ 4 ~ 7주기 ··· 장주기로 전형원소와 전이원소들로 구성된다.

⑥ 7주기 ··· 아직 미완성된 주기로 주기율표의 103번 이후에 현재 104번, 105번, 106번, 107번, 109번 등의 원소가 알려져 있고 총 23개의 원소가 있다.

⑦ 란탄족 ··· 6주기 3족 원소들로 란탄과 화학적 성질이 비슷하다.

⑧ 악티늄족 ··· 7주기 3족 원소들로 악티늄과 화학적 성질이 비슷하다.

⑨ 단주기형 주기율표와 장주기형 주기율표
  ㉠ 단주기형 주기율표
    • 2주기와 3주기의 8개 원소를 기준으로 만든 주기율표이다.
    • 맨델레예프가 처음 만든 것으로 맨델레예프형 주기율표라고도 부른다.
  ㉡ 장주기형 주기율표
    • 4주기와 5주기의 18개 원소를 기준으로 만든 주기율표이다.
    • 현재 사용되는 주기율표이고 원자의 성질과 그 변화를 알기 쉽게 되어 있다.

[주기율표]

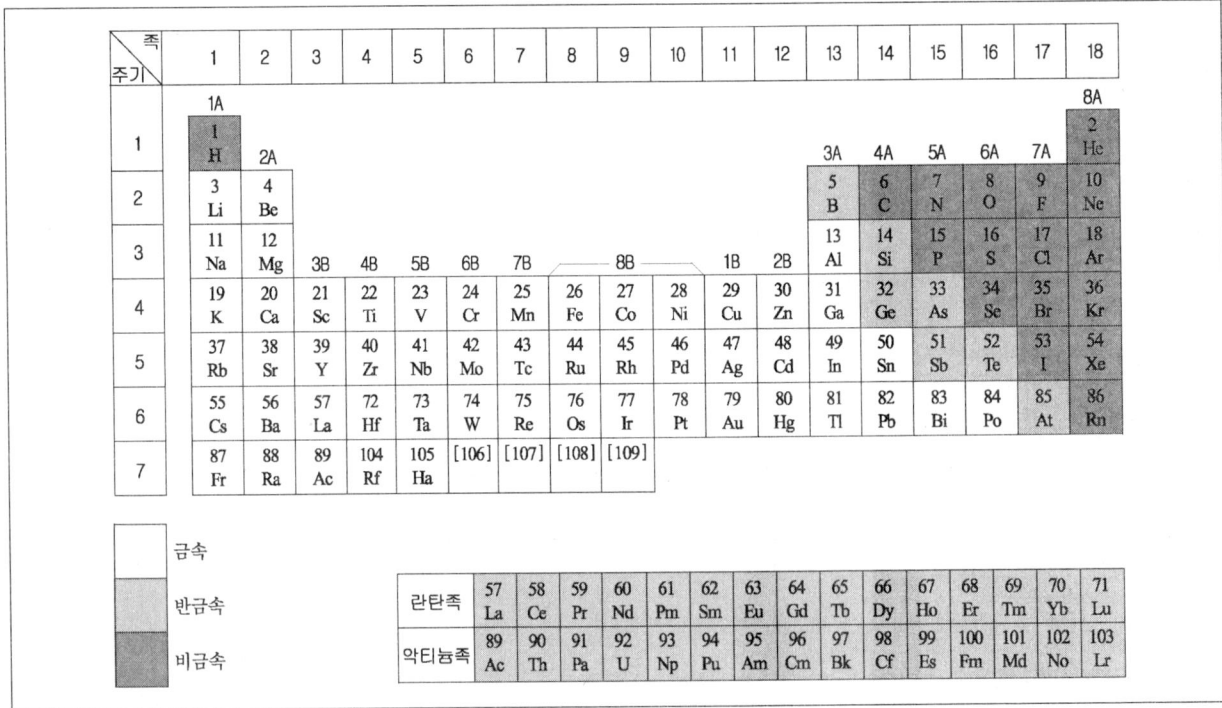

(3) 족(group)

① 개념 … 주기율표의 세로줄을 말하고 이 중 같은 족 원소를 동족원소라고 부른다.

② 동족원소 … 원자가전자수가 같아 화학적 성질이 비슷하다.

[동족원소의 이름]

족	1	2	…	13	14	15	16	17	18
이름	알칼리 금속	알칼리 토금속	…	알루미늄족	탄소족	질소족	산소족	할로겐족	비활성 기체

③ 분족

    ㉠ 족을 나타내는 숫자는 1 ~ 7, 8, 0을 사용하는데 4주기 이후에는 원소수가 많아져 이 숫자를 두 번 사용해야 한다.

    ㉡ 단주기나 장주기는 다같이 각족(放)을 A아족(亞放), B아족으로 양분하고 보통 전이원소를 B아족, 그 이외의 원소를 A아족으로 하고 있다.

❸ 주기율표와 전자배치

(1) 동족원소의 전자배치

① 동족원소 … 같은 족에 속하는 원소들로 원자가전자의 수가 같아 화학적 성질이 비슷하다(1족 : 알칼리금속, 2족 : 알칼리토금속, 17족 : 할로겐족, 18족 : 비활성 기체).

② 알칼리금속의 전자배치

    ㉠ 알칼리금속은 모두 가장 바깥 전자껍질에 s 전자 1개를 가지고 있다.

    ㉡ 알칼리금속들이 성질이 비슷한 것은 그들이 모두 ns^1의 최외각 전자배치를 가지고 있기 때문이다.

        예 • Li : $1s^2 2s^1$

            • Na : $1s^2 2s^2 2p^6 3s^1$

③ 비활성 기체의 전자배치

    ㉠ 주기율표의 18족에 속하는 비활성 기체는 헬륨을 제외하면 모든 $ns^2 np^6$(He는 $1s^2$)의 최외각 전자배치를 가진다.

    ㉡ s 및 p 오비탈이 완전히 채워진 최외각 전자배치를 이루어 에너지 상태가 낮아져서 비활성기체의 원자들이 매우 안정해진다.

(2) 같은 주기원소의 전자배치

① 원자번호가 같은 주기에서 증가하면 원자가전자의 수도 하나씩 차례로 증가한다.

② 물리적 · 화학적 성질이 족에 따라 규칙적으로 변화한다.

[주기율표와 오비탈의 관계]

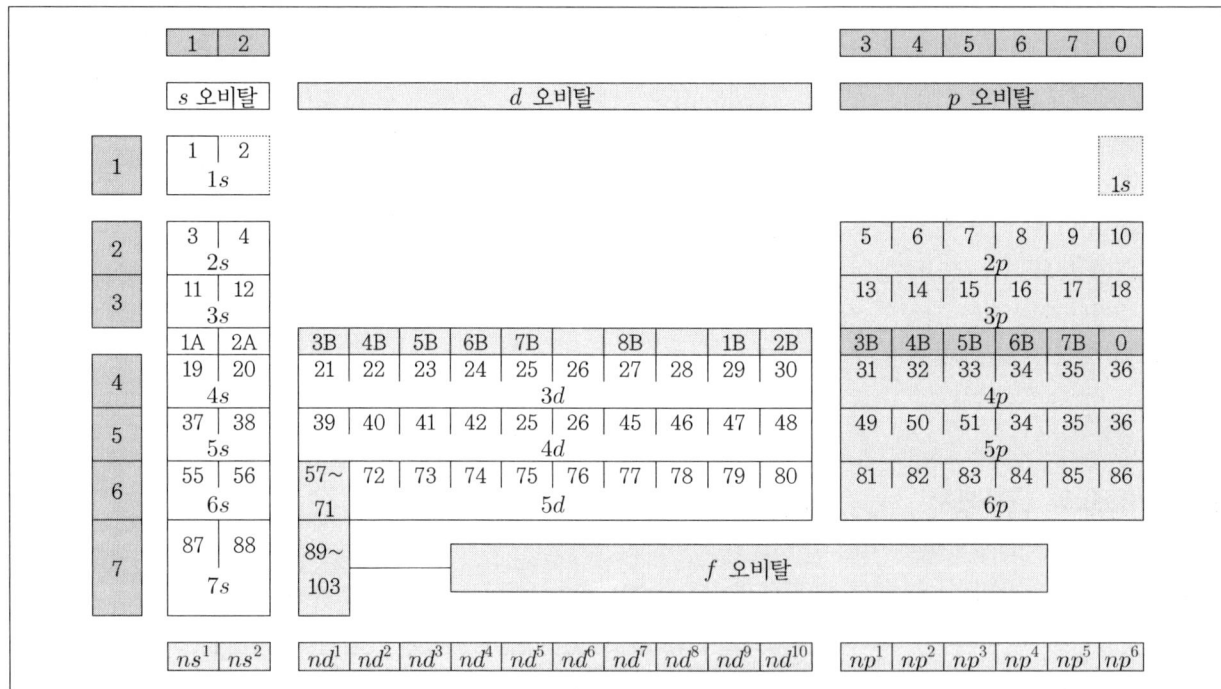

③ d 오비탈 전자를 가진 원소들은 4주기 이후에 나타나고 6주기와 7주기에서는 f 전자를 가지는 원소들이 나타난다. 이들 화학적 성질이 모두 비슷해 같은 족으로 분류되고(란탄족과 악티늄족) 주기율표의 아래쪽에 따로 표시한다.

❹ 주기율표에 의한 원소의 분류

(1) 전형원소와 전이원소

① 개념 … 전이원소는 주기율표의 제4주기 이후 3B족에서 7B족, 8족, 1B족까지의 원소(3 ~ 11족) (transition element)를 말하고, 그 이외의 모든 원소를 전형원소(representative element)라고 한다.

② 전형원소

　㉠ 안쪽껍질에 전자가 모두 채워진 원소로, 원자가전가수와 족의 번호가 일치한다(0족 : He는 2개, 나머지는 8개).

ⓛ 1 ~ 2족, 12 ~ 18족이 속한다.

ⓒ 원자가전자수
- 1족, 2족 : 족수와 원자가전자수가 일치한다.
- 12 ~ 17족 : '족수 − 10'이다.
- 18족 : 원자가전자수는 0이다.

[전형원소의 족과 전자배치 및 산화수]

족	원자가전자 배치	원자가전자수	산화수
1	ns^1	1	+1
2	ns^2	2	+2
13	$ns^2 np^1$	3	+3
14	$ns^2 np^2$	4	+4, +2, −4
15	$ns^2 np^3$	5	+5, +3, +1, −3
16	$ns^2 np^4$	6	+6, +4, +2, −2
17	$ns^2 np^5$	7	+7, +5, +3, +1, −1
18	$ns^2 np^6$	0(8)	0

③ 전이원소
ⓐ 부분적으로 채워진 d 또는 f 오비탈을 가지고 있다.
ⓛ 3 ~ 11족에 속하는 원소들이다.
ⓒ 족에 관계없이 1 ~ 2개의 원자가전자를 갖아 같은 주기의 원소는 성질이 비슷하다.
ⓔ 전자배치 : 원자가전자가 ns^2에 채워진 후 안쪽껍질$(n-1)$의 d 오비탈에 전자가 채워진다.

원자 번호	원소	K껍질($n=1$)	L껍질($n=2$)		M껍질($n=3$)			N껍질($n=4$)	
		$1s$	$2s$	$2p$	$3s$	$3p$	$3d$	$4s$	$4p$
21	Sc	2	2	6	2	6	1	2	
22	Ti	2	2	6	2	6	2	2	
23	V	2	2	6	2	6	3	2	
24	Cr	2	2	6	2	6	5	1	
25	Mn	2	2	6	2	6	5	2	
26	Fe	2	2	6	2	6	6	2	
27	Co	2	2	6	2	6	7	2	
28	Ni	2	2	6	2	6	8	2	
29	Cu	2	2	6	2	6	10	1	

ⓜ 모두 활성이 작은 중금속이다.

ⓗ 화학반응에서 촉매로 작용하는 것이 많고 녹는점이 높다.

ⓢ 최외각 전자와 함께 안쪽에 위치한(d 전자) 전자도 원자가전자의 역할을 해 다양한 원자가를 갖는다.

ⓞ 착이온이나 착화합물을 만들고 색깔을 띠는 이온이 다수존재한다.

[전이원소]

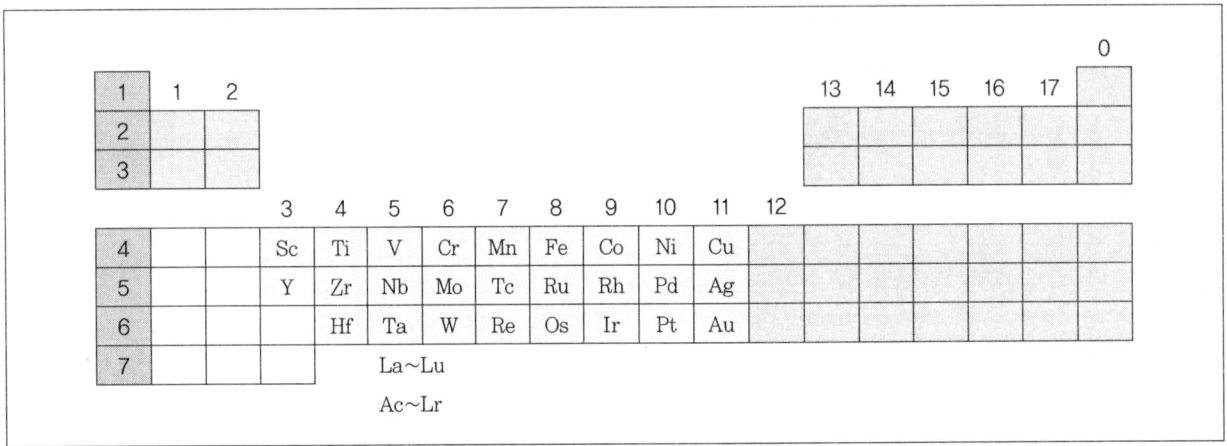

ⓩ 6A족과 1B족 원소는 훈트의 규칙에 의해 더 안정한 전자배치 상태를 가지려는 경향으로 인해 원자가전자가 1개이다.

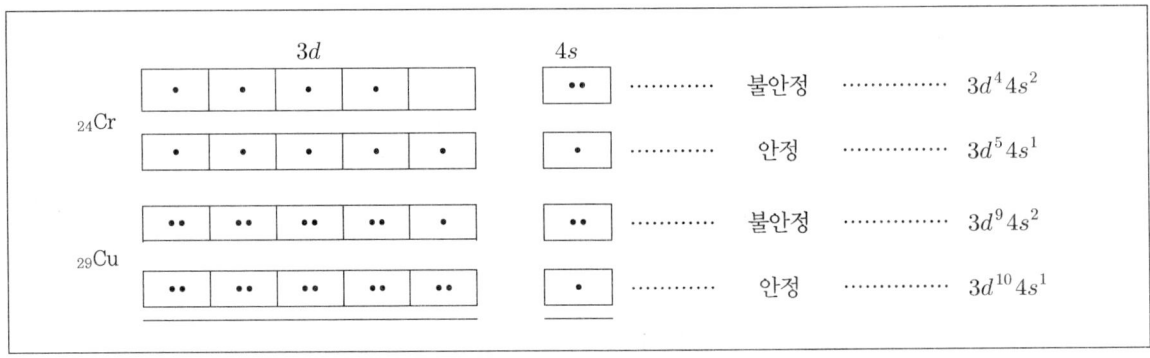

(2) 금속원소와 비금속 원소

[장주기형 주기율표에서 금속·비금속 및 양쪽성]

비금속 원소 / 금속원소 / 양쪽성 원소

^{1}H																	^{2}He
^{3}Li	^{4}Be											^{5}B	^{6}C	^{7}N	^{8}O	^{9}F	^{10}Ne
^{11}Na	^{12}Mg											^{13}Al	^{14}Si	^{15}P	^{16}S	^{17}Cl	^{18}Ar
^{19}K	^{20}Ca	^{21}Sc	^{22}Ti	^{23}V	^{24}Cr	^{25}Mn	^{26}Fe	^{27}Co	^{28}Ni	^{29}Cu	^{30}Zn	^{31}Ga	^{32}Ge	^{33}As	^{34}Se	^{35}Br	^{36}Kr
^{37}Rb	^{38}Sr	^{39}Y	^{40}Zr	^{41}Nb	^{42}Mo	^{43}Tc	^{44}Ru	^{45}Rh	^{46}Pd	^{47}Ag	^{48}Cd	^{49}In	^{50}Sn	^{51}Sb	^{52}Te	^{53}I	^{54}Xe
^{55}Cs	^{56}Ba	$^{57\sim71}$란탄족	^{72}Hf	^{73}Ta	^{74}W	^{75}Re	^{76}Os	^{77}Ir	^{78}Pt	^{79}Au	^{80}Hg	^{81}Tl	^{82}Pb	^{83}Bi	^{84}Po	^{85}At	^{86}Rn
^{87}Fr	^{88}Ra	$^{89\sim}$악티늄족															

① 금속원소

㉠ 원자가전자수가 1 ~ 3개이고 전자를 잃고 양이온이 되기 쉽다.

㉡ 대부분 고체(Hg만 액체)로, 녹는점과 끓는점이 높으며 열과 전기를 잘 전도한다.

㉢ 주기율표의 왼쪽, 아래쪽에 위치한 원소일수록 금속성이 크다.

㉣ 산화물은 염기성을 나타내고 대부분 산과 반응해 수소기체를 발생한다.

② 비금속 원소

㉠ 원자가전자수가 4개 이상으로, 전자를 얻어서 음이온이 되기 쉽다.

㉡ 대부분 기체이고, 녹는점과 끓는점이 낮다.

㉢ 주기율표의 오른쪽, 위쪽에 위치한 원소일수록 비금속성이 크다.

㉣ 염기와 반응하고 산화물은 산성이다.

③ 양쪽성 원소

㉠ 금속과 비금속의 성질을 모두 가지고 있는 원소이다.

㉡ **대표적 원소** : Al, Zn, Sn, Pb, Ga, Ge, In, Sb, Bi, Po(약 10종)

㉢ 산·염기에 모두 반응하여 수소를 발생하거나 염과 물을 생성한다.

㉣ 산화물, 수산화물에도 양쪽성 성질로 인해 산과 염기와 반응하여 염과 물을 생성한다.

02 원소의 주기적 성질

❶ 원자반지름

(1) 원자반지름의 결정

① 원자반지름의 개요

  ㉠ 원자핵으로부터 원자가전자까지의 평균거리를 말한다.

  ㉡ 원자반지름은 원자가전자의 에너지준위와 핵의 전하량에 의해 족과 주기에 따른 주기성이 결정된다.

② 단일공유결합 2원자분자인 경우 … 공 모양의 X원자 2개가 접촉하고 있는 것으로 가정했을 때 X_2가 단일공유결합을 하면 두 핵들 사이의 거리의 반을 X원자의 반지름으로 한다.

$$R_X = R_{X-X} \times \frac{1}{2}$$

③ 단일공유결합 2원자분자를 만들지 않은 경우 … 반지름을 알고자 하는 원자가반지름을 알고 있는 다른 원자와 단일결합 했을 때 두 원자 사이의 핵간 거리를 구한 후 반지름을 알고 있는 원자의 반지름을 빼면 반지름을 구할 수 있다.

④ 비활성 기체의 경우 … 비활성 기체는 원자인 동시에 분자이고 화합물을 만들지 않으므로 다른 방법으로 반지름을 결정한다.

> ▶**TIP**〰〰〰〰〰〰〰〰〰〰〰〰〰〰〰
> 반데르 발스 반지름 … 결정상태에서 인접한 두 원자의 핵간 사이의 반으로 결정한다. 공유결합시는 전자구름이 겹쳐져 실제보다 반지름이 작게 측정되나 반데르 발스 반지름은 전자구름이 반발하여 실제보다 약간 크게 결정된다.

[아이오딘의 반데르 발스 반지름과 원자반지름]

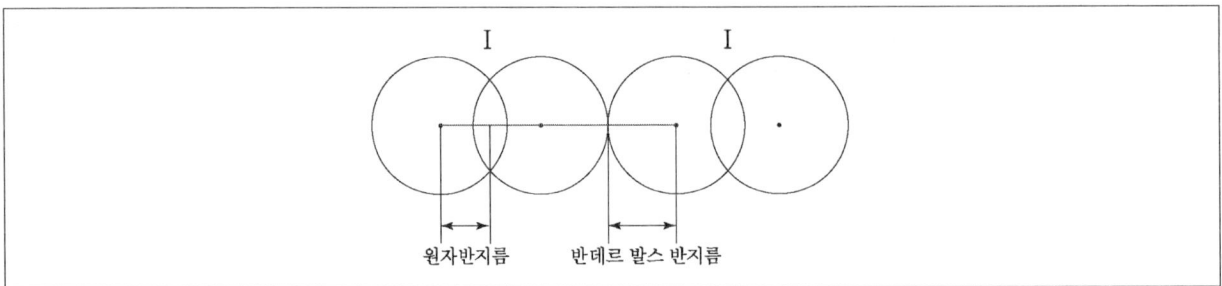

(2) 원자반지름의 결정인자

① **핵의 전하량** … 핵의 전하(양성자)가 증가하면 핵과 전자 사이의 정전기적 인력이 증가하기 때문에 반지름이 줄어든다.

[원자번호와 반지름]

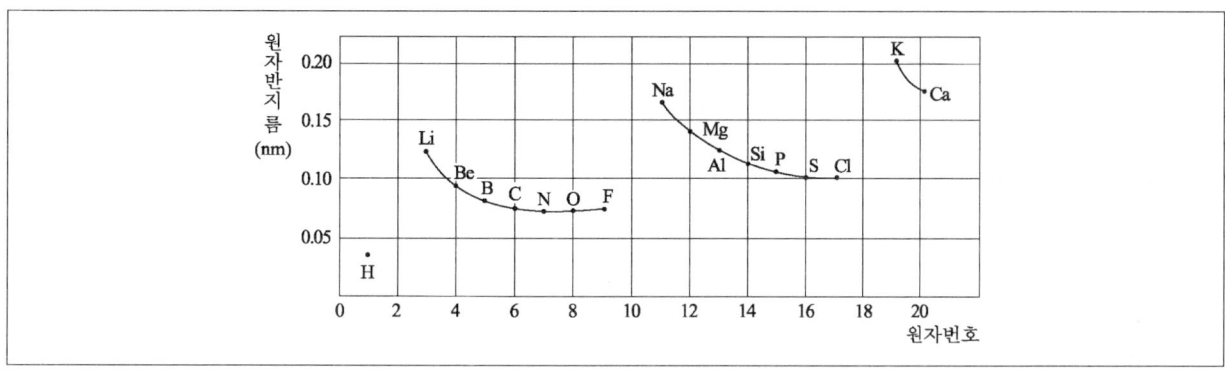

② **전자껍질(= 에너지준위)** … 에너지준위가 높아질수록(K < L < M < …껍질 순), 즉 전자껍질수가 많아질수록 원자반지름이 커진다.

③ 핵의 전하량과 전자껍질 중 전자껍질이 미치는 영향이 핵의 전하량이 미치는 영향보다 훨씬 더 크다.

[원자반지름(nm)]

주기＼족	1	2	13	14	15	16	17	18
2 주 기	Li 0.123	Be 0.089	B 0.080	C 0.077	N 0.075	O 0.073	F 0.072	Ne 0.159
3 주 기	Na 0.157	Mg 0.136	Al 0.125	Si 0.117	P 0.110	S 0.104	Cl 0.099	Ar 0.191
4 주 기	K 0.203	Ca 0.174	Ga 0.126	Ge 0.122	As 0.120	Se 0.117	Br 0.114	Kr 0.201 Xe 0.220

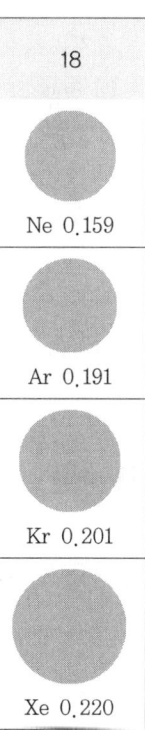

(3) 원자반지름의 주기성

① 같은 족 ··· 원자번호가 증가할수록 전자껍질수가 증가해 원자반지름이 증가한다.

② 같은 주기 ··· 원자번호가 증가할수록 핵의 전하량이 증가해 원자반지름이 감소한다.

[원자반지름의 주기성]

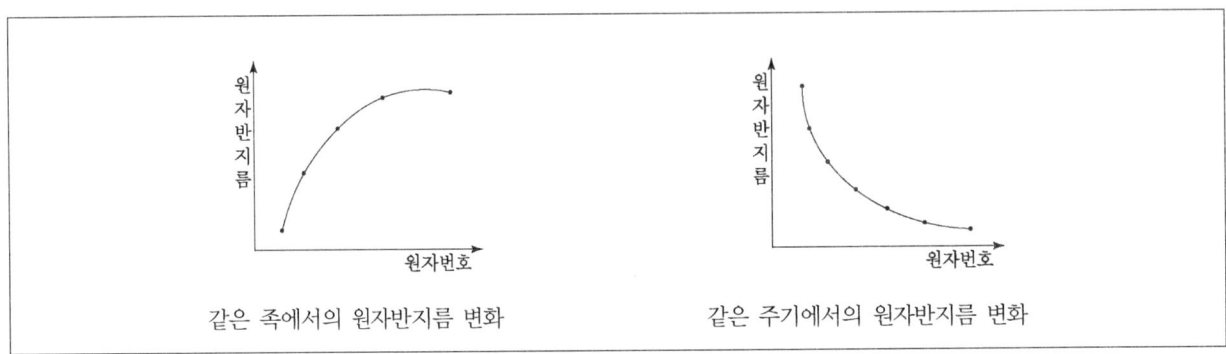

같은 족에서의 원자반지름 변화　　　　　　같은 주기에서의 원자반지름 변화

(4) 원자반지름

① 금속원소 ··· 양이온이 되면 전자껍질수의 감소로 원자반지름은 (+)이온반지름 보다 크다.
　　예 $K > K^+$

② 비금속원소 ··· 음이온이 되면 전자수 증가에 따른 전자끼리의 반발력이 증가해서 (−)이온반지름 보다 원자반지름이 작다.
　　예 $Br < Br^-$

(5) 이온반지름

① 같은 주기 ··· 전자를 얻을수록 원자반지름 보다 커지고 전자를 잃을수록 원자반지름보다 작아진다.

② 같은 족 ··· 원자번호가 커질수록 전자껍질수가 증가해 이온반지름이 증가한다.

③ 전자수가 같은 이온 ··· 원자번호(양성자수)가 클수록 원자핵의 인력이 커져 이온반지름이 작아진다.

❷ 이온화에너지

(1) 이온화에너지

① 개념 ··· 기체 상태 원자 1몰에서 전자 1몰을 떼어내는 데 필요한 에너지를 말한다.

② 주기성 ··· 핵과 원자가전자 사이의 인력에 의해 결정되기 때문에 주기성을 갖는다.

③ 이온화 경향

    ㉠ 금속 : 양이온으로 이온화하려는 경향이 있고 이온화에너지가 작다.

    ㉡ 비금속 : 음이온으로 이온화하려는 경향이 있고 이온화에너지가 크다.

④ 단계별 이온화에너지

    ㉠ 제1 이온화에너지 : $M(g)$ 1몰로부터 전자 1몰을 떼어내는 데 필요한 에너지이다.

$$M(g) + 에너지(E_1) \rightarrow M^+(g) + e^- \ [\text{kcal/mol}]$$

    ㉡ 제2 이온화에너지 : $M^+(g)$로부터 전자 1몰을 떼어내는 데 필요한 에너지이다.

    ㉢ 제3 이온화에너지 : $M^{2+}(g)$로부터 전자 1몰을 떼어내는 데 필요한 에너지이다.

(2) 이온화에너지의 결정

① 기체 상태 원자의 바닥상태($n = 1$)의 전자를 핵과 분리시킬 때 필요한 에너지가 이온화에너지이다.

② $n = \infty$일 때 핵과 전자가 분리된 상태가 되고 에너지값은 0이다.

③ 전자가 $n = \infty$에서 $n = 1$(바닥상태)로 전이할 때 방출하는 스펙트럼의 진동수를 구하는 식은 다음과 같다.

$$E = h\nu$$
    ∘ ν : 스펙트럼의 진동수

    예 수소원자

        • 바닥상태 $n = 1$, $E_1 = -313.6 \text{kcal/mol}$

        • 핵과 전자가 분리된 상태 $n = \infty$, $E_\infty = 0$

        • 이온화에너지 $E = h\nu = E_\infty - E_1$

$$= 0 - (-313.6)$$
$$= 313.6 \text{kcal/mol}$$

[수소원자의 이온화에너지 결정]

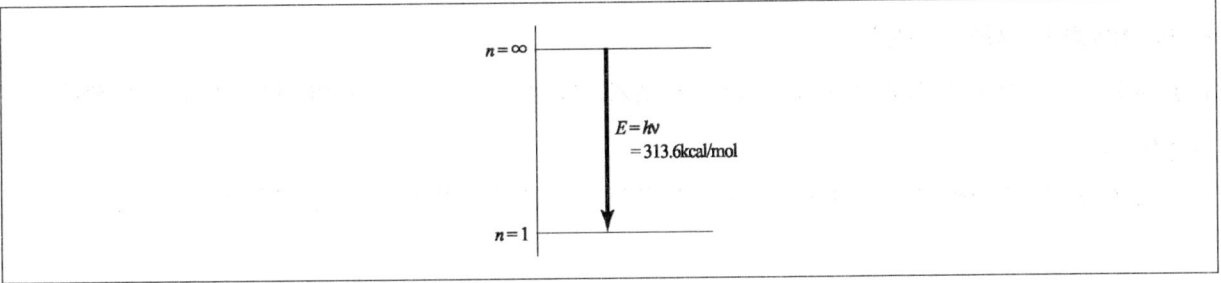

(3) 이온화에너지의 결정인자

① 이온화에너지는 핵과 전자 사이의 인력을 끊는 것이므로 핵과 전자 사이의 인력에 영향을 주는 인자가 이온화에너지를 결정하게 된다.

② 핵의 전하가 클수록 이온화에너지가 증가한다.

$$H(g) + E_H \rightarrow H^+(g) + e^-, \quad E_H = 314kcal/mol$$
$$He^+(g) + E_{He}^+ \rightarrow He^{2+}(g) + e^-, \quad E_{He}^+ = 1,247kcal/mol$$

> **TIP** ~~~~~~~~~~~~~~~~~~~~~~~~~~~~~~~~
> 전자 1개를 전자 수가 같은 입자들에서 떼어낼 때 필요한 에너지는 핵의 전하가 증가할수록 크다.

③ 핵과 전자 사이의 평균거리가 작을수록 이온화에너지가 증가한다.

$$Li(g) + E_{Li} \rightarrow Li^+(g) + e^-, \quad E_{Li} = 124kcal/mol$$
$$Na(g) + E_{Na} \rightarrow Na^+(g) + e^-, \quad E_{Na} = 118kcal/mol$$

④ 가리움 효과가 작을수록 이온화에너지가 증가한다.

$$He(g) + E_{He} \rightarrow He^+(g) + e^-, \quad E_{He} = 566kcal/mol$$
$$He^+(g) + E_{He}^+ \rightarrow He^{2+}(g) + e^-, \quad E_{He}^+ = 1,247kcal/mol$$

> **TIP** ~~~~~~~~~~~~~~~~~~~~~~~~~~~~~~~~
> 가리움 효과(Screening effect)
> ㉠ 전자끼리 서로 반발해 핵과 전자 사이의 인력이 약해지는 효과를 말한다.
> ㉡ 같은 족에서는 원자번호가 증가함에 따라 원자반지름이 증가하는 원인이 된다.
> ㉢ 전자 B와 핵 사이의 전기적 인력 : 전자 A의 반발력 때문에 약해지고 전자 B를 잘 가린다.
> ㉣ 전자 B는 전자 A를 가리지 못한다.
> ㉤ 전자 B와 C는 같은 전자껍질에 있어 서로를 잘 가리지 못하며 A와 핵, B와 핵 경우의 중간정도의 가리움 효과가 나타난다.

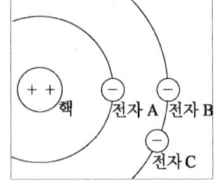

(4) 제1 이온화에너지의 주기성

① **같은 족** … 원자번호가 증가할수록 전자껍질수가 증가하여 반지름이 커지므로 이온화에너지는 감소한다.

② **같은 주기**
   ㉠ 원자번호가 증가할수록 핵 내의 양전하가 증가하기 때문에 이온화에너지는 증가한다.

[제1 이온화에너지]

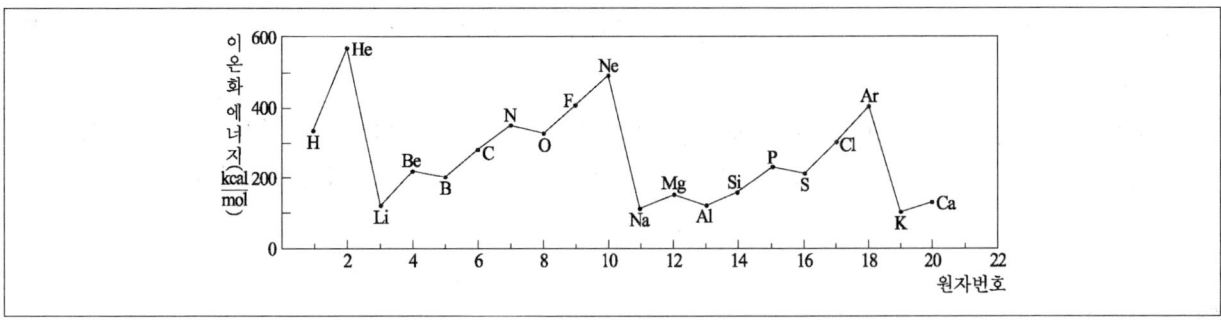

ⓛ 같은 주기 원소의 제1 이온화에너지는 원자번호가 증가함에 따라 증가하지만 13족과 16족에서는 감소한다(훈트의 규칙으로 설명).

ⓒ 2족에서 3족으로 갈 경우 : 2족은 ns^2 원자가전자 배치를 가지고, 13족은 ns^2np^1 원자가전자 배치를 갖는다. 이 때 np 오비탈이 ns 오비탈에 비해 원자핵과의 평균거리가 더 멀고 에너지준위가 높기 때문에 떼어내기가 쉽다.

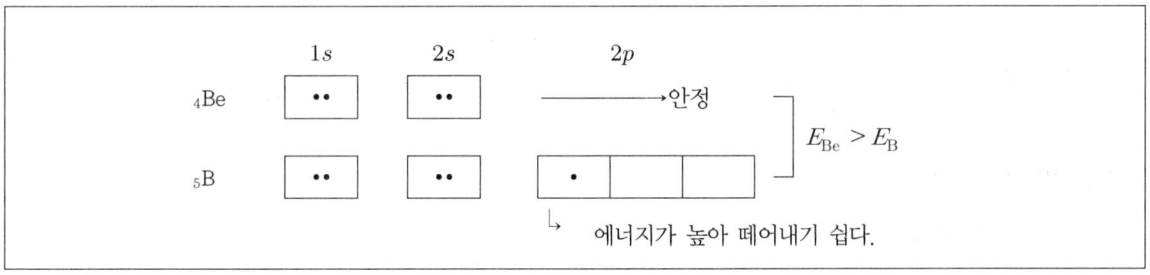

ⓔ 15족에서 16족으로 갈 경우 : 15족은 $ns^2np_x^1np_y^1np_z^1$의 안정한 원자가전자 배치를 가지고, 16족의 원자가전자 배치는 $ns^2np_x^2np_y^1np_z^1$인데 np_x 오비탈에 들어 있는 2개의 전자는 한 개의 전자를 떼어내는 것이 쉽다(가리움 효과).

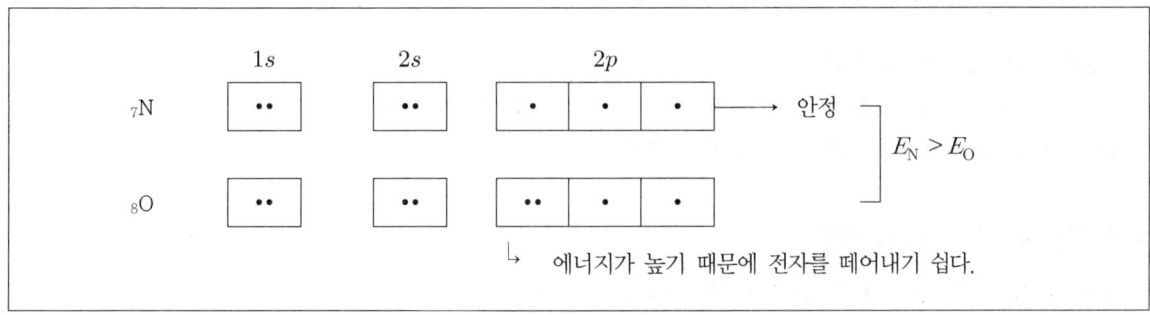

(5) 순차적 이온화에너지

① 순차적 이온화에너지의 크기 ··· 전자수가 줄어드는 이온화가 계속되면 전자들의 반발력 감소, 핵 인력의 상대적 증가 때문에 이온화에너지가 증가한다.

② 원자가전자의 영향 ··· 원자가전자를 모두 떼어낼 때까지는 조금씩 증가하다가 0족의 전자배치와 같게 되면 전자껍질수가 줄어 반지름이 급격하게 줄어들게 되기 때문에 이온화에너지가 급격히 증가한다.

❸ 전자친화도

(1) 전자친화도

기체원자에 전자를 1개 첨가할 때 발생하는 에너지나 기체 음이온으로부터 전자 1개를 떼어내는 데 필요한 에너지를 말한다.

$$X(g) + e^- \rightarrow X^-(g) + E$$

◦ E : 전자친화도

(2) 전자친화도의 크기

① 할로겐이 같은 주기의 원소들 중에서 가장 크다.

② 전자친화도값이 (+)이면 에너지를 음이온이 될 때 방출하고 값이 클수록 그것의 음이온은 안정하다.
   예 Cl보다 Cl$^-$가 안정하다.

③ 전자친화도가 (−)값이면 음이온이 될 때 에너지를 흡수하는데 전자를 받아들이는 경향이 없고 음이온이 되면 바로 원자와 전자로 분리되어 에너지를 방출한다.

④ 비활성 기체가 안정한 이유
   ㉠ 원자자체로 매우 안정하고 전자친화도가 작다(전자를 받기 어려움).
   ㉡ 이온화에너지가 크다(전자를 내놓기 어려움).

(3) 전자친화도와 주기적 변화

① 같은 주기 ··· 원자번호가 커질수록 전자친화도가 커진다.

② 같은 족 ··· 원자번호가 커질수록 전자친화도는 작아진다.

[전자친화도의 주기적 변화]

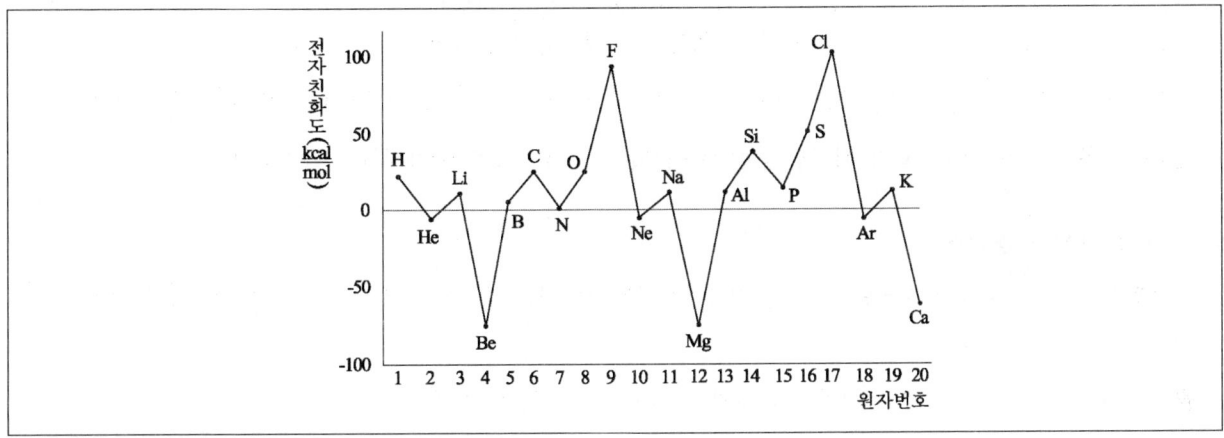

❹ 원소의 주기성

(1) 물리적 성질의 주기성

① 녹는점, 끓는점, 원자반지름, 이온화에너지 등의 주기성이 있다.

② 녹는점과 끓는점 … 원자번호의 증가에 따라서 규칙성을 갖고 변한다.

[원소의 녹는점의 변화]

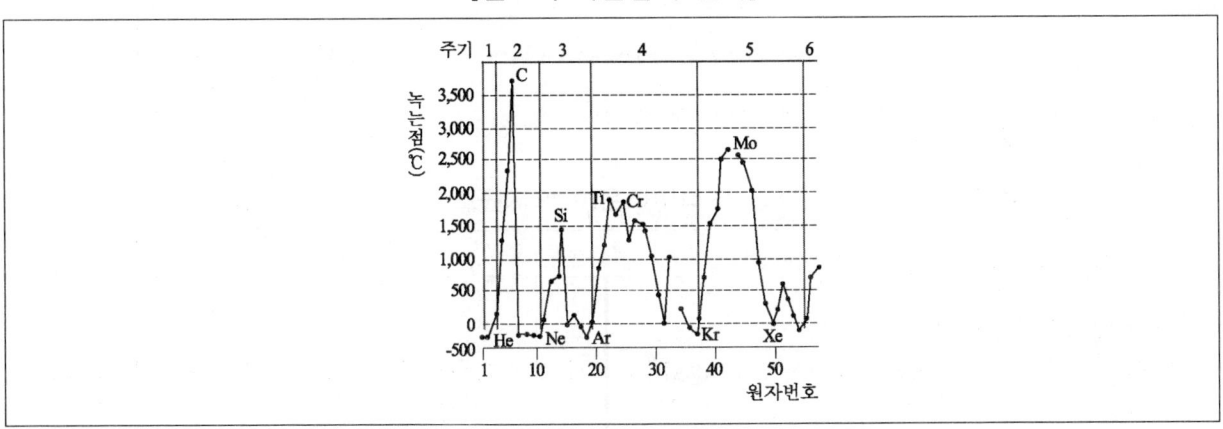

㉠ 같은 주기
- 1 ~ 13족까지 증가하고, 14족이 최대이며, 15족 이후 낮아져 18족이 최저가 된다.
- 2주기 : Ne이 가장 낮고 C가 가장 높다.

ⓛ 같은 족
- 1, 2, 13, 14족은 원자번호가 증가하면 녹는점과 끓는점이 낮아진다.
- 15, 16, 17, 18족은 원자번호가 증가하면 녹는점과 끓는점이 높아진다.

③ **전기전도성** ··· 1족 ~ 13족의 원소는 양도체이고, 14족은 약간의 전도성을 띠며, 15 ~ 18족은 부도체이다.

④ **원자반지름** ··· 보통 원자번호가 커지면 같은 족에서는 커지고, 같은 주기에서는 작아진다.

(2) 화학적 성질의 주기성

① **화학적 성질의 규칙적 변화원인** ··· 주로 원자가전자가 규칙적으로 변하면서 비활성 기체와 같은 배치를 가져 안정하게 되려고 하기 때문이다.

② **원자가전자수** ··· 원자번호 20번까지는 족수와 일치하는 경향이 있다.

③ 금속성
ㄱ 주기율표에서 왼쪽으로 갈수록, 아래쪽으로 내려 갈수록 증가한다.
ㄴ **금속성이 크다** : 원자가 전자를 쉽게 잃고 양이온으로 잘 된다는 것이다.

④ 비금속성
ㄱ 주기율표에서 오른쪽(18족 제외)으로 갈수록, 위쪽으로 갈수록 증가한다.
ㄴ **비금속성이 크다** : 원자가 전자를 잘 받아들이고 음이온으로 잘 된다는 것이다.

[주기율표와 금속성, 비금속성]

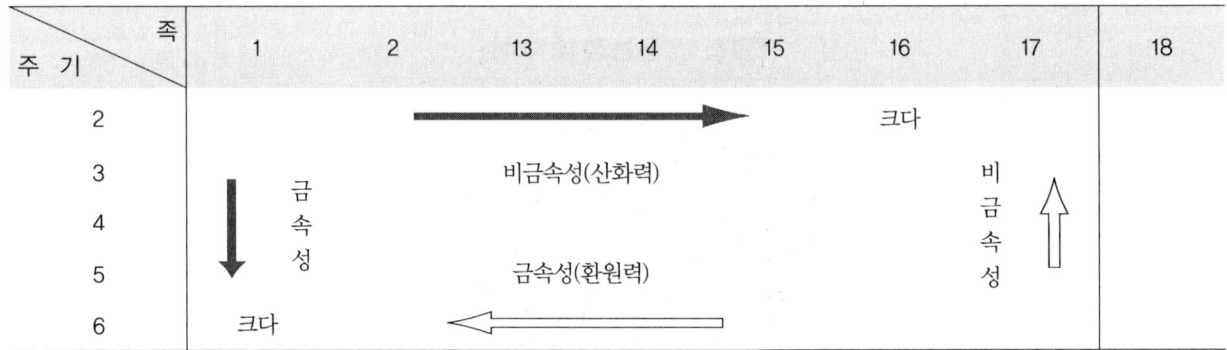

⑤ 2주기 및 3주기 원소의 수소화합물
ㄱ 수소원자수와 각 원소의 원자수의 비는 주기율표에서 오른쪽으로 갈수록 증가하다 14족에서 최대가 된 뒤에 감소한다.
ㄴ **금속원소** : Na, Mg, Al의 원자들은 이온화에너지가 작아서 수소원자 1개에 전자 1개씩 내놓고, 안정한 이온의 전자배치의 양이온이 된다.
ㄷ **비금속원소** : C, N, O, F, Si, P, S, Cl의 원자들이 전자쌍을 수소원자와 공유해 Ne나 Ar의 전자배치를 이룬다.

[Li ~ $_{18}$Ar까지의 수소화합물 결합비의 주기성]

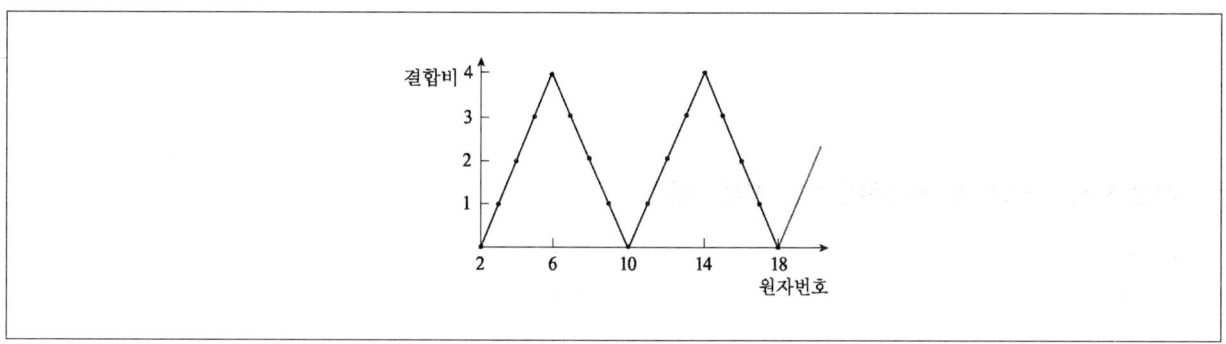

[3주기 원소의 화학적 성질 주기성]

족	1	2	13	14	15	16	17	18
원자번호	$_{11}$Na	$_{12}$Mg	$_{13}$Al	$_{14}$Si	$_{15}$P	$_{16}$S	$_{17}$Cl	$_{18}$Ar
금속 및 비금속	금 속	금 속	금 속	비금속 일부 금속성	비금속	비금속	비금속	비금속
원소의 결합	←――― 금속결합 ―――→			←――――― 공유결합 ―――――→				결합하지 않음
	금속성 ←――――――――――――――→ 비금속성							
산화물	Na_2O	MgO	Al_2O_3	SiO_2	P_4O_{10}	SO_3	Cl_2O_7	
	염기성 ←――――――――――――――→ 산성							
수산화물	NaOH 센 염기	$Mg(OH)_2$ 약한 염기	$Al(OH)_3$ 양쪽성					
산소산				H_2SiO_3 약한 산	H_3PO_4 중간 산	H_2SO_4 강한 산	$HClO_4$ 강한 산	
이 온	Na^+	Mg^{2+}	Al^{3+}	이온없음	S^{2-}	Cl^-		
	양성(陽性) ←――――――――――――――→ 음성(陰性)							
원자가 전자수	1	2	3	4	5	6	7	0(8)
산화·환원	산화된다 ←――――――――――――――→ 환원된다							

최근 기출문제 분석

2024. 6. 22. 제1회 지방직

1 다음 원자와 이온 중 반지름이 가장 작은 것은?

① F
② F⁻
③ O^{2-}
④ S^{2-}

> **TIP** • 먼저 S^{2-}는 전자껍질 수가 3개이고 나머지 원자와 이온들의 전자껍질 수가 2개이므로 S^{2-}의 반지름이 보기 중에 가장 크다.
> • 전자껍질 수가 같은 F과 O 중에서는 F의 핵 전하량(+9)이 O의 핵 전하량(+8)보다 크므로 원자가 전자들을 더 강하게 끌어당길 수 있어 F이나 F⁻의 반지름이 O^{2-}의 반지름보다 작다.
> • F와 F⁻는 핵 전하량은 동일하나 F⁻의 최외각 전자 수(8)가 F의 최외각 전자 수(7)보다 작으므로 전자 간 반발력이 더 크게 나타나서 반지름은 F < F⁻ 순으로 나타난다.
> ∴ 이상의 이유에서 원자와 이온 반지름은 F < F⁻ < O^{2-} < S^{2-}의 순이다.

2023. 6. 10. 제1회 지방직

2 다음은 3주기 원소 중 하나의 순차적 이온화 에너지(IEn[kJ mol⁻¹])를 나타낸 것이다. 이 원자에 대한 설명으로 옳은 것만을 모두 고른 것은?

IE_1	IE_2	IE_3	IE_4	IE_5
578	1817	2745	11577	14842

> ㉠ 바닥 상태의 전자 배치는 $[Ne]3s^2 3p^2$이다.
> ㉡ 가장 안정한 산화수는 +3이다.
> ㉢ 염산과 반응하면 수소 기체가 발생한다.

① ㉠
② ㉢
③ ㉠, ㉡
④ ㉡, ㉢

> **TIP** ㉠ IE_3와 IE_4 사이의 차이가 크게 나타나므로 13족에 속한다고 추론할 수 있으며, 문제에서 3주기 원소라고 하였으므로 해당 원소는 Al(알루미늄)이다. 알루미늄의 바닥 상태 전자배치는 $[Ne]3s^2 3p^1$이다.
> ㉡ 13족 원소는 원자가 전자 수가 3개이므로, 전자 3개를 잃으면 옥텟을 만족하므로 안정하다. 따라서 가장 안정한 산화수는 +3이다.
> ㉢ 알루미늄과 염산이 반응하면 수소 기체가 발생한다.
> $(2Al + 6HCl \rightarrow 2AlCl_3 + 3H_2 \uparrow)$

Answer 1.① 2.④

3 황(S)의 산화수가 가장 큰 것은?

① K_2SO_3　　　　　　　　　　　　　② $Na_2S_2O_3$

③ $FeSO_4$　　　　　　　　　　　　　④ CdS

TIP　① K_2SO_3　　$(+1)\times2 + S + (-2)\times3 = 0$　　　$\therefore$ S = +4
　　　② $Na_2S_2O_3$　$(+1)\times2 + S\times2 + (-2)\times3 = 0$　　$\therefore$ S = +2
　　　③ $FeSO_4$　　$(+2) + S + (-2)\times4 = 0$　　　$\therefore$ S = +6
　　　④ CdS　　　$(+2) + S = 0$　　　　　　　$\therefore$ S = -2

4 다음은 3주기 원소로 이루어진 이온성 고체 AX의 단위 세포를 나타낸 것이다. 이에 대한 설명으로 옳지 않은 것은?

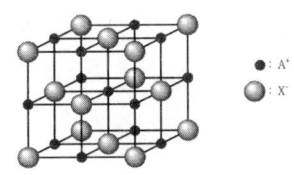

① 단위 세포 내에 있는 A 이온과 X 이온의 개수는 각각 4이다.

② A 이온과 X 이온의 배위수는 각각 6이다.

③ A(s)는 전기적으로 도체이다.

④ AX(l)는 전기적으로 부도체이다.

TIP　3주기 원소로 이루어진 이온결합 물질인 NaCl을 나타내고 있다.
　　① 단위 세포 내에 있는 A 이온과 X 이온의 개수는 다음과 같이 각각 4이다.

$$(A \text{ 이온}) = 1\times1(\text{체심}) + 12\times\frac{1}{4}(\text{모서리}) = 4$$

$$(X \text{ 이온}) = 8\times\frac{1}{8}(\text{꼭짓점}) + 6\times\frac{1}{2}(\text{면}) = 4$$

　　② 하나의 A 이온은 6개의 X 이온으로 둘러싸여 있으며, 역시 하나의 X 이온은 6개의 A 이온으로 둘러싸여 있는 면심입방구조이다. 따라서 A 이온과 X 이온의 배위수는 각각 6이다.
　　③ 이온성 고체에서 양이온을 이루는 A(s)는 Na(s)이며, 금속이다. 따라서 전기적으로 도체이다.
　　④ 이온 결합으로 이루어진 물질은 고체에서는 전기 전도성이 없으나, 수용액이나 용융 상태에서는 전기 전도성이 있다. 따라서 AX(l)는 전기적으로 도체이다.
　　〈참고〉 단위 세포 속의 입자 수

$$N = N_\text{체심} + \frac{N_\text{면심}}{2} + \frac{N_\text{모서리}}{4} + \frac{N_\text{꼭짓점}}{8}$$

Answer　3.③　4.④

5 다음은 원자 A ~ D에 대한 원자 번호와 1차 이온화 에너지(IE_1)를 나타낸다. 이에 대한 설명으로 옳은 것은? (단, A ~ D는 2, 3주기에 속하는 임의의 원소 기호이다)

	A	B	C	D
원자 번호	n	$n+1$	$n+2$	$n+3$
$IE_1[\text{kJ mol}^{-1}]$	1,681	2,088	495	735

① A_2 분자는 반자기성이다.

② 원자 반지름은 B가 C보다 크다.

③ A와 C로 이루어진 화합물은 공유 결합 화합물이다.

④ 2차 이온화 에너지(IE_2)는 C가 D보다 작다.

TIP 1차 이온화 에너지가 A, B로 갈수록 증가하다가 C가 되면 급감하며, D는 C보다는 크게 나타난다. 따라서 A와 B는 2주기 비금속 원소(17족과 18족)이며, C와 D는 3주기 금속 원소(1족과 2족)이다. 따라서 A는 F, B는 Ne, C는 Na, D는 Mg이다.

① $A_2(F_2)$의 분자 오비탈 전자배치는 다음과 같다.

   (최외각 전자 수 = 7×2 = 14)

$$\sigma_{2s} < \sigma_{2s}^* < \sigma_{2p} < \pi_{2p} = \pi_{2p} < \pi_{2s}^* = \pi_{2s}^* < \sigma_{2s}^*$$
↑↓ ↑↓ ↑↓ ↑↓ ↑↓ ↑↓ ↑↓

   전자배치 상 홀전자가 없으므로, 상자기성이 아니라 반자기성 물질이다.

② 원자 반지름은 전자 껍질 수가 많을수록 커지므로, 2주기 원소(전자 껍질 수 2개)인 B가 3주기 원소(전자 껍질 수 3개)인 C보다 작다.

③ A와 C로 이루어진 화합물은 NaF(플루오린화 나트륨)으로 금속과 비금속 원소로 이루어진 이온 결합 화합물이다.

④ C는 1족 원소로서 두 번째 전자를 떼어낼 때 옥텟 구조가 깨진다. 따라서 2차 이온화 에너지(IE_2)는 C가 D보다 크게 나타난다.

Answer 5.①

6 주족 원소의 주기적 성질에 대한 설명으로 옳은 것만을 모두 고르면?

> ㉠ 같은 족에 있는 원소들은 원자 번호가 커질수록 원자 반지름이 증가한다.
> ㉡ 같은 주기에 있는 원소들은 원자 번호가 커질수록 원자 반지름이 증가한다.
> ㉢ 전자친화도는 주기의 왼쪽에서 오른쪽으로 갈수록 더 큰 양의 값을 갖는다.
> ㉣ He은 Li보다 1차 이온화 에너지가 훨씬 크다.

① ㉠, ㉡   ② ㉠, ㉣

③ ㉡, ㉢   ④ ㉠, ㉢, ㉣

TIP ㉠ 같은 족 원소들은 원자 번호가 증가할수록 전자껍질 수가 증가하므로 원자 번호가 커질수록 원자 반지름이 증가한다.
　　㉣ He의 바닥상태 전자배치는 첫 번째 전자껍질에 전자가 2개 배치된 형태로 매우 안정하다. 따라서 Li보다 1차 이온화 에너지가 훨씬 크다.
　　㉡ 같은 주기 원소들은 원자 번호가 커질수록 유효 핵전하량이 증가하므로 핵과 전자 간 인력이 증가하여 원자 반지름이 감소한다.
　　㉢ 전자친화도의 경우 2족은 음의 값을 가지며, 같은 주기에서는 13족부터 17족까지는 대체로 증가하는 경향성을 가지나, 18족은 0의 값을 가진다.

7 주기율표에 대한 설명으로 옳지 않은 것은?

① O^{2-}, F^-, Na^+ 중에서 이온반지름이 가장 큰 것은 O^{2-}이다.

② F, O, N, S 중에서 전기음성도는 F가 가장 크다.

③ Li과 Ne 중에서 1차 이온화 에너지는 Li이 더 크다.

④ Na, Mg, Al 중에서 원자반지름이 가장 작은 것은 Al이다.

TIP ① O^{2-}, F^-, Na^+는 등전자 이온이므로 전자의 수와 배치가 같아 가려막기 효과가 같다. 핵전하는 원자번호가 클수록 크므로 유효핵전하는 $O^{2-} < F^- < Na^+$이다. 유효핵전하가 크면 핵이 전자를 잘 잡아당기므로 이온반지름은 $O^{2-} > F^- > Na^+$이다.
　　② 전기음성도는 F가 가장 크다.
　　③ 1차 이온화 에너지는 Li < Ne이다.
　　④ 같은 주기에서 원자번호가 커질수록 유효핵전하는 커지므로 원자반지름은 작아진다. 따라서 원자반지름은 Na > Mg > Al이다.

Answer   6.②   7.③

2019. 10. 12. 제3회 서울특별시

8 〈보기〉는 주기율표의 일부를 나타낸 것이다. 이에 대한 설명으로 가장 옳은 것은? (단, A ~ D는 임의의 원소기호이다.)

〈보기〉

주기 \ 족	1	2	13	14	15	16	17	18
1	A							
2			B				C	
3	D							

① 전기 음성도는 B가 C보다 크다.

② 끓는점은 화합물 AC가 DC보다 높다.

③ BC_3에서 B는 옥텟 규칙을 만족하지 않는다.

④ C와 D는 공유 결합을 통해 화합물을 형성한다.

TIP ① 주기율표 상 각 원소들의 전기음성도는 주기율표의 오른쪽, 위로 갈수록 크다. 그러므로 C가 더 크다.
② 끓는점은 주기가 증가할수록 원자량이 증가하고, 수소화합물의 분자량도 증가하게 된다. 분산력은 분자량에 비례하므로 분자량이 클수록 끓는점은 증가한다. DC가 AC보다 높다.
④ C와 D는 공유 결합이 아닌 이온 결합으로 화합물을 생성한다.
A:H, B:B, C:F, D:Na이다.

Answer 8.③

9 다음 중에서 가장 작은 이온 반지름을 가지는 이온은?

① F⁻ 　　　　　　　　　　　　　② Mg^{2+}

③ O^{2-} 　　　　　　　　　　　　④ Ne

TIP • 같은 족: 원자번호가 클수록 전자껍질 수가 증가하므로 이온 반지름은 증가한다.

• 같은 주기: 전하의 종류가 같으면 원지번호가 커질수록 이온 반지름은 감소한다. 원자번호가 커질수록 전자껍질의 수가 증가 없이 원자핵의 양전하가 커지기 때문이다.

문제에서 보면 O^{2-}, F⁻, Ne, Mg^{2+}를 제시하였으므로

O^{2-}: 원자번호 8, 전자를 1개 얻었으므로 전자 수는 10개

F⁻ : 원자번호 9, 전자를 1개 얻었으므로 전자 수는 10개

Ne : 원자번호 10, 아무것도 없으므로 전자 수는 10개

Mg^{2+}: 원자번호 12, 전자를 2개 잃었으므로 전자 수는 10개

양성자의 수가 가장 작은 O^{2-}가 반지름이 가장 크고, 가장 많은 Mg^{2+}가 반지름이 가장 작다.

원자반지름	족\주기	원자반지름 → 감소							
		1	2	13	14	15	16	17	18
↓	1	₁H							₂He
	2	₃Li	₄Be	₅B	₆C	₇N	₈O	₉F	₁₀Ne
증가	3	₁₁Na	₁₂Mg	₁₃Al	₁₄Si	₁₅P	₁₆S	₁₇Cl	₁₈Ar
	4	₁₉K	₂₀Ca						

출제 예상 문제

1 다음 중 이온화에너지를 필요로 하는 반응으로 옳은 것은? (단, g : 기체)

① $Cl^-(g) \rightarrow Cl(g) + e^-$　　　　　　② $Na(g) \rightarrow Na^+(g) + e^-$

③ $Na^+(g) + e^- \rightarrow Na(g)$　　　　　　④ $Cl_2(g) + e^- \rightarrow 2Cl(g)$

⑤ $Cl^+(g) + e^- \rightarrow Cl(g)$

> **TIP** 이온화에너지는 기체 상태의 원자 1몰에서 전자 1몰을 떼어내는데 필요한 최소의 에너지이다.

2 다음 수소원자의 스펙트럼에서 가장 많은 에너지를 방출하는 경우는?

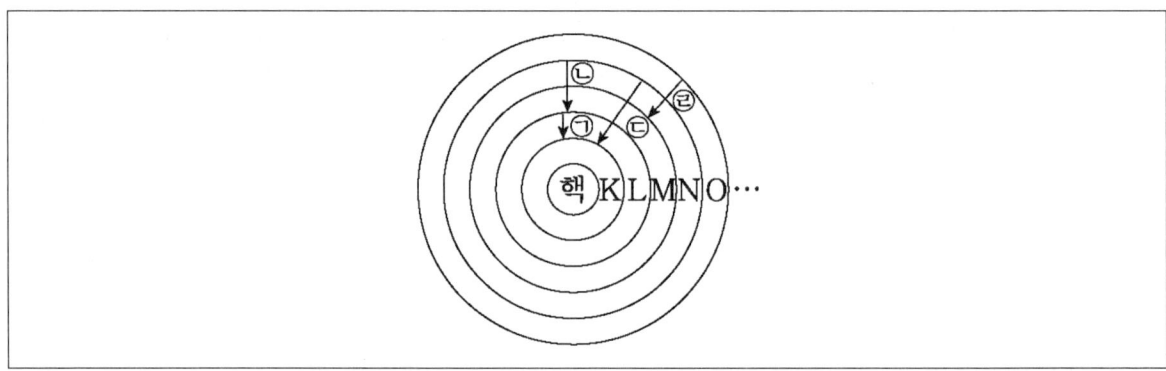

① ㉠　　　　　　　　　　　　② ㉡

③ ㉢　　　　　　　　　　　　④ ㉣

> **TIP** 들뜬 상태의 전자가 에너지준위가 낮은 상태로 전이할 때 두 에너지준위의 차에 해당하는 에너지(ΔE)가 방출된다.

Answer 1.② 2.③

3 다음 3주기에 속하는 어떤 원소 X의 순차적 이온화에너지를 나타낸 것에서 이 원소가 산화물을 형성할 때의 화학식으로 옳은 것은?

- $E_1 = 575 \text{kJ/mol}$
- $E_2 = 1,810 \text{kJ/mol}$
- $E_3 = 2,736 \text{kJ/mol}$
- $E_4 = 10,578 \text{kJ/mol}$

---

① XO

② XO_3

③ X_2O_2

④ X_2O_3

TIP X의 순차적 이온화에너지 값이 E_3와 E_4에서 크게 증가하므로 원자가전자수가 3인 3족 원소이다.

$\therefore 2X^{3+} + 3O^{2-} \rightarrow X_2O_3$

4 다음 그림과 같은 전자배치를 갖는 홑원소 물질 A 18g이 모두 완전연소하였을 때 생성되는 연소생성물의 질량으로 옳은 것은?

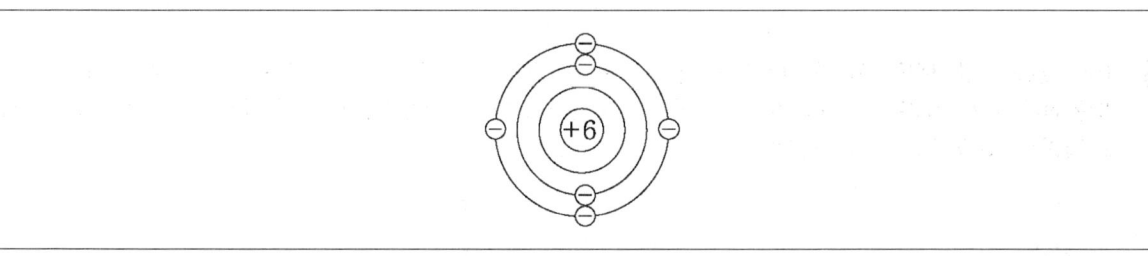

① 44g

② 66g

③ 72g

④ 84g

TIP 위의 그림은 4족 원소 C의 전자배치이다.

완전연소 반응식은 $C + O_2 \rightarrow CO_2$이므로

C의 몰수 = $\dfrac{\text{질량}}{\text{분자량}} = \dfrac{18}{12} = 1.5$몰이고 반응식에서 C가 1.5몰이면 CO_2도 1.5몰 생성되므로

$1.5 \times 44 = 66\text{g}$

Answer 3.④ 4.②

5 전자배치가 다음과 같을 때 양이온으로 되기에 가장 쉬운 원소의 전자배치로 옳은 것은?

원소 \ 전자껍질	K	L	M	N
㉠	2	8	5	
㉡	2	8	8	
㉢	2	8	8	1
㉣	2	8	8	2

① ㉠   ② ㉡

③ ㉢   ④ ㉣

TIP ㉠ $_{15}P$ ㉡ $_{18}Ar$ ㉢ $_{19}K$ ㉣ $_{20}Ca$

P과 Ar은 비금속으로 양이온 형성과 관계없지만, K과 Ca은 금속이므로 양이온 형성이 쉬운 원소이다. 또한, 주기율표에서 왼쪽, 아래로 갈수록 금속성이 증가하여 양이온이 되기 쉽다.

6 어느 원소의 순차적인 이온화에너지가 제1 이온화에너지 215kcal/mol, 제2 이온화에너지 402kcal /mol, 제3 이온화에너지 3,548kcal/mol이다. 이 원소를 M이라고 하고 할로겐원소를 X라 하면, 이 두 원소가 이루는 화합물의 화학식으로 옳은 것은?

① MX   ② MX_2

③ M_2X_3 ④ MX_4

TIP 제3 이온화에너지가 갑자기 증가하는 원소는 2족 원소이다.
$M^{2+}2X^- = MX_2$

Answer 5.③ 6.②

7 다음 중 원자가전자가 7개인 원소는?

① Na

② Cl

③ Al

④ S

TIP 17족 원소의 원자가전자는 7이다.

8 다음 오비탈의 전자배치 중 제1 이온화에너지 값이 가장 큰 것은?

① $1s^2 2s^2 2p^2$

② $1s^2 2s^2 2p^5$

③ $1s^2 2s^2 2p^6 3s^1$

④ $1s^2 2s^2 2p^6 3s^2 3p^2$

TIP 같은 주기에서는 원자번호가 증가할수록 이온화에너지가 증가하고, 같은 족에서는 원자번호가 증가할수록 이온화에너지는 감소한다.

9 어떤 금속원소 M의 순차적 이온화에너지 값이 아래와 같을 때 이 원소의 산화물의 식으로 옳은 것은?

• $E_1 = 175$kcal/mol	• $E_2 = 345$kcal/mol
• $E_3 = 1,838$kcal/mol	• $E_4 = 2,526$kcal/mol

① MO

② M_2O

③ MO_3

④ M_2O_3

TIP 제3 이온화에너지가 갑자기 증가하므로 금속 M은 2족 원소이다.
$M^{2+} + O^{2-} \rightarrow MO$

10 다음 중 주기율표 왼쪽 아래로 갈 때 증가되는 항목으로 옳은 것은?

⊙ 원자반지름 ⓒ 전기음성도
ⓒ 이온화에너지 ⓔ 이온화 경향
ⓜ 금속성

① ⊙ⓒⓒ ② ⓒⓒⓔ
③ ⊙ⓔⓜ ④ ⓒⓔⓜ

TIP 원소의 주기성
⊙ 주기율표 왼쪽 아래로 갈수록 증가: 금속성, 이온화 경향, 원자반지름
ⓒ 주기율표 왼쪽 아래로 갈수록 감소: 전기음성도, 이온화에너지, 전자친화도

11 다음 중 주기율표에서 같은 주기의 원자번호가 증가될 때 증가하는 것은?

① 염기성 ② 이온화에너지
③ 원자반지름 ④ 금속성

TIP 같은 주기에서 원자번호가 증가될 때 전기음성도, 이온화에너지, 비금속성 등이 커진다.

12 다음 중 주기율표에서 족의 수를 결정하는 것으로 옳은 것은?

① 양성자수 ② 중성자수
③ 전자껍질수 ④ 원자가전자수

TIP 전형원소에서 족의 수는 원자가전자수와 동일하다.

Answer 10.③ 11.② 12.④

13 다음 중 원자반지름이 가장 큰 원자로 옳은 것은?

① K

② Li

③ Rb

④ Na

TIP 같은 족에서 원자번호가 증가하면 전자껍질수가 많아지기 때문에 원자반지름도 커진다.

14 다음 중 에너지를 흡수하는 경우로 옳은 것은?

① 기체 산소가 액체로 될 때

② L껍질의 전자가 K껍질로 떨어질 때

③ 염소가 염화이온이 될 때

④ 소듐이 전자를 잃을 때

TIP 안정한 상태에서 불안정한 상태로 반응이 진행될 경우 에너지가 흡수된다.

15 다음 중 같은 주기에서 오른쪽으로 갈 때 변하는 것으로 옳은 것은?

① 원자가전자수가 줄어든다.

② 원자 반지름이 커진다.

③ 전자를 내어 놓고 양이온이 되려는 경향이 커진다.

④ 비금속성이 강해진다.

TIP 같은 주기에서 오른쪽으로 갈수록 비금속성과 원자가 전자수는 커지는데 반해 원자반지름은 감소한다.

Answer 13.③ 14.④ 15.④

16 중성원자가 (+)이온이 되는 데 필요한 것은 무엇인가?

① 전자친화력
② 이온화에너지
③ 반응열
④ 활성화에너지

TIP 중성원자가 (+)이온이 되려면 전자 한 개를 잃어야 한다.

17 다음 중 주기에 대한 설명으로 옳지 않은 것은?

① 주기는 전자껍질수와 동일하다.
② 6주기는 아직 원소가 다 채워지지 않은 미완성 주기이다.
③ 같은 주기의 원소는 같은 수의 전자껍질을 가진다.
④ 3주기까지는 단주기라 하고, 4주기 이후는 장주기라고 한다.

TIP ② 6주기 원소는 32개로 완성된 주기이고 7주기가 미완성 주기이다.

18 다음 중 족에 대한 설명으로 옳은 것은?

① 수소는 알칼리족 원소이다.
② 동족원소는 물리적 · 화학적 성질이 같다.
③ 4주기 이후의 원소만 분족으로 나눈다.
④ 같은 족 원소는 전자수가 모두 같다.

TIP 수소의 원자가전자는 1개이나 알칼리족에 속하지 않고, 동족원소는 원자가전자수가 같아 화학적 성질이 비슷하다.

Answer 16.② 17.② 18.③

19 다음 주기율표에 대한 설명 중 옳지 않은 것은?

① 최외각 전자는 같은 주기 원소에서 원자번호가 증가할 때마다 1개씩 증가한다.

② 장주기형 주기율표는 4주기와 5주기의 18개 원소를 기준으로 만든 것을 말한다.

③ 동족원소에서 원자번호가 증가할 때마다 전자껍질수가 하나씩 증가한다.

④ 주기율표에서 가장 적당하지 않은 위치에 있는 원소는 수소이다.

> **TIP** ① 4주기 이후의 같은 주기 원소는 원자번호가 증가할 때 우선 전자가 최외각의 s 오비탈이 채워진 뒤에 안쪽껍질의 d 오비탈에 채워진다.

20 다음 중 반응식의 에너지(E)가 이온화에너지인 것은?

① $Mg(s) + E \rightarrow Mg^{2+}(s) + 2e^-$

② $Na(g) + E \rightarrow Na^+(g) + e^-$

③ $Cl(g) + e^- \rightarrow Cl^-(g) + E$

④ $Cl^-(g) + E \rightarrow Cl(g) + e^-$

> **TIP** 이온화에너지 … 기체 상태의 원자 1몰에서 전자 1몰을 떼어내는 데 필요한 에너지이다.

21 다음 A와 B의 전자배치에 대한 설명 중 옳은 것은?

㉠ A : $1s^2 2s^2 2p^6 3s^1$　　　　　　　㉡ B : $1s^2 2s^2 2p^6 4s^1$

① B보다 A가 원자반지름이 크다.

② A가 전자 1개를 떼어낼 때의 에너지가 더 크다.

③ A와 B는 동위원소이다.

④ A가 B로 될 때에는 빛을 방출한다.

> **TIP** A는 Na의 바닥 상태, B는 들뜬 상태이다.

22 다음 중 같은 주기에서 원자번호가 증가할 때의 원자반지름 변화를 나타낸 것으로 옳은 것은?

①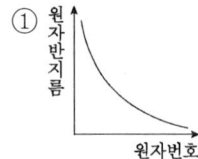

②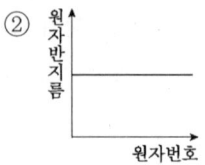

③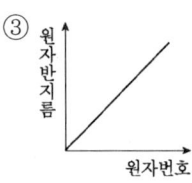

④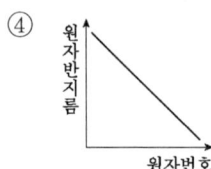

TIP 원자반지름은 핵 내의 양전하가 증가할수록 줄어드나, 전자수가 많아지면 그 반발력에 대해 줄어드는 비율이 작아진다.

23 다음 중 최외각 전자수가 같지 않은 원자가 있는 족으로 옳은 것은?

① 0족

② 2A족

③ 4B족

④ 7B족

TIP 0족의 최외각 전자수는 8개이나 He은 2개이다.

24 다음 중 할로겐원소의 원자번호가 증가함에 따라 증가하는 성질은 무엇인가?

① 제1 이온화에너지

② 반지름

③ 전자친화도

④ 비금속성

TIP 같은 족에서 원자번호가 증가하면 원자반지름이 커진다.

25 다음 중 원소의 주기성에 대한 설명으로 옳은 것은?

① 주기율표의 오른쪽 위로 갈수록 전자친화도가 감소한다.
② 같은 주기의 오른쪽으로 갈수록 녹는점이 높아진다.
③ 같은 족의 위로 갈수록 이온화에너지가 작아진다.
④ 같은 주기의 왼쪽으로 갈수록 원자반지름이 커진다.

TIP ① 주기율표의 오른쪽 위로 갈수록 전자친화도가 증가한다.
② 같은 주기의 원소는 14족에서 녹는점, 끓는점이 가장 높다.
③ 같은 족의 위로 갈수록 이온화에너지가 커진다.

26 다음 중 원자번호 16인 원소와 비슷한 성질을 가지는 원소의 원자번호로 옳은 것은?

① 8번   ② 9번
③ 14번   ④ 17번

TIP 16번은 16족 원소인 S가 된다.

27 다음 중 같은 주기에서 원자번호의 증가에 따른 이온화에너지의 변화를 바르게 나타낸 그래프는?

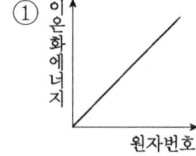

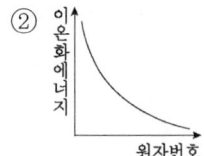

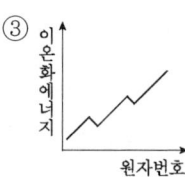

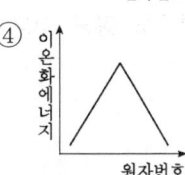

TIP 같은 주기에서 이온화에너지는 13족과 16족을 제외하면 대체로 원자번호에 따라 증가한다.

Answer 25.④ 26.① 27.③

28 다음 중 같은 주기에서 전자친화도가 가장 큰 원소로 옳은 것은?

① 전이원소

② 알칼리금속

③ 할로겐원소

④ 알칼리토금속

TIP 음이온이 되려는 경향이 클수록 전자친화도가 크다.

29 현재 사용하는 주기율표는 7주기에 87번부터 103번까지 들어있다. 7주기가 완성된다면 7주기 마지막 원소의 원자번호로 옳은 것은?

① 105

② 106

③ 118

④ 129

TIP 7주기에서 오비탈에 채워지는 전자수는 $7s^2 5f^{14} 6d^{10} 7p^6$이 원소수는 32개가 되고 마지막 원소의 원자번호는 118번이 된다.

30 다음 중 원자반지름이 가장 큰 것은?

① $3s^1$

② $3s^2$

③ $3s^2 3p^4$

④ $3s^2 3p^5$

TIP 같은 주기의 원소는 원자번호가 클수록 반지름이 작아진다.

31 다음 중 전자수가 서로 다른 것으로 옳은 것은?

① He과 Li^+

② Mg^{2+}과 Na^+

③ ^{65}Zn과 ^{65}Cu

④ ^{35}Cl와 ^{37}Cl

TIP Zn과 Cu는 다른 원소이고 원자번호가 달라 전자수도 다르다.

Answer 28.③ 29.③ 30.① 31.③

32 다음 설명 중 옳은 것은?

① 어떤 주기에 해당하는 최외각 전자껍질에 들어가는 전자수와 그 주기에 들어가는 원소수는 같다.

② 비활성기체의 원자가전자의 배치는 ns^2np^6이다.

③ 주기율표를 원자번호순으로 나열한 사람은 모즐리이다.

④ 아연족 원소는 마지막으로 채워지는 전자가 d 오비탈의 전자이므로 전이원소이다.

> **TIP** 같은 주기에 들어가는 원소수는 그 주기에 해당되는 오비탈에 채워지는 전자수와 같고 원자번호를 결정한 사람은 모즐리이며 헬륨은 $1s^2$이다.

33 다음 중 제1 이온화에너지가 가장 작은 것은?

① $3s^2$
② $3s^23p^1$
③ $3s^23p^2$
④ $3s^23p^3$

> **TIP** 3족의 이온화에너지는 2족보다 작다.

34 다음 어떤 금속 M의 순차적 이온화에너지를 나타낸 표에서 금속 M 1g이 염산과 완전히 반응하여 수소 0.0417몰이 발생한다면 M의 원자량으로 옳은 것은?

차수	1	2	3	4
이온화에너지(kJ/mol)	738	1,451	7,733	10,540

① 24
② 30
③ 44
④ 58

> **TIP** 제2 이온화에너지에 비해 제3 이온화에너지가 급격히 증가하였으므로 M은 원자가전자가 2개인 원소이다. 금속 M과 염산과의 반응식은 $M^{2+} + 2HCl \rightarrow MCl_2 + H_2 \uparrow$
>
> $M:H_2$의 반응몰비가 $1:1$이고, M도 0.0417몰 필요하다.
>
> $\therefore$ M의 원자량 $= \dfrac{질량}{몰수} = \dfrac{1g}{0.0417몰} = 24$

Answer 32.③ 33.② 34.①

35 다음 중 주기율표에 대한 설명으로 옳지 않은 것은?

① 같은 주기에 속하는 전이원소는 족과 관계없이 성질이 비슷하다.

② 전형원소의 최대 산화수는 족의 수와 일치한다.

③ 같은 족 원소에서 아래로 갈수록 이온화에너지가 감소하는 것은 원자반지름이 커지기 때문이다.

④ 원자가전자수는 족의 수와 일치한다.

TIP ④ 전이원소는 족의 수에 관계없이 원자가전자수가 1 ~ 2개이다.

36 다음 중 들뜬 상태의 전자배치로 옳지 않은 것은?

① $1s^2 2s^2 3s^1$

② $1s^2 2p^2 2p^1 3s^1$

③ $1s^2 2p_x{}^2 2p_y{}^0 2p_z{}^0$

④ $1s^2 2s^2 2p_x{}^1 2p_y{}^2 2p_z{}^1$

TIP $np_x = np_y = np_z$로 같은 껍질의 p 오비탈끼리는 일정한 순서로 채워지지 않아도 된다.

37 다음 중 양쪽성 원소로 옳지 않은 것은?

① Sn

② Na

③ Zn

④ Pb

TIP 양쪽성 원소 … Al, Zn, Sn, Pb 등

38 다음 중 양쪽성 산화물로 옳은 것은?

① CO_2

② Na_2O

③ SO_2

④ Al_2O_3

TIP 양쪽성 산화물 … 산과 염기 모두에게 반응해서 염과 물을 생성하는 산화물로 Al_2O_3, ZnO, SnO 등이 있다.

PART

04

화학결합과
화합물

01 화학결합의 종류

01 화학결합

❶ 화학결합의 형성

(1) 화학결합의 개요

원자들이 결합하여 분자가 되고 분자들이 모여서 물질이 된다. 이 때 입자들 간에는 인력과 반발력이 작용하게 되며, 결과적으로 안정한 에너지 상태가 된다. 또한 전자배치는 비활성 기체의 배치, 즉 옥텟규칙을 이루게 된다.

(2) 특성

① **결합력** … 원자의 종류와 결합형식에 따라 크기가 다르고 인력과 반발력의 차이에 의해서 결합력이 결정된다.

> **TIP**
> 화학결합과 에너지 … 원자가 분자로 될 때 에너지를 방출하면서 안정한 상태로 되는데 이 에너지를 결합에너지라고 한다.

[화학결합과 에너지]

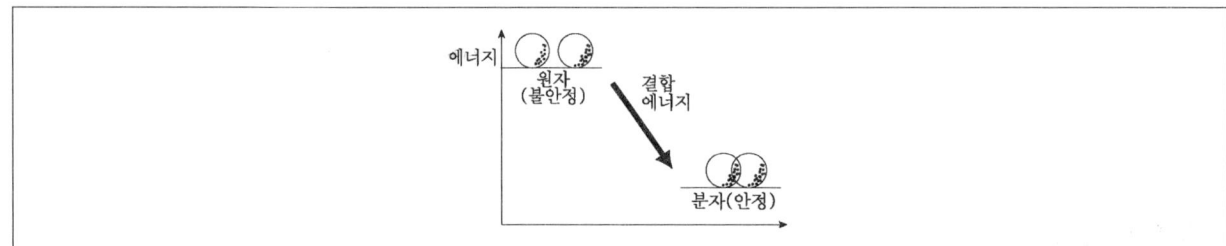

② **안정한 전자배치(옥텟규칙)**

　㉠ 0족 원소의 단원자분자로의 존재는 다른 원자와 결합하는 능력이 거의 없다는 것으로 안정한 전자배치를 가지고 있는 에너지도 낮은 상태라는 뜻이다. 그러므로 다른 원자들도 전자를 잃거나 얻어서 또는 전자쌍을 공유하여 0족과 같은 전자배치를 가져 안정하게 되려는 경향이 있다.

ⓛ 여러 원자의 전자배치
- 비활성 기체(0족)의 원자가전자 : He은 2개, Ne, Ar, Kr, Xe 등은 8개이다.
- 알칼리금속원자(1 또는 1A족) : 전자 1개를 버려 0족과 같은 전자배치를 한다.
- 할로겐원자(7 또는 7A족) : 전자 1개를 얻어서 0족과 같은 전자배치를 한다.

❷ 화학결합의 종류

(1) 개념
화학결합은 원자들 간의 배열로 이루어지므로 결합하는 원자들의 종류에 따라서 화학결합의 종류가 달라지고 그 물질의 성질도 달라진다.

(2) 결합의 종류
① 이온결합
 ㉠ 양이온과 음이온 사이의 정전기적 인력(쿨롱의 힘)에 의해서 이루어지는 결합을 말한다.
 ⓛ 종류 : $NaCl$, KNO_3, $CuSO_4$ 등

② 공유결합
 ㉠ 중성원자 두 개가 각 원자의 원자가를 서로 공유해 각각 비활성 기체와 같은 전자배치가 이루어져 안정한 상태로 되는 것을 말한다.
 ⓛ 종류 : HCl, CH_4, H_2, H_2S 등

③ 배위결합
 ㉠ 한 원자가 일방적으로 비공유전자쌍을 제공해서 이루어지는 결합을 말한다.
 ⓛ 종류 : NH_4^+, $[Ag(NH_3)_2]^+$ 등

④ 금속결합
 ㉠ 금속 양이온과 자유전자 사이의 정전기적 인력에 의해 이루어지는 결합을 말한다.
 ⓛ 종류 : Cu, Ag, Mg 등

> TIP
화학결합

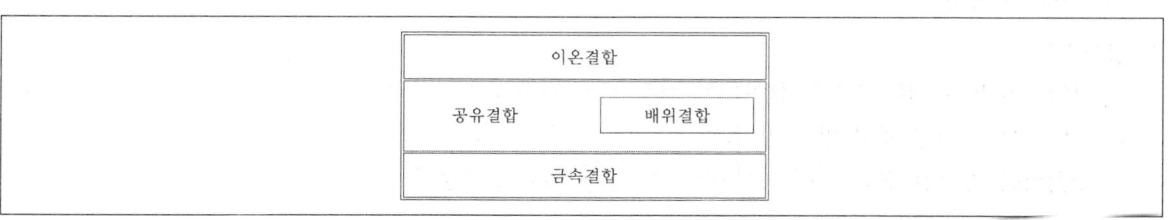

	이온결합	
공유결합	배위결합	
	금속결합	

02 이온결합

❶ 이온결합의 형성

(1) 이온의 형성

① 비활성 기체 원자들의 충돌…두 원자들이 결합하여 분자를 이루지는 않고 원자들의 진행방향과 속력만 변화된다.

② 작은 이온화에너지의 금속원자와 큰 전자친화도의 비금속원자가 만나면 각각의 원자는 전자를 잃거나 받아 양이온과 음이온을 형성하면서 0족 전자배치와 동일하게 되어 전자배치가 안정하게 이루어진다.

　㉠ 양이온이 되기 쉬운 원소(양이온)

　　• 원자가전자수가 적은 원소 : 1, 2, 13족 원소

　　• 양성원소(금속성이 강한 원소)

　　• 이온화에너지의 값이 작은 원소

　㉡ 음이온이 되기 쉬운 원소(음이온)

　　• 원자가전자가 6, 7인 원소 : 16, 17족 원소

　　• 음성원소(비금속성이 강한 원소)

　　• 전자친화도가 큰 원소

[이온의 형성]

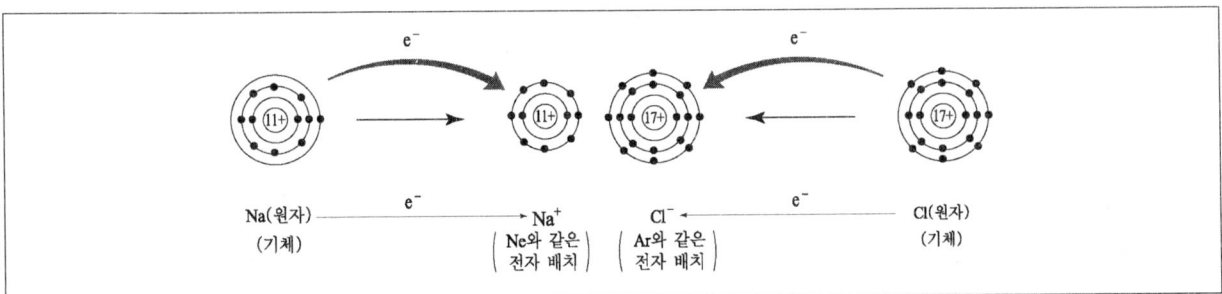

(2) 이온결합의 형성

① 형성과정

　㉠ 양이온이 되기 쉬운 원소와 음이온이 되기 쉬운 원소가 접근한다.

　㉡ 옥텟형성 : 전자를 주고 받아 양이온과 음이온이 생성된다.

　㉢ 결합형성 : 두 양이온과 음이온 사이에 정전기적 인력이 작용한다.

② 쿨롱의 힘

　㉠ 개념 : 양이온과 음이온 사이에 작용하는 정전기적 힘을 말하는데, 인력과 반발력이 있다.

　㉡ 힘의 세기 : 두 이온 간 거리의 제곱에 반비례, 전하량의 곱에 비례한다.

$$f = k \ \frac{q_1 \, q_2}{r^2}$$

　　◦ r : 두 이온 간 거리
　　◦ $q_1, \ q_2$: 양이온의 전하량
　　◦ k : 상수

③ 이온결합과 평형거리 … 평형거리는 두 이온들 사이의 정전기적 인력과 전자껍질의 겹침에 의한 반발력이
　균형을 이루어 분자가 안정되는 거리이고 평형거리가 형성된 상태를 이온결합이 형성되었다고 한다.

[이온결합의 형성]

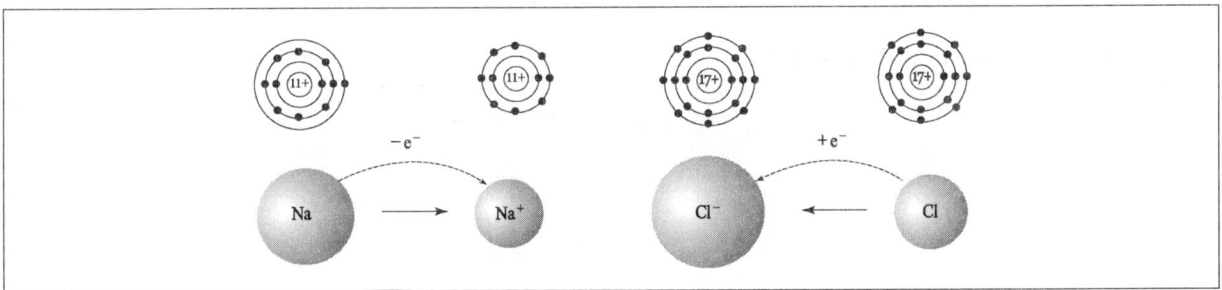

④ 이온결합화합물 … 전자를 잃기 쉬운 금속원자와 전자를 얻기 쉬운 비금속원소 사이에 이루어진 화합물을
　말한다.

　예 • 1족과 17족 : NaCl, KF, NaBr, KI

　　• 2족과 17족 : $CaCl_2$, $CaBr_2$, MgI_2

　　• 그 외 : Al_2O_3, $FeCl_3$, $ZnCl_2$

[이온결합]

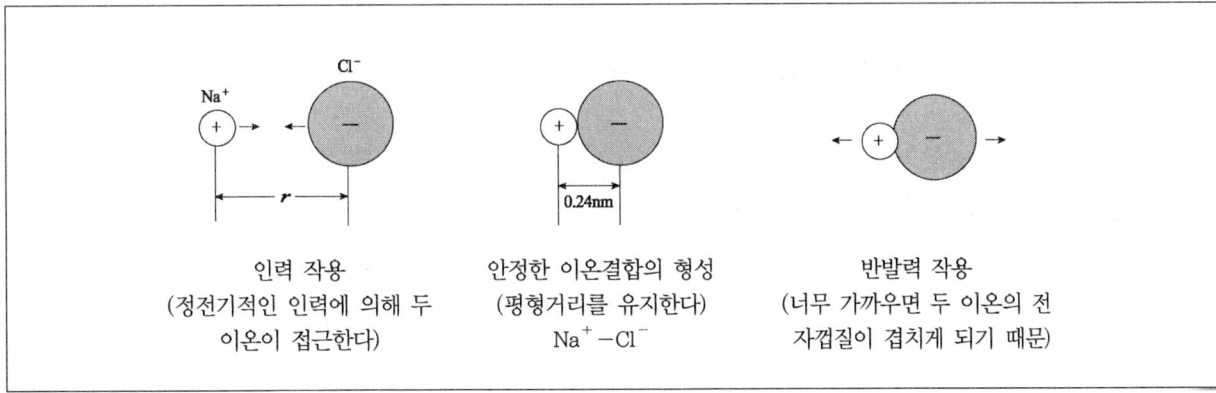

인력 작용
(정전기적인 인력에 의해 두
이온이 접근한다)

안정한 이온결합의 형성
(평형거리를 유지한다)
$Na^+ - Cl^-$

반발력 작용
(너무 가까우면 두 이온의 전
자껍질이 겹치게 되기 때문)

(3) 이온결합의 형성과 에너지

① $Na^+Cl^-(g)$ 형성시 에너지 관계

$$Na(s) + \frac{1}{2}Cl_2(g) \rightarrow Na^+Cl^- + 105kcal$$

㉠ $Na(s)$, $Cl_2(g)$가 원자 상태로 되는 단계

- $Na(s) + E_1 \rightarrow Na(g)$, $E_1 = 26kcal$
- $\frac{1}{2}Cl_2(g) + E_2 \rightarrow Cl(g)$, $E_2 = 29kcal$

㉡ 이온화 단계

- $Na(g) + E_3 \rightarrow Na^+(g) + e^-$, $E_3 = 118kcal$
- $Cl(g) + e^- \rightarrow Cl^-(g) + E_4$, $E_4 = 83kcal$

㉢ 결합 단계 : $Na^+(g) + Cl^-(g) \rightarrow Na^+Cl^-(g) + E_5$, $E_5 = 140kcal$

② 양이온과 음이온 사이의 거리와 에너지

$$Na^+(g) + Cl^-(g) \rightarrow Na^+Cl^-(g) + 140kcal$$

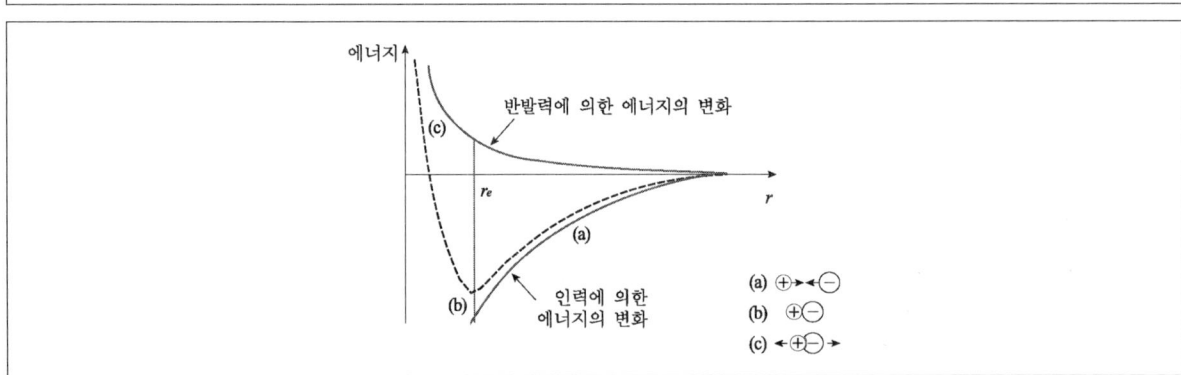

㉠ 평형거리(r_e)에 오면 에너지가 극소점에 해당하는 $-140kcal$가 되어 안정하게 된다.

㉡ 멀리 떨어진 상태의 양이온과 음이온이 점점 가까워질수록 인력도 점점 커진다.

㉢ 두 이온이 너무 가까워지면 전자껍질이 겹치게 되어 반발력이 강하게 생겨 에너지가 높아지므로 상태가 불안정하게 된다.

㉣ r_e에서 안정한 결합이 이루어지고 $Na^+(g)$, $Cl^-(g)$이 140kcal의 열을 방출해 Na^+Cl^-가 된다.

㉤ 안정한 결합이 이루어졌을때의 결합길이는 0.236nm이다.

$$Na^+(g) + Cl^-(g) \xrightarrow{E} \begin{array}{l} Na^+Cl^-(g) + 140kcal/mol \text{ (높은 온도에서 분자)} \\ Na^+Cl^-(s) + 185kcal/mol \text{ (보통 온도에서 결정)} \end{array}$$

③ **격자에너지** … 이온결합을 할 때 각 이온들이 내놓는 에너지로 역반응에서 요구되는 에너지이기도 하다.

 예 $Na^+(g) + Cl^-(g) \rightarrow NaCl(s) + E$(격자에너지)

[NaCl 결정의 상태와 에너지]

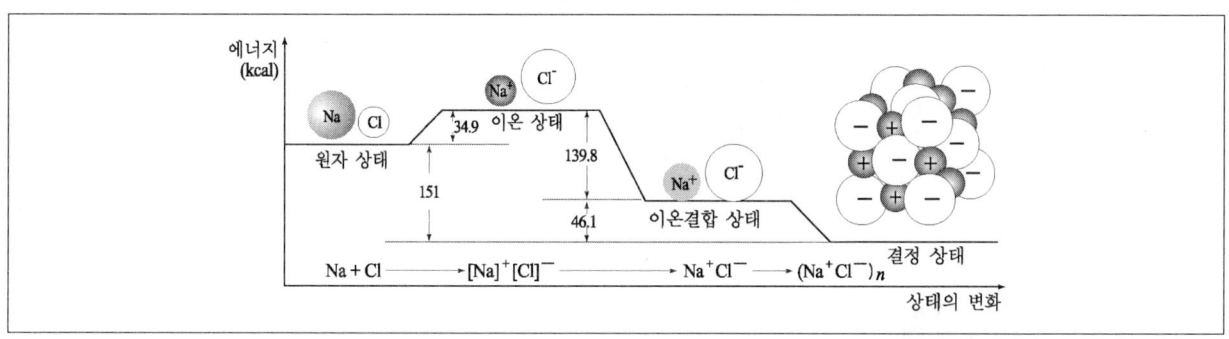

▶ **TIP** ～～～～～～～～～～～～～～～～～～～

 Na와 Cl은 $(Na^+Cl^-)n$의 결정 상태로 존재하는 것이 가장 안전하므로 자연계에서는 결정으로 존재한다.

(4) 이온결정의 구조

① **이온성 물질의 표시** … 이온결정은 양이온과 음이온이 결합을 연속적으로 한 입체구조로서 조성식(실험식) 으로 표시하고 독립된 분자로 존재하지 않는다.

② 이온결정에 X선을 투과시켜서 회절되어 나오는 것으로 이온결정의 구조를 알 수 있고, 결정 속 배열의 규 칙성은 X선 회절로 얻은 라우에 무늬를 통해 알 수 있다.

③ **CsCl 결정구조**
   ㉠ 이온이 입방체의 중심에 위치하는 체심입방구조이다.
   ㉡ 정육면체의 중심에 Cs^+가 있고 꼭지점들에 8개의 Cl^-가 위치한다($Cs^+ : Cl^- = 1 : 1$).

[CsCl의 결정구조]

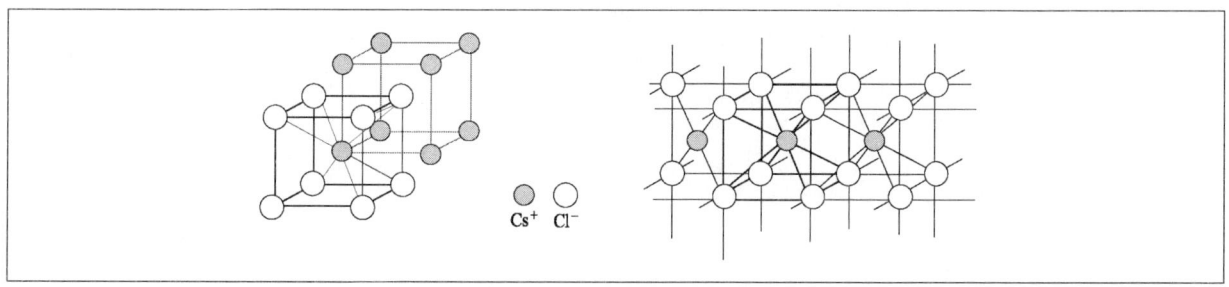

④ NaCl 결정구조

　　㉠ 입방체의 각 면 중심에 이온이 위치하는 면심입방구조이다.

　　㉡ Na^+ 6개를 Cl^-이 둘러 싸고, 각 Cl^-은 6개의 Na^+로 둘러 싸여 있다($Na^+ : Cl^- = 1 : 1$).

> **TIP**
> 같은 구조의 결정 ⋯ LiF, NaBr, KBr, AgCl, CaO 등

[NaCl의 결정구조]

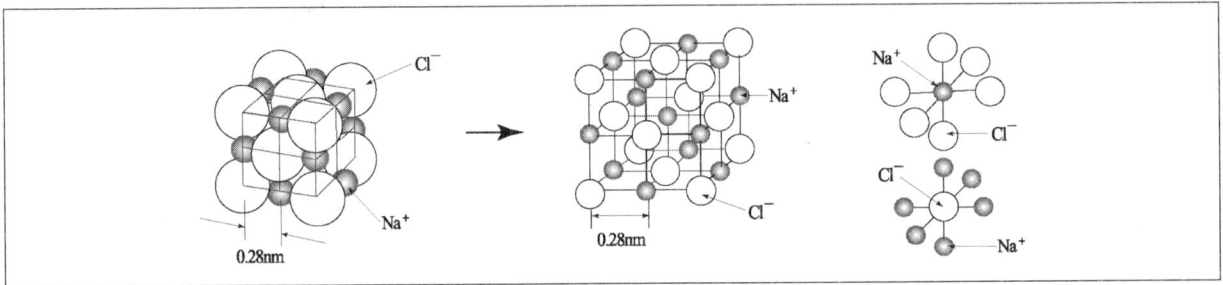

⑤ $MgCl_2$ 결정구조 ⋯ 구조가 복잡하고 $Mg^{2+} : Cl^- = 1 : 2$로 되어 있다.

[마그네슘 원자와 염소원자의 이온결합 모형]

❷ 이온반지름

(1) 이온반지름의 결정

① 이온반지름은 결정 중의 두 원자력들 사이의 거리(이온간 거리)로부터 구해야 하고 이온자체로부터는 결정하기 어렵다.

[알칼리금속의 할로겐화물 결정에서 이온간 거리]

(단위 : nm)

양이온 \ 음이온	F^-	Cl^-	Br^-	I^-
Li^+	0.201	0.257	0.275	0.302
Na^+	0.231	0.281	0.298	0.323
K^+	0.266	0.314	0.329	0.353
Rb^+	0.282	0.328	0.343	0.366

② 양이온의 반지름
  - ㉠ 크기순서 : $Li^+ < Na^+ < K^+ < Rb^+$
  - ㉡ 위의 표에서 어느 한 음이온에 대한 세로줄을 비교하면 아래 쪽으로 갈수록 이온간 거리가 커지는 것을 알 수 있다.

③ 음이온의 반지름
  - ㉠ 크기순서 : $F^- < Cl^- < Br^- < I^-$
  - ㉡ 위 표에서 어느 한 양이온에 대한 가로줄을 비교하면 오른쪽으로 갈수록 이온간 거리가 커지는 것을 알 수 있다.

④ 같은 족 … 원자번호가 커질수록 전자껍질수가 증가해 이온반지름이 커진다.

[같은 족의 주기에 따른 이온반지름]

(단위 : nm)

주기 \ 족	1(1A)		2(2A)		6(6A)		7(7A)	
2	Li^+	0.060	Be^{2+}	0.031	O^{2-}	0.140	F^-	0.136
3	Na^+	0.095	Mg^{2+}	0.065	S^{2-}	0.184	Cl^-	0.181
4	K^+	0.133	Ca^{2+}	0.099	Se^{2-}	0.198	Br^-	0.195
5	Rb^+	0.148	Sr^{2+}	0.113	Te^{2-}	0.221	I^-	0.216

(2) 전자수가 같은 이온의 반지름

① 반지름의 크기 … 전자수가 같은 이온의 반지름은 핵의 양성자수가 많을수록(원자번호가 클수록) 그 양전하가 커져서 핵 가까이로 전자들을 끌어당기기 때문에 크기가 줄어든다.

등전자 이온	S^{2-}	Cl^-	K^+	Ca^{2+}	
전자배치	Ar	Ar	Ar	Ar	K(2)L(8)M(8)
원자번호	16	17	19	20	양성자수
전자수	18	18	18	18	
이온반지름	$S^{2-} > Cl^- > K^+ > Ca^{2+}$				전자수 동일, 양성자 증가

② 같은 주기 원소의 양이온 반지름이 음이온 반지름보다 작은 이유는 음이온의 전자껍질수가 하나 더 많기 때문이다.

(3) 이온반지름과 원자반지름

① 금속원소 … 전자를 잃고 양이온이 될 때 핵의 전하는 같지만 전자수의 감소로 전자껍질수가 줄어들기 때문에 이온반지름이 작아진다.

$$_{11}Na(K^2L^8M^1) \rightarrow Na^+(K^2L^8)$$
$$원자반지름 > 이온반지름$$

예 $Na > Na^+$, $K > K^+$, $Mg > Mg^{2+}$, $Ca > Ca^{2+}$

[양이온 원자반지름의 비교]

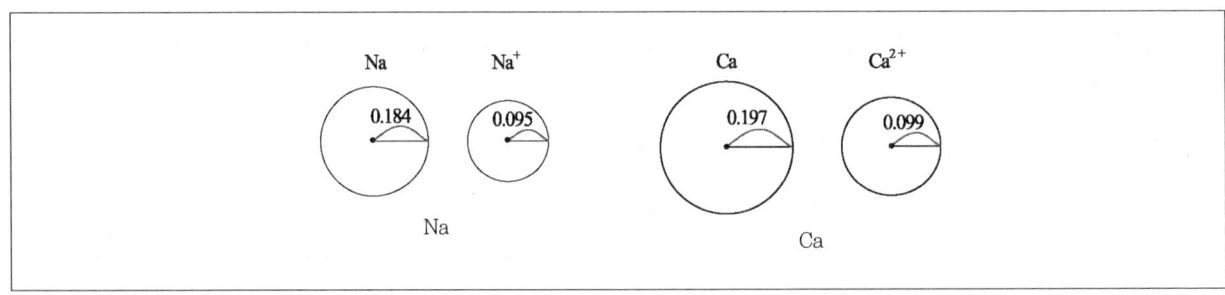

② 비금속원소 … 전자를 얻어 음이온이 되는데 이때 핵의 전하는 같지만 전자수의 증가로 인해 전자끼리 반발력이 증가하기 때문에 이온반지름이 커진다.

$$_{17}Cl(K^2L^8M^7) \rightarrow Cl^-(K^2L^8M^8)$$
$$원자반지름 < 이온반지름$$

예 $Cl < Cl^-$, $F < F^-$, $O < O^{2-}$, $S < S^{2-}$

[음이온 원자반지름의 비교]

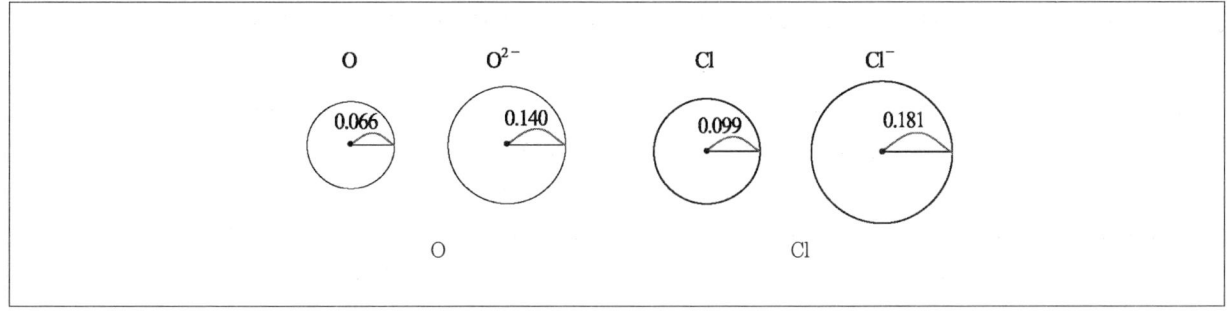

❸ 이온결합물질의 성질

(1) 일반적 성질

① 상온에서의 상태…한 이온이 여러 개의 이온들과 쿨롱의 힘에 의해 결합되어 있기 때문에 상온에서 결정 상태로 존재하는 비휘발성 물질이다.

② 여러 특성의 존재…이온결정을 용융시키거나 용융액을 기화시키려면 많은 이온결합을 끊어주어야 하므로 녹는점과 끓는점이 매우 높고, 수용액의 전기전도성, 물에서 잘 녹는 여러 특성을 나타낸다.

(2) 녹는점과 끓는점

① 이온 사이가 가까울수록 결합력이 증가해 녹는점과 끓는점이 높아진다.
   예 $NaF > NaCl > NaBr$

② 이온의 전하가 커질수록 결합력이 증가해 녹는점과 끓는점이 높아진다.
   예 $Na_2O < MgO$

(3) 전기전도성

① 고체(결정) 상태…다른 이온들에 의해 결정 중의 이온이 둘러 싸여 있어 이동이 어렵기 때문에 전기부도체이다.
   예 $NaCl(s)$

② 용융 상태나 수용액…이온들이 자유롭게 이동할 수 있어서 전기양도체이다.
   예 • $NaCl(l)$: 고체가 녹은 것
        • $NaCl(aq)$: 수용액

(4) 물에 대한 용해성

① 이온결정은 극성용매에 잘 녹는 것이 많고, 물에 녹을 때는 수화된 이온생성을 잘 한다.

② NaCl(s)의 수화

$$NaCl(s) + (m+n)H_2O \rightarrow [Na(H_2O)_m]^+ [Cl(H_2O)_n]^-$$

③ 물에 용해되지 않는 이온결정 … $MgCO_3$, $AgCl$, $BaCO_3$, $PbSO_4$, $CaSO_4$, $CaCO_3$, PbI_2 등

(5) 이온결정의 부스러짐

① 이온결정은 양이온과 음이온 사이의 쿨롱인력이 강하기 때문에 단단하다.

② 이온결정의 부스러짐 … 이온층이 밀려 같은 전하를 띤 이온들이 서로 반발해서 일어난다.

[이온결정의 부스러짐]

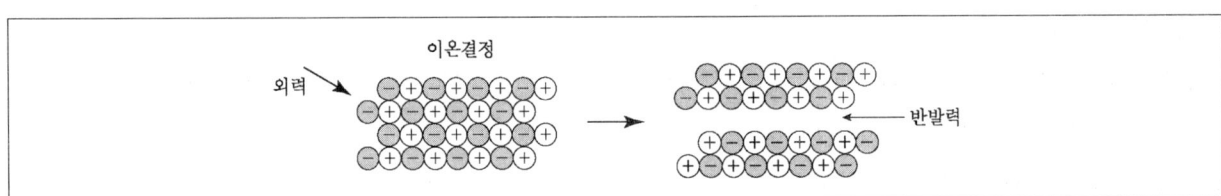

03 공유결합과 배위결합

❶ 공유결합

(1) 공유결합의 개념

전자를 내놓기 어려운 비금속원소 사이에서 두 원자가 서로 전자를 내어 놓아 전자쌍을 만들고 전자를 서로 공유해 이루어진 결합을 말한다.

(2) 공유결합의 형성

① 수소원자끼리의 결합 … 두 개의 수소원자가 접근하면 상대방 원자의 전자를 공유해 He의 전자배치처럼 안정한 전자배치의 수소분자가 만들어진다.

예 $H \cdot + \cdot H \rightarrow H : H$

② **염소원자끼리의 결합** … 최외각 전자껍질에 전자가 7개 있어 전자배치가 안정하게 되기 위해서는 1개의 전자가 부족한데, 두 염소원자가 전자 1개씩을 공유해 안정한 전자배치의 염소분자가 된다.

예 $: \ddot{C}l \cdot + \cdot \ddot{C}l : \rightarrow : \ddot{C}l : \ddot{C}l :$

③ **수소원자와 염소원자의 결합** … 부족한 전자 1개를 공유하여 결합한다.

예 $H \cdot + \cdot \ddot{C}l : \rightarrow H : \ddot{C}l :$

(3) 공유전자쌍과 비공유전자쌍

① **공유전자쌍** … 두 원자가 공유하는 전자쌍을 말한다.

② **비공유전자쌍** … 공유하지 않은 전자쌍으로 결합에 참여하지 않는다.

③ **홀전자** … 한 원자에 포함되어 있는 원자가전자 중에서 쌍을 이루지 않은 전자를 말한다.

$$H \cdot + \cdot \ddot{C}l : \rightarrow H \underset{\cdot\cdot}{\textcircled{$:$}} Cl \boxed{:}$$

- ○ $\textcircled{:}$ → 공유전자쌍
- ○ $\boxed{\cdot\cdot}$ → 비공유전자쌍
- ○ $\cdot$ → 홀전자

(4) 공유결합의 표시

① **전자점 구조**(루이스 구조)

  ㉠ 원자가전자를 점으로 표시한 것이다.

  ㉡ **표시방법** : 4개까지는 1개씩 표시하고 전자수가 많아지면 2개씩 짝을 지어서 표시한다.

  예 $H \cdot + \cdot \ddot{C}l : \rightarrow H : \ddot{C}l :$

② **구조식** … 전자점 구조에서 공유전자쌍을 결합선 '―'로 나타낸 식이다.

  예 $H \cdot + \cdot \ddot{C}l : \rightarrow H - Cl$

(5) 공유원자가

① **공유원자가** … 어떤 원자가 형성할 수 있는 공유결합수를 말한다.

② **공유원자** … 홀전자가 공유결합에 참여해서 공유전자쌍을 만드므로 홀전자의 수를 말한다.

③ O와 C의 공유전자가

  ㉠ $_8$O의 전자배치는 $1s^2 2s^2 2p_x^2 2p_y^1 2p_z^1$이므로 공유원자가는 2이고, 수소원자 2개와 공유결합을 한다 (H_2O).

  ㉡ $_6$C의 전자배치는 $1s^2 2s^2 2p_x^1 2p_y^1$로써 홀전자의 수가 2개이지만 실제로 화합물을 형성할 때에는 들뜬 상태가 되어 홀전자가 4개가 되므로 공유원자가는 4가 된다. 그러므로 수소원자 4개와 공유결합을 한다 (CH_4).

(6) 다중결합

① 단일결합 … 두 원자 사이에 공유된 전자쌍이 한 개인 경우이다.

  예 H—H, H—Cl, F—F

② 이중결합 … 두 원자 사이에 공유된 전자쌍이 2개인 경우이다.

  예 O=O, O=C=O, $\begin{array}{c} H \\ \diagdown \\ \diagup \\ H \end{array} C = C \begin{array}{c} H \\ \diagup \\ \diagdown \\ H \end{array}$

③ 삼중결합 … 두 원자 사이에 공유된 전자쌍이 3개인 경우이다.

  예 N≡N, H—C≡N, H—C≡C—H

(7) 결합에너지와 결합길이

① 공유결합 에너지 … 비금속원자가 공유결합할 때 방출하는 에너지, 또는 공유결합을 끊어서 원자상태로 만들 때 필요한 에너지를 말한다(= 해리에너지).

  ㉠ 해리에너지 : 1몰의 다원자분자에서 각 공유결합을 끊고 중성원자로 만드는 데 필요한 에너지이다.

    예 • $H(g) + H(g) \rightarrow H_2(g) + 435KJ/mol$
       • $H_2(g) + 435KJ/mol \rightarrow 2H(g)$

  ㉡ 공유결합분자에서 원자간의 결합을 끊고 성분원자로 분리되려면 각 결합에너지에 해당하는 양의 에너지를 흡수해야 한다.

② 결합길이

  ㉠ 개념 : 두 원자 사이의 인력과 반발력이 평형 상태가 되는 거리로 두 원자핵 사이의 거리이다.

  ㉡ 평형 원자핵간 거리 : 두 원자 사이의 인력과 반발력이 평형 상태를 이루는 거리이다.

  ㉢ 공유결합 반지름

    • 같은 종류의 원자가 공유결합을 형성했을 때 그 결합길이의 반이다.

    • 수소원자 반지름은 0.053nm이지만 두 원자가 공유결합을 할 때에는 전자구름의 겹침이 일어나서 공유결합길이가 0.074nm가 되므로 공유결합 반지름은 0.037nm이다.

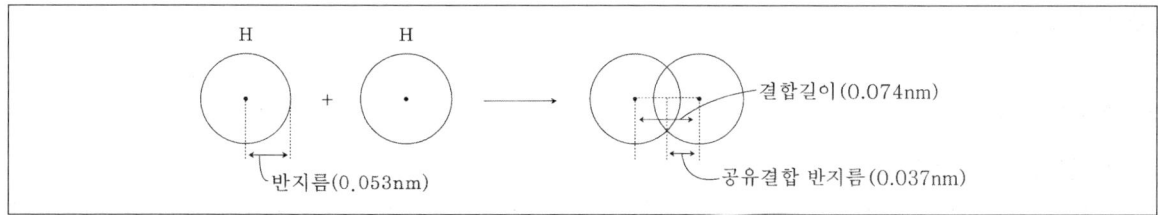

③ **결합에너지와 결합길이**

   ㉠ 공유결합 에너지는 결합하고 있는 두 원자의 성질에 따라 다르며, 그 값이 클수록 안정하다.

   ㉡ 같은 원자 사이의 결합길이는 단일결합 > 이중결합 > 삼중결합 순이고 공유결합 에너지는 단일결합 < 이중결합 < 삼중결합 순이다.

> **TIP**
>
> 공유결합길이와 결합에너지

분자	결합	결합 종류	결합길이(nm)	결합에너지(KJ/mol)
F_2	F — F	단일결합	0.142	159
Cl_2	Cl — Cl	단일결합	0.198	243
H_2O	O — H	단일결합	0.097	464
CH_4	C — H	단일결합	0.109	414
C_2H_6	C — C	단일결합	0.154	347
C_2H_4	C = C	이중결합	0.134	661
C_2H_2	C ≡ C	삼중결합	0.120	962
O_2	O = O	이중결합	0.121	494
N_2	N ≡ N	삼중결합	0.110	946

④ **수소분자의 공유결합 형성과 에너지**

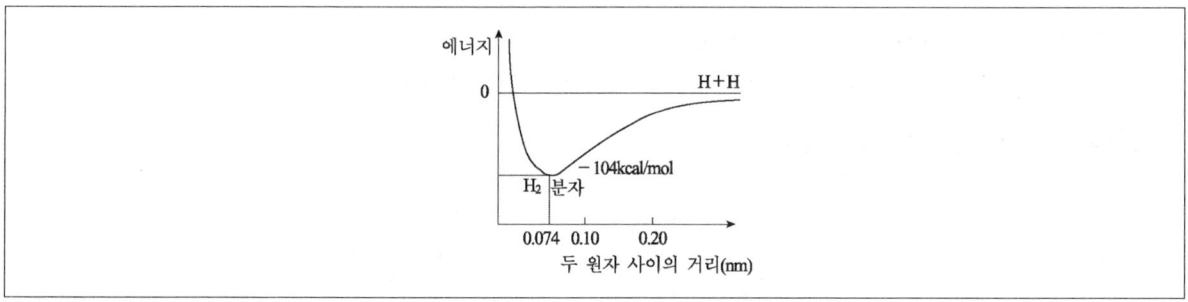

   ㉠ 수소는 원자 상태보다 두 원자가 공유결합을 하여 분자를 형성할 때 더욱 안정하게 된다.

   ㉡ 두 원자가 너무 멀리 떨어져 있어 힘이 작용하지 않는 경우에 에너지는 0이 된다.

   ㉢ 두 수소원자가 서로 가까워지면서 위치에너지는 작아진다.

   ㉣ 두 원자핵 간 거리가 $0.74\,Å$일 때 가장 낮은 에너지 상태에서 공유결합을 형성한다.

   ㉤ 두 원자핵 간 거리가 $0.74\,Å$보다 가까워지면 원자핵간 반발력이 커져 위치에너지가 증가해서 불안정한 상태가 된다.

❷ 배위결합

(1) 배위결합의 형성

① 배위결합(배위공유결합)

  ㉠ 비공유전자쌍을 가지고 있는 한 쪽의 원자가 일방적으로 전자쌍을 제공하여 두 원자 사이에 이루어진 공유결합이다.

  ㉡ 공유결합과 본질적으로 차이가 없지만 공유전자쌍이 어느 한 쪽 원자만의 것이라는 것의 차이가 있다.

② 배위결합의 형성 … 배위결합이 이루어지려면 비공유전자쌍이 있어야 한다.

③ 암모니아 분자와 수소이온 사이의 배위결합

$$
\begin{array}{c}
\overset{\displaystyle H}{\underset{\displaystyle H}{H:\overset{\cdot\cdot}{\underset{\cdot\cdot}{N}}:}} + H^+ \longrightarrow \left[\overset{\displaystyle H}{\underset{\displaystyle H}{H:\overset{\cdot\cdot}{\underset{\cdot\cdot}{N}}:H}}\right]^+
\end{array}
$$

  ㉠ 암모니아 분자에는 비공유전자쌍이 1개 있고, 수소이온은 전자가 없다.

  ㉡ 이때 암모니아 분자 속의 비공유전자쌍을 서로 공유하여 결합한다.

④ 물분자와 수소이온 사이의 배위결합

$$
\overset{\displaystyle H}{\underset{\displaystyle H}{H:\overset{\cdot\cdot}{\underset{}{O}}:}} + H^+ \longrightarrow \left[\overset{\displaystyle H}{\underset{\displaystyle H}{H:\overset{\cdot\cdot}{\underset{}{O}}:H}}\right]^+
$$

  ㉠ 물분자의 비공유전자쌍을 수소이온에게 제공하여 옥소늄이온(H_3O^+)이 된다.

  ㉡ 산소는 한 개의 수소와 배위결합을, 두 개의 수소와는 공유결합을 한다.

⑤ 옥텟을 이루지 못한 분자의 공유결합

$$
\begin{array}{c}
:\overset{\cdot\cdot}{F}:H \\
:\overset{\cdot\cdot}{F}:\overset{\cdot\cdot}{B}+:\overset{}{N}:H \\
:\overset{\cdot\cdot}{F}:H
\end{array}
\longrightarrow
\begin{array}{c}
:\overset{\cdot\cdot}{F}:H \\
:\overset{\cdot\cdot}{F}:\overset{}{B}:\overset{}{N}:H \\
:\overset{\cdot\cdot}{F}:H
\end{array}
$$

  ㉠ B는 공유원자가 3이고 비공유전자쌍이 없어 옥텟규칙을 만족하지 않는다.

  ㉡ 질소와 결합시 질소의 비공유전자쌍을 함께 공유하여 옥텟규칙을 만족시키는 배위결합을 형성한다.

(2) 공명형 배위결합

① **공명형 배위결합** ··· SO_2분자에서 황은 산소 1개와는 전자쌍 2개를 공유하고 다른 산소와는 황에서 전자쌍을 제공하여 배위결합을 형성한다. 이에 나타난 2가지 형태는 실제 실험에 의하여 동일한 것으로 밝혀졌으며 (a)와 (b)의 중간 정도의 결합 형태를 가진 것으로 어느 쪽도 이중결합이나 단일결합이 아니다.

(a)   (b)

② **공명형 분자** ··· HNO_3, CO, SO_2 등이 있다.

04 금속결합

❶ 금속결합의 형성

(1) 자유전자

① **자유전자의 개념** ··· 금속을 이루고 있는 각 원자에서 떨어져 나온 원자가전자가 한 금속원자에 고정되어 있지 않고 한 원자에서 다른 원자로 자유롭게 이동하는 것을 말한다.

② **자유전자수** ··· 금속원자의 원자가전자수와 동일하다.
  예 Na – 1개, Mg – 2개, Al – 3개

③ 자유전자수가 많을수록 금속결합력은 커진다.

④ 금속의 특성을 나타내는 열 · 전기의 양도체, 전성, 연성, 특유의 빛깔 등은 자유전자와 관계가 있다.

(2) 금속결합의 본질

① 금속 양이온과 자유전자 사이의 정전기적 인력에 의해 형성된 결합이다.

② 금속원자가 원자가전자를 내놓고 양이온이 되면 그 속의 양이온은 고정된 상태에서 양이온 상태로 있고 내놓은 원자가전자는 금속의 양이온 사이를 자유롭게 이동하면서 전자바다를 이루는 결합이다.

[금속결합의 모형]

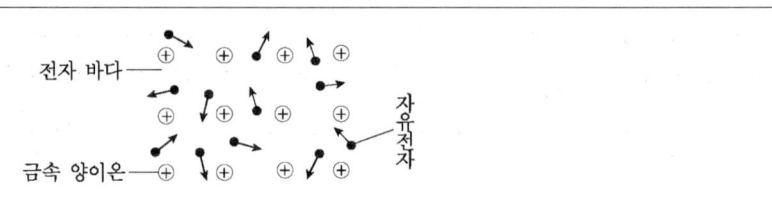

(3) 금속결합의 결합력

① 결정 전체에 배열된 양이온에 대하여 자유전자가 고루 퍼져 있고 방향성도 없어서 결합력이 이온결합이나 공유결합보다 작다.

② 금속결합력의 크기

　　㉠ 자유전자수가 많을수록, 금속원자 반지름이 작을수록 커진다.

　　㉡ 녹는점

　　　　• Li > Na > K : 자유전자수는 같지만 반지름이 작기 때문이다.

　　　　• Na < Mg < Al : 반지름이 작고 자유전자수가 증가하기 때문이다.

❷ 금속의 특성

(1) 색

금속이 공통적으로 특수한 전자배치를 하고 금속 표면에서 자유전자가 가시광선 중 거의 모든 파장의 빛을 반사하기 때문에 대부분의 금속이 은백색 광택을 낸다.

▶**TIP**〰〰〰〰〰〰〰〰〰〰〰〰〰〰〰〰

예외
• 금(Au) : 노란색
• 구리(Cu) : 붉은색

(2) 전기 · 열 전도성

① 전기전도성

　　㉠ 고체 · 액체 등 어떤 상태에도 자유전자가 자유로이 전하를 운반하는 전기전도체이다.

　　㉡ 전기전도성은 금속에 전압을 걸어주면 자유전자들이 (−)극에서 (+)극 쪽의 일정한 방향으로 쉽게 이동할 수 있다.

② **열전도성** … 운동에너지가 큰 자유전자가 높은 온도에서 낮은 온도 쪽으로 쉽게 이동할 수 있기 때문에 전도성이 크다.

[금속결합과 비금속결합의 열전도]

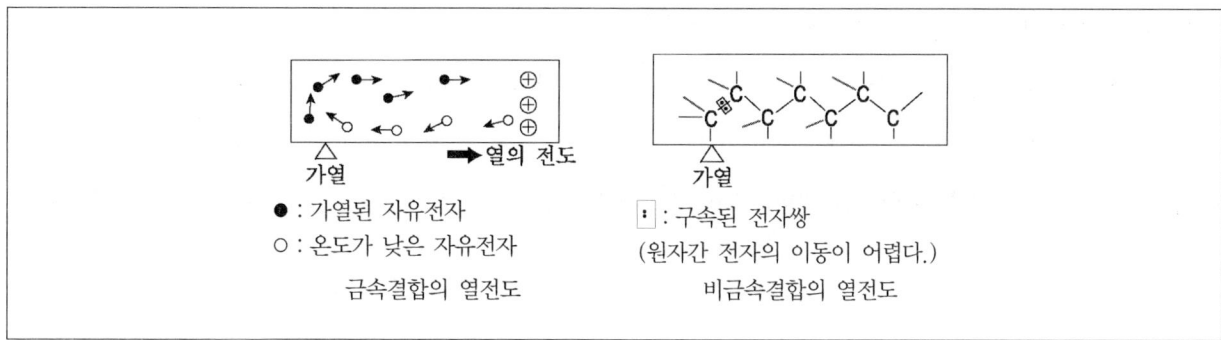

- ● : 가열된 자유전자
- ○ : 온도가 낮은 자유전자

금속결합의 열전도

- : 구속된 전자쌍
(원자간 전자의 이동이 어렵다.)

비금속결합의 열전도

(3) 뽑힘성(연성)과 퍼짐성(전성)

① 금속에 힘을 주면 자유전자들도 같이 움직이므로 떨어져 나가지 않고 미끄러져 길게 뽑거나 넓게 펼 수 있다.

　예　• 전성 : Au > Ag > Cu > Al
　　　• 연성 : Au > Ag > Pt > Fe

② 금속에 힘을 가하여 변형시켜도 금속원자배열의 상·하·좌·우에는 변화가 없다.

③ 이온결정을 힘으로 변형시키면 ⊕⊕, ⊖⊖의 이온이 겹치는 층이 생겨 서로 간의 반발로 부서지기 쉽다.

[금속의 변형과 이온결정의 변형]

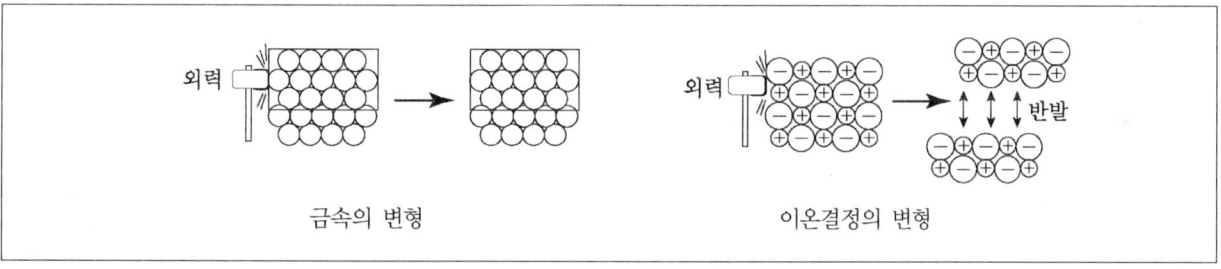

금속의 변형

이온결정의 변형

(4) 합금

① **개념** … 두 종류 이상의 원자를 균일하게 포함하는 금속을 말한다.

② **특성**

　㉠ 녹는점이 낮아진다.
　㉡ 전기저항이 커진다.
　㉢ 경도가 증가된다.
　㉣ 색깔이 아름다워진다.

③ **종류** … 퓨즈, 니크롬선, 놋쇠 등이 있다.

(5) 상태

① 실온에서 액체인 수은(Hg)을 제외하고 모두 고체결정이다.

② **결정구조** … X선 회절법으로 조사하면 대부분 체심입방, 육방밀집, 면심입방의 구조로 되어 있다.

③ 대부분 녹는점이 높고, 비중이 크다.

④ **중금속** … 비중이 4 이상인 금속을 말하고 Fe, Cu 등이 있다.

최근 기출문제 분석

2025. 4. 5. 국가직

1 원자가 껍질 전자쌍 반발 모형(VSEPR)에 근거할 때 선형 기하 구조인 화합물만을 모두 고르면?

㉠ HCN	㉡ O_3
㉢ XeF_2	㉣ NO_2

① ㉠, ㉢ ② ㉠, ㉣

③ ㉡, ㉢ ④ ㉡, ㉣

TIP

	구조식	구조	설명
㉠	H—C≡N:	직선형	C는 H와 단일 결합, N과 삼중 결합. 총 2개의 전자 영역
㉡	(공명 구조식)	굽은 형	중심 O에 비공유 전자쌍이 1개 존재하는 공명 구조
㉢	:F—Xe—F:	직선형	Xe 주위에 2개의 공유 전자쌍과 3개의 비공유 전자쌍이 존재하며, 비공유 전자쌍은 평면삼각형의 자리에 배치
㉣	(공명 구조식)	굽은 형	N에 홀전자가 있어 비대칭적인 구조이며 공명도 존재

2024. 6. 22. 제1회 지방직

2 원자가 껍질 전자쌍 반발(VSEPR) 이론으로 예측한 분자의 결합각으로 옳지 않은 것은?

① BF_3의 F — B — F 결합각은 120°이다.

② H_2S의 H — S — H 결합각은 180°이다.

③ CH_4의 H — C — H 결합각은 109.5°이다.

④ H_2O의 H — O — H 결합각은 104.5°이다.

TIP ② H_2S는 SN가 4이고, 그중 비공유 전자쌍이 2쌍 있으므로, H—S—H 결합각은 109.5°보다 작다. 실제 결합각은 약 92.1°로 알려져 있다.

Answer 1.① 2.②

3 다음 구조식에 대한 설명으로 옳은 것은? (단, x는 전하수이다)

① $x = -1$인 음이온이다.

② 파이(π) 결합은 4개이다.

③ 공명 구조를 갖지 않는다.

④ sp^2 혼성 오비탈을 갖는 탄소는 2개이다.

TIP 보기의 구조식은 비공유 전자쌍 5쌍과 공유 전자쌍(결합 수) 9쌍, 총 14쌍의 전자쌍으로 이루어져 있다. 즉, 구조식에서 나타나는 전자의 수는 28개인데, 구조식을 이루는 원자들이 가질 수 있는 원자가 전자 수를 따져보면 4(C)×3 + 6(O)×2 + 1(H)×3 = 27개로, 구조식에서 나타나는 전자 수보다 1개가 작게 나타난다. 따라서 구조식은 총 전하 $x = -1$인 음이온이다.

② 구조식에서 이중 결합은 총 2개이다. 단일 결합의 경우 파이(π) 결합은 없으며, 이중 결합의 경우 1개의 파이 결합을 가지므로, 이 구조식의 파이 결합은 총 2개이다.

③ 다음과 같은 공명 구조를 갖는다.

④ sp^2 혼성 오비탈을 가지려면 해당 원자가 중심 원자일 때의 분자 구조가 평면 삼각형이어야 하며, 본 구조의 탄소 모두는 sp^2 혼성 오비탈을 가진다. 따라서 sp^2 혼성 오비탈을 가지는 탄소는 3개이다.

4 1기압에서 녹는점이 가장 높은 이온 결합 화합물은?

① NaF

② KCl

③ NaCl

④ MgO

TIP 이온 결합 물질의 결합력은 쿨롱 힘($F = k\dfrac{q_1 q_2}{r^2}$)에 의해 결정되며, 쿨롱 힘이 커질수록 물질의 녹는점과 끓는점은 높아진다. 즉, 이온 간 거리(r)이 짧을수록, 이온의 전하량 곱이 클수록 물질의 녹는점이 높아진다. 따라서 보기에 주어진 물질들의 녹는점 순서는 다음과 같다.

MgO > NaF > NaCl > KCl

Answer 3.① 4.④

2021. 6. 5. 제1회 지방직

5 루이스 구조와 원자가 껍질 전자쌍 반발 모형에 근거한 ICl_4^- 이온에 대한 설명으로 옳지 않은 것은?

① 무극성 화합물이다.

② 중심 원자의 형식 전하는 −1이다.

③ 가장 안정한 기하 구조는 사각 평면형 구조이다.

④ 모든 원자가 팔전자 규칙을 만족한다.

> **TIP** ICl_4^- 이온은 입체 수가 6으로서 중심 원자인 I는 옥텟 규칙을 만족시키지 않는 "확장된 옥텟"의 전형적인 예이다. 중심 원자 주위에 있는 6개의 전자쌍 중 2개의 비공유 전자쌍이 서로 반대편에 위치하여 비공유 전자쌍 사이의 반발력을 최소로 하는 평면 사각형의 분자 구조를 갖는다.

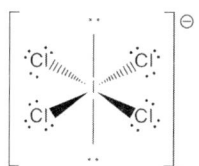

2020. 6. 13. 제1회 지방직

6 원자 간 결합이 다중 공유결합으로 이루어진 물질은?

① KBr

② Cl_2

③ NH_3

④ O_2

> **TIP** ① KBr : 이온 결합
> ② Cl_2(Cl–Cl) : 단일 공유 결합
> ④ 산소는 이중 결합으로 공유 결합을 하고 있다.

2019. 6. 15. 제1회 지방직

7 팔전자 규칙(octet rule)을 만족시키지 않는 분자는?

① N_2

② CO_2

③ F_2

④ NO

> **TIP** NO는 옥텟 규칙 예외 화합물로 홀수 개의 전자를 가진 분자와 이온은 옥텟 규칙 예외에 해당된다.
> 우선 최외각전자를 전부 더해보면 $5 + 6 = 11$
> 질소와 산소를 단일결합으로 연결시킨 후 최외각전자의 총합에서 단일결합에 쓰인 전자수를 빼면
> $11 - 2 = 9$
> 나머지 전자를 전기 음성도가 큰 순서대로 옥텟을 만족하도록 배치해 보면 최외각전자가 홀수 개인 질소는 옥텟 규칙을 만족할 수 없다.
> N = O →NO 화합물은 총 원자가전가 11개이므로 모든 원자가 옥텟 규칙을 만족할 수 없다.

Answer 5.④ 6.④ 7.④

8 〈보기〉는 공유 결합 화합물에서 공유 전자쌍과 비공유 전자쌍을 구별하여 나타낸 것이다. 화합물 중에서 비공유 전자쌍의 개수가 가장 많은 것은?

〈보기〉

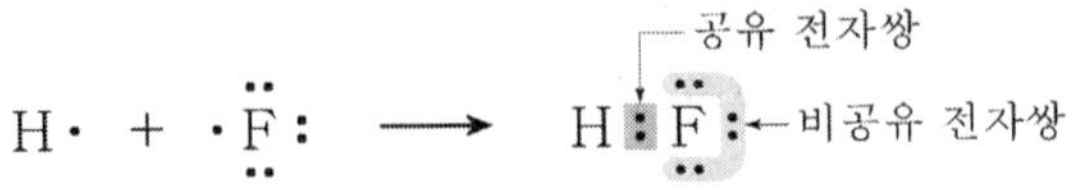

H· + ·F̈: ⟶ H∶F̈: ←비공유 전자쌍
                └─공유 전자쌍

① OF_2

② NF_3

③ $H_3N : BF_3$

④ C_2H_4

TIP $OF_2 \rightarrow$:F̈:Ö:F̈:

$NF_3 \rightarrow$:F̈:N̈:F̈:
:F̈:

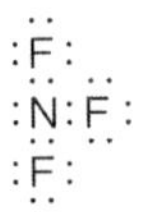

$H_3N : BF_3 \rightarrow$ H:N:B:F̈: (H:F̈:, H:F̈:)

$C_2H_4 \rightarrow$ H H
     C::C
    H H

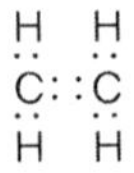

9 다음은 다섯 가지 원자의 전자 배치를 나타낸 것이다. 두 원자가 결합할 때 이온결합을 형성할 수 있는 것을 모두 고른 것은?

원자	전자배치			
	K	L	M	N
㉠	2	6		
㉡	2	8	1	
㉢	2	8	5	
㉣	2	8	7	
㉤	2	8	8	2

① ㉠ － ㉡, ㉣ － ㉤

② ㉠ － ㉢, ㉡ － ㉣

③ ㉡ － ㉣, ㉢ － ㉣

④ ㉡ － ㉤, ㉢ － ㉣

TIP 이온 결합이란 화학 결합의 한 형태로 전하를 띤 양이온과 음이온 사이의 정전기적 인력에 기반을 둔 결합이다.

수소 원자(H), 산소 원자(O) 등 모든 원자는 전기적으로 중성이다. 전기적으로 중성인 원자가 전자(e^-)를 잃거나 얻으면 이온이 된다. 즉, 중성 원자에서 전자를 잃거나 얻어서 전하를 띤 물질을 이온이라 한다.

중성인 원자 또는 원자단이 전자를 잃으면, 양(+)전하를 띤 물질이 되는데, 이 물질을 양이온(cation)이라 하며. 중성인 원자 또는 원자단이 전자를 얻으면, 음(–)전하를 띤 물질이 되는데, 이 물질을 음이온(anion)이라 한다.

• 양이온의 종류 : H^+, Li^+, Na^+, K^+, Be^{2+}, Mg^{2+}, Ca^{2+}, Ag^+, Ba^{2+} 등

• 음이온의 종류 : F^-, Cl^-, Br^-, I^-, O_2^-, S_2^- 등

문제에서 보면

㉠ $1s^2 2s^2 2p^4$ → 원자번호 8인 O

㉡ $1s^2 2s^2 2p^6 3s^1$ → 원자번호 11인 Na

㉢ $1s^2 2s^2 2p^6 3s^2 3p^3$ → 원자번호 15인 P

㉣ $1s^2 2s^2 2p^6 3s^2 3p^5$ → 원자번호 17인 Cl

㉤ $1s^2 2s^2 2p^6 3s^2 3p^6 4s^2$ → 원자번호 20인 Ca

이온결합을 형성할 수 있는 것으로는 Na_2O, $CaCl_2$, NaCl이 있다.

Answer 9.①

2018. 10. 13. 서울특별시 경력경쟁(9급 고졸자)

10 〈보기 1〉는 임의의 원소 A ~ C의 바닥상태인 원자 또는 이온의 전자 배치를 모형으로 나타낸 것이다. 이에 대한 설명으로 옳은 것을 〈보기 2〉에서 모두 고른 것은?

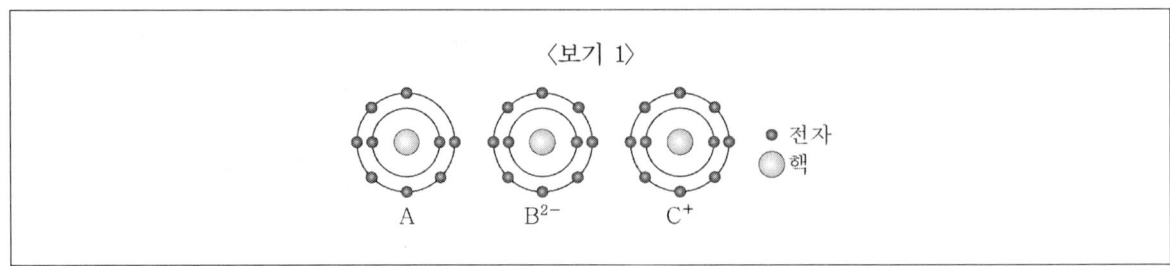

〈보기 1〉

A B^{2-} C^+

● 전자
○ 핵

〈보기 2〉

㉠ 원자 반지름은 C가 가장 크다.
㉡ 전기 음성도는 A가 B보다 크다.
㉢ 이온 반지름은 A^-가 B^{2-}보다 크다.

① ㉠㉡   ② ㉠㉢
③ ㉡㉢   ④ ㉠㉡㉢

TIP 양성자 수가 9이고, 전자 수는 10이므로 음이온이다.

A → 원자번호 9인 F이다.

B^{2-} → 원자번호 8인 O^{2-}이다. B는 O이다.

C^+ → 원자번호 11인 Na^+이며, C는 Na이다.

㉠ 원자 반지름은 원자번호가 클수록(아래쪽으로 갈수록) 전자껍질의 수가 증가하므로 원자 반지름은 커진다. 그러므로 원자 반지름은 C가 가장 크다.

㉡ 전기 음성도는 주기율표상 오른쪽, 위로 갈수록 커지므로 기본적으로 F > O > N > C > H이다.

㉢ 이온 반지름은 금속원소가 전자를 잃고 양이온이 될 경우 전자껍질 수가 감소하므로 이온 반지름은 작아지게 된다. (Na > Na^+)

비금속원소가 전자를 얻어 음이온이 될 경우 전자 사이의 반발력이 증가하므로 이온 반지름은 증가한다. (O < O^{2-})

전자수가 같은 이온의 반지름은 핵전하가 클수록 핵과 전자 사이의 인력이 증가하므로 이온 반지름은 작아진다. (O^{2-} > F^-)

그러므로 이온 반지름은 A^-가 B^{2-}보다 작다.

Answer   10.①

11 〈보기〉 중 반지름이 가장 큰 이온은?

<table>
<tr><td colspan="2" align="center">〈보기〉</td></tr>
<tr><td>㉠ $_{38}Sr^{2+}$</td><td>㉡ $_{34}Se^{2-}$</td></tr>
<tr><td>㉢ $_{35}Br^-$</td><td>㉣ $_{37}Rb^+$</td></tr>
</table>

① ㉠   ② ㉡

③ ㉢   ④ ㉣

TIP 이온 반지름

㉠ 양이온의 반지름 : 금속 원소가 전자를 잃고 양이온이 될 때 전자껍질 수가 감소하므로 반지름이 작아진다.

㉡ 음이온의 반지름 : 비금속 원소가 전자를 얻어 음이온이 될 때 전자 사이의 반발력이 증가하므로 반지름이 커진다.

㉢ 등전자 이온의 반지름 : 전자 수가 같은 이온의 반지름은 핵 전하가 클수록 핵과 전자 사이의 인력이 증가하므로 반지름이 작아진다.

※ 원자와 그 이온의 크기

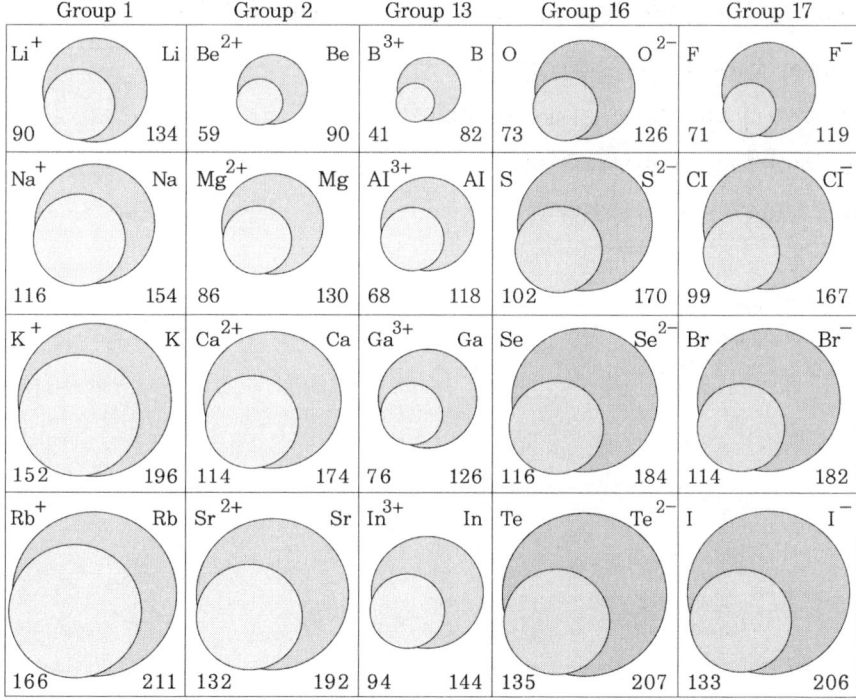

Group 1	Group 2	Group 13	Group 16	Group 17
Li^+ ... Li 90 ... 134	Be^{2+} ... Be 59 ... 90	B^{3+} ... B 41 ... 82	O ... O^{2-} 73 ... 126	F ... F^- 71 ... 119
Na^+ ... Na 116 ... 154	Mg^{2+} ... Mg 86 ... 130	Al^{3+} ... Al 68 ... 118	S ... S^{2-} 102 ... 170	Cl ... Cl^- 99 ... 167
K^+ ... K 152 ... 196	Ca^{2+} ... Ca 114 ... 174	Ga^{3+} ... Ga 76 ... 126	Se ... Se^{2-} 116 ... 184	Br ... Br^- 114 ... 182
Rb^+ ... Rb 166 ... 211	Sr^{2+} ... Sr 132 ... 192	In^{3+} ... In 94 ... 144	Te ... Te^{2-} 135 ... 207	I ... I^- 133 ... 206

출제 예상 문제

1 다음 이온 중 그 반지름이 가장 큰 것은?

① O^{2-} ② Mg^{2+}

③ F^- ④ Na^{2-}

TIP 이온반지름

ⓐ 등전자 이온들은 원자번호가 클수록 핵전하가 증가하여 전자를 끄는 인력이 커지므로 이온반지름이 작아진다.

ⓑ $_8O^{2-} > _9F^- > _{11}Na^+ > _{12}Mg^{2+}$

2 다음 중 MgO이 NaCl보다 녹는점이 높은 이유와 관계 깊은 것으로 옳은 것은?

① MgO의 화학식량이 NaCl의 화학식량보다 작다.

② NaCl의 총 전자수보다 MgO의 총 전자수가 작다.

③ MgO의 쿨롱의 힘이 NaCl의 힘보다 크다.

④ NaCl의 밀도보다 MgO의 밀도가 크다.

TIP 이온결합력(쿨롱의 힘)

ⓐ 두 이온의 전하량에 비례한다.

ⓑ 이온 사이의 거리가 짧을수록 크다.

ⓒ 결합력이 클수록 녹는점, 끓는점이 높아진다.

Answer 1.① 2.③

3 다음 같은 성질을 갖고 있는 물질로 옳은 것은?

> • 일반적으로 극성 용매에 잘 녹는다.
> • 액체일 때에는 전기를 잘 전도하나 고체일 때에는 전기부도체이다.
> • 녹는점 및 끓는점이 비교적 높다.

① Cu
② NH_3
③ SiO_2
④ KCl

TIP 이온결정은 고체 상태에서 전기를 전도하지 않지만, 용액에서나 액체 상태에서는 전기를 잘 통한다.

4 다음 중 이온결합물질로 옳은 것은?

① CO_2
② Cu
③ HCl
④ $CaCl_2$

TIP 이온결합은 금속 양이온과 비금속 음이온 간의 결합이다.

5 다음 중 비공유전자쌍을 가장 많이 갖고 있는 분자는?

① BF_3
② CH_4
③ NH_3
④ H_2O

TIP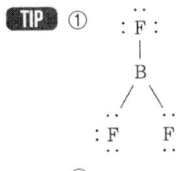
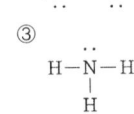

①
```
    ..
  : F :
    |
    B
   / \
  ..   ..
 : F    F :
  ..   ..
```
②
```
    H
    |
H — C — H
    |
    H
```
③
```
    ..
H — N — H
    |
    H
```
④
```
    ..
H — O :
    |
    H
```

6 다음 중 삼중결합으로 이루어진 것으로 옳은 것은?

① N_2

② Cl_2

③ O_2

④ H_2

TIP ②④ 단일결합 ③ 이중결합

7 다음 중 탄소와 탄소 사이의 결합거리가 가장 긴 것은?

① $C - C$

② $C = C$

③ $C \equiv C$

④ $C \equiv C$

TIP 같은 원자 사이의 결합길이 … 단일결합 > 이중결합 > 삼중결합 순이다.

8 다음 중 비공유전자쌍에 의해 생기는 결합으로 옳은 것은?

① 공유결합

② 배위결합

③ 이온결합

④ 금속결합

TIP 배위결합 … 결합에 참여하는 한쪽 원자에 반드시 비공유전자쌍이 존재해야 결합이 가능하다.

9 다음 중 공유결합물질로만 짝지어진 것으로 옳은 것은?

① $NaHCO_3$, H_2SO_4

② CH_3CH_2OH, $NaHCO_3$

③ CH_4, $CH_3 \cdot CH_3$

④ $CH_3 \cdot CH_3$, $NaHCO_3$

TIP 공유결합 … 전자를 내놓기 어려운 비금속원소 사이에서 두 원자에서 서로 내어 놓은 전자로 전자쌍을 만들고 전자를 서로 공유하여 이루어진 결합을 말한다.

Answer   6.① 7.① 8.② 9.③

10 다음 설명 중 이온결합물질의 일반적 성질로 옳은 것은?

> ㉠ 융점이 높다.   ㉡ 휘발성이 크다.
>
> ㉢ 융점이 낮다.   ㉣ 용융 상태에서 비전해질이다.
>
> ㉤ 용융 상태에서 전해질이다.   ㉥ 결정 상태에서 분자 격자를 이룬다.

① ㉠㉤   ② ㉡㉢

③ ㉠㉡㉣   ④ ㉡㉤㉥

TIP 이온결합물질

     ㉠ 고체 상태에서는 전기전도성이 없으나 용융(수용액) 상태에서는 전기전도성이 있다.

     ㉡ 결합력이 커서 녹는점과 끓는점이 높고 분자로 존재하기가 어렵다.

11 다음 화합물 중 이온결합성이 가장 큰 화합물로 옳은 것은?

① CaO   ② KCl

③ CaCl②   ④ K_2O

TIP 금속성이 큰 원소와 비금속성이 큰 원소가 만날 때 이온결합성이 가장 크다.

12 다음 중 이온결합물질의 녹는점이 가장 높은 것으로 옳은 것은?

① SrO   ② MgO

③ BeO   ④ CaO

TIP 이온반지름의 크기가 $Sr^{2+} > Ca^{2+} > Mg^{2+} > Be^{2+}$이므로 결합력이 BeO가 가장 커서 녹는점이 높다.

Answer 10.① 11.④ 12.③

13 다음 이온결합의 형성과정과 에너지 관계를 나타낸 그림에서 이온결합이 형성되는 위치로 옳은 것은?

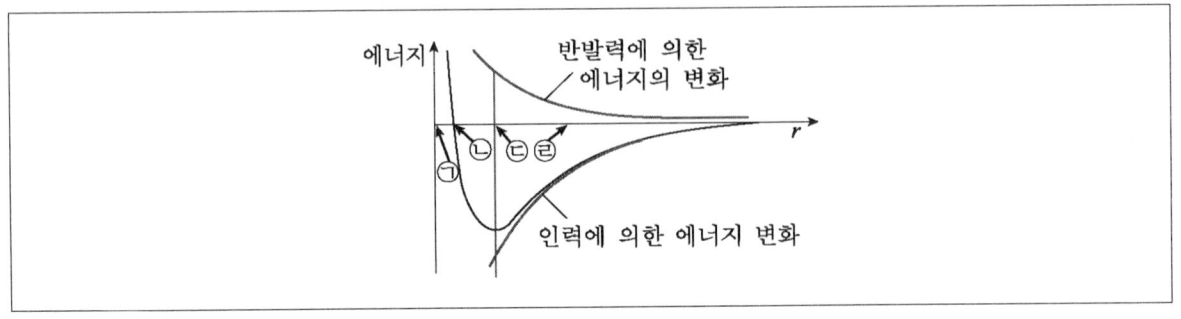

① ㉠

② ㉡

③ ㉢

④ ㉣

TIP 이온결합의 형성 … 양이온과 음이온 사이의 인력과 반발력에 의한 에너지가 최소로 되는 위치에서 형성된다.

14 다음 중 염화소듐(NaCl)에 관한 설명으로 옳지 않은 것은?

① Na^+와 Cl^-는 모두 Ne와 같은 전자배치를 한다.

② Na^+를 둘러싸고 있는 Cl^-는 정육면체 모양이다.

③ Na^+는 6개의 Cl^-와 결합하고 있는 구조이다.

④ Na^+와 Cl^-의 결합비는 1 : 1이다.

TIP ① Cl^-의 전자수는 18개이고 Ar의 전자배치와 동일하다.

15 다음 중 이온결합과 공유결합만으로 이루어진 물질로 옳은 것은?

① CO_2 ② NaF

③ CH_2COONa ④ NH_4Cl

TIP $CH_3COONa \rightarrow CH_3COO^- + Na^+$

16 다음 중 이온결합물질의 성질로 옳지 않은 것은?

① 고체와 액체에서 모두 도체이다.

② 물과 같은 극성 용매에 용해가 쉽게 된다.

③ 녹는점이 비교적 높다.

④ 단단하지만 힘을 가하면 부서진다.

TIP 이온결합물질의 성질
   ㉠ 물에 비교적 잘 녹고, 녹은 수용액은 전기양도체이다.
   ㉡ 전기전도성은 고체에서 없고, 용융 상태에서 양도체이다.
   ㉢ 반지름이 작고 전하량이 클수록 녹는점과 끓는점이 높다.

17 다음 중 공유결합을 형성하기 가장 쉬운 것은 무엇인가?

① 같은 족 원소 사이

② 전자를 내놓기 쉬운 금속원소 사이

③ 같은 주기원소 사이

④ 전자를 내놓기 어려운 비금속원소 사이

TIP 전자를 내놓기 어려운 비금속원소 사이에서 원자가 전자를 서로 공유하여 공유결합이 이루어진다.

Answer   15.③ 16.① 17.④

18 다음 중 분자의 전자점 구조로 옳지 않은 것은?

①
```
: C : H
  ..
   H
```

②
```
  ..
H : N : H
  ..
   H
```

③
```
.. .. ..
: F : B : F :
  ..
 : H :
   ..
```

④
```
   H
   ..
H : C : H
   ..
   H
```

> **TIP** ③ BF_3에서 B원자에는 비공유전자쌍이 없다.

19 다음 중 공유결합물질로 옳은 것은?

① NH_3, $CaCl_2$, CaO

② NaF, SO_2, Cl_2

③ HCl, NO_2, CO_2

④ H_2O, $NaCl$, MgO

> **TIP** 공유결합은 비금속원소 사이에 이루어지고 이온결합은 금속과 비금속 사이에서 이루어지며 MgO, NaF, $CaCl_2$, CaO 등이 있다.

20 다음 중 배위결합이 들어 있는 것으로 옳지 않은 것은?

① $HOCl$

② NH_4^+

③ $BF_3 \cdot NH_3$

④ H_3O^+

> **TIP** ① 공유결합 [H : O : Cl]

21 다음 중 탄소원자 사이의 결합길이가 긴 것부터 순서대로 나열된 것으로 옳은 것은?

① $-C \equiv C- > -C = C- > -\underset{|}{\overset{|}{C}}-\underset{|}{\overset{|}{C}}-$

② $-C = C- > -C \equiv C- > -\underset{|}{\overset{|}{C}}-\underset{|}{\overset{|}{C}}-$

③ $-\underset{|}{\overset{|}{C}}-\underset{|}{\overset{|}{C}}- > -C \equiv C- > -C = C-$

④ $-\underset{|}{\overset{|}{C}}-\underset{|}{\overset{|}{C}}- > -C = C- > -C \equiv C-$

TIP 원자 사이의 결합길이는 결합수가 작을수록 길고, 결합수가 많아질수록 짧아진다.

22 다음 중 NH_4Cl에 관여하고 있는 화학결합으로 옳지 않은 것은?

① 이온결합   ② 공유결합

③ 배위결합   ④ 금속결합

TIP ④ 금속 양이온과 자유전자 사이의 정전기적 인력에 의해 형성된 결합인데 NH_4Cl에는 금속양이온이 없다.

23 다음 중 전기를 전도하는 물질들의 나열로 옳은 것은?

① NaCl(s), Ag(s), HCl(aq)

② NaCl(용융), Ag(s), 흑연

③ NaCl(용융), Ag(s), 다이아몬드

④ NaCl(aq), Ag(s), 다이아몬드

TIP 이온결정물질은 고체 상태에서 전기전도성이 없고 액체나 수용액 상태에서는 전기전도성을 갖는다. 금속은 액체, 고체 모두 전기전도성이 있고 공유결합물질은 액체, 고체 모두 전기전도성이 없으나 흑연은 공유결합물질이어도 전기전도성이 있다.

Answer   21.④ 22.④ 23.②

24 다음 중 금속결정의 구성단위로 옳은 것은?

① 분자와 분자
② 원자와 원자
③ 양이온과 전자
④ 양이온과 음이온

TIP **금속결정** … 느슨하게 결합된 최외각 전자는 약간의 외부에너지에 쉽게 자유전자가 된다. 금속결합에서 결정 상태를 유지하는 것은 자유전자와 양전하를 띠고 있는 중심체 사이의 상호작용에 의하며 자유전자가 이들 중심체 결합에 접착제 역할을 한다.

25 다음 중 금속이 고체 상태에서도 전도성을 갖는 원인은 무엇인가?

① 양이온
② 중성자
③ 공유전자
④ 자유전자

TIP 무수히 많은 자유전자가 '전자의 바다'를 이루어 전기전도성을 갖게 한다.

26 다음 중 금속결합을 이룬 것은 무엇인가?

① Ag
② P
③ $MgCl_2$
④ HCl

TIP **금속결합** … 금속 양이온과 자유전자 사이의 정전기적 인력에 의해서 형성되는 결합을 말한다.

27 다음 중 이온결합물질로 옳은 것은?

① NCl
② KBr
③ CH_4
④ NO_2

TIP 이온결합은 금속원소와 비금속원소 사이에 이루어진다.

Answer 24.③ 25.④ 26.① 27.②

28 다음 이온결합 화합물의 화학식이 M_2X형인 것은?

① K^+와 Cl^-로 된 화합물

② Ba^{2+}와 Cl^-로 된 화합물

③ Na^+와 O^{2-}로 된 화합물

④ Al^{3+}와 O^{2-}로 된 화합물

> **TIP** 양이온과 음이온의 전하량이 같아야 하므로 2원자의 Na^+와 1원자의 O^{2-}가 M_2X형을 이룬다.

29 다음 이온결합물질 중 양이온은 He의 핵 전자배치와 같고, 음이온은 Ne의 핵 전자배치와 같은 배치를 갖는 것은?

① NaCl

② LiCl

③ LiF

④ K_2O

> **TIP** 전자배치
> ㉠ He의 전자배치 : $1s^2$
> ㉡ Ne의 전자배치 : $1s^2 2s^2 2p_x^2 2p_y^2 2p_z^2$

30 다음 중 원자반지름과 이온반지름을 비교한 것으로 옳은 것은?

① $Na^+ > Na$

② $Mg^{2+} > Mg$

③ $Cl^- < Cl$

④ $O^{2-} > O$

> **TIP** 반지름의 비교
> ㉠ 금속원소 : 원자반지름 > 이온반지름
> ㉡ 비금속원소 : 원자반지름 < 이온반지름

31 다음 중 원자반지름과 이온반지름에 대한 설명으로 옳은 것은?

① 같은 족에서 이온반지름은 원자번호가 커지면 감소한다.

② 같은 주기에서 음이온반지름보다 양이온반지름이 크다.

③ 금속의 이온반지름은 원자반지름보다 크다.

④ 비금속의 이온반지름은 원자반지름보다 크다.

TIP 이온반지름
　　ⓐ 같은 족 : 원자번호가 클수록 증가한다.
　　ⓑ 등전자 이온 : 원자번호가 클수록 감소한다.

32 다음 중 액체 상태나 수용액 상태에서만 전기를 통하는 물질들로 옳은 것은?

① $CaCl_2$, CO_2, N_2

② $NaCl$, CH_4, KNO_3

③ $NaCl$, $CaCl_2$, KF

④ HCl, CO_2, KNO_3

TIP 이온결합물질은 액체 상태에서와 수용액 상태에서만 전기를 전도한다.

33 다음 중 화합물에서 구성원자 사이의 결합이 순수한 이온결합으로만 된 것은 무엇인가?

① CH_3COONa　　　　　　　② NH_4Cl

③ $MgCl_2$　　　　　　　　　　④ K_2SO_4

TIP $Mg^{2+} + 2Cl^-$ (Mg^{2+} : Cl^- =1 : 2로 구성된 이온결합물이다)

Answer　31.④　32.③　33.③

34 다음 중 공유결합물질로 옳은 것은?

① NaCl

② CO_2

③ Cu

④ CH_3COONa

TIP 공유결합은 비금속원자간의 결합이다.

35 다음 중 결합에너지에 대한 설명으로 옳지 않은 것은?

① 수소원자처럼 작은 원자간의 결합이 큰 원자간의 결합보다 크다.

② 결합에너지가 크면 결합길이는 짧아진다.

③ 원자간의 결합수가 많으면 에너지가 작아진다.

④ 원자 사이의 결합을 끊는 데 필요한 에너지이다.

TIP ③ 원자간의 결합수가 많을수록 결합에너지는 커진다.

36 다음 중 화학결합방식에 대한 설명으로 옳지 않은 것은?

① 흑연은 이온결합을 한다.

② H_2O는 공유결합을 한다.

③ 고체형태의 Ag(은)는 금속결합을 한다.

④ 산화마그네슘은 이온결합으로 되어 있다.

TIP ① 흑연과 다이아몬드는 그물구조 형태의 공유결정이다.

Answer 34.② 35.③ 36.①

37 다음 중 배위결합이 없는 것은?

① H_3O^+

② NH_3

③ $Cu(NH_3)_4^{2+}$

④ NH_3BF_3

TIP ② $H:\overset{\cdot\cdot}{N}:H$ 이므로 비공유전자쌍을 일방적으로 제공한 경우가 아니다.
$\qquad\quad\ \ \overset{\ }{H}$

$$\overset{H}{\underset{H}{H:\overset{\cdot\cdot}{N}:}} \ + \ \overset{:\overset{\cdot\cdot}{F}:}{\underset{:\overset{\cdot\cdot}{F}:}{\cdot \overset{\cdot\cdot}{B}\cdot}} \ = \ \overset{H\ \ :\overset{\cdot\cdot}{F}:}{\underset{H\ \ :\overset{\cdot\cdot}{F}:}{H:\overset{\cdot\cdot}{N}:\overset{\cdot\cdot}{B}:\overset{\cdot\cdot}{F}:}}$$

BF_3는 옥텟규칙을 만족하지 않으나 비공유전자쌍을 갖는 분자와 대단히 잘 반응한다. NH_3와 반응하여 NH_3BF_3 화합물을 형성하여 B는 옥텟규칙을 만족한다.

38 다음 중 금속결합 형성의 원인으로 옳은 것은?

① 자기적 인력

② 자유전자의 공유

③ 양성자와 중성자의 인력

④ 금속이온간의 결합

TIP 금속의 양이온이 고정되어 있고 그 주위를 자유전자가 움직인다. 금속결합에서는 자유전자수가 대단히 많아서 자유전자들을 '전자의 바다'라 부른다.

39 녹는점이 가장 높은 것으로 예상되는 금속으로 옳은 것은?

① Ca

② Mg

③ Al

④ Na

TIP 금속결합의 녹는점은 자유전자수가 많을수록, 금속원자 반지름이 작을수록 커진다. Al이 자유전자수도 가장 많고 Ca에 비해 금속원자 반지름이 작다.

40 다음 중 금속결합의 특성으로 옳지 않은 것은?

① 금속 양이온과 자유전자 사이의 결합이다.
② 열과 전기의 부도체이고, 밀도가 크다.
③ 은백색 광택을 띤다.
④ 연성과 전성이 크다.

TIP 금속결합은 자유전자로 인해 색, 전기전도성, 연·전성의 성질을 갖는다.

41 다음 중 2족 금속에서 녹는점이 가장 높을 것으로 예상되는 것은 무엇인가?

① Mg
② Sr
③ Ba
④ Ca

TIP 금속의 녹는점…녹는점은 금속원자 반지름이 작을수록 커지는데 보기의 2족 원소 중 Mg의 반지름이 가장 작다.

42 다음 중 녹는점이 굳기에 비례할 때 가장 단단한 화합물로 옳은 것은?

① SrO
② LiI
③ BaO
④ LiF

TIP 이온 사이 거리가 짧을수록 결합력이 증가한다.

Answer 40.② 41.① 42.④

43 옥텟규칙에 따라 원자들은 최외각에 8개의 전자를 가지려는 경향이 있다. 다음 중 중심 원자가 옥텟을 이루지 못하는 것은?

① CH_4

② PCl_3

③ BF_3

④ H_2O

TIP ③
$$\overset{\cdot\cdot}{\underset{F\quad F}{B}}{\overset{F}{}}$$
이므로 옥텟규칙을 만족하지 않는다.

44 다음 중 원자가 더 이상 결합하지 않고 분자 상태로 존재하기 쉬운 것은?

① Na, Li

② F, Cl

③ C, Si

④ Ne, Ar

TIP 옥텟규칙을 만족하는 원자가 분자 상태로 존재하기 쉽다.

45 다음 중 공유결합, 이온결합, 배위결합이 다 존재하는 것으로 옳은 것은?

① HCl

② KCl

③ Na_2SO_4

④ CaO

TIP $Na_2SO_4 \rightleftharpoons 2Na^+ + SO_4^{2-}$

Answer 43.③ 44.④ 45.③

46 다음 중 화학결합에 대한 설명으로 옳은 것은?

① 두 원자가 결합할 때 반드시 에너지가 흡수된다.
② 화학결합을 끊는 데 필요한 것은 에너지이다.
③ 화학결합이 일어나려면 두 원자 사이의 위치에너지가 커져야 한다.
④ 화학결합이 일어나기 위해서는 반드시 전자의 이동이 있어야 한다.

TIP 공유결합은 전자의 이동이 없고 전자를 서로 공유하여 이루어진다.

47 다음 중 이온결합의 일반적인 성질로 옳지 않은 것은?

① 대부분 물에 잘 녹는다.
② 용융 상태에서 전기를 전도한다.
③ 결정성 고체로 휘발성이 높다.
④ 녹는점·끓는점이 높다.

TIP ③ 이온결합은 여러 개의 이온들과 쿨롱의 힘에 의해 결합되어 있으므로 상온에서 결정 상태이고 비휘발성 물질이다.

48 다음 중 공유결합에 의해서 물질이 되는 경우로 옳은 것은?

① Fe   ② NH_4Cl
③ KCl   ④ CO_2

TIP 공유결합 … 비금속 원자 2개가 각자 가진 원자가전자를 서로 공유함으로써 비활성 기체와 같은 전자배치를 이루어 안정한 상태로 되는 것이다.

Answer 46.② 47.③ 48.④

○2 공유결합과 분자

01 결합의 극성

❶ 전기음성도

(1) 전기음성도의 정의

① 개념 … 두 원자가 공유결합을 이룰 때 공유전자쌍을 끌어당기는 힘의 크기로 플루오르(F)의 전기음성도를 기준(4.0)으로 나타낸 상대적인 세기를 말한다.

② 이온화에너지와 전자친화도가 큰 원자는 전기음성도도 대부분 크다.

③ 폴링의 전기음성도 … 두 원자들의 전기음성도의 차이가 클수록 결합에너지가 증가하는 것에 착안하여 각 원소의 전기음성도값을 정하였다.

　　㉠ 플루오르(F)의 전기음성도 : 원자번호 9이고 주기율표 오른쪽 위에 위치하며 값이 가장 큰 4.0을 갖는다.

　　㉡ 프랑슘(Fr)의 전기음성도 : 원자번호 87이고, 주기율표 왼쪽 아래에 위치하며 가장 작은 값인 0.7을 갖는다.

(2) 전기음성도의 경향

① 같은 주기 … 전기음성도는 원자번호가 증가할수록 커지는데 특히 2주기에서 오른쪽으로 갈수록 전기음성도가 0.5단위씩 증가하게 된다.

② 같은 족 … 원자번호가 증가할수록 전기음성도의 값이 작아진다.

③ 주기율표에서 원소에 따른 전기음성도 경향

　　㉠ 비금속원소 : 대부분 2 이상의 값을 갖는다.

　　㉡ 수소와 준금속 : 2에 가까운 값을 갖는다.

　　㉢ 금속원소 : 대부분 2 이하의 값을 갖는다.

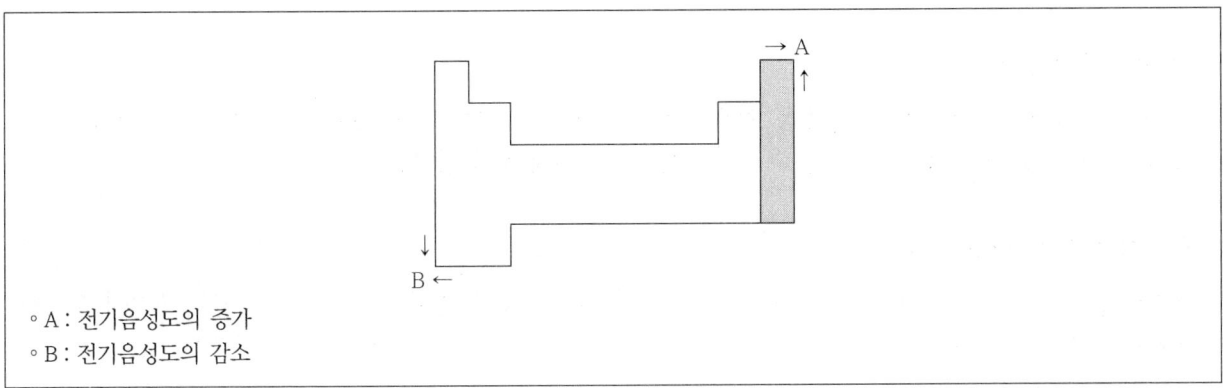

[주기율표의 전기음성도]

∘ A : 전기음성도의 증가
∘ B : 전기음성도의 감소

(3) 전기음성도의 이용

① **전기음성도의 이용** ⋯ 결합의 극성 정도 예측이 가능하고 화합물에서 원소들의 산화수를 결정하기도 한다.

② **결합의 극성 결정** ⋯ 두 원자가 결합하고 있을 때 전기음성도가 큰 쪽이 전기적으로 음성(−)이 되고, 작은 쪽이 전기적으로 양성(+)이 된다.

③ **산화제의 세기** ⋯ 전기음성도가 큰 비금속일수록 강한 산화제이다.

④ **산화수의 결정**

   ㉠ **산화수** : 전기음성도가 큰 원자가 공유전자쌍을 완전히 차지했다고 생각했을 때, 각 원자가 갖는 전하수를 말한다.

   ㉡ **H_2O의 산화수 결정** : H_2O의 구조 $\overset{..}{\underset{H}{:O:H}}$ 에서 산소가 전기음성도가 크므로 H의 공유전자쌍을 다 차지해 버리면 O는 O^{2-}, H는 H^+가 되어 O의 산화수는 −2, H의 산화수는 +1이 된다.

⑤ **화학결합의 구분**

   ㉠ **공유결합** : 전기음성도가 큰 비금속원자간 결합

   ㉡ **이온결합** : 전기음성도가 작은 금속 + 전기음성도가 큰 비금속원자 간 결합

❷ 결합의 극성

(1) 결합의 극성 결정

두 원자들이 결합할 때 전하분포의 결정은 원자의 전기음성도에 의해서 이루어진다. 즉, 전기음성도가 큰 쪽으로 전하가 치우치게 되고, 치우치는 정도는 전기음성도의 크기에 따라 달라진다.

(2) 극성과 무극성 결합

① **무극성 결합**···H_2, F_2와 같은 분자에서처럼 두 원자들에서 전하의 분포가 대칭적으로 되어 있어서 결합의 한쪽이 전기적으로 음성이 되고, 다른 쪽이 양성이 되는 현상이 일어나지 않는다. (∵ 결합전자쌍이 어느 쪽 원자로 치우치지 않는 것이다.

    ㉠ 동핵 2원자분자의 경우 : H-H, F-F, O=O, N≡N 등

    ㉡ 두 원자의 전기음성도 값이 같기 때문에 두 원자핵 근처에서의 전하의 분포는 동일하다.

② **극성 결합**

    ㉠ 개념 : 전기음성도가 서로 다른 원자들이 전자쌍을 공유하여 형성된 결합을 말한다.

    ㉡ 이핵 2원자분자의 경우 : H-F, H-Cl 등

    ㉢ 서로 다른 비금속원소 사이 결합으로 전기음성도가 큰 원자 쪽에 결합전자쌍이 치우친 결합이다.

    ㉣ 전기음성도가 큰 원자 쪽이 전기적으로 음성(δ $-$)이 되고, 작은 원자 쪽이 양성(δ $+$)이 된다.

       예 HF
         • H 전기음성도 : 2.1
         • F 전기음성도 : 4.0
         →F로 전자쌍이 끌림($H^{\delta+}$, $F^{\delta-}$)

[극성 결합과 무극성 결합에서의 전하분포]

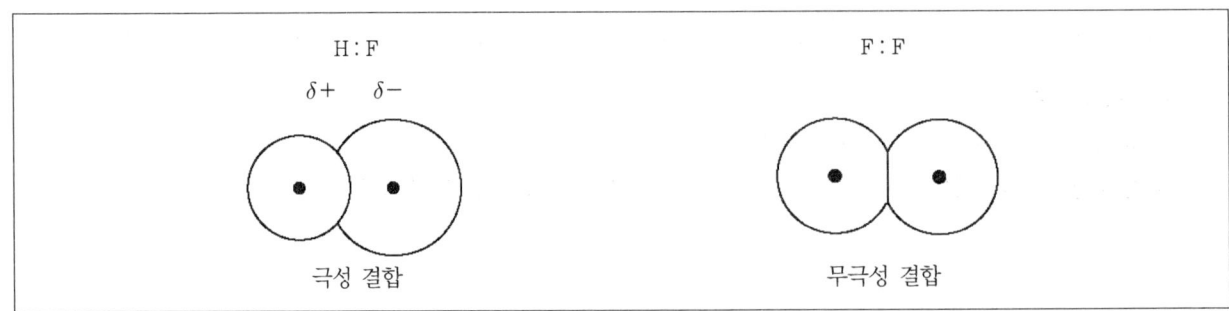

(3) 공유결합의 이온성

① **극성 결합**···부분적인 이온성을 가진 공유결합으로 보고 이 결합에서는 이온이 형성되지 않고 전자쌍이 한쪽으로 치우쳐 한 원자는 δ $+$, 다른 원자는 δ $-$의 전하를 띠게 된다.

② 이중극자 모멘트(쌍극자 모멘트)
  ㉠ 개념 : 크기가 같고 부호가 다른 두 전하들이 분리되어 있을 때 전하와 두 전하 사이의 거리를 곱한 벡터량을 말한다.
  ㉡ 이중극자 모멘트로 알 수 있는 결합의 극성 크기 또는 이온성
    • 크기 : $\mu = q\gamma$ (q : 전하량, γ : 거리)
    • 방향 : (+)전하 → (−)전하
    • 분리된 전하가 클수록, 거리가 멀수록 크다.

(4) 전기음성도와 결합의 이온성
① 결합을 이루고 있는 두 원자들의 전기음성도 차이가 클수록 결합의 이온성은 커진다.
② 한 결합에서 두 원소의 전기음성도를 각각 X_A, X_B라고 하면 아래와 같은 관계가 된다.
  ㉠ $|X_A - X_B| = 0$이면 무극성 공유결합이다.
  ㉡ $|X_A - X_B| < 1.7$이면 극성 공유결합이다.
  ㉢ $|X_A - X_B| > 1.7$이면 이온결합(전기음성도의 차가 클수록 공유전자쌍이 한쪽 원자로 더 많이 치우쳐 분리되는 현상이 증가하기 때문)이다.
  ㉣ 예외 : HF의 전기음성도 차가 1.9이지만 공유결합이다(이온성 43%).
③ 이온결합물질
  ㉠ 50% 이상의 이온성을 가진 물질을 말한다.
  ㉡ 두 원자 간의 전기음성도 차가 1.7 이상이면 이온성은 50% 이상이 된다.
  ㉢ 알칼리금속과 할로겐 사이에는 이온결합이 형성된다.
  ㉣ 이온결합물질에서는 이온성이 100%인 것은 거의 없다(아래 그림 참조).
    • LiF : 이온성 90%, 공유성 10%
    • NaCl : 이온성 75%, 공유성 25%

[두 원자들의 전기음성도 차이와 결합의 이온성]

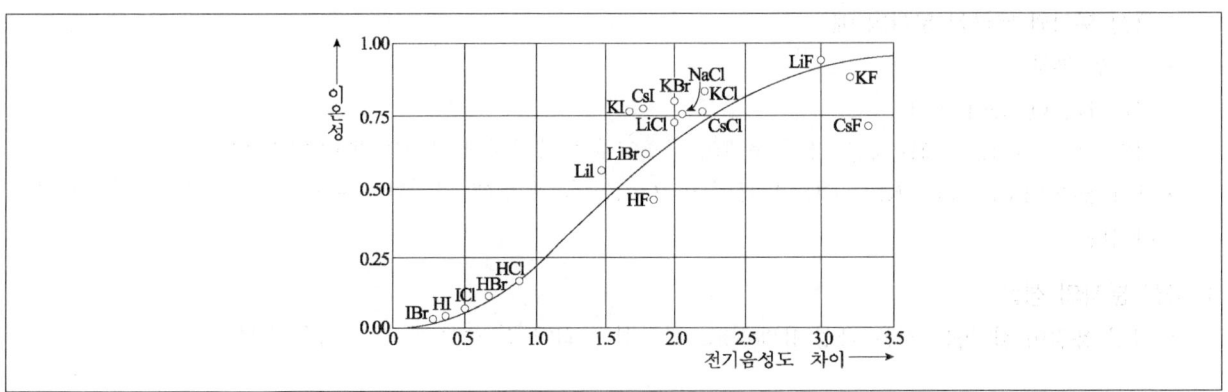

❸ 분자의 극성

(1) 극성의 생성

① 무극성 결합 ··· 무극성 분자가 된다.

② 극성 공유결합 ··· 분자의 모양에 따라 극성 · 무극성 분자의 성질을 갖는다.

(2) 분자에 따른 극성의 특성

① 2원자 분자의 극성

　　㉠ 무극성 결합 : 모두 무극성 분자가 된다.

　　　　예 H_2, N_2, O_2, F_2 등

　　㉡ 극성 결합 : 모두 극성 분자가 된다.

　　　　예 HF, HCl, HBr, HI 등

② 다원자 분자의 극성

　　㉠ CH_4와 CH_3Cl

　　　• CH_4는 4개의 극성 결합들로 구성되어 있지만 각각의 이중극자 모멘트들의 합은 0이 되어 분자 자체는 무극성이다.

　　　• CH_3Cl에서는 이중극자 모멘트들의 합이 0이 되지 않기 때문에 극성을 나타낸다.

　　㉡ CO_2

　　　• 선형 분자로 C＝O결합에서는 전기음성도가 큰 O가 약간의 (−)전하를 띠고 C가 약간의 (+)전하를 띠게 된다.

　　　• 2개의 C＝O결합에 대해서 이중극자 모멘트를 나타내는 벡터는 크기가 같고 방향이 반대가 되며 이들 벡터의 합은 0이므로 CO_2는 무극성 분자이다.

　　㉢ H_2O : H_2O의 구조는 굽은 모양이고 2개의 O−H결합에 대한 이중극자 모멘트 합이 0이 되지 않으므로 극성을 나타낸다.

　　㉣ 극성 분자와 무극성 분자의 예

　　　• 무극성 분자

　　　　− H_2, N_2, O_2 등이 있다.

　　　　− BF_3, CH_4, C_2H_6, C_6H_6 등은 극성 형태의 구조이나 이중극자 모멘트의 백터량이 0이다.

　　　• 극성 분자 : HCl, H_2O, NH_3, CH_3Cl 등이 있고 이는 극성 형태 구조이며 이중극자 모멘트 백터량이 0이 아니다.

③ 극성 분자의 성질

　　㉠ 극성 용질이 잘 녹는 것은 극성 용매이고, 무극성 용질이 잘 녹는 것은 무극성 용매이다.

ⓛ 대전된 두 평형판 사이의 전기장 속에 극성 분자를 넣으면 (+)전하를 띤 쪽의 분자들은 (−) 쪽으로, (−)전하를 띤 쪽의 분자들은 (+) 쪽으로 향하게 배열한다.

ⓒ 극성 분자는 (+)전하 또는 (−)전하로 대전된 막대 쪽으로 끌려간다.

02 분자의 모양

❶ 전자쌍 반발원리

(1) 전자쌍 반발원리

① 분자의 중심원자를 둘러싼 원자가전자들은 쌍을 이루고 이 전자쌍들은 같은 전하를 가지고 있기 때문에 전자쌍들 사이의 반발력을 최소로 하기 위한 배치를 가지려 하는 것이다.

② 전자쌍들은 정전기적 반발로 인해 가능한 한 서로 멀리 떨어져 있는 방향으로 배열한다.

③ 전자쌍 사이의 반발력 크기

$$\begin{pmatrix} 비공유전자쌍 \\ \updownarrow 반발력 \\ 비공유전자쌍 \end{pmatrix} > \begin{pmatrix} 비공유전자쌍 \\ \updownarrow 반발력 \\ 공유전자쌍 \end{pmatrix} > \begin{pmatrix} 공유전자쌍 \\ \updownarrow 반발력 \\ 공유전자쌍 \end{pmatrix}$$

④ 전자쌍들 반발에 따른 전자쌍의 배열

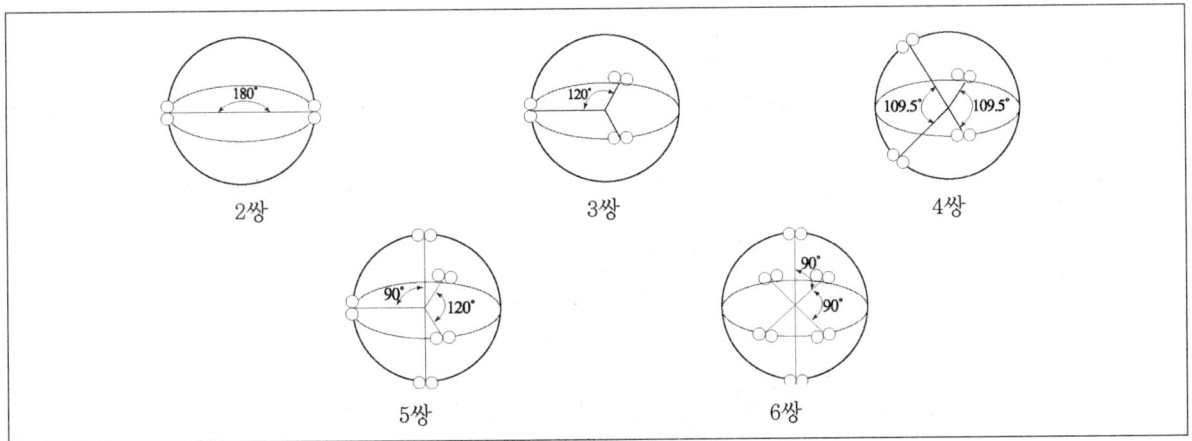

(2) 중심원자와 전자쌍

① 중심원자가 공유전자쌍만 가진 경우 … 분자모양이 전자배치와 같다.

중심원자의 전자쌍수	2쌍	3쌍	4쌍	5쌍	6쌍
분자모양	선형	삼각평면형	정사면체형	삼각쌍뿔형	정팔면체형
보기	H−Be−H	(Cl, Cl, B, Cl 구조)	(Cl, C, Cl, Cl, Cl 구조)	(Cl, Cl, P, Cl, Cl 구조)	(F, F, S, F, F, F 구조)

② 중심원자가 비공유전자쌍을 가진 경우

㉠ H_2O의 분자모양

• H_2O의 중심원자 O는 2개의 공유전자쌍과 2개의 비공유전자쌍을 가지므로 4개의 전자쌍들이 정사면체로 배열된다.

• 2개의 비공유전자쌍의 영향으로 2개의 수소원자들은 정사면체의 두 꼭지점에 놓인 굽은 형태의 분자모양이 된다.

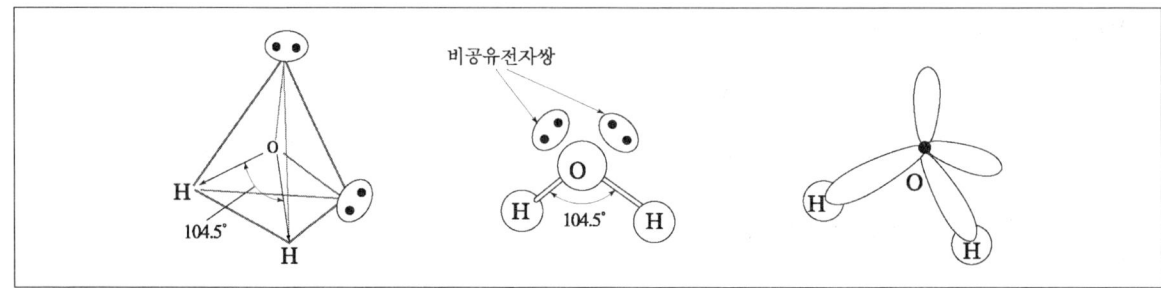

㉡ NH_3의 분자모양

• NH_3의 중심원자 N은 3개의 공유전자쌍과 1개의 비공유전자쌍을 가져 전자쌍들이 정사면체 구조로 배열된다.

• 고립전자쌍(비공유전자쌍)의 영향으로 분자모양은 정사면체형이 아닌 삼각뿔 형태이다.

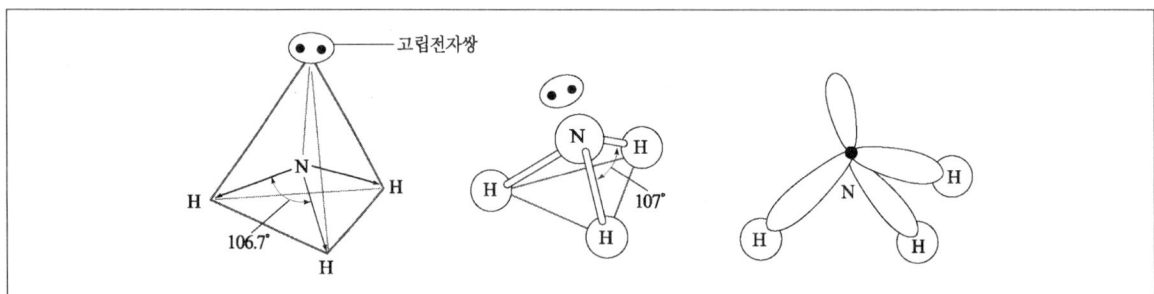

ⓒ NH₃와 H₂O의 결합각이 109.5°보다 작은 이유

- 반발력
  - 비공유전자쌍+공유전자쌍 > 공유전자쌍
  - 공유전자쌍은 두 원자핵들에 끌리지만 비공유전자쌍은 중심원자핵에만 끌리기 때문에 공간의 분포가 상대적으로 납작해지고 뚱뚱해진다. 이로 인해 공유전자쌍과 비공유전자쌍 사이의 반발력이 공유전자 쌍들의 반발력보다 커지게 된다.
- 구조변화
  - NH₃ : 비공유전자쌍이 1개 있어 결합각이 107°로 준다.
  - H₂O : 비공유전자쌍이 2개 있어 결합각이 더 줄어들어 104.5°가 된다.

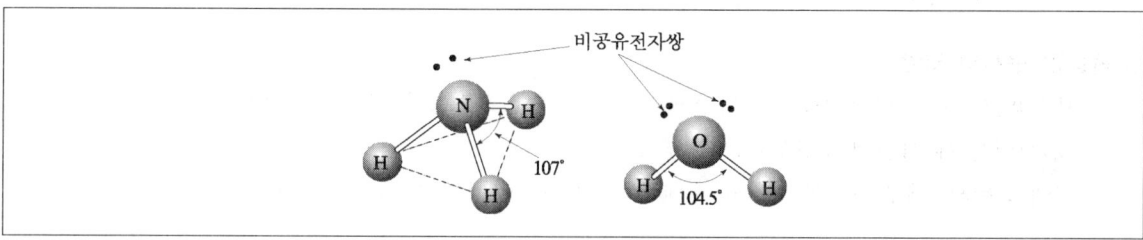

❷ 다중결합을 가진 분자모형

(1) 다중결합 중의 전자쌍들

중심원자가 다중결합을 하고 있는 분자에 대해서는 다중결합 중의 전자쌍들이 모두 두 원자들 사이에 몰려 있으므로 이들을 1개의 전자쌍처럼 생각하면 될 수 있지만 결합각은 달라진다.

(2) 분자의 모양

① 2중 결합을 가지는 분자
   ㉠ 폼알데하이드(HCHO) : C와 O 사이에는 2개의 전자쌍들을 1개의 전자쌍으로 생각하면 C주위의 원자가전 자쌍수는 3개로 보고 그 모양은 삼각평면형이 된다.
   ㉡ 아세틸렌(C₂H₂) : C와 C 사이에 있는 3개의 전자쌍들을 1개로 생각할 경우 각 탄소원자 주위에 2개의 전 자쌍이 있는 것으로 보고 그 모양은 선형이 된다.

▶TIP
   X - X, X = X, X ≡ X의 분자모형은 같은 형태를 나타낸다.

ⓒ 이산화탄소(CO_2) : C와 O 사이 2개의 전자쌍들을 1개씩으로 생각하면 모두 2개의 전자쌍들이 있는 것으로 보고 모양은 선형이다.

[2중 결합의 분자모양]

종류	분자의 모양
폼알데하이드	$O :: C \overset{H}{\underset{H}{\cdot}}$ $O = C \overset{H}{\underset{H}{}}$
아세틸렌	$H : C :: C : H$ $H - C \equiv C - H$
이산화탄소	$O :: C :: O$ $O = C = O$

② 복잡한 분자의 모양

㉠ 프로페인(C_3H_8) : 탄소원자 주위의 4개 원자들과 공유결합을 하고, 이 4개의 원자들은 각 탄소의 중심에서 보았을 때 사면체 모양을 형성하고 있다.

㉡ 단백질 분자 : 매우 복잡한 구조이나 배열이 일정한 규칙에 따라서 이루어져 있다.

최근 기출문제 분석

2024. 6. 22. 제1회 지방직

1 다음 분자를 쌍극자 모멘트의 세기가 큰 것부터 순서대로 바르게 나열한 것은?

$$BF_3, \ H_2S, \ H_2O$$

① $H_2O, \ H_2S, \ BF_3$

② $H_2S, \ H_2O, \ BF_3$

③ $BF_3, \ H_2O, \ H_2S$

④ $H_2O, \ BF_3, \ H_2S$

TIP 주어진 BF_3, H_2S, H_2O 분자 중 BF_3는 무극성 분자로 쌍극자 모멘트의 합이 0이므로 주어진 분자 중 쌍극자 모멘트가 가장 작다. H_2S와 H_2O 분자 중에서는 각 분자를 구성하고 있는 수소(H)와 황(S), 수소(H)와 산소(O)의 전기 음성도 차이를 비교해보면 수소(H)와 산소(O)가 더 크게 나타나므로 이에 기인하는 쌍극자 모멘트가 더 크게 나타난다. 따라서 H_2S 분자보다 H_2O 분자의 쌍극자 모멘트의 합이 더 크다. 따라서 주어진 분자들의 쌍극자 모멘트는 $BF_3 < H_2S < H_2O$ 순으로 나타난다.

2021. 6. 5. 제1회 지방직

2 다음 화합물 중 무극성 분자를 모두 고른 것은?

$$SO_2, \ CCl_4, \ HCl, \ SF_6$$

① $SO_2, \ CCl4$

② $SO_2, \ HCl$

③ $HCl, \ SF_6$

④ $CCl_4, \ SF_6$

TIP 극성 분자 : SO_2, HCl
무극성 분자 : CCl_4, SF_6

Answer 1.① 2.④

3 아세트알데하이드(acetaldehyde)에 있는 두 탄소(ⓐ와 ⓑ)의 혼성 오비탈을 옳게 짝지은 것은?

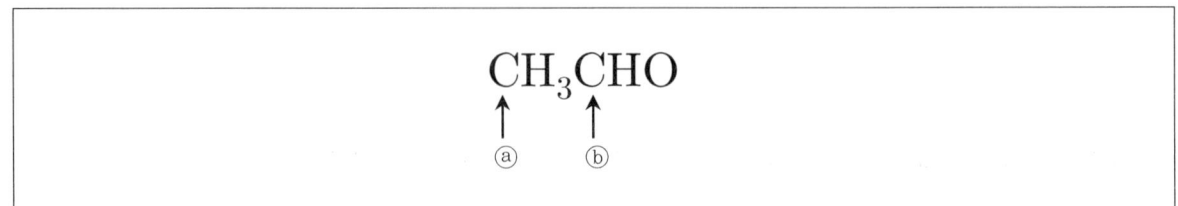

	ⓐ	ⓑ			ⓐ	ⓑ
①	sp^3	sp^2		②	sp^2	sp^2
③	sp^3	sp		④	sp^3	sp^3

TIP 아세트알데하이드의 구조는 다음과 같다.

$$H - \overset{\overset{\displaystyle H}{|}}{\underset{\underset{\displaystyle H}{|}}{C}} - \overset{\overset{\displaystyle O}{\parallel}}{C} - H$$

ⓐ는 탄소를 중심으로 4개의 다른 원자와 결합하여 사면체 구조를 이루므로 혼성 오비탈은 sp^3이고 ⓑ는 탄소를 중심으로 3개의 다른 원자와 결합하며 평면 삼각형 구조를 이루므로 혼성 오비탈은 sp^2이다.

4 PCl_3 분자의 VSEPR 구조와 PCl_3 분자에서 P 원자의 형식 전하를 옳게 짝지은 것은?

① 삼각평면 / + 1   ② 삼각평면 / 0

③ 사면체 / +1   ④ 사면체 / 0

TIP

$$PCl \rightarrow \ddot{:}\underset{\cdot\cdot}{Cl} - \overset{\cdot\cdot}{\underset{|}{P}} - \underset{\cdot\cdot}{Cl}\ddot{:} \rightarrow$$

비공유전자쌍 1개, 공유전자쌍 3개

입체수가 4개이므로 사면체 구조이다.

원자가전자 수의 합 $= 5 + (3 \times 7) = 26$

원자가전자 수의 합에서, 단일 결합 1개당 전자 2개씩을 빼면 $26 - (3 \times 2) = 20$

위의 남은 원자가전자 수의 합에서 전자쌍만큼 전자수를 빼면 $20 - (3 \times 6) = 2$

형식전하 = 원자가전자 수 - (공유전자의 수/2 + 비공유전자 수) $= 5 - \left(\dfrac{6}{2} + 2\right) = 0$

Answer 3.① 4.④

2019. 6. 15. 제2회 서울특별시
5 어떤 동핵 이원자 분자(X_2)의 전자 배치는 〈보기〉와 같다. 이 분자의 결합 차수는 얼마인가?

〈보기〉

$$(\sigma_{2s})^2(\sigma^*_{2s})^2(\sigma_{2p})^2(\pi_{2p})^4(\pi^*_{2p})^4$$

① 1   ② 1.5

③ 2   ④ 2.5

TIP $(\sigma_{2s})^2(\sigma^*_{2s})^2(\sigma_{2p})^2(\pi_{2p})^4(\pi^*_{2p})^4$

결합 차수 $= \dfrac{1}{2}$(결합 전자수 $-$ 반결합 전자수)

$$= \dfrac{1}{2} \times (8-6) = 1$$

2019. 6. 15. 제2회 서울특별시
6 〈보기〉의 물질 중 입체수(SN, steric number)가 다른 물질은?

〈보기〉

ⓐ SF_4 ⓑ CF_4

ⓒ XeF_2 ⓓ PF_5

① ⓐ   ② ⓑ

③ ⓒ   ④ ⓓ

TIP SF_4, CF_4, XeF_2, PF_5의 비교

물질명	결합원자의 수	비공유전자쌍 수	결합형태
SF_4	4	1	시소형
CF_4	4	0	정사면체
XeF_2	2	3	선형
PF_5	5	0	삼각쌍뿔

※ SN … 중심 원자에 결합되어 있는 원자 수 + 중심 원자의 고립 전자쌍 수

7 **다음 설명 중 옳지 않은 것은?**

① CO_2는 선형 분자이며 C의 혼성오비탈은 sp이다.

② XeF_2는 선형 분자이며 Xe의 혼성오비탈은 sp이다.

③ NH_3는 삼각뿔형 분자이며 N의 혼성오비탈은 sp^3이다.

④ CH_4는 사면체 분자이며 C의 혼성오비탈은 sp^3이다.

TIP XeF_2의 분자 구조는 결합원자만으로 판별을 하므로 선형이며, Xe는 8개의 원자가 전자를 가지고 있으며 F는 7개의 전자를 갖고 있어 XeF_2는 총 22개의 최외각 전자를 가지고 있다. 이것은 두 F가 모두 Xe 분자에 결합되어 Xe 분자에 3개의 공유되지 않은 쌍과 2개의 결합된 쌍을 제공해야 함을 의미한다.
비공유전자쌍이 들어갈 오비탈도 혼성오비탈임을 숙지하여야 한다.
Xe는 원자가전자수가 8개라서 F와 두 결합을 형성하면 공유전자 2쌍 외에도 3쌍의 비공유전자가 존재하게 된다. 6개의 공유/비공유 전자쌍을 가지게 되고 6개의 오비탈이 섞여서 sp^3d^2혼성오비탈을 가지게 된다.

8 **결합의 극성 크기 비교로 옳은 것은? (단, 전기 음성도 값은 H = 2.1, C = 2.5, O = 3.5, F = 4.0, Si = 1.8, Cl = 3.0이다)**

① C－F > Si－F

② C－H > Si－H

③ O－F > O－Cl

④ C－O > Si－O

TIP 결합 원자 간의 전기 음성도 차이가 클수록 극성이다.

① C－F(1.5) < Si－F(2.2)

② C－H(0.4) > Si－H(0.3)

③ O－F(0.5) = O－Cl(0.5)

④ C－O(1.0) < Si－O(1.7)

Answer 7.② 8.②

2018. 6. 23. 제2회 서울특별시

9 VSEPR(원자가 껍질 전자쌍 반발이론)에 근거하여 가장 안정된 형태의 구조가 삼각쌍뿔인 분자는?

① $BeCl_2$ ② CH_4

③ PCl_5 ④ lF_5

> **TIP** 입체수(SN) = 비공유전자쌍의 수 + 결합한 원자의 수로 정의하며, SN=2일 때 직선형, SN=3일 때 평면정삼각형, SN=4일 때 정사
> 면체, SN=5일 때 삼각쌍뿔, SN=6일 때 정팔면체로 기본구조를 정의하고 있다.
> ① $BeCl_2$ → SN = 2 + 0 → 직선형
> ② CH_4 → SN = 4 + 0 → 사면체형
> ③ PCl_5 → SN = 5 + 0 → 삼각쌍뿔
> ④ IF_5 → SN = 6 + 0 → 정팔면체

2018. 10. 13. 서울특별시 경력경쟁(9급 고졸자)

10 분자 중 모양이 삼각뿔형인 것은?

① BeH_2 ② BF_3

③ SiH_4 ④ NH_3

> **TIP**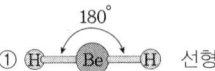
> ① 선형
>
>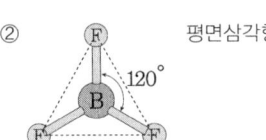
> ② 평면삼각형
>
>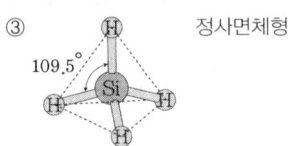
> ③ 정사면체형
>
>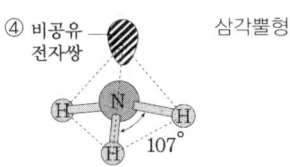
> ④ 삼각뿔형

Answer 9.③ 10.④

출제 예상 문제

1 다음 중 구성 원자간의 결합에 공유결합이 없는 것으로 옳은 것은?

① K_2O

② NH_4Cl

③ NaOH

④ HF

TIP ① 이온결합 ② 이온 · 공유 · 배위 결합 ③ 공유 · 이온 결합 ④ 공유결합

2 다음 중 분자의 입체적 모형이 선형인 것으로 옳은 것은?

① HCl

② NH_3

③ CH_4

④ SO_2

TIP ② 피라미드형 ③ 정사면체 ④ 굽은형

3 다음 중 극성 공유결합을 하고 있는 분자는?

① H_2

② O_2

③ Br_2

④ HF

TIP 극성 공유결합 … 두 원자 사이에 전기음성도 차이가 있을 때 이루어지는 결합으로, 전기음성도가 큰 원자쪽이 전기적으로 음성이 되고, 작은 원자쪽이 전기적으로 양성이 된다.
예 HCl, HF 등

Answer 1.① 2.① 3.④

4 다음 그림 중 SO₃의 분자구조가 (가)인지 (나)인지 알아보기 위한 실험으로 옳은 것은?

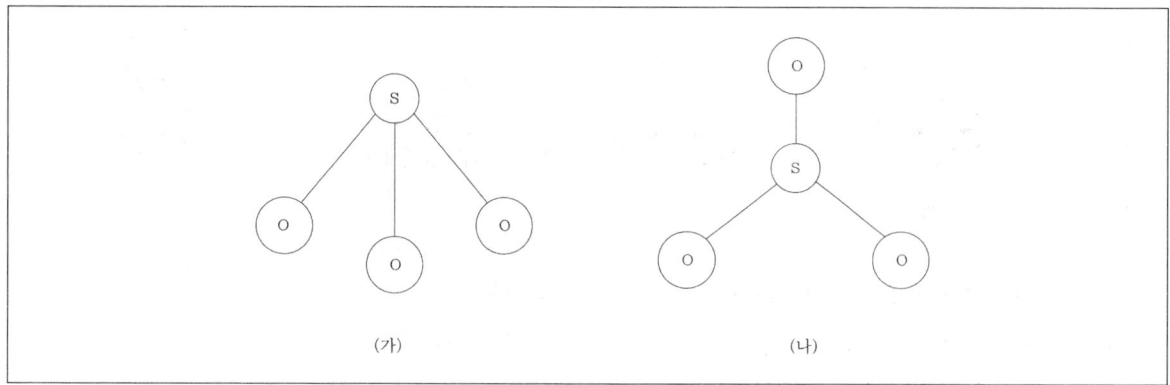

(가)　　　　　　　　　　(나)

① SO_3의 냄새를 맡아본다.

② SO_3의 원소분석을 한다.

③ SO_3의 밀도를 측정한다.

④ SO_3의 극성 유무를 알아본다.

TIP SO_3가 극성일 경우 피라미드 구조이고, 무극성일 경우 평면삼각형 구조를 이룬다.

5 다음 화학결합의 모형을 나타낸 그림에서 화학결합의 명칭으로 옳은 것은?

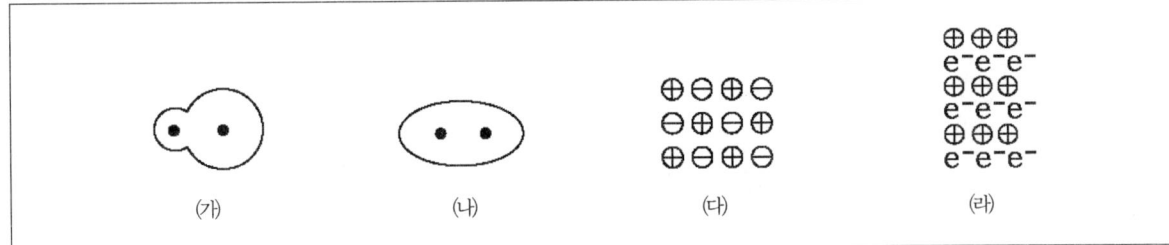

① ㈎ 극성 공유결합, ㈏ 이온결합, ㈐ 무극성 공유결합, ㈑ 금속결합
② ㈎ 극성 공유결합, ㈏ 무극성 공유결합, ㈐ 이온결합, ㈑ 금속결합
③ ㈎ 무극성 공유결합, ㈏ 극성 공유결합, ㈐ 이온결합, ㈑ 금속결합
④ ㈎ 극성 공유결합, ㈏ 무극성 공유결합, ㈐ 금속결합, ㈑ 이온결합

TIP 화학결합
ⓐ 극성 공유결합: 전기음성도가 다른 두 원자 사이의 공유 전자쌍이 전기음성도가 큰 원자쪽으로 끌려 음전하를 띠고, 전기음성도가 작은 원자쪽은 양전하를 띠게 되는 결합이다.
ⓑ 무극성 공유결합: 전기음성도가 서로 같으므로 전자의 치우침이 전혀 없는 결합이다.
ⓒ 이온결합: 양이온과 음이온 사이의 정전기적 인력(쿨롱의 힘)에 의해 이루어지는 결합이다.
ⓓ 금속결합: 금속의 양이온과 방출된 자유전자 사이의 정전기적 인력에 의해 이루어지는 결합이다.

6 다음 중 H_2O의 분자 형태로 옳은 것은?

① 평면 정삼각형   ② 직선형
③ 굽은형   ④ 삼각피라미드형

TIP 중심원자에 공유, 비공유 전자쌍이 각각 2쌍인 굽은형의 분자이다.

7 다음 분자 중 쌍극자 힘이 없으며, 분자모양이 대칭 분자가 되는 무극성 분자는?

① NH_3

② H_2O

③ $CHCl_3$

④ CO_2

TIP 대칭 분자와 비대칭 분자
   ㉠ 대칭 분자 : 쌍극자 힘이 없는 무극성 분자를 말한다.
      예 CO_2
   ㉡ 비대칭 분자 : 쌍극자 힘이 있는 극성 분자를 말한다.
      예 H_2O, NH_3, $CHCl_3$

8 다음 중 전기음성도 차이가 없는 무극성 공유결합으로 옳은 것은?

① CO

② KCl

③ HF

④ Cl_2

TIP 같은 원소간의 결합은 무극성 공유결합이다.

9 다음 분자 중 분자 내 공유결합각이 가장 큰 것은?

① H_2S

② BeH_2

③ CCl_4

④ H_2O

TIP 결합각
   ㉠ 정사면체 : 109.5° (**예** CH_4)
   ㉡ 피라미드형 : 107° (**예** NH_3)
   ㉢ 직선형 : 180° (**예** BeH_2, CO_2)
   ㉣ H_2O의 굽은형 : 104°

Answer 7.④ 8.④ 9.②

10 다음 분자 중 입체모양이나 각도가 옳지 않은 것은?

① H_2O − 굽은형($104.5°$)

② CH_4 − 정사면체($109.5°$)

③ NH_3 − 평면삼각형($120°$)

④ BeH_2 − 직선형($180°$)

> **TIP** NH_3의 중심원자인 N은 3개의 공유전자쌍과 1개의 비공유전자쌍을 가지고 있으므로 전자쌍들이 정사면체 구조로 배치되는데, 비공유전자쌍의 힘이 더 커서 분자모형은 삼각뿔 모양이 된다.

11 다음 중 실험에 의해 AB_2는 극성 분자이고 XY_3는 무극성 분자일 때 이로부터 AB_2와 XY_3의 분자모형을 예측한 것으로 옳은 것은?

① AB_2는 굽은형, XY_3는 피라미드형

② AB_2는 굽은형, XY_3는 평면삼각형

③ AB_2는 직선, XY_3는 피라미드형

④ AB_2는 직선, XY_3는 평면삼각형

> **TIP** 극성 분자는 비대칭을 이루어 극성을 나타내고 무극성 분자는 대칭을 이루어 극성이 상쇄된다.

12 다음 중 분자의 입체적 모형이 직선형인 것으로 옳은 것은?

① BF_3

② H_2O

③ NH_3

④ CO_2

> **TIP** ① 삼각평면형 ② 굽은형 ③ 피라미드형

13 다음 중 분자모형이 CO_2와 가장 가까운 것으로 옳은 것은?

① SO_2 ② NH_4^+
③ BeH_2 ④ H_2S

TIP CO_2는 분자모형이 선형이다.
①④ 굽은형 ② 정사면체형 ③ 선형

14 다음 중 분자들이 전자쌍 반발원리에 의해 분자모양이 결정된다고 할 경우 구조가 평면삼각형인 것으로 옳은 것은?

① BF_3 ② H_3O^+
③ NH_3 ④ CH_4

TIP 분자모양
㉠ 평면삼각형 구조 : 중심원자에 공유전자쌍만 3쌍인 분자가 이루는 구조이다.
㉡ 피라미드형 구조 : 공유전자쌍 3쌍과 비공유전자쌍 1쌍인 분자가 이루는 구조이다.

15 다음 중 극성 결합으로 옳은 것은?

① HCl   ② H_2
③ N_2 ④ O_2

TIP 극성 결합 … 전기음성도의 값이 서로 다른 원자들이 전자쌍을 공유하여 형성된 결합을 말한다.

16 다음 결합 중 이온성이 큰 것으로 옳은 것은?

① B − F

② O − F

③ Li − F

④ N − F

> **TIP** 이온성은 전기음성도의 차가 클수록 커지는데 Li − F의 전기음성도 차이는 3.0으로 90% 이온성을 나타낸다.

17 다음 중 분자 구조에서 무극성 분자로 옳은 것은?

① Y = X = Y

② H — A

③
$$\begin{array}{c} X \\ \diagup \; | \; \diagdown \\ Y \; Y \; Y \end{array}$$

④
$$\begin{array}{c} X \\ \diagup \; \diagdown \\ Y \; Y \end{array}$$

> **TIP** 무극성 결합 ⋯ 전하의 분포가 두 원자들에 대칭적으로 되어 있어서 어느 쪽 원자로도 결합 전자쌍이 치우치지 않아 극성을 나타내지 않는 결합을 말한다.

18 다음 중 설명이 옳지 않은 것은?

① 전기음성도는 같은 족에서 원자번호가 증가할수록 감소한다.

② 전기음성도는 같은 주기에서 왼쪽으로 갈수록 감소한다.

③ 전기음성도가 가장 큰 족은 17족이다.

④ 전자를 잡아당기는 성질은 전기음성도가 클수록 작다.

> **TIP** ④ 전자를 잡아당기는 성질은 전기음성도가 클수록 크다.

19 다음 중 무극성 분자로 옳은 것은?

①

H — Br
  \ C = C /
H — Br

(structure)

②

H — H
  \ C = C /
Br — Br

③

H — Br
  \ C = C /
Br — H

④

Br — CH₂
  \ C = C /
H — Br

TIP 무극성 분자는 분자의 구조가 대칭형이다.

20 다음 중 원소 A, B, C, D의 전기음성도에서 이온결합성이 가장 큰 것끼리 연결한 것은?

원소의 종류	A	B	C	D
전기음성도	0.9	1.0	3.0	4.0

① A와 C

② A와 D

③ B와 C

④ C와 D

TIP 전기음성도 차가 클수록 이온결합성이 크므로 표에서 이온결합성이 큰 것은 A와 D가 된다.

21 다음 중 반발력이 가장 큰 것으로 옳은 것은?

① '공유↔공유' 전자쌍

② '홑전자↔공유' 전자쌍

③ '공유↔비공유' 전자쌍

④ '비공유↔비공유' 전자쌍

TIP 반발력은 비공유전자쌍 사이에서 가장 크다.

Answer 19.③ 20.② 21.④

22 다음 중 분자의 모양이 삼각쌍뿔 형태인 것으로 옳은 것은?

① CO_2 ② SF_6

③ BF_3 ④ PCl_5

TIP ① 직선형 구조
② 정팔면체 구조
③ 평면삼각형 구조

23 다음 중 분자를 이루는 원자들이 평면상에 존재하지 않는 물질로 옳은 것은?

① CO_2 ② BCl_3

③ NH_3 ④ CO_2

TIP NH_3는 분자 모양이 삼각뿔 모양을 이룬다.

24 다음 중 중심원소에 결합된 원자가 이루는 결합각이 가장 작은 것으로 옳은 것은?

① H_2O ② CH_4

③ BF_3 ④ NH_3

TIP ① 104.5° ② 109.5° ③ 120° ④ 107°

25 다음 중 결합각이 크게 다른 것으로 옳은 것은?

① HCl, HF

② NH₃, PH₃

③ BeF₂, CO₂

④ CH₄, SiH₄

TIP NH₃는 sp^3 혼성 오비탈, PH₃는 p^3오비탈을 이용한다.

※ sp**오비탈**

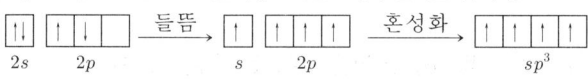 ㉠ Be의 바닥상태 전자배치는 ⬆⬇ ⬆⬇ ☐ ☐ ☐ 인데 BeF의 결합이 형성되기 위해서 ⬆⬇ ⬆ ⬆ ☐ 가 되지만 BeF₂는
　　　　　　　　　　　　　　　　　　　　　1s　2s　　　　2p　　　　　　　　　　　　　　　　　　　　1s　2s　　2p

설명할 수가 없다. 그래서 ⬆⬇ ⬆ ⬆ ☐ 의 sp오비탈이 이를 설명하기 위해 고안되었다.
　　　　　　　　1s　2sp　2p

㉡ sp^3 혼성 오비탈 : s오비탈과 p오비탈 3개가 겹치는 것이다.

 ⬆⬇ ⬆ ⬆ ☐ ──들뜸→ ⬆ ☐ ⬆ ⬆ ⬆ ──혼성화→ ⬆ ⬆ ⬆ ⬆
　　2s　　2p　　　　　　　s　　2p　　　　　　　　sp³

㉢ 분자구조에 영향을 미친다.

26 다음 중 공유결합물질의 화학식, 분자구조, 분자모형, 결합각 및 극성과 무극성 관계를 나타낸 것으로 옳지 않은 것은?

① 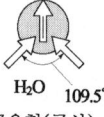 120°

삼각평면형(무극성)

② 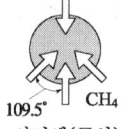 109.5° CH₄

사면체(극성)

③ H₂O 109.5°

굽은형(극성)

④ CO₂ 180°

직선형(무극성)

TIP ③ H_2O의 결합각은 105°를 이룬다.

27 다음 중 분자모양에서 무극성 분자로 옳은 것은?

① A
   / \\
  B B

② A—B—C

③   B
       |
  B—A—C
       |
      B

④   B
    |
   A
  / \\
 B B

> **TIP** 무극성 분자는 이중극자 모멘트의 합이 0이 된다.

28 다음 중 분자 또는 이온의 입체적 모양이 같은 것끼리 연결된 것으로 옳은 것은?

① BF_3 — NF_3

② H_3O^+ — NH_3

③ BeF_2 — H_2O

④ PCl_3 — $AlCl_3$

> **TIP** H_3O^+의 구조는 피라미드이다.

29 다음 메탄올의 구조식에서 분자의 실제 구조에서 HCH사이의 결합각 α에 가장 가까운 값으로 옳은 것은?

① $90°$

② $105°$

③ $109°$

④ $120°$

> **TIP** 메탄올의 구조는 정사면체이고 결합각은 109°이다.

Answer 27.④ 28.② 29.③

30 다음 중 쌍극자 모멘트가 모두 0인 분자들만 연결한 것으로 옳은 것은?

① H_2S, CH_2Cl_2, CH_3OH

② SO_2, H_2O, BeF_2

③ BF_3, CH_4, $BeCl_2$

④ NH_3, CO_2, C_6H_6

TIP 무극성 분자의 쌍극자 모멘트가 0이 된다.

31 다음 중 물과 이산화탄소의 분자모형으로 옳은 것은?

물　이산화탄소　　　　　　　　물　이산화탄소

① 　②

③ 　④

TIP 물은 극성이므로 굽은 구조이고, 이산화탄소는 무극성이므로 대칭구조이다.

32 다음 중 BF_3는 무극성이고, NH_3는 극성인 사실과 가장 관계 깊은 것으로 옳은 것은?

① BF_3는 sp^3결합, NH_3는 sp^2결합을 한다.

② BF_3는 공유결합 물질이고, NH_3는 이온결합 물질이다.

③ BF_3에 비공유전자쌍이 있고, NH_3에는 없다.

④ BF_3는 평면 정삼각형이고, NH_3는 피라미드형 구조이다.

TIP BF_3의 구조는 평면 정삼각형 구조를 가져서 대칭구조를 이뤄 무극성이고, NH_3의 구조는 피라미드형 구조에 비대칭 구조를 이뤄 극성이 있다.

33 다음 중 극성 분자로 옳지 않은 것은?

①
```
  Cl       H
    \     /
     C = C
    /     \
  Cl       H
```

②
```
  H       H
   \     /
    C = C
   /     \
 Cl       Cl
```

③
```
  H       Cl
   \     /
    C = C
   /     \
 Cl       H
```

④
```
        O
       / \
      H   H
```

> **TIP** 극성 결합 … 전기음성도가 다른 각각의 원자들이 전자쌍을 공유해서 형성된 결합으로 구조가 비대칭을 이룬다.

34 다음 중 전기음성도에 대한 설명으로 옳지 않은 것은?

① 주기율표의 같은 족에서 위로 올라 갈수록 증가한다.
② 수소의 전기음성도를 2.1로 정하였다.
③ 공유결합에서 원자가 공유전자쌍을 잡아당기는 상대적인 세기를 전기음성도라고 한다.
④ 주기율표의 같은 주기에서는 왼쪽으로 갈수록 증가한다.

> **TIP** ④ 전기음성도는 같은 주기에서 원자번호가 클수록 증가하고, 같은 족에서 원자번호가 클수록 감소한다.

35 다음 중 화합물의 결합각 크기를 순서대로 나열한 것으로 옳은 것은?

① BeF_2 > NH_3 > H_2O > CH_4
② NH_3 > CH_4 > H_2O > BeF_2
③ BeF_2 > CH_4 > NH_3 > H_2O
④ CH_4 > H_2O > NH_3 > BeF_2

> **TIP** BeF_2(직선형) > CH_4(정사면체형) > NH_3(삼각피라미드형) > H_2O(굽은형)

Answer 33.③ 34.④ 35.③

36 분자량이 유사한 황화수소(H_2S)와 산소(O_2)가 끓는점에서 큰 차이가 나는 이유로 옳은 것은?

① 극성 유무   ② 공유결합력

③ 금속결합력   ④ 분산력

TIP H_2S와 같은 극성 분자는 분자량이 비슷한 무극성 분자 O_2에 비하여 끓는점, 녹는점이 높다.

37 다음 중 이온반지름이 가장 큰 것으로 옳은 것은?

① Ca^{2+} ② Sr^{2+}

③ Mg^{2+} ④ Be^{2+}

TIP 같은 족 원소에서 원자번호가 커질수록 전자껍질수가 증가하기 때문에 이온반지름이 증가한다.

Answer 36.① 37.②

⼝3 분자간의 힘

01 분자간 힘

❶ 분자간 힘의 종류

(1) 극성 – 극성 분자간 힘(쌍극자 – 쌍극자 인력)

① 쌍극자 … 전하가 양전하 중심과 음전하 중심으로 분포하는 분자를 말한다.

② 쌍극자 모멘트

ⓐ 개념 : 쌍극자가 갖고 있는 성질의 크기(극성의 정도)를 말한다.

ⓑ 전하의 크기가 크고 전하 사이의 거리가 멀수록 증가한다.

$$\mu = g \cdot r$$

③ 쌍극자 – 쌍극자 인력

ⓐ 극성 분자들 사이에 작용하는 정전기적 인력으로 극성 분자들의 양전하 중심과 음전하 중심이 가까워지는 배열이다.

ⓑ 이 인력으로 인해 낮은 온도에서는 극성 분자들의 배열이 규칙적으로 이루어지나, 높은 온도에서는 분자들의 활발한 운동에 의해 배열이 흐트러져 이 인력은 중요하지 않게 된다.

ⓒ 분자의 쌍극자 모멘트가 클수록 이 인력은 증가한다.

ⓓ 이 힘이 클수록 물질의 녹는점, 끓는점이 높아진다.

(2) 무극성 – 극성 분자간 힘(쌍극자 – 유도쌍극자)

① 편극

ⓐ 개념 : 무극성 분자가 극성 분자에 접근할 때 무극성 분자의 전자가 극성 분자의 양전하를 가진 쪽으로 쏠리는 현상을 말한다.

ⓑ 분자에 전자수가 많을수록 편극이 일어나는 정도가 증가한다.

② 유도쌍극자 … 쌍극자가 편극현상으로 인해 형성된 것으로 전자가 쏠린 쪽은 약간의 (−)전하를, 반대쪽은 약간의 (+)전하를 띤다.

③ 유도쌍극자 − 쌍극자 인력 … 쌍극자와 유도된 쌍극자 사이의 정전기적 인력을 말한다.

(3) 무극성 − 무극성 분자간 힘(분산력)

① 무극성 분자에서 운동하던 전자들이 순간적 편극을 일으켜 만들어진 순간 쌍극자가 이웃 무극성 분자에 편극을 일으켜서 순간 쌍극자가 만들어진다.

② 반데르 발스 힘(런던 분산력) … 순간 쌍극자 사이에 작용하는 힘을 말한다.

③ 전자수의 증가에 따른 편극성 증가
    ㉠ 분자량이 증가하면 분산력이 증가한다.
    ㉡ 분자간 접촉 면적이 넓을수록 편극성이 증가해서 분산력이 증가한다.
    ㉢ 극성 분자간 인력이 무극성 분자간 인력보다 크다.

(4) 분자간 인력의 크기

① 분자간 인력의 크기 순서 … 쌍극자간 인력(극성 분자간) > 쌍극자와 유도 쌍극자간 인력(극성과 무극성간) > 순간 쌍극자간 인력(무극성 분자간)

② 무극성 분자
    ㉠ 분산력만 작용한다.
    ㉡ 분산력은 분자량이 클수록 커져서 녹는점, 끓는점, 증발열이 증가한다.
    ㉢ 분자량이 같은 무극성 물질도 분자의 모양에 따라 끓는점, 증발열이 다르다.

③ 극성 분자
    ㉠ 세 가지 힘 모두 작용하나, 대부분의 분자에서 가장 중요한 역할을 하는 것은 분산력이다.
    ㉡ 쌍극자 모멘트
       • $HI < HBr < HCl$
       • 쌍극자 − 쌍극자 인력과 쌍극자 − 유도 쌍극자 인력도 같은 순서이다.
    ㉢ 분자량의 크기
       • $HCl < HBr < HI$
       • 분산력의 크기도 같은 순으로 증가한다.
    ㉣ ㉡㉢의 힘에 의한 총 분자간 힘 : $HCl < HBr < HI$

❷ 분자의 극성과 용해

(1) 물질의 용해성

물질의 용해성을 분자간 힘으로 설명하는데, 즉 용매와 용질분자 간의 힘이 용매분자간의 힘보다 클 때 잘 녹는다.

(2) 용매와 용질간의 특성

① 극성 용매와 무극성 용매
  ㉠ 극성 용매 : 물(H_2O), 아세톤(CH_3COCH_3), 에탄올(C_2H_5OH) 등
  ㉡ 무극성 용매 : 사염화탄소(CCl_4), 벤젠(C_6H_6), 헥산(C_6H_{14}) 등

② 용매의 성질과 용해
  ㉠ 극성 용질은 극성 용매에, 무극성 용질은 무극성 용매에 잘 녹는다.
  ㉡ 용해과정이 일어나게 하는 인자 : 최소 에너지와 최대 무질서도로 가려는 경향으로 인해 일어난다.

③ 극성 용매 – 극성 용질 … 용질분자와 용매분자 사이의 인력과 용매분자들 사이나 물질분자들 사이에 작용하는 분자간 힘이 비슷하기 때문에 에너지가 용해과정에서 별로 변하지 않는다. 그러므로 용해반응이 무질서도를 증가시켜 잘 일어난다.

④ 극성 용매 – 무극성 용질 … 용매분자들 사이에는 쌍극자 – 쌍극자 인력이 작용하지만, 용매분자와 용질분자 사이에는 이 인력이 없다.

⑤ 무극성 용매 – 극성 용질 … 용질분자들 사이에 작용하는 쌍극자 – 쌍극자 인력 때문에 용매분자가 이들을 떼어놓지 못한다.

⑥ 무극성 용매 – 무극성 용질 … 용매분자들 사이에 분산력만 작용하는데 이것과 마찬가지로 용매분자와 용질분자 사이에도 같은 힘이 작용해서 용해가 일어난다.

❸ 반 데르 발스 반지름

(1) 반 데르 발스 반지름의 개요

① 개념 … 액체나 고체에서 다른 분자의 두 원자들이 접근할 수 있는 최소 거리로부터 결정한 원자들의 반지름을 말한다.

② 공유결합을 할 경우 반지름은 전자구름이 겹쳐서 실제 반지름 보다 작게 결정되나 반 데르 발스 반지름은 전자구름의 반발로 인해 원자들이 약간 떨어지게 되어 실제보다 약간 크게 결정된다.

(2) 특성

① 같은 족의 원소들에서는 원자번호가 증가할수록 반 데르 발스 반지름이 커진다.

② 단일결합 반지름보다 반 데르 발스 반지름이 크다.

02 수소결합

❶ 수소결합의 형성

(1) 개념

화학결합보다 분자간 힘이 훨씬 약하지만 어떤 분자들 사이에는 특별히 강한 분자간 힘이 작용하여 결합이라고 불리는데 수소결합이 이 특별한 분자간 상호작용이다.

(2) 특성

① **수소결합** … 전기음성도가 큰 원자(F, O, N)와 공유결합하는 수소원자와 다른 분자 중의 전기음성도가 큰 원자 사이에 작용하는 인력을 말한다.

② **수소결합의 형성** … 두 원자 간의 전기음성도의 차가 크면 정전기적 인력이 양전하(δ +)와 음전하(δ -)사이에 크게 작용하여 이루어진다.

> **TIP** ∿∿∿∿∿∿∿∿∿∿∿∿∿∿∿∿∿∿∿∿∿∿∿∿∿∿∿∿∿∿
> 쌍극자…쌍극자 인력이 특별히 큰 경우가 수소결합이다.

③ 수소결합을 하는 물질

    ㉠ 전기음성도가 큰 F, O, N의 수소화합물 : HF, H_2O, NH_3 등

    ㉡ −COOH(카복시기)를 갖는 화합물 : 아세트산(CH_3COOH)

    ㉢ −OH(하이드록시기)를 갖는 화합물 : 에탄올(C_2H_5OH)

④ 수소결합 화합물

    ㉠ CH_3COOH보다 C_2H_5OH가 물에 잘 용해되고 끓는점이 높다.

    ㉡ 분자량이 작더라도 같은 족의 수소화합물에 비해 녹는점, 끓는점이 높고 몰 증발열이 크다.

        예 HF, H_2O, NH_3 등

    ㉢ 무극성 용매에서 구조가 이합체(두 분자가 한 분자처럼 행동), 다합체 등 다양하다.

        예 CH_3COOH, HF 등

    ㉣ 수소결합이 서로 다른 두 분자 사이에서 이루어지면 용해가 잘 일어난다.

⑤ HF분자 사이의 수소결합

    ㉠ 기체 상에서 HF 이외에 $(HF)_2$, $(HF)_3$, …$(HF)_6$ 등이 존재한다.

    ㉡ HF분자들은 수소결합에 의해 덩어리를 만든다.

⑥ 아세트산과 에탄올분자 사이의 수소결합

에탄올분자의 수소결합   아세트산분자의 수소결합과 이합체

⑦ 수소결합 에너지

    ㉠ 분자간 힘보다 수소결합의 결합력이 크나 공유결합의 결합력보다 매우 약하고 보통 점선으로 표시한다.

    ㉡ 일반적으로 2 ~ 7kcal/mol이다.

    ㉢ H_2O

      • O − H

        − 공유결합 길이 : 0.098nm

        − 공유결합 에너지 : 1,118kcal/mol

- O − H ⋯ O
  – 수소결합 길이 : 0.178nm
  – 공유결합 에너지 : 약 4.5kcal/mol

❷ 물의 수소결합

(1) 물의 밀도

① 얼음보다 물의 밀도가 더 크고 4℃일 때 가장 크다.

② 온도에 따라서 물과 얼음의 수소결합 비율이 달라지고, 어떤 경우에서라도 물 한 분자단위로 행동하기 어렵다.

③ 수소결합에 의해서 얼음의 구조는 빈 공간이 많이 생긴다.

④ 물은 온도가 올라가면 분자운동이 활발해져 부피가 팽창해 4℃에서 밀도가 최대로 된다.

⑤ 물의 밀도가 크기 때문에 강이나 호수에 얼음이 떠 있는 것이다.

(2) 수소결합의 영향

① **높은 녹는점과 끓는점** ⋯ 물이 액·고체상에서 수소결합을 하고 있기 때문에 수소화물인 H_2S, H_2Se 및 H_2Te보다 분자량이 작아도 녹는점과 끓는점이 높다.

② **높은 비열** ⋯ 열을 가하면 조금씩 수소결합이 끊어지면서 열을 담을 수 있게 되어 물이 많은 열을 담게 된다.

③ 물의 용융열과 기화열이 크다.

최근 기출문제 분석

2018. 10. 13. 서울특별시 경력경쟁(9급 고졸자)

1 분자 사이에 수소결합을 하지 않는 분자는?

① HCHO

② HF

③ C₂H₅OH

④ CH₃COOH

> **TIP** 수소결합은 전기 음성도 차이가 수소랑 큰 원소(F, O, N 등)가 수소와 결합하여 전기적인 성질을 띠어 다른 분자와 결합하는 형태를 말한다.
>
> HCHO는 $\underset{H-C-H}{\overset{O}{\parallel}}$ 이런 식으로 수소가 탄소랑 연결되어 있어 수소와 탄소의 전기음성도 차이는 거의 없다.
>
> 즉 HCHO 자체는 전기적인 성질을 띠긴 하지만 수소결합은 하지 못한다.

2018. 6. 23. 제2회 서울특별시

2 순수한 상태에서 강한 수소결합이 가능한 분자는?

① CH₃ — C ≡ N:

②
H \ $\overset{..}{\underset{..}{O}}$ / CH₃

③
F₂
C
F₃C   CF₃
C
F₂

④
O
‖
C — CH₃
N
|
C
H₂

> **TIP** 중성의 수소원자는 하나의 전자만을 가지고 있는데 이러한 수소에 전기음성도가 큰 원소 F, O, N과 결합하게 되면 수소의 전자는 결합하고 있던 F, O, N쪽으로 쏠리게 되어 반대쪽 부분에는 양성자의 영향을 강하게 받아 강한 부분적($\delta+$)를 가지게 되어 인근의 다른 분자나 화학적 용기에 있는 전기음성도가 큰 원소 간의 인력을 가질 수 있으며, 그러한 인력을 수소결합이라 한다.
> 수소결합이란 전기음성도가 큰 원소(F, O, N)에 붙어 있는 수소 원자의 원자핵이 전기음성도가 큰 원소의 비공유전자쌍과 상호작용을 하는 것을 의미한다.
> ② 수소와 산소가 직접적으로 연결되어 있어 가장 강한 수소결합을 한다.

Answer   1.①   2.②

3 다음 중 분자 간 힘에 대한 설명으로 옳은 것만을 모두 고르면?

> ⊙ NH_3의 끓는점이 PH_3의 끓는점보다 높은 이유는 분산력으로 설명할 수 있다.
>
> ⓛ H_2S의 끓는점이 H_2의 끓는점보다 높은 이유는 쌍극자 – 쌍극자 힘으로 설명할 수 있다.
>
> ⓒ HF의 끓는점이 HCl의 끓는점보다 높은 이유는 수소 결합으로 설명할 수 있다.

① ⊙   ② ⓛ

③ ⊙ⓒ   ④ ⓛⓒ

TIP ⊙ NH_3는 수소 결합을 하기 때문에 PH_3보다 끓는점이 높다.
　　　ⓛ H_2S는 극성분자, H_2는 무극성분자, H_2S는 쌍극자–쌍극자 힘이 작용하고 H_2는 쌍극자–쌍극자 힘이 작용하지 않는다.
　　　ⓒ HF는 수소 결합을 하므로 HCl보다 끓는점이 높다는 것은 수소 결합으로 설명할 수 있다.

4 끓는점이 가장 낮은 분자는?

① 물(H_2O)   ② 일염화아이오딘(ICl)

③ 삼플루오린화붕소(BF_3)   ④ 암모니아(NH_3)

TIP NH_3도 수소 결합을 하지만 한 분자가 할 수 있는 최대 수소 결합의 개수가 H_2O가 더 높기 때문에 H_2O가 가장 끓는점이 높다.
　　　ICl은 극성 분자이므로 쌍극자 간 힘이 작용하며, BF_3는 무극성 분자이므로 분산력이 작용한다.
　　　분자량이 클수록 분산력이 크며, 분산력이 크면 끓는점도 높다. 그러므로 분자량이 가장 낮은 BF_3가 끓는점이 가장 낮다.

5 다음 화합물 중 끓는점이 가장 높은 것은?

① HI   ② HBr

③ HCl   ④ HF

TIP HF는 수소결합을 하기에 끓는점이 가장 높고 할로겐화 수소는 분자가 커질수록 분산력이 커지기 때문에 HI > HBr > HCl의
　　　순으로 끓는점이 높다. ∴ HF > HI > HBr > HCl

Answer 3.④ 4.③ 5.④

출제 예상 문제

1 다음 중 수소결합을 형성하는 것으로 옳은 것은? [단, ( )안의 값은 끓는점이다]

① $CH_3 - CH_3(-89℃)$ ② $SiH_4(-112℃)$

③ $CH_3 - OH(64℃)$ ④ $NH_3 - NH_3(113℃)$

TIP 수소가 F, O, N에 직접 결합되어 있는 것만 수소결합에 참여한다.

2 다음 중 분자간 힘이 분산력만 작용하는 것은?

① H_2O ② HCl

③ N_2 ④ $HCHO$

TIP 분자 사이에 분산력만 작용하는 것은 무극성 분자이다.

3 다음 중 쌍극자 – 쌍극자 사이의 인력이 작용하는 경우로 옳은 것은?

① H_2O와 CO_2 ② H_2O와 $NaCl$

③ CO_2와 CO_2 ④ HCl과 HCl

TIP 극성 분자들 사이에 작용하는 정전기적 인력이 쌍극자 – 쌍극자 사이의 인력이다.

Answer 1.④ 2.③ 3.④

4 다음 중 온도에 따른 물의 밀도변화를 바르게 나타낸 그래프로 옳은 것은?

① 밀도
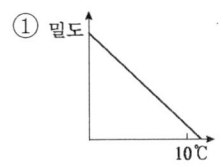
10℃

② 밀도
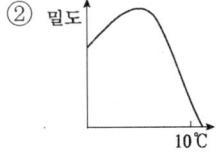
10℃

③ 밀도
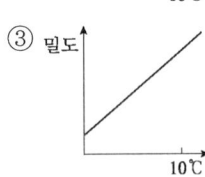
10℃

④ 밀도
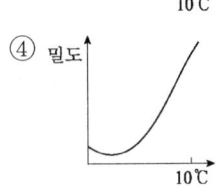
10℃

> **TIP** 온도에 따른 물의 밀도변화…0℃에서 물의 밀도가 증가하고, 0~4℃에서 물의 밀도가 증가하며, 4℃ 이상에서 온도가 증가할 수록 밀도는 감소한다. 0℃에서는 얼음이 물로 녹아 수소결합의 일부가 끊어지면서 부피가 감소하여 밀도가 증가하며, 0~4℃ 에서는 수소결합이 끊어지면서 부피가 감소하는 효과가 크기 때문에 밀도는 증가한다. 4℃ 이상에서는 온도가 증가하면서 분자 운동이 활발해져 분자 간 거리가 멀어지게 되어 부피가 증가하고 밀도는 감소하게 된다.

5 다음 중 결합력이 유도 쌍극자에 의해 이루어진 것은?

① C(다이아몬드)　　　　　　　　② NaCl(s)

③ $CO_2(s)$　　　　　　　　　　　④ $H_2O(s)$

> **TIP** 유도 쌍극자는 무극성 분자가 편극될 경우에 생긴다.

6 다음 중 분산력의 크기가 가장 큰 것으로 옳은 것은?

① I_2　　　　　　　　　　　　　② F_2

③ Cl_2　　　　　　　　　　　　④ Br_2

> **TIP** 분산력의 크기는 분자량과 전자수에 비례한다.

Answer 4.② 5.③ 6.①

7 다음 중 이산화탄소가 쌍극자 모멘트를 가지지 않는 이유로 옳은 것은?

① 분자가 대칭이고 선형이기 때문이다.

② 전기음성도 값이 C와 O가 서로 똑같기 때문이다.

③ C=O가 공유결합을 하기 때문이다.

④ C=O 결합이 무극성이기 때문이다.

TIP 이산화탄소의 두 C=O 결합의 쌍극자 모멘트 방향이 반대이기 때문에 쌍극자 모멘트를 가지지 않는다.

8 다음 중 H_2Se에 대한 설명으로 옳은 것은?

① 전기장 안에서 H_2Se의 이동은 한쪽 극으로 움직인다.

② H와 Se는 비대칭 구조이고 전기음성도가 다르다.

③ H_2Se는 이온결정이다.

④ H_2Se의 분자간 힘에는 분산력이 기여하지 않는다.

TIP H_2Se는 극성 분자이고 굽은형 구조를 갖는다.

9 다음 중 헬륨의 승화열은 0.025kcal/mol인데 반해, 얼음의 승화열은 11.2kcal/mol로 매우 큰 데 그 이유로 옳지 않은 것은?

① 물분자 중의 원자들이 센 공유결합을 하기 때문이다.

② 헬륨은 전자 2개를 가진 매우 작은 원자이다.

③ H와 O의 전기음성도 차이가 크기 때문이다.

④ 헬륨 원자들 사이에 분산력만 작용하기 때문이다.

TIP ① 승화열과 관계있는 것은 분자와 분자 사이의 인력이고 분자 내의 원자들의 결합과는 관계가 없다.

Answer 7.① 8.② 9.①

10 다음 중 수소결합을 하지 않는 것은?

① CH_3OH

② H_2O

③ CH_3OCH_3

④ CH_3COOH

TIP 수소결합…H를 중심으로 해서 전기음성도가 큰 F, O, N가 결합하여 형성된다.

11 다음 중 물의 성질에서 수소결합과 관계가 없는 것은?

① 비열

② 끓는점

③ 전기전도성

④ 녹는점

TIP 물의 수소결합으로 나타나는 특성

㉠ H_2O는 얼음이 되면 부피가 증가한다.

㉡ 녹는점과 끓는점이 높다.

㉢ 온도변화가 느리다.

㉣ 기화열과 비열이 크다.

㉤ 모세관 현상

12 다음 중 분자량이 비슷한 물질에서 끓는점이 가장 높은 것으로 옳은 것은?

① $C_2H_5OC_2H_5$

② $CH_3CH_2CH_2OH$

③ $CH_3CH_2CH_2SH$

④ $CH_3CH_2CH_2CH_2CH_3$

TIP 알코올은 수소결합이 형성되어 끓는점이 높다.

13 다음 2주기 원소들의 수소화합물 중 끓는점이 높은 순서대로 나열한 것으로 옳은 것은?

① $NH_3 > CH_4 > H_2O > HF$

② $CH_4 > HF > NH_3 > H_2O$

③ $H_2O > HF > NH_3 > CH_4$

④ $H_2O > NH_3 > CH_4 > HF$

TIP 수소결합을 형성하는 물질의 끓는점이 매우 높다.

14 다음 중 H_2O가 H_2S보다 분자량이 작은데도 끓는점이나 어는점이 높은 이유로 옳은 것은?

① H_2O는 비휘발성이고, H_2S는 휘발성이기 때문이다.

② H_2O는 공유결합을 하고, H_2S는 금속결합을 하기 때문이다.

③ H_2O는 수소결합을 하고, H_2S는 수소결합이 아니기 때문이다.

④ H_2O는 이온성이 큰 이온결합성이고, H_2S는 공유결합성이기 때문이다.

TIP 수소결합
    ⊙ 전기음성도의 차이에 의해 형성된다.
    ⊙ 전기음성도가 F > O > N의 크기순이므로 HF가 가장 크다.
    ⊙ 끓는점에 크게 영향을 미친다.

15 HF의 끓는점이 HCl의 끓는점보다 높은 이유로 옳은 것은?

① 반발력   ② 분산력

③ 반 데르 발스 힘   ④ 수소결합

TIP 분자량이 작더라도 HF, H_2O, NH_3 등은 수소결합으로 인해 같은 족의 수소화합물보다 녹는점, 끓는점이 높다.

Answer 13.③ 14.③ 15.④

16 다음 중 물의 특성에 대한 설명으로 옳지 않은 것은?

① 물분자들의 수소결합으로 인해서 녹는점과 끓는점이 높다.

② 비열이 매우 크다.

③ 몰 증발열이 크다.

④ 얼음의 밀도가 4℃의 물의 밀도보다 크다.

TIP ④ 물의 밀도는 4℃에서 최대이다.

17 다음 중 16족의 수소화합물 H_2O, H_2S, H_2Se의 분자간 힘의 크기로 옳은 것은?

① $H_2O > H_2Se > H_2S$ ② $H_2S < H_2O < H_2Se$

③ $H_2O > H_2S > H_2Se$ ④ $H_2Se < H_2O < H_2S$

TIP 같은 족에서 분자간 힘은 분자량이 클수록 증가한다. H_2O는 수소결합을 하기 때문에 끓는점이 가장 높다.

18 다음 화학식의 분자량을 나타낸 물질들에서 끓는점의 크기를 비교한 것으로 옳은 것은?

- 프로페인(C_3H_8) = 44
- 에탄올(C_2H_5OH) = 46
- 아세트알데하이드(CH_3CHO) = 44

① $CH_3CHO < C_3H_8 < C_2H_5OH$ ② $C_3H_8 < C_2H_5OH < CH_3CHO$

③ $C_2H_5OH < C_3H_8 < CH_3CHO$ ④ $C_3H_8 < CH_3CHO < C_2H_5OH$

TIP 끓는점
   ㉠ 탄화수소는 공유결합하며 끓는점이 낮으나, 분자량이 커질수록 분자간 인력이 증가하여 끓는점이 높아진다.
   ㉡ 에탄올은 분자간 수소결합으로 끓는점이 높고 에탄올을 산화시켜 아세트알데하이드를 만든다.

화학반응

01 화학반응과 에너지

01 반응열

❶ 열화학 반응식과 반응열

(1) 열화학 반응식

① **개념** ··· 물질의 상태와 에너지의 출입을 함께 나타낸 화학 반응식을 말한다.

> 예 $H_2(g) + \dfrac{1}{2}O_2(g) \rightarrow H_2O(l) + 68.3\text{kcal}$

② 몰수는 반응식에 나타난 계수를 의미한다. 위의 열화학 반응식에서 $H_2(g)$ 1몰과 $O_2(g)$ $\dfrac{1}{2}$ 몰이 반응해 $H_2O(l)$ 1몰이 생성되는데 이때의 반응열은 68.3kcal이다.

③ **물질의 상태표시**

　⊙ 물질의 에너지는 물질의 상태에 따라서 달라지므로 반드시 열화학 반응식에 물질의 상태를 표시해야 한다.

　⊙ **표시기호**

　　• 기체 : g
　　• 액체 : l
　　• 고체 : s
　　• 수용액 : aq

④ 열화학 반응식에 반응조건(온도와 압력)을 표시해야 하고, 온도와 압력의 표시가 없을 경우 일반적으로 25℃, 1기압을 의미한다.

⑤ 반응열은 열화학 반응식의 계수가 변하면 변한다. 위의 반응식에 양변의 계수를 2배로 하면 반응식은 다음과 같다.

> 예 $2H_2(g) + O_2(g) \rightarrow 2H_2O(l) + 136.6\text{kcal}$

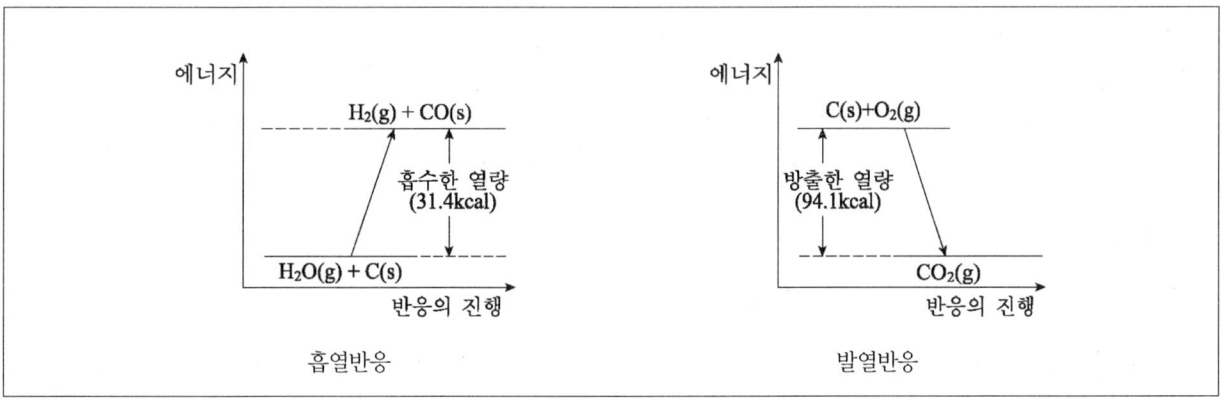

(2) 반응열

① 반응열

    ㉠ **개념** : 물질들이 반응을 일으킬 때 방출하거나 흡수하는 열을 말한다.

    ㉡ **발열반응** : 생성물질의 에너지보다 반응물질의 에너지가 높아 반응시 열을 방출하는 반응으로, 이로 인해 주위 온도가 올라간다.

        예 $C(s) + O_2(g) \rightarrow CO_2(g) + 94.1kcal$

    ㉢ **흡열반응** : 생성물질의 에너지보다 반응물질의 에너지가 낮아 반응시 열을 흡수하는 반응으로, 주위 온도가 내려간다.

        예 $H_2O(g) + C(s) \rightarrow CO(g) + H_2(g) - 31.4kcal$

[흡열반응과 발열반응]

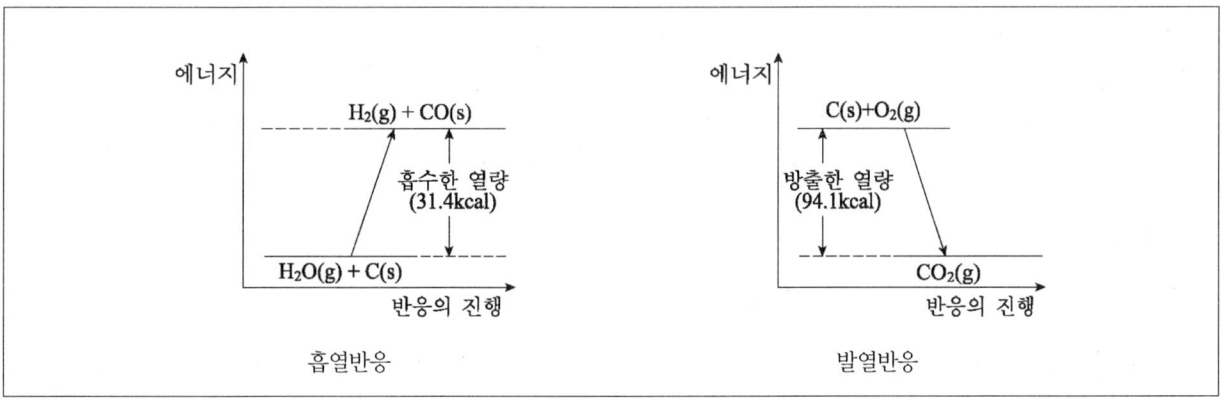

② 엔탈피(열함량)

    ㉠ **개념** : 반응이 일어나면 에너지의 출입이 있게 되는데 이때 어느 물질이 가지고 있는 고유한 에너지를 말하고 표시는 H로 한다.

    ㉡ **엔탈피 변화**

      • 생성물과 반응물의 엔탈피 차이로서 그 반응의 반응열이다.

      • ΔH = 생성물의 엔탈피 − 반응물의 엔탈피

    ㉢ **발열반응** : 생성물의 엔탈피 < 반응물의 엔탈피, $\Delta H < 0$

    ㉣ **흡열반응** : 생성물의 엔탈피 > 반응물의 엔탈피, $\Delta H > 0$

❷ 반응열의 종류

(1) 생성열

① 개념 ··· 물질 1몰이 성분원소로부터 생성될 때의 반응열을 말하며 ΔH_f로 나타낸다.

② 생성열은 화합물의 상대적 안정성을 나타내고, 같은 원소에서 생성되는 여러 종류의 화합물 중 생성열이 작은 물질일수록 안정하다.

③ H_2O와 NO의 생성열

ⓐ H_2O : $H_2(g) + \frac{1}{2}O_2(g) \rightarrow H_2O(l)$, $\Delta H = -57.8\text{kcal}$에서

$H_2O(l)$의 생성열(ΔH_f) = -57.8kcal

ⓑ NO : $N_2(g) + O_2(g) \rightarrow 2NO(g)$, $\Delta H = -43.2\text{kcal}$에서

$NO(g)$의 생성열(ΔH_f) = -21.6kcal

> 예 CH_4, C_2H_2, C_2H_4, C_2H_6의 생성열은 순서대로 -17.9kcal/mol, 54.2kcal/mol, 12.5kcal/mol, -20.2kcal/mol이고, 이들의 안정성 순서는 $C_2H_6 > CH_4 > C_2H_4 > C_2H_2$이다.

(2) 연소열

① 개념 ··· 물질 1몰이 완전연소할 때의 반응열을 말한다.

② CO의 연소열 ··· $CO(g) + \frac{1}{2}O_2(g) \rightarrow CO_2(g)$, $\Delta H = -68.0\text{kcal}$에서 CO의 연소열($\Delta H$) = -68.0kcal

(3) 분해열

① 개념 ··· 물질 1몰이 성분원소로 분해될 때의 반응열이다.

② 생성열과 에너지는 같지만 부호는 반대이다.

③ NO의 분해열 ··· $NO(g) \rightarrow \frac{1}{2}N_2(g) + \frac{1}{2}O_2(g)$, $\Delta H = -21.6\text{kcal}$에서 NO의 분해열($\Delta H$) = -21.6kcal

(4) 중화열

① 개념 ··· 산과 염기가 중화해서 $H_2O(l)$ 1몰이 생성될 때 발생하는 열량을 말한다.

② H_2O의 중화열 ··· $H^+(aq) + OH^-(aq) \rightarrow H_2O(l)$, $\Delta H = -13.8\text{kcal}$에서 중화열($\Delta H$) = -13.8kcal

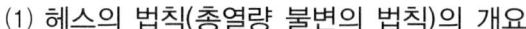

❸ 헤스의 법칙

(1) 헤스의 법칙(총열량 불변의 법칙)의 개요

① 개념 ··· 둘 혹은 그 이상의 화학식을 더하여 다른 하나의 화학식을 만든 경우 새로 얻은 반응의 반응엔탈피는 각 반응의 해당 엔탈피들을 더한 값과 같은 것을 말한다.

② 탄소와 산소로부터의 이산화탄소 생성

ㄱ 경로

- A경로 : $C(s) + O_2(g) \rightarrow CO_2(g)$, $\Delta H_1 = -94.0\text{kcal}$ ············· ⓐ
- B경로 : $C(s) + \dfrac{1}{2}O_2(g) \rightarrow CO(g)$, $\Delta H_2 = -26.0\text{kcal}$ ·············· ⓑ

$CO(g) + \dfrac{1}{2}O_2(g) \rightarrow CO_2(g)$, $\Delta H_3 = -68.0\text{kcal}$ ············· ⓒ

ㄴ 위에서 A경로의 반응열과 B경로의 반응열의 합이 각각 -94.0kcal로 같다. B경로의 반응식을 더하면 A경로의 반응식이 나오고(ⓐ = ⓑ + ⓒ), $\Delta H_1 = \Delta H_2 + \Delta H_3$가 성립함을 알 수 있다.

(2) 법칙의 적용

① 실험적으로 구하기 어려운 반응식의 반응열을 계산에 의해 이론적으로 구하기 위해서 헤스의 법칙을 이용한다.

② 적용순서

ㄱ 구할 열화학 반응식을 쓴다.

ㄴ 주어진 열화학 반응식의 계수를 구할 열화학 반응식의 계수와 맞춘다.

ㄷ 주어진 열화학 반응식을 더하거나 빼서 구할 열화학 반응식이 나오도록 한 후 반응열을 계산한다.

예 CO의 연소열 구하기

$C(s) + O_2(g) \rightarrow CO_2(g)$, $\Delta H = -94\text{kcal}$ ··················· ⓐ

$2C(s) + O_2(g) \rightarrow 2CO(g)$, $\Delta H = -52\text{kcal}$ ················ ⓑ

$CO(g) + \dfrac{1}{2}O_2(g) \rightarrow CO_2(g)$, $\Delta H = ?$

위에서 주어진 ⓐ와 ⓑ로부터 ⓐ-ⓑ로 반응식을 얻는다.

$$C(s) + O_2 \rightarrow CO_2(g), \Delta H = -94\text{kcal}$$

$$-\Big) C(s) + \dfrac{1}{2}O_2 \rightarrow CO(g), \Delta H = -26\text{kcal}$$

$$CO(g) + \dfrac{1}{2}O_2 \rightarrow CO_2(g), \Delta H = -68\text{kcal}$$

02 반응속도

❶ 반응속도식

(1) 반응속도의 정의

① 반응속도 ⋯ 화학반응이 일어날 때 단위시간에 감소한 반응물질의 농도 혹은 증가한 생성물질의 농도를 말하고, 단위는 mol/L · sec, mol/L · min 등이 있다.

$$반응속도 = \frac{감소한\ 반응물질의\ 농도}{반응시간} = \frac{증가한\ 생성물질의\ 농도}{반응시간}$$

② 반응이 일어나면 단위부피 속의 반응물질의 분자수는 감소하고 생성물질의 분자수는 증가한다.

③ 반응이 진행되면 반응물질의 농도는 감소하게 되고, 생성물질의 농도는 증가하게 된다.

예 $2A + B \rightarrow C$

$$반응속도\ v = -\frac{1}{2}\frac{\Delta[A]}{\Delta t} = -\frac{\Delta[B]}{\Delta t} = \frac{\Delta[C]}{\Delta t}$$

[시간에 따른 농도의 변화]

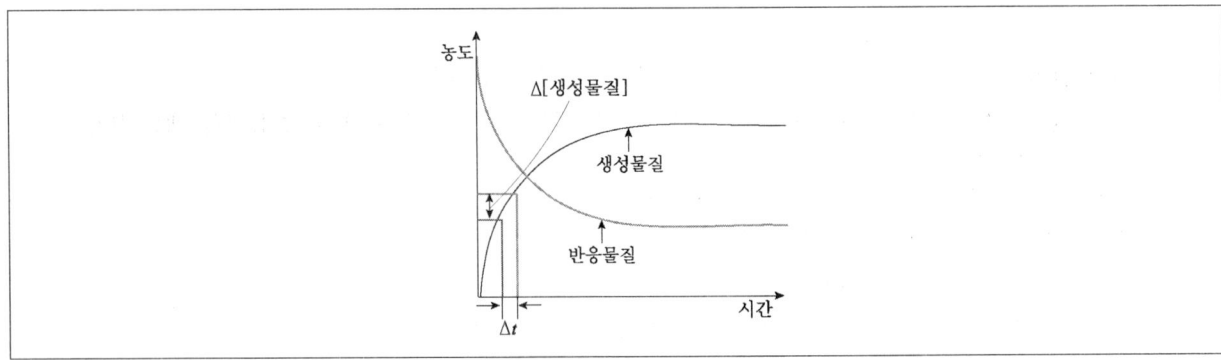

(2) 반응속도식

① 일반적 반응속도식

$$aA + bB \rightleftharpoons cC + dD에서$$
$$v = k[A]^m [B]^n$$

② 반응속도상수(k) … 농도에 영향을 받지 않고 온도에 의해서만 변하며 반응물질에 따라 k값이 달라진다.

③ 반응차수

　㉠ 반응차수의 구분

　　• m : A에 대한 반응차수

　　• n : B에 대한 반응차수

　　• $(m + n)$: 전체 반응차수

　㉡ 실험결과에 의해 m과 n이 결정된다.

　㉢ 반응속도상수 k는 m, n이 결정된 후 실험값을 대입하여 구한다.

❷ 반응경로와 반응메커니즘

(1) 유효충돌과 비유효충돌(충돌이론)

① 유효충돌 … 반응이 일어날 가능성이 있는 충돌을 말한다.

② 비유효충돌 … 반응이 일어날 가능성이 없는 충돌을 말한다.

[유효충돌과 비유효충돌]

(2) 활성화에너지(전이상태 이론)

① 화학반응이 일어나기 위해서 반응물질의 충돌이 반응을 일으키기 알맞은 방향으로 일어나야 되고 반응물질의 분자들이 일정한 양 이상의 에너지를 가져야 한다.

② 활성화 상태 … 반응물질이 활성화에너지를 가진 상태를 말한다.

③ 활성화에너지(E_a) … 반응을 일으키기 위해 필요한 최소 에너지를 말한다.

④ 활성화물 … 활성화 상태에 있는 물질을 말한다.

⑤ 반응성

   ⊙ 활성화에너지가 클 경우 : 에너지를 외부에서 많이 흡수해야 하기 때문에 반응이 일어나기 어렵다.

   ⓛ 활성화에너지가 작은 경우 : 외부에서 흡수해야 하는 에너지가 적기 때문에 반응이 일어나기 쉽다.

⑥ 활성화에너지와 반응열(ΔH) … 정반응의 활성화에너지에서 역반응의 활성화에너지를 뺀 값이다.

(3) 반응메커니즘

① 반응메커니즘의 개념 … 반응물질이 단계적으로 진행되어 생성물질로 되는 일련의 과정을 말한다.

② 속도결정단계 … 전체 반응속도에 영향을 가장 많이 미친다.

   ⊙ 여러 반응단계 중 속도가 가장 느린 단계이다.

   ⓛ 활성화에너지가 가장 크다.

③ 중간체 … 반응메커니즘에서 앞단계의 생성물질이 뒤단계에서 반응물질의 역할을 하는 물질을 말한다.

[$CO(g) + NO_2(g) \rightarrow CO_2(g) + NO(g)$의 반응경로]

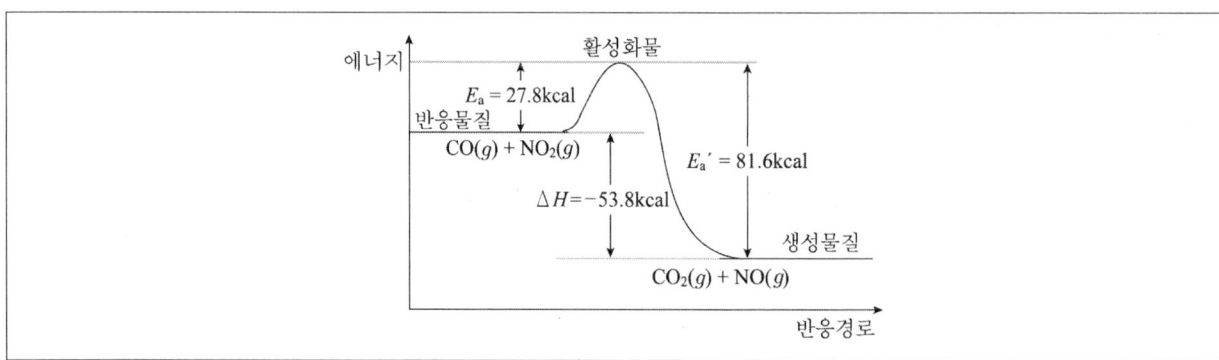

❸ 반응속도에 영향을 주는 인자들

(1) 반응물질의 종류

① 화학반응 발생시 반응속도는 반응물질의 종류에 따라 달라지는데, 새로운 결합이 생기는 경우 결합의 재배열이 일어나지 않는 것과 일어나는 반응으로 나누어진다.

② 결합의 재배열이 일어나지 않는 반응
　　㉠ 용액 중 이온들 사이에 일어나는 반응은 대부분 빠르게 일어난다.

　　　예　• $Ag^+(aq) + Cl^-(aq) \rightarrow AgCl(s) \downarrow$ (빠름)
　　　　　• $Fe^{2+}(aq) + Ce^{4+}(aq) \rightarrow Fe^{2+}(aq) + Ce^{3+}(aq)$ (빠름)

　　㉡ 이온 사이의 반응일 경우라도 원자 사이의 결합이 끊어지는 단계가 있으면 반응은 느리게 일어난다.

　　　예　$NH_4^+(aq) + CON^-(aq) \rightarrow (NH_2)_2CO$ (느림)

③ 결합의 재배열이 일어나는 반응 … 반응이 공유결합물질 사이에서 일어나는 것은 원자 사이의 결합이 끊어지고 새로운 결합이 생성되어야 하기 때문에 비교적 느리다. 이때 끊어지는 결합의 수가 많거나 그 세기가 클수록 반응은 느리게 일어난다.

　　　예　• $2HI(g) \rightarrow H_2(g) + I_2(g)$ (느림)
　　　　　• $CH_4(g) + 2O_2(g) \rightarrow CO_2(g) + 2H_2O(g)$ (느림)

(2) 온도의 영향

① 일반적으로 반응속도는 온도가 10℃ 올라갈 때마다 활성화에너지보다 큰 운동에너지를 가진 분자수가 2 ~ 3배 정도 많아지기 때문에 2 ~ 3배 빨라진다.

② 온도 10℃ 상승할 때마다 충돌횟수는 2% 정도 증가하기 때문에 이로 인한 영향은 적다.

(3) 농도의 영향

반응물질의 농도가 크면 단위부피 속의 분자수가 증가하여 충돌횟수가 많아지기 때문에 반응속도가 빨라진다.

[농도에 따른 충돌]

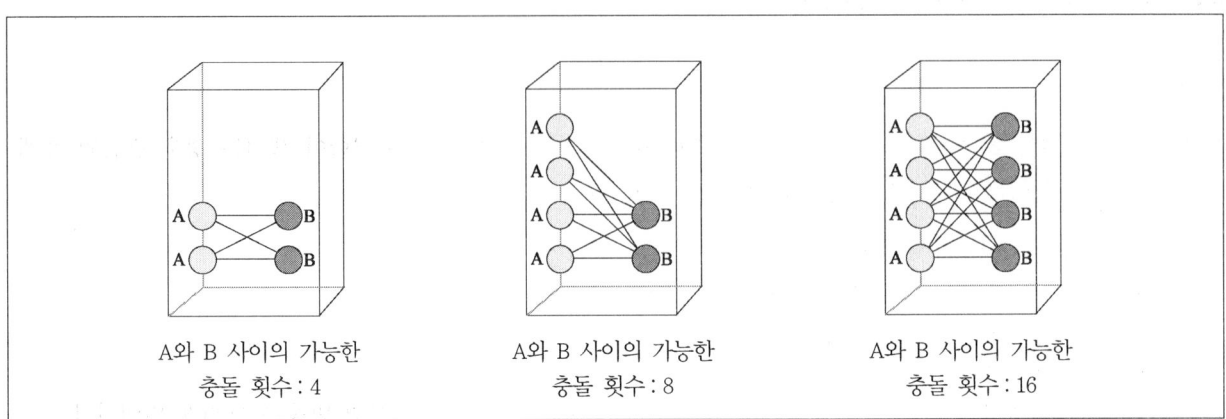

A와 B 사이의 가능한   A와 B 사이의 가능한   A와 B 사이의 가능한
충돌 횟수 : 4   충돌 횟수 : 8   충돌 횟수 : 16

(4) 압력의 영향

① 일반적으로 반응계의 압력이 증가하면 반응속도가 증가하게 된다.

② 압력증가 → 반응계의 부피감소 → 농도증가 → 반응속도 증가

(5) 반응속도와 촉매

① 촉매 … 과산화수소가 서서히 분해하는 반응에 MnO_2를 조금 넣으면 반응속도가 매우 빨라지는데 이처럼 반응속도만 변화시키고 자신은 반응 전후에서 변화가 없는 물질을 말한다.

② 정촉매와 부촉매

　　㉠ 정촉매 : 반응속도를 빠르게 하는 것이다.

　　㉡ 부촉매 : 반응속도를 느리게 하는 것이다.

③ 촉매와 활성화에너지

　　㉠ 촉매를 사용하면 활성화에너지가 낮아져 반응을 일으킬 수 있는 분자의 수가 많아지기 때문에 반응속도가 빨라진다.

　　㉡ 부촉매는 활성화에너지를 크게 해서 반응속도를 느리게 한다.

④ 반응물질과 생성물질의 에너지는 촉매를 사용해도 일정하므로 화학반응시 방출되거나 흡수되는 반응열(ΔH)은 변하지 않고 일정하다.

[촉매의 영향]

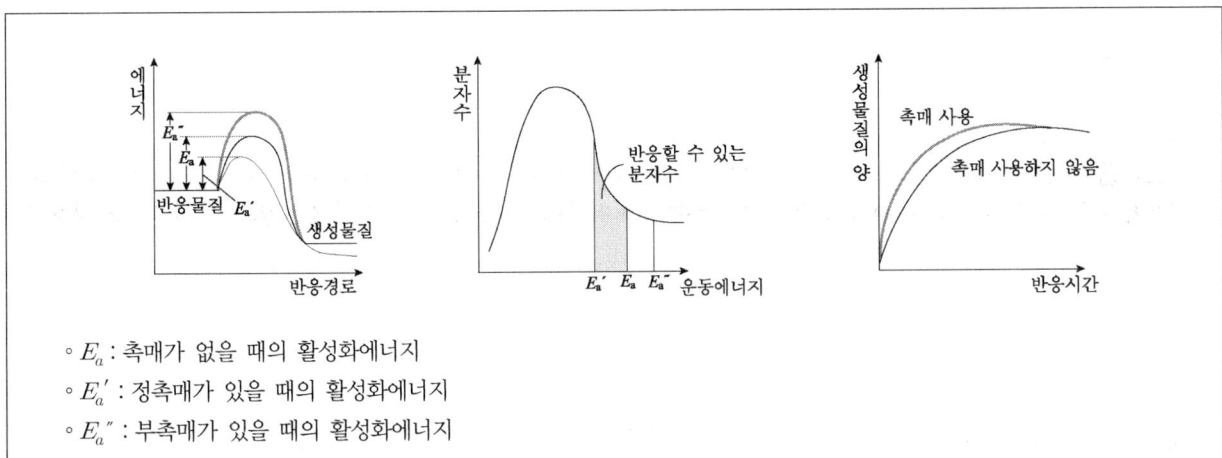

∘ E_a : 촉매가 없을 때의 활성화에너지

∘ $E_a{'}$: 정촉매가 있을 때의 활성화에너지

∘ $E_a{''}$: 부촉매가 있을 때의 활성화에너지

최근 기출문제 분석

2025. 6. 21. 제1회 지방직

1 강철 용기에서 A → B 반응은 반응물 A에 대해 2차 반응이고, 온도 TK에서 속도 상수는 $0.05 \text{Lmol}^{-1}\text{s}^{-1}$ 이다. A의 초기 농도가 0.10M일 때, 200초에서 A의 농도[M]는? (단, 반응 온도는 TK으로 일정하다)

① $\dfrac{1}{10}$

② $\dfrac{1}{20}$

③ $\dfrac{1}{30}$

④ $\dfrac{1}{40}$

TIP 문제의 상황과 같이 반응차수와 속도 상수, 초기 농도를 알고 있는 경우 적분 속도식을 이용해서 특정 시간에서의 농도를 구할 수 있다. 적분 속도식은 반응 속도식과 반응 속도의 정의에 따라 도출된 미분 속도식을 적분하여 얻을 수 있는데, 각 반응 차수에 따른 적분 속도식은 다음과 같다.

$aA \rightarrow$ 생성물		$v = k[A]^m$	
반응차수(m)	미분 속도식		적분 속도식
0차 반응	$-\dfrac{d[A]}{dt} = k[A]^0$	적분 $\xrightarrow{}$	$[A]_t = -kt + [A]_0$
1차 반응	$-\dfrac{d[A]}{dt} = k[A]^1$		$\ln[A]_t = -kt + \ln[A]_0$
2차 반응	$-\dfrac{d[A]}{dt} = k[A]^2$		$\dfrac{1}{[A]_t} = kt + \dfrac{1}{[A]_0}$

문제에서 반응물 A에 대해 2차 반응이므로 적분 속도식 $\dfrac{1}{[A]_t} = kt + \dfrac{1}{[A]_0}$에 주어진 조건 $k = 0.05 L\,mol^{-1}s^{-1}$, $[A]_0 = 0.10\,mol\,L^{-1}$, $t = 200s$을 대입하여 계산하면 다음과 같다.

$$\dfrac{1}{[A]_t} = (0.05 L\,mol^{-1}s^{-1})(200s) + \dfrac{1}{0.10\,mol\,L^{-1}} = 20\,L\,mol^{-1}$$

$$\therefore [A]_t = \dfrac{1}{20}\,mol\,L^{-1} = \dfrac{1}{20}M$$

Answer 1.②

※ 속도 상수 결정 : 그래프에서 직선의 기울기 이용

0차 반응	1차 반응	2차 반응
$[A]_t = -kt + [A]_0$	$\ln[A]_t = -kt + \ln[A]_0$	$\dfrac{1}{[A]_t} = kt + \dfrac{1}{[A]_0}$
[A] 세로축, t 가로축 (감소하는 직선)	ln [A] 세로축, t 가로축 (감소하는 직선)	1/ [A] 세로축, t 가로축 (증가하는 직선)
직선의 기울기 $= -k$	직선의 기울기 $= -k$	직선의 기울기 $= k$

※ 반감기($t_{\frac{1}{2}}$, 반응물의 양이 절반으로 감소하는 데 걸린 시간) 결정 및 특징

0차 반응	1차 반응	2차 반응
$[A]_t = -kt + [A]_0$	$\ln[A]_t = -kt + \ln[A]_0$	$\dfrac{1}{[A]_t} = kt + \dfrac{1}{[A]_0}$
$\dfrac{1}{2}[A]_0 = -kt_{\frac{1}{2}} + [A]_0$	$\ln\left(\dfrac{1}{2}[A]_0\right) = -kt_{\frac{1}{2}} + \ln[A]_0$	$\dfrac{1}{\frac{1}{2}[A]_0} = kt_{\frac{1}{2}} + \dfrac{1}{[A]_0}$
$t_{\frac{1}{2}} = \dfrac{[A]_0}{2k}$	$t_{\frac{1}{2}} = \dfrac{\ln 2}{k} = \dfrac{2.303 \log 2}{k} = \dfrac{0.693}{k}$	$t_{\frac{1}{2}} = \dfrac{1}{k[A]_0}$
반감기는 반응물의 농도에 비례	반감기는 반응물의 농도와 관계없음	반감기는 반응물의 농도에 반비례

2025. 4. 5. 국가직

2 다음은 어떤 반응의 반응메커니즘이다. 이에 대한 설명으로 옳은 것은? (단, k는 속도상수이고, 두 단계 중 하나는 다른 단계보다 매우 느리다)

> 1단계 : $2NO_2(g) \longrightarrow NO(g) + NO_3(g)$
>
> 2단계 : $NO_3(g) + CO(g) \longrightarrow NO_2(g) + CO_2(g)$

① 중간체는 NO_2이다.

② 1단계는 일분자 반응이고, 2단계는 이분자 반응이다.

③ 실험으로 측정한 전체반응의 속도법칙이 속도 $= k[NO_2]^2$라면 속도결정단계는 1단계이다.

④ 전체반응은 $NO_2(g) + NO_3(g) + CO(g) \longrightarrow NO(g) + CO_2(g)$이다.

> **TIP** ③ 반응메커니즘 중 속도결정단계는 반응속도가 가장 느린 단계 반응이며, 전체 반응의 속도 법칙은 속도결정단계의 반응속도 식을 따른다. 따라서 실험으로 측정한 전체 반응의 속도 법칙이 속도 $= k[NO_2]^2$라면 1단계 반응이 가장 느린 단계 반응이며, 따라서 속도결정단계는 1단계이다.
>
> ① 반응메커니즘의 각 단계 반응을 모두 더하면 전체 반응식을 얻을 수 있는데, 여기에서는 $NO_2(g) + CO(g) \rightarrow NO(g) + CO_2(g)$이다. 따라서 이 반응에서 NO_2는 전체 반응식의 반응물이며, 중간체는 다단계 반응 과정 중 생겼다가 사라지는 물질인 NO_3이다.
>
> ② 1단계 반응은 NO_2 두 분자가 충돌해서 일어나는 이분자 반응이고, 2단계 반응 역시 NO_3와 CO 분자가 충돌해서 일어나는 이분자 반응이다.
>
> ④ ①에서 언급한 것과 같이 전체 반응은 $NO_2(g) + CO(g) \rightarrow NO(g) + CO_2(g)$이다.

2025. 4. 5. 국가직

3 다음은 $t \,^\circ C$에서 반응 $A(g) + 2B(g) \rightarrow C(g)$의 초기 반응속도를 측정한 결과이다. 속도법칙은? (단, k는 속도상수이고 농도의 단위는 M이며, 반응속도의 단위는 $M \cdot s^{-1}$이다)

실험	A의 초기 농도	B의 초기 농도	초기 반응속도
1	0.1	0.1	0.01
2	0.2	0.1	0.04
3	0.1	0.2	0.02

① 속도 $= k[A][B]$

② 속도 $= k[A]^2[B]$

③ 속도 $= k[A][B]^2$

④ 속도 $= k[A]^2[B]^2$

Answer 2.③ 3.②

2025. 4. 5. 국가직

4 다음은 일산화질소(NO)와 수소(H_2)로부터 질소(N_2)와 수증기(H_2O)가 생성될 때의 전체반응, 실험으로 측정한 전체반응의 속도법칙, 반응메커니즘이다. k는? (단, k, k_1, k_{-1}, k_2, k_3은 속도상수이다)

- 전체반응

$$2\text{NO}(g) + 2\text{H}_2(g) \rightarrow \text{N}_2(g) + 2\text{H}_2\text{O}(g)$$

- 실험으로 측정한 전체반응의 속도법칙

$$속도 = k[\text{NO}]^2[\text{H}_2]$$

- 반응메커니즘

1단계 : $2\text{NO}(g) \underset{k_{-1}}{\overset{k_1}{\rightleftharpoons}} \text{N}_2\text{O}_2(g)$ ·················· 빠름

2단계 : $\text{N}_2\text{O}_2(g) + \text{H}_2(g) \xrightarrow{k_2} \text{N}_2\text{O}(g) + \text{H}_2\text{O}(g)$ ············· 느림

3단계 : $\text{N}_2\text{O}(g) + \text{H}_2(g) \xrightarrow{k_3} \text{N}_2(g) + \text{H}_2\text{O}(g)$ ················ 빠름

---

① $\dfrac{k_1 \times k_2}{k_{-1}}$ ② $\dfrac{k_1 \times k_3}{k_2}$

③ $\dfrac{k_{-1}}{k_1 \times k_2}$ ④ $\dfrac{k_2}{k_1 \times k_3}$

Answer 4.①

5 일정한 압력과 온도에서 어떤 화학반응의 △H = 200 kJ mol⁻¹이고 △S = 500 J mol⁻¹K⁻¹일 때, 자발적 반응이 일어나는 온도[K]는? (단, H는 엔탈피이고 S는 엔트로피이며 온도에 따른 △H와 △S의 값은 일정하다)

① 360

② 390

③ 420

④ 온도와 무관하다.

TIP 어떤 화학 반응이 자발적으로 일어나기 위해서는 $\Delta G < 0$이어야 한다.

따라서 $\Delta G = \Delta H - T\Delta S = 200\text{kJ/mol} - \text{T} \times 0.500\text{kJ/mol} \cdot \text{K} < 0$에서 $T > 400K$임을 구할 수 있다. 따라서 이를 만족하는 선지인 ③을 선택한다.

〈주의〉 일반적으로 ΔG 계산 문제에서 주어지는 ΔH의 단위[kJ/mol]와 ΔS의 단위[J/mol · K]가 같지 않음에 유의한다.

6 다음은 25℃, 표준상태에서 일어나는 열화학 반응이다. 25℃에서 $C_2H_2(g)$의 표준 연소열($\triangle H°$)[kcal]은?

$H_2(g) + \dfrac{1}{2} O_2(g) \longrightarrow H_2O(l)$	$\triangle H° = -68\text{ kcal}$
$C(s) + O_2(g) \longrightarrow CO_2(g)$	$\triangle H° = -98\text{ kcal}$
$2C(s) + H_2(g) \longrightarrow C_2H_2(g)$	$\triangle H° = 59\text{ kcal}$

① −323

② −225

③ −205

④ −107

TIP $C_2H_2(g)$의 표준 연소열($\triangle H°$)을 구하기 위해서는 다음 열화학 반응식의 표준 엔탈피 변화량을 구해야 한다.

$C_2H_2(g) + \dfrac{5}{2} O_2(g) \longrightarrow 2CO_2(g) + H_2O(l),\ \Delta H° = ?$

① $H_2(g) + \dfrac{1}{2} O_2(g) \longrightarrow H_2O(l)$	$\triangle H° = -68\text{ kcal}$
② $C(s) + O_2(g) \longrightarrow CO_2(g)$	$\triangle H° = -98\text{ kcal}$
③ $2C(s) + H_2(g) \longrightarrow C_2H_2(g)$	$\triangle H° = 59\text{ kcal}$

다음 열화학 반응식은 문제에서 주어진 위 3개의 식을 적절하게 정수배를 하여 더하거나 빼서 만들어낼 수 있다. 즉, ① + 2×② − ③을 하면 된다. 따라서 이때의 표준 엔탈피 변화량은 −68 + 2×(−98) − 59 = −323 kcal임을 구할 수 있다.

Answer 5.③ 6.①

7 밀폐된 공간에서 반감기가 3.8일인 라돈(Rn) 102.4mg이 붕괴되어 3.2mg으로 되는 데 경과되는 시간 [일]은?

① 3.8

② 19

③ 22.8

④ 38

> **TIP** 시간이 지남에 따라 라돈(Rn)이 원래 양의 $\frac{3.2}{102.4} = \frac{1}{32} = (\frac{1}{2})^5$이 되었고, 이로부터 반감기가 5번 지났음을 알 수 있다. 따라서 $3.8 \times 5 = 19$[일]이 지났음을 알 수 있다.

8 NO와 Br2로부터 NOBr이 만들어지는 반응 메커니즘이 다음과 같을 때, 전체 반응의 속도법칙은? (단, k_1, k_2, k_{-1}은 속도 상수이다)

$$NO(g) + Br_2(g) \underset{k_{-1}}{\overset{k_1}{\rightleftharpoons}} NOBr_2(g) \qquad (빠름)$$

$$NOBr_2(g) + NO(g) \xrightarrow{k_2} 2NOBr(g) \quad (느림)$$

① 속도 $= \frac{k_1 k_2}{k_{-1}}[NO][Br_2]$

② 속도 $= \frac{k_1 k_2}{k_{-1}}[NO]^2[Br_2]$

③ 속도 $= \frac{k_{-1} k_2}{k_1}[NO]^2[Br_2]$

④ 속도 $= k_2[NOBr_2][NO]$

> **TIP** 문제에 주어진 반응 메커니즘 중 속도 결정 단계는 반응 속도가 느린 2단계 반응이며, 전체 반응 속도는 2단계 반응의 속도와 같다. 따라서 전체 반응 속도식은 $rate = k_2[NOBr_2][NO]$이다. 그런데 여기에서 NOBr은 다단계 반응 과정 중 생겼다가 사라지는 중간체이므로 전체 반응 속도식에서는 없애줄 필요가 있다. 그리고 1단계 반응은 가역 반응이고, 반응 평형을 가정하면 정반응의 속도와 역반응의 속도는 동일하다고 할 수 있으므로 $k_1[NO][Br_2] = k_{-1}[NOBr_2]$이다. 즉, $[NOBr_2] = \frac{k_1}{k_{-1}}[NO][Br_2]$이고 이를 전체 반응 속도식에 대입하여 정리하면 $rate = k_2[NOBr_2][NO] = \frac{k_1 k_2}{k_{-1}}[NO]^2[Br_2]$임을 구할 수 있다.

Answer 7.② 8.②

9 다음은 평형에 놓여있는 화학 반응이다. 이에 대한 설명으로 옳은 것은?

$$SnO_2(s) + 2CO(g) \rightleftharpoons Sn(s) + 2CO_2(g)$$

① 반응 용기에 SnO_2를 더 넣어주면 평형은 오른쪽으로 이동한다.

② 평형 상수(K_c)는 $\dfrac{[CO_2]^2}{[CO]^2}$이다.

③ 반응 용기의 온도를 일정하게 유지하면서 CO의 농도를 증가시키면 평형 상수(K_c)는 증가한다.

④ 반응 용기의 부피를 증가시키면 생성물의 양이 증가한다.

TIP 고체와 기체가 불균일 평형을 이루고 있으므로, 평형 상수(Kc)는 고체를 제외하고 기체로만 구성된 $\dfrac{[CO_2]^2}{[CO]^2}$이다.

〈바로 알기〉
① SnO_2는 고체 상태이므로 반응 용기에 SnO_2를 더 넣어준다고 하더라도 평형에 영향을 끼치지 못한다.
③ 평형 상수는 온도에 의해서만 변화한다. 따라서 반응 용기의 온도를 일정하게 유지할 경우, 다른 조건을 변화시킨다고 하더라도 평형 상수(Kc)는 변하지 않는다.
④ 화학 반응식에서 기체 상태의 반응물과 생성물의 계수는 2로서 동일하다. 따라서 반응 용기의 부피를 변화시키거나 압력을 변화시킨다고 하더라도 평형에 영향을 주지 못한다.

10 N_2O 분해에 제안된 메커니즘은 다음과 같다.

$$N_2O(g) \xrightarrow{k_1} N_2(g)+O(g) \text{ (느린 반응)}$$

$$N_2O(g)+O(g) \xrightarrow{k_2} N_2(g)+O_2(g) \text{ (빠른 반응)}$$

위의 메커니즘으로부터 얻어지는 전체반응식과 반응속도 법칙은?

① $2N_2O(g) \rightarrow 2N_2(g) + O_2(g)$, 속도 $= k_1[N_2O]$

② $N_2O(g) \rightarrow N_2(g) + O(g)$, 속도 $= k_1[N_2O]$

③ $N_2O(g) + O(g) \rightarrow N_2(g) + O_2(g)$, 속도 $= k_2[N_2O]$

④ $2N_2O(g) \rightarrow N_2(g) + 2O_2(g)$, 속도 $= k_2[N_2O]^2$

Answer 9.② 10.①

TIP 두 단계의 반응식을 합하면 다음과 같다.

$$N_2O \rightarrow N_2 + O$$
$$N_2O + O \rightarrow N_2 + O_2$$
$$\overline{}$$
$$2N_2O \rightarrow 2N_2 + O_2$$

또한 반응속도는 느린 단계의 반응이 결정하므로 속도$=k_1[N_2O]$이다.

2019. 10. 12. 제3회 서울특별시

11 〈보기〉에서 ㈎는 25℃에서 기체 반응 $2A(g) \rightarrow B(g)$의 진행에 따른 에너지를 나타낸 것이다. ㈎에서 ㈏로 변화시킬 수 있는 요인으로 가장 옳은 것은?

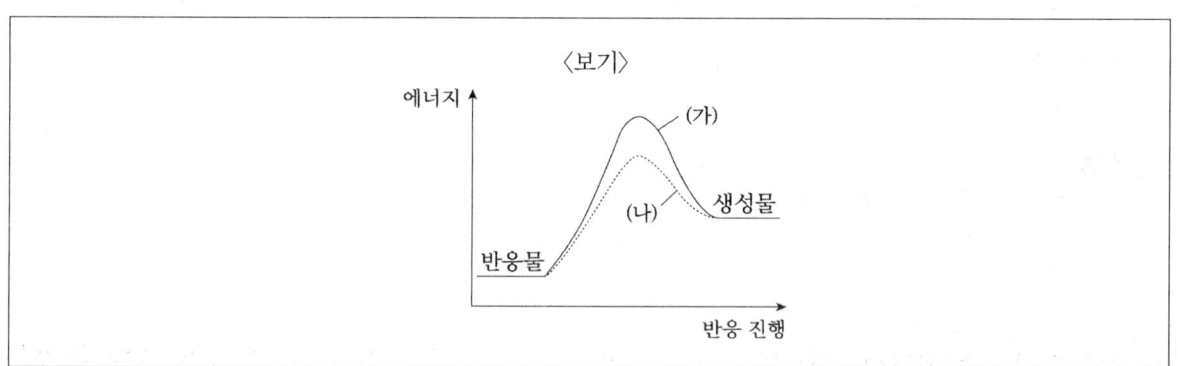

① $A(g)$ 추가   ② 온도 상승

③ 부피 증가   ④ 촉매 사용

TIP 촉매는 활성화 에너지를 낮출 수 있고, 이로 인하여 반응속도를 에너지 소비 없이 증가시킬 수 있다.

촉매는 일어나는 반응에 필요한 활성화 에너지를 감소한다.

촉매가 반응속도에 영향을 주는 이유는 활성화 에너지로 설명할 수 있다. 정촉매는 활성화 에너지를 낮추는 또 다른 경로의 정반응을 통해 반응속도를 빠르게 하고, 부촉매는 반응의 속도를 느리게 하는 것이다. 이때 반응열은 달라지지 않는다.

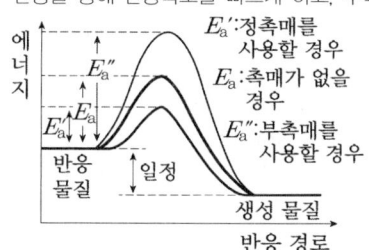

12 〈보기〉는 1기압에서 몇 가지 물질의 엔탈피를 나타낸 것이다. 산소(O)와 수소(H)의 결합 에너지(O-H)는?

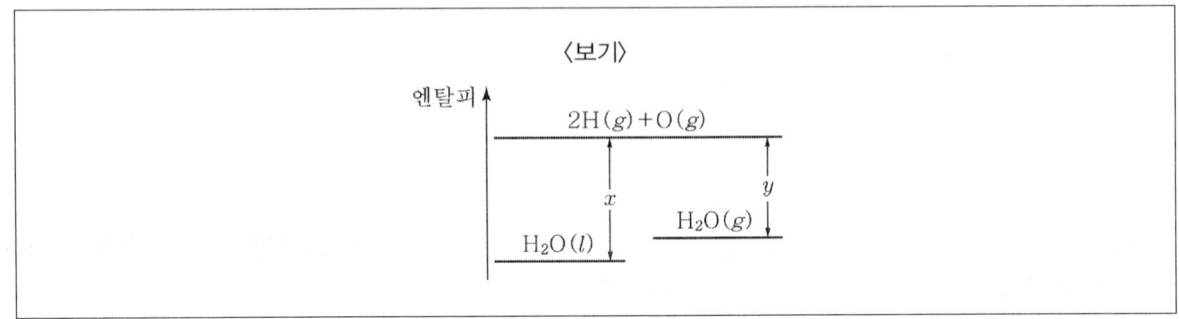

① $x - y$

② x

③ $0.5y$

④ $0.5(x + y)$

> **TIP** O-H 결합 에너지를 구하기 위한 화학반응식은 $H_2O(g) \rightarrow 4H(g) + 2O(g)$이다.
>
> $H_2O(g) \rightarrow 4H(g) + 2O(g)$에 필요한 총에너지는 y이다.
>
> H_2O 2분자에는 4개의 O-H 결합이 존재하며, H_2O 1분자에는 2개의 O-H 결합이 존재하므로 결합을 끊기 위해서는 $\frac{y}{2}$ 가 필요하다.

13 탄소[C(s)], 수소[H$_2$(g)], 메테인[CH$_4$(g)]의 연소 반응(생성물은 기체 이산화탄소와 액체 물 또는 두 물질 중 하나임.)은 각각 순서대로 390kJ/mol, 290kJ/mol, 890kJ/mol의 열을 방출하는 반응이다. 〈보기〉 반응에서 방출하는 열[kJ/mol]은?

〈보기〉

$C(s) + 2H_2(g) \rightarrow CH_4(g)$

① 80

② 210

③ 1,570

④ 1,860

> **TIP** 제시된 탄소[C(s)], 수소[H$_2$(g)], 메테인[CH$_4$(g)]의 연소 반응식을 각각 ①②③으로 정리하면
>
> ① $C(s) + O_2(g) \rightarrow CO_2(g)$ ·················· $Q_1 = 390\,\text{kJ/mol}$
>
> ② $H_2(g) + \frac{1}{2}O_2(g) \rightarrow H_2O(l)$·················· $Q_2 = 290\,\text{kJ/mol}$
>
> ③ $CH_4(g) + 2O_2(g) \rightarrow CO_2(g) + 2H_2O(l)$········ $Q_3 = 890\,\text{kJ/mol}$
>
> $C(s) + 2H_2(g) \rightarrow CH_4(g)$의 반응열을 구하면
>
> ①은 그대로, ②에는 반응식에 2를 곱하므로 엔탈피도 곱하기 2하여야 하며, ③은 역반응이므로 부호가 -로 변경된다.
>
> 그러면 $Q_1 + 2 \times Q_2 - Q_3$가 된다.
>
> $390 + 2 \times 290 - 890 = 80\,\text{kJ/mol}$

Answer 12.③ 13.①

2019. 6. 15. 제2회 서울특별시

14 $-d[W]/dt = k[W]^2$로 반응속도가 표현되는 화학종 W를 포함하는 화학 반응에 대하여, 가장 반감기를 짧게 만들 수 있는 방법으로 옳은 것은?

① W의 초기 농도를 3배로 높인다.

② 속도상수 k를 3배로 크게 한다.

③ W의 초기 농도를 10배로 높인다.

④ 속도상수 k와 W의 초기 농도를 각각 3배로 크게 한다.

TIP $V = \dfrac{-d[W]}{dt} = k[W]^2 \rightarrow$ 2차 반응

2차 반응은 적분해서 나온 농도의 역수 값이 1차 함수로 나온다.

반감기는 $[W]_t = \dfrac{1}{2 \times [W]_0}$를 넣고 정리를 하면

$\dfrac{d[W]}{[W]^2} = -kdt \rightarrow -\dfrac{1}{[W]_t} + \dfrac{1}{[W]_0} = -kt$

$t = \dfrac{1}{k[W]_0}$, 초기 농도에 반비례한다.

초기 농도를 증가시키면 반감기는 감소하므로 초기 농도가 가장 큰 것은 ③이 된다.

2019. 6. 15. 제1회 지방직

15 다음 열화학 반응식에 대한 설명으로 옳지 않은 것은?

$$2Mg(s) + O_2(g) \rightarrow 2MgO(s) \qquad \Delta H^\circ = -1,204\text{kJ}$$

① 발열 반응

② 산화-환원 반응

③ 결합 반응

④ 산-염기 중화 반응

TIP ① 반응물과 생성물이 가지는 엔탈피의 크기에 따라 정해진다. → 발열 반응은 '−' 부호를 가지고, 흡열 반응은 '+' 부호를 가진다.

② 전자의 이동이 있어야 산화-환원 반응으로 볼 수 있다.

$2Mg(s) + O_2(g) \rightarrow 2MgO(s)$

여기서 Mg는 전자 2개를 내어주고 Mg^{2+}가 되고, O_2는 전자 2개를 얻어 O^{2-}가 되어 서로 결합이 되었으므로 Mg는 산화되고, O_2는 환원된 것이다.

③ 두 원자 사이에 새로운 결합이 생성되는 반응은 발열 반응이고 결합 에너지만큼의 에너지가 방출된다.

④ 산-염기 중화 반응은 산성 물질과 염기성 물질이 반응하여, 일반적으로 염과 물이 형성되는 반응을 말한다.

Answer 14.③ 15.④

16 화학 반응 속도에 영향을 주는 인자가 아닌 것은?

① 반응 엔탈피의 크기　　　　　　　　② 반응 온도

③ 활성화 에너지의 크기　　　　　　　④ 반응물들의 충돌 횟수

> **TIP** 반응 속도에 영향을 주는 인자
> ㉠ **활성화 에너지**: 활성화 에너지가 높으면 반응이 일어나기 힘들어 반응 속도가 느리고 활성화 에너지가 낮으면 반응이 일어나기 쉬워 반응 속도가 빨라진다.
> ㉡ **촉매**: 촉매를 사용하면 활성화 에너지에 변화를 주며, 화학 반응 시 소모되지 않고 반응 속도에 영향을 준다. 정촉매는 활성화 에너지를 낮춰 반응 속도를 빠르게 한다.
> ㉢ **온도**: 온도가 높으면 반응 속도가 빨라진다.
> ㉣ **농도**: 반응물의 농도가 높으면 반응 속도가 빨라진다. 농도가 크면 충돌수가 증가하고 유효충돌수가 증가하여 반응 속도가 빨라지는 것이다.

17 $CH_2O(g) + O_2(g) \rightarrow CO_2(g) + H_2O(g)$ 반응에 대한 ΔH° 값[kJ]은?

> $CH_2O(g) + H_2O(g) \rightarrow CH_4(g) + O_2(g) : \Delta H^\circ = +275.6kJ$
>
> $CH_4(g) + 2O_2(g) \rightarrow CO_2(g) + 2H_2O(l) : \Delta H^\circ = -890.3kJ$
>
> $H_2O(g) \rightarrow H_2O(l) : \Delta H^\circ = -44.0kJ$

① -658.7　　　　　　　　　　　　② -614.7

③ -570.7　　　　　　　　　　　　④ -526.7

> **TIP**
> $CH_2O(g) + H_2O(g) \rightarrow CH_4(g) + O_2(g)$　　　　　$\triangle H^\circ = +275.6kJ$ ······①
> $CH_4(g) + 2O_2(g) \rightarrow CO_2(g) + 2H_2O(l)$　　　　　$\triangle H^\circ = -890.3kJ$ ······②
> $H_2O(g) \rightarrow H_2O(l)$　　　　　　　　　　　　　　　$\triangle H^\circ = -44.0kJ$ ······③
> 문제에 주어진 반응식을 위와 같이 ①②③이라고 하면
> 헤스의 법칙을 이용하여 문제에서 제시한 $CH_2O(g) + O_2(g) \rightarrow CO_2(g) + H_2O(g)$ 반응에 대한 $\triangle H^\circ$를 구할 수 있다.
> ① $CH_2O(g) + H_2O(g) \rightarrow CH_4(g) + O_2(g)$　　　　　$\triangle H^\circ = +275.6kJ$
> ② $CH_4(g) + 2O_2(g) \rightarrow CO_2(g) + 2H_2O(l)$　　　　　$\triangle H^\circ = -890.3kJ$　　(①+②)
> ③ $H_2O(l) \rightarrow H_2O(g)$　　　　　　　　　　　　　　$\triangle H^\circ = -44.0kJ$　　($-2 \times$③)
> (역변환을 하면 $-$부호를 붙이며, 각 변에 n을 곱하면 $\triangle H^\circ$에도 n을 곱해야 한다.)
> $\triangle H^\circ = \triangle H_1 + \triangle H_2 - 2 \times \triangle H_3 = 275.6 + (-890.3) - (2 \times -44.0) = -526.7kJ$

Answer　16.①　17.④

출제 예상 문제

1 다음 브롬화수소와 이산화질소의 반응 메커니즘에서 이 반응의 속도를 결정하는 단계로 옳은 것은?

$$2HBr(g) + NO_2(g) \longrightarrow H_2O(g) + NO(g) + Br_2(g)$$

- 1단계 : $HBr + NO_2 \longrightarrow HONO + Br$ (가장 느림)
- 2단계 : $2Br \longrightarrow Br_2$ (빠름)
- 3단계 : $2HONO \longrightarrow H_2O + NO + NO_2$ (느림)

① 1단계   ② 2단계

③ 3단계   ④ 1, 3단계

TIP 전체 반응속도는 반응물질의 여러 단계 중 가장 느린 단계의 속도식이 결정한다.

2 밀폐된 반응용기에 N_2 1몰과 H_2 3몰을 넣고 $t°C$로 유지하였더니 잠시 후 아래 반응식과 같이 평형 상태에 도달하였다. 이에 대한 다음 설명 중 옳은 것은?

$$N_2(g) + 3H_2(g) \rightleftharpoons 2NH_3(g)$$

- ㉠ NH_3의 농도는 시간이 흘러도 변화없다.
- ㉡ 분자 사이의 반응은 모두 끝났다.
- ㉢ 용기 속에는 N_2, H_2, NH_3가 전부 존재한다.

① ㉠   ② ㉠㉢

③ ㉡㉢   ④ ㉠㉡㉢

TIP 평형 상태 … 가역반응에서 정반응의 속도와 역반응의 속도가 서로 같은 동적 평형 상태이며, 정반응과 역반응이 계속적으로 일어난다.

Answer 1.① 2.②

3 25℃, 1기압에서 수증기와 과산화수소의 생성에 관한 열화학 반응식은 다음과 같다. 같은 조건에서 아래 반응식의 ΔH는?

- $H_2(g) + \frac{1}{2}O_2(g) \rightarrow H_2O(g)$, $\Delta H = -241.8\text{kJ}$ ······ ㉠

- $H_2(g) + O_2(g) \rightarrow H_2O_2(l)$, $\Delta H = -187.7\text{kJ}$ ········· ㉡

$$H_2O(g) + \frac{1}{2}O_2(g) \rightarrow H_2O_2(l)$$

① -54.1kJ ② 54.1kJ

③ -187.7kJ ④ 187.7kJ

TIP ㉡-㉠하면 $O_2(g) - \frac{1}{2}O_2(g) \rightarrow H_2O_2(l) - H_2O(g)$

반응식을 정리하면

$H_2O(g) + \frac{1}{2}O_2(g) \rightarrow H_2O_2(l)$가 되므로

ΔH도 ㉡-㉠하면
$-187.7 - (-241.8) = 54.1\text{kJ}$

4 다음 화학반응식에서 설명될 수 있는 법칙으로 옳지 않은 것은?

$$N_2(g) + 3H_2 \rightleftarrows 2NH_3(g) + 22\text{kcal}$$

① 질량보존의 법칙
② 일정성분비의 법칙
③ 기체반응의 법칙
④ 배수비례의 법칙

TIP ④ 두 종류 원소가 결합해서 두 종류 이상의 물질을 만들 때 배수비례의 법칙이 성립한다.

Answer 3.② 4.④

5 다음 Na(s)와 Cl$_2$(g)로부터 NaCl(s)이 생성될 때의 에너지 관계를 나타낸 그림에서 NaCl(s)의 생성열에 해당하는 것은?

$$Na^+(g) + e^- + Cl(g)$$

$$\nearrow \Delta H_3 \qquad\qquad \searrow \Delta H_4$$

$$Na(g) + Cl(g) \qquad\qquad Na^+(g) + Cl^-(g)$$

$$\uparrow \Delta H_2 \qquad\qquad\qquad \downarrow \Delta H_5$$

$$Na(s) + \frac{1}{2}Cl_2(g) \qquad\qquad NaCl(s)$$

$$\Delta H_1$$

① ΔH_1
② $-\Delta H_1$

③ ΔH_5
④ $\Delta H_1 + \Delta H_2 + \Delta H_3$

> **TIP** 생성열과 분해열
> ㉠ **생성열**: 물질 1몰이 성분 홑원소물질로부터 생성될 때의 반응열이다. 화합물의 상대적 안정성을 나타낸다.
> ㉡ **분해열**: 물질 1몰이 홑원소물질로 분해될 때의 반응열이다. 생성열과 에너지는 같으나, 그 부호는 반대이다.

6 다음 반응 중 실온에서 반응속도가 가장 느릴 것으로 예상되는 것은?

① $Ag^+(aq) + Cl^-(aq) \rightarrow AgCl(s)$

② $NH_3 + HCl \rightarrow NH_4Cl(s)$

③ $CH_4 + 2O_2 \rightarrow CO_2 + 2H_2O$

④ $NH_4^+(aq) + OCN^-(aq) \rightarrow NH_2 + CONH_2(s)$

> **TIP** 공유결합물질 사이의 반응은 원자 사이의 결합이 끊어지고 새로운 결합이 생성되어야 하기 때문에 비교적 느리다.

7 다음 촉매(catalyst)에 대한 설명으로 옳은 것은?

> ㉠ 촉매는 반응열을 변화시키는 역할을 한다.
> ㉡ 촉매는 반응경로를 바꾼다.
> ㉢ 촉매는 활성화에너지에만 영향을 준다.
> ㉣ 촉매는 화학반응에 참여해 자신이 변화함으로써 반응속도를 변화시킨다.
> ㉤ 정촉매는 정반응 속도만을 빠르게 한다.

① ㉠㉡   ② ㉡㉢

③ ㉠㉣   ④ ㉡㉣㉤

TIP 촉매 … 활성화에너지를 변화시켜 반응속도를 변화시키는 물질로 반응 전후에 자신의 양이 보존된다.
ⓐ 정촉매 : 활성화에너지를 감소시켜 반응속도를 증가시킨다.
ⓑ 부촉매 : 활성화에너지를 증가시켜 반응속도를 감소시킨다.
ⓒ 반응열과 촉매는 관련이 없다.

8 어떤 화학반응 $A(g)+B(g) \rightarrow C(g)$에 대한 반응속도를 400K에서 측정한 결과가 아래 표와 같을 때 이 온도에서 전체반응차수를 결정한 것으로 옳은 것은?

A	B	반응속도(mol/L · 초)
0.01	0.01	0.003
0.01	0.02	0.006
0.02	0.01	0.012

① 2차 반응   ② 3차 반응

③ 4차 반응   ④ 5차 반응

TIP 첫 번째와 두 번째에서 A농도가 일정할 때 B의 농도를 2배 증가시킨 결과 속도가 2배 빨라졌고, 첫 번째와 세 번째에서 B농도가 일정할 때 A농도를 2배 증가시킨 결과 속도가 4배 빨라졌다.
$v = k[A]^m[B]^n = k[A]^2[B]^1$
∴ 반응차수 $= m + n = 2 + 1 = 3$

9 A와 B가 반응해서 C가 생성되는 반응에서 반응속도를 측정한 결과가 다음과 같을 경우 반응차수로 옳은 것은?

실험번호	A	B	속도(mol/L · 초)
1	0.02	0.1	0.024
2	0.01	0.2	0.012
3	0.02	0.2	0.048

① AB_2

② A_2B

③ AB_3

④ A_3B

TIP B농도를 일정하게 유지하고 A농도를 2배로 했을 때 속도는 4배 증가하며, A농도가 일정할 때 B농도를 2배로 하면 속도는 2배 빨라진다.

10 다음 중 두 반응식을 이용해 $Fe_2O_3(s)+2Al(s) \rightarrow Al_2O_3(s)+2Fe(s)$ 반응의 엔탈피 변화(ΔH)를 계산한 것으로 옳은 것은?

- $2Al(s)+\dfrac{3}{2}O_2(g) \rightarrow Al_2O_3(s)+440kcal$ ······ ㉠

- $2Fe(s)+\dfrac{3}{2}O_2(g) \rightarrow Fe_2O_3(s)+196kcal$ ······ ㉡

① $-244kcal$

② $-596kcal$

③ $+244kcal$

④ $+596kcal$

TIP ㉠ – ㉡으로 계산하면

$2Al(s)-2Fe(s) \rightarrow Al_2O_3(s)-Fe_2O_3(s)+440-196$

반응식을 정리하면 $Fe_2O_3(s)+2Al(s) \rightarrow Al_2O_3(s)+2Fe(s)+244kcal$

발열반응이므로 $\Delta H=$ 생성물 엔탈피 – 반응물의 엔탈피를 계산하면 $-244kcal$가 된다.

Answer 9.② 10.①

11 C$_3$H$_8$(프로페인)이 연소되는 반응이 다음과 같을 때 일정 온도와 압력에서 C$_3$H$_8$ 11g이 반응하면 반응열은?

$$C_3H_8 + 5O_2 \rightarrow 3CO_2 + 4H_2O + 503.2kcal$$

① 125.8kcal

② 242.3kcal

③ 335.7kcal

④ 503.2kcal

TIP C$_3$H$_8$의 질량은 44g

$$44 : 11 = 503.2 : x$$

$$\therefore \ x = 125.8kcal$$

12 다음 2SO$_2$(g)+O$_2$(g) → 2SO$_3$(g)의 반응에너지 변화곡선에 대한 설명 중 옳지 않은 것은?

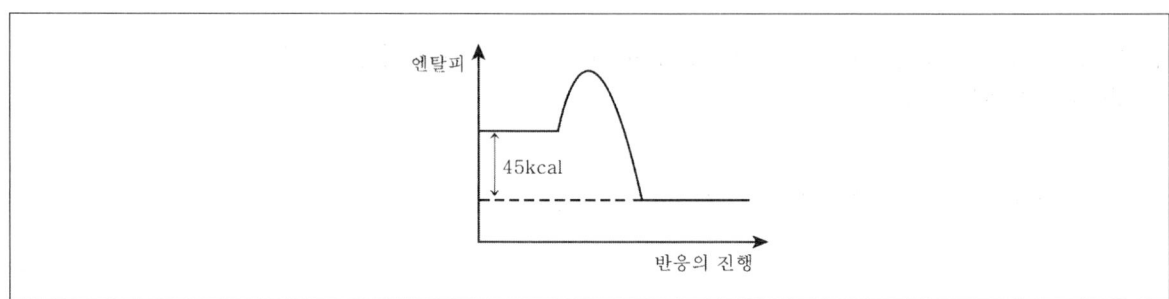

① 흡열반응을 한다.

② 생성물이 반응물보다 안정하다.

③ $\Delta H = -45kcal$이다.

④ SO$_2$의 연소열은 −22.5kcal이다.

TIP ① 발열반응은 반응물의 에너지가 생성물의 에너지보다 크기 때문에 반응시 에너지를 방출한다.

13 다음 중 촉매의 역할에 대한 설명으로 옳은 것은?

① 활성화에너지를 증가시켜 반응속도를 빠르게 한다.

② 정반응의 속도를 감소시키는 촉매는 역반응의 속도를 증가시킨다.

③ 반응열을 변화시키지 못한다.

④ 정반응의 속도를 증가시키는 촉매는 역반응의 속도를 감소시킨다.

TIP 촉매를 사용해도 반응물질과 생성물질이 가지는 에너지는 일정하기 때문에 화학반응시 방출되거나 흡수되는 반응열은 변함없다.

14 다음 중 반응속도에 영향을 미치는 요인으로 옳지 않은 것은?

① 농도   ② 압력

③ 부피   ④ 촉매

TIP 반응속도에 영향을 미치는 요인 … 압력, 온도, 농도, 촉매 등이 있다.

15 다음 같은 열화학 반응식에서 메테인(CH_4) 4g이 연소할 때 발생하는 열량으로 옳은 것은?

$$CH_4(g) + 2O_2(g) \rightarrow CO_2(g) + 2H_2O(g) + 212.0kcal$$

① 53.0kcal   ② 91.0kcal

③ 137.0kcal   ④ 175.0kcal

TIP $16 : 4 = 212 : x$ 에서 x 를 구하면

$x = 53.0 kcal$

16 다음 중 ΔH에 관한 설명으로 옳지 않은 것은?

① ΔH가 (+)이면 열을 방출한다.

② ΔH가 (−)이면 반응물질의 에너지 함량이 생성물질보다 크다.

③ 생성물질의 엔탈피와 반응물질의 엔탈피의 차를 말한다.

④ ΔH가 (−)이면 발열반응이다.

TIP ① ΔH = 생성물의 엔탈피 − 반응물의 엔탈피로 (+)면 흡열반응을 해 열을 흡수한다.

17 다음 $N_2(g) + 2H_2(g) \rightleftharpoons 2NH_3(g)$, $\Delta H = -22.0$kcal에서 NH_3의 생성엔탈피로 옳은 것은?

① −11.0kcal
② −20.0kcal
③ 11.0kcal
④ 20.0kcal

TIP 물질의 생성열은 물질 1몰이 생성될 때의 엔탈피 변화이므로 −22.0kcal/2=−11.0kcal가 된다.

18 다음 중 반응물질이 가지는 엔탈피 총합 H_R, 생성물질이 가지는 엔탈피 총합을 H_P라고 하면 이 반응의 엔탈피 변화 ΔH로 옳은 것은?

① $\Delta H_P + H_R$
② $\Delta H = 2H_P - H_R$
③ $\Delta H = H_P - H_R$
④ $\Delta H = H_P \times H_R$

TIP ΔH = 생성물의 엔탈피 − 반응물의 엔탈피

Answer 16.① 17.① 18.③

19 다음 중 반응 $H_2(g)+I_2(g) \rightarrow 2HI(g)$에서 반응속도 v를 표시하는 방법으로 옳은 것은?

① $\dfrac{\Delta[I_2]}{\Delta t}$

② $\dfrac{\Delta[H_2]}{\Delta t}$

③ $-\dfrac{\Delta[HI]}{\Delta t}$

④ $\dfrac{1}{2}\dfrac{\Delta[HI]}{\Delta t}$

TIP 반응속도 $v = -\dfrac{\Delta[H_2]}{\Delta t} = -\dfrac{\Delta[I_2]}{\Delta t} = \dfrac{1}{2}\dfrac{\Delta[HI]}{\Delta t}$

※ 다음 화학반응이 일어날 때 반응경로에 따른 에너지변화를 나타낸 그래프를 보고 물음에 답하시오. [20~21]

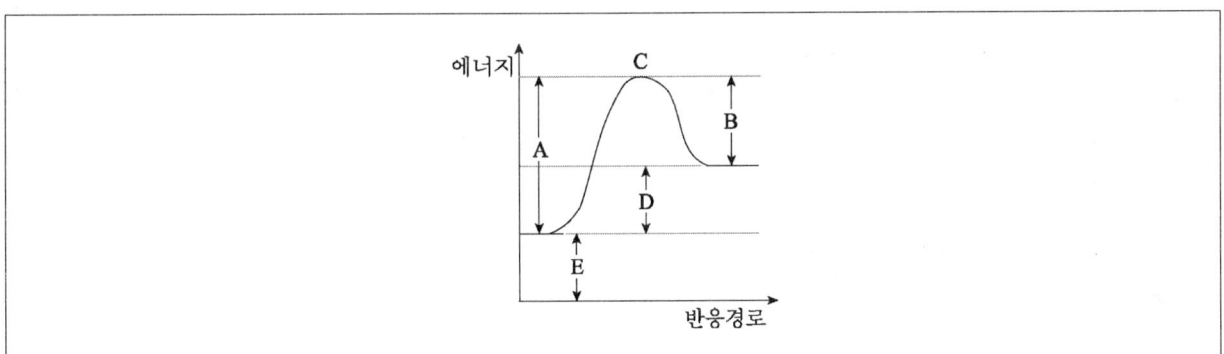

20 위의 그림에서 활성화에너지 구간은 어디인가?

① A

② B

③ C

④ D

TIP ② 역반응의 활성화에너지 구간

③ 활성화 상태

④ 반응열

Answer 19.④ 20.①

21 다음 중 반응열을 나타내는 구간으로 옳은 것은?

① A   ② B

③ C   ④ D

TIP 그래프에서 반응열을 나타내는 구간은 D가 된다.

22 다음 주어진 반응식을 이용하여 $CH_4(g) + 2O_2(g) \rightarrow CO_2(g) + 2H_2O(l)$의 엔탈피 변화($\Delta H$)를 계산한 것으로 옳은 것은?

> - $C(s) + O_2(g) \rightarrow CO_2(g),\ \Delta H = -94kcal$
> - $H_2(g) + \frac{1}{2}O_2(g) \rightarrow H_2O(l),\ \Delta H = -68kcal$
> - $C(s) + 2H_2(g) \rightarrow CH_4(g),\ \Delta H = -20kcal$

① $-108kcal$ ② $-144kcal$

③ $-178kcal$ ④ $-210kcal$

TIP $CH_4(g) + 2O_2(g) \rightarrow CO_2(g) + 2H_2O(l)$에서 각각의 물질엔탈피로 변화값을 구하면
$\Delta H = \{-94 + 2 \times (-68)\} - (-20) = -210kcal$

23 다음 중 메테인(CH_4) 1g이 연소할 때 13kcal의 열이 발생하는 반응을 열화학 반응식으로 나타낸 것으로 옳은 것은?

① $CH_4 + O_2 \rightarrow CO_2 + H_2O - 13kcal$

② $CH_4 + 2O_2 \rightarrow CO_2 + 2H_2O + 13kcal$

③ $CH_4 + 2O_2 \rightarrow CO_2 + 2H_2O - 208kcal$

④ $CH_4 + 2O_2 \rightarrow CO_2 + 2H_2O + 208kcal$

TIP CH_4 1몰은 16g이므로 1몰이 연소할 때 발생하는 열을 계산하면 $13 \times 16 = 208kcal$가 된다.

24 다음 아래의 반응식을 이용하여 $C(s) + O_2(g) \rightarrow CO_2(g)$의 ΔH를 구한 것으로 옳은 것은?

> ㉠ $2C(s) + O_2(g) \rightarrow 2CO(g), \ \Delta H = -53kcal$
>
> ㉡ $2CO(g) + O_2(g) \rightarrow 2CO_2(g), \ \Delta H = -136kcal$

① $-82kcal$ ② $-94.5kcal$

③ $-108kcal$ ④ $-136kcal$

TIP ㉠ + ㉡을 계산하면
$2C(s) + 2O_2(g) \rightarrow 2CO_2(g)$이 되고 $\Delta H = -189kcal$가 된다.
∴ $-94.5kcal$

25 다음 중 아래의 반응을 나타낸 그래프로 옳은 것은?

$$H_2(g) + \frac{1}{2}O_2(g) \rightarrow H_2O(g), \ \Delta H = -57.8kcal$$

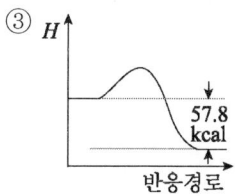

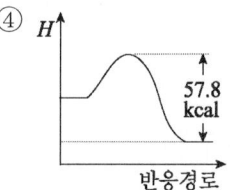

TIP ΔH가 0보다 작으므로 발열반응을 한다.

26 다음 중 열화학 반응식에 대한 설명으로 옳지 않은 것은?

$$C(s) + O_2(g) \rightarrow CO_2(g), \quad \Delta H = -94.1 kcal$$

① CO_2의 생성열(ΔH)은 -94.1kcal이다.

② $C(s)$의 연소열(ΔH)은 94.1kcal이다.

③ $C(s)$와 $O_2(g)$가 $CO_2(g)$보다 에너지 함량이 크다.

④ $\Delta H < 0$이므로 발열반응을 한다.

TIP ② 연소열은 물질 1몰이 완전연소할 때의 반응열을 말한다.

27 아세트알데하이드 CH_3CHO의 분해반응은 2차 반응으로 어떤 온도에서 CH_3CHO의 값이 0.10mol/L일 때, 속도는 0.18mol/L · s이었다면 이 반응의 반응속도 상수 k의 값은?

$$CH_3CHO(g) \rightarrow CH_4(g) + CO(g)$$

① $8L/mol \cdot s$　　　　　　② $12L/mol \cdot s$

③ $18L/mol \cdot s$　　　　　　④ $24L/mol \cdot s$

TIP $v = k[CH_3CHO]^2$이므로 k에 대해 정리하면

$k = \dfrac{v}{[CH_3CHO]^2} = \dfrac{0.18}{(0.10)^2} = 18L/mol \cdot s$

28 다음 중 발열반응인 A→B인 반응열을 ΔH, 활성화에너지를 E_a라고 할 때, 이 반응의 역반응에 의한 활성화에너지로 옳은 것은?

① $\Delta H - E_a$

② $-(\Delta H + E_a)$

③ $E_a - \Delta H$

④ $\Delta H + E_a$

TIP $\Delta H = E_a - E_a{}'$에서 역반응에 의한 활성화에너지에 대한 식으로 정리하면
$E_a{}' = E_a - \Delta H$가 된다.

29 다음 아래의 열화학 반응식을 이용하여 O − H간의 결합에너지를 구한 것으로 옳은 것은?

> ㉠ $H_2(g) + \dfrac{1}{2} O_2(g) \rightarrow H_2O(g)$, $\Delta H = -58$kcal
>
> ㉡ $H_2(g) \rightarrow 2H(g)$, $\Delta H = 104.2$kcal
>
> ㉢ $O_2(g) \rightarrow 2O(g)$, $\Delta H = 117$kcal

① 64.6kcal

② 110.4kcal

③ 121.3kcal

④ 153.8kcal

TIP ㉡$+\dfrac{1}{2}$㉢ $\cdots H_2 + \dfrac{1}{2} O_2 \rightarrow 2H + O$, $\Delta H = \left(104.2 + \dfrac{1}{2} \times 117\right)$kcal가 되는데

㉠과 비교하면 $-58 = \left(104.2 + \dfrac{1}{2} \times 117\right) - x$ (x는 결합에너지)라 할 수 있다.

H_2O에는 2개의 O − H결합이 있으므로 x를 $\dfrac{1}{2}$로 하고 그 값이 110.4kcal가 된다.

30 다음 중 가장 느리게 진행될 것으로 예상되는 반응으로 옳은 것은?

① $2H_2(g) + O_2(g) \rightarrow 2H_2O(g)$

② $Fe^{2+}(aq) + Zn(s) \rightarrow Fe(s) + Zn^{2+}(aq)$

③ $Sn^{2+}(aq) + 2Hg^{2+}(aq) \rightarrow Sn^{4+}(aq) + 2Hg(aq)$

④ $H^+(aq) + OH^-(aq) \rightarrow H_2O(l)$

TIP 반응이 느리게 일어나는 것은 원자간의 결합이 끊어져서 재배열이 일어나는 경우이다.

31 다음 중 정촉매의 역할에 대한 설명으로 옳은 것은?

① 정반응속도는 감소시키나 역반응속도는 증가시킨다.

② 정반응속도는 증가시키나 역반응속도는 감소시킨다.

③ 활성화에너지를 감소시켜 반응속도를 빠르게 한다.

④ 활성화에너지를 증가시켜 반응속도를 빠르게 한다.

TIP 정촉매 … 활성화에너지를 감소시켜 빨리 평형에 도달하도록 해준다.

32 다음 25℃, 1atm에서 반응 $CO_2(g) \rightarrow CO(g) + \frac{1}{2}O_2(g)$의 ΔH는 +68.0kcal일 때 같은 조건에서 반응 $2CO(g) + O_2(g) \rightarrow 2CO_2(g)$의 ΔH로 옳은 것은?

① −68kcal   ② −136kcal

③ +68kcal   ④ +136kcal

TIP 정반응이 흡열반응을 할 경우 역반응은 발열반응을 하는데, CO_2가 2몰 생성되므로
$-(68 \times 2) = -136kcal$ 가 된다.

33 다음 중 0℃, 1기압에서 5.6L의 CH_4이 연소하여 CO_2와 H_2O이 생기고, 53.2kcal의 열이 발생할 때의 열화학 반응식으로 옳은 것은?

① $CH_4(g)+2O_2(g) \rightarrow CO_2(g)+2H_2O(l)$, $\Delta H = -212.8$kcal

② $CH_4(g)+2O_2(g) \rightarrow CO_2(g)+2H_2O(l)$, $\Delta H = +212.8$kcal

③ $CH_4+2O_2 \rightarrow CO_2+2H_2O+212.8$kcal

④ $CH_4+2O_2 \rightarrow CO_2+2H_2O$, $\Delta H = 53.2$kcal

> **TIP** 열화학 반응식의 계수는 몰수를 나타내고, 반드시 반응의 상태표시를 해야 한다.
> 5.6L의 CH_4는 0.25몰이므로 $0.25 : 1 = 53.2 : x$에서
> $x = 212.8$kcal인데 발열반응이므로 $\Delta H = -212.8$kcal가 된다.

34 다음 중 반응식에서 반응열이 생성열인 것으로 옳은 것은?

① $H^+(aq)+OH^-(aq) \rightarrow H_2O(l)$, $\Delta H = +13.8$kcal

② $H_2O(l) \rightarrow H_2(g)+\dfrac{1}{2}O_2(g)$, $\Delta H = -68.3$kcal

③ $\dfrac{1}{2}N_2(g)+\dfrac{1}{2}O_2(g) \rightarrow NO(g)$, $\Delta H = +21.6$kcal

④ $2CO(g)+O_2(g) \rightarrow 2CO_2(g)$, $\Delta H = +135.2$kcal

> **TIP** 생성열은 물질 1몰이 성분원소로부터 생성될 때의 반응열을 말한다. NO가 그 물질을 구성하고 있는 성분 홑원소물질로부터 1몰 생성되었을 때 생성열 $\Delta H = +21.6kcal$가 발생한다.

02 화학평형

01 평형 상태

❶ 가역반응과 비가역반응

(1) 가역반응

① 가역반응

　㉠ 과정이 일련의 평형 상태를 통해 진행하는 것으로 외부 힘을 무한으로 변화시켜 역으로도 진행시킬 수 있어서 정반응과 역반응이 모두 진행된다.

　㉡ 정반응과 역반응

　　• 정반응 : 오른쪽(→)으로 진행하는 반응, 즉 반응물질에서 생성물질로 가는 반응을 말한다.

　　• 역반응 : 왼쪽(←)으로 진행하는 반응, 즉 생성물질에서 반응물질로 가는 반응을 말한다.

② 가역반응을 화학반응식으로 표시할 경우 정반응과 역반응을 같이 묶어 '⇌'로 한다.

$$2NO_2(g) \xrightarrow{\text{냉각}} N_2O_4(g), \quad N_2O_4(g) \xrightarrow{\text{가열}} 2NO_2(g)$$
$$\text{(적갈색)} \qquad\qquad \text{(무색)} \qquad \text{(무색)} \qquad\qquad \text{(적갈색)}$$

$$CH_3COOH(aq) \rightleftharpoons CH_3COO^-(aq) + H^+(aq)$$

(2) 비가역반응

① 비가역반응 ⋯ 화학반응의 대부분은 본질적으로 가역반응이나, 이 중에는 정반응만 일어나고 역반응이 일어나기 힘든 반응이 있는데 이처럼 한쪽 방향으로만 진행하는 반응을 말한다.

② 역반응이 일어나기 힘든 반응

　㉠ 대부분 기체가 발생하거나 침전이 생기는 반응에서 잘 일어나지 않는다.

　㉡ 기체발생반응 : $C(s) + O_2(g) \rightarrow CO_2(g) \uparrow$

ⓒ 침전생성반응 : $AgNO_3(aq) + NaCl(aq) \longrightarrow AgCl(s) \downarrow + NaNO_3(aq)$

ⓔ 산과 염기의 중화반응 : $HCl(aq) + NaOH(aq) \longrightarrow NaCl(aq) + H_2O(l)$

❷ 화학평형

(1) 상평형

① **상평형의 개념** … 같은 물질의 두 상들 상에서 이루어지는 평형으로 동적 평형이라고 한다.

② **물과 수증기**

　ⓒ 일정 온도에서 물과 평형을 이루는 수증기의 압력은 일정하다.

　ⓛ 물이 증발하는 속도와 수증기가 응결하는 속도는 동일하다.

(2) 화학평형의 개요

① **화학평형**

　ⓒ 가역반응에서 정반응과 역반응의 속도가 일정시간이 지나면 같아져서 반응이 정지된 것처럼 보이는 상태를 말한다.

　ⓛ **동적 평형** : 반응이 정지된 것 같으나 실제는 정반응과 역반응이 동시에 진행되는 평형 상태이다.

　ⓒ 정반응의 속도 = 역반응의 속도

$$aA + bB \underset{v_2}{\overset{v_1}{\rightleftharpoons}} cC + dD$$

[시간에 따른 농도변화]

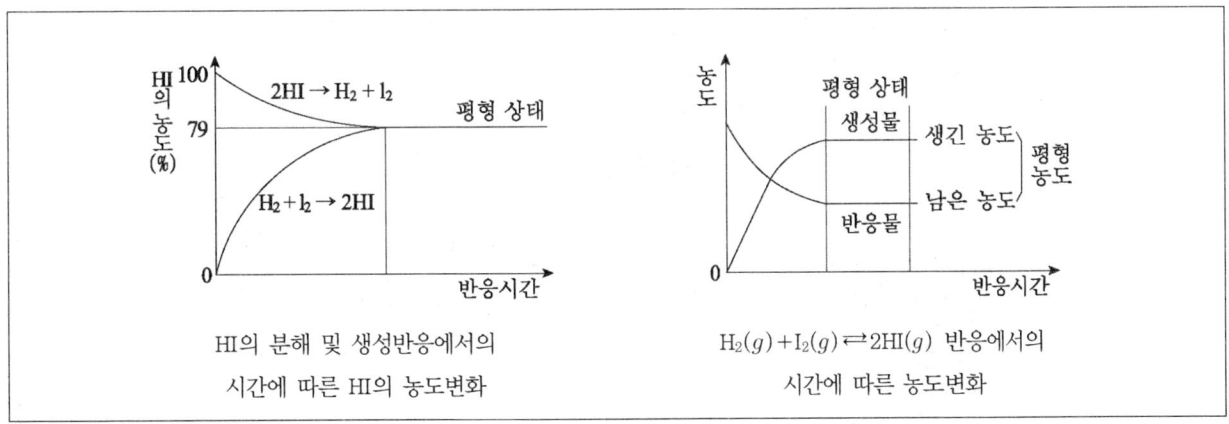

HI의 분해 및 생성반응에서의
시간에 따른 HI의 농도변화

$H_2(g) + I_2(g) \rightleftharpoons 2HI(g)$ 반응에서의
시간에 따른 농도변화

② 평형 상태의 성질 ··· $2NO_2(g) \rightleftarrows N_2O_4(g)$ 반응이 평형 상태에 도달했을 경우

  ㉠ 평형 상태에서는 반응물질과 생성물질이 함께 존재하기 때문에 반응물질이 보통 생성물질로 변하는 비가역반응에서는 평형 상태의 성립이 이루어지지 않는다.

  ㉡ 화학반응식의 계수는 반응물질과 생성물질의 존재비와 관계없다.

  ㉢ 평형 상태에 있는 화학반응에서 온도, 압력 등을 변화시키면 NO_2와 N_2O_4의 존재비가 달라진 새로운 평형 상태를 이룬다.

  ㉣ 외부조건이 같으면 정반응에서 반응이 시작되든지 역반응에서 시작되든지 같은 평형 상태에 도달하게 된다.

  ㉤ **평형농도** : 평형 상태에서 반응물질과 생성물질의 농도가 외부조건이 변하지 않는 이상 항상 일정한 것을 말한다.

  ㉥ 평형 상태를 나타낸 화학반응식에서는 단지 정반응과 역반응의 속도가 같다는 사실만 알 수 있고 화학반응의 속도는 알 수 없다.

  ㉦ 평형 상태는 자발적인 과정을 통해서 도달한다.

(3) 평형을 결정하는 인자

① 에너지변화와 화학반응

  ㉠ 자연계에서 발생하는 반응은 에너지가 높은 상태에서 낮은 상태를 향해 자발적으로 진행하려고 한다.

  ㉡ 자연계에서의 화학반응은 자발적으로 발열반응 쪽으로 진행된다.

② 화학반응과 무질서도

  ㉠ 소금 같은 고체를 물에 용해시키는 것은 에너지가 높아지는 흡열반응인데도 자발적으로 진행되는데, 이것으로 화학의 진행방향을 결정하는 인자에는 에너지면 뿐만 아니라 무질서도에 의해서도 결정되는 것을 알 수 있다.

  ㉡ 자발적인 반응은 무질서도가 증가하는 방향으로 진행된다.

  ㉢ 무질서도가 증가하는 경우

  • 고체가 액체로, 액체가 기체로 되는 경우 : $H_2O(s) \rightarrow H_2O(l)$, $H_2O(l) \rightarrow H_2O(g)$

  • 기체의 몰수가 증가하는 경우 : $N_2O_4(g) \rightarrow 2NO_2(g)$

  • 용질이 용매에 용해되는 경우, 순물질의 혼합 : $NaCl(s) \rightarrow NaCl(aq)$

[기체의 자발적 섞임]

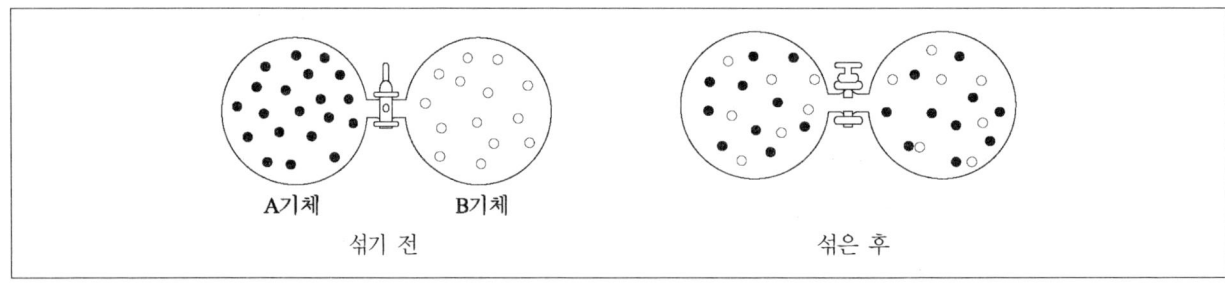

③ 에너지와 무질서도와의 관계에 따른 반응의 진행방향

　　㉠ 에너지 감소, 무질서도 증가(확실한 자발적 반응)

　　　　예 $2H_2O_2(l) \rightarrow 2H_2O(g) + O_2(g) + 193.2KJ$

　　㉡ 에너지 감소, 무질서도 감소(가역반응)

　　　　예 $N_2(g) + 3H_2(g) \rightleftharpoons 2NH_3(g) + 92.2KJ$

　　㉢ 에너지 증가, 무질서도 증가(가역반응)

　　　　예 $N_2O_4(g) \rightleftharpoons 2NO_2(g) - 54.8KJ$

　　㉣ 에너지 증가, 무질서도 감소(자발적인 반응이 일어나지 않음)

　　　　예 $N_2(g) + 2O_2(g) \rightleftharpoons 2NO_2(g) - 67.2KJ$

④ 화학평형의 결정 … 평형 상태는 무질서도가 증가하려는 경향과 에너지가 낮아지려는 경향의 조화로 결정된다.

$$N_2(g) + 3H_2(g) \rightleftharpoons 2NH_3(g), \quad \triangle H = -22kcal$$

❸ 화학평형의 법칙

(1) 정의

화학반응이 평형 상태에 있으면 반응물질과 생성물질의 농도가 일정하게 유지되므로 이들의 농도곱의 비는 일정하다.

(2) 평형상수(K)

① 가역반응이 평형 상태에 있을 때 반응식은 $aA + bB \overset{v_1}{\underset{v_2}{\rightleftharpoons}} cC + dD$가 된다.

② 평형 상태에서는 $v_1 = v_2$이므로 $K = \dfrac{[C]^c [D]^d}{[A]^a [B]^b}$ 의 관계가 성립된다.

③ 위의 관계식으로부터 "화학반응이 평형 상태에 있을 때 생성물질의 농도곱과 반응물질의 농도곱의 비는 온도가 일정하면 항상 일정하다."는 화학평형의 법칙이 유추된다.

(3) 평형상수의 성질

① K값은 온도에 의존하기 때문에 온도가 일정하면 반응물질과 생성물질의 농도가 변해도 K값은 항상 일정하다.

② 평형상수 K값이 크면 반응은 평형이 정반응 쪽으로 치우쳐서 평형에서 생성물질이 많고, K값이 작으면 평형이 역반응 쪽으로 치우쳐서 평형에서 반응물질의 양이 많다.

③ 정반응과 역반응의 평형상수의 관계는 역수관계이다.

예 $C + 2D \rightleftharpoons 2A + B$의 반응에서 $K' = \dfrac{[A]^2[B]}{[C][D]^2}$ 이므로 $K' = \dfrac{1}{K}$

④ 평형상수값은 화학반응식의 계수에 의해 변한다.

예 • $A + \dfrac{1}{2}B \rightleftharpoons \dfrac{1}{2}C + D$의 반응에서 $K_1 = \dfrac{[C]^{\frac{1}{2}}[D]}{[A][B]^{\frac{1}{2}}} = \sqrt{K}$

• $2C + 4D \rightleftharpoons 4A + 2B$의 반응에서 $K_2 = \dfrac{[A]^4[B]^2}{[C]^2[D]^4} = \dfrac{1}{K^2}$

▶**TIP**
몇 반응의 평형상수

㉠ $H_2(g) + \dfrac{1}{2}O_2(g) \rightleftharpoons H_2O(g)$, $K = 1.12 \times 10^{40}(25℃)$

㉡ $Cu(g) + 2Ag^+(aq) \rightleftharpoons Cu^{2+}(aq) + 2Ag(s)$, $K = 2 \times 10^{15}(25℃)$

(4) 평형상수 구하기

① **평형농도의 유무**
  ㉠ 평형농도가 주어진 경우 : 평형상수식에 평형농도를 대입하여 구한다.
  ㉡ 평형농도가 주어지지 않는 경우 : 평형농도를 화학반응식의 양적 관계를 이용하여 구한 후 평형상수식에 대입하여 구한다.

② **평형상수를 구하는 순서**
  ㉠ 반응물질과 생성물질의 평형농도를 몰농도를 사용해서 구한다.
  ㉡ 평형상수식을 쓴다.
  ㉢ 평형농도를 평형상수식에 대입하여 평형상수를 구한다.

(5) 불균일 평형에서의 평형상수

① **불균일 평형** … 둘 이상의 상들이 존재하는 반응계에서의 평형을 말하는데 아래와 같은 고체와 기체가 관여하는 평형에서 다음 반응에 대한 평형상수식은 그 아래와 같다.

$$CaCO_3(s) \rightleftharpoons CaO(s) + CO_2(g)$$
$$K' = \frac{[CaO][CO_2]}{[CaCO_3]}$$

② **평형상수** ⋯ 위 식에서 CaCO₃와 CaO는 순수한 고체이기 때문에 두 물질의 농도는 일정하다. 평형상수식은 일정한 고체의 농도를 포함해 다음처럼 쓴다. 그러므로 반응에 고체물질이 관여하면 고체물질을 평형상수식에 나타내지 않고 기체의 몰농도만으로 나타낸다.

$$K = K' \times \frac{[\text{CaCO}_3]}{[\text{CaO}]} = [\text{CO}_2]$$
$$K = [\text{CO}_2]$$

(6) 평형상수와 반응의 진행방향

① 반응물질과 생성물질을 넣고 반응시킬 때 실제농도를 평형상수식에 대입하여 구한 K'의 값과 어떤 화학반응의 평형상수 K를 비교하면 반응의 진행방향을 알 수 있다.

② $K = K'$ ⋯ 평형 상태이다.

③ $K > K'$ ⋯ 반응이 정반응으로 진행된다.

④ $K < K'$ ⋯ 반응이 역반응으로 진행된다.

02 평행의 이동

❶ 평형이동의 법칙

(1) 평형이동의 개념

평형 상태에서 정반응과 역반응의 속도 중 한쪽이 빨라지게 되면 평형 상태가 깨어져 정·역반응 중 어느 한쪽 반응이 진행되는 것을 말한다.

(2) 평형이동의 법칙

가역반응이 평형 상태에 있을 경우 농도·온도·압력 중에서 하나를 변화시키면 그 변화를 감소시켜 주려는 쪽으로 반응이 진행하여 새로운 평형 상태에 도달하는 것으로, 르 샤틀리에의 원리(Le Chatelier's principle)라고도 한다.

(3) 농도와 평형이동

① 평형 상태에 있는 어떤 반응에서 반응물질이나 생성물질 중 한 물질의 농도를 크게 하면 반응은 그 물질의 농도를 감소시키려는 방향으로 진행된다.

② 평형 상태의 한 물질의 농도를 작게 하면 반응은 농도가 증가하려는 방향으로 진행한다.

$$N_2(g) + 3H_2(g) \rightleftharpoons 2NH_3(g)$$

③ 위의 식에 N_2를 첨가시키면 N_2가 감소하는 정반응이 일어난다. 평형상수식 $K = \dfrac{[NH_3]^2}{[N_2][H_2]^3}$ 이라 하면 N_2를

첨가했을때의 $K' = \dfrac{[NH_3]^2}{[N_2][H_2]^3}$ 가 되는데 이때 $K' < K$이다.

[$N_2(g) + 3H_2(g) \rightleftharpoons 2NH_3(g)$의 평행에 N_2를 가했을 때 각 성분의 농도변화]

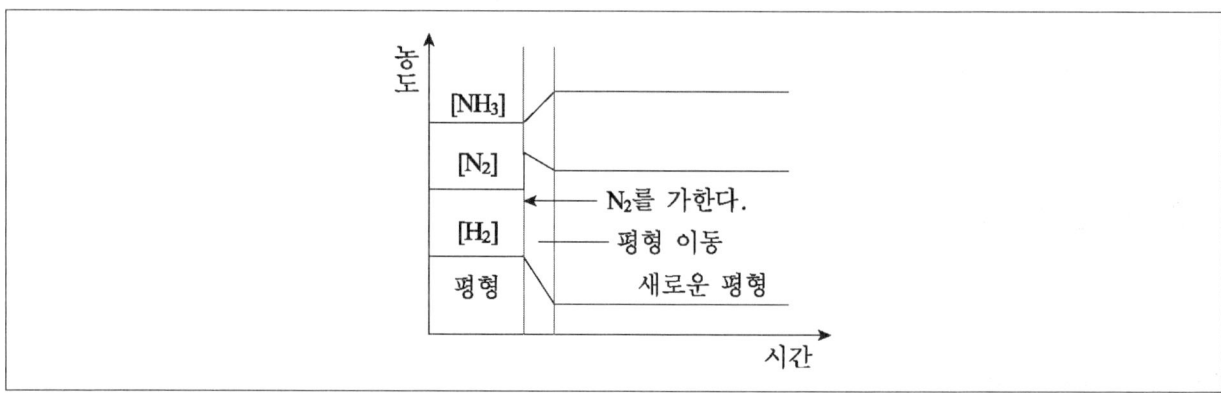

④ 평형상수는 농도에 관계없이 온도가 일정하면 일정하므로 K'와 K값이 같아지기 위해선 NH_2의 농도가 커져야 하므로 정반응이 일어난다.

(4) 온도와 평형이동

① 평형 상태의 화학반응에서 반응계의 온도를 높이면 반응이 흡열반응(온도가 낮아짐) 쪽으로 진행되고, 반응계의 온도를 낮추면 발열반응(온도가 높아짐) 쪽으로 진행된다.

② 평형상수 K는 온도에 따라서 변한다.

③ $aA+bB \rightleftharpoons cC+dD$, $\Delta H = ?$ 반응의 온도에 따른 K값의 변화를 나타낸 그래프는 아래와 같다.

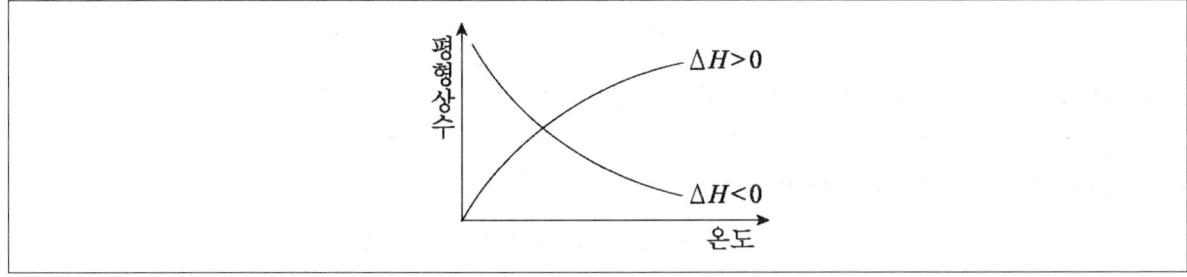

(5) 압력과 평형이동

① 평형 상태의 화학반응에서 반응계의 압력을 증가시키면 반응의 진행은 압력이 감소하는 방향(기체의 몰수 가 감소하는 방향)으로 되고, 압력을 감소시키면 반응의 진행은 압력이 증가하는 방향(기체의 몰수가 증가 하는 방향)으로 된다.

② $H_2(g)+I_2(g) \rightleftharpoons 2HI(g)$와 같이 양쪽의 기체 몰수가 같은 반응은 압력에 의해 평형은 이동되지 않는다.

③ $C(s)+H_2O(g) \rightleftharpoons CO(g)+H_2(g)$에서 $C(s)$는 압력을 나타내지 않으므로 압력을 증가시키면 압력이 낮아지는 방향으로 진행된다.

[압력과 수득률의 관계]

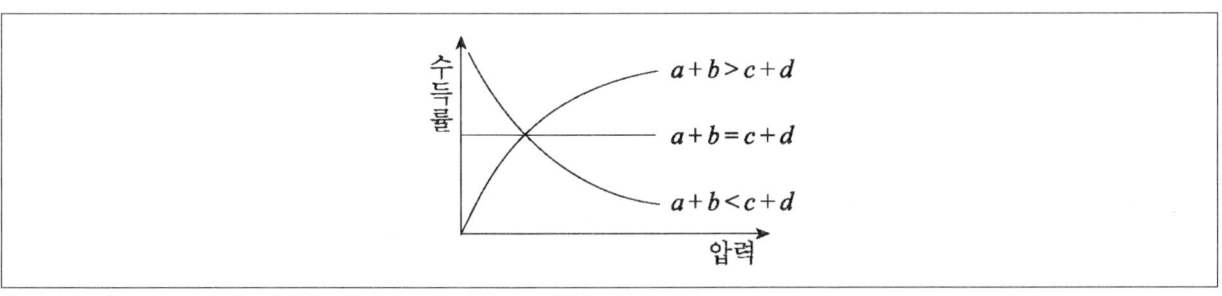

(6) 촉매와 평형이동

① 화학반응에서의 촉매사용은 활성화에너지가 낮아져서 정반응과 역반응의 속도가 빨라지도록 한다.

② 촉매는 평형 상태에 빨리 도달시켜 주지만 평형 상태에 있는 화학반응의 평형을 이동시키지는 않는다.

(7) 평형이동의 응용

① 르 샤틀리에의 원리를 이용하면 생성물질의 수득률을 높일 수 있는 조건을 알 수 있고 화학공업에서 이용 된다.

② 하버법(Haber's process)

$$N_2(g) + 3H_2(g) \rightleftarrows 2NH_3(g) + 22\text{kcal}$$

㉠ NH_3의 수득률을 높이기 위한 방법은 압력은 높이고 온도를 낮추는 것이다.

㉡ 온도가 너무 낮으면 반응속도가 느려지고, 압력이 너무 높으면 고압장치를 만들기 힘드므로 실제로는 촉매하에서 400~600℃, 300기압 정도에서 반응시킨다.

[압력 · 온도에 따른 암모니아의 수득률]

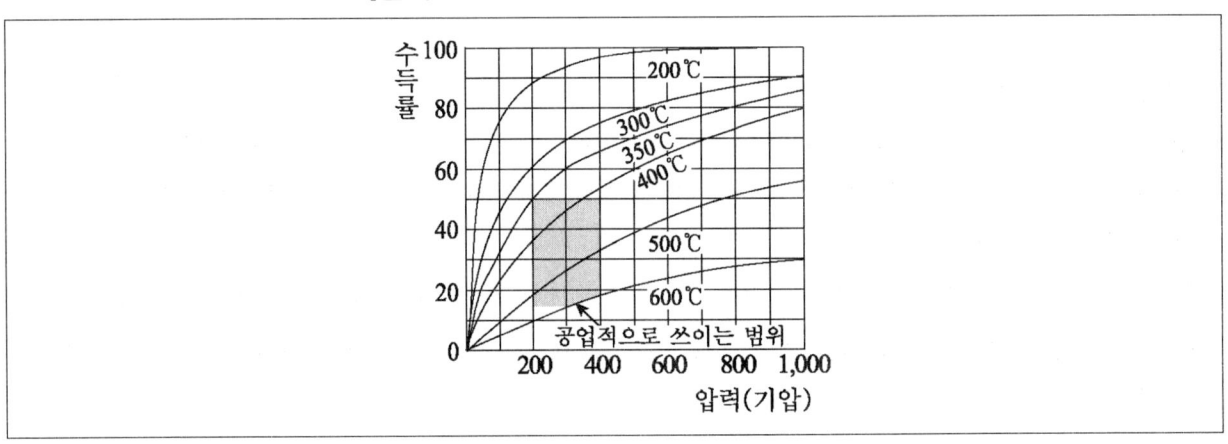

≡ 최근 기출문제 분석 ≡

2025. 6. 21. 제1회 지방직

1 **300K에서 다음 반응의 $\Delta G°$[kJ]는?**

$$CO(NH_2)_2(s) + H_2O(l) \rightarrow CO_2(g) + 2NH_3(g)$$
$$\Delta H° = 130kJ, \ \Delta S° = 420JK^{-1}$$

① −126

② 4

③ 126

④ 256

TIP $\Delta G° = \Delta H° - T\Delta S° = 130\text{kJ} - 300\text{K} \times \dfrac{420}{1000}\text{kJ/K} = 4\text{kJ}$

※ 일반적으로 ΔG 계산 문제에서 주어지는 ΔH의 단위[kJ]와 ΔS의 단위[J/K]가 같지 않음에 유의한다.

2025. 6. 21. 제1회 지방직

2 **2.0L 용기에서 $H_2(g)$ 0.01mol, $I_2(g)$ 0.04mol, $HI(g)$ 0.02mol로 다음 반응을 시작할 때, 반응 지수 (Q)는?**

$$H_2(g) + I_2(g) \rightleftharpoons 2HI(g)$$

① 1

② 2

③ 3

④ 4

TIP 용기 내 각 물질의 농도는 다음과 같다.

$[H_2] = \dfrac{0.01\,\text{mol}}{2.0\,\text{L}} = 0.005\,\text{M}$

$[I_2] = \dfrac{0.04\,\text{mol}}{2.0\,\text{L}} = 0.02\,\text{M}$

$[HI] = \dfrac{0.02\,\text{mol}}{2.0\,\text{L}} = 0.01\,\text{M}$

이를 반응 지수(Q)를 구하는 공식에 넣어 답을 구하면 다음과 같다.

$Q = \dfrac{[HI]^2}{[H_2][I_2]} = \dfrac{0.01^2}{0.005 \times 0.02} = 1$

Answer 1.② 2.①

2025. 6. 21. 제1회 지방직

3 철(Fe) 56g에 420J의 열에너지를 가하였더니 온도가 25°C에서 40°C로 상승하였다. 철의 비열[Jg^{-1}°C^{-1}]은? (단, 열에너지는 철의 온도 변화를 일으키는 데만 사용된다)

① 0.25

② 0.50

③ 1.0

④ 2.0

> **TIP** (열량) = (질량)×(비열)×(온도 변화) 공식을 이용하여 철의 비열을 구하면 다음과 같다.
> $$Q = mc\Delta T$$
> $$420J = 56g \times c\ J/g°C \times (40-25)°C$$
> $$\therefore c = 0.50\ J/g°C$$

2025. 4. 5. 국가직

4 다음은 300°C에서 질소(N_2)와 수소(H_2)로부터 암모니아(NH_3)를 합성하는 반응이다. 정반응의 $\triangle H < 0$일 때, 이 반응에 대한 설명으로 옳은 것만을 모두 고르면? (단, H는 엔탈피이고, K_c는 평형상수이다)

$$N_2(g) + 3H_2(g) \rightleftharpoons 2NH_3(g) \qquad K_c = 9.6$$

㉠ 정반응은 발열 반응이다.
㉡ 정반응이 진행됨에 따라 전체 분자의 수는 증가한다.
㉢ 300°C에서 반응 $2N_2(g) + 6H_2(g) \rightleftharpoons 4NH_3(g)$의 평형상수는 9.6이다.

① ㉠

② ㉠, ㉡

③ ㉡, ㉢

④ ㉠, ㉡, ㉢

> **TIP** ㉠ 정반응의 $\Delta H < 0$이므로 정반응은 발열 반응이다.
> ㉡ 주어진 반응식에서 반응물의 몰수는 질소 1몰과 수소 2몰, 총 3몰이며, 생성물의 몰수는 암모니아 2몰이다. 정반응이 진행됨에 따라 전체 몰수는 3몰에서 2몰로 줄어들므로 정반응이 진행됨에 따라 전체 분자의 수는 감소한다.
> ㉢ 반응식 $2N_2(g) + 6H_2(g) \rightleftharpoons 4NH_3(g)$을 살펴보면, 온도 변화 없이 반응식의 계수가 모두 2배로 증가하였으므로 이 반응의 평형상수는 원래 평형상수의 제곱인 $9.6^2 = 92.16$이 된다.

Answer 3.② 4.①

2025. 4. 5. 국가직

5 2mol의 이상기체 X가 초기 상태 800K, 1atm에서 차지하는 부피가 V이다. 닫힌 계(closed system)에서 X가 초기 상태로부터 400K, 2atm으로 변화했을 때 부피는?

① $\dfrac{1}{8}V$

② $\dfrac{1}{4}V$

③ $\dfrac{1}{2}V$

④ V

TIP 이상기체 상태 방정식에 따라 $V = \dfrac{nRT}{P}$ 이다. 문제에서 이상기체 X는 초기에 $V = \dfrac{2 \times R \times 800}{1} = 1600R$의 부피를 가진다. X가

400K, 2atm으로 변화했을 때 부피 $V' = \dfrac{2 \times R \times 400}{2} = 400R = \dfrac{1}{4}V$임을 구할 수 있다.

2024. 6. 22. 제1회 지방직

6 다음 반응에서 평형을 오른쪽으로 이동시킬 수 있는 방법으로 옳은 것만을 모두 고르면?

$$SnO_2(s) + 2CO(g) \rightleftarrows Sn(s) + 2CO_2(g)$$

㉠ 온도를 낮춘다.	㉡ 정촉매를 사용한다.
㉢ 압력을 감소시킨다.	㉣ N^2의 농도를 증가시킨다.

① ㉠, ㉢

② ㉠, ㉣

③ ㉡, ㉣

④ ㉢, ㉣

TIP 르 샤틀리에의 원리(Le Chatelier's Principle)는 가역 반응이 평형 상태에 있을 때 농도, 압력, 온도 등의 조건을 변화시키면 화학계는 그 변화를 감소시키는 방향, 즉 변화를 상쇄시키는 방향으로 평형이 이동하여 새로운 평형에 도달한다는 원리를 말한다. 평형 이동의 법칙이라고도 한다.
ㄱ 문제에서 주어진 정반응은 발열 반응이므로 주위의 온도를 낮춰주면 정반응 쪽인 오른쪽으로 평형을 이동시킬 수 있다.
ㄴ 촉매는 화학반응에 관여하는 활성화 에너지의 크기를 조절하여 반응 속도를 빠르게(정촉매) 또는 느리게(부촉매) 할 뿐, 평형 이동과는 관계가 없다.
ㄷ 문제에서 주어진 반응은 반응물과 생성물이 모두 기체 상태인 반응이다. 따라서 반응물의 계수의 합(1+3=4)이 생성물의 계수의 합(2)보다 크므로 평형을 오른쪽으로 이동시키기 위해서는 압력을 증가시켜야 한다.

Answer 5.② 6.②

7 단열된 용기 안에 있는 20°C의 A(l) 200g에 70°C의 B(s) 100g을 넣어 열평형에 도달하였을 때, 온도[°C]는? (단, A와 B의 비열은 각각 2 J · g^{-1} · °C^{-1}과 1 J · g^{-1} · °C^{-1}이다)

① 30 ② 40

③ 50 ④ 60

> **TIP** 단열된 용기 안에 있으므로 닫힌 계라고 할 수 있으며, 따라서 용기 안의 에너지는 보존된다. 즉, B가 잃은 열량은 모두 A가 흡수한다. 이를 이용하여 열평형에 도달했을 때의 온도를 T로 놓고 식을 세우면 다음과 같다.
>
> (A가 얻은 열량) = (B가 잃은 열량)
>
> $200g \times 2J/g℃ \times (T-20)℃ = 100g \times 1/g℃ \times (70-T)℃$
>
> ∴ $T = 30℃$

8 암모니아의 합성 반응이 〈보기〉에 제시되었으며, 특정 실험 온도에서 K값이 6.0×10^{-2}으로 알려져 있다. 해당 온도에서 초기 농도가 [N$_2$] = 1.0M, [H$_2$] = 1.0 × 10^{-2}M, [NH$_3$] = 1.0 × 10^{-4}M일 때, 평형에 도달하기 위해 화학 반응이 이동하는 방향을 예측한다면?

〈보기〉

$N_2(g) + 3H_2(g) \rightleftarrows 2NH_3(g)$

---

① 정반응과 역반응 모두 일어나지 않는다. ② 정반응 방향

③ 역반응 방향 ④ 정반응과 역반응의 속도가 같다.

> **TIP** 문제에서 제시한 식을 정리해 보면
>
> $N_2 + 3H_2 \rightleftarrows 2NH_3$
>
> $N_2 = 1.0M$, $H_2 = 1.0 \times 10^{-2}M$, $NH_3 = 1.0 \times 10^{-4}M$
>
> 평형상수 $K = 6.0 \times 10^{-2} = 0.06$
>
> 반응지수 Q를 구해보면
>
> $aA + bB \rightleftarrows cC + dD \rightarrow K_c = Q = \dfrac{[C]^c[D]^d}{[A]^a[B]^b} = \dfrac{[NH_3]^2}{[N_2][H_2]^3}$
>
> $= \dfrac{(1.0 \times 10^{-4})^2}{1.0 \times (1.0 \times 10^{-2})^3} = \dfrac{1.0 \times 10^{-8}}{1.0 \times 1.0 \times 10^{-6}} = \dfrac{1}{100} = 0.01$
>
> $0.06 > 0.01 = K > Q$이다.
>
> $K > Q$이므로 정반응 방향으로 이동한다.

Answer 7.① 8.②

※ 온도가 일정하게 유지되었을 때 평형상수는 같으므로 평형상수 K와 평형상수 식에 처음 농도를 대입해서 계산한 반응지수 Q를 비교하면 반응의 진행방향을 알 수 있다.
  • 평형 농도 대입 → 평형상수 K
  • 현재 농도 대입 → 반응지수 Q

$Q < K$	평형상태>임의의 농도	정반응	정반응 속도>역반응 속도
$Q = K$	평형상태=임의의 농도	평형 유지	정반응 속도=역반응 속도
$Q > K$	평형상태<임의의 농도	역반응	정반응 속도<역반응 속도

2019. 6. 15. 제2회 서울특별시

9 외벽이 완전히 단열된 6kg의 철 용기에 담긴 물 23kg이 20℃의 온도에서 평형상태에 존재한다. 이 물에 온도가 70℃인 10kg의 철 덩어리를 넣고 평형에 도달하게 하였을 때 물의 최종 온도[℃]는? (단, 팽창 또는 수축에 의한 영향은 무시한다. 모든 비열은 온도에 무관하다고 가정하며, 물의 비열은 4kJ · kg^{-1} · ℃$^{-1}$, 철의 비열은 0.5kJ · kg^{-1} · ℃$^{-1}$로 한다.)

① 20   ② 22.5

③ 25   ④ 27.5

TIP 열량 = 비열 × 질량 × 온도변화이므로 $Q = cmt$
문제에서 보면 열평형상태라고 하였으므로 $Q_1 + Q_2 = Q_3$
대입하여 계산하면
$0.5 \times 6 \times (t - 20) + 4 \times 23 \times (t - 20) = 0.5 \times 10 \times (70 - t)$
$100t = 2,250$
$t = 22.5℃$

Answer 9.②

10 다음 그림은 $NOCl_2(g) + NO(g) \rightarrow 2NOCl(g)$ 반응에 대하여 시간에 따른 농도 $[NOCl_2]$와 $[NOCl]$를 측정한 것이다. 이에 대한 설명으로 옳은 것만을 모두 고르면?

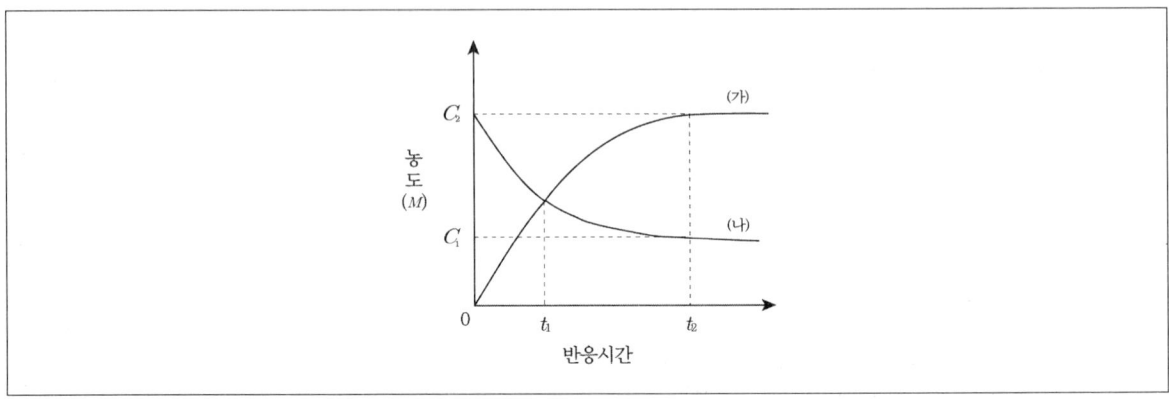

ⓙ (개)는 $[NOCl_2]$이고 (내)는 $[NOCl]$이다.
ⓛ (내)의 반응 순간 속도는 t_1과 t_2에서 다르다.
ⓔ $\Delta_t = t_2 - t_1$ 동안 반응 평균 속도 크기는 (개)가 (내)보다 크다.

① ⓙ   ② ⓛ
③ ⓔ   ④ ⓛⓔ

TIP ⓙ $NlCl_2(g) + NO(g) \rightarrow 2NOCl(g)$의 반응이 진행되면 반응물은 감소하고 생성물은 증가한다.
(개)의 그래프는 시간이 경과할수록 농도가 증가하고, (내)의 그래프는 시간이 지날수록 농도가 감소한다.
그러므로 (개)는 생성물인 $[NOCl]$이고 (내)는 반응물인 $[NOCl_2]$이다.
ⓛ 반응 순간 속도는 그래프에서 볼 때 접선의 기울기이다. 접선의 기울기를 보면 t_1과 t_2에서의 기울기가 다름을 알 수 있다.
그러므로 t_1과 t_2에서의 반응 순간 속도는 다르다.
ⓔ 반응 평균 속도는 t_1과 t_2일 때의 농도를 연결한 선의 기울기로 찾을 수 있다. 동일한 시간동안 (개)가 (내)보다 농도 변화가 더 큼을 알 수 있다. 또는 농도를 연결한 선의 기울기를 보면 (개)가 (내)보다 큼을 알 수 있다.

Answer   10.④

11 다음 평형 반응식의 평형 상수 K값의 크기를 순서대로 바르게 나열한 것은?

⊙ $H_3PO_4(aq) + H_2O(l) \rightleftharpoons H_3PO_4^-(aq) + H_2O^+(aq)$

ⓒ $H_2PO_4^-(aq) + H_2O(l) \rightleftharpoons HPO_4^{2-}(aq) + H_3O^+(aq)$

ⓒ $HPO_4^{2-}(aq) + H_2O(l) \rightleftharpoons PO_4^{3-}(aq) + H_3O^+(aq)$

---

① ⊙ > ⓒ > ⓒ

② ⊙ = ⓒ = ⓒ

③ ⓒ > ⓒ > ⊙

④ ⓒ > ⓒ > ⊙

TIP 단계별로 이온화되는 다양성자성 산의 평형상수 값의 크기는 $Ka_1 > Ka_2 > Ka_3$
H_3PO_4의 평형상수
1단계 이온화 : $H_3PO_4(aq) \rightleftharpoons H^+(aq) + H_2PO_4^-(aq) \rightarrow Ka_1 = 7.5 \times 10^{-3}$
2단계 이온화 : $H_2PO_4^-(aq) \rightleftharpoons H^+(aq) + HPO_4^{2-}(aq) \rightarrow Ka_2 = 6.2 \times 10^{-8}$
3단계 이온화 : $HPO_4^{2-}(aq) \rightleftharpoons H^+(aq) + PO_4^{3-}(aq) \rightarrow Ka_3 = 4.6 \times 10^{-13}$
무조건 $Ka_1 > Ka_2 > Ka_3$가 되는 이유는 1단계 이온화는 중성분자인 H_3PO_4에서 양전하를 가진 H^+ 이온이 떨어져 나가는 것이
고, 2단계 이온화는 −1가의 음전하를 가진 $H_2PO_4^-$에서 양전하를 가진 H^+ 이온이 떨어져 나는 것이다. 3단계 이온화는 −2가의
음전하를 가진 HPO_4^{2-}에서 양전하를 가진 H^+ 이온이 떨어져 나가는 것이다.
즉, 1단계 이온화는 중성 분자에서 양이온을 하나 떼어내는 것이며, 2단계 이온화는 −1가 음이온에서 양이온을 하나 떼어내는
것이고 3단계 이온화는 −2가 음이온에서 양이온을 하나 떼어내는 것이다. 1단계 이온화는 중성분자와 양이온 사이에는 정전기
력 인력이 없다는 것이고, 2단계 이온화는 1가 음이온과 1가 양이온 사이에는 정전기적 인력이 작용하고 이 때문에 2단계가 1단
계보다 덜 이온화 되는 것이다. 3단계 이온화는 2가 음이온과 1가 양이온 사이에는 더 강한 정전기적 인력이 작용하므로 3단계
가 2단계보다 덜 이온화된다.
그러므로 모체와 H^+ 사이의 정전기적 인력의 크기가 다르기 때문에 단계별로 이온화되는 다양성자성 산의 평형상수 값의 크기
는 항상 ⊙ > ⓒ > ⓒ이 된다.

12 일산화탄소, 수소 및 메탄올의 혼합물이 평형상태에 있을 경우, 화학 반응식은 다음과 같다.

$$CO(g) + 2H_2(g) \rightleftharpoons CH_3OH(g)$$

이때 혼합물의 조성이 CO 56g, H_2 5g, CH_3OH 64g이라고 할 때 평형상수(K_c)의 값은? (단, 분자량
은 CO = 28g, H_2 = 2g, CH_3OH = 32g이다.)

① 0.046

② 0.16

③ 0.23

④ 0.40

TIP $K_c = \dfrac{[CH_3OH]}{[CO][H_2]^2} = \dfrac{64/32}{(56/28)(5/2)^2} = 0.16$

Answer 11.① 12.②

출제 예상 문제

1 다음 암모니아의 합성반응식에서 NH_3의 수득률을 높이는 조건으로 옳은 것은?

$$N_2(g)+3H_2(g) \rightleftarrows 2NH_3(g)+92kJ$$

① 온도와 압력을 모두 높인다.

② 온도를 낮추고, 압력을 높인다.

③ 온도와 압력을 모두 낮춘다.

④ 온도를 높이고, 압력을 낮춘다.

TIP 평형이동
㉠ 반응물의 농도가 증가하거나 생성물의 농도가 감소 : 정반응 쪽으로 평형이동
㉡ 압력의 증가(부피 감소) : 기체의 몰수의 합이 작은 쪽으로 이동
㉢ 온도의 감소 : 발열반응 쪽으로 평형이동

2 다음 중 $aA(g)+bB(g) \rightleftarrows cC(g)+Q$kcal의 반응이 평형에 도달했을 때 온도를 높여주고 또, 압력을 높여 줄수록 C의 농도가 증가한다면 반응식에 대한 설명으로 옳은 것은?

① $a+b > c,\ Q < 0$

② $a+b > c,\ Q > 0$

③ $a+b < c,\ Q < 0$

④ $a+b < c,\ Q > 0$

TIP 온도를 높일 때 C의 온도가 증가했으므로 흡열반응이고, 압력을 증가시킬 때 C의 농도가 증가했으므로 $a+b > c$가 된다.

Answer 1.② 2.①

3 다음 아래 반응이 평형 상태에 있을 때, C의 농도와 온도 및 압력과의 관계를 나타낸 그래프에서 A, B, C가 모두 기체일 때 이에 대한 설명으로 옳은 것은?

$$aA + bB \rightleftarrows cC + QkJ$$

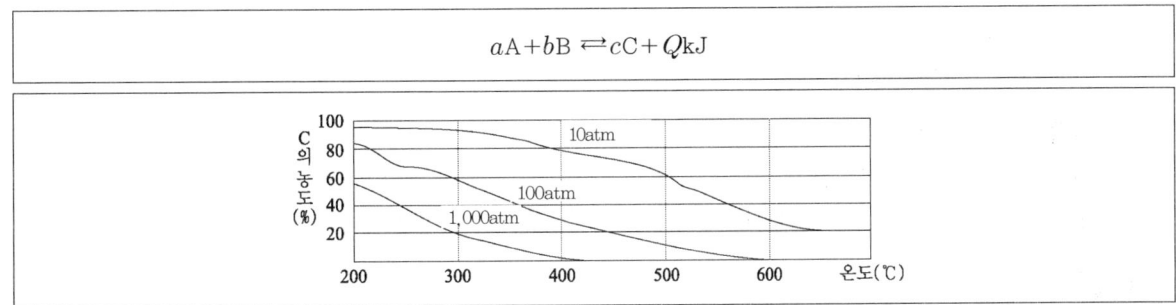

① $a + b > c,\ Q > 0$
② $a + b > c,\ Q < 0$
③ $a + b < c,\ Q > 0$
④ $a + b = c,\ Q < 0$

TIP 반응식의 평형이동
ⓐ 압력이 감소할 때 반응은 오른쪽으로 진행하므로 몰수는 생성물쪽이 크다.
따라서 $a + b < c$가 된다.
ⓑ 온도가 감소하면 발열반응 쪽으로 이동 : 주어진 그래프에서 일정 기압일 때 온도가 감소하면 C의 농도가 높아지므로 발열반응
이고, $Q > 0$이다.

4 다음 아래 반응이 평형 상태에 있고, 단일과정일 때의 평형상수를 나타낸 것으로 옳은 것은?

$$2SO_2(g) + O_2(g) \rightleftarrows 2SO_3(g)$$

① $K = \dfrac{[SO_3]}{[SO_2] \cdot [O_2]}$
② $K = \dfrac{[SO_3]^2}{[SO_2]^2\,[O_2]}$
③ $K = \dfrac{2 \cdot [SO]_2 \cdot [O_2]}{2[SO_3]}$
④ $K = \dfrac{2 \cdot [SO]_3}{2 \cdot [SO_2] \cdot [O_2]}$

TIP 단일과정은 계수가 반응물의 차수이다.
$$K = \dfrac{[SO_3]^2}{[SO_2]^2[O_2]}$$

5 다음 반응이 평형 상태에 있을 때 평형을 오른쪽으로 이동시킬 수 없는 방법은 무엇인가?

$$N_2(g)+3H_2(g) \rightleftarrows 2NH_3(g)+22kcal$$

① 반응계의 온도를 감소시킨다.
② 반응계의 압력을 증가시킨다.
③ 반응계에 정촉매를 첨가한다.
④ 발생된 암모니아 기체를 수화시킨다.

TIP ③ 촉매는 평형이동에 영향을 미치지 못한다.

6 다음 반응 중 압력을 감소시킬 때 반응이 정반응으로 진행되는 것은?

① $CO(g)+H_2(g) \rightleftarrows C(s)+H_2O(g)+34.1kcal$
② $N_2O_4(g) \rightleftarrows 2NO_2(g)-14kcal$
③ $H_2(g)+I_2(g) \rightleftarrows 2HI(g)+3kcal$
④ $N_2(g)+3H_2(g) \rightleftarrows 2NH_3(g)+22kcal$

TIP 생성물 쪽의 몰수가 큰 경우 압력이 감소되면 반응이 정반응 쪽으로 진행된다.

7 25℃의 반응용기 1L에 N_2O_4 2몰을 넣어 반응시켰더니 NO_2가 2몰 생기면서 반응이 평형 상태에 도달하였을 경우 이 온도에서 평형상수로 옳은 것은?

① 2 ② 3
③ 4 ④ 6

TIP 평형농도가 주어지지 않을 경우, 화학반응식의 양적 관계를 이용하여 평형농도를 구한 후 상수식에 대입한다.
$N_2O_4 \rightleftarrows 2NO_2$이므로 NO_2 : 2mol이 생기려면 N_2O_4 1mol이 반응하여 평형에 도달한다. 농도는 $[N_2O_4]$=1mol이 되므로
$$\therefore K = \frac{[NO_2]^2}{[N_2O_4]} = \frac{[2]^2}{[1]} = 4$$

Answer 5.③ 6.② 7.③

8 다음 화학반응이 평형에 있을 때 평형을 오른쪽으로 이동시킬 수 있는 방법으로 옳은 것은?

$$N_2(g)+O_2(g) \rightleftharpoons 2NO(g)-43.2kcal$$

① 온도를 올린다.　　　　　　　　　② 촉매를 첨가시킨다.

③ 압력을 올려준다.　　　　　　　　④ 온도를 낮춰준다.

TIP 평형 상태에 있는 화학반응에서 반응계의 온도를 높이면 흡열반응쪽으로 반응이 진행된다.

9 다음 중 반응이 평형 상태에 있을 경우, (　) 속에 조건이 주어지면 평형이 오른쪽(정반응)으로 이동하는 것으로 옳은 것은?

① $N_2(g)+3H_2(g) \rightleftharpoons 2NH_3(g)+23.8kcal$ (온도를 올려준다)

② $CaCO_3(s) \rightleftharpoons CaO(s)+CO_2(g)$ (CO_2를 넣어준다)

③ $CH_3COOH(l)+C_2H_5OH(l) \rightleftharpoons CH_3COOC_2H_5(l)+H_2O(l)$ (C_2H_5OH를 넣어준다)

④ $H_2(g)+I_2(g) \rightleftharpoons 2HI(g)$ (압력을 높여준다)

TIP 반응물질의 농도를 증가시킬 경우 생성계 쪽으로 반응이 진행된다(정반응).

10 다음 중 화학평형반응에서 평형상수값을 변화시키는 인자로 옳은 것은?

① 압력　　　　　　　　　　　　　② 온도

③ 농도　　　　　　　　　　　　　④ 촉매

TIP 평형상수는 온도에 의해 변하는 상수이다.
　　※ 온도와 평형상수의 관계

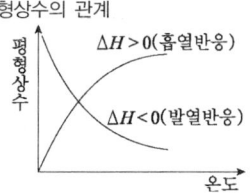

11 1L 반응용기에 N_2 3mol, H_2 4mol을 넣어 반응시켰을 때 NH_3 2mol이 생성되면서 평형 상태에 도달하였을 경우 이 온도에서 평형상수값으로 옳은 것은?

$$N_2(g)+3H_2(g) \rightleftarrows 2NH_3(g)$$

① 1　　　　　　　　　　　　　② 3

③ 2　　　　　　　　　　　　　④ 6

TIP NH_3 2mol이 생성되기 위해서는 N_2 : 1mol, H_2 : 3mol의 양으로 반응해야 한다.
평형 상태의 농도는 $[N_2]=2mol$, $[H_2]=1mol$, $[NH_3]=2mol$이므로,
$$K = \frac{[NH_3]^2}{[N_2][H_2]^3} = \frac{[2]^2}{[2][1]^3} = 2$$

12 다음 중 밀폐된 용기에 NO_2 2몰을 넣고 반응시켰더니 $2NO_2 \rightleftarrows N_2O_4$ 반응이 일어난 후 평형 상태가 되었을 때에 대한 설명으로 옳지 않은 것은?

① N_2O_4의 생성속도가 분해속도보다 크다.

② NO_2와 N_2O_4의 농도는 일정하게 유지된다.

③ 용기 속에는 N_2O_4 1몰이 존재한다.

④ 이 반응은 정반응과 역반응이 모두 일어날 수 있는 가역반응이다.

TIP ① N_2O_4의 생성속도와 분해속도는 같다.

13 다음 화학반응식에서 설명될 수 있는 법칙으로 옳지 않은 것은?

$$N_2(g)+3H_2(g) \rightleftarrows 2NH_3(g)+22kcal$$

① 질량보존의 법칙

② 일정성분비의 법칙

③ 기체반응의 법칙

④ 배수비례의 법칙

TIP ④ 두 종류 원소가 결합해서 두 종류 이상의 물질을 만들 때 배수비례의 법칙이 성립한다.

Answer 11.③　12.①　13.④

14 다음 중 $N_2(g)+3H_2(g) \rightleftarrows 2NH_3(g)$의 반응이 평형 상태일 때 평형상수 K로 옳은 것은?

① $K = \dfrac{[NH_3]^2}{[N_2][H_2]}$

② $K = \dfrac{[NH_3]}{[N_2][H_2]^3}$

③ $K = \dfrac{[NH_3]}{[N_2][H_2]}$

④ $K = \dfrac{[NH_3]^2}{[N_2][H_2]^3}$

TIP $aA+bB \rightleftarrows cC+dD$의 평형상수는

$K = \dfrac{[C]^c[D]^d}{[A]^a[B]^b}$

15 어떤 온도에서 $N_2(g)+O_2(g) \rightleftarrows 2NO(g)$ 반응의 평형상수 $K=100$일 때 같은 온도에서 아래 반응의 평형상수값으로 옳은 것은?

$$NO(g) \rightleftarrows \frac{1}{2}N_2(g) + \frac{1}{2}O_2(g)$$

① $\dfrac{1}{20}$

② $\dfrac{1}{10}$

③ $\dfrac{1}{2}$

④ 1

TIP $K = \dfrac{[NO]^2}{[N_2][O_2]} = 100$ 에서

$K' = \dfrac{[N_2]^{\frac{1}{2}}[O_2]^{\frac{1}{2}}}{[NO]} = \sqrt{\dfrac{1}{K}} = \dfrac{1}{10}$

16 다음 중 $N_2+3H_2 \rightleftharpoons 2NH_3$의 평형상수가 4일 때, $4NH_3 \rightleftharpoons 2N_2 + 6H_2$의 평형상수 K의 값은?

① $\dfrac{1}{8}$

② $\dfrac{1}{16}$

③ 8

④ 16

TIP $K = \dfrac{[N_2]^2[H_2]^6}{[NH_3]^4} = \dfrac{1}{16}$

17 어떤 온도에서 1L들이 용기에 0.8몰의 H_2와 0.4몰의 N_2를 넣고 반응시켜 NH_3 0.4몰이 생성되면서 평형에 도달되었을 경우 이 온도에서 평형상수 K 값은?

① 1

② 50

③ 100

④ 200

TIP $N_2+3H_2 \rightleftharpoons 2NH_3$이므로 NH_3 0.4mol이 생성되기 위해서는 $N_2 : 0.2mol$, $H_2 : 0.6mol$의 양으로 반응해야 한다.

평형상태의 농도는 $[N_2] = 0.2mol$, $[H_2] = 0.2mol$, $[NH_3] = 0.4mol$이 되어 식에 대입하면

$K = \dfrac{[NH_3]^2}{[N_2][H_2]^3} = \dfrac{(0.4)^2}{0.2 \times (0.2)^3} = 100$

18 다음 중 반응 $2A \rightleftharpoons B$의 평형상수가 100일 경우 평형 상태에서 B의 농도가 4mol/L 이면 A의 농도는?

① 0.1mol/L

② 0.2mol/L

③ 0.4mol/L

④ 0.6mol/L

TIP $2A \rightleftharpoons B$에서

$K = \dfrac{[B]}{[A]^2}$ 가 되고 $100 = \dfrac{[4]}{[A]^2}$ 에서 A 를 구하면 $A = 0.2$

Answer 16.② 17.③ 18.②

19 다음 중 일정한 온도에서 아래의 반응이 평형일 때의 설명으로 옳은 것은?

$$H_2(g) + I_2(g) \underset{v_2}{\overset{v_1}{\rightleftarrows}} 2HI(g)$$

① 용기의 부피를 증가시키면 평형상수는 작아진다.
② 평형상수는 일정하고, 반응속도 v_1과 v_2는 같다.
③ 평형상수는 일정하나, 반응속도 v_1과 v_2는 다르다.
④ 아이오딘화수소 기체를 첨가하면 평형상수가 작아진다.

TIP 평형상수 … 온도에 의해 변하는 상수이므로 일정한 온도에서 평형상수는 일정하고, 평형 상태에서 정반응과 역반응의 속도는 같다.

20 다음 반응의 평형을 오른쪽으로 이동시키기 위한 방법으로 옳은 것은?

$$N_2(g) + 3H_2(g) \rightleftarrows 2NH_3(g)$$

① H_2를 제거한다.　　　　　　　② N_2를 제거한다.
③ NH_3를 제거한다.　　　　　　 ④ NH_3를 첨가한다.

TIP 정반응이 일어나도록 하기 위해선 반응물질을 첨가하거나 생성물질을 제거하면 된다.

21 다음 반응의 평형 상태에 대한 설명으로 옳은 것은?

$$2SO_3(g) \rightleftarrows 2SO_2(g) + O_2(g) - 45kcal$$

① 온도를 내리면 평형의 방향은 왼쪽으로 이동한다.
② 압력을 가하면 평형은 오른쪽으로 이동한다.
③ $O_2(g)$를 제거하면 평형의 방향은 왼쪽으로 이동한다.
④ $SO_2(g)$를 첨가하면 평형의 방향은 오른쪽으로 이동한다.

TIP 평형 상태에 있는 화학반응에서 온도를 낮추면 발열반응 쪽으로 반응이 진행된다.

Answer 19.② 20.③ 21.①

22 공장에서 암모니아를 합성할 때에는 촉매를 사용하는데 400℃, 300기압에서 암모니아를 합성할 때, 촉매를 사용하는 경우와 사용하지 않는 경우에 반응시간에 따른 수득률의 변화로 옳은 것은?

① 수득률
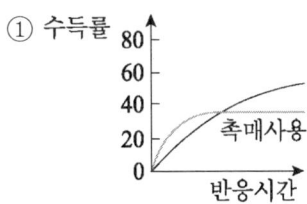

② 수득률
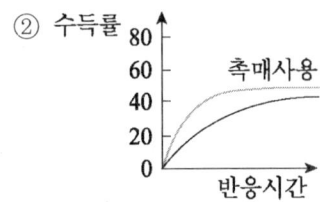

③ 수득률
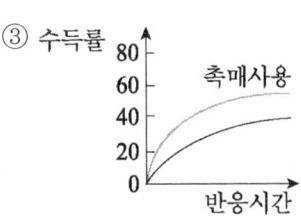

④ 수득률
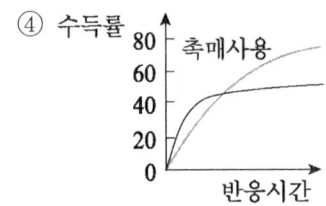

TIP 촉매는 반응속도만 빠르게 해주고, 반응물과 생성물의 평형에 관여하지 않기 때문에 최종적으로 수득률은 변화하지 않는다.

23 과량의 고체 탄소가 들어 있는 1L의 용기에 4.4g의 이산화탄소를 넣었더니 아래와 같이 평형상태에 도달하였다. 반응용기에 들어 있는 기체의 평균분자량이 36일 때, 생성된 CO의 몰수로 옳은 것은? (단, 원자량은 C=12, O=16)

$$CO_2(g) + C(s) \rightleftharpoons 2CO(g)$$

① $\dfrac{1}{10}$ 몰

② $\dfrac{3}{10}$ 몰

③ $\dfrac{1}{30}$ 몰

④ $\dfrac{2}{30}$ 몰

TIP CO_2의 분자량은 44g/mol이므로 4.4g의 CO_2는 0.1mol이다.
CO_2가 x mol 반응해서 평형을 이루었다면
이때, 남은 CO_2는 $(0.1-x)$mol이고, CO는 $2x$mol이 생성되므로
평균분자량을 구하는 식은 다음과 같다.
$$\frac{44(0.1-x) + 28 \cdot 2x}{(0.1-x) + 2x} = 36 (\because CO 의 분자량은 28g/mol)$$
$$\frac{4.4 - 44x + 56x}{0.1 + x} = 36$$
$$4.4 + 12x = 3.6 + 36x$$
$$x = \frac{1}{30}$$
∴ 생성된 CO의 몰수는 $2x = \dfrac{2}{30}$ mol이다.

Answer 22.② 23.④

24 다음 중 반응물질과 생성물질의 농도가 그림 B의 상태로 되기 위한 방법으로 옳은 것은?

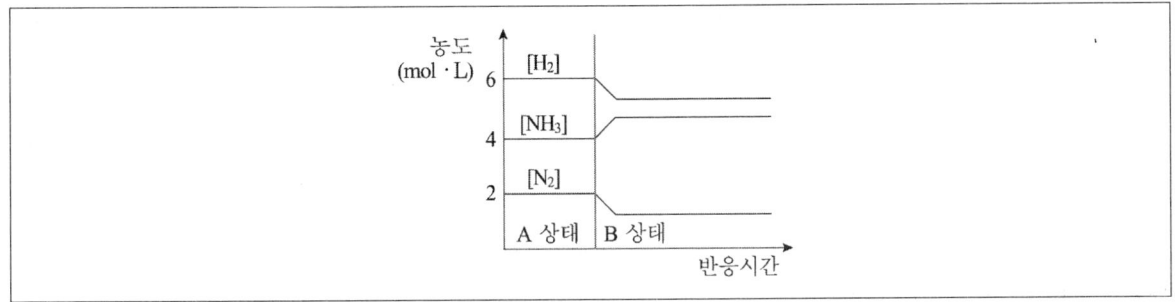

$$N_2(g) + 3H_2(g) \rightleftharpoons 2NH_3(g), \ \Delta H = -22.0\text{kcal}$$

① 온도를 높인다.

② NH_3를 첨가한다.

③ 촉매를 첨가해준다.

④ 용기의 부피를 작게 한다.

TIP 주어진 식은 생성물 쪽이 기체몰수가 감소하는 방향이고, 발열반응이므로 온도를 내리거나 압력을 증가시키면 평형은 정반응 쪽으로 진행된다.

25 다음 반응의 평형상수식으로 옳은 것은?

$$N_2(g) + O_2(g) \rightleftharpoons 2NO(g)$$

① $K = \dfrac{2[NO]}{2[N][O]}$

② $K = \dfrac{[NO]^2}{[N_2][O_2]}$

③ $K = \dfrac{2[NO]}{[N_2][O_2]}$

④ $K = \dfrac{[NO]^2}{[N]^2[O]^2}$

TIP $aA + bB \rightleftharpoons cC + dD$ 반응식에서

평형상수 $K = \dfrac{[C]^c[D]^d}{[A]^a[B]^b}$ (일정 온도)

$= \dfrac{[NO]^2}{[N_2][O_2]}$

Answer 24.④ 25.②

03 산과 염기의 반응

01 산과 염기의 정의

❶ 산과 염기

(1) 아레니우스(Arrhenius)의 산·염기
① 산
   ㉠ 개념 : 수용액에서 이온화하여 H^+를 내는 물질을 말한다.
   ㉡ 산의 예
   • $H_2SO_4(aq) \rightleftharpoons 2H^+(aq) + SO_4^{2-}(aq)$
   • $HCl(aq) \rightleftharpoons H^+(aq) + Cl^-(aq)$

   ▶TIP ~~~~~~~~~~~~~~~~~~~~~~~~~~~~~~~
   수용액 중 수소이온 H^+는 H_2O분자와 배위결합을 형성하여 옥소늄이온(H_3O^+) 형태로 존재하고 홀로 존재하지는 않는다.

② 염기
   ㉠ 개념 : 수용액에서 이온화하여 OH^-를 내는 물질을 말한다.
   ㉡ 염기의 예
   • $Ca(OH)_2(aq) \rightleftharpoons Ca^{2+}(aq) + 2OH^-(aq)$
   • $NaOH(aq) \rightleftharpoons Na^+(aq) + OH^-(aq)$

(2) 브뢴스테드(Brønsted)의 산·염기
① 산·염기의 정의 … 아레니우스의 산·염기의 개념으로 수용액이 아닌 곳에서 일어나는 반응, 즉 HCl와 NH_3가 반응하면 NH_4Cl을 생성하는 반응같은 산·염기 반응을 설명하기 어렵다.
② 브뢴스테드와 로우리(Brønsted-Lowry)의 산·염기의 정의
   ㉠ 아레니우스의 정의로 설명하기 어려운 것을 설명하기 위해서 고안한 것이다.

ⓛ **산** : 양성자(H^+)를 내어 놓는 물질(분자나 이온)을 말한다.

ⓒ **염기** : 양성자(H^+)를 받아들일 수 있는 물질(분자나 이온)을 말한다.

③ 아래 그림을 보면 정반응에서는 HCl과 NH_3가 H^+를 주고 받았으므로 HCl이 산, NH_3가 염기가 된다. 역반응에서는 NH_4^+와 Cl^-가 H^+를 주고받으므로 NH_4^+가 산, Cl^-가 염기가 된다.

④ **짝산·짝염기** ··· 아래의 반응에서 $HCl - Cl^-$, $NH_4^+ - NH_3$는 양성자 H^+의 이동으로 인해 산과 염기가 되는 관계를 말하고 산·염기의 짝쌍 또는 짝산, 짝염기라고도 한다.

$$HCl + NH_3 \rightleftharpoons Cl^- + NH_4^+$$
$$\text{산} \quad \text{염기} \quad \text{염기} \quad \text{산}$$

⑤ **양쪽성 물질** ··· 아래 두 반응에서 H_2O의 작용이 산으로도 되고 염기로도 되는 것처럼 양성자 H^+를 주기도 하고 받기도 할 수 있는 물질을 말한다.

예 HS^-, HCO_3^-, HSO_4^-, $H_2PO_4^-$

$$HCl(aq) + H_2O(l) \rightleftharpoons Cl^-(aq) + H_3O^+(aq)$$
$$\text{(산)} \qquad \text{(염기)}$$
$$NH_3(aq) + H_2O(l) \rightleftharpoons NH_4^+(aq) + OH^-(aq)$$
$$\text{(염기)} \qquad \text{(산)}$$

(3) 루이스(Lewis)의 산·염기

① **산** ··· 전자쌍을 받아들이는 물질을 말한다.

② **염기** ··· 전자쌍을 내놓는 물질을 말한다.

예 $BF_3(g) + NH_3(g) \rightarrow BF_3NH_3(s)$

$$
\begin{array}{c}
\quad F \quad\quad H \quad\quad\quad F \quad H \\
\quad \cdot\cdot \quad\quad \cdot\cdot \quad\quad\quad \cdot\cdot \quad \cdot\cdot \\
F : B \; + : N : H \rightleftharpoons F : B : N : H \\
\quad \cdot\cdot \quad\quad \quad\quad\quad\quad \cdot\cdot \\
\quad F \quad\quad H \quad\quad\quad F \quad H
\end{array}
$$

BF_3는 전자쌍을 받아들여서 산, NH_3는 전자쌍을 내놓아서 염기로 작용한 것이다.

[산과 염기의 일반적 성질]

산	염기
• 맛이 시다. • 수용액 상태에서 전류가 흐르는 전해질이다. • 염기와 중화반응한다. • 금속의 반응으로 H_2가 발생한다. • 푸른 리트머스 종이가 붉게 변한다. • BTB 용액을 노란색, 메틸오렌지 용액을 붉은색으로 변색하게 한다.	• 맛이 쓰고, 단백질을 녹일 수 있어서 미끈미끈하다. • 산과 중화반응을 한다. • 붉은 리트머스가 푸르게 변색한다. • 수용액 상태에서 전류가 흐른다. • 페놀프탈레인이 붉게 변한다. • 페놀프탈레인 용액을 붉은색, BTB 용액을 푸른색으로 변하게 만든다.

❷ 산과 염기의 세기

(1) 전해질과 비전해질

① 전해질 … 염산, 염화소듐처럼 고체 상태에서는 전류가 흐르지 않으나 수용액 상태에서 전류가 흐르는 물질을 말한다.

② 비전해질

   ㉠ 설탕처럼 수용액 상태에서 전류가 흐르지 않는 물질을 말한다(이온화 유무에 따라 구분).

   ㉡ 종류 : 에탄올, 설탕, 포도당 등이 있다.

(2) 이온화도와 산·염기의 세기

① 이온화도 … 물에 전해질을 녹였을 때 전해질의 전체 몰수에 대한 이온화된 몰수의 비를 일컫는다.

$$이온화도(\alpha) = \frac{이온화된\ 몰수}{전해질의\ 총몰수}$$

② 이온화도가 큰 산은 H^+를 많이 내 강한 산성을 띠고, 이온화도가 작은 산은 H^+를 적게 내약한 산성을 띤다.

   ㉠ 강한 산 : 염산(HCl), 황산(H_2SO_4), 질산(HNO_3)

   ㉡ 약한 산 : 아세트산(CH_3COOH), 탄산(H_2CO_3), 붕산(H_3BO_3)

> **TIP**
> **오스트발트의 희석률** … 같은 물질인 경우 농도가 묽을수록, 온도가 높을수록 이온화도가 커진다.

[이온화도(20℃, 0.1mol/l)]

구분	산		염기		염	
	종류	이온화도	종류	이온화도	종류	이온화도
강한 전해질	HCl	0.94	KOH	0.91	NaCl	0.84
	HNO_3	0.94	NaOH	0.91	K_2SO_4	0.72
	H_2SO_4	0.62	$Ba(OH)_2$	0.77		
약한 전해질	CH_3COOH	0.013	NH_4OH	0.013		
	H_2CO_3	0.0017	NH_3	0.013		

(3) 이온화상수와 산·염기의 세기

① 이온화평형 ··· 전해질 용액의 평형을 말한다.

② 이온화상수

  ㉠ 개념 : 이온화평형에서의 평형상수를 말한다.

  ㉡ 산 이온화상수

    • 산 HA가 물에 녹아 이온화평형을 이루면,

    $HA + H_2O \rightleftarrows H_3O^+ + A^-$,

    평형상수 $K = \dfrac{[H_3O^+][A^-]}{[HA][H_2O]}$

    • H_2O의 몰농도는 항상 일정하고 $[H_2O]$를 양변에 곱해서 상수 K_a를 얻게 된다.

$$K \cdot [H_2O] = \dfrac{[H_3O^+][A^-]}{[HA]} = K_a \quad (K_a : 산\ 이온화상수)$$

    • K_a는 일정한 온도에서는 그 물질의 농도에 관계없이 일정하다.

    • K_a의 값이 크면 정반응이 우세하여 H_3O^+를 많이 내므로 강한 산이 되고, 작으면 역반응이 우세하여 H_3O^+를 적게 내어 약한 산이 된다.

  ㉢ 염기 이온화상수 : 염기 B가 물에 녹아 이온화 평형을 이루면, $B + H_2O \rightleftarrows BH^+ + OH^-$에서

$$K_b = \dfrac{[BH^+][OH^-]}{[B]} \ (K_b : 염기\ 이온화상수)$$

③ 산·염기의 상대적 세기

  ㉠ 강산·강염기의 세기

    • 양성자를 잘 받거나 잘 낸다.

    • 수용액에서 이온화 되는 정도가 크다.

ⓛ 산과 염기의 평형

• 강산·강염기의 반응

－ 반응이 거의 오른쪽으로 진행된다.

－ 평형은 약한 산·약한 염기를 생성하는 쪽으로 치우친다.

ⓐ 산의 세기 : $HCl > H_3O^+$

ⓑ 염기의 세기 : $H_2O > Cl^-$

－ $NaOH \rightleftharpoons Na^+ + OH^-$에서 염기의 세기 : $NaOH > OH^-$

• 약산·약염기의 반응 : $CH_3COOH + H_2O \rightleftharpoons H_3O^+ + CH_3COO^-$

－ 약간만 이온화 되고, 왼쪽으로 평형이 치우친다.

－ 산의 세기 : $CH_3COOH < H_3O^+$

－ 염기의 세기 : $H_2O < CHCOO^-$

ⓒ 짝산·짝염기의 세기

• 강한 산의 짝염기는 약한 염기가 된다.

• 약한 산의 짝염기는 강한 염기가 된다.

[짝산·짝염기의 세기]

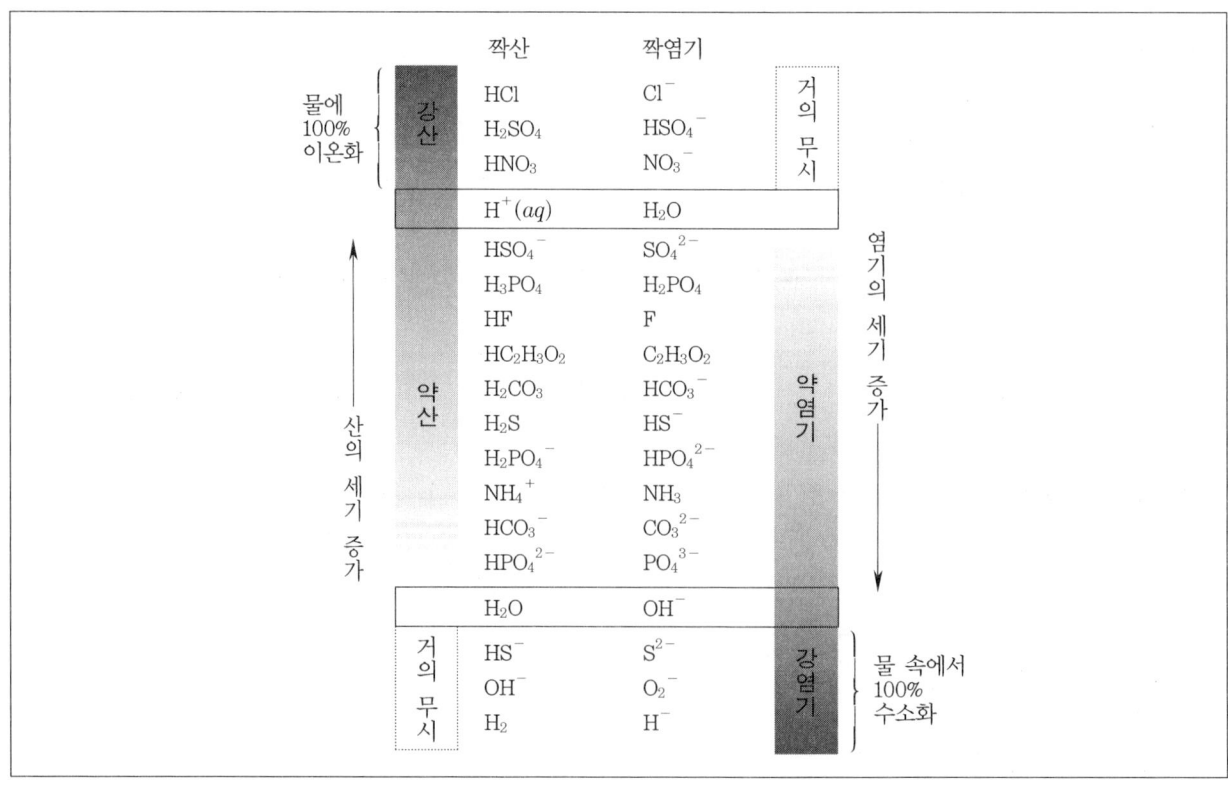

④ 이온화도와 이온화상수의 관계 ··· 산 HA의 농도가 Cmol/L이고 그 수용액의 이온화도가 α일 때, 산 HA의 이온화상수 K_a를 구한다.

	HA+H_2O $\rightleftharpoons$ H_3O^+ + A^-		
처음의 농도	: C	$-$	$-$
이온화된 농도	: $-C\alpha$		
생성된 농도	:	$+C\alpha$	$+C\alpha$
평형농도	: $C-C\alpha$	$C\alpha$	$C\alpha$

$$K_a = \frac{[H_3O^+][A^-]}{[HA]} = \frac{C\alpha \cdot C\alpha}{C(1-\alpha)} ≒ \frac{C\alpha^2}{1-\alpha} \qquad \therefore K_a = \frac{C\alpha^2}{1-\alpha}$$

㉠ 약산인 경우
- α가 매우 작아 $1-\alpha ≒ 1$이므로

$$K_a = \frac{C\alpha^2}{1-\alpha} ≒ C\alpha^2 \qquad \therefore \alpha = \sqrt{\frac{K_a}{C}}$$

- 약한 산의 수소이온 농도 $[H^+]$는

$$[H^+] = C\alpha = C \cdot \sqrt{\frac{K_a}{C}} = \sqrt{K_a \cdot C}$$

㉡ 강산인 경우 : $a = 1$이므로 $[H^+] = C$가 된다.

㉢ 평형에서 산의 농도는 이온화도가 크면 크다.

02 수소이온 지수와 중화적정

❶ 수소이온 농도와 지수

(1) 개요

① 수소이온 농도와 수산화이온 농도에 따라 수용액의 액성이 달라진다.

② 수용액의 종류
    ㉠ 산성 용액 : 수소이온 농도가 수산화이온 농도보다 큰 것을 말한다.
    ㉡ 염기성 용액 : 수소이온 농도가 수산화이온 농도보다 작은 것을 말한다.

(2) 물의 자동 이온화

① 물의 이온곱상수

㉠ 양쪽성 물질의 순수한 물은 H^+를 서로 주고받아 아주 적은 양의 H_3O^+와 OH^-를 생성한다.

$$H_2O+H_2O \rightleftarrows H_3O^++OH^- \text{에서 } K = \frac{[H_3O^+][OH^-]}{[H_2O]^2}$$

㉡ 물의 농도는 항상 일정해서 평형상수 K의 양변에 $[H_2O]^2$을 곱한 $K \cdot [H_2O]^2$을 상수 K_w로 쓴 식은 아래와 같다.

$$K_w = K \cdot [H_2O]^2 = [H_3O^+][OH^-] \quad (K_w : \text{물의 이온곱상수})$$

㉢ K_w값은 25℃에서 $1.0 \times 10^{-14}(mol/L)^2$ 온도가 높아질수록 증가한다.

㉣ 순수한 물(중성)에서 $[H^+]$와 $[OH^-]$는 같으므로 25℃에서

$$K_w = [H^+][OH^-] = [H^+]^2 = 1.0 \times 10^{-14}(mol/L)^2$$

$$\therefore [H^+] = [OH^-] = 1.0 \times 10^{-7} mol/L$$

▶TIP

H^+는 수용액에서 H_2O분자와 결합하여 H_3O^+로 존재하므로 수용액에서 $[H^+]$와 $[H_3O^+]$는 같고, $K_w = [H^+][OH^-]$로 쓰기도 한다.

② 산·염기의 수용액에서 $[H^+]$와 $[OH^-]$ 구하기

㉠ 산·염기의 수용액에서 $[H^+]$나 $[OH^-]$는 $K_w = [H^+][OH^-]$가 모든 수용액에서 적용되므로 아래와 같은 관계가 성립된다.

$$[H^+] = \frac{K_w}{[OH^-]}, \quad [OH^-] = \frac{K_w}{[H^+]} \quad [\text{단}, 25℃\text{에서 } K_w = 1.0 \times 10^{-14}(mol/L)]$$

㉡ 수용액의 농도 C와 이온화도 α를 알 때 약한 산(HA)과 약한 염기(BOH)의 수용액에서 $[H^+]$와 $[OH^-]$를 구하는 것은 다음과 같다.

• 약한 산의 수용액 $[H^+]$= 몰농도×이온화도= $C \cdot \alpha$,

$$[OH^-] = \frac{K_w}{[H^+]} = \frac{1.0 \times 10^{-14}}{C \cdot \alpha}$$

• 약한 염기의 수용액 $[OH^-]$= 몰농도×이온화도= $C \cdot \alpha$,

$$[H^+] = \frac{K_w}{[OH^-]} = \frac{1.0 \times 10^{-14}}{C \cdot \alpha}$$

(3) 수용액에서의 수소이온 농도

① 강한 산에서 몰농도가 C인 경우

㉠ 이온화도가 거의 1이기 때문에 평형에서 $[H_3O^+] = C (mol/L)$

㉡ 강한 산의 수용액에서는 물의 자동 이온화가 억제되고, $[H_3O^+]$가 자동 이온화로 생긴 것은 1.0×10^{-7} 보다 작다.

㉢ $[OH^-] = \dfrac{1.0 \times 10^{-14}}{[H_3O^+]} = \dfrac{1.0 \times 10^{-14}}{C}$

② 약한 산에서 몰농도가 C인 경우

㉠ $[H^+] = C\alpha$

㉡ $[H^+] = \sqrt{K_a \cdot C}$

③ 수용액의 액성

㉠ 산성 용액 : $[H^+] > [OH^-]$, $[H^+] > 1.0 \times 10^{-7}$

㉡ 중성 용액 : $[H^+] = [OH^-]$, $[H^+] = 1.0 \times 10^{-7}$

㉢ 염기성 용액 : $[H^+] < [OH^-]$, $[H^+] < 1.0 \times 10^{-7}$

(4) 수소이온 지수(pH)

① 수소이온 지수

㉠ 수용액에서 $[H^+]$나 $[OH^-]$는 너무 작은 수치로 표현되어 사용하기 불편하므로 용액의 액성을 나타내는 데 수소이온 지수(pH)를 이용한다.

$$pH = \log \frac{1}{[H^+]} = -\log[H^+]$$

㉡ 수소이온 지수와 pOH

• 수소이온 지수는 수소이온 농도$[H^+]$의 역수의 상용로그값을 말하고, pH로 표시한다.

• pOH : $pOH = -\log[OH^-]$

㉢ 상온(25℃)에서 $K_w = [H^+][OH^-] = 1.0 \times 10^{-14}$이고, 여기 양변에 $-\log$를 취하면 $-\log[H^+] - \log[OH^-]$ $= -\log[1.0 \times 10^{-14}]$가 되므로 모든 수용액에서 $pH + pOH = 14$이다.

② 용액의 pH 구하기

㉠ 산성 용액

• 우선 $[H^+]$를 구한 다음 $pH = -\log[H^+]$에 $[H^+]$를 대입하여 구한다.

• 산성 용액 $pH < 7$, $pOH > 7$

ⓒ 염기성 용액

- 먼저 $[OH^-]$를 구한 후 $K_w = [H^+][OH^-]$를 이용하여 $[H^+]$를 계산하여 구한다.
- pOH를 먼저 계산한 후 pH+pOH=14를 이용하여 구한다.
- 염기성 용액 pH > 7, pOH < 7

ⓒ 중성 용액 : pH = pOH = 7

(5) 지시약

① **지시약** ··· pH에 따라 그 색깔이 변하는 물질을 말하고, pH를 대략 측정하거나 중화 적정에서 중화점을 찾는 데 이용된다.

② **변색범위** ··· 지시약의 색깔이 점차로 변하는 pH영역을 말한다.

[지시약의 변색범위와 색깔]

지시약	변색범위											pH값
티몰블루	빨강		노랑				노랑			파랑		1.2 ~ 2.8, 8.0 ~ 9.6
메틸옐로		빨강		노랑								2.9 ~ 4.0
메틸오렌지		빨강		노랑		주황						3.1 ~ 4.5
메틸레드			빨강									4.2 ~ 6.3
브롬티몰블루					노랑		파랑					6.0 ~ 7.6
페놀프탈레인							무색		빨강			8.3 ~ 10.0
리트머스			빨강				파랑					4.5 ~ 8.3
pH	1	2	3	4	5	6	7	8	9	10	11	12

② 중화와 염의 생성

(1) 중화

① **중화반응** ··· 산과 염기의 반응으로 염과 물이 생성되는 반응을 말한다(물이 생성되지 않는 경우도 있다).

$$\text{산} + \text{염기} \xrightarrow{\text{중화}} \text{염} + \text{물}$$

예 $HCl + NaOH \rightarrow NaCl + H_2O$

② **알짜이온 반응식** ··· $H^+(aq) + OH^-(aq) \rightarrow H_2O(l)$

(2) 염의 생성

① **염** … 산과 염기가 중화반응한 결과로 물과 함께 생기는 물질로 양이온과 음이온의 이온결합화합물이다(단, H^+와 OH^-는 제외).

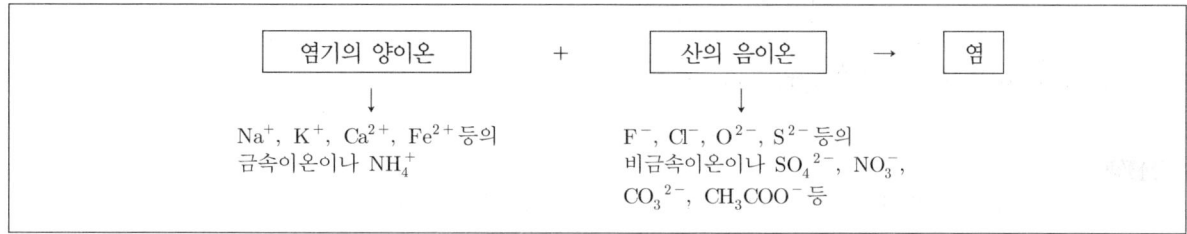

② **염의 생성반응**

ㄱ 중화반응 : $HCl + NaOH \rightarrow NaCl + H_2O$

ㄴ 금속과 산의 반응 : $Zn + H_2SO_4 \rightarrow ZnSO_4 + H_2$

ㄷ 염기성 산화물과 산의 반응 : $MgO + H_2SO_4 \rightarrow MgSO_4 + H_2O$

ㄹ 산성 산화물과 염기의 반응 : $SiO_2 + 2NaOH \rightarrow Na_2SiO_3 + H_2O$

ㅁ 양쪽성 산화물과 산·염기의 반응 : $ZnO + 2HCl \rightarrow ZnCl_2 + H_2O$

$ZnO + 2NaOH \rightarrow Na_2ZnO_2 + H_2O$

ㅂ 비금속과 염기의 반응 : $2NaOH + Cl_2 \rightarrow NaOCl + NaCl + H_2O$

ㅅ 염과 염의 반응 : $AgNO_3 + NaCl \rightarrow AgCl \downarrow + NaNO_3$

③ **염의 종류** … 염의 종류와 수용액의 액성과는 관련이 없고 염속에 들어 있는 H^+이나 OH^-로 분류한다.

ㄱ **산성염** : 산의 H^+가 일부 남아 있는 염을 말한다.

예 • $H_2SO_4 + NaOH \rightarrow NaHSO_4 + H_2O$

(산성염)

• $H_3PO_4 + 2NaOH \rightarrow Na_2HPO_4 + 2H_2O$

(산성염)

ㄴ **염기성염** : 염기의 OH^-가 일부 남아 있는 염을 말한다.

예 • $Ca(OH)_2 + HCl \rightarrow Ca(OH)Cl + H_2O$

(염기성염)

• $Cu(OH)_2 + HCl \rightarrow Cu(OH)Cl + H_2O$

(염기성염)

ㄷ **정염(중성염)** : 산의 H^+이나 염기의 OH^-이 모두 다른 이온으로 치환된 염을 말한다.

예 • $NaOH + HCl \rightarrow NaCl + H_2O$

(정염)

• $H_2SO_4 + 2NH_4OH \rightarrow (NH_4)_2SO_4 + 2H_2O$

(정염)

④ 염의 가수분해

　㉠ 가수분해 : 염의 수용액에서 해리할 때 생기는 이온 중 일부분이 물과 반응하여 H^+나 OH^-를 내는 반응이다.

$$\text{염의 양이온(음이온)} + \text{물} \xrightarrow{\text{가수분해}} \text{염기(산)} + H^+(OH^-)$$

예 $CH_3COONa + H_2O \xrightarrow{\text{가수분해}} CH_3COOH + Na^+ + OH^-$

▶ TIP

CH_3COONa가 물에 녹으면 거의 다 이온화되는데 CH_3COO^-가 염기로 작용하여 H_2O로부터 H^+를 받기 때문에 OH^-가 남아 염기성을 나타낸다. $CH_3COO^- + H_2O \rightarrow CH_3COOH + OH^-$, Na^+는 이온화된 상태로 존재한다.

　㉡ 염의 가수분해와 수용액의 액성

　•강한 산과 강한 염기로 된 염 : 가수분해 되지 않고 물에 녹아 이온화만 되며 수용액의 액성이 염의 종류와 일치한다.

염의 종류	수용액 중에서 가수분해 여부	수용액의 액성	예
산성염	가수분해 안 됨	산성	$NaHSO_4 \rightarrow Na^+ + H^+ + SO_4^{2-}$
염기성염	가수분해 안 됨	염기성	$Ca(OH)Cl \rightarrow Ca^{2+} + OH^- + Cl^-$
정염	가수분해 안 됨	중성	$NaCl \rightarrow Na^+ + Cl^-$

　•강한 산과 약한 염기로 된 염 : 가수분해 되고 염의 종류에 관계없이 수용액의 액성이 산성이다.

염의 종류	수용액 중에서 가수분해 여부	수용액의 액성	예
산성염	가수분해 됨	산성	$(NH_4)HSO_4$
염기성염	가수분해 됨	산성	$Cu(OH)Cl$, $Mg(OH)NO_3$
정염	가수분해 됨	산성	$CuSO_4$, NH_4Cl

　•약한 산과 강한 염기로 된 염 : 가수분해 되고 염의 종류에 관계없이 수용액의 액성이 염기성이다.

염의 종류	수용액 중에서 가수분해 여부	수용액의 액성	예
산성염	가수분해 됨	염기성	$NaHCO_3$, Na_2HPO_4
염기성염	가수분해 됨	염기성	$Ca(OH)CN$
정염	가수분해 됨	염기성	CH_3COONa, Na_2CO_3

　•약한 산과 약한 염기로 된 염 : 가수분해 되고 수용액의 액성이 중성을 띤다.

　　예 $CH_3COONH_4 + 2H_2O \rightarrow CH_3COOH + OH^- + NH_3 + H_3O^+$

(3) 산화물

① 염기성 산화물 … 물에 용해되어 염기가 되거나 산과 반응하여 염을 생성하는 금속원소의 산화물이다.

　예 Na_2O, MgO, CaO, BaO

② **산성 산화물** … 물에 용해되어 산이 되거나 염기와 반응해 염을 생성하는 비금속원소의 산화물이다.

예 CO_2, P_4O_{10}, SO_3, Cl_2O_7

③ **양쪽성 산화물** … 산과 염기에 모두 반응해서 염과 물을 생성하는 양쪽성 원소의 산화물이다.

예 Al_2O_3, ZnO, SnO

❸ 중화적정

(1) 산 · 염기의 적정

① **중화적정** … 농도를 아는 물질 A의 용액에 농도를 모르는 물질 B 용액을 가해 반응이 일어나게 한 후 B 용액의 농도를 알아내는 것이다.

② **중화점** … 산과 염기가 완전히 중화되는 점이다.

③ **종말점** … 중화점으로 판단하고 산 · 염기의 첨가를 중지하는 시점이다.

④ **중화점과 종말점의 일치** … 적당한 지시약(PH가 급격히 변하는 부분에서 변색범위를 가진 지시약)을 선정하여 확인한다.

> **TIP**
> **중화적정에 사용되는 재료**
> ㉠ **기구** : 메스플라스크, 피펫, 뷰렛, 비커, 삼각 플라스크 등
> ㉡ **지시약** : 메틸오렌지, 메틸레드, 페놀프탈레인

(2) 중화반응에서 양적 관계

① **완전중화의 경우** … H^+ 몰수 = OH^- 몰수

② M몰농도의 n이 산성 Vml를 중화시키는 데 M'몰농도 n'가 염기 Vml가 필요한 경우의 관계를 알아보면

H^+의 몰수는 $nM \times \dfrac{V}{1,000}$ 이고, OH^-의 몰수는 $n'M' \times \dfrac{V'}{1,000}$

H^+ 몰수 = OH^- 몰수이므로 $nM \times \dfrac{V}{1,000} = n'M' \times \dfrac{V'}{1,000}$ 에서 $nMV = n'M'V'$

③ 염기 wg을 n'가 중화시키는 데 M몰농도 n이 산성 Vml가 필요한 경우의 관계는

H^+의 몰수는 $nM \times \dfrac{V}{1,000}$ 이고, OH^-의 몰수는 $\dfrac{w}{화학식량} \times n'$ 이므로

$\dfrac{nMV}{1,000} = \dfrac{n' \times w}{화학식량}$

(3) 적정곡선

① 개념 … 산과 염기의 수용액을 중화하기 위해 가해준 염기·산의 부피에 따른 pH변화를 나타낸 곡선을 말한다.

② 강한 산을 강한 염기로 적정
  ㉠ 액성의 변화 : 강한 산성 → 중성 → 강한 염기성
  ㉡ 지시약 : 메틸오렌지, 페놀프탈레인

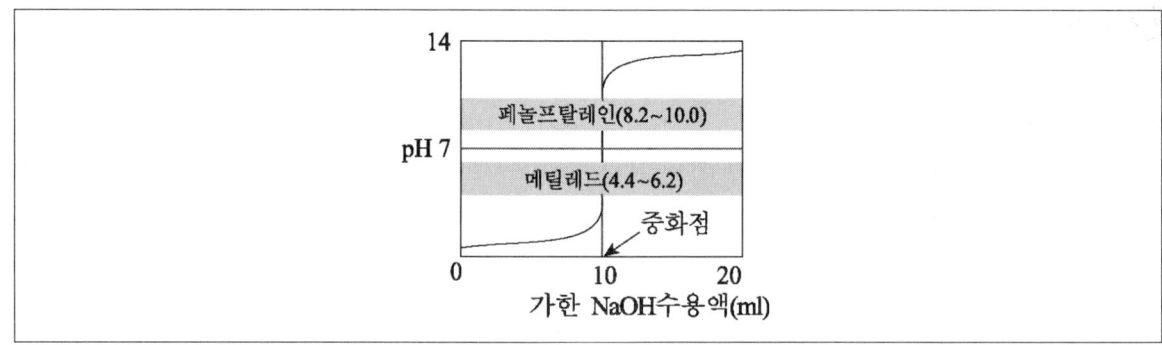

③ 강한 산을 약염기로 적정
  ㉠ 액성의 변화 : 강한 산성 → 중성 → 약한 염기성
  ㉡ 당량점에서 생성된 염이 가수분해를 하고, 약산성–산성 지시약을 사용한다.
  ㉢ 지시약 : 메틸오렌지, 메틸레드

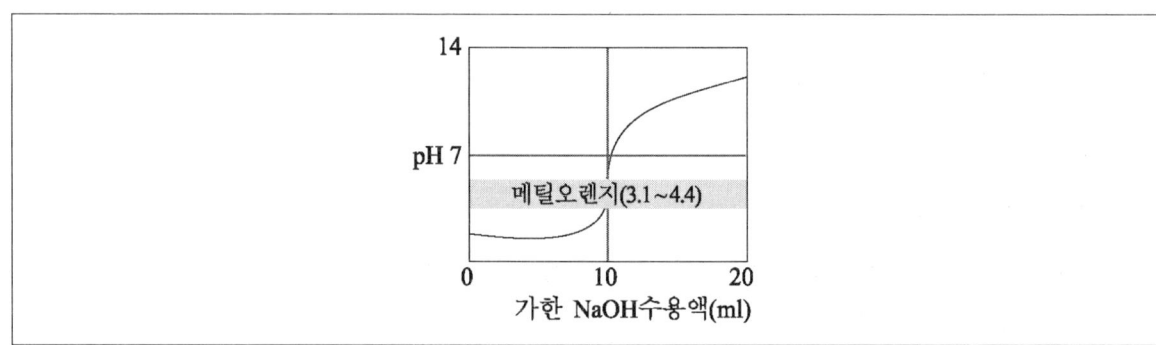

④ 약산을 강염기로 적정

  ㉠ 액성의 변화 : 약한 산성 → 중성 → 강한 염기성

  ㉡ 당량점에서 생성된 염이 가수분해를 하고, 약한 염기성 – 염기성 지시약을 사용한다.

  ㉢ 지시약 : 페놀프탈레인

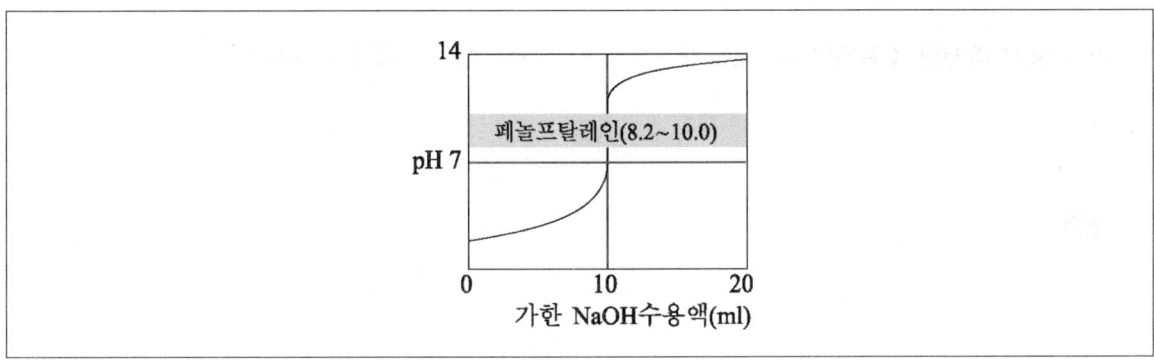

⑤ 약산을 약염기로 적정

  ㉠ 액성의 변화 : 약한 산성 → 중성 → 약한 염기성

  ㉡ 당량점에서 중성을 띤다.

  ㉢ 지시약 : 급격한 pH의 변화가 없어서 지시약을 사용하지 않고 pH미터를 사용한다.

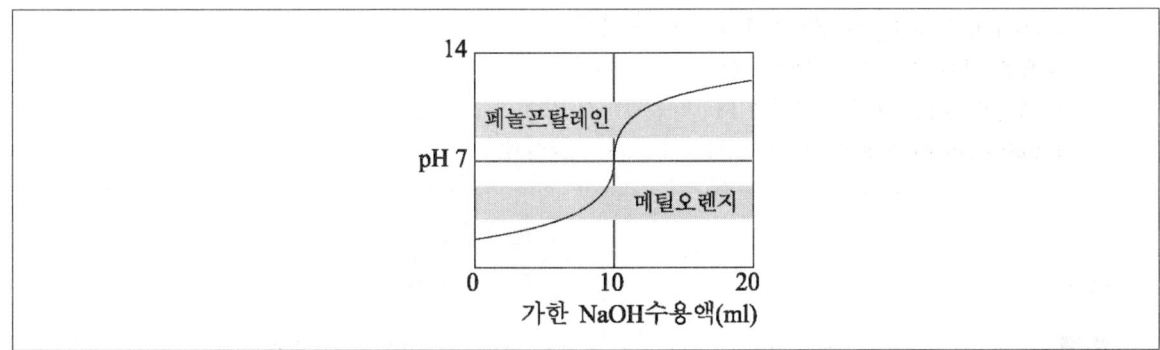

⑷ 산과 염기의 혼합 용액의 농도

① 혼합 용액 … 산 + 산은 혼합 산이 되고 염기+염기는 혼합 염기가 되므로

  $nMV + n'M'V' = n''M''V''$

② 산과 염기가 혼합된 용액의 농도는

  $nMV - n'M'V' = n''M''V''$ $(V'' = V + V')$

≡ 최근 기출문제 분석 ≡

2025. 6. 21. 제1회 지방직

1 25°C에서 측정한 수용액의 H^+ 농도가 1.0×10^{-10}M일 때, 이 용액의 pOH는?

① 2.0

② 4.0

③ 6.0

④ 8.0

> **TIP** 문제에서 [H+] = $1.0 \times 10^{-10} M$이고, 25℃이므로 $K_w = 1.0 \times 10^{-14}$이다. 따라서 $[OH^-] = \dfrac{Kw}{[H^+]} = \dfrac{1.0 \times 10^{-14}}{1.0 \times 10^{-10}} = 1.0 \times 10^{-4}$이다.
>
> 공식에 따라 $pOH = -\log_{10}[OH^-] = -\log_{10}(1.0 \times 10^{-4}) = 4.0$임을 구할 수 있다.

2024. 6. 22. 제1회 지방직

2 1M의 HCl 수용액 100mL에 대한 설명으로 옳은 것만을 모두 고르면? (단, 온도는 25℃이고, HCl과 NaOH는 물에서 완전히 해리된다)

> ㉠ 500mL의 증류수를 첨가하면 0.2M이 된다.
> ㉡ 용액 안에 존재하는 이온의 총량은 2mol이다.
> ㉢ 페놀프탈레인 용액을 넣었을 때 색이 변하지 않는다.
> ㉣ 2M의 NaOH 수용액 50mL를 첨가하면 pH는 7이다.

① ㉠, ㉢

② ㉠, ㉣

③ ㉡, ㉢

④ ㉢, ㉣

> **TIP** ㉠ 1M의 HCl 수용액 100mL에 포함된 HCl의 몰수는 1mol/L × 0.1L = 0.1mol이다. 따라서 여기에 500mL의 증류수를 첨가하면
> 몰 농도는 $\dfrac{0.1\,mol}{0.1L + 0.5L} = \dfrac{1}{6}$M이 된다.
>
> ㉡ 1M의 HCl 수용액 100mL 안에 존재하는 HCl의 몰수는 0.1mol이다. HCl은 강산으로 물에 녹아 H^+와 Cl^-로 거의 100% 이온화하므로 용액 중 이온의 총량은 0.1 × 2 = 0.2mol이다.
>
> ㉢ 페놀프탈레인은 염기성 용액에서 빨간색을 나타내지만, 산성과 중성에서는 색이 변하지 않는다. HCl 수용액은 산성 용액이며, 따라서 페놀프탈레인 용액을 넣었을 때 색이 변하지 않는다.
>
> ㉣ 1M의 HCl 수용액 100mL 안에 존재하는 HCl의 몰수는 0.1mol이며, H^+와 Cl^-로 거의 100% 이온화한다. 2M의 NaOH 수용액 50mL에는 2mol/L × 0.05L = 0.1mol의 NaOH가 존재하며, NaOH는 강염기이므로 Na^+와 OH^-로 거의 100% 이온화한다. 따라서 2M의 NaOH 수용액을 첨가하면 H^+와 OH^-가 각각 0.1mol씩 중화 반응하여 중성이 되며, 이때의 pH는 7이다.

Answer 1.② 2.④

2023. 6. 10. 제1회 지방직

3 원자가 결합 이론에 근거한 NO에 대한 설명으로 옳지 않은 것은?

① NO는 각각 한 개씩의 σ결합과 π결합을 가진다.

② NO는 O에 홀전자를 가진다.

③ NO의 형식 전하의 합은 0이다.

④ NO는 O_2와 반응하여 쉽게 NO_2로 된다.

TIP 원자가 결합 이론을 고려한 일산화 질소(NO)의 루이스 구조식은 다음과 같이 나타낼 수 있다.

① 질소(N)와 산소(O) 사이의 결합은 이중 결합이며, 따라서 σ결합 1개와 π결합 1개로 구성된다.
② 루이스 구조의 형식전하를 계산해 보면 상기 구조일 때 N과 O에 형식전하가 모두 0으로 나타나는 안정한 구조이다. 따라서 NO는 N에 홀전자를 가질 때 더욱 안정하다.
③ 앞서 설명한 것과 같이 N과 O에 형식전하가 모두 0으로 나타나므로 NO의 형식 전하의 합은 0이다.
④ 공기중에서 NO의 생성 반응은 자동차 엔진룸과 같은 고온 조건에서 잘 일어나지만, NO가 산화되어 NO_2가 되는 반응은 발열반응이므로 비교적 온도가 낮은 상온에서도 일어난다. 따라서 NO는 O_2와 반응하여 쉽게 NO_2로 된다.

2021. 6. 5. 제1회 지방직

4 약산 HA가 포함된 어떤 시료 0.5g이 녹아 있는 수용액을 완전히 중화하는 데 0.15M의 NaOH(aq) 10mL가 소비되었다. 이 시료에 들어있는 HA의 질량 백분율[%]은? (단, HA의 분자량은 120이다)

① 72

② 36

③ 18

④ 15

TIP 중화점에서는 중화적정에 사용된 산의 몰수와 염기의 몰수가 같다는 점에 착안한다.
(산의 몰수) = (염기의 몰수)

$$\frac{0.5\text{g}}{120\text{g/mol}} \times x = 0.15 mol/L \times \frac{10}{1000}L \qquad \therefore\ x = 0.36 = 36\%$$

2020. 6. 13. 제1회 지방직

5 25℃에서 측정한 용액 A의 $[OH^-]$가 1.0×10^{-6} M일 때, pH값은? (단, $[OH^-]$는 용액 내의 OH^- 몰농도를 나타낸다)

① 6.0

② 7.0

③ 8.0

④ 9.0

TIP 25℃에서 pH + pOH = 14이고 pOH= $-\log[OH^-]$이다.
$-\log[1.0 \times 10^{-6}] = 6$이므로 pH= 8이다.

Answer 3.② 4.② 5.③

6 〈보기〉는 같은 온도에서 HCl(*aq*)과 NaOH(*aq*)의 부피에 변화를 주면서 혼합 용액의 최고 온도를 측정한 결과이다. 이에 대한 설명으로 가장 옳지 않은 것은?

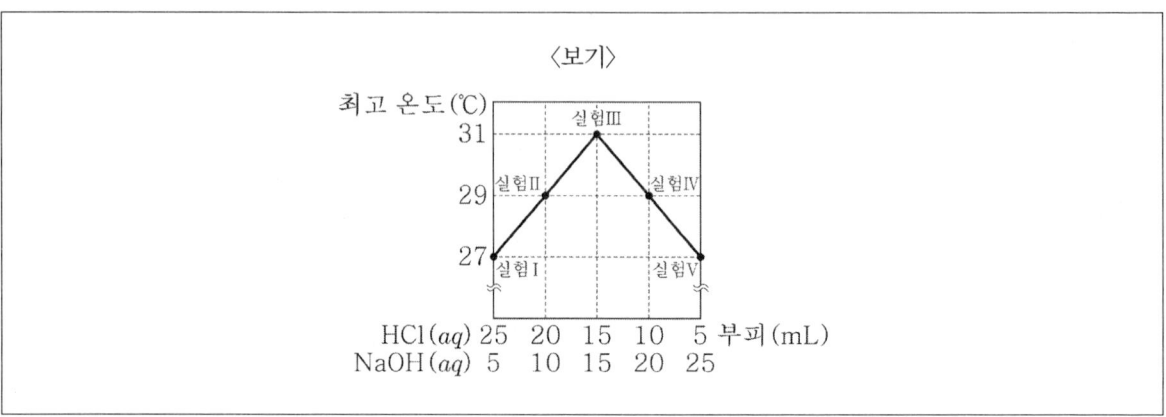

① 실험Ⅲ에서 중화점에 도달하였다.

② 단위 부피당 이온 수 비는 HCl(*aq*) : NaOH(*aq*) = 1 : 1이다.

③ 실험I과 실험Ⅳ에서 남은 용액을 혼합하면 산성 용액이 된다.

④ 중화 반응에 의해 생성된 물 분자 수는 실험Ⅲ이 실험Ⅱ의 2배이다.

TIP 완전 중화가 되는 곳은 온도가 가장 높은 실험Ⅲ가 된다.
중화점에서 단위 부피당 이온수가 가장 적다.
단위 부피당 이온 수의 비는 HCl : NaOH = 15 : 15 = 1 : 1이다.
HCl + NaOH = NaCl + H_2O
[이온반응식] $H^+ + Cl^- + Na^+ + OH^- \rightarrow Na^+ + Cl^- + H_2O$
[알짜이온반응식] $H^+ + OH^- \rightarrow H_2O$
중화된 양은 동일하지만 남아 있는 염산과 수산화소듐 수용액의 밀도는 각각 다르다.
남은 용액을 혼합하면 산성 용액이 될 수 있다.
실험Ⅱ와 실험Ⅳ의 혼합 용액을 섞었을 때는 염산과 수산화소듐 수용액이 각각 30m씩 중화되면서 혼합 용액의 부피는 60mL가 되고, 실험Ⅲ은 염산과 수산화소듐 수용액이 각각 15mL씩 중화되면서 혼합 용액의 부피가 30mL가 된다.
중화 반응에 의해 생성된 물 분자 수는 온도가 가장 높을 때 가장 많다.
중화 반응에 의해 생성된 물 분자 수는 실험Ⅲ과 실험Ⅱ의 양은 동일하다.

Answer 6.④

2019. 10. 12. 제3회 서울특별시

7 0.3M 황산(H₂SO₄) 수용액 200mL를 완전히 중화시키는 데 수산화포타슘(KOH) 수용액 300mL가 사용되었다. 사용된 수산화포타슘(KOH) 수용액의 몰 농도 값[M]은?

① 0.25M

② 0.3M

③ 0.35M

④ 0.4M

TIP $MV = M'V'$

H^+의 몰수 = OH^-의 몰수

H_2SO_4는 이양성자산으로 H^+의 농도는 산 농도의 2배이다.

구하고자 하는 수산화포타슘의 몰 농도는 x로 하여 위 식에 대입을 해 보면

$2 \times 0.3 \times 200 = x \times 300$

$x = 0.4$

2019. 6. 15. 제2회 서울특별시

8 강산인 0.10M HNO₃용액 0.5L에 강염기인 0.12M KOH용액 0.5L를 첨가하였다. 반응이 완료된 후의 pH는? (단, 생성물로 생기는 물의 부피는 무시한다.)

① 6

② 8

③ 10

④ 12

TIP $HNO_3 + KOH \rightarrow KNO_3 + H_2O$

$H^+ + OH^- \rightarrow H_2O$

$M^o(V + V') = nMV - n'M'V'$

여기서, n, n'는 산, 염기의 가수, M, M'는 산, 염기의 몰농도, V, V'는 산, 염기의 부피이다.

$M^o(0.5 + 0.5) = 1 \times 0.1 \times 0.5 - 1 \times 0.12 \times 0.5$

$M^o = -0.01$

$HNO_3 < KOH$이므로 $M^o = [OH^-]$

$pOH = -\log[OH^-] = -\log[10^{-2}] = 2$

$pH = 14 - pOH = 14 - 2 = 12$

Answer 7.④ 8.④

2019. 6. 15. 제2회 서울특별시

9 약산인 아질산(HNO_2)은 0.23M의 초기 농도를 갖는 수용액일 때 2.0의 pH를 갖는다. 아질산의 산 이온화 상수(acid ionization constant)인 K_a는?

① 1.8×10^{-5}　　　　　　　　　② 1.7×10^{-4}

③ 4.5×10^{-4}　　　　　　　　　④ 7.1×10^{-4}

> **TIP** 약산 HNO_2 수용액의 초기 농도 0.23M, pH = 2.0이므로
>
> $HNO_2 \rightleftharpoons H^+ + NO_2^-$
>
> $$K_a = \frac{[H^+][NO_2^-]}{[HNO_2]} = \frac{x \times x}{0.23 - x}$$
>
> 평형상수 식에서 $x = H^+$이므로
>
> $pH = -\log[H^+] = 2.0$
>
> $[H^+] = 10^{-2.0} = 0.01$
>
> $0.23 - x = 0.23 - 0.01 = 0.22$
>
> $$K_a = \frac{(0.01)^2}{0.22} = 4.545 \times 10^{-4} = 4.5 \times 10^{-4}$$
>
> ※ 또 다른 풀이
>
> 0.23M
>
> $HA \quad \longrightarrow \quad H^+ \ + \ A^-$
>
> $0.23 - x \longrightarrow \quad x \qquad x$
>
> $pH = -\log x = 2.0 \rightarrow x = 10^{-2.0} = 0.01$
>
> $[HA] = 0.23 - x = 0.23 - 0.01 = 0.22$
>
> $$K_a = \frac{[H^+][A^-]}{[HA]} = \frac{(0.01)^2}{0.22} = 4.5454 \times 10^{-4} = 4.5 \times 10^{-4}$$

2019. 6. 15. 제2회 서울특별시

10 $HSO_4^-(K_a = 1.2 \times 10^{-2})$, $HNO_2(K_a = 4.0 \times 10^{-4})$, $HOCl(K_a = 3.5 \times 10^{-8})$, $NH_4^+(K_a = 5.6 \times 10^{-10})$ 중 1M의 수용액을 형성하였을 때 가장 높은 pH를 보이는 일양성자산은?

① HSO_4^-　　　　　　　　　② NH_4^+

③ $HOCl$　　　　　　　　　　④ HNO_2

> **TIP** K_a의 값이 높을수록 pH가 작을수록 강산에 해당한다.
>
> 그러므로 K_a값이 가장 작은 것이 pH가 높은 것이 되므로 암모늄이온이 해당된다.

Answer 9.③ 10.②

2019. 6. 15. 제2회 서울특별시

11 완충 용액에 대한 설명 중 가장 옳지 않은 것은?

① 완충 용액은 약산과 그 짝염기의 혼합으로 만들 수 있다.

② 완충 용액은 약염기와 그 짝산의 혼합으로 만들 수 있다.

③ 완충 용액은 센 산(strong acid)이나 센 염기(strong base)가 조금 가해졌을 때 pH가 잘 변하지 않는다.

④ 완충 용량은 pH가 완충 용액에서 사용하는 약산의 pK_a에 근접할수록 작아진다.

> **TIP** 완충 용액은 약산과 짝염기의 혼합, 약염기와 짝산의 혼합으로 만들 수 있다.
> 완충 용량은 외부로부터 들어오는 산, 염기에 대해 저항(pH변화가 작게)할 수 있는 정도를 말한다.
> 부피가 일정할 경우 농도가 높을수록 완충 용량은 커지며, 약산과 짝염기의 농도가 같을 때 완충 용량은 최대가 된다.
> pK_a = pH 일 때 최대완충용량을 나타낸다.
> $$pH = pK_a + \log\frac{[염기]}{[산]}$$
> 완충 범위는 완충 효과를 나타내는데 최대 완충 용량을 나타내는 pK_a = pH 인 지점에 가까울수록 완충 용량은 커진다.
> ※ 완충 용액이 효과적으로 작용할 수 있는 pH의 범위 $\cdots$ pH = $pK_a \pm 1$

2019. 6. 15. 제2회 서울특별시

12 25℃에서 어떤 수용액의 [H$^+$] = 2.0×10^{-5}M일 때, 이 용액의 [OH$^-$] 값[M]으로 옳은 것은?

① 2.0×10^{-5}

② 3.0×10^{-6}

③ 4.0×10^{-8}

④ 5.0×10^{-10}

> **TIP** 해리상수 K_a는 주어진 일정량의 산이 물에서 해리될 때 방출되는 수소 이온의 양을 말한다.
> 공식으로 나타내면 $K_a = [H^+][OH]^- = 10^{-14}$
> 문제에서 주어진 [H$^+$] = 2.0×10^{-5}M 이라고 하였으므로
> 구해야 하는 $[OH^-] = \dfrac{K_a}{[H^+]} = \dfrac{10^{-14}}{2.0 \times 10^{-5}} = 5 \times 10^{-10}$

2019. 6. 15. 제1회 지방직

13 아세트산(CH_3COOH)과 사이안화수소산(HCN)의 혼합 수용액에 존재하는 염기의 세기를 작은 것부터 순서대로 바르게 나열한 것은? (단, 아세트산이 사이안화수소산보다 강산이다)

① H_2O < CH_3COO^- < CN^-

② H_2O < CN^- < CH_3COO^-

③ CN^- < CH_3COO^- < H_2O

④ CH_3COO^- < H_2O < CN^-

> **TIP** 산의 세기와 염기의 세기
> ㉠ 산의 세기: H_3O^+ > HF > CH_3COOH > HCN > H_2O > NH_3
> ㉡ 염기의 세기: NH_2^- > OH^- > CN^- > CH_3COO^- > F^- > H_2O

Answer 11.④ 12.④ 13.①

2018. 10. 13. 서울특별시 경력경쟁(9급 고졸자)

14 0.2M 염산(HCl) 40mL가 완전히 중화되는 데 필요한 0.05M 수산화칼슘(Ca(OH)₂) 수용액의 부피[mL]는?

① 40   ② 80

③ 120   ④ 160

TIP $MV = n$, $MV = M'V'$의 식을 이용하여 구한다.

산과 염기의 중화반응이므로 수산화이온의 수와 수소이온의 수가 같아야 한다.

$0.2\text{M} \times 40\text{mL} = 0.05\text{M} \times 2x$

$x = \dfrac{0.2 \times 40}{0.05 \times 2} = 80\text{mL}$

2018. 10. 13. 서울특별시 경력경쟁(9급 고졸자)

15 25℃에서 0.1M 약산 HA 수용액의 이온화도가 0.01일 때 pH의 값은?

① 1   ② 2

③ 3   ④ 4

TIP 이온화도 $= \dfrac{[\text{H}^+]_{평형}}{[\text{HA}]_{초기}}$

$0.01 = \dfrac{[\text{H}^+]}{0.1\text{M}} \rightarrow [\text{H}^+] = 0.01 \times 0.1\text{M} = 0.001\text{M}$

0.1M의 HA 수용액을 만들면 이중 0.001M만큼만 이온화된다.

$\text{HA}(aq) \rightleftarrows \text{H}^+(aq) + \text{A}^-(aq)$

수용액 중 H^+ 이온의 농도는 0.001M이고 나머지 0.099M은 HA, 분자형태로 존재

$\text{pH} = -\log[\text{H}^+] = -\log(0.001) = 3$

2018. 6. 23. 제2회 서울특별시

16 백열전구가 켜지는 전기 회로의 전극을 H_2SO_4 용액에 넣었더니 백열전구가 밝게 불이 들어왔다. 이 용액에 묽은 염 용액을 첨가했더니 백열전구가 어두워졌다. 어느 염을 용액에 넣은 것인가?

① $Ba(NO_3)_2$ ② K_2SO_4

③ $NaNO_3$ ④ NH_4NO_3

TIP 강산이나 강염기는 물에 녹아 대부분 이온화하여 전류가 강하게 흘러 백열전구의 불빛이 밝지만 약산이나 약염기는 일부만 이온화하여 전류가 약하게 흘러 백열전구의 불빛이 약하다.

출제 예상 문제

1 상온에서 0.1몰 NH_4OH 용액의 pH=11일 때 이 온도에서 염기이온화 상수(K_b)로 옳은 것은?

① 1.0×10^{-3} ② 1.0×10^{-5}

③ 1.0×10^{-7} ④ 1.0×10^{-8}

TIP pH=11, pOH=3 → $[OH^-] = 1.0 \times 10^{-3}$
$[OH^-] = n \cdot C \cdot \alpha$에서 $\alpha = 0.01$
α 값이 작으므로 $K_b = C\alpha^2$
∴ $K_b = 0.1 \times (10^{-2})^2 = 1.0 \times 10^{-5}$

2 다음 일정한 농도의 CH_3COOH 수용액을 NaOH 용액으로 적정할 때의 그래프에서 중화적정에서 종말점을 찾는 데 적절한 지시약으로 옳은 것은?

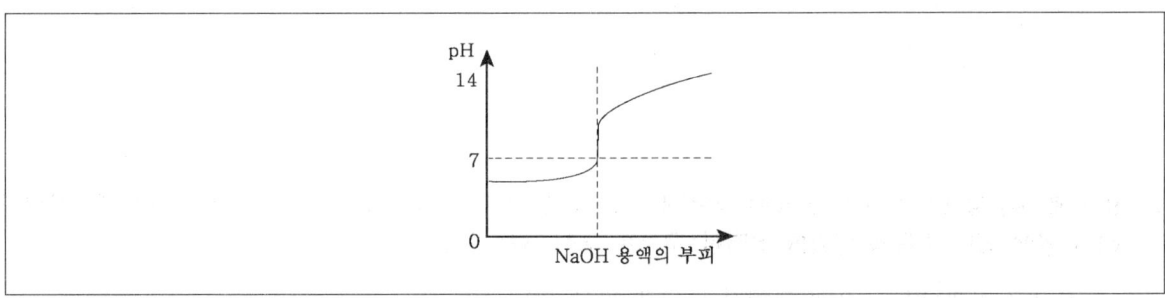

① 리트머스   ② 메틸오렌지

③ 메틸레드   ④ 페놀프탈레인

TIP 약산과 강염기의 중화적정은 중화점이 염기성 쪽에 있기 때문에 염기성에서 변색하는 페놀프탈레인을 사용한다. 페놀프탈레인의 변색 범위는 pH 8.3 ~ 10이다.

Answer 1.② 2.④

3 다음 중 농도를 모르는 HCl 수용액 600ml를 중화하는 데 2.0M NaOH 수용액 450ml가 소모되었을 경우 HCl의 농도로 옳은 것은?

① 1.0M

② 1.5M

③ 2.0M

④ 2.5M

> **TIP** $nMV = n'M'V'$
> $1 \times M \times 600 = 1 \times 2 \times 450$
> $\therefore M = 1.5M$

4 다음 중 묽은 황산 20ml를 완전중화하는 데 0.1M NaOH 수용액 20ml가 소모되었을 경우 묽은 황산의 농도로 옳은 것은?

① 0.05M

② 0.1M

③ 0.15M

④ 0.3M

> **TIP** H_2SO_4이므로 2가 산, 20ml이고 NaOH는 1가 염기, 0.1몰 농도, 20ml이므로
> 공식에 대입하면
> $nMV = n'M'V'$
> $2 \times M \times 20 = 1 \times 0.1 \times 20$
> $\therefore M = 0.05M$

5 비커에 농도를 알 수 없는 NaOH 수용액 50ml를 넣고 0.1M HCl을 조금씩 떨어뜨리며 적정하였을 때 비커 안에 있는 수용액 변화를 설명한 것으로 옳지 않은 것은?

① 적정이 진행되면 수용액 중에서 H_2O가 생성된다.

② 적정이 진행되면 용액의 pH는 감소한다.

③ 수용액 중의 OH^-는 적정이 진행되면 감소한다.

④ 적정이 진행되면 수용액 중의 Na^+와 Cl^-가 증가한다.

> **TIP** ④ Na^+와 Cl^-은 반응하여 NaCl을 만든다.
> ※ **중화반응** … 산과 염기의 반응으로 염과 물이 생성된다.

Answer 3.② 4.① 5.④

6 다음 중 용액의 산성이 가장 강한 것은?

① $[H^+] = 1.0 \times 10^{-8}$인 혈액

② pH = 3.0인 산성비

③ pH = 2.0인 식초

④ $[OH^-] = 1.0 \times 10^{-13}$인 위액

TIP ① $pH = -\log[H^+] = -\log(1.0 \times 10^{-8}) = 8$
② $pH = 3.0$
③ $pH = 2.0$
④ $pH + pOH = 14$, $pH = 14 - \log[OH] = 14 - 13 = 1$

7 0.1몰 CH_3COOH의 이온화상수가 20℃에서 1×10^{-5}일 때 이 용액의 pH로 옳은 것은?

① 1   ② 2

③ 3   ④ 4

TIP $K_a = C\alpha^2$이므로 $1 \times 10^{-5} = 0.1 \times \alpha^2$, $\alpha = 10^{-2}$
1가산, 농도 0.1몰, 이온화도가 10^{-2}이므로,
$[H^+] = n \cdot C \cdot \alpha = 1 \times 0.1 \times 0.01 = 1.0 \times 10^{-3}$
$pH = -\log[H^+]$에서 $pH = 3$

8 다음 중 페놀프탈레인 용액을 붉게 변화시킬 수 있는 것은?

① NH_4Cl ② $NaCl$

③ K_2CO_3 ④ $CuSO_4$

TIP 페놀프탈레인 지시약은 산성에서 무색이며, 염기성에서 붉은 색이다.
①④ 가수분해시 액성은 산성이다.
② 중성이다.
③ 가수분해시 액성은 염기성이다.

Answer   6.④   7.③   8.③

9 다음 물질 중 수용액이 염기성인 것으로 옳은 것은?

① SO_2 ② CO_2

③ P_4O_{10} ④ Na_2O

TIP $Na_2O + H_2O \rightarrow 2NaOH$
금속산화물은 대부분 염기성 산화물이다.

10 다음 중 실온에서 0.03몰 NaOH용액 500ml와 pH=2인 HCl용액 500ml를 혼합한 용액의 pH로 옳은 것은?

① 8   ② 9

③ 11   ④ 12

TIP $nMV(산) = 1 \times 0.01 \times 500$ $(pH = 2, [H^+] = 10^{-2} = 0.01)$
$n'M'V'(염기) = 1 \times 0.03 \times 500$
$n'M'V' - nMV = M''V''$ $(M'' = [OH^-], \ V'' = V + V')$,
염기의 nMV값이 더 크므로 x는 OH^-의 농도이다.
$15 - 5 = x \times 1,000$, $x = [OH^-] = 10^{-2}$몰
pOH = 2이므로 pH = 12이다.

11 다음 중 CO_2 기체와 혼합되어 있는 수증기를 제거할 때 사용하는 물질로 옳지 않은 것은?

① H_2SO_4 ② P_4O_{10}

③ $CaCl_2$ ④ NaOH

TIP CO_2 기체는 산성 기체이고, 대부분 산성 물질이 건조제로 사용되지만 염기성 물질과는 중화반응을 한다.

12 0.1몰 H_2SO_4 30ml에 0.1몰 NaOH 15ml를 섞었다. 0.1몰 KOH용액 몇 ml를 더 섞으면 완전히 중화되겠는가?

① 30ml

② 35ml

③ 45ml

④ 55ml

TIP $2 \times 0.1 \times 30 = 1 \times 0.1 \times 15 + 1 \times 0.1 \times x$

  $\therefore \ x = 45\,ml$

13 다음 중 HCl 0.16mol/L 용액 70ml와 0.08mol/L NaOH 용액 130ml를 혼합하였을 때 혼합용액의 pH로 옳은 것은? (단, log4 = 0.6)

① 2.4

② 2.6

③ 3.4

④ 6.2

TIP $nMV - n'M'V' = n''M''V''$

  $1 \times 0.16 \times 70 - 1 \times 0.08 \times 130 = 1 \times M'' \times 200$

  $M'' = 0.004$

  $pH = -\log[H^+] = -\log(0.004)$

   $= -\log\left(\dfrac{4}{10^3}\right) = -\log 4 + 3$

   $= 2.4$

14 pH 5인 산 용액에 용매를 가해 처음보다 농도가 100배 희석된 경우 pH로 옳은 것은?

① 3

② 5

③ 7

④ 9

TIP $MV = M'V'$

  $10^{-5} \times 1 = M' \times 100$에서 M'는 10^{-7}이므로 pH = 7

Answer 12.③ 13.① 14.③

15 다음 중 수용액의 pH값이 7보다 작은 것으로 옳은 것은?

① KNO_3

② Na_2CO_3

③ NH_4Cl

④ CH_3COONa

> **TIP** pH < 7이면 산성, pH = 7이면 중성, pH > 7이면 염기성인데 NH_4Cl은 강산과 약염기의 중화반응으로 생성된 것으로 수용액은 산성을 나타낸다.

16 다음 중 반응식에서 CH_3COOH의 짝산이나 짝염기로 옳은 것은?

$$CH_3COOH + H_2O \rightarrow CH_3COO^- + H_3O^+$$

① 짝염기 − H_2O

② 짝산 − H_2O

③ 짝염기 − CH_3COO^-

④ 짝산 − CH_3COO^-

> **TIP** 반응에서 CH_3COOH는 H^+를 내놓아 산으로 작용하였다.

17 화학실험에서 10ml의 용액을 정확하게 취할 때 사용하는 기구로 옳은 것은?

① 메스실린더

② 뷰렛

③ 메스플라스크

④ 피펫

> **TIP** 피펫 … 미세한 양의 수용액 부피를 취할 때 사용하는 기구이다.

Answer 15.③ 16.③ 17.④

18 다음 아래의 반응에서 짝산·짝염기 관계에 있는 물질을 모두 찾은 것으로 옳은 것은?

$$NH_4^+ + CO_3^{2-} \rightleftharpoons NH_3 + HCO_3^-$$

① NH_4^-, NH_3

② HCO_3^-, CO_3^{2-}

③ NH_4^+, CO_3^{2-}

④ NH_4^+, NH_3 / HCO_3^-, CO_3^{2-}

> **TIP** H^+의 이동으로 인해 산·염기로 바뀌어야 한다.

19 0.1mol/L의 산 HA의 이온화도가 0.01이면 이 산 수용액에서 [H^+]로 옳은 것은?

① 1.0×10^{-2}mol/L

② 1.0×10^{-3}mol/L

③ 1.0×10^{-4}mol/L

④ 1.0×10^{-5}mol/L

> **TIP** $HA \rightleftharpoons H^+ + A^-$
> $[H^+] = n \cdot C \cdot \alpha = 1 \times 0.1 \times 0.01 = 1.0 \times 10^{-3}$

20 다음 중 산 HCl과 HBr의 세기가 HBr > HCl일 때, 짝염기의 세기로 옳은 것은?

① $Cl^- = Br^-$

② $Cl^- > Br^-$

③ $Cl^- < Br^-$

④ 알 수 없다.

> **TIP** 강산의 짝염기에선 염기의 세기가 약하고 약산의 짝염기에선 염기의 세기가 강하다.

Answer 18.④ 19.② 20.②

21 농도가 0.1M인 어떤 산 HA가 아래와 같이 이온화하는 경우 HA의 이온화도가 1.0×10^{-3}이면 이 산 HA의 이온화상수 K_a로 옳은 것은?

$$HA + H_2O \rightleftharpoons H_3O^+ + A^-$$

① 1.0×10^{-5} ② 1.0×10^{-6}

③ 1.0×10^{-7} ④ 1.0×10^{-8}

TIP $K_a = \dfrac{C\alpha^2}{1-\alpha}$ 에서 α 가 매우 작으므로 $K_a = C\alpha^2$이 되고

$K_a = 0.1 \times (1.0 \times 10^{-3})^2 = 1.0 \times 10^{-7}$

22 다음 중 0.1M HCl수용액에서 $[H^+]$로 옳은 것은?

① 0.01M   ② 0.1M

③ 0.2M   ④ 0.3M

TIP HCl은 강산이어서 거의 100%가 이온화하므로
$[H^+] = 0.1$된다.

23 다음 중 농도가 0.01M인 어떤 약한 염기 BOH의 이온화도 $\alpha = 0.01$일 때 이 용액에서 $[H^+]$의 값으로 옳은 것은?

① 1.0×10^{-8}M   ② 1.0×10^{-9}M

③ 1.0×10^{-10}M   ④ 1.0×10^{-11}M

TIP 약함 염기이므로 OH^-의 농도 $[OH^-] = 0.01 \times 0.01 = 1 \times 10^{-4}$

$[H^+] = \dfrac{K_w}{[OH^-]} = \dfrac{1.0 \times 10^{-14}}{1.0 \times 10^{-4}} = 1.0 \times 10^{-10}$M

Answer 21.③ 22.② 23.③

24 다음 중 0.01M CH₃COOH 수용액의 pH는? (단, $\alpha = 1.0 \times 10^{-3}$)

① 5

② 6

③ 7

④ 8

TIP $[H^+] = n\,C\alpha = 1 \times 0.01 \times 1.0 \times 10^{-3} = 1.0 \times 10^{-5}$
$pH = -\log(1.0 \times 10^{-5}) = 5$

25 $[H^+]$가 pH = 3인 용액은 $[H^+]$가 pH = 6인 용액의 몇 배인가?

① 10배

② 50배

③ 100배

④ 1,000배

TIP $\dfrac{1.0 \times 10^{-3}}{1.0 \times 10^{-6}}$ 에서 pH = 6의 $[H^+]$는 pH = 3의 $[H^+]$의 1,000배가 된다.

26 다음 중 pH = 5인 용액을 1,000배로 희석시킨 용액의 pH로 옳은 것은?

① 4 < pH < 5

② pH = 5

③ 4 < pH < 6

④ 5 < pH < 7

TIP pH = 5인 용액의 $[H^+] = 1.0 \times 10^{-5}$인데 1,000배 희석했으므로 $[H^+] = 1.0 \times 1.0^{-8}$이 된다. 물의 자동 이온화 때문에 희석시킨 용액의 pH는 5 < pH < 7의 범위를 갖는다.

Answer 24.① 25.④ 26.④

27 다음 중 0.1mol/L인 H_2SO_4 수용액 20ml를 중화시키는 데 필요한 NaOH의 질량으로 옳은 것은?

① 0.08g

② 0.16g

③ 0.24g

④ 0.36g

> **TIP** H_2SO_4는 2가 H^+를 생성하고 부피의 단위가 ml이므로
>
> H^+의 몰수 $= nM \times \dfrac{V}{1,000} = 2 \times 0.1 \times \dfrac{20}{1,000} = \dfrac{4}{1,000}$
>
> NaOH에서 OH^-의 몰수는 $= \dfrac{n' \times w}{\text{화학식량}} = \dfrac{1 \times w}{40}$
>
> $\dfrac{4}{1,000} = \dfrac{w}{40}$ 에서 w를 구하면
>
> $w = 0.16\,\text{g}$

28 다음 중 4g의 NaOH를 중화시키는 데 필요한 1.0mol/L HCl 수용액 부피로 옳은 것은?

① 20ml

② 40ml

③ 50ml

④ 100ml

> **TIP** $\dfrac{n' \times w}{\text{화학식량}} = nM \times \dfrac{V}{1,000}$ 이므로
>
> $\dfrac{1 \times 4}{40} = 1 \times 1.0 \times \dfrac{V}{1,000}$
>
> $\therefore V = 100\,\text{ml}$

29 다음 중 강산과 약염기의 중화적정시 중화점을 찾는 데 필요한 지시약으로 옳은 것은?

① 메틸옐로

② 메틸오렌지

③ 페놀프탈레인

④ 페놀프탈레인 + 메틸오렌지

> **TIP** 지시약
> ㉠ 강산과 강염기의 적정 : 페놀프탈레인이나 메틸오렌지
> ㉡ 강산과 약염기의 적정 : 메틸오렌지나 메틸레드

Answer 27.② 28.④ 29.②

30 다음 중 0.06M HCl 수용액 70ml와 0.03M Ba(OH)₂ 수용액 50ml를 혼합시킨 용액에서 혼합 용액의 pH로 옳은 것은?

① pH=2   ② pH=3

③ pH=4   ④ pH=5

TIP $nMV - n'M'V'$에서 HCl의 nMV 값이 크므로
$1 \times 0.06 \times 70 - 2 \times 0.03 \times 50 = 1 \times M'' \times 120$에서
혼합용액은 0.01M HCl이 된다.
pH = $-\log[H^+]$ = $-\log(1 \times 10^{-2})$이므로
∴ pH = 2

31 다음 중 염기성염인 것으로 옳은 것은?

① $(NH_4)_2SO_4$ ② $NaHCO_3$

③ CH_3COONa ④ $Ca(OH)Cl$

TIP 염기성염 ··· 염기의 OH^-가 일부 남아 있는 염으로 Ca(OH)Cl, Cu(OH)Cl 등이 있다.

32 다음 중 가수분해하여 산성을 나타내는 것은 무엇인가?

① NH_4NO_3 ② CH_3COONa

③ Na_2SO_4 ④ Na_2CO_3

TIP NH_4NO_3는 NH_3가 약염기이므로 짝산인 NH_4^+는 강산, HNO_3가 강산이므로 짝염기 NO_3^-는 약염기가 되는데, 강한 산과 약염기는 가수분해 되고 강산과 약염기가 상쇄되면 산성이 더 강하므로 산성을 띤다.

33 다음 중 화합물들의 수용액의 액성이 모두 염기성을 나타내는 것으로 옳은 것은?

① SO_2, NH_4Cl, CO_2 ② $NaCl$, CO_2, KCN

③ Na_2O, CH_3COONa, KCN ④ CaO, CH_2COONa, Cl_2O_2

TIP 염기성을 나타내는 물질
㉠ 염기성 산화물
㉡ 강염기 + 약산으로 된 염

34 다음 중 0.1mol/L의 HA 수용액의 $[H_3O^+]$는 1.0×10^{-3}mol/L일 경우 이 산의 이온화도(α)로 옳은 것은?

① 1.0×10^{-2} 　　　　　　　　② 1.0×10^{-4}

③ 1.0×10^{-5} 　　　　　　　　④ 1.0×10^{-6}

> **TIP** $[H_3O^+] = \alpha [HA]$
> $1.0 \times 10^{-3} = \alpha \times 0.1$에서 α를 구하면
> $\alpha = 1.0 \times 10^{-2}$

35 다음 반응에서 브뢴스테드의 산으로 연결된 것은?

$$CO_3^{2-} + H_2O \rightleftarrows OH^- + HCO_3^-$$

① H_2O, HC_3^- 　　　　　　　　② CO_3^{2-}, HCO_3^-

③ CO_3^{2-}, OH^- 　　　　　　　④ CO_3^{2-}, H_2O

> **TIP** 브뢴스테드의 산…H^+를 내어놓는 물질을 말한다.
>
> $$\overset{\displaystyle H^+}{\overbrace{CO_3^{2-} + H_2O}} \rightleftarrows \overset{\displaystyle H^+}{\overbrace{OH^- + HCO_3^-}}$$
> 　염기　산　염기　산

36 0.1몰의 고체 NaOH를 물에 녹여 3L 용액으로 만든 것에 0.1mol/L의 HCl 수용액 4L를 넣어 전체 부피를 7L가 되게 할 때 이 용액의 $[H^+]$농도로 옳은 것은?

① 1×10^{-2}M 　　　　　　　　② 1.4×10^{-2}M

③ 3.5×10^{-2}M 　　　　　　　④ 5×10^{-3}M

> **TIP** NaOH에서 OH^-의 몰수는
> $0.1 \times 3 = 0.3\,mol$
> HCl에서 H^+의 몰수는
> $0.1 \times 4 = 0.4\,mol$
> H^+와 OH^-가 반응 후 남은 H^+의 몰수는 0.1mol이므로
> $[H^+] = \dfrac{0.1}{7} = 0.014\,mol/L = 1.4 \times 10^{-2}\,M$

37 어떤 약산 HA가 아래와 같이 이온화할 때 0.1mol/L의 HA 수용액의 이온화도(α)가 1.0×10^{-4}이면 약산 HA의 이온화상수(K_a)로 옳은 것은?

$$HA + H_2O \rightleftharpoons H_3O^+ + A^-$$

① 1.0×10^{-5} ② 1.0×10^{-8}

③ 1.0×10^{-9} ④ 1.0×10^{-12}

TIP 약산일 경우 $1 - \alpha \doteqdot 1$이므로
$$K_a = C\alpha^2 = 0.1 \times (1.0 \times 10^{-4})^2 = 1.0 \times 10^{-9}$$

38 다음 중 0.1M H_2SO_4 수용액 20ml를 완전히 중화시키는 데 필요한 NaOH 수용액의 농도와 부피로 옳은 것은?

① 0.1M, 5ml   ② 0.1M, 10ml

③ 0.2M, 10ml   ④ 0.2M, 20ml

TIP 중화적정곡선 $nMV = n'M'V'$이므로 대입하면
$$2 \times 0.1 \times 20 = 1 \times M' \times V'$$
$$\therefore M' \times V' = 4$$

39 다음 중 0.2M HCl 50ml와 0.2M NaOH 49ml를 섞은 용액의 수소이온 농도로 옳은 것은?

① 3×10^{-2}M   ② 4×10^{-2}M

③ 1×10^{-3}M   ④ 2×10^{-3}M

TIP $0.2 \times 50 - 0.2 \times 49 = M'' \times 99$에서 M''를 구하면
$$M'' = \frac{0.2}{99} \doteqdot \frac{0.2}{100} = 2 \times 10^{-3}M$$

Answer 37.③ 38.④ 39.④

04 산화 · 환원반응

01 산화 · 환원의 정의

❶ 산화와 환원

(1) 산화

① 산소와 결합하고, 수소를 잃는 반응이다.

② 전자를 잃어서 산화수가 증가하는 반응이다.

    예 $Na \rightarrow Na^+ + e^-$, $2Mg + O_2 \rightarrow 2MgO$

                           └─────┘
                               산화

(2) 환원

① 산소를 잃거나 수소를 얻는 반응이다.

② 전자를 얻어 산화수가 감소하는 반응이다.

    예 $Cl + e^- \rightarrow Cl^-$, $N_2 + 3H_2 \rightarrow 2NH_3$

                                 └─────┘
                                 환원

[전자의 이동 및 산화 · 환원반응]

반응의 종류	전자	산소	수소	산화수
산화	잃는다.	얻는다.	잃는다.	증가
환원	얻는다.	잃는다.	얻는다.	감소

(3) 산화와 환원의 동시성

① 아연을 황산구리 수용액에 넣으면 아연은 산화되어 아연이온으로 된다.

② 구리이온은 전자를 얻어 환원되어 구리로 석출된다.

$$\overset{\overset{\text{환원}}{\overbrace{\phantom{Zn+Cu^{2+}\ }}}}{Zn+Cu^{2+} \rightarrow \underset{\underset{\text{산화}}{\underbrace{\phantom{Zn^{2+}}}}}{Zn^{2+}} +Cu}$$

③ 산화와 환원반응은 동시에 일어난다.

(4) 산화수

① **개념** … 화합물을 구성하고 있는 원자에 전체전자를 일정하게 배분하였을 경우 각 원자가 가진 전하의 수로 원자의 산화 또는 환원되는 정도를 나타내는 수를 의미한다.

② **산화수의 주기성**
  ㉠ 원소의 원자가 가질 수 있는 산화수는 그 원자의 전자배치와 관련되어 있으므로 산화수도 주기성을 나타낸다.
  ㉡ 원자가 가지는 가장 높은 산화수는 그 원자의 족의 번호와 일치한다.

[산화수의 주기성]

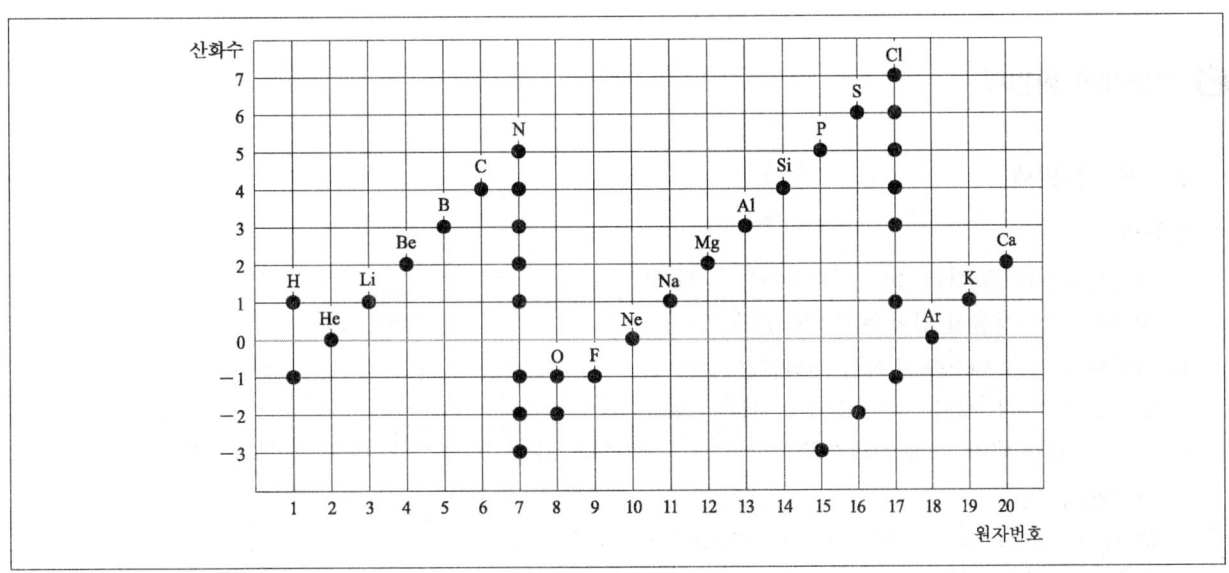

③ 산화수 구하는 규칙

ㄱ 홑원소물질 원자의 산화수 = 0

ㄴ 중성 화합물의 산화수의 총합 = 0

ㄷ 라디칼 이온의 산화수의 총합 = 이온의 전하수

ㄹ 이온의 산화수 = 이온의 전하수

ㅁ 수소원자의 산화수는 비금속화합물 = +1, 금속화합물 = -1

ㅂ 산소원자의 산화수 = -2, 과산화물 = -1

ㅅ 금속원자의 산화수

- 1족 = +1

- 2족 = +2

- 13족 = +3

ㅇ 할로젠원소의 원자가 가지는 산화수 = -1

④ 산화수가 증가하는 화학변화를 산화, 감소하는 화학변화를 환원이라 한다.

▶ TIP
족과 산화수

족	1	2	13	14	15	16	17
산화수	+1	+2	+3	-4~+4	-3~+5	-2~+6	-1~+7

❷ 산화제와 환원제

(1) 산화제 · 환원제

① 산화제

ㄱ 자신은 환원되고 다른 것을 산화시키는 물질이다.

ㄴ 전자를 얻는 성질이 강할수록 산화성이 크다.

ㄷ 산화수가 높은 원소를 포함한 화합물을 말한다.

   예 $K\underline{Mn}O_4$(Mn의 산화수 : +7), $K_2\underline{Cr}_2O_7$(Cr의 산화수 : +6)

ㄹ 같은 원자가 여러 가지 산화수를 가질 경우 산화수가 가장 큰 원자를 가진 화합물이 가장 강한 산화제에 해당한다.

   예 $\underline{Mn}_2O_3$, $\underline{Mn}O_2$, $\underline{Mn}Cl_2$, $K\underline{Mn}O_4$에서 가장 강한 산화제는 $KMnO_4$이다.
   　(+3)　　(+4)　　(+2)　　(+7)

② 환원제

　　⊙ 자신은 산화되어 다른 것을 환원시키는 물질이다.

　　ⓒ 전자를 주는 성질이 강할수록 환원성이 크다.

　　ⓒ 산화수가 낮은 원소를 포함한 화합물을 말한다.

　　　　예 $H_2\underline{S}$(S의 산화수 : -2), $\underline{Sn}Cl_2$(Sn의 산화수 : $+2$)

　　ⓔ 한 원소가 여러 가지 산화수를 가진 경우 산화수가 작을수록 강한 환원제에 해당한다.

　　• $H_2\underline{S}(-2)$, $\underline{S}(0)$, $\underline{S}O_2(+4)$, $\underline{S}O_3(+6)$에서 가장 강한 환원제는 H_2S이다.

　　•

$$4H\underline{Cl}+\underline{Mn}O_2 \rightleftharpoons \underline{Mn}Cl_2+\underline{Cl}_2+H_2O \quad (HCl : 환원제, \ MnO_2 : 산화제)$$
$$(-1) \quad (+4) \qquad (+2) \qquad (0)$$

（환원 표시 : MnO_2 의 $Mn(+4) \rightarrow (+2)$, HCl 의 $Cl(-1) \rightarrow (0)$）

③ **산화제와 환원제의 상대성** … 산화·환원 반응에서 전자를 내어 놓으려는 경향과 전자를 얻으려는 경향이 상대적이기 때문에 산화제와 환원제의 세기도 상대적이 된다는 원리이다.

　　⊙ SO_2가 환원제로 작용한 경우

$$\underline{S}O_2+\underline{Cl}_2+2H_2O \rightarrow H_2\underline{S}O_4+2H\underline{Cl} \quad (SO_2 : 환원제, \ Cl_2 : 산화제)$$
$$(+4) \quad (0) \qquad\qquad (+6) \qquad (-1)$$

（산화 표시）

　　ⓒ SO_2가 산화제로 작용한 경우

$$\underline{S}O_2+2H_2\underline{S} \rightarrow 2H_2O+3\underline{S} \quad (SO_2 : 산화제, \ H_2S : 환원제)$$
$$(+4) \qquad (-2) \qquad\qquad (0)$$

（산화 표시）

(2) 산화제와 환원제의 양적 관계

① 산화제가 얻는 전자의 몰수와 환원제가 잃는 전자의 몰수는 항상 동일하다.

② 환원제가 내놓은 전자수＝산화제가 얻은 전자수

③ 증가한 산화수＝감소한 산화수

(3) 산화 · 환원반응식 완결방법

① 반쪽반응식을 이용하는 방법

$$Cu + H^+ + NO_3^- \rightarrow Cu^{2+} + NO + H_2O \Rightarrow 3Cu + 8H^+ + 2NO_3^- \rightarrow 3Cu^{2+} + 2NO + 4H_2O$$

㉠ 산화반응식과 환원반응식으로 나눈다.
- 산화반응 : $Cu \rightarrow Cu^{2+}$
- 환원반응 : $NO_3^- + H^+ \rightarrow NO + H_2O$

㉡ 두 반쪽반응식의 전하수와 원자수가 반응 전후에 같도록 개수를 맞춘다.
- 산화반응 : $Cu \rightarrow Cu^{2+} + 2e^-$
- 환원반응 : $NO_3^- + 4H^+ + 3e^- \rightarrow NO + 2H_2O$

㉢ 산화반응과 환원반응에서 전자(e^-)를 이용하여 각 반응의 전하량을 맞춘다.
- 산화반응 : $3Cu \rightarrow 3Cu^{2+} + 6e^-$
- 환원반응 : $2NO_3^- + 8H^+ + 6e^- \rightarrow 2NO + 4H_2O$

㉣ 두 반쪽반응을 더하여 전자를 소거한다.

$$3Cu + 2NO_3^- + 8H^+ \rightarrow 3Cu^{2+} + 2NO + 4H_2O$$

㉤ 양쪽의 전하수를 조사하여 맞춘 계수를 확인한다.
- 왼쪽 전하수 : $(+1) \times 8 + (-1) \times 2 = +6$
- 오른쪽 전하수 : $(+2) \times 3 = +6$

② 산화수를 이용하는 법 … 증가하는 산화수와 감소하는 산화수가 같다는 관계를 이용하는 방법이다.

$$MnO_4^- + Fe^{2+} + H^+ \rightarrow Mn^{2+} + Fe^{3+} + H_2O$$
$$\Rightarrow MnO_4^- + 5Fe^{2+} + 8H^+ \rightarrow Mn^{2+} + 5Fe^{3+} + 4H_2O$$

㉠ 반응물질들의 산화수를 조사한다.

㉡ 증가된 산화수와 감소된 산화수를 같게 하도록 Fe^{2+}와 Fe^{3+}의 계수에 5를 곱한다.

$$MnO_4^- + 5Fe^{2+} + H^+ \rightarrow Mn^{2+} + 5Fe^{3+} + H_2O$$

㉢ Mn과 Fe의 원자수는 같기 때문에 다른 원자의 계수를 조정한다.
- O가 왼쪽 부분에 4개 있으므로 H_2O의 계수는 4가 된다.

$$MnO_4^- + 5Fe^{2+} + H^+ \rightarrow Mn^{2+} + 5Fe^{3+} + 4H_2O$$

- H가 오른쪽에 8개 있으므로 왼쪽 H^+의 계수를 8로 한다.

$$MnO_4^- + 5Fe^{2+} + 8H^+ \rightarrow Mn^{2+} + 5Fe^{3+} + 4H_2O$$

02 화학전지

❶ 전지

(1) 전지의 원리

① 화학전지 ⋯ 산화 · 환원반응을 이용하여 물질의 화학에너지를 전기에너지로 바꿔주는 장치이다.

② 전류 ⋯ 전하의 연속적인 이동현상으로 전자의 흐름을 말한다.

③ 전자와 전류가 흐르는 방향

　　⊙ 전자 : (−)극에서 (+)극으로 흐른다.

　　ⓛ 전류 : (+)극에서 (−)극으로 흐른다.

④ 기전력 ⋯ 전지가 도선을 통하여 전류를 흐르게 하는 힘을 말한다(단위 : V).

⑤ 전지의 구조 표시법

| (−)극 금속 | 전해질 용액 | (+)극 금속 |

⑥ 전지의 구조

　　⊙ Zn판과 Cu판을 전해질 용액에 담그고 도선을 연결하면 전류가 흐르는 것을 알 수 있다.

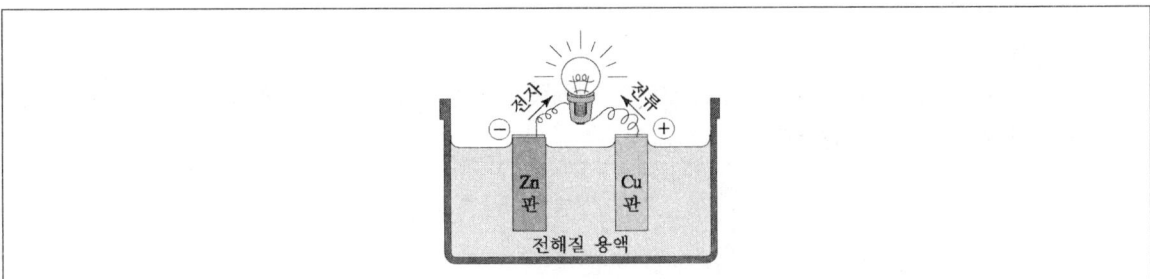

　　ⓛ 이온화경향이 큰 Zn이 Zn^{2+}로 되면서 전자(e^-)를 내며, 이 전자(e^-)는 도선을 따라 Cu판으로 이동하여 용액 중의 Cu^{2+}를 환원시킨다.

$$Zn \rightarrow Zn^{2+} + 2e^- \text{(산화)}$$
$$\underline{+)Cu^{2+} + 2e^- \rightarrow Cu \qquad \text{(환원)}}$$

　　ⓒ 전자를 내어 놓는 Zn판이 (−)극, 전자를 받는 Cu판이 (+)극이 된다.

[전지의 원리]

전극	(−)극	(+)극
전극 금속의 이온화 경향	크다.	작다.
전자의 흐름	전자를 내놓는다.	전자를 받아들인다.
전류의 흐름	전류가 흘러들어온다.	전류가 흘러나간다.
반응의 종류	산화반응	환원반응
전기 화학적인 전극의 명칭	양극	음극

(2) 볼타전지와 다니엘전지

① 볼타전지

　㉠ Zn판과 Cu판을 묽은 황산에 담그고 도선으로 연결한 전지를 말한다.

$$(-) \; Zn \; | \; H_2SO_4 \; | \; Cu \; (+)$$

　㉡ 전극에서의 반응

　　• (−)극 : $Zn \rightarrow Zn^{2+} + 2e^-$ (질량감소, 산화)

　　• (+)극 : $2H + 2e^- \rightarrow H_2$ (질량불변, 환원)

　㉢ 분극작용

　　• (+)극에서 발생한 수소 기체가 구리 전극을 둘러싸서 볼타전지의 기전력이 1.1V에서 0.4V로 떨어지는 현상을 말한다.

　　• 원인 : H_2가 H^+의 환원을 방해하거나 H_2가 많으면 $H_2 \rightarrow 2H^+ + 2e^-$ 반응이 일어나 역기전력이 발생하기 때문이다.

　㉣ 감극제

　　• 수소의 발생으로 생기는 분극작용을 없애기 위해서 수소를 산화시키기 위해 사용되는 산화제를 말한다.

　　• 종류 : H_2O_2, MnO_2, $K_3Cr_2O_7$ 등

$$H_2 + \frac{1}{2}O_2 \xrightarrow{\text{감극제}} H_2O$$

[볼타전지의 구조와 원리]

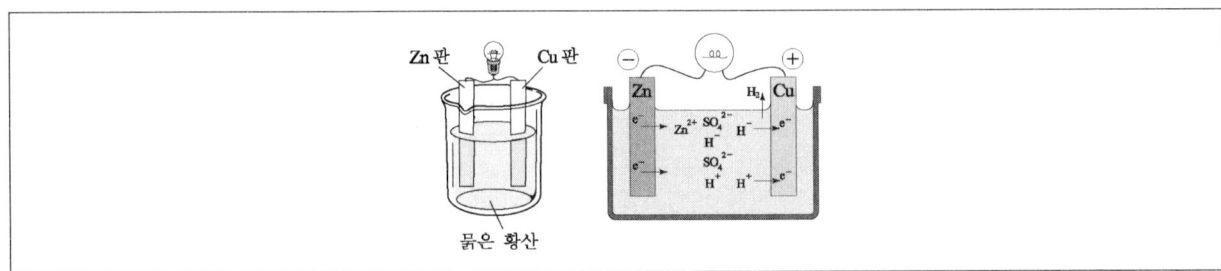

② 다니엘전지

　　㉠ 아연 전극을 황산아연 수용액에, 구리 전극을 황산구리 수용액에 담그고 두 용액을 염다리로 연결한 전지이다.

$$(-) \; Zn \mid ZnSO_4 \parallel CuSO_4 \mid Cu \; (+), \; E° = 1.1V$$

　　㉡ 전극에서의 반응

　　　• $(-)$극(아연판) : $Zn \rightarrow Zn^{2+} + 2e^-$ (질량감소, 산화)

　　　• $(+)$극(구리판) : $Cu^{2+} + 2e^- \rightarrow Cu$ (질량증가, 환원)

　　　• 전체반응 : $Zn + Cu^{2+} \rightarrow Zn^{2+} + Cu$

　　㉢ 다니엘전지는 분극작용이 없어 재충전하여 다시 사용할 수 있는 2차 전지이다.

　　㉣ 구리는 이온화 경향이 작아 구리로 석출되어 구리극의 무게는 증가한다.

　　㉤ 아연은 이온화 경향이 커서 아연이온으로 되어 용액 속에 녹아 들어가므로 전극의 무게는 감소한다.

　　㉥ 기전력은 약 1.1V이다.

[다니엘전지의 구조]

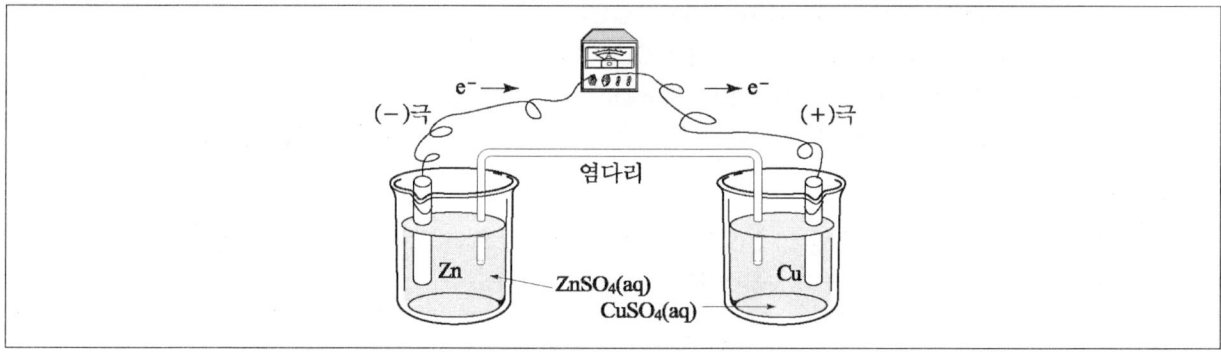

(3) 실용전지

① 건전지

　　㉠ NH_4Cl 포화용액을 전해질로 하고 아연통을 $(-)$극으로 하며 MnO_2, 흑연가루 등을 넣고 중앙에 탄소막대를 $(+)$극으로 세운 전지이다.

　　㉡ 감극제로 MnO_2를 사용한다.

$$(-) \; Zn \mid NH_4Cl \mid MnO_2, \; C \; (+)$$

　　㉢ 전극에서의 반응

　　　• $(-)$극(아연판) : $Zn \rightarrow Zn^{2+} + 2e^-$(산화), $Zn^{2+} + 4NH_3 \rightarrow Zn(NH_3)_4^{2+}$

　　　• $(+)$극(탄소막대) : $2H^+ + 2e^- \rightarrow H_2$(환원), $H_2 + 2MnO_2 \rightarrow Mn_2O_3 + H_2O$

　　㉣ 엄나리가 필요 없으며 기전력은 약 1.5V로 약산인 진해질로 인해 수명이 짧다.

[건전지의 구조]

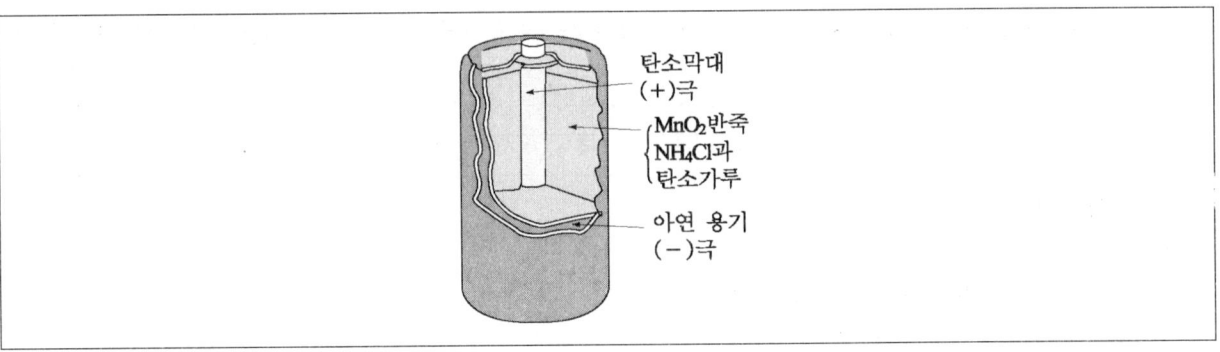

② 알칼라인 건전지
　　㉠ 망간 – 아연 건전지의 전해질인 NH_4Cl 대신 강염기인 KOH을 넣은 건전지이다.

$$(-)\ Zn\ |\ KOH\ |\ MnO_2\ (+),\ E°=1.5V$$

　　㉡ 전극에서의 반응
　　　• $(-)$극(아연판) : $Zn + 2OH^- \rightarrow Zn(OH)_2 + 2e^-$ (산화)
　　　• $(+)$극(탄소막대) : $2MnO_2 + H_2O + 2e^- \rightarrow Mn_2O_3 + 2OH^-$ (환원)
　　　• 전체반응 : $Zn + 2MnO_2 + H_2O \rightarrow Zn(OH)_2 + Mn_2O_3$
　　㉢ 망간 – 아연 건전지보다 수명이 길고 물에 녹는 물질이 없어 안정한 전압을 얻을 수 있다.

③ 납축전지
　　㉠ 비중이 1.25 정도의 묽은 황산용액에 $(-)$극은 Pb, $(+)$극은 PbO_2으로 한 전지를 말한다.
　　㉡ 2차 전지로 기전력이 감소하면 충전하여 다시 사용할 수 있다.

$$(-)\ Pb\ |\ H_2SO_4\ |\ PbO_2\ (+),\ E°=2V$$

　　㉢ 전극에서의 반응
　　　• $(-)$극(Pb판) : $Pb + SO_4^{2-} \rightarrow PbSO_4\downarrow + 2e^-$ (산화)
　　　• $(+)$극(PbO_2판) : $PbO_2 + 4H^+ + SO_4^{2-} + 2e^- \rightarrow PbSO_4\downarrow + 2H_2O$ (환원)
　　　• 전체반응 : $Pb + 2H_2SO_4 + PbO_2 \underset{충전}{\overset{방전}{\rightleftharpoons}} 2PbSO_4\downarrow + 2H_2O$

　　㉣ 납축전지의 반응
　　　• 방전이 일어나면 $(-)$극인 Pb와 $(+)$극인 PbO_2가 모두 $PbSO_4$가 되어 두 극의 질량은 증가하고 전해질 H_2SO_4가 H_2O로 되면서 묽어져 용액의 비중은 감소한다.
　　　• 충전할 때는 반대 현상이 일어나며, $(+)$극인 PbO_2는 감극제의 역할도 한다.

❷ 전극 전위

(1) 전극 전위의 측정

① 전지의 기전력은 2개의 반쪽 전지를 도선으로 연결했을 때 전지의 이동으로 발생하기 때문에 어느 반쪽 전지의 전극 전위를 단독으로 측정할 수는 없다.

② 전극 전위는 반쪽 전지의 전극 전위를 표준으로 정하여 이것의 전극 전위와 상대적 전위를 측정하여 구할 수 있다.

(2) 표준 수소 전극

① **개념** ··· 1M의 H^+용액과 접촉하고 있는 1기압의 H_2 기체로 이루어진 반쪽 전지가 나타내는 전위차를 0.00V로 정하는 것을 말한다.

② 표준 수소 전극은 모든 표준 전극 전위의 기준이 된다.

$$2H^+ (aq,\ 1mol/L,\ 25℃) + 2e^- \rightarrow H_2(g,\ 1기압),\ E° = 0.00V$$

(3) 표준 전극 전위

① **개념** ··· 25℃, 1기압에서 반쪽 전지의 수용액의 농도가 1mol/L 일 때, 표준 수소 전극을 (−)극으로 하여 얻은 반쪽 전지의 전위를 말한다.

② 표준 전극 전위는 보통 환원반응이 일어날 때의 표준 환원 전위를 말한다.

③ 표준 환원 전위값이 (−)이면 수소보다 환원하기 어렵고, (+)이면 수소보다 환원하기 쉽다.

$$[Zn^{2+} + 2e^- \rightarrow Zn의\ 표준\ 환원\ 전위의\ 측정]$$

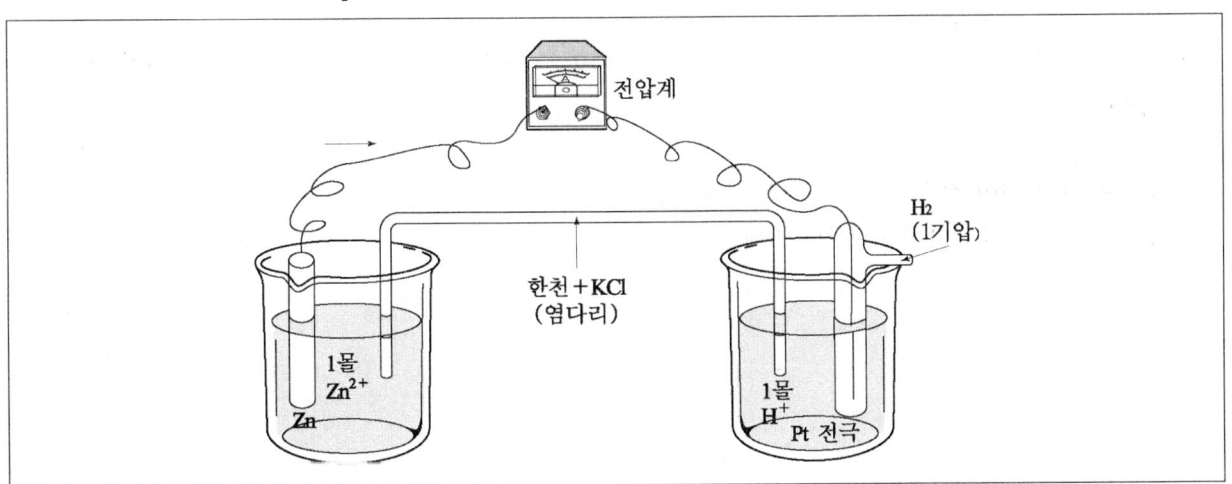

⑷ 표준 전극 전위의 이용

① 기전력

ㄱ. 두 반쪽 전지의 전극 전위값의 차를 말하며 표준 전극 전위값을 알면 기전력을 계산할 수 있다.

ㄴ. 전지의 기전력(V) = $E°$(값이 큰 쪽) $- E°$(값이 작은 쪽)

> [예] $Zn + Cu^{2+} \rightarrow Zn^{2+} + Cu$의 기전력 $E°$계산
>
> $Zn^{2+} \quad +2e^- \quad \rightarrow Zn, \quad E° = -0.76V$
>
> $Cu^{2+} \quad +2e^- \quad \rightarrow Cu, \quad E° = +0.34V$
>
> Cu의 표준 환원 전위값이 크므로 Cu는 (+)극, Zn은 (−)극이 된다.
>
> $\quad$ (+)극 $Cu^{2+}+2e^- \rightarrow Cu, \quad E° = 0.34V$
>
> +) (−)극 $Zn \rightarrow Zn^{2+}+2e^-, \quad E° = 0.76V$
>
> $\overline{\quad\quad\quad\quad\quad\quad\quad\quad\quad\quad\quad\quad\quad\quad\quad\quad\quad\quad\quad\quad}$
>
> $Zn+Cu^{2+} \rightarrow Zn^{2+}+Cu, \quad E° = 1.10V$

[기전력과 반쪽 반응식]

반쪽 반응식	$E°$(V)
$Li^+ + e^- \rightarrow Li$	−3.05
$K^+ + e^- \rightarrow K$	−2.92
$Mg^{2+} + 2e^- \rightarrow Mg$	−2.37
$Al^{3+} + 3e^- \rightarrow Al$	−1.66
$Zn^{2+} + 2e^- \rightarrow Zn$	−0.76
$Fe^{2+} + 2e^- \rightarrow Fe$	−0.44
$Ni^{2+} + 2e^- \rightarrow Ni$	−0.25
$Sn^{2+} + 2e^- \rightarrow Sn$	−0.14
$2H^+ + 2e^- \rightarrow H_2$	0.00
$Cu^{2+} + 2e^- \rightarrow Cu$	+0.34
$Ag^+ + e^- \rightarrow Ag$	+0.80
$Pt^{2+} + 2e^- \rightarrow Pt$	+1.20

② 산화 · 환원반응의 진행방향

ㄱ. 산화 · 환원반응의 표준 전극 전위 $E°$의 값이 (+)이면 정반응이, (−)값이면 역반응이 자발적으로 진행된다.

ㄴ. $E°$의 값

- (+)일 경우 값이 클수록 환원반응이 일어나기 쉽다.
- (−)일 경우 수소보다 산화반응이 일어나기 쉽다.

03 전기화학

❶ 전기분해

(1) 전기분해의 원리

① 전기분해 … 전해질의 수용액 및 용융 상태에서 전류를 통과시키면 전해질이 두 전극에서 일으키는 화학 변화 현상을 말한다.

② 원리 … 전해질의 용액에 직류 전류를 흘러 보내면 음이온은 양극으로, 양이온은 음극으로 이동하여 산화·환원반응이 일어난다.

③ HI의 전기분해
- ㉠ 양극 : $2I^-(aq) \rightarrow I_2(s) + 2e^-$ (산화반응)
- ㉡ 음극 : $2H^+(aq) + 2e^- \rightarrow H_2(g)$ (환원반응)

④ 반응이 어려운 이온
- ㉠ 양이온 : Li^+, K^+, Ba^{2+} 등은 음극으로 이동하지만 환원되기 어렵기 때문에 물 또는 물의 H^+가 환원되어 H_2가 생성된다.

$$2H_2O(l) + 2e^- \rightarrow 2OH^- + H_2$$

- ㉡ 음이온 : NO_3^-, SO_4^{2-}, CO_3^{2-}, PO_4^{3-} 등은 양극으로 이동하지만 산화되기 어려워 물 또는 물의 전이로 생긴 OH^-가 산화되어 O_2가 생성된다.

$$2H_2O(l) \rightarrow O_2 + 4H^+ + 4e^-$$

(2) 몇 가지 물질의 전기분해

① NaCl 수용액의 전기분해
- ㉠ NaCl은 이온화 반응으로 Na^+, Cl^-, H^+, OH^-가 수용액에 존재한다.

$$NaCl \rightarrow Na^+ + Cl^-, \ H_2O \rightarrow H^+ + OH^-$$

- ㉡ 전극에서의 반응
  - (+)극 : $2Cl^- \rightarrow Cl_2 + 2e^-$ (산화반응)
  - (−)극 : $2H_2O + 2e^- \rightarrow H_2 + 2OH^-$ (환원반응)

② NaCl의 용융전기분해

　　㉠ 용융된 NaCl에는 Na^+와 Cl^- 이온 뿐이므로 $(-)$극에서는 Na가 석출되고, $(+)$극에서는 Cl_2가 발생한다.

　　㉡ 전극에서의 반응

　　　• $(+)$극 : $2Cl^- \rightarrow Cl_2 + 2e^-$ (산화반응)

　　　• $(-)$극 : $2Na^+ + 2e^- \rightarrow 2Na$ (환원반응)

③ CuSO4 수용액의 전기분해

　　㉠ $CuSO_4$수용액은 다음과 같은 이온화 반응이 일어난다.

$$CuSO_4 \rightleftarrows Cu^{2+} + SO_4{}^{2-},\ H_2O \rightleftarrows H^+ + OH^-$$

　　㉡ 전극에서의 반응

　　　• $(+)$극 : $H_2O(l) \rightarrow \dfrac{1}{2}O_2 + H^+ + 2e^-$ (산화반응)

　　　• $(-)$극 : $Cu^{2+} + 2e^- \rightarrow Cu$ (환원반응)

　　㉢ $(+)$극에서 $SO_4{}^{2-}$가 방전하기 어려우므로 H_2O가 방전하여 O_2가 발생하고, H^+가 생성되어 용액은 산성을 나타낸다.

② 전기분해의 이용

(1) 전기도금

전기분해의 원리를 이용하여 금속의 부식을 방지하기 위해 금속의 표면을 다른 금속의 막으로 얇게 입히는 것이다.

◗ TIP

Ag 도금방법 … 도금할 물체를 음극에 연결하고 금속 Ag는 양극에 연결한다. 도금액은 도금하려는 금속이온을 포함한 용액 $KAg(CN)_2$를 사용한다.
㉠ $(+)$극 : $Ag \rightarrow Ag^+ + e^-$
㉡ $(-)$극 : $Ag^+ + e^- \rightarrow Ag$

(2) 알루미늄의 제련

① 제련방법

    ㉠ 보크사이트광석을 산화알루미늄(Al_2O_3)으로 만들어 용융전기분해하여 얻는다.

    ㉡ 산화알루미늄을 빙정석과 혼합하여 전기로에 넣고 (+)극을 탄소전극으로 전기분해하면 (−)극에서 알루미늄을 석출한다.

$$Al_2O_3 \rightarrow 2Al^{3+} + 3O_2^{-}$$

    ㉢ 전극에서의 반응

        • (+)극 : $3O^{2-} + 3C \rightarrow 3CO + 6e^{-}$

        • (−)극 : $2Al^{3+} + 6e^{-} \rightarrow 2Al$ (석출)

② 융제 … Al_2O_3의 용융점은 2,000℃ 이상이지만 빙정석을 넣으면 용융점이 800~900℃로 낮아지게 되어 알루미늄을 석출하는데 이렇게 녹는 금속의 표면을 막으로 피복하여 산소와 금속의 접촉을 차단시켜 산화를 방지하고, 금속산화물을 흡수하는 작용을 하는 빙정석과 같은 물질을 융제 또는 플럭스라 한다.

(3) 구리의 제련

① 불순물이 포함된 구리를 순수한 구리로 만들 때에는 전기제련법을 사용한다.

② 불순물이 포함된 구리를 (+)극으로 하고, 순수한 구리를 (−)극으로 하여 $CuSO_4$ 수용액에서 전기분해한다.

③ 전극에서의 반응

    ㉠ (+)극 : $Cu \rightarrow Cu^{2+} + 2e^{-}$

    ㉡ (−)극 : $Cu^{2+} + 2e^{-} \rightarrow Cu$(구리석출)

④ 불순물 중에 포함되어 있는 Fe, Zn 등은 용액 속에 녹아 들어가지만 이온화 경향이 작은 금, 은, 백금 등은 (+)극 밑에 침전된다.

❸ 패러데이의 법칙

(1) 개념

1883년 패러데이에 의해 발견되었으며, 전기분해할 때 통해준 전기량과 전극에서 생성되는 물질의 양 사이의 관계를 설명하는 법칙이다.

(2) 패러데이 법칙

① 제1법칙

　　㉠ 전기분해시 음극과 양극에서 반응이 일어날 때 석출되는 물질의 양은 통해준 전하량에 비례한다.

　　㉡ 단위

　　　• 1C(쿨롬) : 1A(암페어)의 전류를 1초 동안 통했을 때의 전하량을 말한다.

　　　• 1F(패럿) : 전자 1mol의 전기량을 1F이라 하며 96,500C이다.

$$1F = \underline{1.602 \times 10^{-19}C} \times \underline{6.02 \times 10^{23}} = 96,500C$$
$$\text{전자 1개의 전기량} \qquad \text{아보가드로수}$$

　　　예 염화구리(Ⅱ) 수용액 전기분해

　　　　(+)극 : $2Cl^- \rightarrow Cl_2 + 2e^-$(산화)

　　　　(−)극 : $Cu^{2+} + 2e^- \rightarrow Cu$(환원)

　　　　전자 2mol이 이동할 때 양극에서 염소(Cl_2) 1mol이 만들어지고, 음극에서 구리(Cu) 1mol이 생성된다. 이 때 전자 1mol이 이동할 때의 전하량은 1F이므로 2F에 의해 염화이온이 산화되며 구리가 환원된다.

② 제2법칙

　　㉠ 1F의 전기량에 의해 얻어지는 물질의 양은 전자 1M이 이동한 수에 비례한다.

　　㉡ 전자 1M이 이동하려면 전기량이 1F 필요하다.

최근 기출문제 분석

2025. 6. 21. 제1회 지방직

1 볼타 전지(voltaic cell)와 전해 전지(electrolytic cell)에 대한 설명으로 옳지 않은 것은?

① 볼타 전지에서는 자발적 산화−환원반응이 일어난다.

② 볼타 전지는 갈바니 전지의 일종이다.

③ 전해 전지에서 기전력은 양의 값을 갖는다.

④ 전해 전지에서 전자는 산화 전극에서 환원 전극으로 이동한다.

> **TIP** ③ 전지에서 기전력은 자발적인 반응을 양의 값으로 나타낸다. 따라서 비자발적인 산화−환원 반응을 이용하는 전해 전지에서 기전력은 음의 값을 갖는다.
> ① 볼타 전지에서는 자발적인 산화−환원반응을 이용하여 전기를 생산한다.
> ② 볼타 전지는 산화 전극으로 아연(Zn), 환원 전극으로 구리(Cu), 전해질로 황산 용액을 사용하는 갈바니 전지의 일종이다.
> ④ 볼타 전지와 전해 전지 모두에서 산화 전극에서 발생한 전자는 환원 전극으로 이동하여 환원 반응에 이용된다.
> ※ 갈바니 전지와 전해 전지의 비교

구분	갈바니전지(볼타전지)	전해전지
에너지 변환	화학 에너지 → 전기 에너지	전기 에너지 → 화학 에너지
반응 자발성	자발적 반응	비자발적 반응
사용 목적	전기를 생산하는 전원	전기분해, 전기 도금 등

2025. 4. 5. 국가직

2 전기분해를 통한 니켈 이온(Ni^{2+})의 환원으로 강철 조각에 0.01mol의 니켈을 전기도금 할 때, 0.1 A 의 전류를 몇 초간 흘려주어야 하는가? (단, 패러데이(Faraday) 상수는 96,500C · mol^{-1}이고, 전류는 모두 니켈의 전기도금에 이용되었다고 가정한다)

① 965

② 4,825

③ 9,650

④ 19,300

> **TIP** 문제에 주어진 니켈 이온(Ni^{2+})은 2가 양이온이므로 이것의 환원으로 강철 조각에 0.01mol의 니켈을 전기 도금하기 위해서는 $2 \times 0.01 = 0.02F$의 전하량이 필요하다. 이를 전하량(C)은 전류(A)와 시간(s)의 곱으로 바꾸어 표현할 수 있으므로 다음과 같이 식을 세워 풀면 답이 19,300초임을 확인할 수 있다.
> $2 \times 0.01(mol) \times 96500(C/mol) = 0.1(A) \times t(s)$

Answer 1.③ 2.④

3 밑줄 친 원자의 산화수가 -2인 것만을 모두 고르면?

    ㉠ H$_2$<u>O</u>

    ㉡ Fe$_2$<u>O</u>$_3$

    ㉢ S<u>O</u>$_2$

---

① ㉠, ㉡

② ㉠, ㉢

③ ㉡, ㉢

④ ㉠, ㉡, ㉢

> **TIP** 화합물에서 산소(O)의 산화수는 예외적인 상황을 제외하고는 일반적으로 -2이다. 문제에 주어진 모두 예외적인 상황에는 해당하지 않으므로 주어진 보기의 화합물 모두에서 산소의 산화수는 -2이다.
>
> ※ 다음은 화합물의 산화수를 결정할 때 알아두면 편리한 규칙으로, 약간의 예외가 있을 수 있다. 만약 규칙들이 상충될 경우 우선순위가 높은 규칙에 따르므로 다음 규칙을 순서대로 암기하는 것을 추천한다.
> ① 화합물에서 F의 산화수는 항상 -1이다.
> ② 화합물에서 1족 금속 원소(Li, Na, K)는 +1, 2족 금속 원소(Be, Mg, Ca)는 +2, 13족 금속 원소(Al)는 +3의 산화수를 갖는다.
> ③ 화합물에서 H의 산화수는 +1이다.
> ④ 화합물에서 O의 산화수는 -2이다.

4 산화수에 대한 계산으로 옳지 않은 것은?

① SO$_2$에서 S와 O의 산화수의 합은 +2이다.

② NaH에서 Na와 H의 산화수의 합은 0이다.

③ N$_2$O$_5$에서 N과 O의 산화수의 합은 +3이다.

④ KMnO$_4$에서 K, Mn, O의 산화수의 합은 +5이다.

> **TIP** ① SO$_2$에서 S의 산화수는 +4, O의 산화수는 -2이다. 따라서 S와 O의 산화수의 합은 +2이다.
> ② 중성 화합물의 산화수 합은 0이다. 따라서 Na 원자 1개와 H 원자 1개로만 이루어진 NaH에서 Na와 H의 산화수의 합은 0이다. 참고로 Na의 산화수는 +1, H의 산화수는 -1이다.
> ③ N$_2$O$_5$에서 N의 산화수는 +5, O의 산화수는 -2이다. 따라서 N과 O의 산화수의 합은 +3이다.
> ④ KMnO$_4$에서 K의 산화수는 +1, Mn의 산화수는 +7, O의 산화수는 -2이다. 따라서 K, Mn, O의 산화수의 합은 +6이다.
>
> 〈참고〉
> 다음은 화합물의 산화수를 결정할 때 알아두면 편리한 규칙으로, 약간의 예외가 있을 수 있다. 만약 규칙들이 상충될 경우 우선순위가 높은 규칙에 따르므로 다음 규칙을 순서대로 암기하는 것을 추천한다.
> ① 화합물에서 F의 산화수는 항상 -1이다.
> ② 화합물에서 1족 금속 원소(Li, Na, K)는 +1, 2족 금속 원소(Be, Mg, Ca)는 +2, 13족 금속 원소(Al)는 +3의 산화수를 갖는다.
> ③ 화합물에서 H의 산화수는 +1이다.
> ④ 화합물에서 O의 산화수는 -2이다.

Answer 3.④ 4.④

5 일정한 온도와 압력에서 10mol의 전자가 전위차 1.5V인 전지에서 가역적으로 이동할 때, $|\triangle G|$[kJ]는? (단, G는 Gibbs 에너지이고, Faraday 상수는 96,000Cmol^{-1}이다)

① 1.44×10^{-3}

② 1.44

③ 1.44×10^3

④ 1.44×10^6

TIP $\Delta G = -nFE = -10 \times 96000 \times 1.5 = -1,440,000 J = -1.44 \times 10^6 J = -1.44 \times 10^3 kJ$

6 산화-환원 반응이 아닌 것은?

① $2HCl + Mg \rightarrow MgCl_2 + H_2$

② $CH_4 + 2O_2 \rightarrow CO_2 + 2H_2O$

③ $CO_2 + H_2O \rightarrow H_2CO_3$

④ $3NO_2 + H_2O \rightarrow 2HNO_3 + NO$

TIP 산화-환원의 정의

	산소(O)	수소(H)	전자(e-)	산화수
산화(Oxidation)	얻는다	잃는다	잃는다	증가
환원(Reduction)	잃는다	얻는다	얻는다	감소

① 수소(H)의 산화수가 +1에서 0으로 감소(환원)하고, 마그네슘(Mg)의 산화수가 0에서 +2로 증가(산화)하였으므로 산화-환원 반응이다.

② 탄소(C)는 수소를 잃고 산소와 결합하였으므로 산화되었다. 산소(O)의 산화수는 0에서 -2로 감소하였으므로 환원되었다. 따라서 이 반응은 산화-환원 반응이다.

③ 모든 원소의 산화수의 변화가 없으므로 이 반응은 산화-환원 반응이 아니다.

④ NO_2가 동시에 산화되고 환원되어 각각 HNO_3와 NO를 만드는 불균등화 반응이다. 산화수 변화는 NO_2(+4)에서 HNO_3(+5, 증가)와 NO(+2, 감소)가 됨을 확인할 수 있다.

Answer 5.③ 6.③

2021. 6. 5. 제1회 지방직

7 다음은 철의 제련 과정과 관련된 화학 반응식이다. 이에 대한 설명으로 옳지 않은 것은?

(가) $2C(s) + O_2(g) \rightarrow 2CO(g)$

(나) $Fe_2O_3(s) + 3CO(g) \rightarrow 2Fe(s) + 3CO_2(g)$

(다) $CaCO_3(s) \rightarrow CaO(s) + CO_2(g)$

(라) $CaO(s) + SiO_2(s) \rightarrow CaSiO_3(l)$

① (가)에서 C의 산화수는 증가한다.

② (가)~(라) 중 산화-환원 반응은 2가지이다.

③ (나)에서 CO는 환원제이다.

④ (다)에서 Ca의 산화수는 변한다.

TIP ① (가)에서 C의 산화수는 0에서 +2로 증가하며, 따라서 C는 산화한다.
② 산화-환원 반응은 반응 전후 산화수의 변화를 수반한다. (가)~(라) 중 산화-환원 반응은 (가)와 (나)의 2가지이다.
③ (나)에서 C의 산화수는 +2에서 +4로 증가한다. 따라서 CO는 산화되며, 다른 물질인 Fe_2O_3을 환원시키는 환원제로 작용한다.
④ (다)에서 Ca의 산화수는 +2로 변하지 않으며, (다)는 산화-환원 반응이 아니다.

2020. 6. 13. 제1회 지방직

8 다음 중 산화-환원 반응은?

① $HCl(g) + NH_3(aq) \rightarrow NH_4Cl(s)$

② $HCl(aq) + NaOH(aq) \rightarrow H_2O(l) + NaCl(aq)$

③ $Pb(NO_3)_2(aq) + 2KI(aq) \rightarrow PbI_2(s) + 2KNO_3(aq)$

④ $Cu(s) + 2Ag^+(aq) \rightarrow 2Ag(s) + Cu^{2+}(aq)$

TIP ① 중화 반응이므로 산화 환원 반응이 아니다.(산화수 변화가 없음)
② 중화 반응이므로 산화 환원 반응이 아니다.(산화수 변화가 없음)
③ 앙금 생성 반응이므로 산화 환원 반응이 아니다.(산화수 변화가 없음)
④ 산화수 변화가 있으므로(Cu : 0 → +2, Ag : +1 → 0) 산화 환원 반응이다.

Answer 7.④ 8.④

9 반응식 $P_4(s) + 10Cl_2(g) \rightarrow 4PCl_5(s)$에서 환원제와 이를 구성하는 원자의 산화수 변화를 옳게 짝지은 것은?

환원제	반응 전 산화수	반응 후 산화수
① $P_4(s)$	0	+5
② $P_4(s)$	0	+4
③ $Cl_2(g)$	0	+5
④ $Cl_2(g)$	0	−1

TIP 반응식에서 산화수가 증가한 것은 P이고 산화수가 감소한 것은 Cl이다. 따라서 산화된 것은 P_4이고 환원된 것은 Cl_2이다. 환원 제는 자신은 산화되면서 남을 환원시키는 물질이므로 P_4이고 이 물질을 구성하는 원자의 반응 전 산화수는 0, 반응 후 산화수 는 +5이다.

10 $25\,^{\circ}C$ 표준상태에서 다음의 두 반쪽 반응으로 구성된 갈바니 전지의 표준 전위[V]는? (단, E° 는 표준 환원 전위 값이다)

$$Cu^{2+}(aq) + 2e^- \rightarrow Cu(s) : E^{\circ} = 0.34\,V$$
$$Zn^{2+}(aq) + 2e^- \rightarrow Zn(s) : E^{\circ} = -0.76\,V$$

① −0.76　　　　　　　　② 0.34
③ 0.42　　　　　　　　④ 1.1

TIP 표준 환원 전위가 큰 것(양극)에서 작은 것(음극)을 빼면 표준 전위를 구할 수 있다. 따라서 표준 준위는 0.34−(−0.76)=1.1(V)이다.

Answer 9.① 10.④

11 〈보기〉는 황산소듐(Na_2SO_4)을 소량 녹인 증류수에 전류를 흘려주었을 때 전기 분해가 일어나 기체 A
와 B가 발생한 것을 나타낸 것이다. 이에 대한 설명으로 가장 옳은 것은?

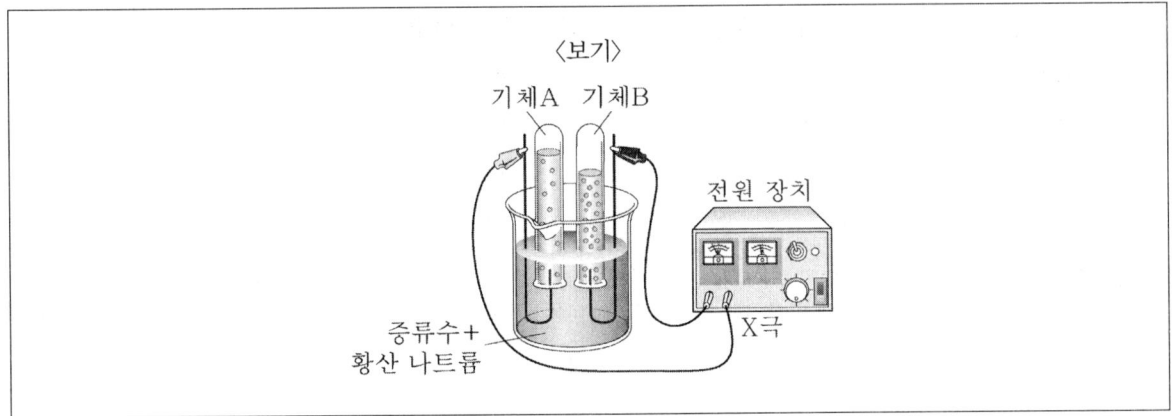

① X극은 (+)극이다.

② Na_2SO_4은 산화제이다.

③ 기체 A는 수소(H_2)이다.

④ X극에서 환원 반응이 일어난다.

TIP (−)극에서는 양이온 + 전자 → 환원
(+)극에서는 홑원소물질 + 전자 → 산화
$Na_2SO_4 + H_2O → 2Na^+ + SO_4^- + H^+ + OH^-$

• (+)극 : SO_4^-, OH^- 두 이온 중 전자를 잃는 이온은 홑원소물질이 전자를 잃게 된다.

$2OH^- → H_2O + \frac{1}{2}O_2 + 2e^-$

산소 발생

• (−)극 : Na^+, H^+ 두 이온 중 전자를 받을 수 있는 이온은 이온화경향서열이 낮은 이온이 전자를 받게 된다.

$2H^+ + e^- → H_2$

수소 발생

• 전해질 : Na_2SO_4

① X극은 (+)극이다.

② Na_2SO_4은 전해질이다.

③ 기체 A는 산소(O_2)이다.

④ X극에서는 산화 반응이 일어난다.

12 〈보기〉의 실험 과정에 대한 설명으로 가장 옳은 것은?

〈보기〉

(가) $CuSO_4$ 수용액이 담긴 비커에 금속 A를 넣었더니 Cu가 석출되었다.

(나) (가)비커에서 금속 A를 꺼내고 금속 B를 넣었더니 Cu와 금속 A가 석출되었다.

(다) (나)비커에서 금속 B를 꺼내고 금속 C를 넣었더니 금속 A와 금속 B가 석출되었다.

---

① 과정 (가)에서 금속 A는 산화제이다.

② 과정 (나)에서 Cu와 금속 A의 이온은 환원된다.

③ 과정 (다)에서 금속 B는 금속 C보다 금속의 반응성이 크다.

④ 과정 (가)~(다)에서 가장 산화되기 쉬운 것은 금속 B이다.

TIP $CuSO_4$ 수용액에서 금속 A를 넣었더니 Cu가 석출되었다.
이는 Cu보다 이온화 경향이 큰 금속이 들어가야 산화되고 Cu^{2+}는 Cu로 환원되어 석출되는 것이다.
반응성의 크기를 비교하면 금속 C > B > A > Cu순이다.
금속 A는 환원제이고 Cu가 산화제이다.

13 〈보기〉의 물질에서 밑줄 친 원자의 산화수를 모두 합한 값은?

〈보기〉

$Li_2\underline{C}O_3$ $Ca\underline{H}_2$ $\underline{K}_2O$ $H_2\underline{O}^2$ $Cu(\underline{N}O_3)_2$

---

① +7
② +8
③ +9
④ +10

TIP $Li_2CO_3 \rightarrow$ Li의 산화수 +1, O의 산화수 −2이므로
$2(Li) + (C) + 3(O) = 0$
$2(1) + (C) + 3(-2) = 0$
∴ $C = +4$
$CaH_2 \rightarrow$ Ca의 산화수 +2이므로
$Ca + 2(H) = 0$
$2 + 2(H) = 0$
∴ $H = -1$
$K_2O \rightarrow$ O의 산화수 −2이므로
$2(K) + (O) = 0$
$2(K) - 2 = 0$
∴ $K = +1$
$H_2O_2 \rightarrow$ H의 산화수 +1이므로
$2(H) + 2(O) = 0$
$2(1) + 2(O) = 0$
∴ $O = -1$
$Cu(NO_3)_2 \rightarrow$ Cu의 산화수 +2, NO_3의 산화수 −1이므로
$Cu + 2(NO_3) = 0$
$Cu + 2(-1) = 0$
$Cu = +2$
$NO_3^- \rightarrow$ O의 산화수 −2이므로
$N + 3(O) = -1$
$N + 3(-2) = -1$
∴ $N = +5$
모든 산화수를 다 합하면
$+4 - 1 + 1 - 1 + 5 = +8$

14 미지의 화학종 A가 포함된 두 가지 반쪽반응의 표준환원 전위($E°$)는 각각 $E°$ (A^{2+}|A) = +0.3V와 $E°$ (A$^+$|A) = +0.4V이다. 이를 바탕으로 계산한 $E°$ (A^{2+}|A$^+$) 값[V]은?

① +0.2

② +0.1

③ −0.1

④ −0.2

TIP

$A^{2+} + 2e^- \rightarrow A$ $\qquad\qquad$ $E° = +0.3\,V$ $\qquad$ G_1

$A^+ + e^- \rightarrow A$ $\qquad\qquad\qquad$ $E° = +0.4\,V$ $\qquad$ G_2

두 식을 계산하면

$A^{2+} + 2e^- \rightarrow A$

$A \rightarrow A^+ + e^-$ $\qquad\qquad\qquad\qquad\qquad$ (− 로 변경)

$A^{2+} + e^- \rightarrow A^+$

$\triangle G° = -nFE°$ 전지에서 n은 전자반응에서 이동하는 전자의 수이므로 각각 2와 1이 된다.

$G = G_1 - G_2$

$-nFE° = (-2 \times F \times 0.3) - (-1 \times F \times 0.4)$

$-FE° = -0.6F + 0.4F = -0.2F$

$E° = 0.2$

출제 예상 문제

1 1M $Zn(NO_3)_2$ 수용액에 Zn 전극을, 1M $AgNO_3$ 수용액에 Ag 전극을 각각 담그고 염다리로 연결하여 회로를 완성하였다. 전지의 각 전극 반응과 반쪽 전위가 다음과 같을 때 전자의 기전력으로 옳은 것은?

> • $(-)$극 : $Zn \longrightarrow Zn^{2+} + 2e^-$, $E° = -0.63V$
>
> • $(+)$극 : $Ag^+ + e^- \longrightarrow Ag$, $E° = +0.75V$

① 0.17V

② 0.76V

③ 1.38V

④ 2.36V

TIP 기전력은 두 극간의 전위차이므로 $0.75 - (-0.63) = 1.38V$

2 질산은($AgNO_3$) 수용액을 전기분해하여 $(-)$극에서 은(Ag) 10.8g을 얻었을 때, $(+)$극에서 발생하는 기체의 종류와 0℃, 1기압에서의 부피로 옳은 것은? (단, 은의 원자량 = 108)

① O_2, 560ml

② NO_2, 560ml

③ O_2, 2,140ml

④ NO_2, 2,140ml

TIP $(-)$극 : $2Ag^+ + 2e^- \longrightarrow 2Ag$

$(+)$극 : $2OH^- \longrightarrow H_2O + \frac{1}{2}O_2 \uparrow + 2e^-$

O_2가 1몰 생성되면 Ag이 4몰 생성된다.

Ag 10.8g은 0.1몰이므로 몰수비 $O_2 : Ag = 1 : 4 = x : 0.1$에서 $x = 0.025$몰

0℃, 1기압일 때 1몰은 22.4L의 부피를 가지므로

0.025몰일 때는 $22.4 \times 0.025 = 0.56L$의 부피를 갖는다.

Answer 1.③ 2.①

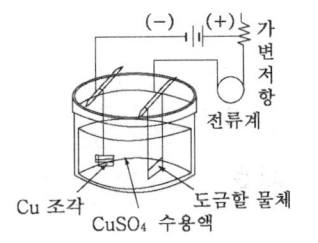

3 다음과 같은 장치를 이용해 물체에 구리를 도금하려 하였으나 전기도금이 일어나지 않았는데 전기도금을 하기 위한 가장 적절한 방법은?

> ㉠ $0.1M$의 $CuSO_4$ 수용액 $200ml$를 수조 속에 넣는다.
> ㉡ 직렬로 $1.5V$ 건전지 2개를 연결한다.
> ㉢ 도금하려는 물체는 (+)극 쪽에 매달고, Cu는 (−)극에 매달아 $CuSO_4$ 수용액 속에 넣는다.

① 전해질의 농도를 더 낮춘다.
② 전지의 전압을 더 낮춘다.
③ (+)극과 (−)극에 달린 물체를 서로 바꾸어 단다.
④ $ZnSO_4$ 용액을 전해질 수용액으로 한다.

TIP 도금을 할 때에는 도금을 할 물체를 음극에 연결하고 Cu 조각을 양극에 연결한다.

4 다음 다니엘전지를 나타낸 그림에 대한 설명 중 옳지 않은 것은?

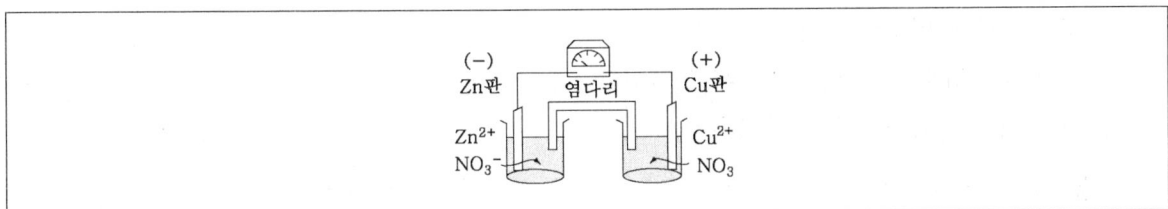

① 염다리는 이온의 이동통로가 된다.
② (−)극판은 환원, (+)극판은 산화가 일어난다.
③ 점차 (+)극판의 질량이 증가한다.
④ 점차 (−)극판의 질량이 감소한다.

TIP ② (−)극판에서는 $Zn \rightarrow Zn^{2+} + 2e^-$의 산화반응이, (+)극판에서는 $Cu^{2+} + 2e^- \rightarrow Cu$의 환원반응이 일어난다.

5   다음 반응에서 환원제로 작용한 것은?

$$4HBr + MnO_2 \longrightarrow MnBr_2 + Br_2 + 2H_2O$$

① Br_2 ② HBr

③ $MnBr_2$ ④ MnO_2

> **TIP** 환원제 … 자신은 산화되어 다른 것을 환원시키는 물질이다.
>

6   다음 납축전지의 반응식에서 일어나는 현상 중 방전시의 설명으로 옳은 것은?

$$2H_2SO_4 + Pb + PbO_2 \longrightarrow 2PbSO_4 + 2H_2O$$

① Pb은 점차 $PbSO_4$로 변하지만 PbO_2은 변하지 않는다.

② 점점 용액의 밀도가 증가한다.

③ Pb 0.5몰 반응시에 H_2SO_4은 1몰 반응한다.

④ 점차 양쪽 극의 질량이 감소한다.

> **TIP** ①④ (−)극인 Pb와 (+)극인 PbO_2가 모두 $PbSO_4$가 되어 두 극의 질량이 증가한다.
>   ② 전해질 H_2SO_4는 H_2O로 되면서 묽어져 밀도가 감소한다.

7 다음 중 묽은 황산 속에 두 개의 금속판을 넣고 도선으로 연결하여 전지를 만들었을 때 가장 큰 기전력을 얻을 수 있는 것은? (단, 반응성의 크기는 아연 > 철 > 구리이다)

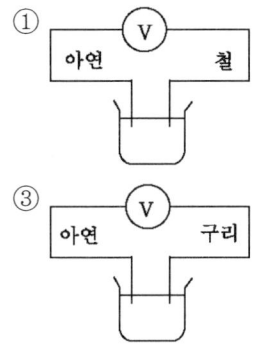

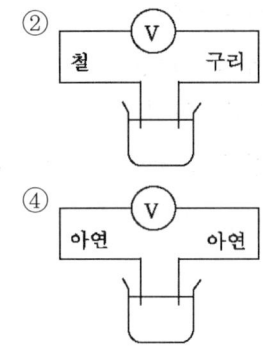

③ 아연 Ⓥ 구리

④ 아연 Ⓥ 아연

TIP 기전력은 이온화 경향의 차이가 더 많이 나는 금속을 연결할수록 커진다.

8 그림과 같이 $CuSO_4$ 수용액을 전기분해하여 10A의 전류를 16분 5초 동안 흘렸을 때 석출되는 금속의 질량으로 옳은 것은? (단, Cu의 원자량 = 64)

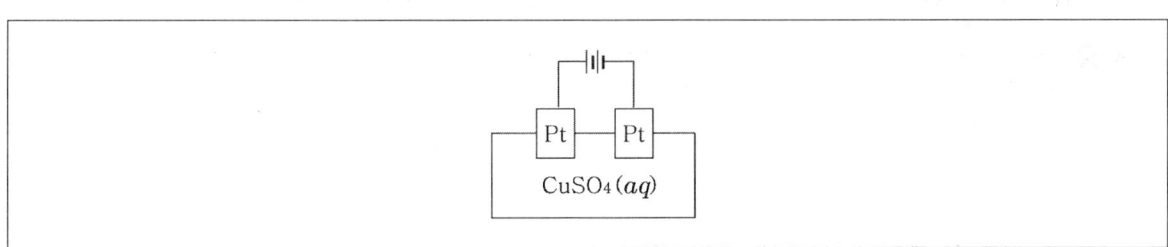

① 1.6g

② 3.2g

③ 4.8g

④ 9.6g

TIP $Cu^{2+} + 2e^- \rightarrow Cu$

2F일 때 1몰(64g) 생성된다. 전자 1몰의 전기량은 1F이며, 그 양은 96,500C/mol이다.

'전기량 = 전류×시간'이므로

$2 \times 96,500 : 64 = 10 \times 965 : x$

$\therefore x = 3.2g$

Answer 7.③ 8.②

9 다음 중 $AgNO_3$ 수용액을 일정한 세기의 전류로 전기분해하였을 때의 설명으로 옳은 것은? (단, 전극은 백금전극을 사용하였다)

① 수소기체가 음극에서 발생하였다.

② 은이 반응용기의 바닥에 석출되었다.

③ 수용액의 H_3O^- 농도가 증가하였다.

④ 수용액의 액성이 중성에서 염기성으로 변한다.

> **TIP** $AgNO_3$ 수용액의 전기분해시 각 전극반응은
>
> $(-)$극 : $Ag^+ + e^- \rightarrow Ag$
>
> $(+)$극 : $2OH^- \rightarrow H_2O + \frac{1}{2} O_2 \uparrow + 2e^-$
>
> 액성은 중성에서 산성으로 바뀐다.

10 다음 반응 중 산화 · 환원반응과 관련이 없는 것은?

① $3HI + O_2 \rightarrow 2H_2O \rightarrow 2I_2$

② $KCl + NaNO_3 \rightarrow KNO_3 + NaCl$

③ $2H_2 + O_2 \rightarrow 2H_2O$

④ $MnO_2 + 4HCl \rightarrow MnCl_2 + 2H_2O + Cl_2$

> **TIP** 산화 · 환원 반응 … 산소, 수소, 전자 등이 이동하는 산화수 변동반응이다. 산화수 변화가 반응 전후에 일어나지 않는 것은 산화 · 환원과 관계가 없다.

11 다음 중 밑줄 친 물질이 산화제로 쓰인 것은?

① $\underline{2KI} + H_2O_2 \rightarrow 2KOH + I_2$

② $\underline{SO_2} + Cl_2 + 2H_2O \rightarrow H_2SO_4 + 2HCl$

③ $\underline{2H_2S} + SO_2 \rightarrow 2H_2O + 3S$

④ $3Cu + \underline{8HNO_3} \rightarrow 3Cu(NO_3)_2 + 2NO + 4H_2O$

> **TIP** 산화제는 자신이 환원되며, 다른 물질을 산화시킨다.

12 Ag^+, Cu^{2+}, Al^{3+}의 이온이 각각 1몰씩 있다. 이것을 Ag, Cu, Al로 완전히 변화시키는 데 필요한 전기량은 각각 몇 F인가?

① $\frac{1}{2}$, $\frac{1}{3}F$, $\frac{1}{5}F$

② $\frac{1}{3}F$, $\frac{1}{2}F$, $2F$

③ 1F, 2F, 3F

④ 1F, 1F, 1F

TIP 1F의 전기량을 통했을 때 얻어지는 양은 전자 1몰이 이동한 만큼의 물질이 석출된다.
Ag : $Ag^+ + e^-$, Cu : $Cu^{2+} + 2e^-$, Al : $Al^{3+} + 3e^-$이므로 1F, 2F, 3F의 전기량이 가해지면 Ag, Cu, Al이 1몰씩 석출된다.

13 다음 전지의 기전력은 얼마인가? (단, 환원 전위는 $Ag^+(aq) + e^- \rightarrow Ag(s)$, $E° = +0.80V$, $Zn^{2+}(aq) + 2e^- \rightarrow Zn(s)$, $E° = -0.76V$)

$(-)$ Zn $\mid$ Zn^{2+} $\mid$ Ag^+ $\mid$ Ag $(+)$

① 0.39V

② 0.78V

③ 1.56V

④ 3.51V

TIP 전지의 기전력은 큰 값의 $E°$ – 작은 값의 $E°$이므로 $0.80 - (-0.76) = 1.56V$

14 $H\underline{N}O_3$에서 밑줄 친 원자의 산화수로 옳은 것은?

① $+1$

② $+2$

③ $+5$

④ $+8$

TIP $(+1) + N + 3 \times (-2) = 0$
$\therefore N = +5$

Answer 12.③ 13.③ 14.③

15 다음 중 $Cr_2O_7^{2-}$ + Fe^{2+} + H^+ → Cr^{3+} + Fe^{3+} + H_2O의 계수를 바르게 맞춘 반응식으로 옳은 것은?

① $Cr_2O_7^{2-}$ + $4Fe^{2+}$ + $10H^+$ → $4Cr^{3+}$ + $6Fe^{3+}$ + $3H_2O$

② $Cr_2O_7^{2-}$ + $4Fe^{2+}$ + $14H^+$ → $2Cr^{3+}$ + $4Fe^{3+}$ + $7H_2O$

③ $Cr_2O_7^{2-}$ + $6Fe^{2+}$ + $10H^+$ → $4Cr^{3+}$ + $6Fe^{3+}$ + $3H_2O$

④ $Cr_2O_7^{2-}$ + $6Fe^{2+}$ + $14H^+$ → $2Cr^{3+}$ + $6Fe^{3+}$ + $7H_2O$

> **TIP** 산화 · 환원반응으로 나누어 두 반쪽 반응식을 맞추어 보면
> Fe^{2+} → Fe^{3+} + e^-(산화반응) ·················ⓐ
> $Cr_2O_7^{2-}$ + $14H^+$ + $6e^-$ → $2Cr^{3+}$ + $7H_2O$(환원반응)·············ⓑ
> 전자의 몰수가 같아지도록 조정하면
> ⓐ × 6한 후 ⓐ과 ⓑ을 합하여 전자를 소거하면
> $Cr_2O_7^{2-}$ + $6Fe^{2+}$ + $14H^+$ → $2Cr^{3+}$ + $6Fe^{3+}$ + $7H_2O$

16 아래 반응에서 Cu^{2+} 1몰을 환원시키는 데 필요한 Al의 몰수로 옳은 것은?

$$Cu^{2+} + Al \rightarrow Cu + Al^{3+}$$

① $\frac{2}{3}$ mol

② 2mol

③ 3mol

④ $\frac{1}{3}$ mol

> **TIP**
> 산화수 +3
> $Cu^{2+} + Al \rightarrow Cu + Al^{3+}$
> 산화수 −2
> Al $\frac{2}{3}$ mol은 Cu^{2+}를 Cu로 환원시킨다.

Answer 15.④ 16.①

17 다음 중 다니엘전지에 대한 설명으로 옳지 않은 것은?

$$Zn \mid ZnSO_4 \parallel CuSO_4 \mid Cu$$

① Zn 전극에서 산화반응이 일어난다.
② Zn극의 질량은 감소하고 Cu극은 증가한다.
③ 전자는 Cu극에서 Zn극으로 이동한다.
④ SO_4^{2-}는 염다리를 통해 Zn극으로 이동한다.

TIP ③ 전자는 (−)극에서 (+)극으로 이동한다.
※ 다니엘전지
  ㉠ (−)극 : $Zn \rightarrow Zn^{2+} + 2e^-$(산화반응)
  ㉡ (+)극 : $Cu^{2+} + 2e^- \rightarrow Cu$(환원반응)

18 Pt 전극을 사용하여 다음 물질들의 수용액을 전기분해할 때 두 극의 생성물이 서로 같은 것끼리 짝지어진 것은?

㉠ $AgNO_3$	㉡ $NaCl$
㉢ Na_2SO_4	㉣ $NaOH$

① ㉠㉡　　　　　　　　　② ㉠㉢
③ ㉡㉣　　　　　　　　　④ ㉢㉣

TIP ㉠ O_2, Ag ㉡ Cl_2, H_2 ㉢ O_2, H_2 ㉣ O_2, H_2

19 다음 반응에서 밑줄 친 질소의 산화수를 순서대로 바르게 나열한 것은?

$$\underline{N}H_4\underline{N}O_2 \rightarrow \underline{N}_2 + 2H_2O$$

① -3, +3, 0

② -3, +3, 2

③ -3, +5, 2

④ -4, +5, 1

TIP $NH_4NO_2 \rightarrow \underline{N}H_4^+ + \underline{N}O_2^- \rightarrow \underline{N}_2 + 2H_2O$
                  (-3)(+3) (+3)(-3)   (0)

20 황산구리($CuSO_4$) 수용액을 10A의 전류로 8분 2.5초 동안 전기분해시켰을 때 표준 상태에서 (+)극에서 발생하는 기체의 부피로 옳은 것은?

① 0.28L

② 0.56L

③ 2.8L

④ 5.6L

TIP $2OH^- \rightarrow H_2O + \frac{1}{2}O_2 + 2e^-$ 에서

전자 2몰이므로 2F의 전기량이 필요하다. O_2가 $\frac{1}{2}$ 몰 발생하여 11.2L의 부피를 갖는다.

전기량 = 전류의 세기 × 시간이므로

         $= 10A \times (8 \times 60 + 2.5) = 4,825C = 0.05F$

0.05F일 때의 부피를 구하면

2F : 11.2L = 0.05F : x

∴ $x = 0.28L$

21 산화·환원반응에서 Fe_2O_3 2몰이 환원될 때 관여한 전자의 몰수로 옳은 것은?

$$2Fe_2O_3 + 3C \longrightarrow 4Fe + 3CO_2$$

① 3mol

② 5mol

③ 7mol

④ 12mol

TIP $Fe^{3+} + 3e^- \longrightarrow Fe$

Fe가 2개, 2mol이고, 전자가 2mol 이동하였으므로 $3 \times 2 \times 2 = 12\,mol$

22 다음 산화·환원반응에서 산화제로 옳은 것은?

㉠ $SO_2 + H_2O_2 \longrightarrow H_2SO_4$

㉡ $CuSO_4 + Zn \longrightarrow Cu + ZnSO_4$

① ㉠ SO_2, ㉡ Cu^{2+}

② ㉠ H_2O_2, ㉡ Cu^{2+}

③ ㉠ SO_2, ㉡ Zn

④ ㉠ H_2O_2, ㉡ Zn

TIP 산화·환원반응

㉠ 산화수 비교

$\underset{(+4)}{S}O_2 + H_2\overline{O_2} \longrightarrow H_2\underset{(+6)}{S}O_4$ (산화제=H_2O_2)

산화

㉡ 알짜이온 반응식 비교

$CuSO_4 + Zn \longrightarrow Cu + ZnSO_4$ (산화제 = Cu^{2+})

환원

$Cu^{2+} + Zn \longrightarrow Cu + Zn^{2+}$

산화

23 다음의 산화 · 환원 반응식을 완결할 때 $H_2S(g)$와 $H_2O(l)$의 계수로 옳은 것은?

$$HNO_3(g) + H_2S(g) \rightarrow NO(g) + S(g) + H_2O(l)$$

	$H_2S(g)$	$H_2O(l)$			$H_2S(g)$	$H_2O(l)$
①	2	4		②	2	5
③	3	5		④	3	4

TIP $HNO_3(g) + H_2S(g) \rightarrow NO(g) + S(g) + H_2O(l)$
  (+5)   (−2)   (+2)   0

3 감소   2 증가

증가한 산화수와 감소한 산화수를 같도록 조정하면
$2HNO_3(g) + 3H_2S(g) \rightarrow 2NO(g) + 3S(s) + H_2O(l)$

3×2   2×3

위 반응식에서 H_2가 4개이므로 H_2O의 계수는 4가 된다.
∴ $2HNO_3(g) + 3H_2S(g) \rightarrow 2NO(g) + 3S(g) + 4H_2O$

24 다음 중 표준 환원 전위 $E°$ 값에 대한 설명으로 옳은 것은?

① $E°$ 값이 크면 이온화 경향이 크다.
② $E°$ 값이 크면 전자를 잘 잃는다.
③ $E°$ 값이 크면 환원되기 쉽다.
④ $E°$ 값이 크면 전지의 (−)극이 된다.

TIP 표준 환원 전위($E°$)
  ㉠ $E°$ 값이 클 경우 : 전지의 (+)극, 환원반응
  ㉡ $E°$ 값이 작을 경우 : 전지의 (−)극, 산화반응

Answer 23.④ 24.③

25 〈보기〉에 있는 두 반쪽 반응을 이용하여 다음과 같은 전지를 구성하고자 할 때 이 전지에 대한 설명으로 옳은 것은?

$$Zn \mid Zn^{2+}(1.0M) \parallel Fe^{2+}(1.0M), \ Fe^{2+}(1.0M) \mid Pt$$

〈보기〉

㉠ $Zn^{2+} + 2e^- \rightarrow Zn$, $E^\circ = -0.76V$

㉡ $Fe^{3+} + e^- \rightarrow Fe^{2+}$, $E^\circ = +0.77V$

① (+)극에서는 산화반응이 일어난다.

② (−)극에서는 환원반응이 일어난다.

③ 표준기전력은 −1.53V이며, 그 반응이 비자발적으로 일어난다.

④ 표준기전력은 +1.53V이며, 그 반응이 자발적으로 일어난다.

TIP 산화·환원반응의 표준 전극 전위 E°의 값이 (+)이면 정반응이 자발적으로 진행되며, (−)이면 역반응이 자발적으로 진행된다.

26 백금 전극을 통하여 일정한 세기의 전류로 $AgNO_3$ 수용액을 전기분해할 경우 965초가 지난 후 음극의 질량이 10.8g 증가하였다면 이 전류의 세기로 옳은 것은? (단, Ag의 원자량 = 108, 1F = 96,500C)

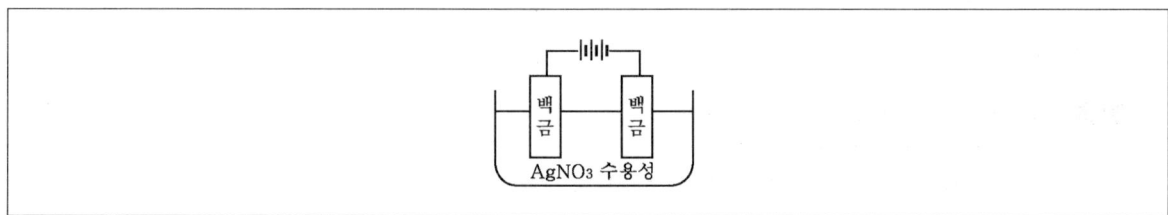

① 0.01A

② 0.2A

③ 2A

④ 10A

TIP $Ag^+ + e^- \rightarrow Ag$

1F → 1몰

xF → 0.1몰

$1 \times 96,500 : 108 = x \times 965 : 10.8$

∴ $x = 10A$

27 농도를 알 수 없는 아이오딘(I_2)용액 25ml를 0.10mol/L $Na_2S_2O_3$ 표준용액으로 적정하였더니 100ml가 소비되었다. 반응식이 다음과 같을 경우 아이오딘 용액의 몰농도로 옳은 것은? (단, a, b, c, d 는 반응계수이다)

$$aS_2O_3^{2-} + bI_2 \longrightarrow cS_4O_6^{2-} + dI^-$$

① 0.2mol/L

② 0.3mol/L

③ 0.4mol/L

④ 0.5mol/L

TIP $2S_2O_3^{2-} + I_2 \longrightarrow S_4O_6^{2-} + 2I^-$

I_2와 $S_2O_3^{2-}$가 1:2의 비율로 반응하는데 0.1mol/L의 $S_2O_3^{2-}$ 100ml와 25ml의 I_2가 반응하려면 I_2는 0.2mol/L가 되어야 한다.

28 다음 반쪽 반응에서 A^{2+}과 B^{3+}의 반응 몰수비로 옳은 것은?

$$A^{2+} \longrightarrow A^{4+} + 2e^-$$
$$B^{3+} + 3e^- \longrightarrow B$$

① 1:3

② 3:2

③ 1:5

④ 2:1

TIP 전자수를 맞추기 위해 $A^{2+} \times 3$, $B^{3+} \times 2$ 하면

$3A^{2+} \longrightarrow 3A^{4+} + 6e^-$, $2B^{3+} + 6e^- \longrightarrow 2B$

두 식을 더하면 $3A^{2+} + 2B^{3+} \longrightarrow 3A^{4+} + 2B$이므로 반응 몰수비는 3:2가 된다.

29 납축전지의 반응식은 다음과 같다. 납축전지의 양극과 음극에서 일어나는 반쪽반응을 〈보기〉에서 골라 옳게 짝지은 것은?

$$Pb + PbO_2 + 2H_3SO_4 \rightarrow 2PbSO_4 + 2H_2O$$

〈보기〉

㉠ $H_2 + 2e^- \rightarrow 2H^-$

㉡ $4H^+ + O_2 + 4e^- \rightarrow 2H_2O$

㉢ $Pb + SO_4^{2-} \rightarrow PbSO_4 + 2e^-$

㉣ $PbO_2 + 2H_2O + 2e^- \rightarrow Pb(OH)_3^- + OH^-$

㉤ $Pb \rightarrow Pb^{4+} + 4e^-$

㉥ $PbO_2 + 4H^+ + SO_4^{2-} + 2e^- \rightarrow PbSO_4 + 2H_2O$

	양극	음극			양극	음극
①	㉠	㉡		②	㉢	㉣
③	㉡	㉢		④	㉥	㉢

TIP 납축전지 전극에서의 반응

㉠ (−)극 : $Pb + SO_4^{2-} \rightarrow PbSO_4 + 2e^-$(산화 반응)

㉡ (+)극 : $PbO_2 + 4H^+ + SO_4^{2-} + 2e^- \rightarrow PbSO_4 + 2H_2O$(환원 반응)

※ 납축전지의 전지식 (−) $Pb \mid H_2SO_4 \mid PbO_2$ (+)

30 다음 중 1몰로 가장 많이 산화시킬 수 있는 물질은?

① $K_2Cr_2O_7$　　　　　　　　　② $KMnO_4$

③ MnO_2　　　　　　　　　　④ HNO_3

TIP ① +6　② +7　③ +4　④ +5

31 다음 설명 중 옳지 않은 것은?

① 산소의 산화수는 −1, −2, +2가 될 수 있다.

② 공유결합 분자에서 전기음성도가 큰 원자의 산화수는 (−)값이 된다.

③ 홑원소물질에서 원자의 산화수는 (−)값이 된다.

④ 원자가 전자를 잃으면 산화수가 증가한다.

TIP ③ 홑원소물질을 구성하는 원자의 산화수는 0이다.

32 다음 반응식에 대한 설명으로 옳은 것은?

$$5I^- + IO_3^- + 6H^+ \rightarrow 3I_2 + 3H_2O$$

① H^+의 산화수는 감소한다.

② IO_3^-의 아이오딘는 산화된다.

③ 아이오딘산이온(IO_3^-)의 아이오딘은 환원된다.

④ 아이오딘화이온(I^-)은 환원된다.

TIP 산화수와 산화 · 환원의 관계
　　　㉠ 산화 : 산화수의 증가
　　　㉡ 환원 : 산화수의 감소

33 황산구리 수용액을 백금을 사용하여 전기분해할 경우 (−)극에서 일어나는 반응으로 옳은 것은?

① $Cu^{2+} + 2e^- \rightarrow Cu$

② $SO_4^{2-} \rightarrow SO_2 + O_2 + 2e^-$

③ $2H^+ + 2e^- \rightarrow H_2$

④ $4OH^- \rightarrow 2H_2O + O_2 + 4e^-$

> **TIP** 황산구리 수용액의 전기분해
>
> $CuSO_4 \rightarrow Cu^{2+} + SO_4^{2-}$
>
> $H_2O \rightarrow H^+ + OH^-$
>
> ※ 전극에서의 반응
>
> ⊙ (−)극 : $Cu^{2+} + 2e^- \rightarrow Cu$
>
> ⊙ (+)극 : $H_2O(l) \rightarrow \dfrac{1}{2}O_2 + H^+ + 2e^-$

Answer 33.①

PART

06

금속·비금속· 탄소화합물

01 탄소화합물

01 탄소화합물의 특성 및 분류

❶ 탄소화합물의 특성

(1) 탄소화합물

① 분자들은 대부분 공유결합으로 이루어져 있으며, 공유결합 중에서 가장 중요한 것은 탄소원자를 포함하고 있는 탄소화합물이다.

② 탄소를 기본 골격으로 하여 수소(H), 산소(O), 질소(N), 황(S), 인(P), 할로젠 등이 결합되어 만들어진 물질이다.

(2) 탄소화합물의 특성

① 주성분은 C · H · O이고, P · S · N · Cl 등을 포함한 화합물도 존재한다.

② 원자 사이의 공유결합으로 인하여 안정하여 반응성이 작고 느리다.

③ 대부분 무극성 분자로 분자 사이의 인력이 작아 끓는점 · 녹는점이 낮다(분자량이 증가하면 높아짐).

④ 대부분 물에서 잘 녹지 않으며(무극성), 벤젠이나 에터(ether)와 같은 유기용매에 녹는다.

⑤ 대부분이 비전해질로 전기전도성이 없다.

⑥ 대단히 많은 화학종과 이성질체가 있다.

⑦ 산소 내에서 연소하면 CO_2와 H_2O가 생성된다.

❷ 탄소화합물의 분류

(1) 탄화수소의 분류

① 분자 내의 수소의 포화도에 따라 포화 탄화수소와 불포화 탄화수소로 분류한다.

② 결합형태에 따라 사슬모양 탄화수소와 고리모양 탄화수소로 분류한다.

[탄화수소의 분류]

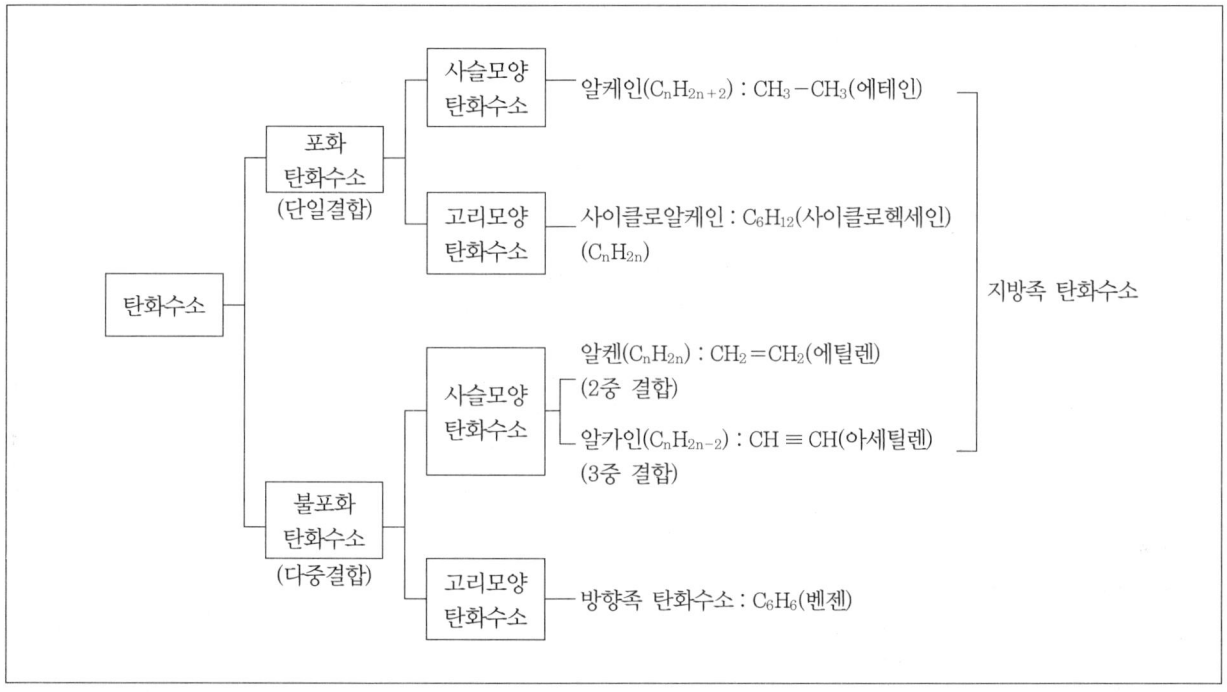

(2) 지방족 탄화수소와 방향족 탄화수소

① 지방족 탄화수소 … 포화 탄화수소와 사슬모양 불포화 탄산수소를 의미한다.

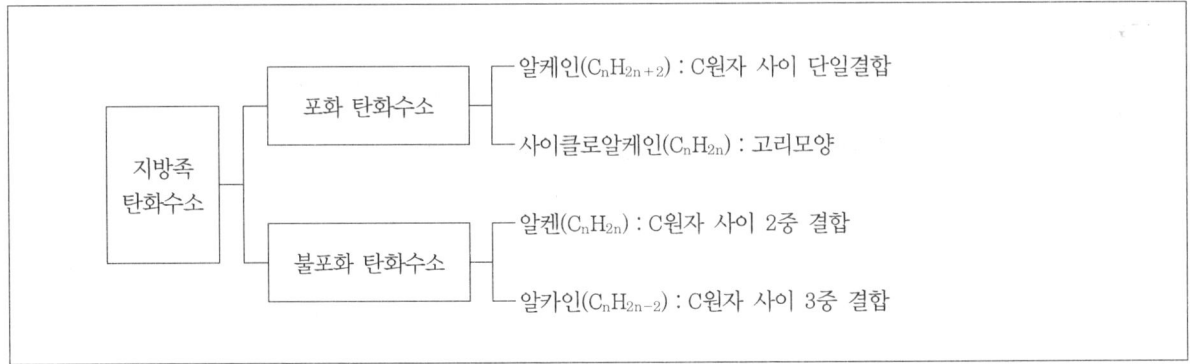

② 방향족 탄화수소 … 탄소 – 탄소결합이 불포화 결합을 이룬 고리모양 화합물로 분자 내 벤젠(C_6H_6) 고리를 포함하는 탄화수소는 모두 방향족 탄화수소에 해당한다.

[방향족 탄화수소의 종류]

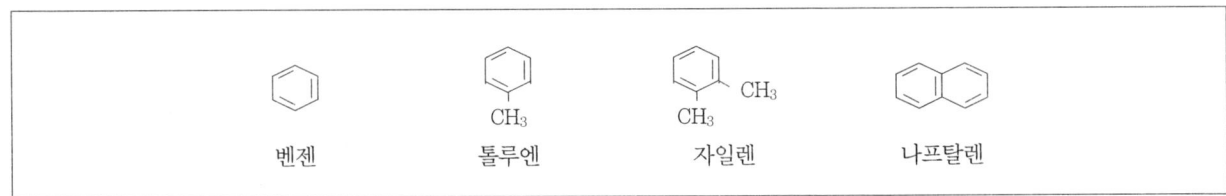

> **TIP**
> 탄소화합물의 명명법

숫자	1	2	3	4	5	6	7	8	9	10
수사	mono	di(bi)	tri	tetra	penta	hexa	hepta	octa	nona	deca
물질이름	metha	etha	propa	buta	penta	hexa	hepta	octa	nona	deca

(3) 탄소화합물의 자원 이용

① 석유, 석탄, 천연가스로 이용된다.

② 원유의 분별증류 … 가스, 휘발유(나프타), 등유, 경유, 중유 등

③ 나프타 … 석유화학공업의 원료이다.

④ 액화석유가스(LPG) … 원유의 증류과정에서 생긴 에탄, 프로페인의 혼합기체를 액화시킨 물질이다.

⑤ 액화천연가스(LNG) … 유전지대에서 산출되는 가스(주성분 : 메테인)을 냉각하여 액화시킨 물질이다.

02 지방족 탄소화합물

❶ 포화 탄화수소

(1) 알케인(alkane)

① 일반적 성질

　㉠ 일반식 : C_nH_{2n+2}

　㉡ 명명법 : −ane으로 끝난다.

[알케인의 동족체]

이름	분자식	녹는점(℃)	이름	분자식	녹는점(℃)
메테인	CH_4	−183	헥세인	C_6H_{14}	−95
에테인	C_2H_6	−184	헵테인	C_7H_{16}	−91
프로페인	C_3H_8	−188	옥테인	C_8H_{18}	−57
뷰테인	C_4H_{10}	−138	헥사데케인	$C_{16}H_{34}$	18
펜테인	C_5H_{12}	−130	옥타데케인	$C_{18}H_{38}$	28

　㉢ 녹는점·끓는점 : 분자량이 증가할수록, 탄소의 수가 많아질수록 분자간 인력이 커져 녹는점·끓는점이 높아진다.

　㉣ 모든 원자간 결합은 C−C 단일결합으로 109.5°의 결합각을 이루고 있다.

　㉤ 화학적으로 안정하여 반응하기 어려우나 할로젠 원소와 혼합하여 가열하거나 빛을 쪼여주면 알케인의 수소원자가 할로젠 원소와 자리바꿈(치환반응)을 한다.

[알케인의 치환반응]

| 메테인 | 클로로메테인 | 다이클로로메테인 | 클로로폼 | 사염화탄소 |

　㉥ 상온에서의 상태

　　• 메테인 − 뷰테인(기체)

　　• 펜테인 − 데케인(액체)

　　• 기타 : 고체

ⓐ 이용
- 메테인은 천연가스의 주성분으로 연소되면서 물과 이산화탄소만 생성하고 오염물질의 발생은 없다.
- 에테인은 무색의 달콤한 냄새가 나는 탄화수소로 천연가스 및 석유가스에 존재한다.
- 프로페인은 공기보다 무겁고, 뷰테인과 혼합하여 가정용 연료로 다량 소비된다.

② 이성질체
ⓐ 분자식은 같으나 성질이 다른 화합물을 말하는데, 특히 구조가 달라 성질이 다른 화합물을 구조 이성질체라고 한다.
ⓑ 뷰테인(C_4H_{10})
- 탄소원자가 한 줄로 연결된 사슬모양과 가지가 달린 사슬모양이 2개의 구조식으로 쓸 수 있다.
- n-뷰테인과 iso-뷰테인은 녹는점과 끓는점이 다르기 때문에 서로 이성질체 관계라 한다.

▶TIP
이성질체의 수 … 뷰테인 – 2개, 펜테인 – 3개, 헥세인 – 5개

[뷰테인의 이성질체]

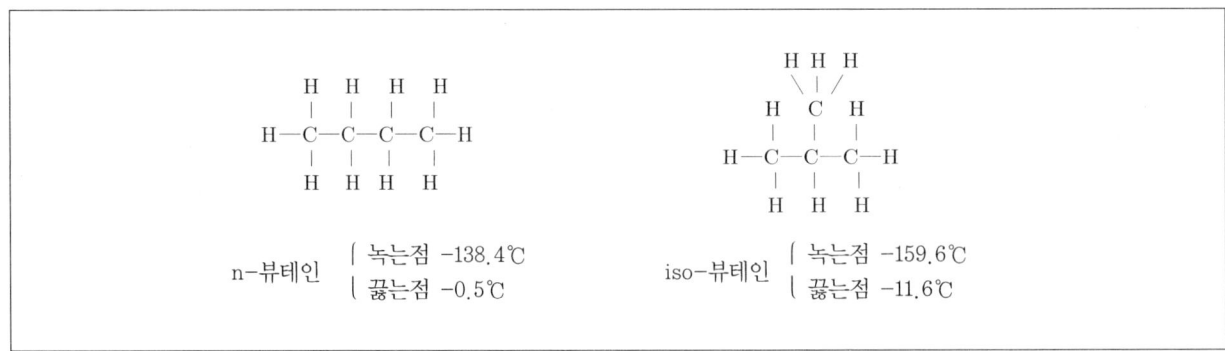

③ 메테인(CH_4)의 분자구조와 성질
ⓐ 가장 간단한 탄화수소로 탄소원자가 정사면체의 중심에 위치해 있으며 각 꼭지점에는 4개의 수소원자가 존재하고 있는 입체구조를 이루고 있다.

[메테인의 모형]

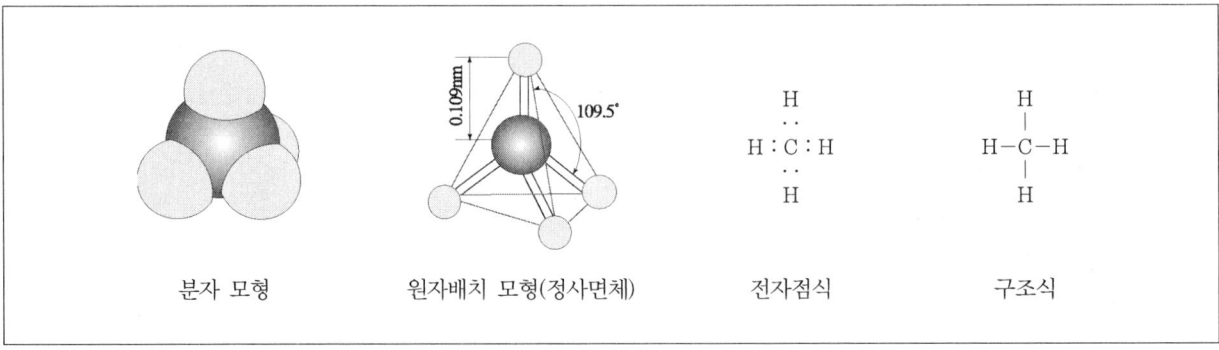

© 메테인은 천연가스의 주성분으로 햇빛을 쪼이면 할로젠 원소와 치환반응을 한다.

> **TIP** ~~~~~~~~~~~~~~~~~~~~~~~~~~~
메테인의 치환반응

$$CH_4 \xrightarrow[-HCl]{+Cl_2} CH_3Cl \xrightarrow[-HCl]{+Cl_2} CH_2Cl_2 \xrightarrow[-HCl]{+Cl_2} CHCl_3 \xrightarrow[-HCl]{+Cl_2} CCl_4$$
메테인   염화메틸   염화메틸렌   클로로폼   사염화탄소

④ 에테인 · 프로페인 · 뷰테인 ⋯ 모두 알케인의 동족체로 화학적 성질은 메테인과 비슷하며, 프로페인(C_3H_8), 뷰테인(C_4H_{10})은 액화시켜 LPG로 사용한다.

[에테인, 프로페인, n-뷰테인의 구조식]

에테인   프로페인   n-뷰테인

(2) 사이클로알케인(cycloalkane)

① 일반적 성질

　㉠ 일반식 : $C_nH_{2n}(n \geq 3)$

　㉡ 명명법 : cyclo−ane이다.

　㉢ 탄소원자 사이는 단일결합으로 이루어져 있고, 고리모양 구조로 이루어져 있다.

[사이클로알케인의 구조식]

사이클로프로페인   사이클로뷰테인   사이클로펜테인   사이클로헥세인

② 사이클로헥세인(C_6H_{12})의 구조

　　㉠ 6개의 탄소원자가 단일결합으로 고리모양을 이루고 있다.

　　㉡ 결합각은 $109.5°$를 이루어야 하므로 구조는 평면이 아니며, 두 가지 형태로 존재한다.

　　㉢ 배형보다 의자형이 더 안정하다.

[사이클로헥세인의 이성질체]

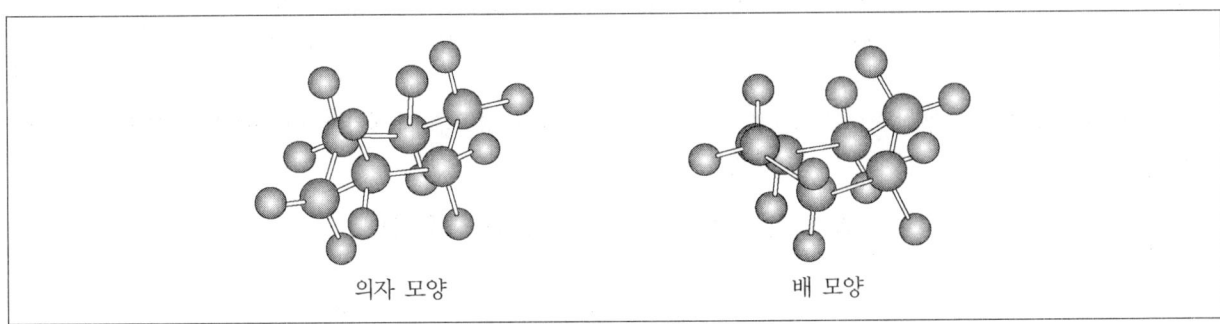

의자 모양　　　　　　　　　　　　배 모양

② 불포화 탄화수소

(1) 불포화 탄화수소의 개요

① 개념 … 탄소원자 사이에 2중 결합 또는 3중 결합을 가진 탄화수소로 특히 2중 결합 1개를 가진 것을 알켄 (alkene), 3중 결합 1개를 가진 것을 알카인(alkyne)이라고 한다.

② 불포화 탄화수소의 종류

　　㉠ 알켄

　　　• 탄소원자 사이에 2중 결합을 1개 가진 것이다.

　　　• $> C = C <$ (C_nH_{2n})

　　㉡ 알카인

　　　• 탄소원자 사이에 3중 결합을 1개 가진 것이다.

　　　• $- C \equiv C -$ (C_nH_{2n-2})

(2) 알켄(alkene)

① 일반적 성질

　　㉠ 일반식 : C_nH_{2n}

　　㉡ 명명법 : 에틸렌계 탄화수소로 $-ene$으로 끝난다.

[알켄의 동족체]

n	분자식	시성식	이 름	녹는점(℃)	끓는점(℃)
2	C_2H_4	$CH_2 = CH_2$	에틸렌	−169	−14.0
3	C_3H_6	$CH_2 = CHCH_3$	프로펜	−185.2	−47.0
4	C4H8	$CH_2 = CHCH_2CH_3$	뷰텐	−	−6.3
5	C_5H_{10}	$CH_2 = CHCH_2CH_2CH_3$	펜텐	−	3.0

ⓒ **구조**: 2중 결합을 하는 탄소원자 주위의 모든 원자는 동일 평면상에 존재한다.

ⓔ **결합**: 탄소원자 사이에 2중 결합이 1개 존재한다.

ⓜ **반응**: 2중 결합 중 하나가 끊어져 첨가반응을 잘 한다.

ⓗ **검출**: 불포화 탄화수소는 첨가반응을 잘 하는데 대표적으로 브로민(Br_2)을 반응시키면 브로민의 적갈색이 사라지게 된다.

[에틸렌의 첨가반응]

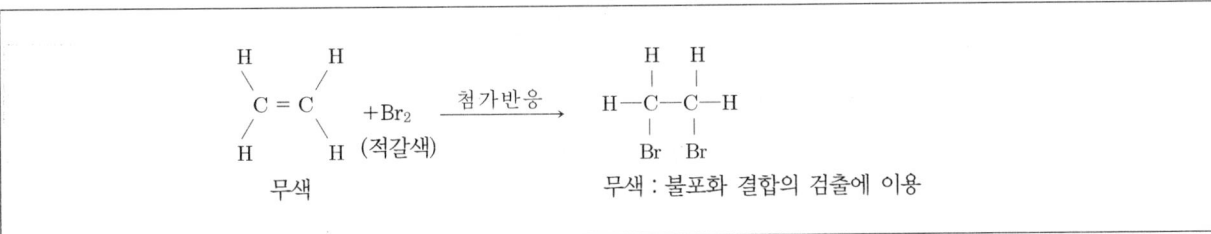

② **에틸렌(C_2H_4)의 분자구조** … 탄소원자 사이에 2중 결합을 하고 있는 C=C축의 주위를 회전하기 어려워 평면구조를 이룬다.

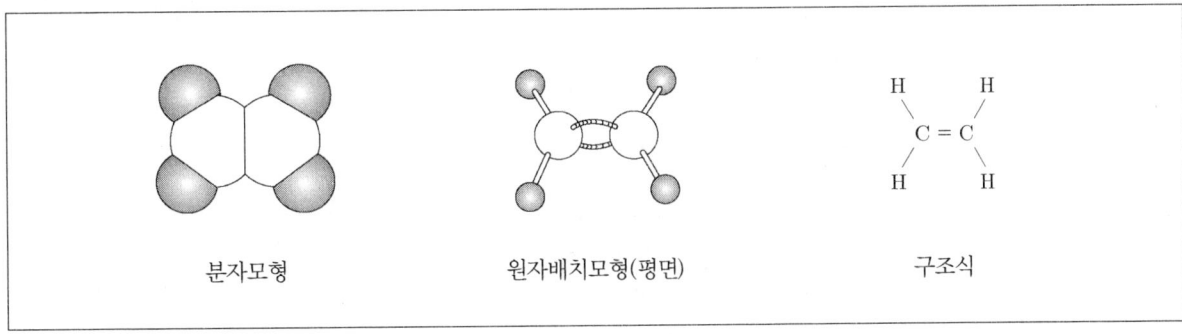

분자모형　　　　　원자배치모형(평면)　　　　　구조식

③ 에틸렌의 성질과 반응

　㉠ 성질 : 무색의 달콤한 냄새가 나는 마취성 기체로 불수용성이다.

　㉡ 제법 : 에탄올(CH_3CH_2OH)에 진한 황산을 첨가시켜 160 ~ 180℃로 가열하여 생성한다.

[에틸렌의 제법]

$$H-\underset{\underset{H}{|}}{\overset{\overset{H}{|}}{C}}-\underset{\underset{H}{|}}{\overset{\overset{H}{|}}{C}}-O-H \xrightarrow{\text{진한 } H_2SO_4} \underset{\underset{H}{}}{\overset{\overset{H}{}}{C}}=\underset{\underset{H}{}}{\overset{\overset{H}{}}{C}} + H_2O$$

> **TIP**
>
> 에탄올에 진한 황산을 넣고 130 ~ 140℃로 가열하면 다이메틸 에터가 생성된다.

　㉢ 반응 : 2중 결합 중 하나가 끊어지면서 탄소 원자에 다른 원자나 원자단이 결합하는 첨가반응이 잘 일어난다.

[Br_2 첨가]

$$\underset{\underset{H}{}}{\overset{\overset{H}{}}{C}}=\underset{\underset{H}{}}{\overset{\overset{H}{}}{C}} + Br_2 \longrightarrow H-\underset{\underset{Br}{|}}{\overset{\overset{H}{|}}{C}}-\underset{\underset{Br}{|}}{\overset{\overset{H}{|}}{C}}-H$$

1, 2 다이브로모에테인

[H_2O 첨가]

$$\underset{\underset{H}{}}{\overset{\overset{H}{}}{C}}=\underset{\underset{H}{}}{\overset{\overset{H}{}}{C}} + H_2O \xrightarrow{\text{묽은 } H_2SO_4} H-\underset{\underset{H}{|}}{\overset{\overset{H}{|}}{C}}-\underset{\underset{H}{|}}{\overset{\overset{H}{|}}{C}}-O-H$$

에탄올

[HCl 첨가]

$$\underset{\underset{H}{}}{\overset{\overset{H}{}}{C}}=\underset{\underset{H}{}}{\overset{\overset{H}{}}{C}} + HCl \longrightarrow H-\underset{\underset{H}{|}}{\overset{\overset{H}{|}}{C}}-\underset{\underset{Cl}{|}}{\overset{\overset{H}{|}}{C}}-H$$

클로로에테인

② **중합반응** : 분자량이 작은 분자가 결합을 하여 분자량이 큰 하나의 분자를 만드는 과정을 의미하며, 2중 결합을 갖고 있는 화합물이 첨가반응에 의해 중합되는 과정을 첨가중합이라 한다.

에틸렌 → 폴리에틸렌

④ **기하 이성질체**

㉠ 분자 내의 같은 원자나 원자단의 상대적인 위치 차이로 생기는 이성질체로 탄소원자 사이에 2중 결합을 가진 탄소화합물에서는 시스형과 트랜스형의 두 가지 기하 이성질체가 존재한다.

㉡ **종류**
  - 시스형 : 2중 결합을 사이에 두고 같은 종류의 원자나 원자단이 같은 쪽에 있는 것이다.
  - 트랜스형 : 같은 종류의 원자나 원자단이 반대 쪽에 있는 것이다.

⑤ **알켄의 이용** ··· 과일을 익게 하는 촉진작용을 하고 석유화학공업에서 매우 중요한 물질로 우리 생활에 널리 쓰이는 플라스틱, 고무, 섬유, 포장재료 등의 제조에 이용된다.

(3) 알카인(alkyne)

① **일반적 성질**

㉠ **일반식** : C_nH_{2n-2}

㉡ **명명법** : 아세틸렌계 탄화수소로 -yne으로 끝난다.

[알카인의 동족체]

n	분자식	시성식	이 름	녹는점(℃)	끓는점(℃)
2	C_2H_2	$CH \equiv CH$	아세틸렌	-81.8	-83.6
3	C_3H_4	$CH \equiv C - CH_3$	프로페인	$-$	-23
4	C_4H_6	$CH \equiv C - CH_2CH_3$	부틴	$-$	-18

㉢ **구조** : 3중 결합의 탄소를 중심으로 하는 구조로 선형구조가 기본이다.

㉣ **결합** : 탄소원자 사이에 3중 결합이 1개 존재한다.

㉤ **반응** : 3중 결합 중 1개 또는 2개의 결합이 끊어져 첨가반응이 잘 일어난다.

[아세틸렌의 수소첨가반응]

$$H-C \equiv C-H \xrightarrow[\text{Ni}]{+H_2} \quad \begin{matrix} H & & H \\ \backslash & & / \\ C & = & C \\ / & & \backslash \\ H & & H \end{matrix} \quad \xrightarrow[\text{Ni}]{+H_2} \quad \begin{matrix} H & H \\ | & | \\ H-C-C-H \\ | & | \\ H & H \end{matrix}$$

② 아세틸렌(C_2H_2)

　㉠ 성질

　　• 무색, 무취의 기체로 불수용성이다.

　　• 산소 내에서 연소될 경우에는 고온을 나타낸다.

> **TIP**
>
> 아세틸렌 불꽃 … 산소 내에서 연소될 때에 3,300℃까지의 고온의 불꽃을 말하는데, 주로 용접에 이용된다.
>
> $$2C_2H_2 + 5O_2 \rightarrow 4CO_2 + 2H_2O + 621.2\text{kcal}$$

　㉡ 제법 : 탄화칼슘(CaC_2)과 물을 결합시켜 얻는다.

$$CaC_2 + 2H_2O \rightarrow Ca(OH)_2 + C_2H_2$$

　㉢ 분자구조 : 직선형 구조로 형성된다.

[아세틸렌의 분자구조와 구조식]

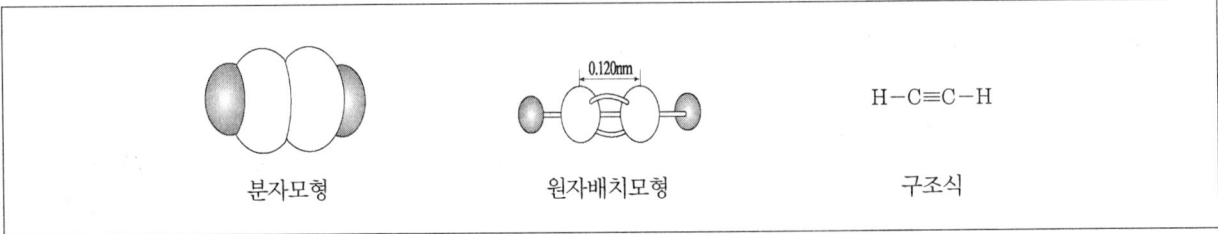

분자모형　　　　　　원자배치모형　　　　　　구조식

　㉣ 반응 : 2중 결합보다 첨가반응을 더 잘하고 중합반응도 한다.

[HCl 첨가]

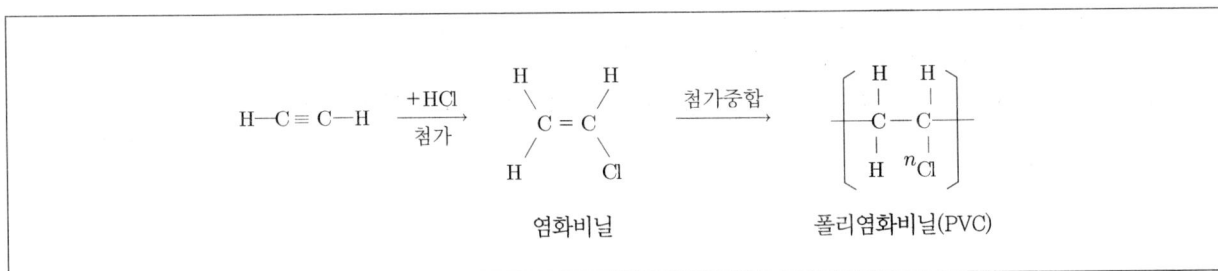

염화비닐　　　　　　　　폴리염화비닐(PVC)

[H₂O 첨가]

$$H-C \equiv C-H + H_2O \xrightarrow[\text{촉매}]{+HgSO_4} \text{비닐알코올} \xrightarrow{\text{첨가중합}} \text{아세트알데하이드}$$

[Cl₂ 첨가]

$$H-C \equiv C-H + Cl_2 \xrightarrow{\text{첨가}} \quad \text{시스형} \qquad \text{트랜스형}$$

ㅁ **첨가중합**: 아세틸렌은 3분자가 첨가중합하여 벤젠을 형성한다.

[아세틸렌의 첨가중합반응]

$$3C_2H_2 \xrightarrow[\text{첨가중합}]{\text{달군 Fe관}} C_6H_6$$

❸ 지방족 탄화수소의 유도체

(1) 기능원자단(작용기)

① **지방족 탄화수소의 유도체** ··· 지방족 탄화수소의 수소원자가 다른 원자나 원자단으로 치환된 화합물을 의미한다.

② **기능원자단** ··· 유도체 화합물의 성질은 치환된 원자나 원자단에 의해 결정되는데 유도체가 나타내는 공통의 성질을 가진 원자단 말하며, 작용기라고도 한다.

[작용기의 종류와 특성]

작용기	이름	유도체의 일반식과 이름		화합물의 예	
$-OH$	하이드록시기	$R-OH$	알코올	CH_3OH	메탄올
				C_2H_5OH	에탄올
$-C \overset{/\!\!/ O}{\underset{\backslash H}{}}$	포밀기	$R-CHO$	알데하이드	$HCHO$	폼알데하이드
				CH_3CHO	아세트알데하이드
$-C \overset{/\!\!/ O}{\underset{\backslash O-H}{}}$	카복시기	$R-COOH$	카복실산	$HCOOH$	폼산
				CH_3COOH	아세트산
$\overset{\displaystyle -C-}{\underset{\displaystyle O}{\parallel}}$	카보닐기	$R-CO-R'$	케톤	CH_3COCH_3	아세톤
				$CH_3COC_2H_5$	부탄온
$-O-$	에터결합	$R-O-R'$	에터	CH_3OCH_3	다이메틸 에터
				$C_2H_5OC_2H_5$	다이에틸 에터
$\overset{\displaystyle -C-O-}{\underset{\displaystyle O}{\parallel}}$	에스터결합	$R-COO-R'$	에스터	$HCOOCH_3$	포름산메틸
				$CH_3COOC_2H_5$	아세트산에틸
$-N \overset{/ H}{\underset{\backslash H}{}}$	아미노기	$R-NH_2$	아민	CH_3NH_2	메틸아민
				$C_6H_5NH_2$	아닐린

> **)TIP**
> **알킬기**(alkyl group) … 알케인에서 수소원자 1개가 빠진 원자단으로, C_nH_{2n+1}의 일반식을 가지며 보통 약자 R로 표기하고, 알케인의 'ane'을 'yl'로 바꿔 명명한다.

(2) 알코올($R-OH$)

① **개념** … 사슬모양 탄화수소의 수소원자가 하이드록시기($-OH$)로 치환된 화합물을 말하며, 일반식은 $ROH(R = C_nH_{2n+1}-$; 알킬기)로 나타낸다.

② **명명법** … 알케인의 이름 끝에 '$-ol$'을 붙여 명명한다.
  예 CH_3OH(메탄올), C_2H_5OH(에탄올), C_3H_7OH(프로판올)

③ **분류**
  ㉠ **분자량에 따른 분류**
  • 저급 알코올 : 분자량이 작고, 상온에서 액체이다.
  • 고급 알코올 : 분자량이 크고, 상온에서 고체이다.

ⓒ −OH의 수에 따른 분류

이름	분류	구조식과 시성식	성질 및 용도
에탄올	1가 알코올	$H-\overset{\overset{\displaystyle H}{\mid}}{\underset{\underset{\displaystyle H}{\mid}}{C}}-\overset{\overset{\displaystyle H}{\mid}}{\underset{\underset{\displaystyle H}{\mid}}{C}}-OH$, C_2H_5OH	무색의 향기나는 액체로 술의 주요 성분으로 사용된다.
에틸렌글라이콜	2가 알코올	$H-\overset{\overset{\displaystyle H}{\mid}}{\underset{\underset{\displaystyle OH}{\mid}}{C}}-\overset{\overset{\displaystyle H}{\mid}}{\underset{\underset{\displaystyle OH}{\mid}}{C}}-H$, $C_2H_4(OH)_2$	점성이 있는 액체로 자동차의 부동액 등에 사용된다.
글리세롤	3가 알코올	$H-\overset{\overset{\displaystyle H}{\mid}}{\underset{\underset{\displaystyle OH}{\mid}}{C}}-\overset{\overset{\displaystyle H}{\mid}}{\underset{\underset{\displaystyle OH}{\mid}}{C}}-\overset{\overset{\displaystyle H}{\mid}}{\underset{\underset{\displaystyle OH}{\mid}}{C}}-H$, $C_3H_5(OH)_3$	유지의 성분으로 비누, 의약품, 화장품의 원료로 사용된다.

ⓒ −OH가 결합한 탄소원자에 결합된 알킬기의 수에 따른 분류 : −OH가 결합한 탄소원자에 R−이 1개 있으면 1차 알코올, 2개 있으면 2차 알코올, 3개 있으면 3차 알코올로 구분한다.

[알킬기수에 따른 분류]

이름	분류	일반식	구조식
n−프로판올	1차 알코올	$R-CH_2OH$	$H-\overset{\overset{\displaystyle H}{\mid}}{\underset{\underset{\displaystyle H}{\mid}}{C}}-\overset{\overset{\displaystyle H}{\mid}}{\underset{\underset{\displaystyle H}{\mid}}{C}}-\overset{\overset{\displaystyle H}{\mid}}{\underset{\underset{\displaystyle H}{\mid}}{C}}-OH$
iso−프로판올	2차 알코올	$\overset{\displaystyle R}{\diagdown}CHOH$ $\underset{\displaystyle R'}{\diagup}$	$H-\overset{\overset{\displaystyle H}{\mid}}{\underset{\underset{\displaystyle H}{\mid}}{C}}-\overset{\overset{\displaystyle H}{\mid}}{\underset{\underset{\displaystyle OH}{\mid}}{C}}-\overset{\overset{\displaystyle H}{\mid}}{\underset{\underset{\displaystyle H}{\mid}}{C}}-H$
tert−뷰탄올	3차 알코올	$R'-\overset{\overset{\displaystyle R}{\mid}}{\underset{\underset{\displaystyle R'}{\mid}}{C}}-OH$	$H_3C-\overset{\overset{\displaystyle CH_3}{\mid}}{\underset{\underset{\displaystyle CH_3}{\mid}}{C}}-OH$

④ 알코올의 일반적 성질

㉠ 중성이며, 알코올의 −OH기는 물에 녹아 이온화되지 않는다.

㉡ 녹는점과 끓는점 : OH의 분자간 수소결합에 의해서 동일한 탄소수의 탄화수소에 비해 녹는점, 끓는점이 높다.

㉢ 용해성 : 물과 같이 −OH가 존재하여 물에 용해되지만 탄소수가 많은 알코올일수록 용해도는 작아진다.

ⓒ 반응성
- 알칼리금속과 반응하여 수소를 발생시킨다.

$$2ROH + 2M \rightarrow 2ROM + H_2$$

- 산화반응

[1차 알코올]

$$1차\ 알코올 \xrightarrow{\ 산화\ } 알데하이드 \xrightarrow{\ 산화\ } 카복실산$$

$$RCH_2OH \xrightarrow{\ -H_2\ } RCHO \xrightarrow{\ +O\ } RCOOH$$

[2차 알코올]

$$2차\ 알코올 \xrightarrow{\ 산화\ } 케톤$$

$$\underset{OH}{R-CH-R} \xrightarrow{\ -H_2\ } \underset{O}{R-C-R'}$$

- 에스터화 반응 : 진한 황산을 촉매로 하여 알코올과 카복실산을 반응시키면 알코올의 H와 카복실산의 OH가 물로 되는 축합반응, 즉 에스터화 반응이 일어난다.

$$알코올 + 카복실산 \underset{가수분해}{\overset{에스터화}{\rightleftharpoons}} 에스터 + 물$$

$$ROH + R'COOH \rightleftharpoons R'COOR + H_2O$$

예 $C_2H_5OH + CH_3COOH \rightleftharpoons CH_3COOC_2H_5 + H_2O$

- 탈수반응
  - 진한 황산과 함께 에탄올을 가열하면 낮은 온도에서는 다이에틸에터가 생성된다.
  - 에탄올에 진한 황산을 넣어 가열하면 높은 온도에서 에틸렌이 생성된다.

$$2CH_3CH_2OH \xrightarrow[\text{H}_2\text{SO}_4]{140℃} CH_3CH_2OCH_2CH_3 + H_2O$$

$$2CH_3CH_2OH \xrightarrow[\text{H}_2\text{SO}_4]{170℃} CH_2 = CH_2 + H_2O$$

- 아이오딘포름 반응 : 에탄올에 아이오딘과 KOH 수용액의 혼합액을 가하면 아이오딘포름의 노란색 침전이 생기는 반응으로 에탄올의 검출에 이용된다.

(3) 에터(R-O-R')

① **개념** ··· 알코올 ROH의 H가 다른 알킬기 R'로 치환된 화합물을 말한다.

② **성질**

　㉠ 휘발성·마취성·인화성이 크다.

　㉡ 물에 녹지 않으며 유기화합물을 잘 녹여 물에 녹아 있는 유기물질을 추출하는 용매로 많이 사용한다.

　㉢ 반응성이 작다.

　㉣ -OH가 없어 Na 금속과 반응하지 않는다.

　㉤ 동일한 탄소수의 알코올과는 이성질체의 관계에 있다.

③ **제법** ··· 에탄올에 진한 황산을 첨가한 후 가열하여 생성한다.

$$2C_2H_5OH \underset{130 \sim 140℃}{\overset{진한 H_2SO_4}{\rightleftharpoons}} C_2H_5OC_2H_5 + H_2O$$

(4) 알데하이드(R-CHO)

① **성질**

　㉠ -CHO기는 산화되어 카복시기 -COOH로 되려는 성질이 크기 때문에 강한 환원성을 가지며, 은거울반응을 나타내고 펠링용액을 환원한다.

$$R-CHO \xrightarrow{산화(+O)} R-COOH$$

　㉡ **은거울반응** : 암모니아성 질산은 용액에 알데하이드를 첨가하면 은(Ag)이 석출되는 반응이다.

$$R-CHO + 2Ag(NH_3)_2OH \rightarrow RCOOH + 2Ag\downarrow + 4NH_3 + H_2O$$
암모니아성 질산은 용액　　　　은 석출(은거울 형성)

　㉢ **펠링반응** : 펠링용액(푸른색)에 알데하이드를 첨가하면 Cu_2O가 붉은색으로 침전되는 반응이다.

$$R-CHO + 2Cu^{2+} + H_2O + NaOH \rightarrow RCOONa + 4H^+ + \underline{Cu_2O}\downarrow$$
　　　　　　　　 　　　　　　　　　　　　　　　산화구리(Ⅰ)(붉은색)
펠링용액(푸른색)

② **제법** ··· 1차 알코올의 산화로 생성한다.

$$RCH_2OH \xrightarrow{산화(+O)} R-CHO + H_2O$$

③ 종류

    ㉠ 폼알데하이드($HCHO$)

     • 성질

     − 무색의 자극성 기체이다.

     − 포말린 : 30 ~ 40%의 수용액을 의미한다.

     − 용도 : 소독제, 살균제, 방부제 등으로 사용한다.

     • 제법 : 메탄올을 CuO로 산화시켜 얻는다.

$$H-\underset{\underset{H}{|}}{\overset{\overset{H}{|}}{C}}-OH \quad \xrightarrow[\text{CuO}]{\text{산화}} \quad H-\underset{\underset{H}{|}}{\overset{\overset{O}{\|}}{C}}+H_2O$$

    ㉡ 아세트알데하이드(CH_3CHO)

     • 성질

     − 무색, 악취의 액체이다.

     − 산화되면 아세트산이 되며, 아이오딘포름 반응을 한다.

     • 제법 : $HgSO_4$를 촉매로 하여 아세틸렌에 물을 첨가반응시켜 얻는다.

$$H-C \equiv C-H + H_2O \xrightarrow{HgSO_4} CH_3CHO$$

     • 용도 : 아세트산, 에탄올의 제조시 원료로 사용한다.

(5) 케톤($R-CO-R'$)

① 개념 … 알데하이드 $RCHO$의 H가 알킬기 R'로 치환된 화합물이다.

② 성질

    ㉠ 물이나 알코올에 잘 섞이는 극성 용매이다.

    ㉡ 향기가 나는 무색의 수용성 액체이다.

    ㉢ 동일한 탄소수의 알데하이드와 이성질체의 관계에 있다.

    ㉣ 아이오딘포름(CHI_3) 반응을 한다.

③ **제법** … 2차 알코올을 산화시켜 생성한다.

아이소프로필 알코올   산화   아세톤
$(-H_2)$

(6) **카복실산(R−COOH)**

① **개념** … 탄화수소의 수소원자가 카복시기($-COOH$)로 치환된 화합물이다.

② **명명법**
  ㉠ 카복실산의 이름은 알칸 뒤에 산을 붙여 부른다.
  ㉡ 카복실산의 알킬기가 사슬모양 탄화수소일 경우에는 지방산이라고 한다.

③ **성질**
  ㉠ 물에 용해되면 약한 산성을 나타낸다.
  ㉡ 산의 촉매하에 알코올과 축합반응을 하여 에스테르를 생성한다.

$$RCOOH + HOR' \xrightarrow{\text{산화}} RCOOR' + H_2O$$

④ **제법** … 알데하이드를 산화시켜 얻는다.

$$RCHO \xrightarrow{\text{산화}} RCOOH$$

⑤ **종류**
  ㉠ **폼산(HCOOH)**
   • 무색의 자극성 냄새가 나는 액체이다.
   • 카복실산 중 가장 강한 산이다.
   • 개미나 곤충 속에 존재한다.
   • 분자 내에 $-CHO$와 $-COOH$기를 가지고 있어 산성을 나타내는 동시에 환원성도 가지고 있다.
   • 은거울반응과 펠링반응이 나타난다.
  ㉡ **아세트산(CH_3COOH)**
   • 성질
    – 무색, 자극성 액체이며, 순수한 아세트산의 녹는점은 17℃이다.
    – 겨울에는 얼게 되는데 얼어 있는 아세트산을 빙초산이라고 한다.

- 용도 : 의약품, 합성수지의 원료, 용매로 많이 사용한다.
- 제법 : 알코올의 초산 발효로 생성된다.

$$C_2H_5OH + O_2 \xrightarrow{\text{초산균}} CH_3COOH + H_2O$$

(7) 에스터($RCOOR'$)

① 개념 … 카복실산($RCOOH$)에서 $-COOH$기의 수소원자가 알킬기로 치환된 화합물을 말한다.

② 명명법 … 카복실산의 이름 뒤에 알킬기의 이름을 붙여 부른다.

③ 성질

㉠ 저급 에스터는 과일 향기가 나는 액체이고, 고급 에스터는 고체이다.

㉡ 수소결합을 할 수 있는 $-OH$가 없기 때문에 분자량이 비슷한 카복실산이나 알코올보다 녹는점·끓는점이 낮다.

㉢ 에스터는 물에 녹지 않으나 $NaOH$를 첨가하여 가열하면 용해되며(비누화), 가수분해된다.

㉣ 가수분해 : 에스터는 가수분해되면 다시 카복실산과 알코올로 생성된다.

㉤ 카복실산과 작용기 이성질체의 관계이다.

④ 제법 … 산을 촉매로 하여 카복실산과 알코올을 축합반응시키는 에스터화 반응을 통하여 생성한다.

$$R-COOH + HOR' \underset{\text{가수분해}}{\overset{\text{에스터화}}{\rightleftharpoons}} RCOOR' + H_2O$$

(8) 유지와 비누화

① 유지[$(RCOO)_3C_3H_5$] … 탄소수가 많은 고급 지방산과 3가 알코올인 글리세롤의 에스터를 의미한다.

$$
\begin{array}{l}
R\ CO{:}OH\ \ H{:}O-CH2 \\
R'CO{:}OH+H{:}O\ -CH \\
R''CO{:}OH\ \ H{:}O-CH2
\end{array}
\underset{\text{가수분해}}{\overset{\text{에스터화}}{\rightleftharpoons}}
\begin{array}{l}
RCOO-(\\
R'COO- \\
R''COO-
\end{array}
$$

② 비누화 … 에스터에 $NaOH$, KOH 등의 강한 염기를 첨가하여 가열하면 지방산의 염과 알코올로 나누어지는 반응을 말한다.

$$RCOOR' + NaOH \xrightarrow{\text{비누화}} RCOONa + R'OH$$

03 방향족 탄소화합물

❶ 벤젠

(1) 구조

① 6개의 탄소원자가 육각형의 고리모양을 이루고 2중 결합과 단일결합이 하나씩 교대로 배치되어 있는 구조이다.

② 결합각은 120°이고 벤젠의 탄소원자간의 거리는 단일결합과 2중 결합의 중간인 0.140nm로 정육각형 평면구조를 이루고 있다.

[벤젠의 분자모양 및 구조식]

③ 벤젠의 실제구조는 단일결합과 2중결합이 고정된 것이 아니며 1.5결합의 동등한 구조(공명구조)로 되어 있다.

[벤젠 핵의 공명과 표시방법]

(가)   (나)   (다)   (라)

(2) 성질과 제법

① 성질

　㉠ 독특한 냄새가 나는 무색, 휘발성 액체로 끓는점은 80℃, 녹는점은 5.5℃이며, 인화성이 강하다.

　㉡ 물에는 불용성이나 알코올 · 에터 · 아세톤 등에는 잘 용해되며, 유기물질을 잘 용해시킨다.

ⓒ H에 비해 탄소가 많아 연소할 때 많은 산소를 필요로 하므로 공기 중에서 연소시 많은 그을음을 내면서 탄다.

$$2C_6H_6 + 15O_2 \rightarrow 12CO_2 + 6H_2O$$

② 제법

㉠ 석유를 백금 촉매로 reforming하여 얻는다.

㉡ 아세틸렌 3분자를 첨가중합하여 얻는다.

$$3C_2H_2 \xrightarrow[\text{첨가중합}]{\text{Fe}} C_6H_6$$

(3) 반응

① 반응성

㉠ π결합전자의 비편재화로 안정하기 때문에 첨가반응보다는 치환반응이 잘 일어난다.

㉡ 벤젠고리의 π전자구름 때문에 (+)전기를 띤 이온이나 라디칼만이 치환반응을 한다.

㉢ Cl^+, SO_3H^+, NO_2^+와는 치환반응을 하고 OH^-, SO_4^{2-}, NO_3^-는 직접 치환반응을 할 수 없다.

② 치환반응

㉠ 할로젠화(halogenation) : 철을 촉매로 하여 염소와 반응한다.

클로로벤젠

㉡ 니트로화(nitration) : 진한 황산과 함께 진한 질산을 작용시키면 니트로벤젠을 얻을 수 있다.

니트로벤젠

㉢ 설폰화(sulfonation) : 진한 황산과 반응하면 벤젠설폰산이 된다.

벤젠설폰산

㉣ 알킬화(alkylation) : 무수염화알루미늄($AlCl_3$) 촉매하에서 할로젠화알킬(RX)을 작용시키면 알킬기가 치환되어 알킬벤젠(C_6H_5R)을 얻을 수 있다.

[프리텔크라프트 반응]

③ 첨가반응

   ㉠ 첨가반응은 발생하기 어렵기 때문에 특수촉매를 사용하여야 반응이 일어난다.

   ㉡ 수소첨가

   ㉢ 염소첨가

(4) 방향족 탄화수소

① 분자 내에 벤젠고리를 포함한 화합물은 냄새가 나는 것이 많아 방향족 탄화수소라고 한다.

② 일반적으로 콜타르에 많이 함유되어 있다.

> TIP
  지방족 탄화수소는 주로 원유에 많이 함유되어 있다.

❷ 벤젠 이외의 방향족 탄화수소

(1) 톨루엔($C_6H_5CH_3$)

① 개념 ⋯ 벤젠의 수소원자 1개가 메틸기($-CH_3$)로 치환된 화합물을 의미한다.

② 제법

    ㉠ 알킬화반응에 의해 생성된다.

    ㉡ 산화시키면 벤즈알데하이드를 거쳐 벤조산이 된다.

    ㉢ 진한 질산과 진한 황산의 혼합액을 사용하여 니트로화시키면 TNT(trinitrotoluene)를 생성할 수 있다.

③ 톨루엔의 치환반응

(2) 자일렌C₆H₄(CH₃)₂]

① 개념 … 콜타르를 분류할 경우 얻을 수 있는 무색의 방향성 액체이다.

② 이성질체의 종류

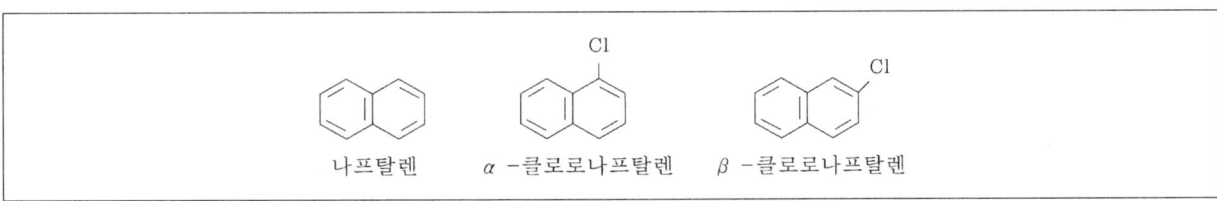

o – 자일렌	m – 자일렌	P – 자일렌

(3) 나프탈렌(C₁₀H₈)

① 벤젠 고리가 2개 붙은 모양의 방향족 탄화수소로 콜타르의 분류로 얻는 흰색의 승화성, 방충성이 있는 고체이다.

② 나프탈렌의 수소원자 1개가 다른 원자나 원자단으로 치환되면 2개의 이성질체가 생기며, 산화시키면 프탈산이 된다.

[나프탈렌 치환체]

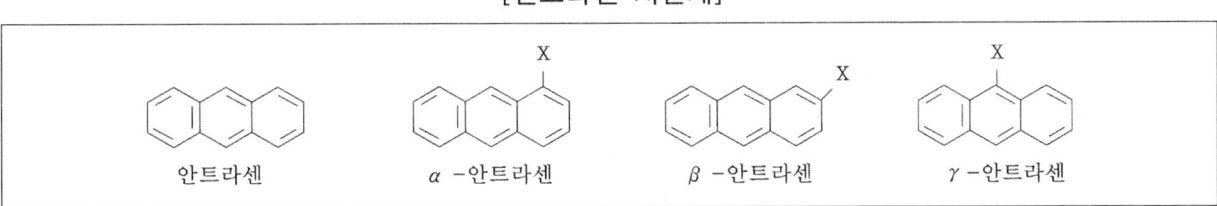

나프탈렌 α – 클로로나프탈렌 β – 클로로나프탈렌

(4) 안트라센(C₁₄H₁₀)

① 벤젠고리가 3개 붙은 모양의 방향족 탄화수소로 콜타르의 분류에 의해 생성된다.

② 안트라센의 1치환체에는 α, β, γ의 세 가지 이성질체가 존재한다.

③ 승화성이 있는 엷은 푸른색의 판상결정으로 녹는점은 216.4℃이다.

[인트라센 치환체]

안트라센 α – 안트라센 β – 안트라센 γ – 안트라센

이성질체와 구조 이성질체

㉠ **이성질체** : 분자식은 같으나 성질이 다른 화합물을 말한다.

㉡ **구조 이성질체** : 분자식은 동일하나 원자들의 결합순서가 다른 화합물로 탄소수의 구조에 다라 n-, iso-, neo-를 이름 앞에 붙인다.

❸ 방향족 탄화수소의 유도체

(1) 페놀류

① **개념** … 벤젠고리의 수소원자가 하이드록시기로 치환된 화합물을 말하며 이온화되면 약한 산성을 띠므로 벤젠고리에 붙은 -OH를 페놀성 하이드록시기라고 한다.

② **성질**

㉠ 페놀성 하이드록시기로 인하여 수용액은 약한 산성을 나타내며, 염기와 중화반응을 한다.

㉡ 카복실산과 에스터화 반응을 한다.

㉢ **검출** : $FeCl_3$ 수용액과 반응하면 적자색의 정색반응을 나타낸다.

③ **페놀**(C_6H_5OH)

㉠ 무색의 바늘모양 결정으로 되어 있으며 독성과 살균력을 가지고 있다.

㉡ 물에 조금 녹아 약한 산성을 나타낸다.

$$C_6H_5OH \rightleftharpoons C_6H_5O^- + H^+$$

㉢ 카복실산과 반응하여 에스터를 생성한다.

$$CH_3COOH + C_6H_5OH \xrightarrow{\text{에스테르화}} CH_3COOC_6H_5 + H_2O$$

㉣ $FeCl_3$와 반응하여 적자색의 정색반응을 하므로 페놀성 -OH기의 검출에 이용된다.

㉤ NaOH와 중화하여 염을 생성한다.

㉥ **용도** : 의약품, 염료의 원료, 페놀수지(베이클라이트)에 사용된다.

④ 크레졸[C₆H₄CH₃(OH)]

　　㉠ 벤젠고리의 수소원자 2개가 각각 −OH와 −CH₃로 치환된 화합물로 $o-$, $m-$, $p-$ 세 가지 이성질체가 존재한다.

　　㉡ 콜타르를 분류하여 얻으며, 독성이 적고 살균력이 강해 주로 소독약으로 사용한다.

[크레졸의 이성질체]

(2) 방향족 카복실산

① 벤조산(C₆H₅COOH)

　　㉠ 무색, 판상 결정이며 물에 약간 용해되면 H_2CO_3보다 강한 산성을 나타낸다.

　　㉡ 용도 : 살균작용, 염료, 의약품, 식품방부제 등으로 사용된다.

② 살리실산[C₆H₄(OH)COOH]

　　㉠ 벤젠 핵에 −OH기와 −COOH기가 이웃하여 붙어 있는 구조이다.

　　㉡ 산성을 나타내며 FeCl₃ 수용액과 적자색의 정색반응을 한다.

　　㉢ −COOH와 −OH가 함께 존재하기 때문에 알코올, 카복실산과 모두 에스터화 반응을 한다.

(3) 방향족 니트로화합물

① 니트로벤젠(C₆H₅NO₂)

　　㉠ 연한 노란색 기름모양의 액체이다.

　　㉡ 벤젠에 진한 질산과 진한 황산을 첨가하여 반응시키면 생성된다.

ⓒ 아닐린의 원료로 사용한다.

② **트라이나이트로톨루엔**[TNT : $C_6H_2(CH_3)(NO_2)_3$]

  ㉠ 톨루엔에 진한 질산과 황산을 반응시켜 생성한다.

  ㉡ 노란색 결정으로 주로 폭약제조에 사용한다.

(4) **방향족 아민**

① **아민** … 암모니아의 수소원자가 알킬기나 페닐기($C_6H_5^-$)로 치환된 화합물로 물에 용해되어 염기성을 나타낸다.

② **아닐린**($C_6H_5NH_2$) … 무색 액체이고, 물에 거의 용해되지 않으며, 약한 염기로 작용한다.

  ㉠ **성질**

  • 염산과 반응하여 생성된 염인 염화아닐린늄은 물에 잘 용해된다.

  • 아세트아닐리드(해열제)는 아세트산과 반응하여 생성된다.

  • 용도 : 의약품, 노란색 물감의 제조원료로 사용된다.

  ㉡ **제법** : 니트로벤젠을 수소로 환원시켜 생성한다.

04 고분자화합물

① 고분자화합물

(1) 고분자화합물의 성질

① 개념 ··· 분자량이 10,000 이상 되는 화합물로 천연에서 산출되는 천연고분자와 합성고분자로 분류할 수 있다.

② 종류

ㄱ 천연고분자 : 천연고무, 셀룰로스, 단백질, 녹말 등

ㄴ 합성고분자 : 합성고무, 합성수지, 합성섬유 등

③ 성질

ㄱ 결정을 형성하기 어렵다.

ㄴ 분자량이 일정하지 않아 녹는점도 일정하지 않다.

ㄷ 열, 전기, 공기 등에 화학적으로 안정한 성질을 가진다.

ㄹ 열을 가하면 기화하기 전에 분해된다.

ㅁ 용매에 잘 용해되지 않으며, 용해되면 콜로이드를 형성한다.

(2) 합성수지의 종류

① 열가소성 수지

ㄱ 가열하면 부드러워지며 유체 형태가 되고 온도가 낮아지면 다시 굳어지는 수지를 말한다.

ㄴ 첨가중합에 의하여 얻어지는 수지나 축합중합체 중 나일론과 같은 사슬모양의 고분자화합물 등이 해당된다.

  예 폴리에틸렌, 폴리스타이렌

② 열경화성 수지

ㄱ 한번 가열해서 굳어지면 다시 열을 가해도 물러지지 않는 수지를 말한다.

ㄴ 축합중합체 중 그물구조 모양을 가진 고분자화합물 등이 해당된다.

  예 요소수지, 베이클라이트

(3) 단위체와 중합체

① 고분자화합물 ··· 분자량이 작은 분자를 기본단위로 하여 중합반응에 의해 생성된 거대한 분자를 말한다.

② 단위체 ··· 고분자화합물을 구성하는 기본단위가 되는 물질을 말한다.

③ **중합체** … 단위체가 중합하여 이루어진 고분자물질을 말한다.

[중합체와 단위체]

$$nCH_2 = CH \xrightarrow{\text{중합}} \left[\begin{array}{c} CH_2 - CH \\ | \\ Cl \end{array}\right]_n$$

|
Cl

염화비닐   폴리염화비닐
(단위체)   (중합체)

❷ 합성 고분자화합물

(1) **첨가중합**

① **개념** … 단위체가 가진 2중 결합이 끊어지면서 일어나는 중합반응을 의미한다.

② **2중 결합이 1개 있는 단위체의 중합**

$$n\begin{array}{c} H\ \ H \\ | \ \ | \\ C=C \\ | \ \ | \\ H\ Cl \end{array} \xrightarrow{\text{첨가중합}} \left[\begin{array}{c} H\ \ H \\ | \ \ | \\ C-C \\ | \ \ | \\ H\ Cl \end{array}\right]_n$$

염화비닐   폴리염화비닐(PVC)

③ **2중 결합이 2개 있는 단위체의 중합**

$$n\begin{array}{c} H\ \ \ \ \ \ H \\ | \ \ \ \ \ \ | \\ C=C-C=C \\ | \ \ | \ \ | \ \ | \\ H\ H\ Cl\ H \end{array} \xrightarrow{\text{첨가중합}} \left[\begin{array}{c} H\ \ \ \ \ \ H \\ | \ \ \ \ \ \ | \\ C-C=C-C \\ | \ \ | \ \ | \ \ | \\ H\ H\ Cl\ H \end{array}\right]_n$$

클로로프렌   네오프렌 고무

④ **첨가중합체의 성질** … 첨가중합에 의하여 합성된 고분자화합물은 사슬모양구조이기 때문에 대부분 열가소성 수지가 해당된다.

(2) 축합중합

① **개념** … 단위체가 결합을 할 때 H_2O와 같은 간단한 분자가 **빠져** 나오면서 일으키는 중합반응을 의미한다.

② **특징** … 축합중합제는 두 가지 이상의 단위체가 축합하면서 생성된 중합체로 펩타이드결합($-CO-NH$), 에스터($-COO-$), 메틸렌결합($-CH_2-$)을 한 것이 많다.

③ **축합중합체의 성질** … 축합중합체에 해당하는 수지는 그물구조이기 때문에 대부분 열경화성 수지가 된다.

[페놀수지(베이클라이트)]

[페놀수지의 그물구조 일부]

[축합중합에 의한 중합체의 종류]

중합체	단위체 A	단위체 B	성질
폴리에스터	$HO(CH_2)_2OH$ 에틸렌글라이콜	$HOOC-\bigcirc-COOH$ 테레프탈산	열가소성
폴리아미드 (6·6 나일론)	$H_2N(CH_2)_6NH_2$ 헥사메틸렌디아민	$HOOC(CH_2)_4COOH$ 아디프산	열가소성
페놀 수지	HCHO	$\bigcirc-OH$	열경화성
요소 수지	HCHO	H_2NCONH_2	열경화성

(3) 혼성중합

① 개념 … 두 개의 단위체가 번갈아 가면서 첨가중합반응을 일으키는 중합반응을 의미한다.

② 부나-N(NBR)고무 … 부타디엔과 아크릴로나이트릴의 혼성중합체를 의미한다.

$$nCH_2=CH-CH=CH_2+nCH=CH_2 \longrightarrow \left\{CH_2-CH=CH-CH_2-CH-CH_2\right\}_n$$
$$\underset{\text{CN}}{|} \qquad\qquad\qquad\qquad \underset{\text{CN}}{|}$$

부타디엔　　　아크릴로나이트릴　　　　　　　　부나-N

③ 부나-S(SBR)고무 … 부타디엔과 스티렌의 혼성중합체를 말하며, 합성고무는 대부분 여기에 해당한다.

$$nCH_2=CH-CH=CH_2+nCH_2=CH \longrightarrow \left\{CH_2-CH=CH-CH_2-CH-CH_2\right\}_n$$

부타디엔　　　　　스티렌　　　　　　　　　　부나-S

❸ 천연 고분자화합물

(1) 탄수화물

① 개념 … 식물체 내에서 합성되는 포도당, 설탕, 녹말, 셀룰로스 등을 말한다.

② 일반식 … $C_m(H_2O)_n$으로 표기한다.

[탄수화물의 종류와 특성]

종류	분자식	이름	가수분해 생성물	환원성	수용성	단맛
단당류	$C_6H_{12}O_6$	포도당 과당 갈락토스	가수분해 안 됨	있다.	녹는다.	있다.
이당류	$C_{12}H_{22}O_{11}$	설탕 엿당 젖당	포도당+과당 포도당+포도당 포도당+갈락토스	없다. 있다. 있다.	녹는다.	있다.
다당류	$(C_6H_{10}O_5)_n$	녹말 셀룰로스 글리코젠	포도당	없다.	잘 녹지 않는다.	없다.

③ 탄수화물의 종류

　㉠ 포도당($C_6H_{12}O_6$)

　　• α−포도당과 β−포도당의 두 종류로 분류할 수 있다.

　　• 포도당은 모두 수용액상에서 고리가 열려 −CHO기가 생기기 때문에 환원성이 있다.

　　• 은거울반응을 나타내며, 펠링용액을 환원한다.

　　• 가열하면 단맛이 더 있는 α−포도당이 감소하고, β−포도당은 증가한다.

　㉡ 설탕($C_{12}H_{22}O_{11}$)

　　• 사탕수수, 사탕무에 포함되어 있는 탄수화물이다.

　　• 물에 잘 용해되나 알코올에는 녹기 어렵다.

　　• 묽은 산이나 효소 인베르타제를 작용시키면 가수분해되어 포도당과 과당의 혼합물인 전화당이 생성된다.

　　• 설탕은 환원성이 없고 알코올 발효를 하지 않는다.

　　• 포도당과 과당이 축합한 모양의 분자구조를 가지며, 가수분해되면 포도당과 과당으로 된다.

$$C_{12}H_{22}O_{11} + H_2O \xrightarrow{\text{전화}} C_6H_{12}O_6 + C_6H_{12}O_6$$
$$\text{포도당} + \text{과당} \rightarrow \text{전화당}$$

ⓒ 녹말($C_6H_{10}O_5$)
- 녹색식물이 저장하고 있는 탄수화물을 말한다.
- α −포도당의 축합중합체로 아밀로스와 아밀로펙틴의 2가지 성분으로 구성되어 있다.
- 아밀로스
  - α −포도당의 1번, 4번 탄소원자에 결합된 −OH 사이의 축합반응에 의해 일어난 것이다.
  - 사슬구조를 이루고 있다.
- 아밀로펙틴
  - 1번, 4번 및 6번 탄소원자의 −OH와의 축합반응에 의해 일어난 것이다.
  - 곁가지가 달린 사슬구조를 이루고 있다.

ⓔ 셀룰로스($C_6H_{10}O_5$)
- 식물의 세포막을 구성하고 있는 주요 성분으로 불수용성의 백색 섬유상 물질이다.
- β −포도당의 축합중합체이며, 산을 첨가하여 가수분해시키면 이당류인 셀로비오스를 거쳐 β −포도당을 생성한다.

(2) 아미노산과 단백질

① 아미노산
  ㉠ 한 분자 속에 아미노기(−NH_2)와 카복시기(−COOH)를 모두 갖고 있는 구조이다.
  ㉡ 산, 염기와 모두 반응할 수 있는 양쪽성 물질에 해당한다.

[아미노산 존재의 형태]

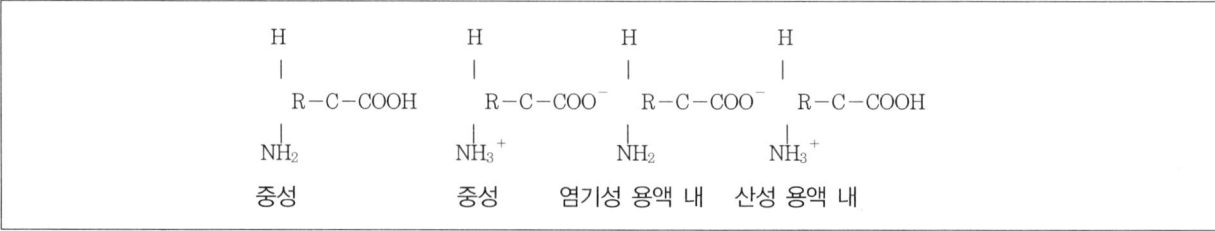

② 단백질
  ㉠ 개념 : C · H · O · N 등의 원소를 포함한 고분자화합물이며 묽은 산을 가하여 가열하면 여러 종류의 α − 아미노산이 생성된다.
  ㉡ 단백질의 구조
  - 여러 종류의 아미노산 사이의 축합중합반응으로 생성된 고분자화합물을 말한다.
  - 하나의 아미노산 −COOH와 다른 아미노산의 −NH_2가 축합반응을 하여 펩타이드결합(−CONH−)을 만들고 이 펩타이드결합이 반복적으로 이루어져 폴리펩타이드를 형성한다.

[폴리펩타이드 결합의 생성]

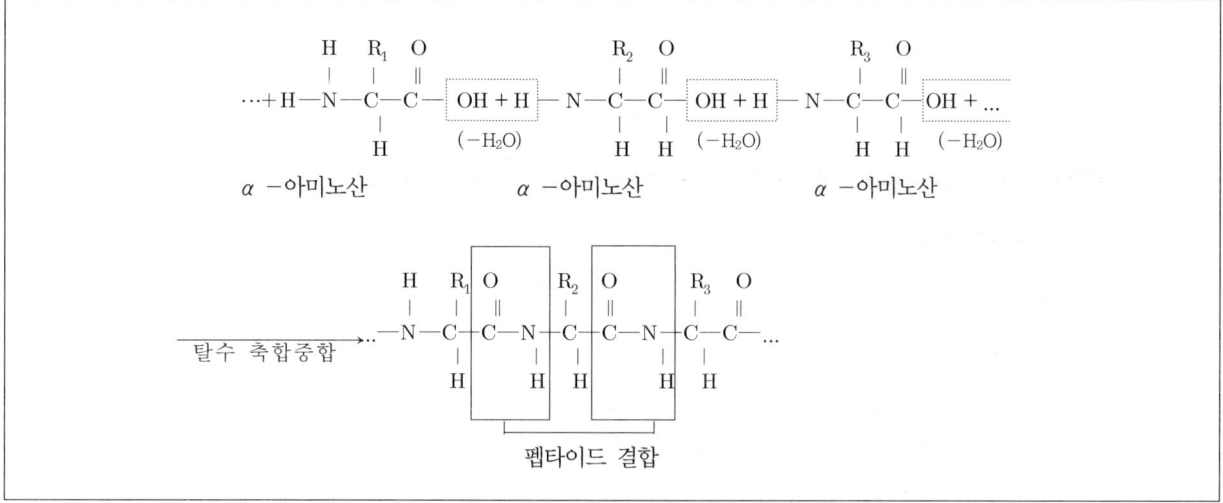

ⓒ **단백질의 변성**: 단백질을 가열하거나 알코올 또는 중금속이온에 의해 수소결합이 끊어지면서 α -나선구조가 제 기능을 잃게 되는 현상을 의미한다.

> **TIP**

α -나선구조 … 폴리펩타이드에서 극성을 띠는 $-CO$의 O와 $-NH$의 H 사이에 수소결합이 이루어져 구성되는 나선구조를 말한다.

ⓔ **단백질의 검출방법**(정색반응)

- 뷰렛반응 : 단백질에 NaOH와 $CuSO_4$ 수용액을 몇 방울 가하면 보라색 또는 붉은색이 나타나는 반응이다.
- 밀론반응 : 단백질에 밀론 시약(HNO_3 + Hg)을 넣고 가열하면 붉은색이 나타나는 반응이다.
- 닌하이드린반응 : 단백질에 닌히드린 수용액을 넣고 끓인 후 냉각시키면 푸른 보라색을 나타내는 반응이다.
- 크산토프로테인 반응 : 단백질에 진한 질산을 가하면 노란색 침전이 생성되고, 여기에 암모니아수를 가하면 오렌지색으로 변화하는 반응이다.

ⓜ **단백질의 응고**: 단백질에 열을 가했을 때 응고되는 것을 말한다.

최근 기출문제 분석

2025. 6. 21. 제1회 지방직

1 첨가 중합(addition polymerization)반응이 주된 합성법인 고분자는?

① 폴리에틸렌테레프탈레이트(PET)　　　② 나일론(nylon)

③ 폴리스타이렌(polystyrene)　　　　　④ 페놀 수지(phenol resin)

TIP 중합 반응의 종류와 특징

　㉠ **첨가중합**(Addition Polymerization)
　• 반응 방식 : 단위체에 존재하는 이중 결합이나 삼중 결합이 끊어지고 이들이 서로 첨가되어 고분자를 형성한다.
　• 단위체 : 다중 결합을 가진 단위체(monomer)가 사용된다.
　• 부산물 : 없음
　• 대표적인 예 : 폴리에틸렌, 폴리스타이렌, PVC(폴리염화비닐) 등

　㉡ **축합중합**(Condensation Polymerization)
　• 반응 방식 : 두 개 이상의 작용기를 가진 단위체들이 반응하여 물이나 알코올 같은 작은 분자를 잃으면서 고분자가 형성한다.
　• 단위체 : 최소 2개 이상의 반응성 작용기가 존재하는 단위체
　• 부산물 : 반응 과정에서 물, 알코올 등의 작은 분자가 부산물로 생성된다.
　• 특징 : 반응이 진행되기 위해 열이 필요할 수 있으며, 반응 시 생성되는 부산물을 제거해야 고분자량 성장이 용이하다. 또한 반응이 진행됨에 따라 분자량이 커지는 속도가 빨라진다.
　• 대표적인 예 : 폴리에틸렌테레프탈레이트(PET), 폴리아마이드(나일론), 폴리에스터, 페놀, 폴리우레탄 등

2025. 6. 21. 제1회 지방직

2 사이클로헥세인(C_6H_{12})과 벤젠(C_6H_6)에 대한 설명으로 옳은 것은?

① 벤젠은 평면 구조이다.

② 벤젠에서 탄소의 혼성 오비탈은 sp^3이다.

③ 사이클로헥세인의 결합각은 120°이다.

④ 사이클로헥세인은 불포화 탄화수소이다.

TIP ① 벤젠에서 각 탄소의 입체 수(SN, Steric Number)는 3이며, 평면 삼각형의 분자 구조를 가진다. 따라서 벤젠은 평면 구조이다. 반면, 사이클로헥세인에서 각 탄소의 입체 수(SN, Steric Number)는 4이며, 정사면체의 분자 구조를 가진다. 따라서 사이클로헥세인은 입체 구조이다.
　② 벤젠에서 각 탄소의 입체 수(SN, Steric Number)는 3이며, 평면 삼각형의 분자 구조를 가진다. 따라서 탄소의 혼성 오비탈은 sp^3가 아니라 sp^2 혼성이다.
　③ 사이클로헥세인에서 각 탄소의 입체 수(SN, Steric Number)는 4이며, 정사면체의 분자 구조를 가진다. 이때의 결합각은 109.5°이다.
　④ 사이클로헥세인은 각 원자간 결합이 단일 결합으로만 이루어져 있는 포화 탄화수소이다.

Answer 1.③ 2.①

3 끓는점이 Cl₂<Br₂ < I₂의 순서로 높아지는 이유는?

① 분자량이 증가하기 때문이다.

② 분자 내 결합 거리가 감소하기 때문이다.

③ 분자 내 결합 극성이 증가하기 때문이다.

④ 분자 내 결합 세기가 증가하기 때문이다.

TIP 할로젠의 이원자 분자는 무극성 분자이고, 무극성 분자 사이에는 다른 분자간 힘은 작용하지 않고 오직 분산력만이 작용한다. 분자의 크기가 크고 표면적이 클수록 편극(polarization)이 되기 쉬우며, 따라서 분자량이 클수록 분산력이 크게 작용하여 끓는점이 높아진다. 따라서 끓는점은 Cl₂ < Br₂ < I₂의 순서로 높아진다.

4 다음 분자에 대한 설명으로 옳지 않은 것은?

① 카복실산 작용기를 가지고 있다.

② 에스터화 반응을 통해 합성할 수 있다.

③ 모든 산소 원자는 같은 평면에 존재한다.

④ sp^2 혼성을 갖는 산소 원자의 개수는 2이다.

TIP ① 벤젠고리 위쪽에 카복실산 작용기(−COOH)를 가지고 있다.
② 벤젠고리와 메틸기 사이에 에스터 결합이 형성되어 있으며, 이 에스터 결합은 카복실산과 알코올 사이의 축합중합 반응인 에스터화 반응을 통해 형성될 수 있다.
③ 산소 원자는 sp^3(사면체) 혼성과 sp^2(평면삼각형) 혼성을 가지고 있어 같은 평면에 존재하지 않는다.
④ sp^2 혼성을 갖는 산소 원자는 탄소와 이중결합을 하고 있는 산소로서 총 2개이다.

Answer 3.① 4.③

2023. 6. 10. 제1회 지방직

5 다음 분자에 대한 설명으로 옳지 않은 것은?

① SO_2는 굽은형 구조를 갖는 극성 분자이다.

② BeF_2는 선형 구조를 갖는 비극성 분자이다.

③ CH_2Cl_2는 사각 평면 구조를 갖는 극성 분자이다.

④ CCl_4는 정사면체 구조를 갖는 비극성 분자이다.

TIP CH_2Cl_2는 사면체(입체) 구조를 갖는 극성 분자이다.

2021. 6. 5. 제1회 지방직

6 다음 분자쌍 중 성질이 다른 이성질체 관계에 있는 것은?

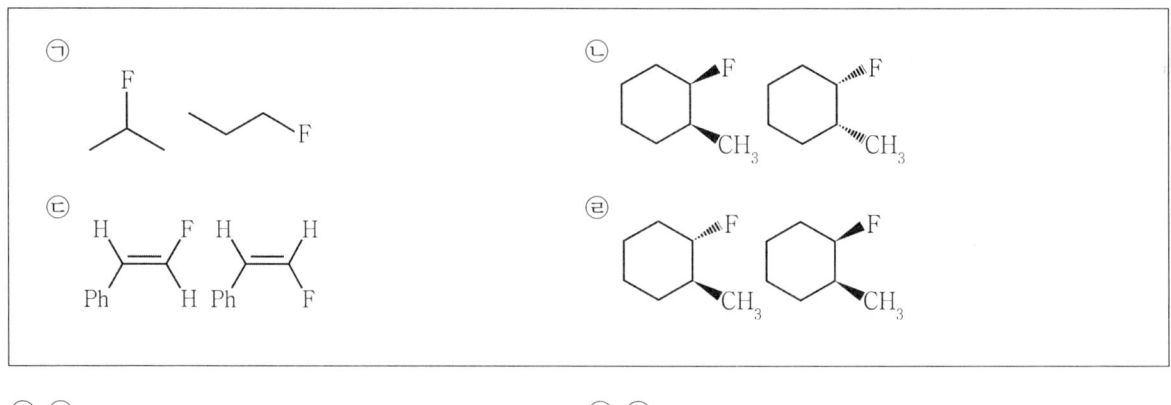

① ㉠

② ㉡

③ ㉢

④ ㉣

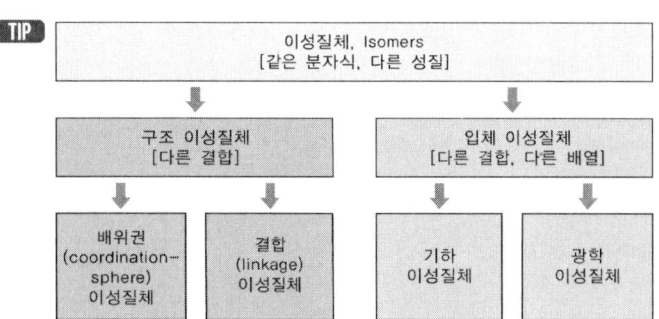

입체 이성질체는 전반적인 화학 결합의 형태는 동일하나 배열이 다른 이성질체를 말하며, 구조 이성질체는 결합이 달라 화학적 성질이 다른 이성질체를 말한다. 주어진 보기 중 구조 이성질체는 ㉠밖에 없다.

㉠ 구조 이성질체(결합 이성질체)

㉢ 입체 이성질체(기하 이성질체)

㉡㉣ 입체 이성질체(광학 이성질체)

Answer 5.③ 6.①

7 25 ℃ 표준상태에서 아세틸렌($C_2H_2(g)$)의 연소열이 −1,300 kJ mol^{-1}일 때, C_2H_2의 연소에 대한 설명으로 옳은 것은?

① 생성물의 엔탈피 총합은 반응물의 엔탈피 총합보다 크다.

② C_2H_2 1몰의 연소를 위해서는 1,300 kJ이 필요하다.

③ C_2H_2 1몰의 연소를 위해서는 O_2 5몰이 필요하다.

④ 25℃의 일정 압력에서 C_2H_2이 연소될 때 기체의 전체 부피는 감소한다.

TIP ① 발열반응이므로 생성물의 엔탈피 총합은 반응물의 엔탈피 총합보다 작다.
② 아세틸렌 1몰 연소 시, 1,300kJ의 열량이 방출된다.
③ 아세틸렌 1몰의 연소를 위해서는 2.5몰의 O_2가 필요하다.(연소 반응식 : $2C_2H_2 + 5O_2 \rightarrow 4CO_2 + 2H_2O$)
④ 반응식에서 반응물의 계수합은 생성물의 계수합보다 크므로 아세틸렌 연소 시, 기체의 전체 부피는 감소한다.

8 고분자(중합체)에 대한 설명으로 옳은 것만을 모두 고르면?

> ㉠ 폴리에틸렌은 에틸렌 단위체의 첨가 중합 고분자이다.
> ㉡ 나일론−66은 두 가지 다른 종류의 단위체가 축합 중합된 고분자이다.
> ㉢ 표면 처리제로 사용되는 테플론은 C−F 결합 특성 때문에 화학약품에 약하다.

① ㉠

② ㉠㉡

③ ㉡㉢

④ ㉠㉡㉢

TIP ㉠ 첨가 중합이란 단위체의 이중 결합이 끊어지면서 연속적으로 첨가 반응을 하여 고분자 화합물이 만들어진다. 단위체의 탄소 원자 사이에 이중 결합이 존재하며, 중합 반응이 일어나는 동안 빠져나가는 분자는 없다.

폴리에틸렌의 합성

㉡ 나일론−66은 두 가지 다른 종류의 단위체가 탈수 축합 중합반응을 통해 만들어지며 사용되는 시약은 Hexanediamine과 Adipoyl chloride이다.
㉢ 테플론은 불소와 탄소의 강력한 화학적 결합으로 인해 매우 안정된 화합물을 형성함으로써 거의 완벽한 화학적 비활성 및 내열성, 비점착성, 우수한 절연 안정성, 낮은 마찰계수 등을 가지므로 화학약품에 강하다.

출제 예상 문제

1 다음 중 환원성이 커서 은거울반응을 하는 것은?

① C_2H_5OH

② CH_3COCH_3

③ CH_3OCH_3

④ CH_3CHO

TIP 알데하이드(R－CHO) ··· 쉽게 산화되어 카복실산이 되므로 환원성이 커서 은거울반응을 하고, 펠링용액을 환원시켜 붉은색의 Cu_2O 침전이 생성된다.

2 다음 화합물 중 산화되었을 때 아이오딘포름 반응을 하며, 동시에 암모니아성 질산은 용액을 환원시킬 수 있는 것은?

① CH_3OH

② $C_2H_5OC_2H_5$

③ $CH_3CH(OH)CH_3$

④ C_2H_5OH

TIP 에탄올(C_2H_5OH)을 산화시키면 아세트알데하이드(CH_3CHO)가 된다.

※ 아세트알데하이드의 특징

  ㉠ 분자 내에 CH_3CO-가 들어 있는 분자는 아이오딘포름 반응을 한다.

  ㉡ 포밀기(－CHO)를 가지고 있어 은거울반응을 한다.

Answer 1.④ 2.④

3 1차 알코올을 산화시키면 다음과 같이 화합물 [A]를 거쳐 최종적으로 카복실산이 얻어진다. 다음 중 화합물 [A]에 대한 설명으로 옳지 않은 것은? (단, R−는 알킬기이다)

$$R-CH_2OH \rightarrow [A] \rightarrow R-COOH$$

① 펠링용액을 변색시킨다.

② 환원성을 가지고 있다.

③ CH_3COCH_3(아세톤)은 [A]에 속하는 화합물이다.

④ 포밀기(−CHO)를 가지고 있다.

TIP 아세톤(CH_3COCH_3)은 케톤($RCOR'$)으로 2차 알코올을 산화시켜서 얻는다.

4 다음은 어떤 폴리펩타이드의 구조를 나타낸 것이다. 이 폴리펩타이드가 가수분해될 때 생성되는 아미노산은 몇 종류인가?

$$NH_2-CH_2-\overset{\overset{\displaystyle O}{\|}}{C}-N-CH-\overset{\overset{\displaystyle O}{\|}}{C}-N-CH-\overset{\overset{\displaystyle O}{\|}}{C}-N-CH-\overset{\overset{\displaystyle O}{\|}}{C}-N-CH_2-\overset{\overset{\displaystyle O}{\|}}{C}-OH$$

(아래 치환기) H ⬡(O)   H CH_3   H CH_3   H

① 1종류　　　　　　　　　　② 2종류

③ 3종류　　　　　　　　　　④ 4종류

TIP 폴리펩타이드는 한 아미노산의 −COOH와 다른 아미노산의 −NH_2가 H_2O가 빠지면서 축합반응으로 결합한 것인데 가수분해가 되면 다시 분리된다. 4군데에서 분해되나 두 종류가 중첩되므로 3종류의 아미노산이 생성된다.

$$-\overset{\overset{\displaystyle O}{\|}}{C}-\underset{\underset{\displaystyle H}{|}}{N}- \xrightarrow{+H_2O} -\overset{\overset{\displaystyle O}{\|}}{C}-OH + H-\underset{\underset{\displaystyle H}{|}}{N}-$$

Answer　3.③　4.③

5 에탄올(C_2H_5OH)에 진한 황산을 넣고 160℃ 정도 가열하면 발생하는 것으로, 브로민수에 통과시키면 적갈색의 브로민수 색깔을 탈색시키는 기체는?

① C_2H_6 ② C_2H_4

③ CH_4 ④ $C_2H_5OC_2H_5$

TIP $C_2H_5OH \xrightarrow[167 \sim 170℃]{C - H_2SO_4} C_2H_4 \uparrow + H_2O$ (탈수)

$$\underset{\text{에틸렌}}{\overset{H \quad\quad H}{\underset{H \quad\quad H}{C = C}}} + Br_2 \longrightarrow \underset{(\text{무색})}{\overset{H \quad H}{\underset{Br \quad Br}{H - C - C - H}}}$$
(적갈색)

6 석유에서 얻어진 알켄을 H_2SO_4 촉매에서 반응시킨 결과 생성된 알코올을 $KMnO_4$ 촉매에서 산화시켜 얻은 생성물로 옳은 것은?

$$CH_3 - CH = CH_2 + H_2O \xrightarrow[H^-]{H_2SO_4} CH_3 - \underset{\underset{OH}{|}}{CH} - CH_3$$

① CH_3OCH_3 ② CH_3COCH_3

③ CH_3COOH_3 ④ CH_3CH_3COOH

TIP $\underset{\substack{\text{아이소프로필 알코올}\\(\text{2차 알코올})}}{CH_3\underset{\underset{OH}{|}}{CH}CH_3} \xrightarrow[(-H_2)]{KMnO_4} \underset{\substack{\text{아세톤}\\(\text{케톤})}}{CH_3COCH_3}$

7 다음 화합물 중 어떤 불포화 탄화수소를 포화시키기 위해서 수소기체를 첨가하였을 때 2몰이 소요되는 구조로 옳은 것은?

① $CH_2 = CH - CH_2 - CH_3$

② $CH_2 = CH - CH = CH_2$

③ $CH_2 = CH - CH_2 - CH_3$

④ $CH_2 = CH - CH = CH_2 - CH_3$

> **TIP** 이중결합 1개를 포화시키는 기체 몰수는 1몰이며, 수소기체가 2몰이 소요된 것은 이중결합이 2개 존재하거나 삼중결합이 1개 존재하는 경우이다.

8 다음 중 에탄올의 산화시 생성되는 물질로 옳은 것은?

① HCOOH

② CH_3CHO

③ CH_3OCH_3

④ CH_3COCH_3

> **TIP** $C_2H_5OH \xrightarrow{\text{산화}} CH_3CHO \xrightarrow{\text{산화}} CH_3COOH$

9 다음 중 C_2H_5OH(에탄올)이 갖는 성질로 옳은 것은?

① 탄소수가 같은 케톤류와 작용기 이성질체 관계에 있다.

② KOH와 I_2를 반응시키면 노란색 침전이 생성된다.

③ 환원성이 커서 은거울반응을 한다.

④ 분자 내에 카보닐기(CO)를 포함한다.

> **TIP** 에탄올은 CO기가 없으며, 에터와 이성질체 관계에 있을 수 있고, 환원성은 없는 물질이다.

10 다음 탄화수소 중 알케인의 동족체는?

① C_3H_6

② C_5H_8

③ C_6H_{14}

④ C_7H_{14}

TIP 알케인의 일반식은 C_nH_{2n+2}이다.

11 다음 화합물 중 지방족 탄화수소로 옳지 않은 것은?

① C_3H_4

② C_3H_8

③ C_6H_6

④ C_6H_{12}

TIP ③ 방향족 탄화수소이다.

12 다음 중 엿을 만들 때 다 되었는가를 알아내는 반응으로 옳은 것은?

① 아이오딘 녹말반응

② 밀론반응

③ 닌히드린 반응

④ 뷰렛반응

TIP 아이오딘과 녹말이 결합하여 보라색을 나타내는 아이오딘 녹말반응은 녹말 검출시 사용하는 반응이다.

13 에탄올을 진한 황산과 같이 넣고 170℃로 가열할 때 발생하는 기체에 브로민을 반응시켜 상온에서 액체인 화합물을 얻었다면 이 액체에 해당하는 것은?

① $C_2H_5OH - CH_2Br$

② $CH_2 = CH_2$

③ $CH_2Br - CH_2Br$

④ $CHBr - C_2H_4Br$

TIP 에틸렌의 Br_2 첨가반응 … $C_2H_4 + Br_2 \longrightarrow CH_2Br - CH_2Br$

※ 에틸렌의 제법 … $C_2H_5OH \xrightarrow[170℃]{\text{진한 } H_2SO_4} C_2H_4 + H_2O$

14 다음 중 벤젠에 대한 설명으로 옳은 것은?

① 사이클로헥세인과 동일한 입체구조로 되어 있다.

② 독특한 냄새가 나는 무색, 휘발성 액체로 인화성이 강하다.

③ 분자 내 벤젠고리를 포함한 화합물을 지방족 탄화수소라고 한다.

④ 불포화 탄화수소이며 첨가반응이 잘 일어난다.

TIP ① 벤젠은 6개의 탄소원자가 육각형의 고리모양을 이루고 있는 정육각형 평면구조로 되어 있다.

③ 분자 내 벤젠고리를 포함한 화합물은 대부분 냄새가 있으므로 방향족 탄화수소라고 한다.

④ 불포화 탄화수소이지만 공명혼성구조로 안정하므로 첨가반응보다는 치환반응이 잘 일어난다.

15 다음 중 $FeCl_3$ 수용액을 가할 때 적자색의 정색반응이 일어나지 않는 것은?

①
Cl
OH

② CH_2OH

③ OH
COOH

④ OH

TIP 정색반응은 벤젠고리에 직접 −OH가 붙어 있을 때 일어난다.

16 다음 중 알케인의 동족체에 대한 설명으로 옳지 않은 것은?

① 일반식은 C_nH_{2n+2}이다.

② 탄소수가 많을수록 끓는점이 높다.

③ 이름은 모두 '~ane'으로 끝난다.

④ 안정하여 첨가반응을 잘 한다.

TIP 포화 탄화수소는 화학적으로 안정하여 반응을 잘 하지 않으나 할로젠원소와 치환반응을 한다.

17 다음 중 펜테인의 이성질체수를 고르면?

① 1개   ② 2개

③ 3개   ④ 4개

TIP 이성질체수
　㉠ 뷰테인(C_4H_{10}) : 2개
　㉡ 펜테인(C_5H_{12}) : 3개
　㉢ 헥세인(C_6H_{12}) : 5개

18 다음 중 암모니아성 질산은($AgNO3$) 용액과 반응하여 쉽게 산화되는 화합물로 옳은 것은?

① CH_3CH_2OH ② CH_3OCH_3

③ CH_3COCH_3 ④ CH_3CHO

TIP 은거울반응 … 알데하이드($R-CHO$)에 암모니아성 질산은 용액을 넣으면 은(Ag)이 석출되는 반응을 말한다.
　※ 알데하이드의 종류 … $HCHO$(폼알데하이드), CH_3CHO(아세트알데하이드), CH_3CH_2CHO(프로피온알데하이드) 등이 있다.

19 다음 중 메테인의 구조식에서 분자의 실제 구조에서 H-C-H 사이의 결합각 A는 대략 몇 도인가?

$$H \overset{\displaystyle H}{\underset{\displaystyle H}{\overset{|}{\underset{|}{\text{A} \diagup \text{C}}}}} H$$

① 90°

② 104.5°

③ 109°

④ 120°

TIP 메테인은 가운데 탄소 원자를 중심으로 4개의 원자와 사면체를 이룬다.

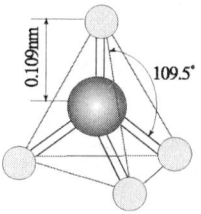

20 다음 중 산화하여 케톤이 되는 물질로 옳은 것은?

① HCOOH

② $CH_3CH(OH)COOH$

③ $CH_3CH(OH)CH_3$

④ CH_4COOH

TIP ③ 아이소프로필 알코올에 해당하며 케톤은 2차 알코올을 산화시켜 생성한다.

Answer 19.③ 20.③

21 다음 반응에서 생성되는 물질의 이성질체 관계로 옳은 것은?

$$H - C \equiv C - H + Cl_2 \rightarrow (\qquad)$$

① 광학이성질체　　　　　　　　② 기하이성질체

③ 구조이성질체　　　　　　　　④ 위치이성질체

TIP $\underset{Cl}{\overset{H}{>}}C = C\underset{Cl}{\overset{H}{<}}$ (cis형)과 $\underset{Cl}{\overset{H}{>}}C = C\underset{H}{\overset{Cl}{<}}$ (trans형)이므로 기하이성질체에 해당한다.

※ 기하이성질체 … 분자 내 원자 및 원자단의 상대적인 위치 차이로 인하여 발생하는 이성질체이다.

22 다음 중 은거울반응을 할 수 있는 물질로 옳은 것은?

① CHCHOH　　　　　　　　　② HCOOH

③ CHCOCH　　　　　　　　　④ CHCOOH

TIP 은거울반응은 암모니아성 질산은 용액에 R-CHO(알데하이드)를 가하면 일어나는 반응으로
$H - \underset{\underset{O}{\|}}{C} - O - H$ 는 -CHO와 -COOH를 갖고 있으므로 은거울반응이 나타난다.

23 다음 중 NaOH 수용액과 비누화 반응을 하는 물질로 옳은 것은?

① CH_3COOH　　　　　　　　② CH_3CH_2COOH

③ HCOOH　　　　　　　　　　④ $C_3H_7COOC_2H_{11}$

TIP 비누화 반응 … 에스터에 강한 염기(NaOH, KOH)를 가하고 가열하면 알코올과 염으로 분해되는 반응을 말한다.
$RCOOR' + NaOH \xrightarrow{\text{비누화}} RCOONa + R'OH$

Answer 21.② 22.② 23.④

24 다음 중 벤젠에 대한 설명으로 옳지 않은 것은?

① 알코올, 에터, 아세톤에는 잘 용해된다.

② 탄소원자의 원자가전자 4개 중 3개는 3개의 단일결합을 이루고 있다.

③ 공명혼성구조로 안정하여 치환반응이 잘 일어난다.

④ 실제구조는 단일결합과 2중 결합이 고정된 구조이다.

> **TIP** ④ 벤젠의 실제구조는 단일결합과 2중 결합이 고정된 것이 아니라 모든 결합이 1.5결합을 이루고 있다.

25 다음 중 벤젠에 진한 질산과 진한 황산의 혼합액을 가할 때 생성되는 물질로 옳은 것은?

① NO₂

② NH₂

③ SO₃H

④ CH₃

> **TIP** 니트로화 치환반응 … 벤젠에 진한 황산과 진한 질산을 첨가시키면 니트로화벤젠이 생성되는 반응이다.

26 다음 중 알코올과 카복실산 어느 것과도 에스터화 반응을 할 수 있는 것은?

① OH COOH

② COOH COOH

③ CH₃ COOH

④ CH₃ CH₃

> **TIP** 알코올과 에스터화 반응→ − COOH, 카복실산과 에스터화 반응→ −OH

Answer 24.④ 25.① 26.①

27 다음 중 톨루엔의 치환반응으로 인하여 가능한 이성질체의 수로 옳은 것은?

① 1개 ② 2개

③ 3개 ④ 4개

TIP 톨루엔의 치환반응

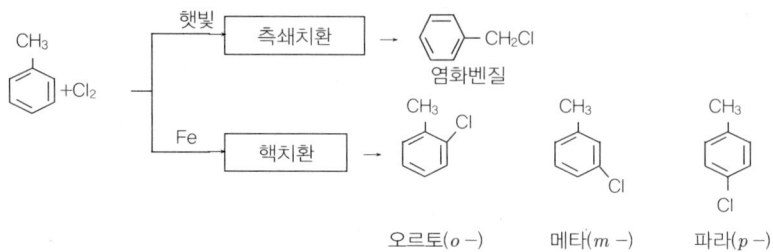

28 25℃, 1기압의 C_2H_2와 C_2H_4의 혼합기체 1L를 모두 에테인으로 만들 때 같은 상태의 수소기체 1.4L가 소모되었다면 이 혼합기체의 C_2H_2와 C_2H_4의 몰수의 비로 옳은 것은?

① 1 : 2 ② 2 : 3

③ 1 : 4 ④ 1 : 6

TIP $AC_2H_2 + 2AH_2 \rightarrow AC_2H_6$

$BC_2H_4 + BH_2 \rightarrow BC_2H_6$

H_2의 A, B를 비교하면

A + B = 1L, 2A + B = 1.4L 이므로

∴ A = 0.4, B = 0.6

A : B = 2 : 3

29 고분자화합물인 나일론 6 · 6의 주사슬은 아미드결합 $\left(\begin{array}{c} O \\ \parallel \\ -C-NH- \end{array} \right)$으로 연결되어 있다. 주사슬에 이와 비슷한 결합을 가지고 있는 고분자물질로 옳은 것은?

① 단백질   ② 알코올

③ 아밀로펙틴   ④ 포도당

> **TIP** 단백질의 구조 … 여러 종류의 아미노산 사이의 축합중합반응으로 구성된 고분자화합물로 아미노기($-NH_2$)와 카복시기($-COOH$)의 축합반응으로 펩타이드결합이 생성되어 이루어진다.

30 다음 중 녹말, 셀룰로스, 단백질의 공통점으로 옳지 않은 것은?

① 가수분해가 일어나면 단위체로 분해된다.

② 식물체에서 추출이 가능하다.

③ 천연 고분자물질에 해당한다.

④ C, H, O, N을 모두 포함하고 있다.

> **TIP** 녹말과 셀룰로스에는 N가 함유되어 있지 않다.
> ※ 녹말과 셀룰로스의 시성식
> ㉠ 녹말 : $(C_6H_{10}O_5)_n$
> ㉡ 셀룰로스 : $C_6H_{10}O_5$

31 다음 중 펠링용액을 가할 경우 붉은색 침전이 생기는 물질로 옳은 것은?

① $C_2H_4OH_2$ ② $HCOOH$

③ CH_3COCH_3 ④ $C_6H_5NH_2$

> **TIP** 펠링반응 … 펠링용액에 포기를 가진 유기물질, 알데하이드, 폼산, 단당류 등을 첨가시키면 펠링용액 속의 구리이온이 환원되어 산화구리의 붉은색 침전이 나타나는 반응이다.

32 다음 중 그물구조 모양을 가진 열경화성 고분자화합물에 해당하는 것은?

① 천연고무
$$\left[\begin{matrix} CH_2 - C = CH - CH_2 \\ | \\ CH_3 \end{matrix} \right]_n$$

② 네오프렌고무
$$\left[\begin{matrix} H & & & H \\ | & & & | \\ C - C = C - C \\ | & | & | & | \\ H & H & Cl & H \end{matrix} \right]_n$$

③ 아세트산비닐수지
$$\left[\begin{matrix} CH_2 - CH \\ | \\ OCOCH_3 \end{matrix} \right]_n$$

④ 페놀수지
$$\left[\begin{matrix} OH \\ \bigcirc - CH_2 \end{matrix} \right]_n$$

> **TIP** 열경화성 수지 … 한번 가열하여 굳어지면 다시 열을 가해도 유체로 변형되지 않는 성질의 수지로 축합중합체 중 그물구조를 가진 고분자화합물이 여기에 해당한다.
> **예** 페놀수지, 요소수지

33 다음 중 은거울반응과 에스터화 반응을 모두 하는 물질로 옳은 것은?

① $C_2H_5OC_2H_5$ ② $CH_3CO_2H_5$

③ HCOOH   ④ CH_3CHO

> **TIP** 은거울반응 … $R-CHO + 2Ag(NH_3)_2OH \longrightarrow RCOOH + 2Ag \downarrow + 4NH_3 + H_2O$
> ※ 에스터화 반응 … $R - COOH + HOR' \longrightarrow RCOOR' + H_2O$

Answer 32.④ 33.③

34 다음 중 펩타이드결합과 관련없는 것은?

①
O
‖
—C—O—

②
O
‖
—C—OH

③ H—N—
         |
         H

④
O
‖
—C—N—
     |
     H

TIP 펩타이드결합

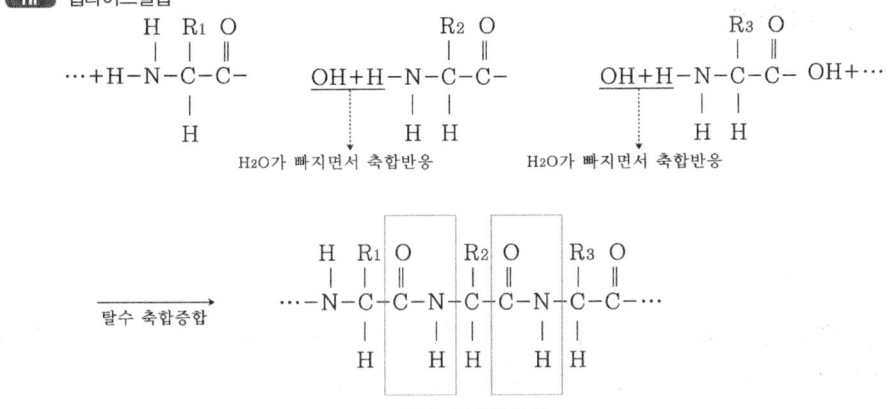

H₂O가 빠지면서 축합반응   H₂O가 빠지면서 축합반응

탈수 축합중합

(펩타이드결합 형성)

Answer 34.①

02 금속화합물과 비금속화합물

01 알칼리금속과 그 화합물

❶ 알칼리금속의 특성

(1) 알칼리금속

주기율표의 1(1A)족에 속하는 리튬(Li), 소듐(Na), 포타슘(K), 루비듐(Rb), 세슘(Cs) 등을 말하며, 이 원소의 화합물은 화학적 활성이 크고, 물에 녹아 알칼리성을 나타내는 물질이 많다.

[알칼리금속]

원소	전자						녹는점 (℃)	끓는점 (℃)	이온화에너지 (kcal/mol)	몰 부피 (ml/mol)	밀도(20℃) (g/ml)	불꽃반응 (불꽃색)
	K	L	M	N	O	P						
$_3$Li	2	1					186	1,336	124.3	13.0	0.53	빨간색
$_{11}$Na	2	8	1				97.5	880	118.5	23.7	0.97	노란색
$_{19}$K	2	8	8	1			62.8	760	100.1	45.4	0.86	보라색
$_{37}$Rb	2	8	18	8	1		38.5	700	96.3	55.8	1.53	빨간색
$_{55}$Cs	2	8	18	18	8	1	28.5	670	89.8	70.0	1.87	파란색

(2) 알칼리금속의 특성

① **알칼리원소** … 수소를 제외한 1족 원소를 나타낸다.

② **알칼리금속의 전자배치** … ns^1, 원자가전자수는 1이고 이온화에너지가 가장 작은 족원소이다. 전자 한 개를 잃고 +1가의 양이온이 되기 쉽다.

③ **물리적 특성**
  ㉠ 상온에서 은백색 광택을 띤다.
  ㉡ 가볍고 연한 고체로 칼로 쉽게 잘라진다.

ⓒ 원자번호가 커질수록 원자반지름이 커지며, 핵간 거리가 멀고 녹는점과 끓는점이 낮아진다.
  • 원자반지름 : Li < Na < K < Rb …
  • 녹는점, 끓는점 : Li > Na > K > Rb …

④ 화학적 특성
  ㉠ 반응성의 크기가 증가할수록 금속성이 증가한다.
  ㉡ 원자가전자가 1개이며, +1가의 양이온이 되기 쉽다.

$$M \rightarrow M^+ + e^-$$

  ㉢ 원자번호가 증가하면 이온화에너지가 작아지기 때문에 쉽게 이온화되어 반응성이 커진다.

    알칼리금속의 반응성 … Li < Na < K < Rb …

  ㉣ 공기 중에서 쉽게 산화되어 산화물을 형성한다.

$$4M(s) + O_2(g) \rightarrow 2M_2O(s) \quad (4Na + O_2 \rightarrow 2Na_2O)$$

  ㉤ 상온에서 물과 격렬히 반응하여 H_2를 발생하며 용액은 염기성을 나타낸다.

$$2M(s) + 2H_2O \rightarrow 2MOH(aq) + H_2 \uparrow$$

) TIP ~~~~~~~~~~~~~~~~~~~~~~~~
  염기성의 세기 … LiOH < NaOH < KOH < CsOH

  ㉥ 할로젠원소(X_2)와 직접 반응하여 할로젠화물(MX)을 형성한다.

$$2M(s) + X_2(g) \rightarrow 2MX(s)$$

  ㉦ 알카리금속이나 알칼리금속이온이 함유되어 있는 화합물은 대부분 무색을 띤다.

⑤ 검출반응 … 불꽃반응에 의해 검출한다.

[알칼리금속의 불꽃색]

원소	Li	Na	K	Rb	Cs
불꽃색	빨간색	노란색	연한 보라색	진한 빨간색	연한 파랑색

) TIP ~~~~~~~~~~~~~~~~~~~~~~~~
  불꽃반응 … 금속원자 내의 전자가 열에너지를 받으면 그 에너지준위가 높아지는데, 이 때 전이하는 전자는 금속에 따라 특유한 에너지준위 사이에서만 전이하므로 이 때 방출되는 에너지는 금속원소마다 특유의 불꽃색으로 나타나게 된다. 동일한 종류의 원소일 경우에는 금속이나 이온에 상관없이 같은 불꽃색을 나타내게 되는데 금속이나 이온을 포함한 화합물의 수용액을 백금선이나 니크롬선에 묻혀 겉불꽃에 넣으면 특유의 색깔을 나타내는 반응이다.

❷ 알칼리금속의 화합물

(1) 알칼리금속의 염화물

① 알칼리금속(M)은 반응성이 크기 때문에, 염소(Cl_2) 기체와 반응하면 염화물을 형성한다.

$$2M(s) + Cl_2 \longrightarrow 2MCl(s) \ (M=Li, \ Na, \ K, \ Rb \ \cdots)$$

② 알칼리금속의 염화물 MCl은 모두 이온결합물질로 M^+와 Cl^-는 비활성기체와 같은 전자배치를 가지는 안정한 이온이다.

③ 대표적인 물질로는 염전에서 바닷물을 증발시켜 얻거나 암염 상태에서 산출하는 NaCl을 들 수 있다.

$$2NaCl(s) \xrightarrow{\ \text{용융}\ } 2Na^+ + 2Cl^- \xrightarrow{\ \text{전기분해}\ } 2Na + Cl_2$$
$$(-)극 \quad (+)극$$

$$NaCl + 2H_2O \xrightarrow{\ \text{전기분해}\ } 2NaOH(aq) + H_2 + Cl_2$$
$$(-)극 \quad\quad (+)극$$

(2) 알칼리금속의 수산화물

① 다른 이온결정에 비해 무르고 녹는점이 낮으며, LiOH를 제외하면 모두 물에 잘 용해되어 강한 염기성을 나타낸다.

② 알칼리금속의 수산화물에는 LiOH, NaOH, KOH 등이 있다.

> **TIP**
> 알칼리금속의 염기성 세기 … LiOH < NaOH < KOH

③ 수산화소듐(NaOH)

　㉠ 제법 : 진한 NaCl 수용액을 격막법 또는 수은법으로 전기분해한다.

$$2NaCl + 2H_2O \xrightarrow{\ \text{전기분해}\ } 2NaOH + H_2 + Cl_2$$

　㉡ 특성
　　• 흰색의 반투명한 고체이며, 공기 중의 수분을 흡수하여 스스로 녹는 조해성을 가지고 있다.
　　• 공기 중의 CO_2를 흡수하여 탄산소듐을 형성한다.

$$2NaOH + CO_2 \longrightarrow Na_2CO_3 + H_2O$$

- 물에 용해되면 강한 염기성을 나타내며, 단백질을 부식시킨다.

$$NaOH(s) \rightarrow Na^+(aq) + OH^-(aq)$$

- 피부에 닿으면 피부가 상하고, 모직이나 견직물 등을 상하게 한다.
  © 용도 : 화학약품, 화학공업, 펄프, 비누 제조, 인조섬유원료 등으로 사용한다.

(3) 알칼리금속의 탄산염과 탄산수소염

① 종류

    ㉠ 탄산염 : 탄산소듐(Na_2CO_3), 탄산포타슘(K_2CO_3) 등

    ㉡ 탄산수소염 : 탄산수소소듐($NaHCO_3$), 탄산수소포타슘($KHCO_3$)

② 탄산소듐(Na_2CO_3)

    ㉠ 제법 : NaCl의 포화수용액에 NH_3와 CO_2를 넣어 주면 $NaHCO_3$의 결정이 석출되는데 이것을 가열하여 얻는다. 이 방법을 솔베이법 또는 암모니아소다법이라 한다.

$$NaCl + NH_3 + CO_2 + H_2O \rightarrow NaHCO_3(s) + NH_4Cl(aq)$$
$$2NaHCO_3 \xrightarrow{\text{가열}} Na_2CO_3 + CO_2 + H_2O$$

    ㉡ 특성

- 흰색 고체로 열에 안정적이다.
- 물에 쉽게 용해된다.
- 수용액은 염기성을 나타낸다.

$$Na_2CO_3 + 2H_2O \rightleftarrows 2NaOH + H_2CO_3$$

- 결정탄산소듐($Na_2CO_3 \cdot 10H_2O$)은 공기 중에 방치되면 스스로 결정수를 잃고 부서지는 풍해성을 가지고 있다.

$$Na_2CO_3 \cdot 10H_2O \xrightarrow{\text{풍해}} Na_2CO_3 \cdot H_2O$$

- 산을 첨가하면 CO_2가 발생한다.

$$Na_2CO_3 + 2HCl \rightarrow 2NaCl + H_2O + CO_2 \uparrow$$

    © 용도 : 펄프, 유리, 세제, 염료의 제조 등에 사용한다.

③ 탄산수소소듐(NaHCO₃)

　　㉠ 제법 : 솔베이법의 중간 생성물을 통해 얻는다.

$$NaCl + NH_3 + CO_2 + H_2O \longrightarrow NaHCO_3(s) + NH_4Cl(aq)$$

　　㉡ 특성

　　　• 중조라고도 부르며, 무색의 결정성 가루이다.

　　　• 물에 대한 용해도가 작다.

　　　• 물에 용해되면 약한 염기성을 나타낸다.

$$NaHCO_3 + H_2O \longrightarrow Na^+(aq) + OH^-(aq) + H_2CO_3(aq)$$

　　　• 황산알루미늄($Al_2(SO_4)_3$)과 반응하면 CO_2가 발생한다.

$$6NaHCO_3 + Al_2(SO_4)_3 \longrightarrow 3Na_2SO_4 + 2Al(OH)_3 + 6CO_2$$

　　　• 열분해시키면 CO_2가 발생한다.

$$2NaHCO_3 \xrightarrow{\text{가열}} Na_2CO_3 + H_2O + CO_2$$

　　㉢ 용도 : 베이킹파우더, Na_2CO_3의 제조, 의약품(제산제), 소화기의 원료 등에 사용한다.

02 알칼리토금속과 그 화합물

❶ 알칼리토금속의 특성

(1) 알칼리토금속

① 주기율표의 2(2A)족에 속하는 베릴륨(Be), 마그네슘(Mg), 칼슘(Ca), 스트론튬(Sr), 바륨(Ba) 등을 말한다.

② 알칼리토금속의 원자들은 최외각에 2개의 전자를 가지고 있어 알칼리금속에 비해 원자간 결합이 세다.

③ 녹는점이 높고, 반응성이 알칼리금속 다음으로 크다.

(2) 알칼리토금속의 특성

① 원자가전자가 2개이기 때문에 +2가 양이온이 되기 쉽다.

$$M \rightarrow M^{2+} + 2e^- \quad (M : 알칼리토금속)$$

② 산과 반응하면 H_2가 발생한다.

$$M + 2HCl \rightarrow MCl_2 + H_2$$
$$Mg + 2HCl \rightarrow MgCl_2 + H_2$$

③ Be와 Mg는 고온의 물과 반응하면 수소가 발생하지만, 나머지 알칼리토금속은 상온에서 물과 반응하면 수소가 발생한다.

$$M + 2H_2O \rightarrow M(OH)_2 + H_2 \quad (M=Ca, Sr, Ba)$$

> **TIP** ~~~~~~~~~~~~~~~~~~~~~~~~~~~~
> 반응성의 크기 … Ca < Sr < Ba

(3) 알칼리토금속의 용도

① Mg … 은백색의 금속 특유의 광택이 나며, 사진기의 플래쉬에 주로 이용된다.

② Ca … 유기용매의 탈수제 및 철, 구리 등의 탈산소제로 사용된다.

③ Ba … 고온에서 전자를 방출하는 특성에 의해 점화플러그의 제조에 사용된다.

❷ 알칼리토금속의 화합물

(1) 알칼리토금속 화합물의 특성

① 알칼리토금속의 염화물 및 Mg, Be 이외의 산화물, 수산화물은 물에 잘 용해된다.

② Be, Mg 외의 수산화물 및 산화물은 원자번호가 클수록 용해도와 염기성이 증가한다.

③ Mg, Be 외의 황산염 및 탄산염은 물에 용해되기 어렵다.

(2) 염화물

① 염화마그네슘($MgCl_2$)

⊙ $MgCl_2$는 물에 잘 용해되고, 무색의 결정으로 되어 있다.

ⓛ 단백질을 엉기게 하는 성질이 있어 간수의 주성분이다.

ⓒ 가열분해하면 조해성을 잃고 산화마그네슘(MgO)으로 된다.

ⓔ 특유의 조해성으로 인하여 결정 상태에서는 $MgCl_2 \cdot 6H_2O$의 화학식을 가진다.

$$MgCl_2 \cdot 6H_2O \xrightarrow{\text{가열}} MgO(s) + 2HCl(g) + 5H_2O(g)$$

② 염화칼슘($CaCl_2$)

⊙ 탄산칼슘($CaCO_3$)과 묽은 염산의 반응으로 얻는다.

$$CaCO_3 + 2HCl \rightarrow CaCl_2 + H_2O + CO_2$$

ⓛ 조해성이 있으므로 건조제로 사용한다.

ⓒ $CaCl_2$는 물에 용해되면 물의 어는점을 낮추는 성질이 있어 겨울에 길에 뿌리면 빙판이 생기는 것을 예방할 수 있으며, 주로 냉동제로 사용한다.

③ 염화바륨($BaCl_2$)과 $SrCl_2 \cdot 6H_2O$

⊙ $BaCl_2$: 황산이온이나 SO_4^{2-}나 탄산이온 CO_3^{2-}의 검출에 사용한다.

$$Ba^{2+} + SO_4^{2-} \rightarrow BaSO_4 \downarrow (\text{흰색})$$
$$Ba^{2+} + CO_3^{2-} \rightarrow BaCO_3 \downarrow (\text{흰색})$$

ⓛ $SrCl_2 \cdot 6H_2O$: 주로 불꽃놀이에 이용한다.

(3) 수산화물

① 수산화소듐($NaOH$)

⊙ 흰색의 반투명한 고체로 조해성을 가지고 있다.

ⓛ 물에 용해되면 강한 염기성을 나타낸다.

ⓒ 단백질을 부식시키는 성질이 있다.

ⓔ 공기 중의 이산화탄소를 흡수하여 탄산소듐을 형성한다.

$$2NaOH + CO_2 \rightarrow Na_2CO_3 + H_2O$$

② 수산화칼슘(Ca(OH)$_2$)

ㄱ 물에 소량 용해되며, 수용액은 강한 염기성을 나타낸다.

ㄴ 온도가 낮을수록 용해도는 증가한다.

ㄷ 수산화칼슘 수용액에 이산화탄소를 통하면 처음에는 탄산칼슘이 생겨 뿌옇게 흐려지다가 계속 통하면 녹아 맑아진다.

$$Ca(OH)_2 + CO_2 \rightarrow CaCO_3 \downarrow + H_2O$$
$$CaCO_3 + H_2O + CO_2 \rightarrow Ca(HCO_3)_2$$

(4) 산화물

① 산화마그네슘(MgO)

ㄱ 마그네슘의 연소에 의해 생성되며, 물에 소량 용해되어 약한 염기성을 나타낸다.

$$2Mg + O_2 \rightarrow 2MgO$$
$$MgO + H_2O \rightarrow Mg(OH)_2$$

ㄴ 녹는점은 2,826℃로 높은 편이다.

ㄷ 용도 : 내화벽돌, 전기로 제조시 사용한다.

② 산화칼슘(CaO)

ㄱ 생석회라고도 하고, 물을 가하면 소석회[Ca(OH)$_2$]로 변한다.

$$CaO + H_2O \rightarrow Ca(OH)_2$$

ㄴ Ca(OH)$_2$는 물에 소량 용해되어 강한 염기성을 나타내고, 이 수용액에 CO$_2$를 통과시키면 물에 용해되지 않은 탄산칼슘에 의해 뿌옇게 흐려진다.

$$Ca(OH)_2 + CO_2 \rightarrow CaCO_3 \downarrow + H_2O$$

ㄷ Ca(OH)$_2$는 CO$_2$ 검출 및 Ca^{2+}의 검출에 이용한다.

(5) 탄산염 및 황산염

① 탄산칼슘(CaCO$_3$)

ㄱ 석회석, 대리석, 조개껍질 등의 주성분이다.

ㄴ 900℃ 정도의 고열로 가열하면 산화칼슘과 이산화탄소로 분해된다.

$$CaCO_3 \rightarrow CaO + CO_2$$

ⓒ 탄산칼슘은 물에는 용해되지 않으나 CO_2가 용해되어 있는 물에서는 Ca^{2+}와 HCO_3^-로 되어 용해된다(석회동굴의 종유석, 석순의 생성요인).

$$CaCO_3 + H_2O + CO_2 \rightarrow Ca^{2+} + 2HCO_3^-$$

② 황산칼슘($CaSO_4$)

ⓐ 황산칼슘은 석고($CaSO_4 \cdot 2H_2O$) 및 석고무수물($CaSO_4$)의 형태로 존재한다.

ⓑ 석고를 120~140℃로 가열하면 결정수의 일부를 잃고, 소석고($CaSO_4 \cdot \frac{1}{2}H_2O$)가 된다.

ⓒ 용도: 소석고를 물로 반죽하여 방치하면 다시 부피가 커지고 석고가 되는 성질을 이용하여 의료용 깁스 및 공예품을 만드는 데 사용한다.

③ 황산바륨($BaSO_4$)

ⓐ 백색 고체로, 물에 거의 용해되지 않는다.

ⓑ X선을 신체조직보다 잘 흡수하므로 위나 장질환 검사에 사용한다.

ⓒ Ba^{2+}는 독성이 있지만 $BaSO_4$는 물에 거의 용해되지 않으므로 인체에 해롭지 않다.

03 할로젠원소와 그 화합물

❶ 할로젠원소의 특성

(1) 할로젠원소

① 할로젠원소

ⓐ 주기율표상의 위치: 7(17)족으로 0족원소 바로 앞에 위치한다.

ⓑ 종류: F, Cl, Br, I, At

② 전자배치 … 할로젠원소의 원자들은 모두 원자가전자를 7개 가진다.

③ 홑원소물질 … 할로젠원자는 원자 사이의 공유결합으로 인하여 모두 2원자의 분자로 되어 있다.

$$:\overset{..}{X}\cdot + \cdot \overset{..}{X}: \rightarrow :\overset{..}{X}:\overset{..}{X}: \quad (X=F, Cl, Fr, I)$$

[할로젠의 특성]

원자	전자배치					원자반지름 (nm)	전자친화도 (kcal/mol)	이온화에너지 (kcal/mol)
	K	L	M	N	O			
$_9F$	2	7				0.064	79.3	402
$_{17}Cl$	2	8	7			0.099	83.1	300
$_{35}Br$	2	8	18	7		0.144	77.3	273
$_{53}I$	2	8	18	18	7	0.133	60.7	241

(2) 할로젠원소의 특성

① 물리적 특성

㉠ 특유의 색깔을 가지고 있으며, 원자번호가 커질수록 색깔은 진해진다.

㉡ 원자번호가 증가할수록 분자간 힘이 증가하여 녹는점과 끓는점이 높아진다.

㉢ 상온에서 F_2, Cl_2는 기체, Br_2는 액체, I_2는 고체로 존재하며 승화되기 쉽다.

▶ TIP ∿∿∿∿∿∿∿∿∿∿∿∿∿∿∿∿∿∿∿∿∿∿∿

할로젠원소의 반응성 ⋯ $F_2 > Cl_2 > Br_2 > I_2$

㉣ F_2는 물과 폭발적으로 반응하고, Cl_2, Br_2은 물에 소량 용해되며, I_2는 거의 물에 용해되지 않는다.

② 화학적 특성

㉠ 원자가전자가 7개 존재하므로 −1가의 음이온이 되기 쉽다.

$$:\overset{..}{\underset{..}{X}}\cdot\ +\ e^- \longrightarrow\ \left[\ :\overset{..}{\underset{..}{X}}:\ \right]^-\quad (X=F,\ Cl,\ Br,\ I)$$

㉡ 알칼리금속 및 수소와 직접 반응하여 화합물을 형성한다.

$$2M + X_2 \longrightarrow 2MX\ (M=Na,\ K)$$
$$H_2 + X_2 \longrightarrow 2HX\ (X=F,\ Cl,\ Br,\ I)$$

③ 제법 ⋯ F_2를 제외한 모든 할로젠원소는 할로젠화수소산에 산화제를 작용시켜 얻는다.

$$MnO_2 + 4HX \xrightarrow{\text{가열}} MnX_2 + 2H_2O + X_2\uparrow\ (X=Cl,\ Br,\ I)$$

④ 할로젠이온의 검출 … 질산은($AgNO_3$) 용액을 가하여 할로젠화은의 침전을 생성시켜 검출한다.

$$\left.\begin{array}{c} F^- \\ Cl^- \\ Br^- \\ I^- \end{array}\right\} +Ag^+ \rightarrow \left\{\begin{array}{l} AgF\,(용해) \\ AgCl \downarrow (흰색) \\ AgBr \downarrow (연한노란색) \\ AgI \downarrow (노란색) \end{array}\right\}$$

[할로젠원소의 종류와 성질]

원소	녹는점(℃)	끓는점(℃)	상태(25℃)	색	은화합물
F_2	−217.9	−188.0	기체	담황색	AgF(용해)
Cl_2	−100.9	−34.1	기체	황록색	AgCl ↓ (흰색)
Br_2	−7.9	58.8	액체	적갈색	AgBr ↓ (연한 노란색)
I_2	113.6	184.4	고체	흑자색	AgI ↓ (노란색)

(3) 할로젠원소의 홑원소물질

① 염소(Cl_2)

　㉠ 특성

　　• 공기보다 무겁고, 황록색을 띤 유독성 기체이다.

　　• 하방치환으로 포집한다.

　　• 액화하기 쉽다(0℃, 6기압).

　　• 물에 용해되어 염소수가 된다.

$$Cl_2 + H_2O \rightarrow HCl + HClO$$

　　• 염소를 석회수에 통과시키면 하이포아염소산칼슘(표백분)을 생성한다.

$$Ca(OH)_2 + Cl_2 \rightarrow CaCl(OCl) + H_2O$$

　　• 반응성이 커서 금속원소 및 비금속원소와 반응한다.
　　　– 인과의 반응 : $P_4 + 10Cl_2 \rightarrow 4PCl_5$
　　　– 구리와의 반응 : $Cu + Cl_2 \rightarrow CuCl_2$

　　• 무색의 아이오딘화 포타슘 녹말종이를 보라색으로 변화시킨다.

$$2KI + 녹말 + Cl_2 \rightarrow 2KCl + I_2 + 녹말 \ (I_2가 \ 녹말과 \ 반응하여 \ 보라색을 \ 나타냄)$$

　㉡ 용도 : 상수도 살균, 면직물 표백, 염산제조 등에 사용한다.

ⓒ 제법

• 산화제(MnO_2)를 진한 염산에 넣고 가열하여 얻는다.

$$4HCl + MnO_2 \xrightarrow[\text{가열}]{} MnCl_2 + 2H_2O + Cl_2 \uparrow$$

• 진한 염산을 표백분에 가하여 얻는다.

$$CaCl(ClO) \cdot H_2O + 2HCl \rightarrow CaCl_2 + 2H_2O + Cl_2 \uparrow$$

• 염화소듐($NaCl$) 수용액을 전기분해하여 (+)극에서 얻는다.

$$2NaCl + 2H_2O \rightarrow \underline{2NaOH + H_2} + \underline{Cl_2 \uparrow}$$
$$\quad\quad\quad\quad\quad (-)극 \quad\quad (+)극$$

② 플루오린(F_2)

ⓐ 특성

• 담황색을 띤 자극성이 강한 유독기체이다.

• 가장 강한 산화제로 모든 원소와 결합한다.

• 비금속원소 중 반응성이 가장 크다.

• XeF_4, XeF_2 등의 비활성기체와도 반응한다.

• 물과 격렬히 반응하여 산소를 발생한다.

ⓑ 용도 : 프라이팬, 전기밥솥의 코팅 재료로 사용한다.

ⓒ 제법

• 천연에서는 형석(CaF_2), 빙정석(Na_3AlF_6)에서 산출한다.

• KHF_2를 용융전기분해하여 얻는다.

③ 브로민(Br_2)

ⓐ 특성

• 적갈색의 액체로 독성이 강하며, 악취가 난다.

• 물에 용해되어 브로민수가 되는 과정에서 생성된 $HBrO$는 살균, 표백작용을 한다.

• 비금속 중 유일하게 상온에서 액체로 존재한다.

ⓑ 제법 : HBr에 이산화망가니즈를 가한 후 가열하여 얻는다.

$$4HBr + MnO_2 \xrightarrow[]{\text{가열}} MnBr_2 + 2H_2O + Br_2$$

④ 아이오딘(I_2)

　　㉠ 특성

　　　• 흑자색의 광택이 나는 고체로 승화성을 가지고 있다.

　　　• 물에는 거의 용해되지 않으나 아이오딘화 포타슘 용액에는 잘 용해되어 $I_3{}^-$ 이온을 생성한다.

$$KI(aq) + I_2(s) \longrightarrow K^+(aq) + I_3{}^-(aq)$$

　　　• 사염화탄소와 벤젠용매(무극성 용매)에는 잘 용해된다.

　　　• 아이오딘과 아이오딘화 포타슘을 에탄올에 용해하여 소독약으로 사용한다.

　　　• 아이오딘녹말반응 : 아이오딘과 녹말이 만나면 청자색으로 변하는 것을 이용하여 아이오딘과 녹말을 검출한다.

　　　• 갑상샘호르몬인 티록신의 주성분 원소로 해초를 태운 재에서 얻는다.

　　▶ TIP
　　아이오딘팅크 … KI와 알코올을 아이오딘에 용해시킨 용액을 말하며, 주로 소독약으로 사용한다.

　　㉡ 제법 : HI에 이산화망가니즈(MnO_2)를 넣고 가열하여 얻는다.

$$4HI + MnO_2 \xrightarrow{\text{가열}} MnI_2 + 2H_2O + I_2$$

❷ 할로젠원소의 반응성 세기

(1) 수소와의 반응성

① 할로젠원소는 모두 수소와 직접 반응하여 무색의 자극성 냄새가 나는 할로젠화수소(HX)를 생성한다.

$$H_2 + F_2 \xrightarrow{\text{암실}} 2HF + 128.4kcal : 폭발적 반응$$

$$H_2 + Cl_2 \xrightarrow{\text{햇빛}} 2HCl + 44.1kcal : 폭발적 반응$$

$$H_2 + Br_2 \xrightarrow{\text{가열}} 2HBr + 24.7kcal : 느린 반응$$

$$H_2 + I_2 \xrightarrow[\text{가열}]{P_t} 2HI + 3.0kcal : 촉매 존재하에 느린 반응$$

② 원자번호가 작을수록 수소와의 반응성도 크고 결합력도 크기 때문에 수소화합물도 안정하다.

(2) 상대적 반응성

① 산화력이 큰 원소는 화합물 중에서 산화력이 작은 원소를 유리시키기 때문에 할로젠원소는 원자번호가 작을수록 산화력이 증가한다.

> **TIP**
> 산화력(음이온이 되려는 경향) ⋯ $F_2 > Cl_2 > Br_2 > I_2$

② 비금속성이 큰 원소로 반응성이 크다.

③ 반응성 · 비금속성 · 산화력의 크기 ⋯ $F_2 > Cl_2 > Br_2 > I_2$

> **예** $2KBr + Cl_2 \rightarrow 2KCl + Br_2$ (반응성$=Cl_2 > Br_2$)
> $2KI + Cl_2 \rightarrow 2KCl + I_2$ (반응성$=Cl_2 > I_2$)
> $2KI + Br_2 \rightarrow 2KBr + I_2$ (반응성$=Br_2 > I_2$)
> $2KCl + Br_2 \rightarrow$ 반응하지 않음
> $2Br + I_2 \rightarrow$ 반응하지 않음

❸ 할로젠원소의 화합물

(1) 할로젠화수소(HX)

① 특성

ㄱ 할로젠화수소는 H_2O에 H^+를 주어 산성을 나타내며, 모두 물에 녹아 할로젠화수소산이 된다.

$$HX + H_2O \rightarrow H_3O^+ + X^- \ (X=F, \ Cl, \ Br, \ I)$$

• 산성의 세기 : HF는 안정한 분자로 이온화가 잘 이루어지지 않는다.

$HF \ll HCl < HBr < HI$

약산 ←――――――→ 강산

• 끓는점 : HF는 분자간 수소결합에 의해 끓는점이 높다.

$HCl < HBr < HI \ll HF$

ㄴ 할로젠화수소산에 질산은($AgNO_3$) 수용액을 가하면 할로젠화은이 생성된다.

$$HX + AgNO_3 \rightarrow AgX + HNO_3 \ (X=F, \ Cl, \ Br, \ I)$$

② 할로젠화수소화합물의 종류

ㄱ 염화수소(HCl)

• 특성

– 무색의 자극성 기체로 물에 잘 용해된다.

– 공기보다 무겁기 때문에 하방치환으로 포집한다.

– 암모니아 기체와 반응하여 흰 연기를 발생한다(NH_3 및 HCl 검출시 사용).

$$NH_3(g) + HCl(g) \longrightarrow NH_4Cl(s)$$

– 물에 용해되면 염산을 형성한다.

$$HCl + H_2O \longrightarrow H_3O^+ + Cl^-$$

• 제법 : 소금에 진한 황산을 넣고 가열하여 얻는다.

$$NaCl + H_2SO_4 \xrightarrow{\text{저온}(500^{\circ}\text{C 이하})} NaHSO_4 + HCl$$

$$2NaCl + H_2SO_4 \xrightarrow{\text{고온}(500^{\circ}\text{C 이하})} Na_2SO_4 + 2HCl$$

ⓛ 플루오린화수소(HF)

• 특성

– 석영(SiO_2)과 반응하는 성질이 있기 때문에 납병이나 폴리에틸렌병에 보관해야 한다.

$$SiO_2 + 4HF \longrightarrow SiF_4 + 2H_2O$$
$$\text{(석영)}$$
$$Na_2SiO_3 + 6HF \longrightarrow 2NaF + SiF_4 \uparrow + 3H_2O$$
$$\text{(유리)}$$

– 무색의 자극성 기체이고, 수소결합을 하기 때문에 끓는점이 높다.

– 물에 용해되면 약한 산이 된다.

• 제법 : 백금 혹은 납그릇 내에서 형석(CaF_2)에 진한 황산을 가한 후 가열하여 얻는다.

$$CaF_2 + H_2SO_4 \longrightarrow CaSO_4 + 2HF \text{ (유리기구 사용불가)}$$

ⓒ 브로민화수소(HBr)와 아이오딘화수소(HI)

• 물에 용해되어 강한 산성을 나타낸다.

• 발연성 기체에 해당한다.

(2) 할로젠의 산소산

① 플루오린을 제외한 모든 할로젠원소는 산소산을 만들어 산화제로 사용된다.

② 산소수가 많을수록 강한 산에 해당한다.

③ 산성의 세기 ··· $HClO < HClO_2 < HClO_3 < HClO_4$

$$\text{약산} \longrightarrow \text{강산}$$

④ 종류 … HClO, HClO$_2$, HClO$_3$, HClO$_4$ 등이 있다.

(3) 할로젠화은

① 할로젠화이온과 은이온의 화합물로, 물에 잘 용해되지 않는다.

② **용해도** … AgF ≫ AgCl > AgBr > AgI

③ AgBr, AgI는 햇빛에 의해 Ag로 환원되는 성질이 있어 사진의 필름에 이용된다.

④ Br$^-$, Cl$^-$, I$^-$가 용해되어 있는 수용액에 질산은 용액을 첨가하면 할로젠화은의 앙금이 검출된다.

$$Ag^+(aq) + X^-(aq) \rightarrow AgX(s) \downarrow (X^- = Cl^-,\ Br^-,\ I^-)$$

04 제2·3주기 원소와 그 화합물

① 제2주기 원소

(1) 제2주기 원소의 특성

① 제2주기 원소는 $_3$Li, $_4$Be, $_5$B, $_6$C, $_7$N, $_8$O, $_9$F, $_{10}$Ne의 8종류가 있으며, 1족에서 18족으로 이동함에 따라 L 껍질에 전자가 하나씩 증가한다.

② 금속성이 가장 강한 Li에서 오른쪽으로 갈수록 비금속성이 증가한다.

③ 1족에서 18족으로 갈수록 핵전하와 이온화에너지는 증가하고, 원자반지름은 작아진다.

④ 1족, 2족은 양이온(Li$^+$, Be^{2+})이 되기 쉽고, 16족, 17족은 음이온(O^{2-}, F$^-$)이 되기 쉽다.

⑤ 녹는점과 끓는점은 Li, Be, B, C로 이동함에 따라 증가되며, C는 아주 높고 C를 지나면서 N, O, F, Ne의 녹는점과 끓는점은 매우 낮아진다.

(2) 제2주기 원소의 종류

① 붕소(B)

    ㉠ 흑회색의 단단한 결정으로 금속 특유의 광택을 가진다.

    ㉡ 전기전도성은 없다.

    ㉢ 원자 12개가 모여 강한 공유결합을 형성한다.

    ㉣ 화학적 반응성은 약하지만 고온에서 BF$_3$, BCl$_3$의 화합물을 만든다.

    ㉤ 용도 : 반도체, 전자공업에 활용된다.

② 탄소(C)

　　㉠ 자연계에 흑연과 다이아몬드 및 무정형인 활성화탄과 같은 동소체가 존재한다.

　　㉡ 다이아몬드

　　　• 특유의 광택을 가진다.

　　　• 비금속고체 중 가장 단단하며, 끓는점과 녹는점이 매우 높다.

　　　• 전기전도성이 없다.

　　㉢ 흑연

　　　• 정육각형 판상구조로 부드럽고 미끄러운 흑회색 고체이다.

　　　• 전기전도성을 가진다.

　　　• 용도 : 전극, 연필심, 도가니, 감마제 등으로 사용된다.

③ 질소(N_2)

　　㉠ 공기의 약 78%를 차지하며 화학적으로 활성이 없는 무색 기체이다.

　　㉡ 공업적으로 액체공기의 분류로 얻어진다.

　　㉢ 질소산화물은 공기오염의 원인이 된다.

❷ 제3주기 원소

(1) 제3주기 원소의 특성

① 제3주기 원소에는 $_{11}Na$, $_{12}Mg$, $_{13}Al$, $_{14}Si$, $_{15}P$, $_{16}S$, $_{17}Cl$, $_{18}Ar$의 8종류가 있으며, 1족에서 18족으로 이동함에 따라 M 껍질에 전자가 하나씩 증가한다.

② 제3주기 원소의 일반적 특성은 제 2 주기 원소가 나타내는 경향과 거의 유사하다.

[제3주기 원소의 일반적 특성]

족	1	2	13	14	15	16	17	18
원소	Na	Mg	Al	Si	P	S	Cl	Ar
원자가전자수	1	2	3	4	5	6	7	0
이온에너지	감소함 ←						→ 증가함	
원자반지름	증가함 ←						→ 감소함	
홑원소물질의 결합	금속결합	금속결합	금속결합	그물구조	공유결합(P_4)	공유결합(S_8)	공유결합(Cl_2)	
녹는점(℃)	98	650	660	1,410	44.1	119	−101	−189

(2) 제3주기 원소의 반응성

① 제3주기 원소는 원자번호의 증가에 따라 물이나 산 또는 염기와 반응을 할 때 반응성이 규칙적으로 변화한다.

② 물에 대한 반응성 … $Na > Mg > Al$

$$2Na + 2H_2O \rightarrow 2NaOH + H_2$$

③ 산과의 반응성 … $1 \sim 13$족(Na, Mg, Al)은 산과 반응하나, 비금속원소는 반응하지 않는다.

$$Mg + 2HCl \rightarrow MgCl_2 + H_2$$

④ 염기와의 반응성 … $13 \sim 17$족(Al, Si, P, S, Cl)은 염기와 쉽게 반응하나 금속원소는 반응하지 않는다.

$$Cl_2 + 2NaOH \rightarrow NaCl + NaClO + H_2O$$

(3) 제3주기 원소의 종류

① 알루미늄(Al)

   ㉠ 공업적으로 보크사이트($Al_2O_3 \cdot 2H_2O$)에 빙정석(Na_3AlF_6)을 넣고 용융전기분해를 통해 얻는다.

   ㉡ 은백색의 연한 경금속에 해당한다.

   ㉢ 공기 중에서는 내부의 보호를 위해 표면에 산화막(Al_2O_3)를 형성한다.

   ㉣ 산·염기와 모두 반응하는 양쪽성 원소이다.

$$2Al + 6HCl \rightarrow 2AlCl_3 + 3H_2$$
$$2Al + 2NaOH + 2H_2O \rightarrow 2NaAlO_2 + 3H_2$$

   ㉤ 금속의 성질에 의해 열과 전기전도성이 우수하다.

   ㉥ 환원력이 강하여 고온에서 금속산화물을 환원시킨다.

② 규소(Si)

   ㉠ 다이아몬드와 비슷한 그물구조이고, 흙 속에 산소 다음으로 많이 존재한다.

   ㉡ 공기 중에서 가열하면 SiO_2가 된다.

$$Si + O_2 \rightarrow SiO_2$$
$$SiO_2 + 4HF \rightarrow SiF_4 + 2H_2O$$

   ㉢ 용도 : 반도체 재료로 이용된다.

③ 인(P_4)

　　㉠ 분자배열 차이에 의한 흰인과 붉은인의 동소체가 존재한다.

　　㉡ 흰인은 반응성이 크므로 공기 중에서 연소되면 오산화인(P_4O_{10})을 형성한다.

$$P_4 + 5O_2 \rightarrow P_4O_{10} \quad \text{(산성기체의 건조제)}$$

　　㉢ 흰인을 공기 차단 후 250℃로 가열하면 붉은인이 형성된다.

$$\text{흰인} \underset{\text{급속히 냉각}}{\overset{\text{250℃ 가열}}{\rightleftharpoons}} \text{붉은인}$$

　　㉣ 흰인은 발화점이 낮고, 쉽게 산화되므로 물 속에 보관하며, CS_2에 용해된다.

　　㉤ 붉은인은 적자색의 가루모양으로 상온에서 안정하다.

④ 황(S_8)

　　㉠ 분자배열 차이로 인한 사방황과 단사황, 고무모양황의 동소체가 존재한다.

　　㉡ 사방황을 95.5℃ 이상으로 가열하면 단사황이 형성된다.

$$\text{사방황} \underset{\text{급속히 냉각}}{\overset{\text{95.5℃ 이상 가열}}{\rightleftharpoons}} \text{단사황}$$

　　㉢ 열, 전기의 부도체이며, 노란색을 띠는 고체이다.

❸ 제2 · 3주기 원소의 수소화합물

(1) 수소화합물의 결합 형태

수소가 금속원소와 화합물을 형성할 때는 H^+로 작용하여 이온결합을 하고, 비금속원소와 결합할 때는 전자를 1개씩 내어 공유결합을 형성한다.

(2) 수소화합물의 주기적 성질

① 제2 · 3주기 원소의 비금속 수소화합물은 물을 제외하고 상온에서 모두 기체이다.

② 용액의 액성은 주기율표에서 오른쪽 위로 갈수록 산성이 강해지고, 왼쪽 아래로 갈수록 염기성이 증가한다.

(3) 제2 · 3 주기 원소의 수소화합물

① 암모니아(NH_3)

　㉠ 특성

　•무색, 자극성 냄새가 나는 기체로 압력을 가하면 쉽게 액화한다.

　•물에 매우 잘 용해되며, 대부분 분자 형태로 존재하고 일부만 물과 반응하여 암모늄이온(NH_4^+), 수산화이온(OH^-)으로 이온화하므로 수용액은 약한 염기성을 나타낸다.

$$NH_3 + H_2O \rightleftarrows NH_4^+ + OH^-$$

　•염화수소와 반응하면 염화암모늄을 생성한다.

$$NH_3 + HCl \rightleftarrows NH_4Cl \text{ (흰색)}$$

　•공기중에서는 연소하지 않으나 산소속에서는 연소한다.

$$4NH_3 + 3O_2 \rightarrow 2N_2 + 6H_2O$$

　㉡ 제법
　•공업적 제법

$$N_2 + 3H_2 \xrightarrow[\text{450℃, 300 ~ 500기압}]{Fe \cdot Al_2O_3} 2NH_3 \text{ (하버법)}$$

　•실험실 제법

$$2NH_4Cl + Ca(OH)_2 \rightarrow CaCl_2 + 2H_2O + 2NH_3$$

② 물(H_2O)

　㉠ 비금속의 수소화합물 중 유일하게 상온에서 액체 상태로 존재하며, 극성 용매로 사용된다.

　㉡ 수소결합으로 인하여 같은 16족 원소의 수소화합물인 H_2S, H_2Se, H_2Te보다 끓는점이 매우 높다.

　㉢ 얼음의 결정구조상 빈 공간이 많기 때문에 얼음이 녹게 되면 밀도가 커지고, 부피가 줄어들게 된다.

③ 황화수소(H_2S)

　㉠ 특성

　•달걀 썩는 냄새가 나는 무색의 유독성 기체이다.

　•물에 소량 용해되어 극히 약한 산성을 나타낸다.

$$H_2S \rightleftarrows H^+ + HS$$
$$HS^- \rightleftarrows H^+ + S^{2-}$$

- 환원성을 가지므로 물질과 반응하면 황을 유리시킨다.

$$2H_2S + SO_2 \rightarrow 2H_2O + 3S$$

- 금속이온과 반응하면 특정 색깔의 침전이 발생한다.
  - 염기성 용액
    - ⓐ $Zn^{2+} + S^{2-} \rightarrow ZnS \downarrow$ (흰색)
    - ⓑ $Fe^{2+} + S^{2-} \rightarrow FeS \downarrow$ (검은색)
  - 산성 용액
    - ⓐ $Cu^{2+} + S^{2-} \rightarrow CuS \downarrow$ (검은색)
    - ⓑ $Cd^{2+} + S^{2-} \rightarrow CdS \downarrow$ (노란색)
  - 침전을 만들지 않는 이온 : NH_4^+, 알칼리금속(Na^+, K^+), 알칼리토금속(Mg^{2+}, Ca^{2+})
  - ⓒ 제법 : 황화철(FeS)에 묽은 염산이나 묽은 황산을 가하여 얻는다.

$$FeS + 2HCl \rightarrow FeCl_2 + H_2S$$

❹ 제2 · 3주기 원소의 산화물

(1) 산화물의 주기적 성질

① 산소는 화학적 성질이 활발한 비금속원소로 거의 모든 원소와 결합하여 산화물을 만든다.

② 제2 · 3주기 원소의 산화물의 최고 산화수는 족의 번호와 일치한다.

③ 같은 주기에서 원자번호가 증가함에 따라 산화수도 증가한다.

(2) 산화물의 분류

① 산성 산화물
  - ㉠ 비금속원소의 산화물로 물과 반응하여 산성을 나타낸다.
  - ㉡ 종류 : CO_2, SO_2, NO_2, P_4O_{10}, Cl_2O_7
  - ㉢ 염기와 중화반응하여 염과 물을 생성한다.

② 염기성 산화물
  - ㉠ 금속의 산화물로 물과 반응하여 염기성을 나타낸다.
  - ㉡ 종류 : Na_2O, CaO, MgO, Li_2O, K_2O
  - ㉢ 산과 중화반응하여 염과 물을 생성한다.

③ 양쪽성 산화물

    ㉠ 양쪽성 원소의 산화물을 의미한다.

    ㉡ 종류 : Al_2O_3, ZnO, PbO, SnO 등

    ㉢ 산, 염기와 모두 반응하여 염과 물을 생성한다.

      예 • $Al_2O_3 + 6HCl \rightarrow 2AlCl_3 + 3H_2O$

         • $Al_2O_3 + 2NaOH \rightarrow 2NaAlO_2 + H_2O$

(3) 2, 3주기 원소의 산화물

① 1, 2족 원소의 산화물은 이온성, 4족 이상 원소의 산화물은 분자성 화합물이다.

② 주기율표의 왼쪽 아래로 갈수록 염기성이 강한 산화물이고, 오른쪽 위로 갈수록 산성이 강한 화합물이다.

[제2 · 3주기 원소의 산화물의 특성]

구 분	족						
	1	2	13	14	15	16	17
2주기	Li_2O	BeO	B_2O_3	CO, CO_2	N_2O, N_2O_3 N_2O_5, NO NO_2		F_2O
3주기	Na_2O	MgO	Al_2O_3	SiO_2	P_4O_{10}	SO_2, SO_3	Cl_2O_5 Cl_2O_7
물에 대한 용해성	잘 녹음	거의 녹지 않음	거의 녹지 않음	CO_2만 조금 녹음	몇 가지만 녹음	잘 녹음	잘 녹음
수용액	$LiOH$ $NaOH$	$Be(OH)_2$ $Mg(OH)_2$	H_3BO_3 $Al(OH)_3$	H_2CO_3 H_2SiO_3	HNO_3 H_3PO_4	H_2SO_3 H_2SO_4	$HClO_3$ $HClO_4$
산 · 염기의 세기	염기성이 강함 ←——————————————————→ 산성이 강함						

(4) 산소화합물의 종류

① 이산화탄소(CO_2)

    ㉠ 특성

    • 물에 소량 용해되어 약한 산성을 나타낸다.

$$CO_2 + H_2O \rightleftharpoons H_2CO_3 \rightleftharpoons H^+ + HCO_3^-$$

    • 무색 · 무취의 기체이며, 상온에서 가압하면 쉽게 액화된다.

    • 액화된 CO_2를 작은 구멍으로 분출시키면 드라이아이스가 만들어진다.

ⓒ 제법 : 실험실에서 석회석($CaCO_3$)의 가열 및 산을 가하여 얻는다.

$$CaCO_3 \rightarrow CaO + CO_2 \uparrow$$
$$CaCO_3 + 2HCl \rightarrow CaCl_2 + H_2O + CO_2 \uparrow$$

ⓒ 검출방법 : 석회수에 통과시키면 탄산칼슘의 흰색 침전이 나타난다.

$$Ca(OH)_2 + CO_2 \rightarrow CaCO_3 \downarrow + H_2O$$

② 일산화탄소(CO)

㉠ 특성
  • 무색, 무취의 독성이 강한 기체로 물에 잘 용해되지 않는다.
  • 대기중에서 연소시키면 CO_2가 형성된다.
  • 비금속산화물이지만 염기와 반응하지 않으므로 산성 화합물에 해당하지 않는다.
㉡ 제법 : 탄소의 불완전연소나 폼산과 진한 황산의 반응으로 얻는다.

$$2C + O_2 \rightarrow 2CO$$
$$HCOOH \rightarrow H_2O + CO$$

③ 이산화규소(SiO_2)

㉠ 천연에서 석영, 수정 등에 의해 산출된다.
㉡ 다이아몬드와 유사한 그물구조이며, 공유결정을 이루고 있어 녹는점이 1,550℃로 높은 편이다.
㉢ NaOH와 반응하여 규산소듐(Na_2SiO_3)을 생성하며, Na_2SiO_3을 물과 함께 가열하면 물유리(water glass)가 생성된다.

$$SiO_2 + 2NaOH \rightarrow Na_2SiO_3 + H_2O$$

▶TIP ─────────────
실리카 젤 … 진한 물유리에 산을 가하여 생긴 젤리모양의 $SiO_2 \cdot nH_2O$의 고체를 말하며, 주로 건조제로 사용한다.

㉣ HF에는 용해되나 대부분의 약품에는 용해되지 않는다.

$$SiO_2 + 4HF \rightarrow SiF_4 + 2H_2O$$

④ 일산화질소(NO)와 이산화질소(NO_2)

㉠ 특성
  • NO는 물에 거의 용해되지 않는 무색 기체로, 공기 중에서 산화되면 적갈색의 NO_2를 형성한다.

$$2NO + O_2 \rightarrow 2NO_2$$

- NO_2는 자극적인 냄새를 지닌 적갈색 기체로 N_2O_4와 평형을 이룬다.

$$2NO_2(적갈색) \underset{고온}{\overset{저온}{\rightleftarrows}} N_2O_4(무색)$$

- NO_2는 물에 용해되어 질산을 형성한다.

$$3NO_2 + H_2O \rightarrow 2HNO_3 + NO$$

ⓒ 제법

- NO : 구리에 묽은 질산을 가하여 얻는다.

$$3Cu + 8HNO_3 \rightarrow 3Cu(NO_3)_2 + 4H_2O + 2NO \uparrow$$

- NO_2 : 구리에 진한 질산을 가하여 얻는다.

$$Cu + 4HNO_3 \rightarrow Cu(NO_3)_2 + 2H_2O + 2NO_2 \uparrow$$

⑤ 질산(HNO_3)

ⓐ 특성

- 무색의 발연성 액체로 빛을 받으면 쉽게 분해되므로 갈색병에 보관해야 한다.

$$4HNO_3 \rightleftarrows 2H_2O + 4NO_2 + O_2$$

- 강한 산화력에 의해 진한 황산에도 녹지 않는 Cu, Ag와 반응한다.

$$8HNO_3 + 3Cu \rightarrow 3Cu(NO_3)_2 + 2NO + 4H_2O \text{ (묽은 질산)}$$
$$4HNO_3 + Cu \rightarrow Cu(NO_3)_2 + 2NO_2 + 2H_2O \text{ (진한 질산)}$$

- 왕수(Aqug Regia)
  - 진한 질산과 진한 염산을 1 : 3의 부피로 혼합한 용액을 말한다.
  - 산화력이 강하여 금, 백금도 용해시킨다.
- 부동태 : 철을 진한 질산에 넣으면 표면에 마그네타이트라는 검은색의 녹(Fe_3O_4), 즉 산화물의 피막을 형성하여 더 이상의 산화를 방지하는 상태를 말한다.

ⓑ 제법

- 공업적 방법 : 백금 촉매로 암모니아를 산화시켜 얻는다.
- 실험실 : 진한 황산을 $NaNO_3$에 넣고 가열시켜 얻는다.

$$NaNO_3 + H_2SO_4 \xrightarrow{가열} NaHSO_4 + HNO_3$$

⑥ 오산화인(P_4O_{10})과 인산(H_3PO_4)

　ⓐ 오산화인

　　• 인을 공기 중에서 연소시켜 얻는다.

$$4P + 5O_2 \longrightarrow P_4O_{10}$$

　　• 흰색 가루모양으로 흡습성이 강하여 건조제나 탈수제로 사용된다.

　ⓑ 인산은 오산화인을 물에 녹인 후 가열시켜 얻는다.

$$P_4O_{10} + 6H_2O \longrightarrow 4H_3PO_4$$

⑦ 이산화황(SO_2)

　ⓐ 특성

　　• 자극적인 냄새가 나는 무색의 유독성 기체로 물에 용해되어 산성인 아황산을 형성한다.

$$SO_2 + H_2O \longrightarrow H_2SO_3$$
$$H_2SO_3 \rightleftharpoons H^+ + HSO_3^-$$

　　• 환원성이 강하기 때문에 주로 표백제로 사용된다.
　　• 아이오딘용액(적갈색)에 통과시키면 아이오딘이 환원되어 무색으로 되며, 꽃을 넣으면 꽃잎의 색깔을 탈색시킨다.

　ⓑ 제법 : 구리에 진한 황산을 가한 후 가열하여 얻는다.

$$Cu + 2H_2SO_4 \longrightarrow CuSO_4 + 2H_2O + SO_2$$

⑧ 삼산화황(SO_3)

　ⓐ 특성

　　• 무색 결정이고, 흡습성이 있어 공기 중의 수분을 흡수하여 흰 연기를 발생시킨다.
　　• 물과 반응하여 황산을 형성한다.
　　• 진한 황산에 흡수시키면 발연황산을 형성한다.
　　• 대기 중에 존재하는 SO_3는 산성비의 원인이 된다.

　ⓑ 제법

　　• 대기 중의 SO_2가 자외선의 영향을 받아 O_2 및 O_3와 반응하여 생성된다.
　　• 공업적 방법 : 백금 또는 오산화바나듐(V_2O_5) 촉매하에서 SO_2를 산화시켜 얻는다.

$$2SO_2 + O_2 \xrightarrow{V_2O_5} 2SO_3$$

⑨ 황산(H_2SO_4)

　㉠ 특성

　　• 무색의 비휘발성 액체이고, 진한 황산은 황산을 98% 포함한 것을 말한다.

　　• 화합물 내의 H와 O를 H_2O의 비율로 빼앗는 탈수작용이 나타나므로 황산과 반응하지 않는 물질의 건조제로 사용한다.

　　• 가열된 진한 황산은 산화력이 강하여 Cu, Ag과 반응한다.

$$Cu + 2H_2SO_4 \rightarrow CuSO_4 + 2H_2O + SO_2 \uparrow$$

　　• 물에 용해시킬 경우 많은 열이 발생되므로 묽은 황산을 만들때에는 진한 황산을 물에 조금씩 가하여 잘 저어준다.

　　• 비료, 화약, 셀룰로이드, 염료의 원료 및 염산, 질산 등 휘발성 산의 제조, 축전지 제조 등에 사용한다.

$$NaCl + H_2SO_4 \rightarrow NaHSO_4 + HCl$$

　㉡ 제법 : 공업적으로 백금이나 오산화바나듐(V_2O_5) 촉매를 이용한 접촉법을 사용하여 제조한다.

$$SO_2 + O_2 \xrightarrow{V_2O_5} SO_3 \xrightarrow{H_2O} H_2SO_4$$

05 전이원소와 그 화합물

❶ 전이원소

(1) 전이원소의 전자배치

① 개념 … 전이원소는 주기율표에서 3족에서 11족까지의 원소를 말하며, 마지막 전자가 안쪽껍질의 d나 f 오비탈에 채워진다.

[4주기 전이원소의 전자배치]

원 소	기 호	원자번호	전자배치	전자배치 3d	전자배치 4s	산화수
스칸듐	Sc	21	$[Ar]\ 3d^1 4s^2$	$\cdot\ \square\ \square\ \square\ \square$	$\cdot\cdot$	+3
타이타늄	Ti	22	$[Ar]\ 3d^2 4s^2$	$\cdot\ \cdot\ \square\ \square\ \square$	$\cdot\cdot$	+2, +3, +4
바나듐	V	23	$[Ar]\ 3d^3 4s^2$	$\cdot\ \cdot\ \cdot\ \square\ \square$	$\cdot\cdot$	+2, +3, +4, +5
크로뮴	Cr	24	$[Ar]\ 3d^5 4s^1$	$\cdot\ \cdot\ \cdot\ \cdot\ \cdot$	$\cdot$	+2, +3, +6
망가니즈	Mn	25	$[Ar]\ 3d^5 4s^2$	$\cdot\ \cdot\ \cdot\ \cdot\ \cdot$	$\cdot\cdot$	+2, +3, +4, +6, +7
철	Fe	26	$[Ar]\ 3d^6 4s^2$	$\cdot\cdot\ \cdot\ \cdot\ \cdot\ \cdot$	$\cdot\cdot$	+2, +3
코발트	Co	27	$[Ar]\ 3d^7 4s^2$	$\cdot\cdot\ \cdot\cdot\ \cdot\ \cdot\ \cdot$	$\cdot\cdot$	+2, +3
니켈	Ni	28	$[Ar]\ 3d^8 4s^2$	$\cdot\cdot\ \cdot\cdot\ \cdot\cdot\ \cdot\ \cdot$	$\cdot\cdot$	+2, +3
구리	Cu	29	$[Ar]\ 3d^{10} 4s^1$	$\cdot\cdot\ \cdot\cdot\ \cdot\cdot\ \cdot\cdot\ \cdot\cdot$	$\cdot$	+1, +2

② 전이원소이온의 전자배치
  ㉠ 전이원소가 양이온이 될 경우 s오비탈의 전자가 먼저 떨어져 나가고 다음으로 안쪽껍질의 d오비탈에 있는 전자가 떨어져 나간다.
  ㉡ 중성원자에서 $3d$오비탈이 $4s$오비탈보다 에너지가 높으나 이온에서는 그 반대현상인 $3d$오비탈의 에너지가 더 낮기 때문에 d오비탈이 나중에 전자를 잃는다.

(2) 전이원소의 특성
① Cr과 Cu를 제외하고 모든 원소의 원자가전자수는 2개이다.
② 모두 경금속 및 중금속에 해당하므로 열과 전기의 양도체이다.
③ 녹는점, 끓는점이 높고 밀도가 크다.

④ 활성이 약하기 때문에 촉매로 많이 이용된다.

⑤ 이온 형성시 최외각 전자껍질의 전자부터 잃는다.

⑥ 같은 주기원소의 이온화에너지 및 원자반지름은 비슷하다.

⑦ s 와 d 오비탈의 전자가 결합에 관여하기 때문에 여러 가지 산화수를 갖게 된다.

❷ 전이원소와 그 화합물

(1) 철과 그 화합물

① 자연계에 존재하는 적철광(Fe_2O_3), 자철광(Fe_3O_4) 등에서 산출되며, 용광로에서 탄소로 환원시켜 얻는다.

② Fe^{2+}의 검출

$$Fe^{2+} + K_3\underline{Fe}(CN)_6 \rightarrow 푸른색\ 침전$$
$$\downarrow$$
$$산화수 : +3$$

③ Fe^{3+}의 검출

$$Fe^{3+} + K_4\underline{Fe}(CN)_6 \rightarrow 푸른색\ 침전$$
$$\downarrow$$
$$산화수 : +2$$
$$Fe^{3+} + KSCN \rightarrow Fe(SCN)_3\ (붉은색\ 침전)$$

(2) 크로뮴과 그 화합물

① 크로뮴(Cr)

   ㉠ 금속 특유의 은백색 광택이 나며 녹는점이 높다.

   ㉡ 공기 중에서 부식되지 않으므로 주로 도금에 이용된다.

② 다이크로뮴산 포타슘($K_2Cr_2O_7$)

   ㉠ 염기성 용액과 반응하여 크로뮴산염을 형성한다.

$$Cr_2O_7^{2-} + 2OH^- \rightarrow 2CrO_4^{2-} + H_2O$$
$$(주황색) \qquad\qquad (노란색)$$

   ㉡ 산성 용액에서는 강력한 산화제로 작용한다.

$$Cr_2O_7^{2-} + 14H^+ + 6e^- \rightarrow 2Cr^{3+} + 7H_2O$$

③ 크로뮴산 포타슘(K_2CrO_4) … 산성 용액과 반응하여 다이크로뮴산염을 형성한다.

$$2Cr_2O_4{}^{2-} + 2H^+ \rightarrow Cr_2O_7{}^{2-} + H_2O$$
(노란색)

(3) 망가니즈과 그 화합물

① 망가니즈(Mn) … 반응성이 큰 은회색의 금속으로 여러 가지 산화수($+2 \sim +7$)를 가진다.

② 이산화망가니즈(MnO_2)

　　㉠ 실험실에서 염소생성시 산화제로 사용한다.

$$MnO_2 + 4HCl \rightarrow MnCl_2 + 2H_2O + Cl_2 \uparrow$$
(산화제)

　　㉡ 염소산 포타슘을 이용하여 산소를 발생시킬 경우 촉매로 사용된다.

$$2KClO_3 \xrightarrow{\ MnO_2\ } 2KCl + 3O_2$$

③ 과망가니즈산 포타슘($KMnO_4$)

　　㉠ 흑자색 결정으로 물에 용해되면 적자색의 $MnO_4{}^-$를 형성한다.

　　㉡ 강력한 산화제인 망가니즈의 산화수는 $+7$이다.

$$2KMnO_4 \rightarrow K_2MnO_2 + MnO_2 + 2O_2$$

　　㉢ 적자색의 $MnO_4{}^-$를 환원시키면 Mn^{2+}로 된다.

(4) 구리와 그 화합물

① 구리(Cu)는 여러 가지 합금 및 전선의 재료로 사용된다.

② $+2$와 $+1$의 산화수를 가지며 대부분 $+2$가의 화합물 형태로 존재한다.

③ 황산구리($CuSO_4 \cdot 5H_2O$)결정을 가열하면 배위수를 잃어 흰색 결정이 된다.

$$CuSO_4 \cdot 5H_2O \xrightarrow{\ 100℃\ } CuSO_4 \cdot H_2O \xrightarrow{\ 200℃\ } CuSO_4$$
(푸른색)　　　　　　(연한 푸른색)　　　　(흰색)

(5) 은과 그 화합물

① 은(Ag)은 +1가의 산화수를 가지며 열과 전기의 전도성이 금속 중에서 가장 크다.

② Ag^+는 할로젠이온(X^-)과 반응하여 할로젠화은(AgX)을 형성한다.

③ 광화학반응을 하는 AgBr, AgCl은 필름의 감광제로 사용된다.

$$AgX \xrightarrow{\text{빛}} 2Ag + X_2 \ (X=Cl, \ Br)$$

❸ 착이온

(1) 착이온과 착화합물

① **착이온** ··· 금속이온에 비공유전자쌍을 가진 분자나 이온이 배위결합을 하여 새롭게 생성되는 이온을 의미한다.

② **착화합물** ··· 착이온이 들어 있는 화합물을 의미한다.

③ **착이온의 생성**

    ㉠ 황산구리 수용액에 암모니아수를 첨가하면 옅은 푸른색의 $Cu(OH)_2$ 침전이 생성된다.

$$Cu^{2+} + 2NH_3 + 2H_2O \rightarrow Cu(OH)_2 \downarrow + 2NH_4^+$$

    ㉡ $Cu(OH_2)$가 침전된 수용액에 암모니아수를 계속 가하면 암모니아 분자에 의해 물에 용해되는 착이온 $[Cu(NH_3)_4]^{2+}$가 생성되어 진한 푸른색의 용액으로 변한다.

$$Cu(OH)_2 + 4NH_3 \rightarrow [Cu(NH_3)_4]^{2+} + 2OH^-$$

[$[Cu(NH_3)_4]^{2+}$의 구조]

  ∘ 중심금속이온 : Cu^{2+}
  ∘ 배위수 : 4
  ∘ 리간드 : NH_3

> **TIP**

착이온의 전하 ⋯ 착이온이 띠는 전하수는 중심금속이온과 리간드의 전하를 합한 것을 말한다.

④ 리간드와 배위수

　㉠ 리간드 : 착이온은 금속이온이 중심에 있고 비공유전자쌍을 가진 분자나 이온이 금속이온 주위에 대칭구
　　　조로 배위결합을 형성하고 있는데, 중심에 위치한 금속이온과 직접적으로 결합된 분자나 이온을 말한다.

　㉡ 배위수

　　• 하나의 중심원자에 결합되어 있는 리간드의 수를 말한다.

　　• 배위수에 따라 착이온의 입체구조는 달라진다.

(2) 착이온의 구조

① 특성

　㉠ 착이온의 구조는 배위수에 따라 입체구조가 결정된다.

　㉡ 착이온에서 나타나는 배위수는 보통 2, 4, 6이다.

[착이온의 배위수와 입체구조]

배위수	2	4		6
입체구조	선형	평면사각형	사면체	팔면체
금속이온	Ag^+, Au^+	Cu^{2+}, Ni^{2+}	Zn^{2+}, Cd^{2+}	Co^{3+}, Fe^{2+}, Fe^{3+}, Pt^{4+}

② 선형 구조

　㉠ 배위수가 2인 착이온이나 착화합물이 이루는 구조를 말한다.

　㉡ 종류 : $[Ag(CN)_2]^-$, $[Ag(NH_3)_2]^+$ 등이 대표적이다.

[[Ag(NH₃)₂]의 직선형 구조]

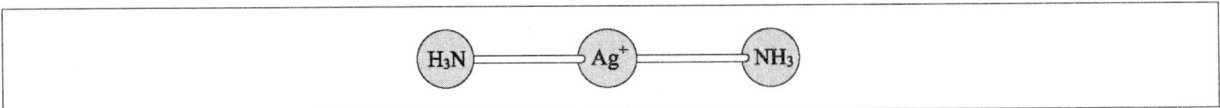

③ 평면사각형 구조

　㉠ 배위수가 4인 착이온이나 착화합물 중 중심금속이온이 Cu^{2+}나 Pt^{2+}의 착이온이나 착화합물의 구조이다.

　㉡ 종류 : $[Cu(NH_3)_4]^{2+}$, $[Ni(CN)_4]^{2-}$ 등이 대표적이다.

[[Cu(NH₃)₄]²⁺의 평면사각형 구조]

$[[Cu(NH_3)_4]^{2+}$의 평면사각형 구조]

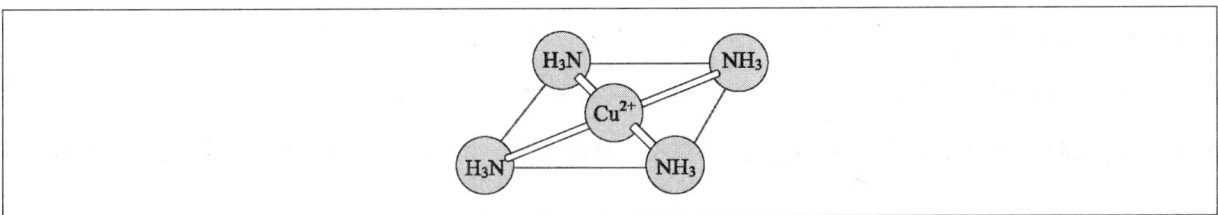

④ 정사면체 구조

   ㉠ 배위수가 4인 착이온이나 착화합물 중 중심금속이온이 전형원소인 Zn^{2+}, Cd^{2+} 등으로 이루어진 구조이다.

   ㉡ 종류 : $[Zn(NH_3)_4]^{2+}$, $[Cd(NH_3)_4]^{2+}$가 대표적이다.

$[[Zn(NH_3)_4]^{2+}$의 정사면체 구조]

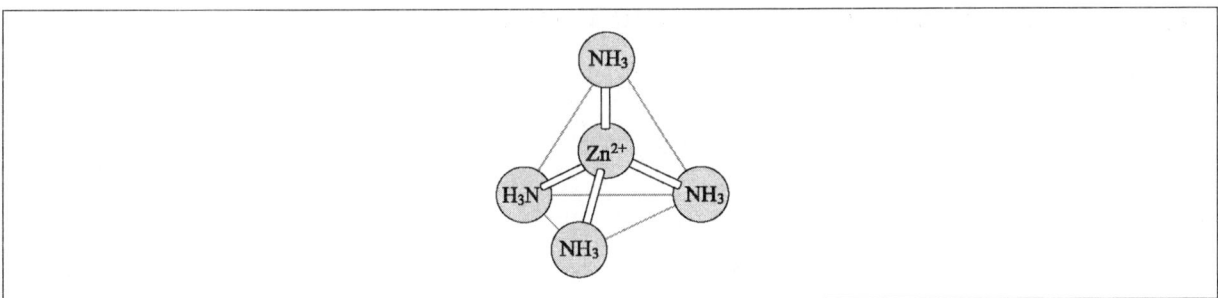

⑤ 팔면체 구조

   ㉠ 배위수가 6인 착이온이나 착화합물의 구조이다.

   ㉡ 종류 : $[Fe(CN)_6]^{3-}$, $[Fe(CN)_6]^{4-}$, $[Co(NH_3)_6]^{3+}$ 등이 대표적이다.

$[[Co(NH_3)_6]^{3+}$의 팔면체 구조]

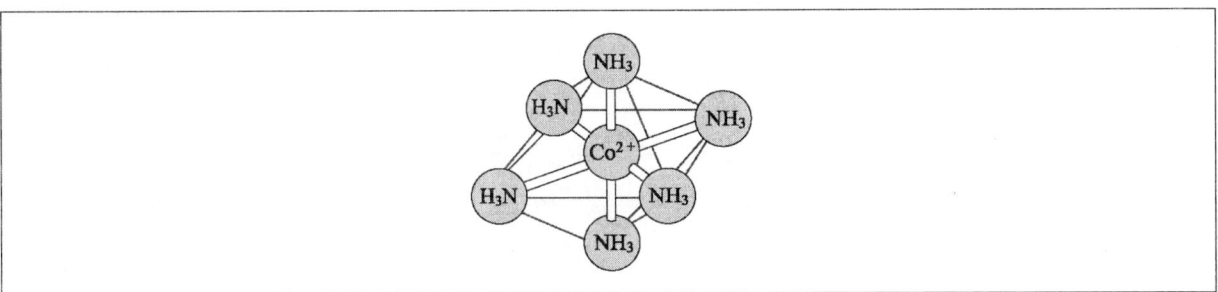

(3) 착이온의 이성질체

① 동일한 조성을 갖는 착이온이나 착화합물은 입체구조가 다른 이성질체가 존재한다.

② **기하이성질체** ··· 배위수가 4, 6인 경우에는 시스형과 트란스형이 존재한다.

③ **구조이성질체** ··· 착화합물 중 $[Pt(NH_3)_4Cl_2]Br_2$와 $[Pt(NH_3)_4Br_2]Cl_2$는 서로 구조이성질체 관계로 존재한다.

(4) 킬레이트 화합물

① **중심이온**(중심금속) ··· 착이온의 중심에 있는 금속이온을 말한다.

② **킬레이트** ··· 리간드로 작용하는 분자나 이온에 2개 이상의 비공유전자쌍이 있을 때, 1개의 리간드가 금속이온의 두 자리 이상에서 배위결합하여 이루어지는 고리모양의 착화물을 말한다.

③ **킬레이트제** ··· 2개 이상의 비공유전자쌍을 갖는 리간드를 말한다.

최근 기출문제 분석

2025. 6. 21. 제1회 지방직

1 2주기 원소인 붕소(B), 탄소(C), 질소(N), 산소(O)에 대한 설명으로 옳지 않은 것은?

① 원자 반지름의 크기는 B<C<N<O 순이다.

② 전기음성도의 크기는 B<C<N<O 순이다.

③ 유효 핵전하의 크기는 B<C<N<O 순이다.

④ 1차 이온화 에너지의 크기는 B<C<O<N 순이다.

> **TIP** ① 같은 주기에서는 원자번호가 증가함에 따라 유효 핵전하량이 증가하므로 원자 반지름은 감소한다. 따라서 원자 반지름의 크기는 B > C > N > O 순이다.
> ② 같은 주기에서는 원자번호가 증가함에 따라 전기음성도 또한 증가한다. 따라서 전기음성도의 크기는 B<C<N<O 순이다.
> ③ 같은 주기에서는 원자번호가 증가함에 따라 유효 핵전하량이 증가한다. 따라서 유효 핵전하의 크기는 B<C<N<O 순이다.
> ④ 같은 주기에서는 원자번호가 증가함에 따라 1차 이온화 에너지의 크기는 증가하는 경향이 있으나, 2족과 13족 사이, 15족과 16족 사이에서 역전이 발생한다. 따라서 1차 이온화 에너지의 크기는 B<C<O<N 순이다.

Answer 1.①

2 다음 이온화 에너지를 가지는 3주기 원소는?

구분	1차	2차	3차	4차
이온화 에너지 [kJ mol^{-1}]	578	1,817	2,745	11,577

① P

② Si

③ Al

④ Mg

TIP 문제에서 주어진 순차 이온화 에너지 표에 따르면 3차와 4차 이온화 에너지 차이가 크게 나타나고 있음을 알 수 있다. 따라서 이 원소는 원자가 전자가 3개인 13족 원소이며, 3주기 13족 원소는 알루미늄(Al)이다.

3 다음 각 0.1M 착화합물 수용액 100mL에 0.5 M AgNO$_3$ 수용액 100mL씩을 첨가했을 때, 가장 많은 양의 침전물이 얻어지는 것은?

① $[Co(NH_3)_6]Cl_3$

② $[Co(NH_3)_5Cl]Cl_2$

③ $[Co(NH_3)_4Cl_2]Cl$

④ $[Co(NH_3)_3Cl_3]$

TIP 이온과 염화 이온이 반응하면 불용성 염이 생성되면서 침전물인 염화 은이 생성된다. 착화합물과 관련해서 염화 이온이 리간드로 작용할 경우 침전물이 생성되지 않지만, 착이온에 이온결합을 하고 있는 염화 이온은 침전물을 형성한다. 따라서 이 문제에서는 각 보기에 주어진 화합물에서 착이온에 이온 결합으로 결합되어 있는 염화 이온의 몰수를 파악하는 문제이며, 이것이 많을수록 많은 양의 침전물이 생성된다. 보기에 주어진 착화합물에 대해 계산해보면 다음과 같다.

	이온결합으로 결합된 Cl$^-$ 몰수	첨가한 Ag$^+$ 몰수	침전(AgCl) 몰수
① $[Co(NH_3)_6]Cl_3$	0.03	0.05	0.03
② $[Co(NH_3)_5Cl]Cl_2$	0.02	0.05	0.02
③ $[Co(NH_3)_4Cl_2]Cl$	0.01	0.05	0.01
④ $[Co(NH_3)_3Cl_3]$	0	0.05	0

Answer 2.③ 3.①

4 다음은 밀폐된 용기에서 오존(O_3)의 분해 반응이 평형 상태에 있을 때를 나타낸 것이다. 평형의 위치를 오른쪽으로 이동시킬 수 있는 방법으로 옳지 않은 것은? (단, 모든 기체는 이상 기체의 거동을 한다)

$$2O_3(g) \rightleftarrows 3O_2(g), \ \Delta H° = -284.6 \text{kJ}$$

① 반응 용기 내의 O_2를 제거한다.

② 반응 용기의 온도를 낮춘다.

③ 온도를 일정하게 유지하면서 반응 용기의 부피를 두 배로 증가시킨다.

④ 정촉매를 가한다.

TIP 르샤틀리에의 원리에 따라 평형 상태에 있는 반응계에 어떤 변화가 생기면 그 변화를 완화시키는 방향으로 화학 평형은 이동한다.
　① 반응 용기 내의 O_2 제거(생성물 감소) → 생성물이 증가하는 방향(=정반응)으로 평형 이동
　② 반응 용기의 온도 낮춤 → 온도를 높이는 방향인 발열반응(=정반응) 쪽으로 평형 이동
　③ 반응 용기의 부피 증가 → 용기 내 압력 감소 → 기체 몰수가 증가하는 방향(=정반응)으로 평형 이동
　④ 정촉매는 활성화에너지를 낮춰 화학 반응의 속도를 빠르게 할 뿐 평형을 이동시키지는 못한다.

5 $_{29}$Cu에 대한 설명으로 옳지 않은 것은?

① 상자성을 띤다.

② 산소와 반응하여 산화물을 형성한다.

③ Zn보다 산화력이 약하다.

④ 바닥 상태의 전자 배치는 [Ar]$4s^1 3d^{10}$이다.

TIP ①④ 구리의 바닥 상태 전자배치는 [Ar] $3d^{10}4s^1$으로 홀전자를 가지므로 상자성을 띤다.
　② 산소와 반응하여 산화물(CuO 또는 Cu_2O)을 형성한다.
　③ 산화력이란 자신은 환원되면서 다른 물질을 산화시키는 힘을 말한다. 구리는 아연보다 이온화 경향이 작으므로 다른 물질을 산화시키는 힘이 더 크므로 Zn보다 산화력이 크다.

Answer　4.④　5.③

2019. 10. 12. 제3회 서울특별시

6 〈보기〉와 같이 요소(NH_2CONH_2)는 물(H_2O)과 반응하여 암모니아(NH_3)와 이산화탄소(CO_2)를 생성한다. 암모니아 10몰이 생성되었을 때 반응한 요소의 질량(g)은? (단, H, C, N, O의 원자량은 각각 1, 12, 14, 16이다.)

〈보기〉

$$NH_2CONH_2 + H_2O \longrightarrow 2NH_3 + CO_2$$

---

① 60g

② 150g

③ 300g

④ 600g

TIP 질소 기체와 수소 기체와의 반응에서의 암모니아 생성 화학식

$N_2 + 3H_2 \rightarrow 2NH_3$

암모니아와 이산화탄소와의 반응에서 요소와 물의 생성 화학식

$2NH_3 + CO_2 \rightarrow NH_2CONH_2 + H_2O$

3몰의 수소로부터 1몰의 요소를 얻을 수 있다.

문제에서 제시한 식을 보면

$NH_2CONH_2 + H_2O \rightarrow CO_2 + 2NH_3$

2몰의 암모니아로부터 1몰의 요소를 얻을 수 있다.

요소의 분자량은 60이므로

$\dfrac{1}{2} \times 60 \times 10 = 300\,g$

반응한 요소의 질량은 300g이다.

Answer 6.③

2019. 10. 12. 제3회 서울특별시

7 암모니아(NH_3) 수용액에 염화암모늄(NH_4Cl)을 첨가하면, 첨가하기 전보다 그 양이 감소하는 분자(또는 이온)는? (단, 온도는 일정하다.)

① NH_3
② NH_4^+
③ OH^-
④ H_3O^+

TIP NH_3-NH_4Cl

$NH_4^+ \rightarrow$ 약염기, NH_3의 짝산

$Cl^- \rightarrow$ 강산, HCl의 음이온

$NH_4Cl \rightarrow$ 짝산 + 강산의 음이온으로 된 염

$NH_3 + H_2O \rightleftharpoons NH_4^+ + OH^-$

$NH_4Cl \rightarrow NH_4^+ + Cl^-$

$H^+ + NH_3 \rightarrow NH_4^+$

$NH_3 + H_sO \leftarrow NH_4^+ + OH^-$

르샤틀리에의 원리에 따라 약염기의 이온화반응의 역반응이 일어나 OH^-가 소모된다.

2019. 10. 12. 제3회 서울특별시

8 1족인 알칼리 금속의 성질에 대한 설명으로 가장 옳은 것은?

① 알칼리 금속은 반응성이 커서 기체 상태의 금속 원자가 전자를 방출하고 양이온이 되는 발열반응을 보인다.

② 주기가 큰 알칼리 금속일수록 핵전하들 사이의 반발력이 증가하여 원자반지름이 작아진다.

③ 같은 주기의 다른 원소들과 비교하여 원자반지름이 큰 것은 전자 간 반발력이 크기 때문이다.

④ 원자가 전자와 핵과의 거리가 먼 알칼리 금속일수록 이온화 에너지 값이 감소한다.

TIP 1족(알칼리금속) 원소(Li, Na, K)에서 원자가 전자 1개를 떼어낼 때 필요한 이온화 에너지는 해당 원소의 주기가 증가할수록 작아진다. 그러한 경향성을 갖는 가장 주요한 이유는 원소를 이루는 전자껍질(주양자수)의 수가 클수록, 핵과 원자가 전자 사이의 거리가 증가하여 서로의 인력이 줄어들기 때문이다.

※ 알칼리 금속의 성질

㉠ 원자번호가 클수록(주기가 커질수록) 반응성이 크다.

㉡ 공기 중 산소와 반응할 때 열이 발생(발열반응, 전자기파 방출)하는데, 5주기 이상의 원소들은 반응성이 워낙 커 높은 에너지의 전자기파를 방출하므로 불꽃이나 폭발의 형태로 보인다.

㉢ 전자 하나를 잃어 +1가의 양이온이 되기 쉽다.

㉣ 공기 중에서 쉽게 산화되며, 물과 폭발적 반응을 한다.

㉤ 주기율표상 1족 원소이다.

Answer 7.③ 8.④

2019. 6. 15. 제2회 서울특별시

9 S^{2-} 이온의 전자 배치를 옳게 나타낸 것은?

① $1s^2 2s^2 2p^6 3s^2 3p^4$

② $1s^2 2s^2 2p^6 3s^2 3p^6$

③ $1s^2 2s^2 2p^6 3s^2 3p^4 3d^2$

④ $1s^2 2s^2 2p^6 3s^2 3p^4 4s^2$

TIP S 원소의 전자배치 … $1s^2 2s^2 2p^6 3s^2 3p^4$

S^{2-} 이온의 전자배치는 전자를 2개 얻었으므로 $3p$ 버금준위를 2개 채워야 한다.

$1s^2 2s^2 2p^6 3s^2 3p^6$

2019. 6. 15. 제2회 서울특별시

10 〈보기〉는 수소와 질소가 반응하여 암모니아를 만드는 화학 반응식이다. 이에 대한 설명으로 가장 옳은 것은? (단, 수소 원자량은 1.0g/mol, 질소 원자량은 14.0g/mol이다.)

〈보기〉

$$3H_2(g) + N_2(g) \rightarrow 2NH_3(g)$$

① 암모니아를 구성하는 수소와 질소의 질량비는 3 : 14이다.

② 암모니아의 몰질량은 34.0g/mol이다.

③ 화학 반응에 참여하는 수소 기체와 질소 기체의 질량비는 3 : 1이다.

④ 2몰의 수소 기체와 1몰의 질소 기체가 반응할 경우 이론적으로 2몰의 암모니아 기체가 생성된다.

TIP $3H_2(g) + N_2(g) \rightarrow 2NH_3(g)$

반응식을 보면 N_2 1몰당 H_2 3몰이 반응하여 NH_3 2몰을 생성한다.

암모니아를 구성하는 수소와 질소의 질량비는 $NH_3 \rightarrow 14 : 3$에서 3 : 14이다.

암모니아의 몰질량은 $14 + 3 = 17$g/mol이다.

화학 반응에 참여하는 수소 기체와 질소 기체의 질량비는 3 : 14이다.

2몰의 수소 기체와 1몰의 질소 기체가 반응할 경우 생성되는 암모니아는 $\frac{4}{3}$ 몰이다.

($N_2 = \frac{2}{3}$ 몰, $H_2 = 2$ 몰이 반응하므로)

Answer 9.② 10.①

11 팔면체 철 착이온 $[Fe(CN)_6]^{3-}$, $[Fe(en)_3]^{3+}$, $[Fe(en)_2Cl_2]^+$에 대한 설명으로 옳은 것만을 모두 고르면? (단, en은 에틸렌다이아민이고 Fe는 8족 원소이다)

> ㉠ $[Fe(CN)_6]^{3-}$는 상자기성이다.
> ㉡ $[Fe(en)_3]^{3+}$는 거울상 이성질체를 갖는다.
> ㉢ $[Fe(en)_2Cl_2]^+$는 3개의 입체이성질체를 갖는다.

① ㉠

② ㉡

③ ㉢

④ ㉠㉡㉢

TIP ㉠ 철의 전자배치

$_{26}Fe \rightarrow 1s^2 2s^2 2p^6 3s^2 3p^6 4s^2 3d^6$

$_{26}Fe^{3+} \rightarrow 1s^2 2s^2 2p^6 3s^2 3p^6 3d^5$

여기서 철의 전자배열을 보면 $4s$ 오비탈의 전자 개수는 2개, $3d$ 오비탈의 전자 개수는 6개이다.

그런데 철의 산화수가 +3이므로 d 오비탈에는 5개의 전자만 남게 된다.

CN^-는 강한장 리간드이므로 low spin 배치에 따르게 되어 1개의 홀전자만 남는다.

그러므로 상자기성이다.

㉡ $[Fe(en)_3]^{3+}$은 $M(en)_3$으로 이 착이온은 단 1개의 시스 형태의 이성질체를 가지게 되어 광학 이성질체 즉, 거울상 이성질체를 갖는다.

㉢ $[Fe(en)_2Cl_2]^+$는 $M(en)_2A_2$이므로 이 착이온은 염소원자가 트랜스 배치인 경우, 염소원자가 시스 배치인 경우, 염소가 시스 배치인 경우의 거울상 이성질체 이렇게 3개의 입체 이성질체를 갖는다.

12 $KMnO_4$에서 Mn의 산화수는?

① +1

② +3

③ +5

④ +7

TIP $KMnO_4(aq) \rightarrow K^+(aq) + MnO_4^-(aq)$

MnO_4 원자단 전체의 산화수 = 이온전하 $= -1$이므로

산화수를 계산하면

$Mn + 4(-2) = -1$

$Mn = +7$

Answer 11.④ 12.④

출제 예상 문제

1 다음 할로젠원소 중 가장 작은 반응성을 갖는 것으로 옳은 것은?

① F_2 ② Cl_2

③ Br_2 ④ I_2

TIP 할로젠원소의 반응성 및 산화력 ··· $F_2 > Cl_2 > Br_2 > I_2$

2 다음 같은 실험결과가 나오는 흰색 고체 시료는 무엇인가?

> • 수용액의 색상은 무색 투명하다.
> • 붉은색 리트머스 종이를 수용액에 담그면 푸르게 변한다.
> • 불꽃에 적은 양의 고체를 넣었더니 불꽃의 색이 노랗게 변하였다.
> • 고체를 가열하였더니 석회수를 뿌옇게 흐리는 기체가 발생하였다.

① K_2CO_3 ② $KHCO_3$

③ Na_2CO_3 ④ $NaHCO_3$

TIP 탄산수소소듐($NaHCO_3$)의 성질
    ㉠ 수용액에서 염기성이다(붉은색 리트머스 종이를 푸른색으로 변하게 한다).
    ㉡ 가열하면 CO_2가 발생하며, CO_2는 석회수를 뿌옇게 한다.
    ㉢ 불꽃반응을 하면 Na에 의해 노란색을 나타낸다.

Answer 1.④ 2.④

3 다음 중 H₂S 기체를 통하였을 때 노란색 앙금이 생길 수 있는 용액은?

① 질산납의 약한 염기성 용액

② 질산구리의 산성 용액

③ 질산아연의 약한 염기성 용액

④ 질산카드뮴의 산성 용액

> **TIP** 금속이온화 반응
> ㉠ CuS : 검은색
> ㉡ CdS : 노란색
> ㉢ MnS : 분홍색
> ㉣ PbS : 검은색
> ㉤ ZnS : 흰색

4 다음 지문에 대한 설명으로 옳지 않은 것은?

> 물을 1/2 정도 채운 시험관 속에 쌀알 정도의 크기로 자른 소듐 조각을 떨어뜨렸더니, 물 위에 떠서 격렬하게 반응하면서 기체 X가 발생하였다. 반응이 끝난 후, 시험관 속의 남은 용액에 페놀프탈레인 용액을 2~3방울 떨어뜨렸더니 붉은 색으로 변화하였다.

① 시험관 속에는 염기성 용액이 남는다.

② 물의 밀도보다 소듐의 밀도가 작다.

③ 기체 X는 수소이다.

④ 남은 용액의 불꽃 반응색은 보라색이다.

> **TIP** ④ 소듐의 불꽃 반응색은 노란색이다.

Answer 3.④ 4.④

5 탄산수소소듐을 섞은 밀가루 반죽을 가열시켰을 때 밀가루 반죽이 부푸는 원인이 되는 물질은?

① $NaHCO_3$

② CO_2

③ H_2O

④ Na_2CO_3

TIP $2NaHCO_3 \longrightarrow Na_2CO_3 + H_2O + CO_2 \uparrow$

탄산수소소듐은 베이킹 파우더의 원료로 쓰이며, 이는 반응시 CO_2 발생과 연관이 있다.

6 다음 착이온이나 착화합물 중 이성질체를 갖는 물질로 옳은 것은?

① $[Cu(NH_3)_3Cl]^+$

② $[Co(NH_3)_5Cl]^{2+}$

③ $[Zn(N_3)_2Cl_2]$

④ $[Ni(NH_2)_2(CN)_2]$

TIP
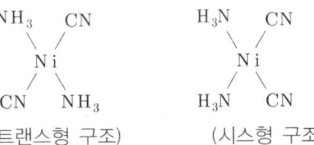
(트랜스형 구조)　　(시스형 구조)

7 다음 중 알칼리금속원소를 검출할 수 있는 방법으로 옳은 것은?

① 불꽃반응을 실시한다.

② H_2SO_4 용액을 첨가한다.

③ 은거울반응을 조사한다.

④ $AgNO_3$을 첨가한다.

TIP 알칼리금속은 고유한 불꽃 반응색이 있다.

Answer　5.②　6.④　7.①

8 다음 중 석회암 동굴에서 종유석, 석순의 형성과 연관 있는 화학반응은?

① $CaO + H_2O \rightarrow Ca(OH)_2$

② $CaCO_3 + CO_2 + H_2O \rightarrow Ca(HCO_3)_2$

③ $Ca(OH)_2 + CO_2 \rightarrow CaCO_3 \downarrow + H_2O$

④ $CaCO_3(s) \rightarrow CaO + CO_2 \uparrow$

TIP 탄산칼슘은 물에는 녹지 않으나 CO_2가 녹아 있는 물에는 Ca^{2+}와 HCO_3^-로 되어 녹는다(석회 동굴 생성의 원인).

9 다음 산화물의 수용액 중 산성이 최대인 것은?

① Na_2O　　　　　　　　　　② MgO

③ Al_2O_3　　　　　　　　　　④ Cl_2O_7

TIP 3주기 원소의 산화물의 최고 산화수는 족번호와 일치하며 원자번호가 증가할수록 산화수도 증가하여 산성의 세기가 강해진다.

10 다음 중 공기 중의 수분을 흡수하는 조해성이 있으며, CO_2를 흡수하는 화합물로 옳은 것은?

① $NaOH$　　　　　　　　　　② Na_2CO_3

③ Na_2SO_4　　　　　　　　　④ $NaHCO_3$

TIP NaOH(수산화소듐)
　㉠ 공기 중의 수분을 흡수하는 조해성을 가지고 있다.
　㉡ 공기 중의 CO_2를 흡수하여 탄산소듐을 형성한다.
　㉢ 물에 용해되어 강한 염기성을 나타낸다.
　㉣ 화학약품, 화학공업, 펄프, 비누제조 등에 사용된다.

Answer　8.② 9.④ 10.①

11 다음 중 AgNO₃ 수용액과 반응하여 노란색 침전이 생기는 할로젠이온으로 옳은 것은?

① F⁻   ② Cl⁻
③ Br⁻   ④ I⁻

TIP ① AgF(용해) ② AgCl↓(흰색) ③ AgBr↓(연한 노란색) ④ AgI↓(노란색)

12 다음 할로젠원소 중 고체로 존재하는 물질은?

① F₂   ② Cl₂
③ Br₂   ④ I₂

TIP 아이오딘(I₂) … 승화성이 있는 흑자색 고체로 증기는 독성을 가진다.

13 다음 할로젠원소 중 산화력이 가장 큰 물질은?

① F₂   ② I₂
③ Cl₂   ④ Br₂

TIP 할로젠원소의 산화력 크기 … $F_2 > Cl_2 > Br_2 > I_2$

14 다음 할로젠화수소의 수용액 중 산성의 세기가 가장 큰 것은?

① HF   ② HCl
③ HBr   ④ HI

TIP 할로젠화수소의 산성 세기 … $HF < HCl < HBr < HI$

Answer 11.④ 12.④ 13.① 14.④

15 다음 3주기 원소 중 산과도 반응하고 염기와도 반응하는 양쪽성 원소로 옳은 것은?

① Mg

② Al

③ P

④ Cl

> **TIP** 알루미늄(Al)
> ㉠ 은백색의 연한 경금속으로 공기 중에서 표면에 Al_2O_3를 형성하여 내부를 보호한다.
> ㉡ 양쪽성 원소로 산·염기와 모두 반응한다.
> ㉢ 보크사이드와 빙정석을 용융전기분해시켜 얻는다.

16 다음 착이온 $[Co(NH_3)_4Cl_2]^+$의 중심 금속이온의 전하수로 옳은 것은?

① +1

② +2

③ +3

④ +5

> **TIP** 착이온의 전하는 중심 금속이온의 전하와 리간드의 전하를 합한 것과 같으므로
> $Co + 4 \times 0 + 2 \times (-1) = +1$에서
> Co의 전하는 $+3$이다.

17 다음 착이온의 구조가 직선형인 것은?

① $[Cu(NH_3)_4]^{2+}$

② $[Ag(NH_3)_2]^+$

③ $[Zn(NH_3)_4]^{2+}$

④ $[Co(NH_3)_6]^{3+}$

> **TIP** ① 평면사각형 ② 선형 ③ 정사면체 ④ 평면체

18 다음 중 리간드로 작용할 수 없는 것은?

① H_2O

② BF_3

③ NO

④ NH_3

> **TIP** 비공유전자쌍이 없으면 리간드로 작용할 수 없다.

Answer 15.② 16.③ 17.② 18.②

19 다음 알칼리금속 중 반응성이 가장 큰 것은?

① Na

② K

③ Rb

④ Cs

> **TIP** 알칼리금속의 반응성 ··· Li < Na < K < Rb < Cs

20 다음 중 착화합물 $[Co(NH_3)_5H_2O]Cl_3$에서 Co^{3+}의 배위수로 옳은 것은?

① 2

② 4

③ 6

④ 8

> **TIP** 착이온의 배위수와 구조

배위수	입체구조	금속이온
2	선형	Ag^+, Au^+
4	평면사각형	Cu^{2+}, Ni^{2+}
	정사면체	Zn^{2+}, Cd^{2+}
6	팔면체	Co^{3+}, Fe^{2+}, Fe^{3+}, Pt^{4+}

21 다음 착이온 중 구조가 팔면체형인 것은?

① $[Fe(CN)_6]^{4-}$

② $[Cd(NH_3)_4]^{2+}$

③ $[Ni(CN)_4]^{2-}$

④ $[Ag(CN)_2]^-$

> **TIP** ② 정사면체 ③ 평면사각형 ④ 선형

22 다음 중 알칼리금속 원소들의 반응성이 큰 이유로 옳은 것은?

① 가볍고 연한 금속이기 때문이다.

② 녹는점과 끓는점이 낮기 때문이다.

③ 원자가전자가 1개이므로 쉽게 +1가의 양이온이 되기 때문이다.

④ 자유전자가 존재하기 때문이다.

> **TIP** 알칼리금속의 성질…원자가전자가 1개이므로 쉽게 +1가의 양이온이 된다. 즉, 원자번호가 증가할수록 이온화에너지는 감소하고 쉽게 이온화되어 반응성이 커진다.

23 다음과 같은 용도로 쓰이는 화합물로 옳은 것은?

• 소화제(제산제)

• 빵을 만들 때 부풀리는 작용

• 포말소화기의 원료
---

① Na_2CO_3 ② $NaOH$

③ $NaHCO_3$ ④ Na_2SO_4

> **TIP** 탄산수소소듐($NaHCO_3$)
> ㉠ 무색의 결정성 가루이다.
> ㉡ 황산알루미늄과 반응하여 CO_2를 발생시킨다(포말소화기).
> ㉢ 열분해시키면 CO_2를 발생시킨다(베이킹파우더).
> ㉣ 위산을 중화시킨다(제산제).
> ㉤ 물에 녹으면 약한 염기성을 나타낸다.

24 다음 중 알칼리금속의 원자번호가 증가함에 따라 감소하는 질량으로 옳지 않은 것은?

① 이온화에너지   ② 원자반지름

③ 끓는점   ④ 녹는점

> **TIP** 원자번호가 증가할수록 원자반지름, 반응성은 커지며 녹는점, 끓는점, 이온화에너지는 감소한다.

Answer 22.③ 23.③ 24.②

25 다음 중 NaCl과 KCl을 구별할 수 있는 가장 좋은 방법으로 옳은 것은?

① $AgNO_3$ 용액을 가한다.

② 전기분해를 실시한다.

③ 테르밋 반응을 실시한다.

④ 불꽃반응을 실시한다.

> **TIP** 알칼리금속 및 알칼리이온이 들어 있는 화합물은 대부분 무색이며 수용성이기 때문에 불꽃반응을 실시하여 검출한다.

26 다음 중 물에 잘 녹지 않는 탄산칼슘($CaCO_3$)이 이산화탄소가 포함된 물에서 조금 녹는 이유로 옳은 것은?

① CO_2에 의해 $Ca(HCO_3)_2$로 되기 때문이다.

② CO_2에 의해 $Ca(OH)_2$로 되기 때문이다.

③ CO_2에 의해 열을 발생하기 때문이다.

④ $CaCO_3$가 염기성이기 때문이다.

> **TIP** $CaCO_3$는 물에는 잘 녹지 않지만 CO_2를 포함한 물에서는 수용성인 $Ca(HCO_3)_2$가 되어 녹으며 다시 가열하면 $CaCO_3$가 된다.

27 다음 중 NaCl이 생성되지 않는 경우로 옳은 것은?

① 수산화소듐을 염산으로 중화시킨다.

② 탄산수소소듐을 가열한다.

③ 결정탄산소듐과 산을 반응시킨다.

④ 소듐금속과 염소기체를 반응시킨다.

> **TIP** ① $NaOH + HCl \rightarrow NaCl + H_2O$
> ② $2NaHCO_3 \rightarrow Na_2CO_3 + CO_2 + H_2O$
> ③ $Na_2CO_3 + 2HCl \rightarrow 2NaCl + H_2O + CO_2 \uparrow$
> ④ $2Na + Cl_2 \rightarrow 2NaCl$

Answer 25.④ 26.① 27.②

28 다음 화학반응식 중 실제로 일어나기 어려운 것은?

① $2KI + Cl_2 \rightarrow 2KCl + I_2$

② $2NaF + Br_2 \rightarrow 2NaBr + F_2$

③ $2NaCl + F_2 \rightarrow 2NaF + Cl_2$

④ $2NaCl + H_2SO_4 \rightarrow Na_2SO_4 + 2HCl$

> **TIP** ② 반응성의 크기가 $F_2 > Cl_2 > Br_2 > I_2$ 이므로 $2NaF + Br_2$는 반응이 일어나지 않는다.

29 다음 산화물 중 물과 반응하여 산성을 나타내는 것끼리 바르게 짝지어진 것은?

① MgO, Al_2O_3

② Na_2O, CO

③ CO, SO_2

④ SO_3, CO_2

> **TIP** 산화물의 종류
> ㉠ 금속원소의 산화물 : 염기성을 나타내며 Na_2O, MgO 등이 있다.
> ㉡ 비금속원소의 산화물 : 산성을 나타내며 SiO_2, CO_2, SO_3 등이 있다.
> ㉢ 양쪽성 원소의 산화물 : 산성과 염기성을 동시에 나타내며 Al_2O_3가 대표적이다.
> ※ CO, NO는 중성을 나타낸다.

30 다음 중 할로젠원소의 특성에 대한 설명으로 옳은 것은?

① 원자번호가 증가할수록 녹는점이 낮아진다.

② 같은 주기원소 중 이온화에너지가 가장 작다.

③ 상온에서는 알칼리금속과 반응하지 않는다.

④ 모두 7개의 원자가전자를 가지고 있다.

> **TIP** ① 원자번호가 증가할수록 끓는점과 녹는점은 증가한다.
> ② 같은 주기에서는 원자번호가 증가할수록 이온화에너지가 증가하므로 할로젠원소의 이온화에너지는 크다.
> ③ 상온에서 F_2, Cl_2는 H_2와 격렬하게 반응한다.

Answer 28.② 29.④ 30.④

31 다음 중 금속알루미늄이 창틀 등의 건축자재로 널리 사용되는 이유로 옳은 것은?

① 원자간 결합이 세기 때문이다.

② 광택이 나며 전기전도성이 없기 때문이다.

③ 천연에서 산출되기 때문이다.

④ 표면에 생기는 산화피막으로 인하여 내부를 보호하기 때문이다.

> **TIP** 금속알루미늄 … 공기 중 산소와 반응하여 표면에 산화피막(Al_2O_3)를 형성하여 금속알루미늄의 내부산화를 방지한다.

32 다음 중 4주기 전이원소에 대한 설명으로 옳지 않은 것은?

① 녹는점, 끓는점이 높고 밀도가 크다.

② 금속으로 되어 있으며 전기양도체이다.

③ 이온은 여러 종류의 리간드와 착화합물을 형성한다.

④ 모두 하나의 원자가전자만 갖는다.

> **TIP** ④ Cr과 Cu를 제외하고 모든 전이원소의 원자가전자수는 2개이다.

33 다음 중 석회수에 입김을 불어 넣으면서 생기는 침전량의 변화를 바르게 나타낸 그래프로 옳은 것은?

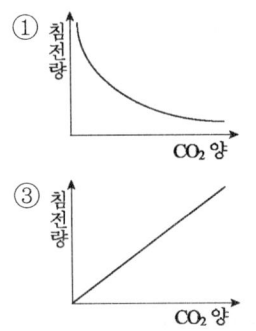

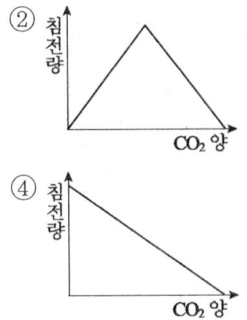

> **TIP** $Ca(OH)_2 + CO_2 \rightarrow CaCO_3 + H_2O$에서 $CaCO_3$(석회석·대리석의 성분)는 물에 거의 녹지 않으나 $CaCO_3 + CO_2 + H_2O \rightarrow Ca(HCO_3)_2$로 변화되면 $Ca(HCO_3)_2$는 물에 녹기 때문에 석회석을 녹이게 된다. 그러므로 침전량은 ②의 형태 그래프를 나타낸다.

Answer 31.④ 32.④ 33.②

34 다음 중 같은 주기에 속하는 알칼리금속(M)과 할로젠원소(X)의 성질에 대한 설명으로 옳지 않은 것은?

① M은 X보다 원자반지름이 크다.

② M은 X보다 전자친화도가 크다.

③ M은 X보다 양성자수가 적다.

④ M은 X보다 원자량이 적다.

TIP 같은 주기에서 원자번호가 증가할수록 양성자수, 원자량, 전자친화도, 이온화에너지는 증가하며, 원자반지름과 금속성은 감소한다.

35 다음 중 할로젠 중에서 플루오린(F)가 아이오딘(I)보다 활성이 큰 이유로 옳은 것은?

① F의 원자가전자수가 I 보다 작기 때문이다.

② F의 원자량이 I 보다 작기 때문이다.

③ F의 원자반지름이 I 보다 작기 때문이다.

④ F의 이온화에너지가 I 보다 작기 때문이다.

TIP 할로젠원소는 원자반지름이 작을수록 전자친화도가 증가하여 음이온이 되려는 경향이 크다.

36 다음 중 알칼리금속을 묽은 염산 수용액과 반응시켰을 때 생성되는 기체로 옳은 것은?

① CO_2

② H_2

③ Cl_2

④ H_2O

TIP $2M + 2HCl \rightarrow 2MCl + H_2$

Answer 34.② 35.③ 36.②

37 다음 설명 중 옳지 않은 것은?

① 산화칼슘은 산화마그네슘보다 물에 잘 녹는다.

② 칼슘이나 마그네슘의 염은 모두 특유의 불꽃반응을 나타낸다.

③ 산화마그네슘보다 산화칼슘의 녹는점이 더 낮다.

④ 황산마그네슘은 물에 잘 녹지만 황산칼슘은 물에 녹기 어렵다.

TIP ② 마그네슘의 염은 특유의 불꽃반응을 나타내지 않는다.

38 다음 중 알칼리금속이 불꽃반응을 일으키는 이유로 옳은 것은?

① 전자들이 더 낮은 에너지준위로 떨어지면서 에너지를 방출하기 때문이다.

② 전자들이 더 높은 에너지준위로 옮겨지면서 에너지를 흡수하기 때문이다.

③ 가열에 의한 화학적 변화 때문이다.

④ 공기 중의 불순물이 원인이다.

TIP 안정한 상태에 있는 원자의 전자는 가능한 한 낮은 에너지 상태로 향하려 한다. 전자들이 낮은 에너지준위로 떨어질 때 에너지를 방출하면서 특유의 색깔의 빛을 내게 된다.

39 다음 할로젠 분자의 성질 중 다음과 같은 순서가 성립되지 않는 것은?

$$F_2 < Cl_2 < Br_2 < I_2$$

① 반응성   ② 끓는점
③ 녹는점   ④ 결합길이

TIP 반응성의 크기 ··· $F_2 > Cl_2 > Br_2 > I_2$

Answer   37.② 38.① 39.①

40 다음 중 전이원소 바닥상태 원자들의 전자배치에 해당되는 것을 고르면?

① $1s^2\,2s^2\,2p^6\,3s^2\,3p^6\,4s^1$

② $1s^2\,2s^2\,2p^6\,3s^2\,3p^6\,4s^2$

③ $1s^2\,2s^2\,2p^6\,3s^2\,3p^6\,3d^1\,4s^2$

④ $1s^2\,2s^2\,2p^6\,3s^2\,3p^6\,3d^{10}\,4s^2\,4p^1$

TIP 전이원소는 d오비탈이 미완성이다.

41 다음 반응식 중 실제로 일어나기 어려운 반응으로 옳은 것은?

① $2KI + Br_2 \longrightarrow 2KBr + I_2$

② $2NaF + Br_2 \longrightarrow 2NaBr + F_2$

③ $2KI + Cl_2 \longrightarrow 2KCl + I_2$

④ $2NaBr + Cl_2 \longrightarrow 2NaCl + Br_2$

TIP 할로젠의 반응성 … $F_2 > Cl_2 > Br_2 > I_2$

42 다음 중 물과 금속 Na이 반응할 때 생성되는 기체로 옳은 것은?

① CO_2

② N_2

③ H_2

④ O_2

TIP $2Na + 2H_2O \longrightarrow 2NaOH + H_2 \uparrow$

43 집기병에 젖은 꽃잎을 넣었더니 탈색이 되었다면 집기병 속의 기체는?

① CO_2

② Cl_2

③ N_2

④ O_2

TIP Cl_2는 물과 반응하여 HClO를 생성하고 살균 및 표백 작용을 한다.

Answer 40.③ 41.② 42.③ 43.②

물과 공기

01 물

01 물의 성분과 구조

❶ 물의 성분

(1) 물의 전기 분해

물을 전기 분해하면 (−)극에서는 수소 기체가 발생하고 (+)극에서는 산소 기체가 발생한다. 이 때, 수소와 산소가 2 : 1의 부피비로 생성된다.

$$(-)극 : 2H_2O(l) + 2e^- \rightarrow H_2(g) + 2OH^-(aq)$$

$$(+)극 : H_2O(l) \rightarrow \frac{1}{2}O_2(g) + 2H^+(aq) + 2e^-$$

$$전체반응 : H_2O(l) \rightarrow H_2(g) + \frac{1}{2}O_2(g)$$

(2) 물의 합성

물이 합성될 때에도 항상 수소 : 산소 = 2 : 1의 부피비로 반응한다. 수소와 산소가 반응하여 물이 생성되는 반응식에서 분자식 앞의 계수비는 반응하는 기체들의 부피비를 의미한다.

$$2H_2(g) + O_2(g) \rightarrow 2H_2O(g)$$

❷ 물 분자의 구조와 수소 결합

(1) 물의 구조와 극성

① **물의 구조**…물 분자는 산소 원자 1개와 수소 원자 2개가 공유 결합하여 굽은 모양이 되며 결합각은 약 104.5°가 된다.

② **물의 극성**…물 분자에서 산소 원자가 수소 원자보다 전기음성도가 크므로 산소는 부분적인 (−)전하를 띠고, 수소 원자는 부분적인 (+)전하를 띠게 되어 극성을 나타낸다.

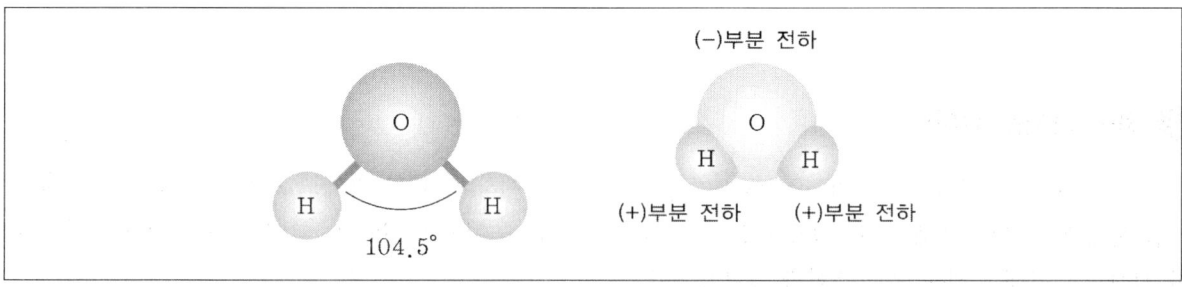

(2) 수소 결합

물 분자에서 부분적으로 (−)전하를 띠는 산소 원자와 부분적으로 (+)전하를 띠는 이웃하는 물 분자의 수소 원자 사이에는 비교적 강한 분자간의 힘이 작용하는데, 이러한 분자간의 힘을 수소 결합이라고 한다. 즉, 수소 결합은 F, O, N과 같이 전기음성도가 큰 원자와 공유 결합을 하고 있는 H원자가 다른 분자 중에 있는 F, O, N에 끌리어 이루어지는 분자간의 힘을 말한다.

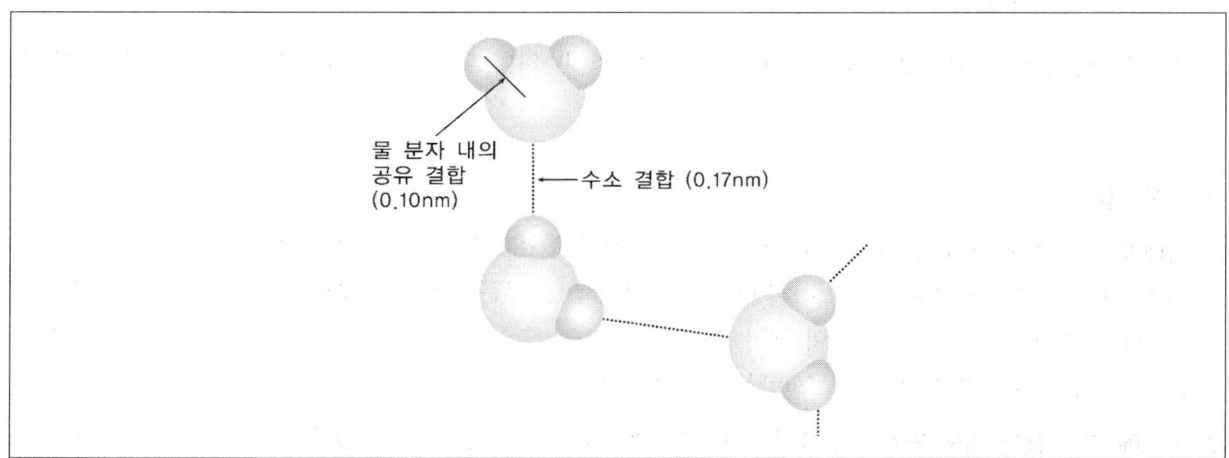

① **수소 결합의 특징**…수소 결합은 공유 결합보다는 약하지만 다른 분자간 힘보다는 매우 강하다. 따라서 분자간에 수소 결합을 형성하는 분자들은 비슷한 분자량을 가지는 다른 분자들에 비해 녹는점과 끓는점이 매우 높다.

② 이합체 … 플루오린화수소와 아세트산은 두 분자가 서로 수소 결합을 이루어 마치 한 분자처럼 행동하기도 하는데, 이것을 이합체라고 한다. 기체 상태의 아세트산을 벤젠이나 사염화탄소에 녹여 분자량을 측정해보면 실제값의 2배가 얻어지는데 이것은 아세트산이 이합체를 형성하여 두 분자가 강한 결합에 의해 쉽게 끊어지지 않기 때문이다.

02 물의 특성

❶ 물이 가지는 특이성

물은 지구상에서 바닷물이나 빙하, 호숫물, 지하수 등으로 존재하며, 대기 중에도 포함되어 있다. 이렇게 물은 자연 상태에서 고체, 액체, 기체 상태로 모두 존재할 수 있는 특이한 물질이다. 물이 다른 물질과는 다른 특이한 성질을 나타내는 것은 수소 결합과 밀접한 관련이 있다.

(1) 물의 녹는점과 끓는점

물은 수소 결합을 형성하기 때문에 분자간 인력을 끊는데 많은 열이 필요하므로 분자량이 비슷한 다른 물질에 비해 녹는점과 끓는점이 높으며, 융해열과 기화열이 매우 크다.

① 적은 양의 땀이 증발하여도 몸을 효과적으로 식힐 수 있으므로 물의 큰 기화열은 체온을 일정하게 유지되도록 하는 역할을 한다.

② 불을 끌 때 물을 뿌리는 것은 물이 기화하면서 많은 열에너지를 빼앗아 온도가 발화점 이하로 내려가기 때문이다.

(2) 물의 밀도

① 상태에 따른 물의 부피 변화 … 대부분의 물질을 액체에서 고체로 될 때 부피가 줄어든다. 그러나 물이 얼음으로 될 때에는 물 분자들이 수소 결합에 의해 빈 공간이 많은 육각형의 구조를 형성하기 때문에 부피가 늘어난다. 반대로 얼음이 녹아 물이 되면 얼음에서 형성된 수소 결합의 일부가 끊어져 육각형의 구조가 허물어지면서 빈 공간이 줄어들므로 부피가 줄어든다.

② 온도에 따른 물의 밀도 변화 … 얼음이 녹아 물로 될 때 부피가 작아지므로 밀도가 커진다. 0℃인 물이 4℃가 될 때까지 이와 같은 변화가 일어나므로 4℃에서 물의 밀도는 최대가 되며 온도가 계속 올라가면 분자운동이 활발해져서 부피가 팽창하므로 밀도가 다시 감소한다.

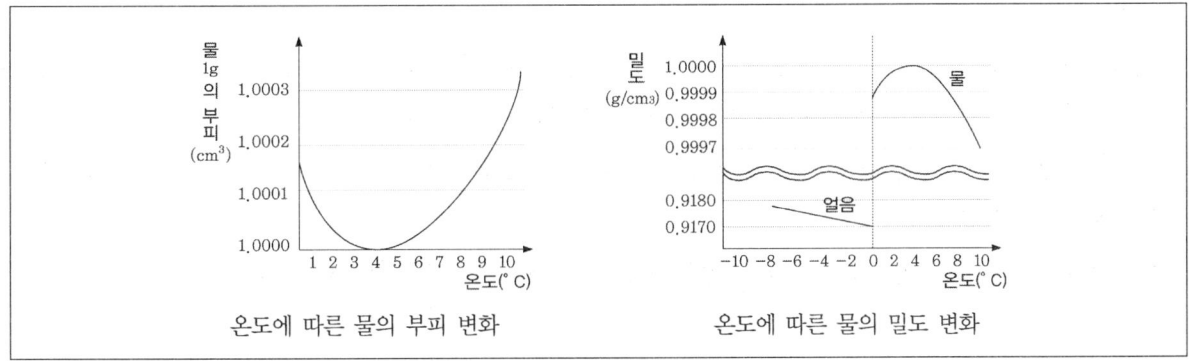

| 온도에 따른 물의 부피 변화 | 온도에 따른 물의 밀도 변화 |

▶ TIP

물이 표면부터 어는 이유 … 기온이 낮아져서 물 표면의 온도가 4℃정도에 이르면 아래쪽 물보다 표면 쪽의 물의 밀도가 커지므로 밀도 차이에 의한 대류 현상이 일어난다. 물 표면의 온도가 4℃가 될 때까지 대류 현상이 계속되다 물 표면의 온도가 4℃보다 낮아지면 밀도는 수면 아래의 물의 밀도보다 작아지므로 대류현상이 일어나지 않아 표면부터 물이 얼게 된다.

(3) 물의 비열

가해 준 열이 물의 수소 결합을 끊는 데 조금씩 쓰이므로 비열이 커서 온도가 쉽게 올라가지 않는다. 비열은 어떤 물질 1g의 온도를 1℃ 높이는데 필요한 열량으로 비열이 작은 물질일수록 같은 열을 가했을 때 온도가 빨리 높아지는 것을 말한다. 예로 바닷가에서 낮에는 해풍이 불고, 밤에는 육풍이 분다. 또한 해안 지방의 일교차가 내륙 지방의 일교차보다 작다.

(4) 물의 표면장력

액체가 표면적을 작게 하려는 성질을 표면적이라고 한다. 물은 수소 결합에 의해 강한 분자간 힘을 가지므로 표면장력이 크다.

① 나뭇잎 끝에 매달린 물방울이 둥근 모양이다.

② 소금쟁이가 물에 뜨고, 바늘을 물 위에 띄울 수 있다.

(5) 모세관 현상

물은 부착력과 응집력이 모두 강하므로 가는 유리관을 물 속에 집어넣으면 유리관 안변을 따라 물이 올라온다. 이와 같이 가는 유리관 또는 미세한 틈 사이로 액체가 상승하는 현상을 모세관 현상이라 하는데 모세관 현상에 의해 액체가 상승하는 높이는 표면장력이 클수록 높아진다.

① 나무의 뿌리에서 흡수한 물은 물관을 통해 잎으로 이동된다.

② 수건이나 휴지의 한쪽 끝을 물에 대면 물이 스며 올라온다.

⑹ 물의 용해성

물은 극성 용매이므로 소금, 염화포타슘과 같은 이온성 물질이나 염화수소, 암모니아 같은 극성 물질을 잘 녹일 뿐만 아니라 알코올, 아세톤과 같은 극성을 띤 탄소 화합물도 잘 녹인다.

① 물은 대부분의 염을 녹일 수 있으므로 생물이 살아가는데 필요한 여러 가지 이온을 섭취하거나 흡수할 때 좋은 용매로 작용한다.

② 공기 중에 들어 있는 오염 물질을 씻어 내려 환경을 깨끗하게 보존하는 역할을 한다.

❷ 센물과 단물

⑴ 센물

칼슘 이온(Ca^{2+})이나 마그네슘 이온(Mg^{2+})이 비교적 많이 녹아 있어 비누 거품이 잘 생기지 않는 물이다.

① 센물은 토양 속의 칼슘염과 마그네슘염이 이산화탄소가 녹아 있는 물에 녹아서 생성된 수용성 염 때문에 만들어진다.

$$CaCO_3(s) + H_2O + CO_2(aq) \rightarrow Ca(HCO_3)_2 \, (수용성 \ 염)$$
$$MgCO_3(s) + H_2O + CO_2(aq) \rightarrow Mg(HCO_3)_2 \, (수용성 \ 염)$$

② 칼슘 이온이나 마그네슘 이온이 녹아 있는 물에 비누를 풀면 지방산소듐인 비누가 지방산칼슘이나 지방산마그네슘이 되어 앙금으로 되기 때문에 비누 거품이 잘 생기지 않는다.

$$\underset{지방산소듐(수용성)}{2RCOONa(aq)} + Ca(HCO_3)_2(aq) \rightarrow \underset{지방산칼슘(불용성)}{(RCOO)_2Ca(s)} + 2NaHCO_3(aq)$$
$$\underset{지방산소듐(수용성)}{2RCOONa(aq)} + Mg(HCO_3)_2(aq) \rightarrow \underset{지방산마그네슘(불용성)}{(RCOO)_2Mg(s)} + 2NaHCO_3(aq)$$

③ 센물에 녹아 있는 Ca^{2+}, Mg^{2+} 등은 물맛을 좋게 하기도 하며, 뼈나 이를 튼튼하게 하는데 도움이 될 수도 있다.

④ 보일러 용수로 센물을 오랫동안 사용하면 물에 녹지 않는 탄산염($CaCO_3$, $MgCO_3$)이 보일러 관의 내벽에 쌓이게 되는데 이를 관석이라 한다. 관석이 생기면 열의 전달이 잘 안 될 뿐만 아니라 관이 막히게 되어 파열되기도 한다.

(2) 단물

칼슘 이온(Ca^{2+})이나 마그네슘 이온(Mg^{2+})이 비교적 적게 함유되어 있어 비누 등이 잘 풀리는 물이며 보일러에 사용 시 문제를 일으키지 않는다.

(3) 일시적 센물과 영구적 센물

① **일시적 센물** … 칼슘 이온이나 마그네슘 이온이 탄산수소염으로 존재하여 물을 끓이면 칼슘 이온이나 마그네슘 이온이 앙금으로 제거되어 단물로 된다.

$$Ca(HCO_3)_2(aq) \rightarrow CaCO_3(s) + H_2O(l) + CO_2(g)$$
$$Mg(HCO_3)_2(aq) \rightarrow MgCO_3(s) + H_2O(l) + CO_2(g)$$

② **영구적 센물** … 칼슘 이온이나 마그네슘 이온이 황산염이나 염화물로 존재하기 때문에 끓여도 단물로 만들 수 없다.

   ㉠ 물속에 탄산소듐과 같은 약품을 가하여 칼슘 이온이나 마그네슘 이온을 탄산칼슘이나 탄산마그네슘으로 침전시켜 단물로 만들 수 있다.

$$CaCl_2(aq) + Na_2CO_3(aq) \rightarrow CaCO_3(s) + 2NaCl(aq)$$
$$MgSO_4(aq) + Na_2CO_3(aq) \rightarrow MgCO_3(s) + Na_2SO_4(aq)$$

   ㉡ 이온 교환 수지로 Ca^{2+}이나 Mg^{2+}을 Na^+ 등으로 치환하여 단물로 만들 수 있다.

최근 기출문제 분석

2020. 6. 13. 제1회 지방직

1 물 분자의 결합 모형을 그림처럼 나타낼 때, 결합 A와 결합 B에 대한 설명으로 옳은 것은?

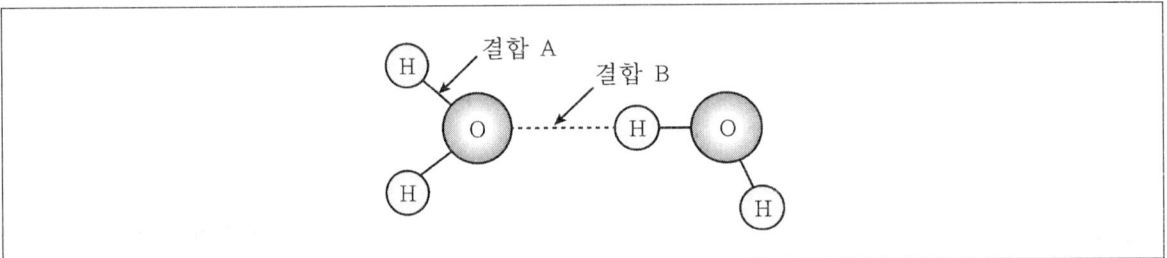

① 결합 A는 결합 B보다 강하다.

② 액체에서 기체로 상태변화를 할 때 결합 A가 끊어진다.

③ 결합 B로 인하여 산소 원자는 팔전자 규칙(octet rule)을 만족한다.

④ 결합 B는 공유결합으로 이루어진 모든 분자에서 관찰된다.

> **TIP** A는 공유결합, B는 수소결합이다.
> ① 공유결합인 A가 분자 간의 인력 중 큰 인력인 수소결합 B보다 강하다.
> ② 액체에서 기체로 상태가 변할 때에는 분자 간의 인력인 B가 끊어진다.
> ③ 공유결합 A로 인해 산소는 팔전자 규칙을 만족하고 있다.
> ④ 결합 B는 공유결합 중 F, O, N과 직접 결합한 H가 있는 분자에서 관찰된다.

Answer 1.①

2 〈보기〉의 물에 대한 설명으로 옳은 것을 모두 고른 것은?

〈보기〉

㉠ 이온화 상수 값이 $K_w = 10^{-15}$인 물의 pH는 7보다 크다.

㉡ H^+를 만나면 비공유 전자쌍을 공유하여 H^+와 결합할 수 있다.

㉢ 순수한 물에는 H^+와 OH^-가 같은 수만큼 들어 있다.

---

① ㉠㉡   ② ㉠㉢

③ ㉡㉢   ④ ㉠㉡㉢

TIP 물

㉠ 브뢴스테드·로우리 정의에 의해 수소 이온을 내놓기도 하고 받을 수도 있는 양쪽성 물질이다.

㉡ 물이 일정 온도에서 자동 이온화하여 동적 평형을 이루었을 경우 H_3O^+와 OH^- 농도의 곱은 항상 같다.

　　$K_w = [H_3O^+][OH^-]$

㉢ 25℃에서 항상 1.0×10^{-14}이다.

㉣ 온도가 높아지면 물의 이온화상수는 커지게 된다.

㉤ 물의 pH = 7이다.

㉥ 물 분자는 다른 물 분자에게 수소 이온을 줄 수 있다.

Answer 2.④

3 〈보기〉 중 끓는점이 가장 높은 것은?

〈보기〉	
㉠ H₂O	㉡ H₂S
㉢ H₂Se	㉣ H₂Te

① ㉠   ② ㉡

③ ㉢   ④ ㉣

TIP 끓는점의 크기는 $H_2O \gg H_2Te > H_2Se > H_2S$

H_2O 같은 경우 수소결합을 하기 때문에 분산력은 H_2Te보다 작지만 끓는점이 훨씬 높다.

H_2O, H_2S, H_2Se, H_2Te에서 모두 작용하는 반데르발스 힘은 분자량이 커지는 순서대로 $H_2O < H_2S < H_2Se < H_2Te$가 된다. 쌍극자–쌍극자 힘은 그 반대 순서가 되며, H_2S, H_2Se, H_2Te 분자에서는 그 쌍극자–쌍극자 힘의 차이보다 분산력의 차이가 더 크기 때문에 끓는점이 $H_2S < H_2Se < H_2Te$의 순서로 나타난다.

그러나 H_2O의 경우 작용하는 수소결합은 다른 분자(H_2S, H_2Se, H_2Te)에는 없으며, 그 크기가 매우 크므로 물의 끓는점이 매우 높게 나타나는 것이다.

4 다음 물질을 끓는점이 높은 순서대로 옳게 나열한 것은?

NH₃, He, H₂O, HF

① $HF > H_2O > NH_3 > He$

② $HF > NH_3 > H_2O > He$

③ $H_2O > NH_3 > He > HF$

④ $H_2O > HF > NH_3 > He$

TIP 수소결합은 쌍극자–쌍극자 힘이며, 이 힘이 가장 크면 끓는점이 가장 높다.

H_2O는 수소결합에 참여할 수 있는 전자쌍 2개와 수소 원자 2개가 존재하므로 한 분자당 동시에 2개의 수소결합이 가능하다.

HF는 개별결합의 수소결합의 세기는 가장 강하지만 분자 전체적인 수소결합의 세기는 H_2O가 가장 강하다.

Answer 3.① 4.④

5 다음 그림과 같이 높이는 같지만 서로 다른 양의 물이 담긴 3개의 원통형 용기가 있다. 3번 용기 반지름은 2번 용기 반지름의 2배이고, 1번 용기 반지름은 2번 용기 반지름의 3배이다. 3개 용기 바닥의 압력에 관한 내용으로 옳은 것은?

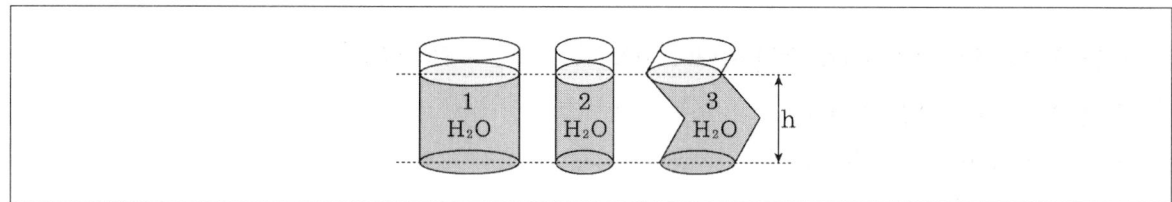

① 1번 용기 바닥 압력이 가장 높다.

② 2번 용기 바닥 압력이 가장 높다.

③ 3번 용기 바닥 압력이 가장 높다.

④ 3개 용기 바닥 압력이 동일하다.

TIP 유체의 압력 공식은 $P = \rho gh$ 이다.
 • ρ = 물의 밀도 → 일정
 • g = 중력 상수 → 일정
 • h = 담긴 물의 높이 → 세 경우 모두 동일
 따라서 3개 용기 바닥 압력이 모두 동일하다.

Answer 5.④

출제 예상 문제

1 다음 중 물 분자 구조가 굽은형이 아니라 직선형일 경우 가능한 것은?

① 물의 극성이 커질 것이다.

② 일교차가 더 커질 것이다.

③ 물의 끓는점이 높아질 것이다.

④ 물의 비열이 커질 것이다.

> **TIP** 물 분자 구조가 직선형이면 극성이 없어지기 때문에 비열, 끓는점이 낮아지고 일교차가 커질 것이다.

2 다음 밑줄 친 원소 중 산화수가 가장 큰 것은?

① K$\underline{Mn}$O$_4$ ② $\underline{C}$O$_2$

③ $\underline{S}$O$_4{}^{2-}$ ④ K$_2$$\underline{Cr}O_4$

> **TIP** ① +7 ② +4 ③ +6 ④ +6

Answer 1.② 2.①

3 다음 중 일시적으로 센물을 끓이면 단물이 되는 이유로 옳은 것은?

① Ca^{2+} 및 Mg^{2+}의 염화물이 침전된다.

② Ca^{2+} 및 Mg^{2+}의 탄산염이 분해된다.

③ Ca^{2+} 및 Mg^{2+}의 탄산염이 침전된다.

④ Ca^{2+} 및 Mg^{2+}의 황산염이 분해된다.

TIP 일시적인 센물…Ca^{2+} 및 Mg^{2+}가 탄산수소염 형태로 용해되어 있는 물을 말하며, 가열하면 탄산염이 침전되어 단물로 변한다.

$$Ca(HCO_3)_2 \xrightarrow{\text{가열}} CaCO_3 \downarrow + H_2O + CO_2 \uparrow$$

4 다음은 물의 물리적 특성에 관한 설명이다. 옳지 않은 것은?

① 압력은 물의 밀도에 큰 영향이 없으므로 무시할 수 있다.

② 점성계수란 전단응력에 대한 유체의 거리에 대한 속도변화율의 비이다.

③ 표면장력은 액체표면의 분자가 액체내부로 끌리는 힘에 기인한다.

④ 물은 쌍극성 분자의 특성을 가지고 있다.

TIP ④ 물의 화학적 특성에 대한 설명이다.

Answer 3.③ 4.④

02 공기(대기오염)

01 산성비

❶ 산성비의 정의

자연 상태의 빗물도 공기 중의 이산화탄소가 녹아 pH 5.6 정도의 약한 산성을 띤다. 따라서 황 산화물이나 질소 산화물과 같은 산성 오염 물질이 빗물에 녹아 pH가 5.6보다 낮은 비를 산성비라고 한다.

❷ 산성비의 원인 물질

(1) 황 산화물

공장이나 발전소에서 화석 연료가 연소될 때 발생한 이산화황(SO_2)이 공기 중의 산소와 반응하여 삼산화황으로 된 다음 대기 중의 수증기와 반응하여 아황산(H_2SO_3)이나 황산(H_2SO_4)이 되어 빗물에 녹아 내리면 산성비가 된다.

$$S + O_2 \rightarrow SO_2 \Leftarrow 화석 \ 연료의 \ 연소$$
$$2SO_2 + O_2 \rightarrow 2SO_3 \Leftarrow 공기 \ 중에서 \ 산화$$
$$SO_2 + H_2O \rightarrow H_2SO_3 \Leftarrow 빗물에 \ 녹음$$
$$SO_3 + H_2O \rightarrow H_2SO_4 \Leftarrow 빗물에 \ 녹음$$

(2) 질소 산화물

대기 중의 질소와 산소가 고온·고압 상태인 자동차 엔진 내부에서 반응하여 생성된 일산화질소(NO)가 대기 중의 산소와 반응하여 이산화질소(NO_2)가 된 다음 대기 중의 수증기와 반응하여 질산이 되어 빗물에 녹아 내리면 산성비가 된다.

$$N_2 + O_2 \rightarrow 2NO \quad \Leftarrow \text{엔진 속에서 산화}$$
$$2NO + O_2 \rightarrow 2NO_2 \quad \Leftarrow \text{공기 중에서 산화}$$
$$3NO_2 + H_2O \rightarrow 2HNO_3 + NO \quad \Leftarrow \text{빗물에 녹음}$$

❸ 산성비의 피해

(1) 토양을 산성화시키고 토양 속 미생물의 활동을 억제하며, 엽록소를 파괴하여 식물의 광합성 능력을 저하시킴으로써 식물의 생장속도를 느리게 한다.

(2) 호수나 강물을 산성화시켜 수중 생물에게 피해를 준다.

(3) 대리석으로 만든 문화 유적이나 조각품, 철제 교량이나 금속 구조물을 부식시킨다.

❹ 물산성비의 대책

산성비에 의한 피해를 줄이는 방법으로는 원인 물질의 배출을 줄이는 방법과 산성화된 토양이나 호수에 석회 $(CaO, Ca(OH)_2)$을 뿌려 중화시키는 방법이 있다.

(1) 황 산화물의 제거

황 산화물은 탈황 장치에 의해 제거된다. 탈황 시설에서 석회석이 열분해 될 때 생성된 CaO과 $Ca(OH)_2$이 SO_2과 $CaSO_3$앙금을 생성한다.

$$CaO + SO_2 \rightarrow CaSO_3 \downarrow$$
$$Ca(OH)_2 + SO_2 \rightarrow CaSO_3 \downarrow + H_2O$$

(2) 질소 산화물의 제거

자동차에 촉매 변환기를 설치하여 백금 촉매가 연료의 불완전 연소로 생긴 일산화탄소와 일산화질소를 정화시켜 이산화탄소와 질소로 변환시킨다.

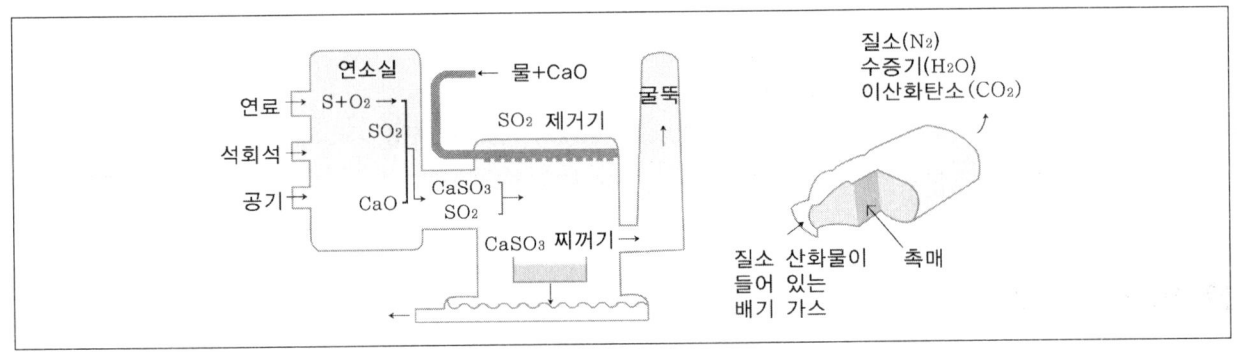

02 오존층 파괴

❶ 오존층과 오존층의 역할

(1) 오존층

지상 10 ~ 50km 성층권에 있는 오존의 농도가 높은 대기의 층(20 ~ 30km)이 존재하는데 이를 오존층이라고 한다.

(2) 오존층의 역할

오존층에서 오존 분자가 자연적으로 생성되고 분해되는 과정을 통해 지구상의 생물에게 피해를 주는 자외선이 대부분 흡수되므로 오존층은 유해한 자외선을 막아 지구상의 생물을 보호하는 보호막의 역할을 한다.

❷ 오존층 파괴

(1) 오존층 파괴 물질

① 오존층 파괴의 원인 물질은 프레온 가스라고 불리는 CFCs(chlorofluorocarbons)로 CFCs는 천연에는 존재하지 않고 인공적으로 만들어진 것이다.

② CFCs는 끓는점이 매우 적당한 범위에 있어 독성이 없고, 연소성도 없으며 매우 안정하여 사실상 어떤 물질과도 반응하지 않는다. 이러한 성질로 인해 프레온 가스는 냉장고나 에어컨의 냉매, 스프레이의 분무제, 스티로폼의 발포제, 반도체의 세정제 등으로 사용되었다.

(2) 오존층의 파괴

CFCs는 매우 안정하기 때문에 지상에서는 분해되지 않고 성층권까지 올라가게 된다. 성층권에 도달한 프레온 가스는 자외선을 흡수하면 염소 원자가 해리되며, 해리된 염소 원자가 촉매로 작용하여 오존층 파괴 반응을 촉진시킨다.

> ⓣⓘⓟ
> CFCs에 의한 오존층 파괴 과정

$$CF_2Cl_2 \xrightarrow{\text{자외선}} CF_2Cl + Cl$$

$$Cl + O_3 \rightarrow O_2 + ClO, \quad O_2 \xrightarrow{\text{자외선}} 2O$$

$$ClO + O \rightarrow Cl + O_2$$

전체반응 : $O_3 \rightarrow O_2 + O$

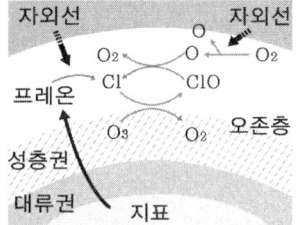

❸ 오존층 파괴에 의한 피해

(1) 체내 면역 체계가 약해져서 전염병에 걸릴 확률이 커진다.

(2) 세포의 노화 촉진, 백내장의 유발, 피부암 등의 발생률이 증가한다.

(3) 식물의 엽록소가 파괴되어 농작물 수확량이 감소한다.

(4) 수중 생물의 먹이인 플랑크톤을 감소시켜 생태계를 파괴한다.

❹ 오존층을 막기 위한 구제 협약 : 몬트리올 의정서

CFCs의 생산과 배출은 전 지구적인 문제이므로 국제적인 협력이 필요, 1985년 '오존층 보호를 위한 비엔나 협약'이 이루어졌으며, 1987년 '오존층 파괴 물질에 대한 몬트리올 의정서'가 조인되었다. 몬트리올 의정서는 96개의 오존층 파괴 물질에 대한 생산 중지 일정을 담고 있으며 선진국에 대해서는 CFCs는 1996년부터, 할론은 1994년부터 사용이 금지되었으며, 2010년부터는 개발도상국에서도 사용이 금지되어 있다. 우리나라는 1992년에 가입국이 되었다.

03 지구 온난화

❶ 온실효과와 지구 온난화

(1) 온실효과

대기 중의 이산화탄소, 수증기, 메테인 등은 지표에서 방출되는 적외선을 흡수하여 지구의 열손실을 막고 평균 기온을 유지시켜 주는 역할을 하는데. 이러한 현상을 온실효과라고 한다.

(2) 지구 온난화

필요 이상으로 온실효과가 커져 지구의 평균 기온이 상승하는 것을 지구 온난화라고 한다.

❷ 지구 온난화의 주원인이 되는 기체(온실 기체)

온실 기체에 따라 지구 온난화에 미치는 영향이 다르다. 분자 1개당 지구 온난화에 미치는 상대적인 기여도를 지구 온난화 계수(global warming potential)라고 한다.

온실 기체		지구 온난화 계수	주요 발생원
CO_2		1	화석 연료, 바다, 토양
CH_4		21	소 등의 동물, 매립지
N_2O		310	화학 공정, 디젤 엔진
프레온 가스	CFC-11	3800	발포 단열제
	CFC-12	8500	냉매
프레온 가스 대체물질	HCFC-22	1500	냉매
	PFC	6500	반도체, 공업용 세제
SF_6		23900	전기 기구 절연용

❸ 지구 온난화에 따른 환경 변화

(1) 지구의 온도가 계속 높아지면 극지방의 빙하가 녹아 평균 해수면의 높이가 상승한다.

(2) 기온의 상승으로 사막화가 일어난다.

(3) 지구 온난화에 따른 대가 순환의 변화와 해수의 온도 변화로 엘리뇨 등의 기상 이변이 일어나고 생태계가 파괴된다.

❹ 지구 온난화 방지를 위한 국제 협약 : 교토 의정서

지구 온난화를 막고자 1992년 리우 유엔 환경 회의에서 '기후 변화 협약(UNFCCC)'이 채택되었다. 이 문서에는 기온 상승이 전 지구적으로 다루어야 할 문제라는 과학적 근거 및 그에 대한 유요한 대처법이 제시되었다. 1997년에는 대기 중 온실 기체의 농도를 줄여, 지금까지보다 환경이 대처하기 쉬운 수준에서 정상화하자는 목표 아래, 교토에서 모임을 가졌으며 회의 결과를 '기후 변화에 관한 기본 협약(유엔 기후 협약 또는 교토 의정서라고 불림)이라고 한다.

최근 기출문제 분석

2025. 4. 5. 국가직

1 이산화 탄소(CO_2)에 대한 설명으로 옳은 것만을 모두 고르면?

> ㉠ 온실가스이다.
> ㉡ 무극성 분자이다.
> ㉢ C의 산화수는 +4이다.

① ㉠

② ㉠, ㉡

③ ㉡, ㉢

④ ㉠, ㉡, ㉢

TIP ㉠ 이산화 탄소는 수증기, 메테인 등과 함께 지구의 온실 효과에 영향을 주는 대표적인 온실가스이다.
　　 ㉡ 이산화 탄소는 탄소에서 산소 방향으로 쌍극자 모멘트가 존재하나, 대칭 구조로서 쌍극자 모멘트의 합이 0이므로 무극성 분자이다.
　　 ㉢ 이산화 탄소는 총 전하가 중성이며, 산소의 산화수가 -2이므로 C - 2×2 = 0에서 C의 산화수는 +4가 맞다.

2021. 6. 5. 제1회 지방직

2 광화학 스모그 발생과정에 대한 설명으로 옳지 않은 것은?

① NO는 주요 원인 물질 중 하나이다.

② NO_2는 빛 에너지를 흡수하여 산소 원자를 형성한다.

③ 중간체로 생성된 하이드록시라디칼은 반응성이 약하다.

④ O_3는 최종 생성물 중 하나이다.

TIP 광화학 스모그는 질소 산화물, 휘발성 유기 화합물이 강한 자외선을 받아서 화학 반응을 일으키는 과정을 통해 생물에 유해한 화합물이 만들어져서 형성되는 스모그이다. 광화학 스모그는 자동차나 공장의 배출가스 중에 포함된 질소 산화물(NOx)과 탄화수소(HC)가 태양광선을 받아 유독물질인 PAN(peroxyacetyl nitrate, 과산화아세틸 질산 화합물)과 광화학 옥시던트(Ox, 산소계 분자) 등을 형성하여 생기며, 이 중 PAN이 공기 중에 떠다니며 수증기와 함께 짙은 안개를 형성한다. 한편, 배기가스 중의 SO_2(아황산가스, 이산화황)는 공기 중에서 오존(O_3)과 반응하여 삼산화황(SO_3)을 만드는데, 이것은 수증기와 반응하여 황산(H_2SO_4)의 작은 입자로 되었다가 산성 안개나 산성비로 되어 지상에 떨어져 특히 식물에 큰 피해를 끼친다. 인체에는 눈이나 목의 점막을 자극하여 호흡곤란 등의 피해를 입힌다.
광화학 스모그 발생과정 중간체로 생성된 하이드록시라디칼(OH·)은 반응성이 매우 강하여 연쇄반응을 일으키게 하는 원인이 된다.

Answer 1.④ 2.③

2019. 6. 15. 제1회 지방직

3 온실 가스가 아닌 것은?

① $CO_2(g)$

② $H_2O(g)$

③ $N_2(g)$

④ $CH_4(g)$

TIP 온실 가스의 종류

• 수증기(H_2O) : 지구 온실가스의 가장 많은 부분을 차지하는 수증기는 주로 태양 복사열에 의해 바다에서 만들어 진다.

• 이산화탄소(CO_2) : 자연발생적 이산화탄소의 양은 지구 대기 중 미미한 수준이며, 다른 온실 가스에 비해 온실효과에 대한 영향이 크지 않았다. 하지만 1750년 산업혁명 이후 급증한 화석연료의 사용으로 인위적으로 발생되는 온실가스 중 이산화탄소는 80%를 차지한다.

• 메테인(CH_4) : 대기 중에 존재하는 메테인가스는 이산화탄소에 비해 200분에 1에 불과하지만, 그 효과는 이산화탄소에 비해 20배 이상 강력하다고 알려져 있다. 메테인가스는 미생물에 의한 유기물질의 분해과정을 통해 주로 생산되며, 화석연료 사용, 폐기물 배출, 가축 사육, 바이오매스의 연소 등 다양한 인간 활동과 함께 생산된다.

• 아산화질소(N_2O) : 자연계에 존재하는 온실 가스 중 하나이나 화석연료의 연소, 자동차 배기가스, 질소비료의 사용으로도 생산된다. 이산화탄소에 비해 존재양은 매우 작으나, 지구온난화지수로 보면 300배 이상의 적외선 흡수 능력을 가진 온실가스이다.

• 수소불화탄소(HFCs) : 자연계에 존재하지 않으며 인위적으로 발생되는 온실가스로 에어컨, 냉장고의 냉매로 사용량이 급증하면서 온실가스를 일으키는 주범으로 지목받고 있다. 전체온실가스 배출량의 1%를 차지하며 매년 8~9% 증가되는 수소불화탄소는 이산화탄소보다 1,000배 이상의 온실효과를 가진다고 알려져 있다.

• 과불화탄소(PFCs) : 자연계에 존재하지 않으나 인위적으로 발생되는 온실가스로 반도체 제작공정과 알루미늄 제련 과정에서 발생한다. 지구온난화지수로 보면 과불화탄소는 이산화탄소에 비해 6,000~10,000 배 이상 강력한 온실가스이다.

• 육플루오린화황(SF_6) : 수소불화탄소나 과불화탄소처럼 인간에 의해 생산 배출되는 온실가스로, 반도체나 전자제품 생산공정에서 발생한다. 그 효과는 이산화탄소보다 20,000 배 이상 강력하며 자연적으로 거의 분해되지 않아 대기 중에 3천년 이상의 존재시간이 예측되어 누적 시 지구온난화에 적지 않은 영향을 끼칠 것으로 예상된다.

2018. 5. 19. 제1회 지방직

4 방사성 실내 오염 물질은?

① 라돈(Rn)

② 이산화질소(NO_2)

③ 일산화탄소(CO)

④ 폼알데하이드(CH_2O)

TIP 미세먼지, 이산화탄소, 폼알데하이드, 총부유세균, 일산화탄소, 이산화질소, 라돈, 휘발성유기화합물(VOCs), 석면, 오존 등은 실내공기를 위협하는 대표적인 오염물질이다.

토양이나 암석 등에서 자연적으로 발생해 우리의 주변 어디에서나 존재할 수 있는 무색, 무취, 무미의 자연 방사성 물질인 라돈은 밀폐된 공간에서 농도가 높아지기 때문에 수시로 환기하는 것이 좋다.

Answer 3.③ 4.①

2017. 6. 17. 제1회 지방직

5 다음은 오존(O_3)층 파괴의 주범으로 의심되는 프레온-12(CCl_2F_2)와 관련된 화학 반응의 일부이다. 이에 대한 설명으로 옳지 않은 것은?

(가) $CCl_2F_2(g) + h\nu \rightarrow CClF_2(g) + Cl(g)$

(나) $Cl(g) + O_3(g) \rightarrow ClO(g) + O_2(g)$

(다) $O(g) + ClO(g) \rightarrow Cl(g) + O_2(g)$

---

① (가) 반응을 통해 탄소(C)는 환원되었다.

② (나) 반응에서 생성되는 ClO에는 홀전자가 있다.

③ 오존(O_3) 분자 구조내의 π 결합은 비편재화되어 있다.

④ 오존(O_3) 분자 구조내의 결합각 $\angle O-O-O$은 $180°$이다.

TIP ④ 오존은 산소 분자에 산소 원자 하나가 배위결합을 한 것으로 비공유전자쌍이 존재한다. 두 원자와 중심원자인 산소가 결합하고 있어 $120°$로 벌어져 있다.

2017. 6. 17. 제1회 지방직

6 화석 연료는 주로 탄화수소(C_nH_{2n+2})로 이루어지며, 소량의 황, 질소 화합물을 포함하고 있다. 화석 연료를 연소하여 에너지를 얻을 때, 연소 반응의 생성물 중에서 산성비 또는 스모그의 주된 원인이 되는 물질이 아닌 것은?

① CO_2 ② SO_2

③ NO   ④ NO_2

TIP ① 온실효과의 주원인은 CO_2의 증가이다.

② 화석연료가 연소할 때 발생, 1차 오염물질, 산성비, 스모그의 원인물질

③④ 공기 중의 질소와 산소가 자동차 엔진 내부의 고온에서 반응하여 생성, 1차 오염물질, 산성비, 스모그의 원인

Answer 5.④ 6.①

출제 예상 문제

1 다음 기체 중 산성비의 원인으로 옳은 것은?

① CO

② NO

③ SO_2

④ CH_4

TIP $SO_2 + H_2O \rightarrow H_2SO_3$(아황산)

2 산성비의 원인이 되는 대기오염물질은?

① H_2, O_2, N_2

② CH_4, N_2O, CO

③ SO_2, NO_2, HCl

④ He, Ne, Ar

TIP 산성비
ⓐ 개념 : 대기 중에 다량 방출된 황산화물과 질소산화물이 수분과 결합하여 황산과 질산으로 되고 이들이 우수에 용해되어 pH 5.6 이하의 강수가 되는 것을 말한다.
ⓑ 산성비의 원인물질 : 황산(65%), 질산(30%), 염산(5%)이 있다.

3 온실효과에 관한 설명 중 옳지 않은 것은?

① 온실효과는 대기 중의 입자상 물질이 기온에 미치는 영향과 반대이다.

② 대기 중의 수증기는 지구에서 방출되는 복사선을 흡수한다.

③ 대기 중의 CO_2는 적외선을 흡수한다.

④ 대기 중의 CO는 자외선을 흡수한다.

TIP ④ 온실효과에 관여하는 것은 적외선이다.

Answer 1.③ 2.③ 3.④

4 다음 중 온실효과(Green House Effect)에 관한 내용으로 틀린 것은?

① 대기 중 적외선을 흡수하는 기체에 기인한다.

② 지구온난화로 도시지역에서 오존농도가 상승되게 된다.

③ 실제 온실에서의 보온작용과 같은 원리이다.

④ 이산화탄소, 메테인, CFC 등이 대표적 온실가스이다.

TIP 온실효과

　㉠ 지구가 방출하는 지구 복사에너지의 일부가 대기 중의 H_2O, CO_2 등에 의해 지구대기를 잘 빠져나가지 못하고, 다시 대기에
　　흡수되어 지구가 보온되는 현상이다(태양 복사에너지는 대부분 대기를 통과하여 지표에 도달하지만 지표에서 방출된 적외선
　　복사는 대기에서 선택 흡수하여 일부만 방출시켜 지표의 온도가 상승한다).
　㉡ 온실효과를 일으키는 기체 : 수증기(H_2O), 메테인(CH_4), 이산화탄소(CO_2), 프레온가스(CFC) 등이 있다.

5 다음은 열섬효과에 관한 설명이다. 알맞지 않은 것은?

① 도시기온이 시골기온보다 높은 현상을 말한다.

② 구름이 많고 바람이 없는 주간에 자주 발생한다.

③ 여름부터 초가을에 많이 발생한다.

④ 직경이 10km 이상의 도시에서 주로 나타나는 현상이다.

TIP 열섬효과

　㉠ 하늘이 맑고 바람이 없는 야간에 주로 발생한다.
　㉡ 여름부터 초가을에 많이 나타난다.
　㉢ 도시에 태양복사열의 $\frac{1}{3} \sim \frac{1}{6}$ 정도 만큼의 인공열이 공급되어져 도시기온이 시골기온보다 큰 현상을 말한다.

Answer 4.③ 5.②